MOLECULAR BIOLOGY

改訂
第3版

分子生物学イラストレイテッド

田村隆明（千葉大学大学院理学研究科教授）
山本　雅（東京大学医科学研究所癌細胞シグナル研究分野教授）
編集

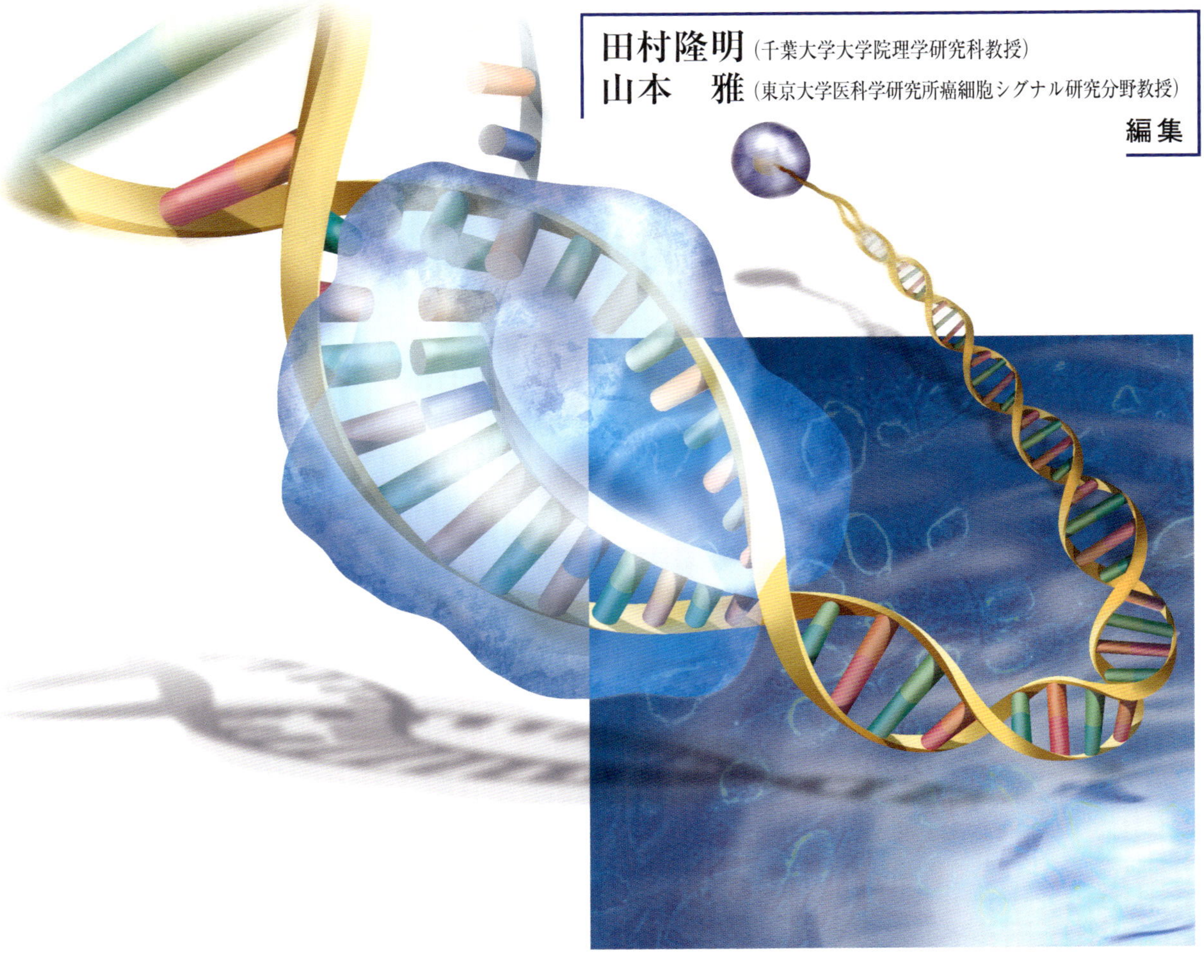

羊土社
YODOSHA

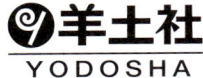

表紙写真：ヒト iPS 細胞　⇒　詳細は 328 ページ（第 9 章-4 幹細胞生物学・再生医学）を参照

【注意事項】本書の情報について

　本書に記載されている内容は，発行時点における最新の情報に基づき，正確を期するよう，執筆者，監修・編者ならびに出版社はそれぞれ最善の努力を払っております．しかし科学・医学・医療の進歩により，定義や概念，技術の操作方法や診療の方針が変更となり，本書をご使用になる時点においては記載された内容が正確かつ完全ではなくなる場合がございます．また，本書に記載されている企業名や商品名，URL等の情報が予告なく変更される場合もございますのでご了承ください．

改訂第3版の序

　ここに「改訂第3版 分子生物学イラストレイテッド」の刊行をお知らせする．広く，深く，そして効率的に分子生物学を学べる教科書をという声に応え，「分子生物学イラストレイテッド」が初めて世に出たのは1998年の秋であった．図説を多用して斬新なスタイルの教科書をつくったが，日本発の分子生物学の教科書がほとんどなかった当時，幅広い読者に支持を得ていくばくかの貢献ができたのではと思っている．それから5年，分子生物学はドライ解析やバイオインフォマティクスなどの導入によって大きく変容し，「分子生物学イラストレイテッド」もそれに伴って最初の改訂を行った．その後，分子生物学とその周辺領域において，既存のパラダイムに修正を加えるべきいくつかの進展があり，また転写機構や細胞の増殖と死，テクノロジーの面ではRNAi，遺伝子ノックアウト，そしてGFPといったトピックスがノーベル賞の対象となった．これらのトピックスは1970年代後半から1990年代にかけて，基礎生物学における主要課題となったものであったが，ここ数年の間に一定の理解がなされるという節目を迎えた．このような分子生物学のダイナミックな進展を受け，「分子生物学イラストレイテッド」も一定の区切りをつけるべく，三たび改訂することとなった．

　本書は一通り基礎を学んだ生物学専攻学生や大学院生を対象としており，初版からの作成のポリシー"使える教科書を"は本書においても引き継がれている．各学問領域において標準となる内容を確実に取り上げ，そのうえで最新学術情報を積極的に加え，さらに「イラストレイテッド」と冠したように図表を重視し，図表だけで内容の半分以上が理解できるように工夫した．章構成はある程度旧版を踏襲したが，部分的には大きく変え，特に最近大きな発展をみせたRNAに関するトピックスはRNAバイオロジーとして，応用的でチャレンジングなトピックスは生命システムへの挑戦として新しく章を設けた．第1章から第5章までは分子生物学の骨格をなす分子遺伝学に関する話題を，第6章と第7章で細胞生物学的な話題を，そして第8章と第9章では個体あるいは応用という観点でいくつかの話題を取り上げた．明確なポリシーを基盤に章構成と執筆陣を吟味して作成された本書であるが，分子生物学の今をとらえる最良の書に仕上がったのではないかと自負している．本書が分子生物学を学ぶ諸兄の必携の1冊となるとともに，スタンダード教科書として広く利用され続けることを願って止まない．最後に，原稿の執筆を快く引き受けてくださった諸先生と，本書の企画・作成に尽力された羊土社の小島祥子，中川由香の両氏に，この場を借りてお礼申し上げます．

2008年12月

イチョウの黄金色降る西千葉キャンパスにて
編者を代表して
田村隆明

初版の序

　分子生物学は比較的新しい学問であるが，その歴史の浅さとは対照的に，生物学の中における貢献度は抜群で，他のいかなる分野にも増して多くの成果を挙げている．合理的な考え方と曖昧さを排したシンプルな実験手法，研究速度の速さと結果の明瞭さ，そして分子という共通語を用いる強みが，この学問領域の脅威的発展の原動力となっている．生物あるいは生物現象を，分子の構造と機能をもとに理解することが分子生物学の目標である．細胞の基本機能にかかわるようなことから，精神神経活動といったような高等動物に特有な現象まで，あらゆることが分子生物学の対象になっている．利根川進博士の免疫における遺伝子の再配列機構の発見は，分子生物学研究がうちたてた金字塔の一つであり，博士の成功に刺激されて分子生物学を志した人も決して少なくはないであろう．

　分子生物学の築き上げた膨大な遺産をより多くの人に伝え，明日の分子生物学を切り拓く若者のための一助になればという素朴な気持ちで本書の編集をお引き受けした．分子生物学で扱うすべての内容を一冊の本に盛り込むことなど到底できはしないが，分子生物学の基本原理を土台に，深く掘り下げられたいくつかの研究成果をバランスよく盛り込み，しかもそれをコンパクトに収めることを目標にした．分子生物学は決して難解な学問でないことを，まず本書を触れて理解してほしいというのが第一の願いである．本書は8章から成り，その流れの中で分子生物学が自然に理解できるような構成になっている．まずは初学者のために，分子生物学が生まれてきた背景などを説明する導入部を設け，続いて情報高分子の構造と機能，そして基本的な遺伝子情報ダイナミクスが説明されている．細菌の分子遺伝学を第4章に配し，第5章では真核細胞を特徴づける制御機構について紹介する．第6章では応用面で特に重要な各種技術について説明した．真核細胞の機能発揮にかかわるいくつかの重要な機構を第7章で述べ，第8章では神経や癌など，高等真核生物の分子生物学研究におけるいくつかのトピックスについて紹介した．

　本書は分子生物学が何であるかを知りたい人，分子生物学を大学の専門過程で学ぼうとする人，さらには研究室に入って本格的な研究を始めようとしている諸氏にとって，格好の一冊となろう．むろん現場の研究者にとっても，知識の整理や再確認のための一冊になれるものと確信する．難解で詳細な洋書や，最新情報を載せた速報的な読み物にはないもので，教養レベルの教科書と本格的な専門書に書かれてある領域をカバーすることが，本書の役割かと考える．本書では，それぞれの内容がそれぞれの専門家によって，丁寧かつ明解に記述され，また視覚的な表現を積極的に取り入れたことにより，非常にわかりやすいものに仕上がった．

　それぞれの立場の読者がそれぞれのレベルで本書を多いに活用していただければ，編者らの喜びとしてこれに勝るものはない．出版社としては，教科書／サブテキストと位置づけられる成書をつくろうという新たな試みの仕事を進めることとなり，制作にあたられた天野幸氏，平川恵美氏をはじめとする羊土社の関係者各位のご苦労に改めて感謝したい．最後に，各章の執筆を快く引き受けていただいた先生方に，心からお礼申し上げます．

1998年8月

編者を代表して
田村隆明

改訂第3版 分子生物学イラストレイテッド

1章 分子生物学の骨格とその構成要素　13

1 分子遺伝学と分子生物学（田村隆明）　14
- 分子生物学が取り組む課題　14
- 分子生物学の材料　14
- 分子生物学の歴史　15

2 生命の基本単位：細胞（田村隆明）　18
- 生物の系譜　18
- 細胞の機能と構造　20

3 情報高分子（田村隆明）　22
- DNA，RNAの構成成分：ヌクレオチド　22
- 線状分子としての核酸の構造　22
- RNAの構造と機能　25
- アミノ酸　26
- ペプチドとタンパク質　27

2章 遺伝情報の保持と伝達　29

1 DNAの複製（多田周右，榎本武美）　30
- 複製の原則　31
- DNA鎖伸長反応　32
- DNA複製開始機構　35

2 転写機構（大熊芳明）　38
- RNAポリメラーゼ　39
- プロモーター　41
- 基本転写因子　42
- 転写開始後の過程　46
- オペロン　46

3 翻訳（渡辺公綱，鈴木 勉，姫野俵太）　48
- 遺伝暗号（コドン）　49
- アミノアシルtRNA　50
- ペプチド鎖合成反応　52

4 変異と修復（花岡文雄）　57
- 変異原と変異の種類　58
- DNA損傷の修復機構　60
- 複製時における修復　62

5 遺伝子組換え（篠原 彰）　65
- 組換えの種類　66
- 相同組換えの分子機構　67
- 減数分裂期組換え　71
- 非相同組換え　72
- その他の組換え　72

3章 原核生物の遺伝要素　75

1 ゲノムとその発現（柳原克彦，仁木宏典）　76

CONTENTS

- 原核細胞の基本構造 —— 77
- 原核細胞のゲノム構造 —— 77
- ゲノムの遺伝子配置 —— 78
- 染色体分配と凝縮 —— 79
- 染色体外因子 —— 80
- 細胞分裂と細胞骨格タンパク質 —— 81

2 バクテリオファージ（米崎哲朗） —— 83
- バクテリオファージの多様性 —— 83
- バクテリオファージの生活環・溶菌過程 —— 84
- テンペレートファージ：溶原化機構 —— 85
- 遺伝子水平伝搬役としてのファージ —— 86

3 プラスミド（加納康正） —— 87
- プラスミドの機能 —— 87
- プラスミド複製 —— 89
- その他のプラスミド —— 89
- プラスミドの取り扱い —— 90

4章 真核生物の遺伝子とその構造 —— 91

1 ゲノムの構造（木南 凌） —— 92
- 染色体のなかの遺伝子 —— 93
- 反復するDNA配列 —— 95

2 クロマチン（伊藤 敬） —— 99
- ヌクレオソーム構造 —— 99
- ヌクレオソーム形成 —— 100
- クロマチン再構築 —— 101
- ヒストン翻訳後修飾とクロマチン構造変化 —— 103

3 エピジェネティクス（中尾光善） —— 105
- エピジェネティクスとは —— 105
- DNAのメチル化 —— 106
- ヒストンの修飾 —— 108
- クロマチンの形成 —— 109
- エピジェネティックな生命現象とヒト疾患 —— 110

4 転写制御機構（柳澤 純） —— 112
- 真核生物の転写制御 —— 113
- 配列特異的転写制御因子 —— 114
- 刺激応答の視点から捉える転写因子 —— 115
- クロマチン転写の活性化と転写補助因子 —— 117

5 転写後調節（石黒 亮, 中村義一） —— 123
- mRNAの修飾 —— 124
- mRNAのスプライシング —— 124
- mRNAのエディティング —— 125
- RNAの輸送 —— 127
- mRNAの翻訳調節 —— 128
- mRNAの分解と翻訳制御 —— 130
- ncRNAによる制御 —— 131
- rRNAの修飾 —— 131
- tRNAの転写後調節 —— 132

6 タンパク質の制御（水島 昇, 大隅良典） —— 135
- 分子シャペロン —— 135
- タンパク質トラフィックの制御 —— 136
- 翻訳後修飾 —— 137
- タンパク質分解 —— 138

5章 RNAバイオロジー —— 141

1 新しいトランスクリプトーム像（石山晃博, 林﨑良英） —— 142
- 従来のトランスクリプトーム像 —— 143
- RNA新大陸の発見 —— 143
- 新しいトランスクリプトーム像 —— 144
- non-coding RNA —— 144
- mRNA型 non-coding RNA —— 145

2 非コード低分子RNA（古野正朗） —— 147
- 非コード低分子RNAの概要 —— 147
- スプライシングにかかわる核内低分子RNA —— 148
- RNAの修飾にかかわる核小体低分子RNA —— 148
- 遺伝子発現抑制にかかわる低分子RNA —— 150
- その他の非コード低分子RNA —— 150

3 RNAによる遺伝子サイレンシング（西田知訓，塩見美喜子）・・・152
- RNAサイレンシング ──── 152
- RNAi ──── 153
- miRNAによる翻訳抑制 ──── 154
- piRNAを介した遺伝子発現抑制 ──── 158

4 RNAがかかわる生理機能と疾患（安田 純）・・・159
- RNAがかかわる生理機構 ──── 159
- RNA異常が関与する疾病 ──── 161

6章 真核細胞の機能　　165

1 細胞接着（永渕昭良）・・・166
- 細胞間接着 ──── 166
- 細胞基質間接着 ──── 169
- 細胞接着の多彩な機能 ──── 172

2 細胞骨格（孤嶋慎一郎，馬渕一誠）・・・175
- 細胞骨格の種類と基本的な性質 ──── 175
- 細胞運動と細胞骨格 ──── 179
- 細胞分裂と細胞骨格 ──── 180

3 細胞内物質輸送・・・181
- 細胞内輸送（中山和久） ──── 182
- モータータンパク質（豊島陽子） ──── 187
- 核膜輸送（浅利宗弘，米田悦啓） ──── 191

7章 真核細胞の増殖と死　　197

1 細胞刺激と受容体（遠田悦子，松島綱治）・・・198
- 主な受容体の諸相 ──── 198
- 微生物感染にかかわる受容体 ──── 200
- 多様なリガンドに応答するための2つのストラテジー ──── 202
- 臨床応用 ──── 202
- マイクロドメイン/ラフト ──── 204

2 シグナル伝達（後藤由季子）・・・205
- シグナル伝達のストラテジー ──── 205
- シグナル伝達の進化的保存と多様性 ──── 213

3 細胞周期（野島 博）・・・215
- 真核生物の細胞周期制御 ──── 215
- 細胞周期エンジン ──── 216
- 細胞周期のブレーキ ──── 219
- M期制御とタンパク質分解酵素系 ──── 220
- 細胞周期のチェックポイント制御 ──── 222
- M期キナーゼと中心体成熟の制御 ──── 225

4 アポトーシス（田沼靖一）・・・226
- アポトーシスの特性 ──── 227
- アポトーシスの事象 ──── 229
- アポトーシスの分子機構 ──── 229
- DNA修復とアポトーシス ──── 231
- アポトーシスの意義 ──── 232

5 細胞の癌化と個体レベルの発癌（渋谷正史）・・・234
- 癌遺伝子群と増殖シグナル伝達 ──── 235
- 癌抑制遺伝子の発見 ──── 236
- 癌抑制遺伝子による細胞周期・アポトーシスの制御 ──── 238
- 癌の微小環境と腫瘍血管の問題 ──── 240

8章 高次生命現象　　243

1 免疫系による認識と反応の分子機構（渡邊 武）・・・244

CONTENTS

- 自然免疫と獲得免疫（適応免疫） ── 245
- 自然免疫系と獲得免疫系との相互作用 ── 246
- 獲得免疫系の多様性 ── 247
- 免疫グロブリンの多様性の源であるAID ── 250
- 主要組織適合系複合体（MHC）遺伝子群と組織適合抗原の多型性 ── 252
- MHC抗原と抗原提示 ── 253
- 胸腺内でのT細胞分化と正の選択，負の選択 ── 255
- 免疫細胞の活性化と補助刺激分子 ── 255
- クラススイッチ，抗体機能の多様性の獲得 ── 255
- サイトカインと免疫応答の多様性 ── 257
- CD4陽性ヘルパーT細胞（TH）のサブセットとその機能 ── 259
- CD8陽性キラーT細胞（Tc）による生体防御 ── 260

2 発生の制御機構（浅島 誠，駒崎伸二） ── 261
- ホメオボックス遺伝子 ── 262
- 母性因子と体軸形成 ── 262
- 中胚葉形成と原腸胚形成 ── 265
- 神経管の形成 ── 266
- 器官形成 ── 268

3 神経系の分化，形成，再生（田賀哲也，鹿川哲史，清水健史，福田信治） ── 269
- 神経幹細胞の未分化性維持 ── 269
- 神経幹細胞の自己複製機構 ── 270
- 胎生の進行に伴うニューロン分化シグナルとグリア分化シグナルの優位性の変遷 ── 271
- 神経幹細胞の分化制御シグナル間における相互抑制的作用 ── 272
- アストロサイト分化シグナルを増幅する2つのシグナルループ ── 273
- 神経系の再生に向けた試み ── 274

4 老化（石井直明） ── 276
- ヒトの老化の過程 ── 276
- 老化関連遺伝子とその働き ── 277

9章 生命システムへの挑戦　　283

1 システムズバイオロジー ── 284
- 概日時計（南 陽一，上田泰己） ── 284
- 細胞シグナリングの情報処理機構（久保田浩行，黒田真也） ── 289
- バイオインフォマティクス（宮野 悟） ── 294

2 ゲノム医学（高橋祐二，辻 省次） ── 298
- 「ゲノム医学」とは ── 298
- ゲノム医学の進歩 ── 298
- ゲノム医学の支柱 ─バイオインフォマティクスとELSI ── 300
- ゲノム医学の実際 ── 301
- ゲノム医学のこれから ─パーソナルゲノム時代の到来 ── 304

3 分子標的薬の開発 ── 306
- 抗体医薬（大田信行） ── 306
- RNA医薬（宮川 伸，藤原将寿，中村義一） ── 312
- ケミカルバイオロジー（萩原正敏） ── 317

4 幹細胞生物学・再生医学 ── 321
- ES細胞（吉田進昭） ── 321
- 組織幹細胞とiPS細胞（八代嘉美，中内啓光） ── 325
- 再生医学（中畑龍俊） ── 329

5 植物バイオテクノロジーと遺伝子組換え食品（本瀬宏康，渡辺雄一郎） ── 335
- 植物への遺伝子導入法 ── 335
- アグロバクテリウムの感染機構 ── 337
- バイナリーベクターの開発 ── 337
- アグロバクテリウムの感染による遺伝子導入法 ── 339
- 基礎研究と実用作物における応用例 ── 341

索引　　342

Color Graphics

1 原核生物 RNA ポリメラーゼの構造と機能（39 ページ参照）

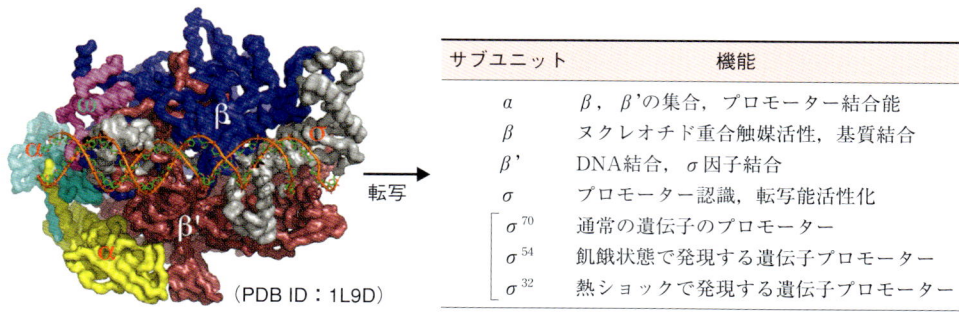

2 生命データから生命システムへ（294 ページ参照）

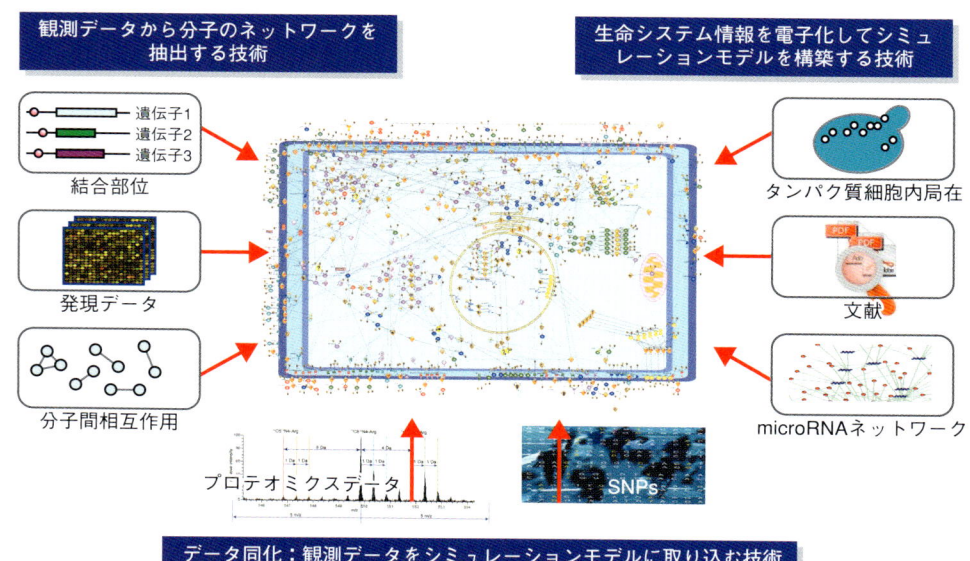

3 Cell Illustrator によるモデリングとシミュレーション（296 ページ参照）

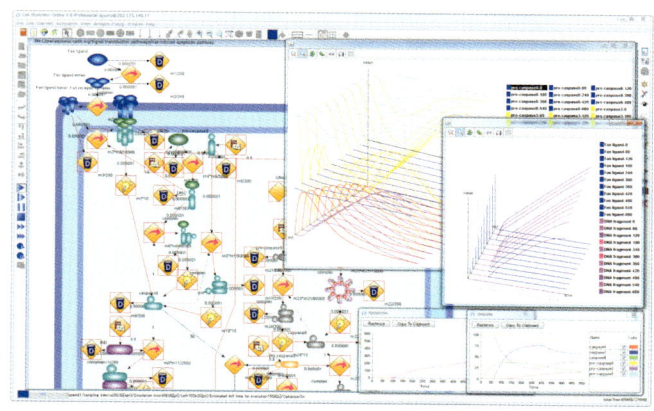

4 大規模遺伝子ネットワーク推定
（296ページ参照）

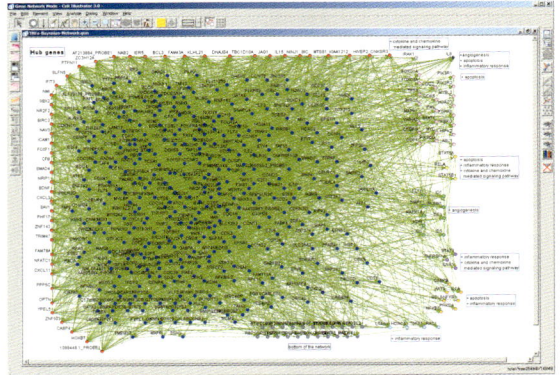

5 青いバラの作製（340ページ参照）

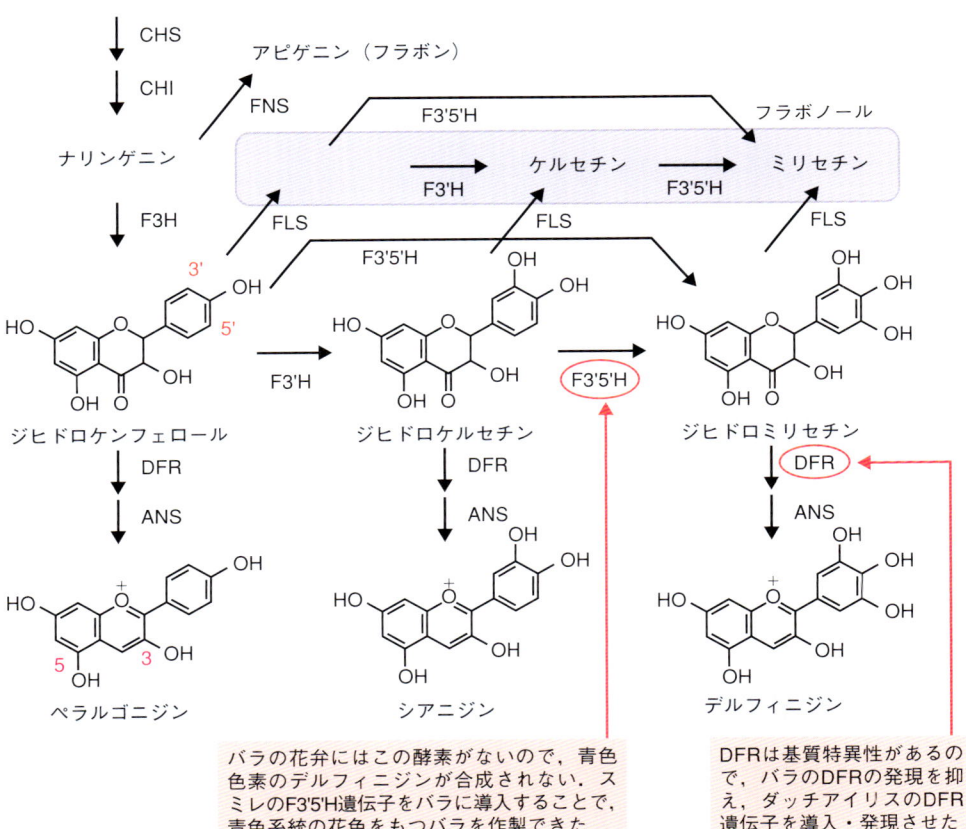

バラの花弁にはこの酵素がないので，青色色素のデルフィニジンが合成されない．スミレのF3'5'H遺伝子をバラに導入することで，青色系統の花色をもつバラを作製できた

DFRは基質特異性があるので，バラのDFRの発現を抑え，ダッチアイリスのDFR遺伝子を導入・発現させた

野生株　　トランスジェニック植物

執筆者一覧 (五十音順)

浅島　誠	東京大学大学院総合文化研究科
浅利宗弘	大阪大学生命機能研究科
石井直明	東海大学医学部基礎医学系分子生命科学
石黒　亮	東京大学医科学研究所基礎医科学部門遺伝子動態分野
石山晃博	理化学研究所オミックス基盤研究領域
伊藤　敬	長崎大学大学院医歯薬学総合研究科生命医科学講座生化学
上田泰己	理化学研究所発生・再生科学総合研究センター
榎本武美	東北大学大学院薬学研究科
大熊芳明	富山大学大学院医学薬学研究部遺伝情報制御学
大隅良典	自然科学研究機構 基礎生物学研究所
大田信行	A-CUBE, Inc.
鹿川哲史	熊本大学発生医学研究センター転写制御分野
加納康正	元 京都薬科大学生命薬科学系遺伝子工学教授
久保田浩行	東京大学大学院理学系研究科生物化学専攻生物情報科学科
黒田真也	東京大学大学院理学系研究科生物化学専攻生物情報科学科
孤嶋慎一郎	学習院大学理学部生命科学科・生命分子科学研究所
後藤由季子	東京大学分子細胞生物学研究所情報伝達研究分野
駒崎伸二	埼玉医科大学医学部
木南　凌	新潟大学大学院医歯学総合研究科遺伝子制御講座分子生物学分野
塩見美喜子	慶應義塾大学医学部/JST・CREST
篠原　彰	大阪大学蛋白質研究所
渋谷正史	東京医科歯科大学分子腫瘍医学
清水健史	理化学研究所発生・再生科学総合研究センター体軸形成研究チーム
鈴木　勉	東京大学大学院工学系研究科化学生命工学専攻
田賀哲也	熊本大学発生医学研究センター転写制御分野/東京医科歯科大学難治疾患研究所幹細胞制御分野
高橋祐二	東京大学医学部附属病院神経内科
多田周右	東北大学大学院薬学研究科
田沼靖一	東京理科大学薬学部生化学教室/東京理科大学ゲノム創薬研究センター
田村隆明	千葉大学大学院理学研究科
辻　省次	東京大学医学部附属病院神経内科
遠田悦子	東京大学大学院医学系研究科分子予防医学教室
豊島陽子	東京大学大学院総合文化研究科広域科学専攻生命環境科学系
中内啓光	東京大学医科学研究所幹細胞治療研究センター幹細胞治療部門
中尾光善	熊本大学発生医学研究センター再建医学部門器官制御分野
中畑龍俊	京都大学大学院医学研究科発達小児科学
永渕昭良	熊本大学発生医学研究センター初期発生分野
中村義一	東京大学医科学研究所基礎医科学部門遺伝子動態分野
中山和久	京都大学大学院薬学研究科
仁木宏典	情報・システム研究機構 国立遺伝学研究所
西田知訓	慶應義塾大学医学部/徳島大学ヘルスバイオサイエンス研究部
野島　博	大阪大学微生物病研究所環境応答研究部門分子遺伝研究分野
萩原正敏	東京医科歯科大学大学院疾患生命科学研究部/難治疾患研究所
花岡文雄	学習院大学理学部
林﨑良英	理化学研究所オミックス基盤研究領域
姫野俵太	弘前大学農学生命科学部
福田信治	愛媛大学大学院医学系研究科生化学・分子遺伝学分野
藤原将寿	株式会社RIBOMIC
古野正朗	理化学研究所オミックス基盤研究領域
松島綱治	東京大学大学院医学系研究科分子予防医学教室
馬渕一誠	学習院大学理学部生命科学科・生命分子科学研究所
水島　昇	東京医科歯科大学医歯学総合研究科
南　陽一	理化学研究所発生・再生科学総合研究センター
宮川　伸	株式会社RIBOMIC
宮野　悟	東京大学医科学研究所ヒトゲノム解析センター
本瀬宏康	東京大学大学院総合文化研究科生命環境科学系
八代嘉美	東京大学医科学研究所幹細胞治療研究センター幹細胞治療部門
安田　純	理化学研究所横浜研究所オミックス基盤研究領域RNA機能研究チーム
柳澤　純	筑波大学大学院生命環境科学研究科
柳原克彦	情報・システム研究機構新領域融合研究センター
吉田進昭	東京大学医科学研究所ヒト疾患モデル研究センター遺伝子機能研究分野
米崎哲朗	大阪大学大学院理学研究科生物科学専攻
米田悦啓	大阪大学生命機能研究科/医学系研究科
渡辺公綱	産業技術総合研究所・バイオメディシナル情報研究センター
渡邊　武	京都大学大学院医学研究科創薬医学融合拠点
渡辺雄一郎	東京大学大学院総合文化研究科生命環境科学系

分子生物学の骨格とその構成要素

第1章

1 分子遺伝学と分子生物学 ……… *14*
生命を分子レベルで理解する

2 生命の基本単位：細胞 ……… *18*
細胞の形態から見た生物

3 情報高分子 ……… *22*
遺伝情報を担うDNA，RNA，タンパク質

Chapter 1
1 分子遺伝学と分子生物学

分子生物学は基盤となる既存の学問に，遺伝子操作を含む多くの技術を取り込んで発展してきた．分子生物学は，分子遺伝学に含まれる細胞の生存や増殖，遺伝といった生物共通の現象を中心に扱い，その分子的理解を目標としているが，現在では細胞や個体に特有な現象も扱う広汎な学問に発展し，生物学の中心的位置を占めている．

概念図

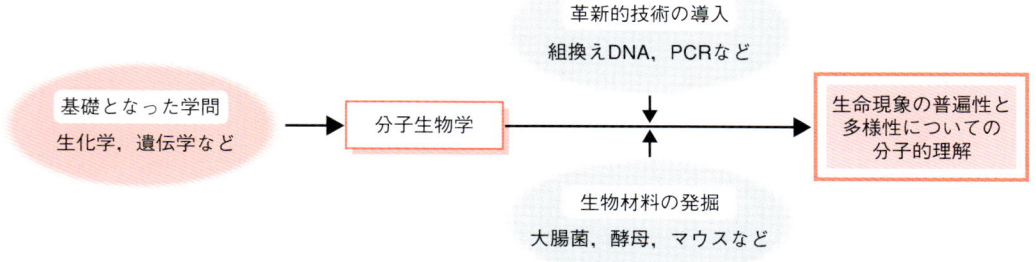

分子生物学の成立，およびそれが目指すもの

1 分子生物学が取り組む課題

分子生物学（Molecular biology）はJ. C. Kendrewが広めた言葉といわれる．分子生物学は生化学や遺伝学をもとに生まれ，生命現象のなかでもっとも本質的な遺伝現象を対象にした分子遺伝学（Molecular genetics）を軸に発展し，今日に至っている．分子生物学は生命現象のなかの普遍的現象に焦点を当て，そこにかかわる分子制御能に注目して研究し，そこから統一的な法則を導き出そうとする学問である．分子遺伝学は複製，変異と修復，組換えといったDNAダイナミズムと，転写や翻訳といった，セントラルドグマ（第1章-3参照）に述べられる部分，すなわち遺伝子発現の領域をカバーする基礎生物学でもっとも基本的な領域である．この部分だけであれば，研究対象は原核生物でも十分であるが，真核生物を対象にすることにより，クロマチンレベルの転写制御機構やスプライシング，そして情報高分子の細胞内ダイナミズムなど，真核生物特有の現象における進展がみられた．現在の分子生物学は基礎的学問領域に関連する学術分野や技術などを融合させ，真核生物の細胞周期制御やシグナル伝達といった細胞生物学的課題から，発生や分化，さらには老化，生体防御，精神・神経機能，癌や疾患など，より高度で複雑な制御機構の解明といった課題にも挑んでいる（図1-1）．

2 分子生物学の材料

分子生物学は形や挙動といった目で見える部分だけではなく，その奥に潜む分子機能を明らか

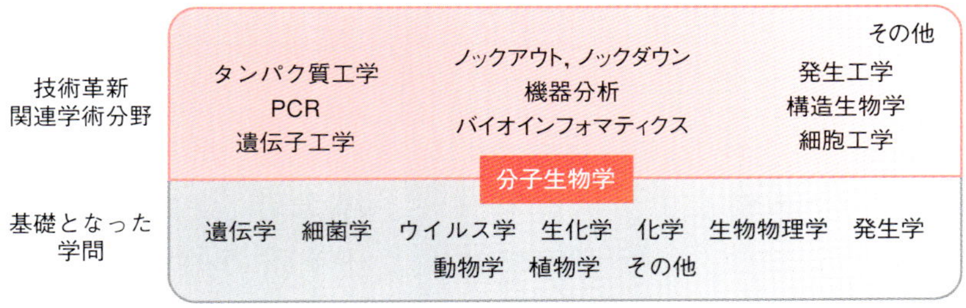

```
技術革新            タンパク質工学   ノックアウト，ノックダウン   その他
関連学術分野         PCR              機器分析                発生工学
                   遺伝子工学         バイオインフォマティクス    構造生物学
                                                           細胞工学
                              分子生物学

基礎となった         遺伝学  細菌学  ウイルス学  生化学  化学  生物物理学  発生学
学問                       動物学  植物学  その他
```

図 1-1 現代分子生物学の形成

1. 遺伝子構成（ゲノム構造）が単純
2. 世代時間が短い（増殖速度が速い）
3. 取り扱いが容易
4. 研究しようとする形質をもつ
5. 分子生物学的情報の蓄積がある

図 1-2 分子生物学で用いられる生物の特徴

にすることを目的にするため，研究がより早く進む生物材料を使おうとする傾向が強く，時としてウイルスなども用いられる．事実，逆転写酵素やスプライシングなど，分子生物学の重要な発見の多くがウイルスによってなされた．分子生物学で用いられる生物の種類は，情報の蓄積という観点から，すでに使われてきた生物を再度用いるといった傾向が強い．通常もっとも単純な生物としては大腸菌が選ばれ，現在でも広く用いられる．真核生物で大腸菌のような位置を占めている酵母も重要な研究材料である．

多細胞生物特有の生命現象を扱う場合は，線虫，ショウジョウバエ，ゼブラフィッシュ，アフリカツメガエル，そして哺乳類ではマウス，植物であればシロイヌナズナが好んで用いられる．多細胞生物であっても，細胞レベルの研究であれば，組織中の細胞をばらばらにして培養したものを用いることができ，この方法だと世代時間を大幅に短縮することができる．個体レベルの研究においては，遺伝子操作や個体レベルの解析が重要なツールとなっており，遺伝子破壊法を含めた技術は強力な武器となっている．どのような生物を用いるのであっても，分子生物学で使用する生物は遺伝学が行えて世代時間が短く，情報の蓄積が多く，扱いやすいことが決め手となる（図 1-2）．

3 分子生物学の歴史

分子生物学は1900年代の中盤からめざましい成果をあげ，現在に至っている（表 1-1）．分子生物学はまず大腸菌やバクテリオファージを用いた複製や遺伝子発現に関する微生物遺伝学から始まり，核酸化学などと一緒になって分子遺伝学という領域をつくりあげた．これに生化学が加わり，複製機構，転写機構，翻訳機構が明らかになり，分子遺伝学の基本的部分が解明され，同時に分子生物学が発展するもとがつくられた．

原核生物の分子生物学はその後も発展するが，遺伝子組換えが創出されると，ゲノムサイズの大きな真核生物でも研究が始まり，遺伝子構造，遺伝子発現の領域において，真核生物にユニークな現象とそのもとになる制御機構の発見がなされた．1990年代から2000年代になると，高次生命現象や疾患に関する領域での進展がみられ，この流れは現在も続いている．純粋な学術的発見とは別に，分子生物学研究は，遺伝子組換え，PCR，遺伝子破壊などの革新的技術を生み出し，それが研究の進展を早め，かつ応用にも道を開いている．

表 1-1　ノーベル賞にみる分子生物学関連分野の受賞（抜粋）

年	医学生理学賞	化学賞
1933	T. H. Morgan　遺伝の基礎的研究	
1935	H. Spemann　胚の成長における誘導作用の発見など，実験発生学の基礎的研究	
1945	A. Flemingら　ペニシリンの発見	
1946	H. J. Muller　X線による人工突然変異の研究	J. B. Summerら　酵素の結晶化；W. M. Stanley　ウイルスの結晶化
1948		A. W. K. Tiselius　電気泳動装置の考案とそれを用いた血清タンパク質の研究
1952	S. A. Waksman　ストレプトマイシンの発見	
1954		L. C. Pauling　化学結合の本性に関する研究，特に複雑な分子の構造の研究
1957		A. R. Todd　ヌクレオチドの研究
1958	G. W. Beadle, E. L. Tatum, J. Lederberg　微生物を用いた生化学的な遺伝学の開拓	F. Sanger　インスリンの構造決定
1959	S. Ochoa, A. Kornberg　RNA，DNAの生合成の機構に関する研究	
1961		M. Calvin　植物における光合成の研究
1962	M. H. F. Wilkins, F. H. C. Crick, J. D. Watson　核酸の分子構造と，遺伝情報伝達におけるその意義の発見	
1965	F. Jacob, A. M. Lwoff, J. L. Monod　酵素とウイルス合成に関する遺伝的制御の研究	
1966	F. P. Rous　発癌性ウイルスの発見	
1969	M. Delbrück, A. D. Hershey, S. E. Luria　ウイルスの増殖機構と遺伝学的な構造に関する発見	
1972	G. M. Edelman, R. R. Porter　抗体の化学構造と機能に関する発見	
1975	R. Dulbecco, H. M. Temin, D. Baltimore　癌ウイルスの研究	
1976	D. C. Gajdusek, B. S. Blumberg　遅発性ウイルス感染症の研究	
1978	W. Arber, H. O. Smith, D. Nathans　制限酵素の発見と分子遺伝学への応用	
1980		W. Gilbert, F. Sanger, P. Berg　核酸の塩基配列の決定に関する研究
1983	B. McClintock　"動く遺伝因子"の概念の提唱	
1984	N. K. Jerneら　免疫制御機構に関する理論の確立とそれに基づくモノクローナル抗体の作製方法の発見	
1987	**利根川進**　抗体の多様性を遺伝学的に解明	
1989	J. M. Bishop, H. E. Varmus　レトロウイルスのもつ癌遺伝子が細胞起源であることの発見	S. Altman, T. R. Cech　RNAの触媒機能の発見
1992	E. H. Fischer, E. G. Krebs　生体制御機構としての可逆的タンパク質リン酸化の発見	
1993	P. A. Sharp, R. J. Roberts　分断遺伝子の発見	K. B. Mullis, M. Smith　DNA化学における方法論の開発
1994	M. Rodbell, A. G. Gilman　Gタンパク質の発見と，細胞内情報伝達における役割の解明	
1997	S. B. Prusiner　"プリオン説"の提唱	
1998	R. F. Furchgottら　循環器系における信号伝達分子としての一酸化窒素（NO）の発見	
1999	G. Blobel　タンパク質自身が細胞内で適切な場所に移動するためのシグナル（標識）をもっていることの発見	
2000	E. Kandelら　神経系の情報伝達の研究	
2001	L. H. Hartwell, T. Hunt, Sir P. M. Nurse　細胞周期の主要な制御因子の発見	

表 1-1　ノーベル賞にみる分子生物学関連分野の受賞（抜粋）；続き

年	医学生理学賞	化学賞
2002	**S. Brenner, H. R. Horvitz, J. E. Sulston**　器官発生と，プログラムされた細胞死の遺伝制御	**田中耕一ら**　生体高分子の同定および構造解析のための手法の開発
2003		**P. Agre, R. MacKinnon**　生体細胞膜に存在する物質の通り道の研究
2004		**A. Ciechanoverら**　ユビキチンを介したタンパク質分解の発見
2006	**A. Z. Fire, C. C. Mello**　RNA干渉の発見	**R. D. Kornberg**　真核生物における遺伝情報の転写の基礎的研究
2007	**M. R. Capecchiら**　マウスの胚性幹細胞を使って特定の遺伝子を改変する原理の発見	
2008	**L. Montagnier, F. Barré-Sinoussi, H. zur Hausen**　エイズウイルスの発見，および子宮頸癌を引き起こすヒトパピローマウイルスの発見	**下村脩ら**　緑色蛍光タンパク質GFPの発見と開発

■ 文　献 ■

1）"Molecular Biology"（D. M. Freifelder），Jones & Bartlett Publishers, 1987

2）"The encyclopedia of Molecular Biology"（J. C. Kendrew），Blackwell Science Inc., 1998

Chapter 1

2 生命の基本単位：細胞

生物は，細胞，増殖，遺伝という3つの要素からなる．細胞の構造やゲノム構造により生物を真核生物と原核生物に2分することができるが，両者の中間的性質をもつ古細菌とよばれる領域の生物も存在する．真核細胞は特異的な機能をもつさまざまなオルガネラをもち，核は膜に包まれ，内部には染色体DNAがクロマチンという形で含まれる．

概念図

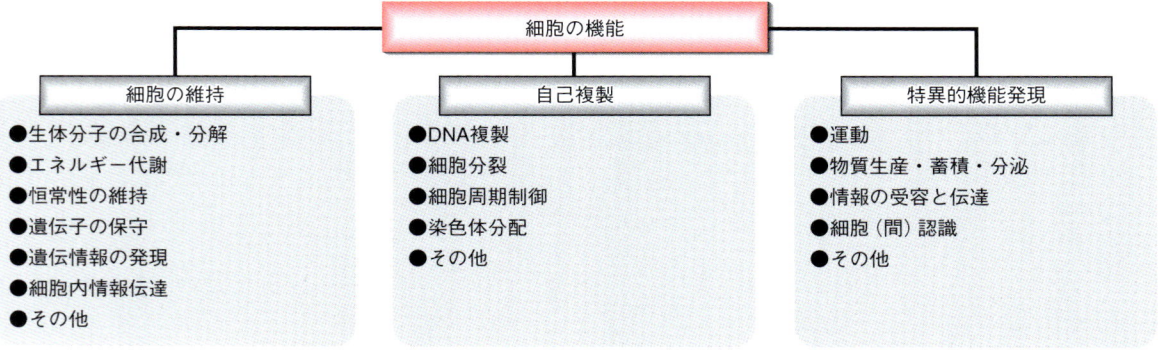

1 生物の系譜

　生物の分類法は時代とともに変わってきた．現在一般的に使われている分類法に5界説がある（図1-3左）．この方法はゲノムの構造と機能，生活環，代謝系などで生物を分類するが，これによると生物は動物界，植物界，菌界，原生生物界，そしてモネラ界（細菌類を含む）の5つに分けられる．分子生物学は生物が示す現象を単純化し，そこにある共通の法則を記述することを目指すため，より単純で明解な生物分類法が必要である．そこで採用された最初の方法が核の形態で生物を2つに分ける2ドメイン（領域）説である．この方法で，生物は真核生物（eukaryotes）と原核生物（prokaryotes）に分けられる．原核生物には細菌（バクテリア）とランソウ（シアノバクテリア）が含まれ，それ以外は真核生物である．原核生物は一倍体の小さなゲノムをもつ単細胞生物で，無糸分裂で増え，染色体はクロマチン構造をとらず，小器官（オルガネラ）をもたない（表1-2）．

　しかし，1980年代に細菌類に2つのグループがあることがわかり，これまでの細菌を真正細菌，新たに見出されたものを古細菌（archaea）と呼ぶことになった．これ以降，生物の分類には3ドメイン説が用いられることになった（図1-3右）．古細菌には超好熱菌，高度高塩菌，メタン菌が含まれるが，いずれも絶対嫌気性で，太古の地球に近い環境から発見されるためこのような名称で呼ばれるが，そのままアーケアと呼称する場合もある．古細菌は概観では真正細菌とよく似ているが，細胞壁にムラミン酸をもたず，ペプチドグリカン層を欠く．遺伝子構成や遺伝子発現に関しては，真核生物と似た性質（例：RNAポリメラーゼが多数のサブユニットからなる．TFⅡBやTBPに似た因子がある）を多く示す（表1-3）．真核生物のミトコンドリアや葉緑体と

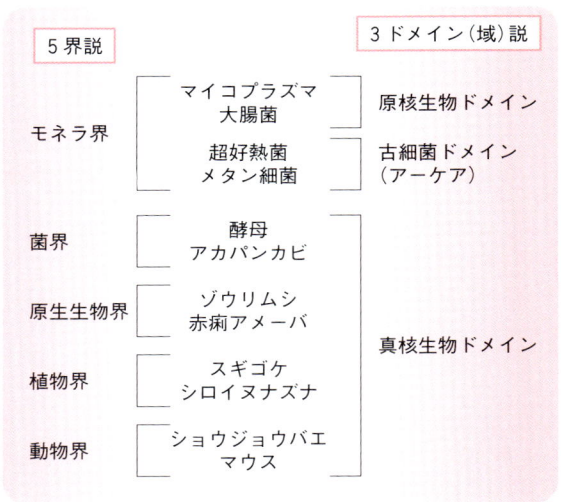

2 ドメイン説では原核生物と古細菌が 1 つになっている　　図 1-3　生物の分類

表 1-2　原核生物と真核生物の違い

	原核生物	真核生物
核（核膜）	ない	ある
細胞小器官	ない	ある
DNAの存在様式	裸のDNA	タンパク質の結合したクロマチン
核相	一倍体：n	二倍体：2n（以上）
ゲノムサイズ（×10^6bp）	0.5～10	10～50,000
遺伝子数	少ない（0.5～5千個）	多い（0.5～3.0万個）
細胞分裂	無糸分裂	有糸分裂
分裂様式	二分裂	二分裂・出芽
細胞構成	単細胞	単細胞および多細胞
細胞壁	ある	ある・ない
表層のペプチドグリカン	ある*	ない
細胞内骨格	ない	ある
原形質流動	ない	ある

＊マイコプラズマはない

表 1-3　古細菌の特徴

	古細菌における性質	類似性 真正細菌	類似性 真核生物
DNAの形状	環状	○	
クロマチン構造	多くはもつ		○
ゲノムサイズ	小さい	○	
岡崎フラグメント	200塩基対程度		○
プロモーター	TATAボックスをもつ		○
RNAポリメラーゼの構成	複雑		○
mRNA構造	修飾はない	○	
翻訳開始tRNA	メチオニルtRNA		○
プロテアソーム	あり		○

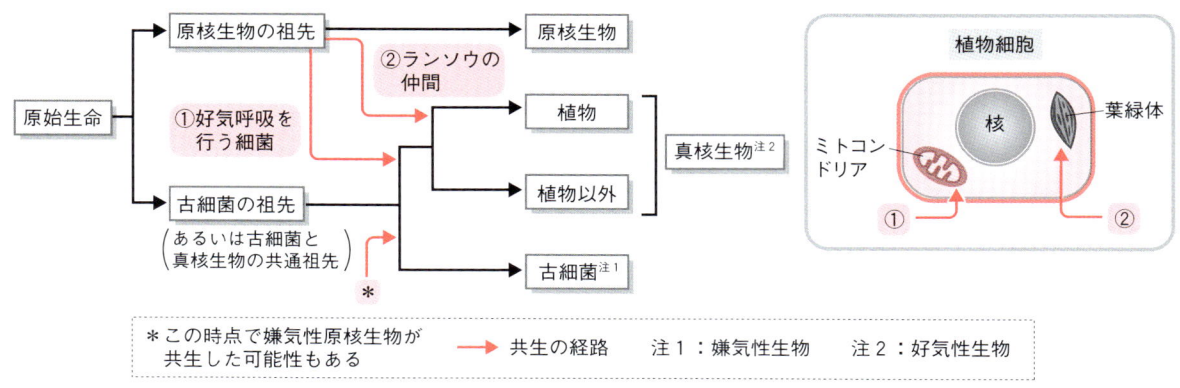

図1-4 真核生物の起源と細胞内共生説

いったオルガネラはそれぞれ好気呼吸を行う細菌やランソウを起源にすると考えられている（→ 細胞内共生説）（図1-4）．真核細胞の祖先細胞は古細菌という考え方もあるが，古細菌には独自の遺伝子も存在するため，古細菌と真核生物の共通の祖先が真核細胞の真の祖先とも考えられる．

2 細胞の機能と構造

生物の本質は細胞をもち，遺伝現象を示しながら増殖することである．細胞は膜で外部と仕切られた空間であり，物質の搬入/排出と代謝が行われ，ゲノムをもとにした遺伝子発現と複製がみられる．ゲノムは遺伝子を含むが，原核生物の遺伝子数（例：大腸菌は約4,300）は真核生物より少ない．マイコプラズマは約500個と特に少なく，この数が自己増殖する生物の最少の遺伝子数と考えられる．細胞に共通する構造として，細胞膜がある．細胞膜はリン脂質などを主成分とする二重膜（脂質二重膜）でできており，内部に細胞質を含む．細胞膜は気体や脂質は通過できるが，それ以外の物質やイオンは特異的輸送機構によって搬入・搬出される．細胞質はタンパク質を含む多くの分子が溶けているゾルで，なかにさまざまな構造体が浮遊している．植物細胞や細菌細胞の細胞膜の外側には細胞壁があり，細胞に強度を与えている．

1) 原核細胞 (図1-5A)

原核細胞は細胞膜の袋に包まれた細胞質に多数のリボソームが浮遊しているという構造をもつ．大きさは1〜数μmで，球状，棒状，らせん状といった形をもつ．染色体（ゲノムを通常こう呼ぶ）は核様体（nucleoide）という構造をとり，細胞膜に付着したメソソームという構造に接して，電子密度の低い構造として認められるが，核膜に包まれてはいない．ペプチドグリカンからなる丈夫な細胞壁をもち，その外に莢膜という堅い殻をもつ種類もある．

2) 真核細胞 (図1-5B)

真核細胞は数μmから数cm（鳥類の卵）〜数m（神経細胞）と大きさには相当の隔たりがあるが，核の大きさは直径10μmとほぼ一定である．

細胞質内には膜で包まれた多種類のオルガネラが存在している．最大のオルガネラは核で，なかにクロマチン状態の染色体を含む．核質を包む核膜の表面には多数の核膜孔があり，そこを通して物質が出入りする．小胞体（endoplasmic reticulum：ER）は核の周辺に広がる迷路のような袋で，リボソームが結合するものはタンパク質合成にかかわる．ERはこの他，脂質合成やエ

A) 細菌の細胞

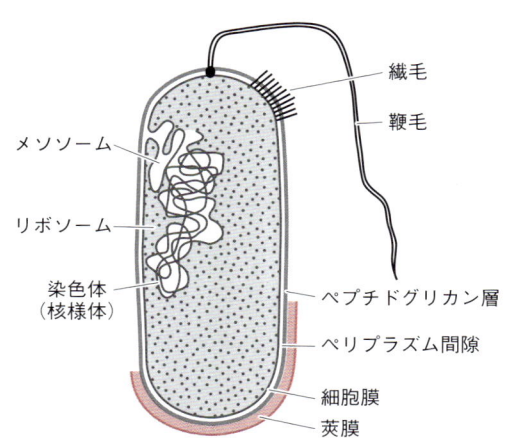

B) 真核生物の細胞（動物細胞の場合）

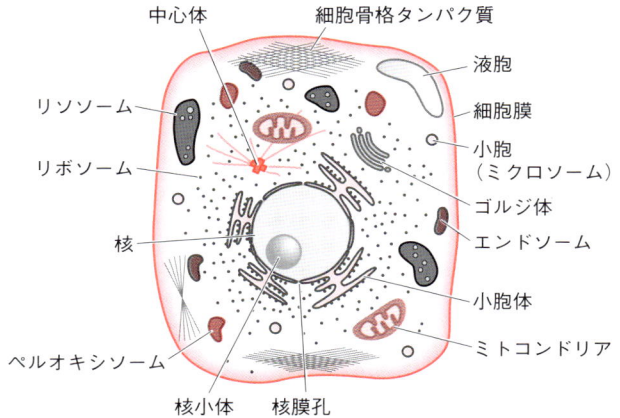

（植物の場合は、中心体はないが他に色素体/葉緑体や細胞壁がみられる）

図1-5　細胞の構造

ネルギー代謝を含めた種々の代謝やCa調節にも関与し，さらに小胞ミクロソームを放出したり吸収する小胞輸送による物質輸送にもかかわる．ゴルジ体（ゴルジ装置）は小胞輸送で搬入されたタンパク質の加工を行い，それを小胞として放出することによりタンパク質の搬送や分泌にかかわるとともに，膜の供給源にもなっている．ミトコンドリアはDNAをもち複製することができる．内部にはヒダ状の内膜があり，酸素が関与するエネルギー代謝やその他多くの代謝を行い，アポトーシスにも関与する．リソソームは多くの消化酵素を含んで不要物質や異物の処理を行う．ペルオキシソームは過酸化物の処理や脂質代謝を行い，熱の発生源ともなる．エンドソームはエンドサイトーシス小胞やゴルジ小胞のダイナミズムやリソソームの生成にかかわる．植物細胞には何種類かの色素体があるが，代表的なものはクロロフィルを含んで光合成を行う葉緑体で，DNAをもち複製する．

　膜構造をもたないために細胞器官とはいわない場合もあるもののなかに，中心体（主に動物細胞にみられ，細胞分裂時には微小管繊維を束ねる星状体となる）や細胞骨格があり，構造の一時的な変化や消失といった現象がみられる．電子顕微鏡で見えるほどの大きなタンパク質複合体で，粒子として存在するものにタンパク質を合成するリボソームと分解するプロテアソームがある．以上のものが普遍的にみられる構造であるが，細胞によっては表面に繊毛などの繊維をもつもの，栄養や脂肪，代謝産物などを貯蔵するオルガネラをもつもの，筋肉細胞のように多核で筋原線維が充満している特殊化したものもある．

■ **文　献** ■

1)"細胞の分子分子生物学，第4版"（中村桂子，松原謙一/監訳），ニュートンプレス，2004
2)"カープ分子細胞生物学"（山本正幸，他/訳），東京化学同人，2006
3)"分子細胞生物学"（石浦章一，他/訳），東京化学同人，2006
4)"Essential細胞生物学，原著第2版"（中村桂子，松原謙一/監訳），南江堂，2005

Chapter 1

3 情報高分子

ゲノムがもつ遺伝情報を直接含む高分子を情報高分子といい，ヌクレオチドからなる核酸（DNAとRNA）とアミノ酸からなるタンパク質が含まれる．DNAはゲノムとなるが，RNAはDNAから転写されてつくられ，タンパク質合成を含むいくつかの役割をもつ．RNAから翻訳されてできるタンパク質は多様な機能を有し，細胞活動の前線で働いている．

概念図

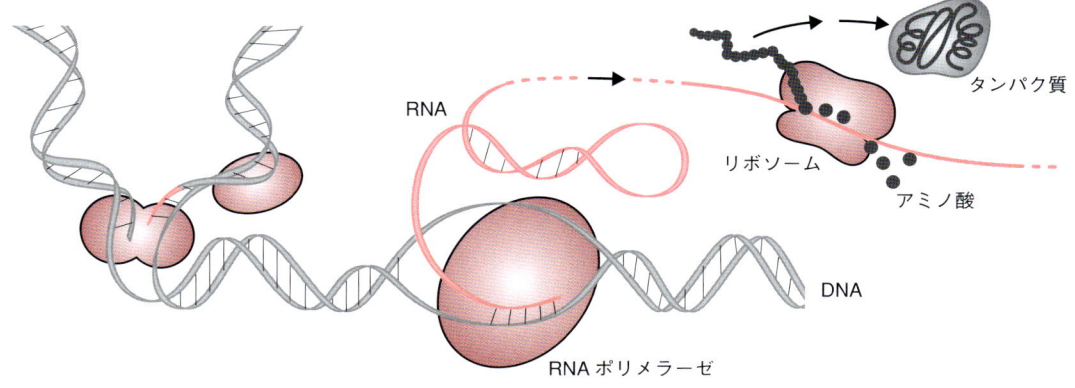

　情報高分子とはゲノムにある遺伝情報を直接もつ高分子で，核酸（DNA，RNA）とタンパク質が含まれる．遺伝情報はDNA→RNA→タンパク質と流れる（分子生物学のセントラルドグマ：中心命題といわれる）．DNAがかかわる複製や転写などの過程をDNAトランスアクションといい，真核生物では核で起こる．情報高分子の生成，成熟，維持，利用，廃棄といったダイナミズムは細胞内で厳密に統御されている（図1-6）．

1 DNA，RNAの構成成分：ヌクレオチド

　DNAは遺伝情報を含み，ゲノムの本体となり，RNAはDNAの一方の鎖が鋳型となる転写によって合成される．どちらもよく似た線状分子で，その単位をヌクレオチドという．ヌクレオチドは塩基に2′-デオキシリボース（DNAの場合）/リボース（RNAの場合）がついたヌクレオシドにリン酸が結合したもので，図1-7Aに示す構造をしている．リン酸は糖の5′位につくが，ヌクレオチド単位で，3個まで結合することができる．塩基はプリン環をもつアデニン（A）とグアニン（G），ピリミジン環をもつシトシン（C）とチミン（T），あるいはウラシル（U）が使われる（図1-7B，表1-4）．

2 線状分子としての核酸の構造

　DNA/RNAはヌクレオチドが重合した線状分子で，糖とリン酸からなる骨格に塩基が付着した

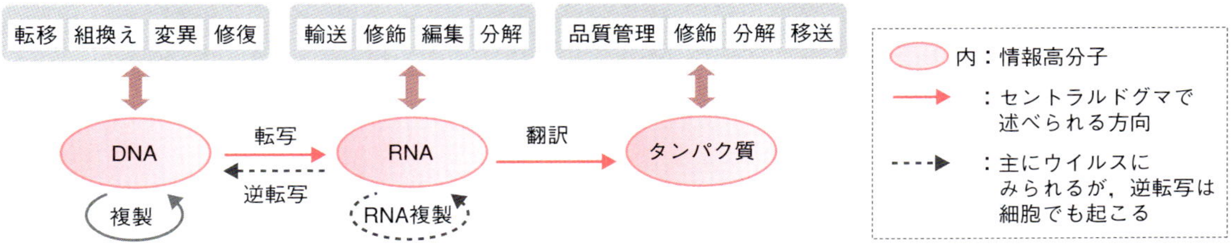

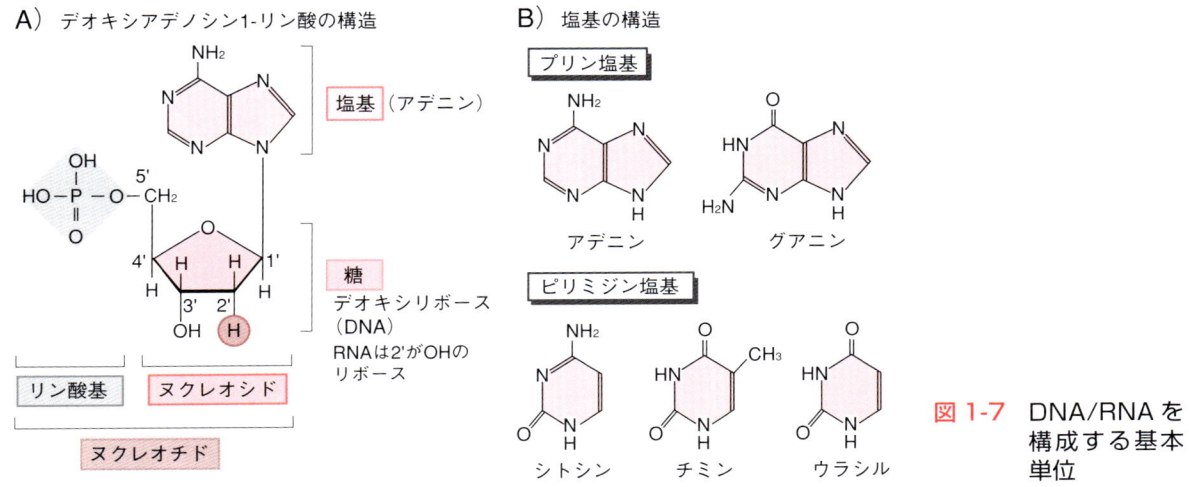

図1-6 情報高分子とそのダイナミクス

図1-7 DNA/RNAを構成する基本単位

表1-4 塩基, ヌクレオシド, ヌクレオチドの名称と略称

		プリン塩基		ピリミジン塩基	
		アデニン（A）	グアニン（G）	シトシン（C）	チミン（T） / ウラシル（U）
ヌクレオシド	(DNA中)	デオキシアデノシン	デオキシグアノシン	デオキシシチジン	(デオキシ)チミジン
	(RNA中)	アデノシン	グアノシン	シチジン	ウリジン
ヌクレオチド	(DNA中)	デオキシアデニル酸	デオキシグアニル酸	デオキシシチジル酸	チミジル酸
	(RNA中)	アデニル酸	グアニル酸	シチジル酸	ウリジル酸
ヌクレオシド一リン酸	(デオキシ型)	dAMP	dGMP	dCMP	dTMP
	(リボ型)	AMP	GMP	CMP	UMP
ヌクレオシド二リン酸	(デオキシ型)	dADP	dGDP	dCDP	dTDP
	(リボ型)	ADP	GDP	CDP	UDP
ヌクレオシド三リン酸	(デオキシ型)	dATP	dGTP	dCTP	dTTP
	(リボ型)	ATP	GTP	CTP	UTP

塩基の略号：A, T = W　G, C = S　A, C = M　G, T = K　A, G = R　C, T = Y　A, T, G = D　A, T, C = H　A, G, C = V　T, G, C = B
　　　　　　A, T, G, C = N/X
灰色の網掛け文字は糖がリボース型の場合の名称

構造をしている（図1-8A）．水中ではリン酸部分が水素イオンを出し, 負に荷電している．核酸の遺伝情報は塩基の配列に含まれる．ヌクレオチドの重合は糖3′のOHと別のヌクレオチドの5′に付いているリン酸のOHとの間で起こるが, この反応が次々にヌクレオチド間で起こり, 3′側にヌクレオチドが伸びるポリヌクレオチド, すなわち核酸がつくられる．核酸は3′, 5′という

3　情報高分子

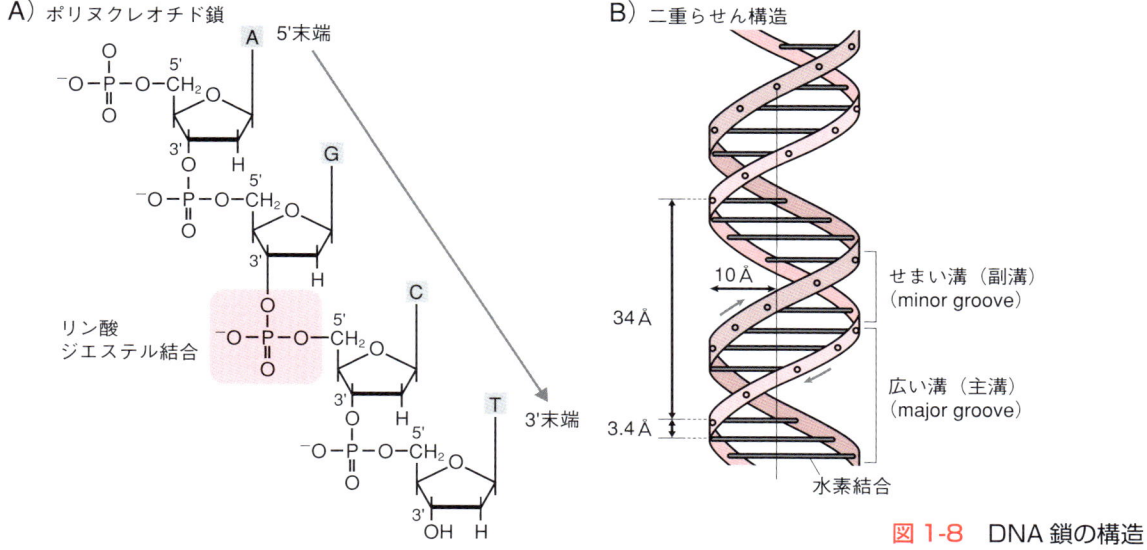

図 1-8 DNA 鎖の構造

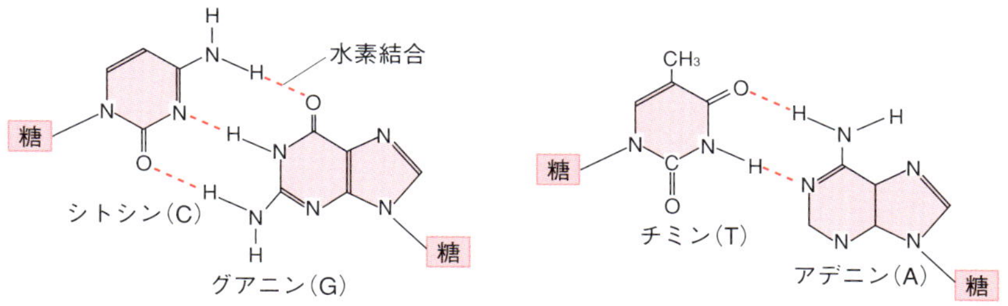

図 1-9 塩基対を形成する水素結合

明確な末端をもつ．

　DNA は 2 本の鎖が逆並行に向かい合い，塩基どうしが水素結合で結合し，さらに全体が 10.5 塩基で右に 1 回転するという二重らせん構造をとる（図 1-8B）．このようならせん（ワトソン-クリック型らせん）は B 型といわれるが，DNA にはこの他にも水のないところでできる A 型，シトシンのメチル化などがあると形成される Z 型（左巻き DNA），そして三重鎖といった構造がある．塩基結合の組合せは A：T，C：G である（注：水素結合の数により，A：T 対より G：C 対の方が安定である．図 1-9）．塩基対に関するこの特徴により，DNA 鎖は，塩基配列の一方が決まれば相手側も決まるという相補性を示し，その性質は複製や転写（アデニンにはウラシルが対合する）において重要な意味をもつ．RNA は一本鎖であるが，分子内の相補的な部分で二重鎖構造をとりやすい．

Memo
《DNA のトポロジー》
二本鎖 DNA（RNA も）は状況によって特徴的な立体的配置をとりうる．1 つはステム・ループ構造で，図 1-10 のように配列内にパリンドローム構造があると形成されやすい．RNA は特にこの構造をとりやすい．もう 1 つは超らせん構造である．通常の二重らせんは理論値よりも巻き数がわずかに少ないため，安定化しようと全体が右に捻れる負の超らせん構造をとる．細胞内 DNA はタンパク質結合などで回転の自由度が失われ，負の超らせんになっていると考えられる．エチジウムブロマイドが結合したり，何らかの原因で二重らせんの巻き数が増えると正の超らせんができる．

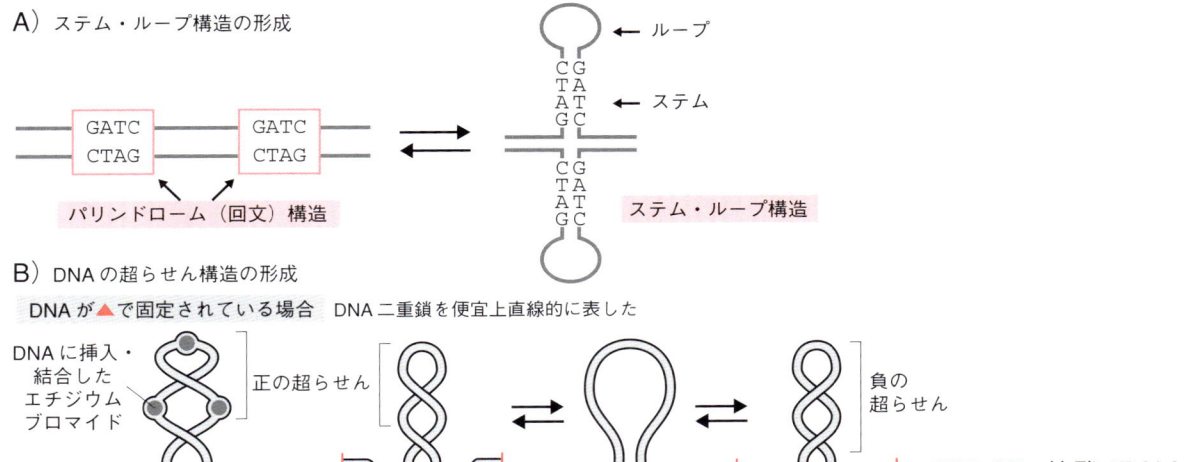

図 1-10　核酸/DNA のトポロジー

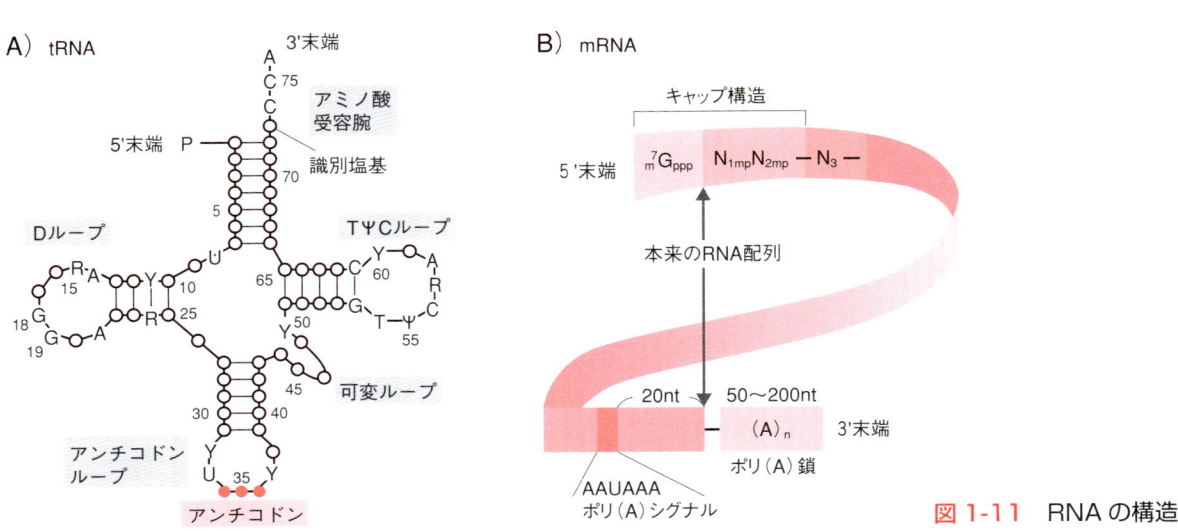

図 1-11　RNA の構造

3　RNA の構造と機能

　一本鎖として存在する RNA は新生鎖では 5′端がリン酸が 3 つつながった 3 リン酸型になっており，分子内二重鎖形成などでコンパクトな球状の分子形をとりやすく（図 1-11A），またタンパク質との親和性があるので，リボヌクレオタンパク質 RNP として存在する場合も多い．RNA のなかには転写後修飾などによって特殊塩基をもつものがある（例：tRNA）．RNA は代謝回転が早く，細胞内には多くの RNA 分解酵素が存在する．ほとんどの RNA は長い前駆体として合成された後，限定分解やスプライシングを受けて成熟 RNA となる．RNA は役割によりさまざまな種類に分類される．タンパク質合成にかかわるものとして mRNA，rRNA，tRNA の 3 種があり，表 1-5 にあるような役割分担がある．mRNA の種類は非常に多く，理論的には遺伝子数より多い．3′端にはアデニル酸が 50〜200 個連なるポリ A 鎖，5′端にはメチル化グアノシンを含むキャップ構

3　情報高分子　25

表1-5 RNAの種類と機能

機能	種類と特徴	
タンパク質合成	mRNA	タンパク質合成の鋳型．多様な種類（500～10,000塩基長）がある．hnRNA（不均一核内RNA）は核にある成熟前のmRNA（pre mRNA）．真核生物では5'にキャップ構造，3'にポリ(A)鎖をもつ
	rRNA	リボソーム粒子中に存在する．高等動物では5S，5.8S，18S，28Sのサイズをもつ．一部はアミノ酸重合反応を触媒する
	tRNA	4.5Sのサイズ．アミノ酸に結合し，リボソームに運ぶ．mRNA中のコドンと結合する
酵素作用（リボザイム）		テトラヒメナ26S rRNA，酵母ミトコンドリア シトクロムc mRNA，RNasePのRNA部分，ウイロイドゲノムRNA，rRNAの最大分子種のもの．ハンマーヘッド型リボザイム，mRNAの5'-端にあるCoTC
翻訳抑制，遺伝子発現抑制	miRNA, siRNA	20～22塩基長の大きさをもち，遺伝子抑制に働く．siRNAはRNAiに使われ，当該RNAは分解される
スプライシング制御	snRNA	6Sのサイズをもつ（U$_{1, 2, 4, 5, 6}$）．いくつかのhnRNP，スプライソソームに含まれ，スプライシングの進行に働く
核小体RNAのプロセシング	snoRNA（低分子核小体RNA）	snRNAの一部（U$_{3, 8, 13}$など）．リボソームRNAのプロセシングに関与
DNA合成プライマー	プライマーRNA	4～10塩基長．岡崎フラグメント合成時に働く
	tRNA	レトロウイルスDNA合成（逆転写）時に働く
転写制御因子	SRA	ステロイド受容体による転写活性化のコアクチベーターとなる
RNAエディティング	低分子ガイドRNA（gRNA）	RNAエディティング部位に結合し，塩基の挿入/置換/欠失を行う．RNAの校正機能
アプタマー	種々のRNA（およびDNA）	特異的標的分子に結合し，多様な機能を発揮する．標的分子にはヌクレオチド，アミノ酸，増殖因子などがある

造があり，安定性の維持やスプライシングと翻訳効率の向上に働いている（図1-11B）．

RNAはタンパク質合成以外にも多くの細胞機能の調節に働くが，これはRNA自身がDNAに比べて反応性に富む分子であること，またタンパク質と結合して機能に幅が出やすいなどの理由がある．リボザイムは触媒活性をもつRNAの総称で，単独，あるいはタンパク質と協調して転移，切断，結合など多数の反応にかかわり，数多くのものが知られている〔注：RNAワールド仮説（最初の情報高分子がRNAだったとする仮説）の重要な根拠となっている〕．近年，遺伝子発現をクロマチンレベル，転写/転写後レベル，翻訳レベルで調節（注：阻害が多い）するmiRNAなどの低分子制御RNAが多数発見されている（第5章）．アプタマーは他の物質と特異的に結合する活性をもつが，このようなRNAのなかにはリボスイッチ自身の発現や後の翻訳を調節するmRNAなど）になったり，人工的なものとして抗体や医薬として使われるものもある（第9章-3）．RNAにはこの他にはスプライシング調節因子，転写調節因子，RNA編集，そしてDNA複製におけるプライマーとして機能するものなどがある．

4 アミノ酸

タンパク質は表1-6にあげた20種類のアミノ酸からつくられる．これらのアミノ酸はアミノ基のついているα炭素にカルボキシル基，水素，アミノ酸に特有な原子団（側鎖，残基）が結合するが，いずれのアミノ酸もカルボキシル基〜側鎖の軸に対してアミノ基が左側に位置するL型である（図1-12A）（注：右に位置するものをD型という）．

アミノ酸は側鎖の構造や性質により親水性と疎水性，酸性と塩基性，さらには芳香族アミノ酸や硫黄を含むものなどに分類される．芳香環が280 nmの紫外線に吸収極大を示すため，タンパ

表 1-6 タンパク質を構成する 20 種類のアミノ酸

名称	三文字表記（一文字表記）	側鎖の構造	等電点	側鎖の性質	名称	三文字表記（一文字表記）	側鎖の構造	等電点	側鎖の性質
アラニン	Ala (A)	$-CH_3$	6.01	脂肪族炭化水素をもつ	アスパラギン酸	Asp (D)	$-CH_2-COO^-$	2.77	負電荷をもつ
ロイシン	Leu (L)	$-CH_2-CH(CH_3)-CH_3$	5.98		グルタミン酸	Glu (E)	$-CH_2-CH_2-COO^-$	3.22	
イソロイシン	Ile (I)	$-CH(CH_3)-CH_2-CH_3$	6.02		リジン	Lys (K)	$-(CH_2)_4-NH_3^+$	9.74	正電荷をもつ
バリン	Val (V)	$-CH(CH_3)-CH_3$	5.97		アルギニン	Arg (R)	$-(CH_2)_3-NH-C(=NH_2^+)-NH_2$	10.76	
プロリン※	Pro (P)	HN—CH—COOH（環状）	6.48		ヒスチジン	His (H)	$-CH_2-$イミダゾール	7.59	
チロシン	Tyr (Y)	$-CH_2-C_6H_4-OH$	5.66	芳香族環をもつ	アスパラギン	Asn (N)	$-CH_2-CO-NH_2$	5.41	アミド基をもつ
フェニルアラニン	Phe (F)	$-CH_2-C_6H_5$	5.48		グルタミン	Gln (Q)	$-CH_2-CH_2-CO-NH_2$	5.65	
トリプトファン	Trp (W)	$-CH_2-$インドール	5.89		セリン	Ser (S)	$-CH_2-OH$	5.68	ヒドロキシル基をもつ
メチオニン	Met (M)	$-CH_2-CH_2-S-CH_3$	5.74	硫黄を含む	スレオニン	Thr (T)	$-CH(OH)-CH_3$	5.87	
システイン	Cys (C)	$-CH_2-SH$	5.07		グリシン	Gly (G)	$-H$	5.97	中性

※ プロリンは全構造を示す

ク質の検出ではこの波長が使われる．アミノ酸は水に溶けて両性イオンとなるが，種類により電荷のつり合う pH（＝等電点）が異なり，それにより酸性あるいは塩基性アミノ酸と区別される．アミノ酸溶液を等電点よりアルカリ性側にすると，過剰な OH^- イオンによって正電荷が中和され，負に荷電する（図 1-13）．多くのアミノ酸やタンパク質の等電点は多少酸性側に傾いているため，中性条件で電気泳動を行うと大部分のタンパク質は陽極に泳動される．

5 ペプチドとタンパク質

アミノ酸が複数（注：通常 10 個程度以上）連なったものをペプチドといい，多数連なったポリペプチドがタンパク質である．2 つのアミノ酸のカルボキシル基とアミノ基との間でペプチド結合が形成されてアミノ酸どうしが結合する（図 1-12B）．したがってペプチドには遊離のアミノ基をもつアミノ末端（N 末端）とカルボキシル基をもつカルボキシル末端（C 末端）が存在する．

タンパク質中のアミノ酸（注：実際には側鎖）の配列をタンパク質の一次構造という（図 1-14）．ポリペプチド鎖中の近傍のアミノ酸どうしが分子間相互作用を起こすとペプチド鎖が折れ曲がるが，こうしてできた構造をタンパク質の二次構造といい，α ヘリックスや β 構造（β シートや β ターンのもとになる）がある．なかには伸びきった繊維状のものもあるが，多くのタンパク質は二次構造をとったうえで，内部に疎水性部分を集めて球状に折りたたまれる．ポリペプチド鎖全体がとるこのような形を三次構造というが，さらにポリペプチド鎖が複数会合して四次構

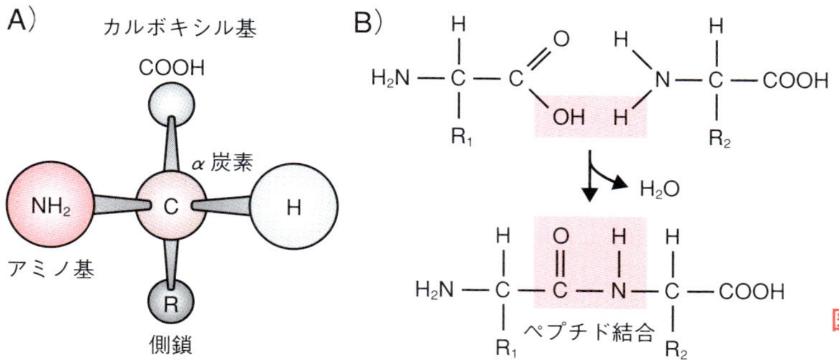

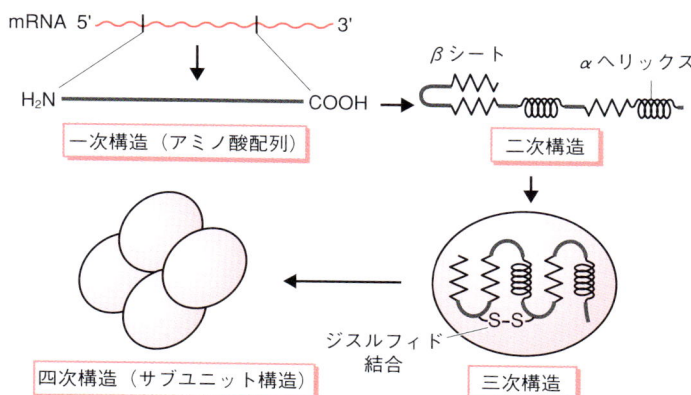

図1-12 アミノ酸の基本構造とペプチド結合

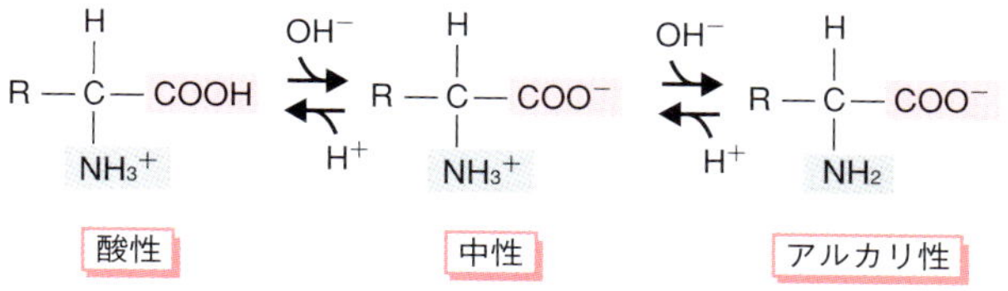

図1-13 アミノ酸のイオン化

図1-14 タンパク質の高次構造

造をつくる場合もある（注：その場合の個々のポリペプチドをサブユニットという）．三次構造形成には，システインの-SH基どうしで形成されるジスルフィド結合（-S-S-）も関与する．二次構造から四次構造までを合わせて，タンパク質の高次構造という．高次構造が熱や過激なpH，あるいは水素結合を含む弱い分子間力に影響を与える試薬によって壊れる場合があり，それをタンパク質の変性といい，活性が失われる．変性要因を取り除くことによりもとの折りたたみ構造が復活する場合もある．タンパク質の活性が，連続する1〜複数の二次構造で発揮される場合，その構造単位をドメインという．ドメインは独立性を示すことが多く，あるドメインを別のポリペプチド鎖に連結して活性を付与することができる．

■ 文　献 ■

1)"遺伝子，第7版"（菊池韶彦，他/訳），東京化学同人，2002
2)"Molecular Biology of the Gene, 5th Ed"（J. D. Watson，他/著），CSHL Press, 2004
3)"レーニンジャーの新生化学上・下，第4版"（山科郁男/監修），廣川書店，2006
4)"ゲノム，第3版"（村松正実，小南凌/監訳），メディカル・サイエンス・インターナショナル，2007

遺伝情報の保持と伝達

第2章

1 DNAの複製 … 30
複雑で巧妙な複製のメカニズム

2 転写機構 … 38
DNAの情報をRNAに写しとる

3 翻訳 … 48
遺伝暗号を解読してタンパク質合成へ

4 変異と修復 … 57
進化の過程で獲得した遺伝情報の維持機構

5 遺伝子組換え … 65
遺伝情報の多様性を生み出すしくみ

DNA の複製

Chapter 2

DNA複製開始の制御は細胞増殖の制御に直結するため厳密なものとなっている．増殖因子が受容体に結合すると種々の過程を経てそのシグナルが核に伝達され，遺伝子の転写が活性化されることによりDNA複製やその開始に関与するタンパク質が合成される．合成されたタンパク質により複製開始複合体の形成・活性化が起き，複製が開始する．DNA複製では複製される二本鎖DNAを一本鎖にほぐしてから，それぞれを鋳型として新生DNAの合成が行われる．この反応は多数のタンパク質からなる複製装置により遂行され，一方の鎖では連続的に，もう一方の鎖では不連続にDNA合成が進行する．

概念図

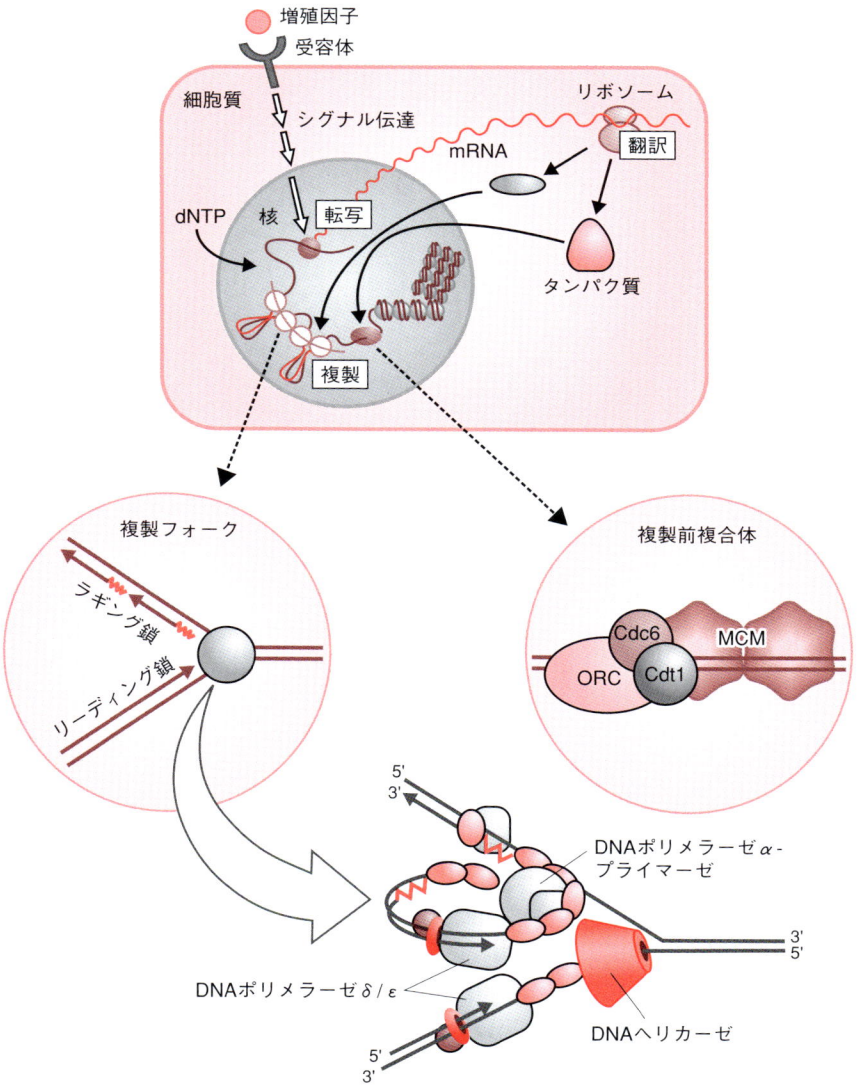

WatsonとCrickにより1953年にDNAの二重らせんモデルが提出されて間もなく，DNAを合成する酵素"DNAポリメラーゼ"がKornbergにより発見された．この酵素の発見により，かつてはDNA複製は比較的単純な過程であると考えられていたが，研究が進むにつれ，細胞内で起こる実際のDNA複製は多数の酵素・タンパク質から構成される複製装置により遂行される複雑な過程であることが明らかとなった．原核細胞と真核細胞の複製装置を構成する酵素やタンパク質は，アミノ酸配列レベルで目立った相同性が認められないが，機能的・構造的によく似通っており，DNA複製の基本過程は原核細胞と真核細胞でほぼ同じであると考えられている．

DNA複製開始の調節は細胞増殖の調節と密接に関連しており，何らかの細胞機能により積極的に制御されているのではないかと考えられていた．Jacobらは1963年にDNA複製に関する"レプリコン（replicon）仮説"を提唱した．レプリコンとは自立的な複製の単位で，制御遺伝子とレプリケーター（replicator）という特定のDNA配列（DNA複製開始点）をもち，制御遺伝子の産物である複製開始タンパク質がレプリケーターに結合することによりDNA複製が開始するというものである．現在では，このモデルが基本的に正しいことが証明されている．

大腸菌や枯草菌など原核生物の染色体，原核生物に感染するファージやプラスミドのDNA，真核生物に感染するウイルスDNAなどは基本的に単一のレプリコンからなっており，それぞれ1個のDNA複製開始点を備え（図2-1A），その開始点を認識する固有の複製開始タンパク質が存在する．一方，真核細胞の細胞核中の染色体には多数のレプリコンが存在しており（マルチレプリコン），複製開始点より両方向にDNA複製が進行する．隣り合ったレプリコンで開始されたDNA複製が出会うことによりレプリコンでの複製が完了する（図2-1B）．

1 複製の原則

1）定起点・定方向複製

DNA複製は一定の開始点から開始し，一定方向に進行する．多くの場合，複製は両方向に進行する（図2-1）．

2）半保存的複製

DNAの二重らせんモデルから予想される複製機構は，二本の相補鎖からなるDNA鎖の水素結合が切れて一本鎖となり，それぞれの一本鎖DNAが鋳型となって相補的な新生DNA鎖が合成されることにより，鋳型鎖と新生鎖からなる二本鎖DNAができるというものである．このようなDNA複製の方法を半保存的複製という．実際，DNAポリメラーゼは，鋳型上の塩基と塩基対をつくるヌクレオチドを新生DNA鎖の末端に重合させることによりDNA鎖を伸長する反応を触媒する（図2-2）．

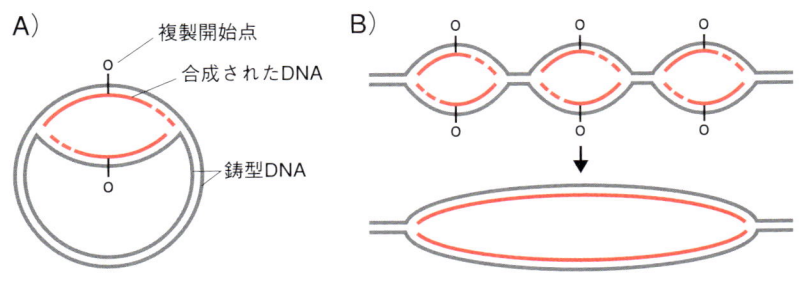

図2-1　原核細胞（A）と真核細胞（B）のDNA複製
DNA複製はDNA上の特定のDNA複製開始点（o）から開始し両方向に進行する

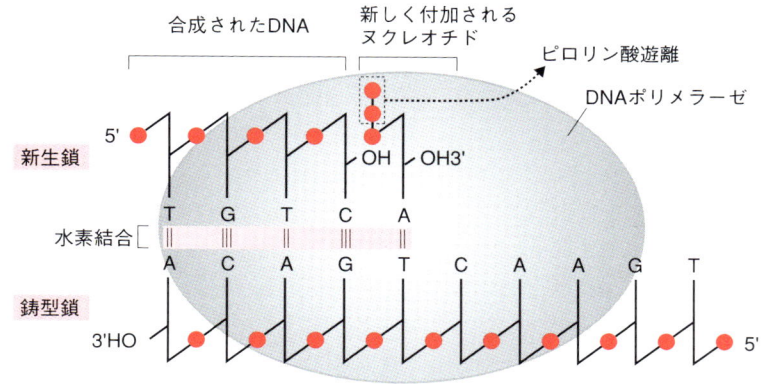

図2-2 DNAポリメラーゼによるDNA合成
DNAポリメラーゼは，鋳型の塩基と塩基対を形成するヌクレオシド三リン酸を基質にして，すでに合成されたDNAの3′-OH基にヌクレオシド一リン酸を結合させる．このときピロリン酸が遊離する．●はリン酸基を示す

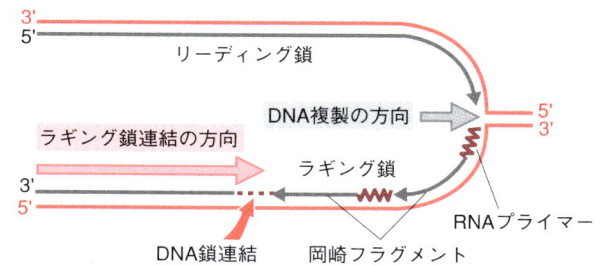

図2-3 複製フォークにおける反応
ラギング鎖では，5′→3′方向に岡崎フラグメントと呼ばれる短いDNA鎖が合成され，後でこの短鎖DNAがつながれることにより，巨視的にみると3′→5′方向に複製が進行する

3）プライマー要求性

DNAポリメラーゼは，鋳型DNAと相補的なDNAまたはRNA鎖の3′-OH基にヌクレオシド一リン酸を付加する酵素である（図2-2）．このため，DNA合成を開始するには，3′-OH基を提供する先導配列（プライマー）が必要となる．多くの場合，プライマーは数個から10個程度のヌクレオチドからなるRNAで，これをRNAプライマーという．

4）不連続複製

DNAは，隣り合ったヌクレオチドに含まれるデオキシリボースの5′位と3′位がリン酸を介して連結することで直鎖状の構造をとる．このデオキシリボースの向きからDNAの方向を規定することができる．二本のDNA鎖が二重らせん構造を形成するとき，それぞれのDNA鎖は互いに逆向きの方向（5′→3′と3′→5′）になっている．したがって，二本のDNA鎖の複製が同時に進行するためには，一方の鋳型鎖上では5′→3′方向に，他方では3′→5′方向にDNA鎖を合成しなければならない．しかし，DNAポリメラーゼはDNA鎖を5′→3′方向にしか伸長しない．そこで，比較的短いDNAを何度も繰り返して5′→3′方向に合成し，合成された短鎖DNAを3′→5′方向に順次連結するという方法（不連続複製）により3′→5′方向のDNA合成を可能にしている（図2-3）．このとき合成される短鎖DNAを発見者にちなんで「岡崎フラグメント」と呼ぶ．また，連続的に合成されるDNA鎖を先行鎖（リーディング鎖：leading strand），不連続に合成される鎖を遅行鎖（ラギング鎖：lagging strand）という．

2 DNA鎖伸長反応

1）原核細胞のDNA鎖伸長

大腸菌のDNA複製には，DNA複製開始タンパク質（DnaA），二本鎖DNAを一本鎖に巻き戻

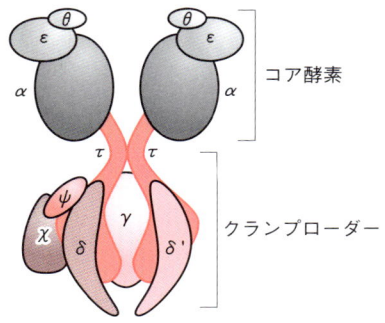

図 2-4 βサブユニットをもたない DNA ポリメラーゼⅢホロ酵素（DNA pol Ⅲ*）のサブユニット構成

コア酵素は α, ε, θ のサブユニットからなり, α は DNA ポリメラーゼ活性を, ε は 3′→5′エキソヌクレアーゼ活性を担っている. τ は 2 つのコア酵素を連結すると同時に, γ, δ, δ′サブユニットと複合体を形成して β サブユニット（クランプ）を DNA に導入する機能（クランプローダー活性）をもつ

す DNA ヘリカーゼ（DnaB）, 一本鎖 DNA に結合するタンパク質（SSB）, RNA プライマーを合成する DNA プライマーゼ（DnaG）, DNA ポリメラーゼⅢホロ酵素, 岡崎フラグメントの連結にかかわる DNA ポリメラーゼⅠ, DNA リガーゼ, さらに複製の過程で生じる DNA の高次構造の歪みを解消する DNA トポイソメラーゼなどが関与する.

　DNA ポリメラーゼⅢホロ酵素は 10 種類のサブユニットからなる巨大な複合体である（図 2-4）. コア酵素のサブユニット構成は α ε θ で, α が DNA ポリメラーゼ活性を担っている. ε は 3′末端から DNA を分解していく活性（エキソヌクレアーゼ活性）をもっている. この活性は DNA ポリメラーゼが間違ったヌクレオチドを重合したとき, そのヌクレオチドを取り除いて修正するために必要であり（校正活性）, この活性があることで複製の正確さが約 200 倍高まる. τ により 2 つのコア酵素が連結されており, これらのコア酵素がそれぞれリーディング鎖, ラギング鎖の合成を担当する. β は二量体で DNA の周りに閉じた環（クランプ）を形成し, DNA 上を滑ることができる. β がコア酵素を DNA につなぎ止めることで, 長い DNA 鎖を合成することが可能になる. τ γ δ は協調して β を DNA にのせる働き（クランプローダー活性）をもつ.

　DNA 複製が進行している部分を複製フォークと呼ぶ（図 2-3 参照）. 複製フォークでは DnaB により二本鎖 DNA を巻き戻し, SSB により一本鎖部分を安定化し, DNA ポリメラーゼⅢホロ酵素によりリーディング鎖とラギング鎖の合成がほぼ同時に進行する（図 2-5A）. ラギング鎖を合成している DNA ポリメラーゼは岡崎フラグメントの合成が完了すると, 新たに合成されたプライマーの末端に結合した β サブユニットに移動して短鎖 DNA の合成を開始する. RNA プライマーは RNaseH または DNA ポリメラーゼⅠのエキソヌクレアーゼ活性により除かれ, DNA ポリメラーゼⅠにより隙間が埋められたのち, DNA リガーゼにより隣接する DNA 末端に連結される（図 2-6A）.

2）真核細胞の DNA 鎖伸長

　真核細胞の DNA 複製も大腸菌の DNA 複製に関与するものと同様な機能をもつ酵素・タンパク質により遂行される. すなわち, DNA ヘリカーゼ, 一本鎖 DNA 結合タンパク質複合体（RPA）, DNA プライマーゼ, DNA ポリメラーゼ, クランプ（PCNA）, クランプローダー（RFC）, プライマー除去にかかわる酵素（Dna2, Fen1）, DNA リガーゼである（図 2-5B）. 複製の進行に伴って生じる超らせんの歪みは DNA トポイソメラーゼにより解消される.

　真核細胞中には数多くの DNA ポリメラーゼが存在することが明らかとなってきているが, 主要に DNA 複製に関与すると考えられているのは DNA ポリメラーゼ α, δ, ε の 3 種である. このうち, DNA ポリメラーゼ α は DNA プライマーゼ活性をもつサブユニットを保持しており, DNA 合成の開始に関与する.

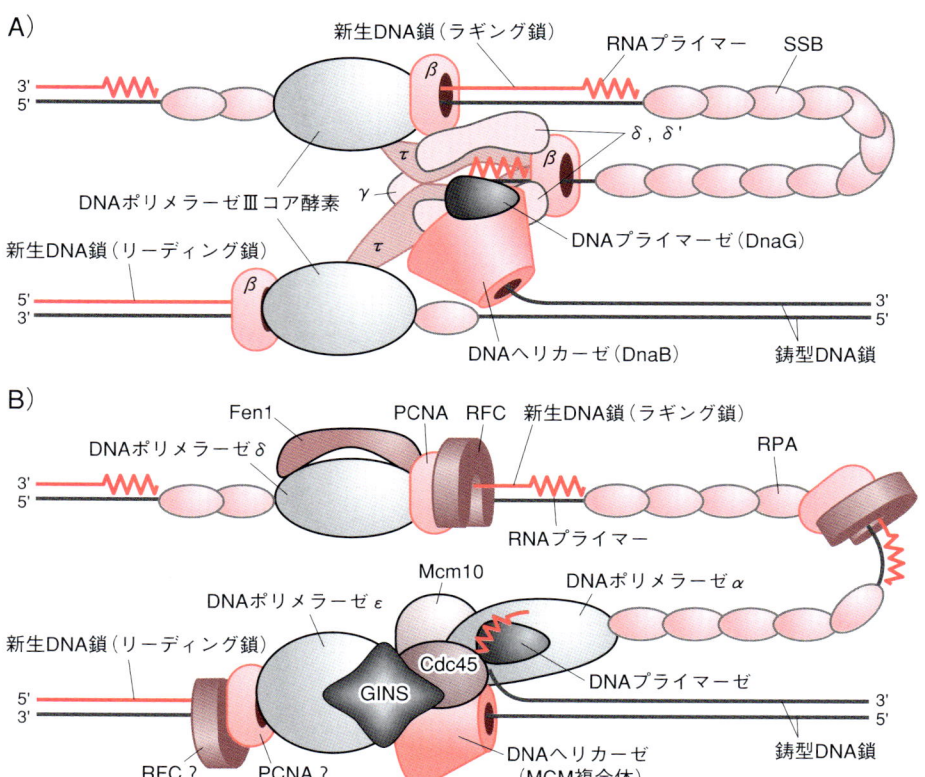

図 2-5 複製フォークで働く DNA 複製関連タンパク質群
A) 大腸菌の DNA 複製は，DNA ポリメラーゼ III ホロ酵素により，リーディング鎖とラギング鎖の合成がほぼ同時に進行する．ラギング鎖を合成している DNA ポリメラーゼは，岡崎フラグメントの合成が完了すると β サブユニットから解離し，DnaG により新たに合成されたプライマーの末端に結合した β サブユニットに移動して短鎖 DNA の合成を開始する．B) 真核細胞では，ラギング鎖の合成は DNA ポリメラーゼ α - プライマーゼ複合体がプライマーRNA と短鎖 DNA を合成し，この短鎖を RFC-PCNA の補助のもとに DNA ポリメラーゼ δ が伸長することにより進行する．リーディング鎖は DNA ポリメラーゼ ε により連続的に合成されると考えられているが，このとき RFC-PCNA を利用しているかについては明らかではない．RPA，SSB：一本鎖 DNA 結合タンパク質，PCNA：proliferating cell nuclear antigen，RFC：replication factor C，Fen1：flap-endonuclease 1．Mcm10，Cdc45，GINS については後述．

　DNA ヘリカーゼにより二本鎖 DNA が巻き戻され一本鎖になると DNA ポリメラーゼ α 中のプライマーゼが RNA プライマーを合成し，これを利用して DNA ポリメラーゼ α が短い DNA 鎖を合成する．クランプローダーである RFC は PCNA と結合する活性をもつと同時に DNA 鎖の 3′末端に結合する活性をもち，クランプである PCNA を DNA ポリメラーゼ α が合成した DNA の末端に効率よく導入することができる．PCNA を介して DNA ポリメラーゼ δ がこの領域に入り込み，短鎖 DNA の 3′末端から DNA 鎖を伸長する．

　3′→5′に DNA 複製が進行するラギング鎖では，DNA ポリメラーゼ α が RNA をプライマーとして 5′→3′方向に短い DNA を合成し，さらに DNA ポリメラーゼ δ に引き継がれて DNA 鎖が伸長される．5′末端側にある RNA プライマーは，さらに 5′側から伸長してきた岡崎フラグメントの合成に伴い鋳型より引きはがされ，3′側に連結した DNA 鎖の一部とともに Fen1 のエンドヌクレアーゼ活性により取り除かれる．その後，DNA リガーゼ I によりプライマーが除去された DNA 鎖と新生岡崎フラグメントとが連結される（図 2-6B）．

　リーディング鎖の合成も，DNA プライマーゼをもつ DNA ポリメラーゼ α により開始されるが，

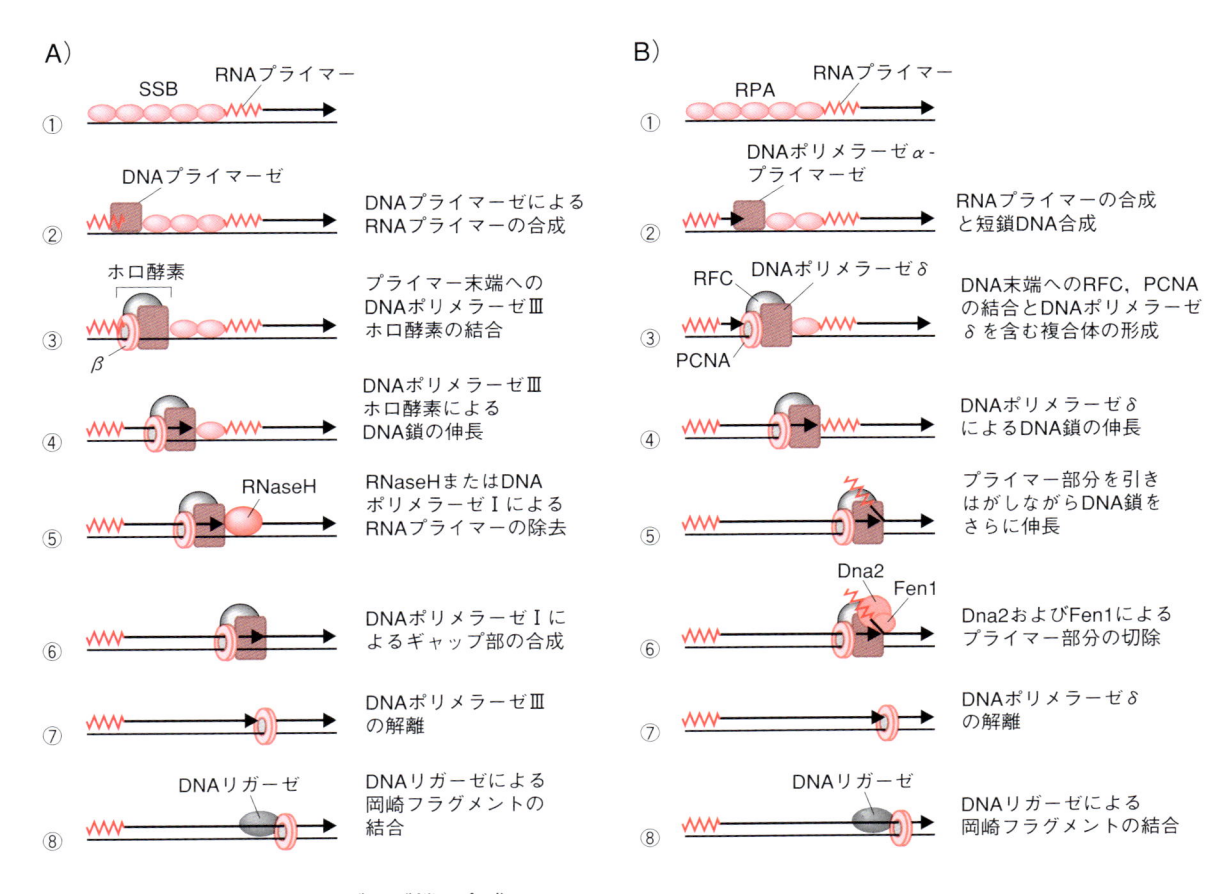

図2-6　ラギング鎖の合成
A）大腸菌．B）真核細胞

その伸長はDNAポリメラーゼεにより連続的に進行すると考えられている．

3　DNA複製開始機構

1）原核細胞のDNA複製開始

　大腸菌のDNA複製はDNA上の *oriC* と呼ばれる領域から開始する．開始に最小限必要な領域は245 bpで，このなかには，A-T塩基対に富む3つの繰り返し配列と複数のDnaA結合領域（DnaAボックス）が含まれている．大腸菌の複製開始タンパク質であるDnaAは，DnaAボックスを認識してDNAに結合する．DnaAは別のDnaAと相互作用することで，約30個のDnaA分子からなる塊となり，これを *oriC* 領域のDNAが包み込んだような複合体が形成される．このような複合体ができると，ATP存在下でA-T塩基対に富む繰り返し配列の部分が開裂する．この一本鎖部分にDNAヘリカーゼであるDnaB六量体が結合して一本鎖部分を拡張する（図2-7A）．このDnaBを中心にDNAプライマーゼであるDnaGなどのタンパク質が集合し複合体（プライモソーム）を形成し，さらにDNAポリメラーゼIIIホロ酵素が加わってDNA複製が開始される．DnaAの量は細胞周期を通して一定であるが，ATP結合型（活性型）とADP結合型との相互変換によりその活性が制御されている．

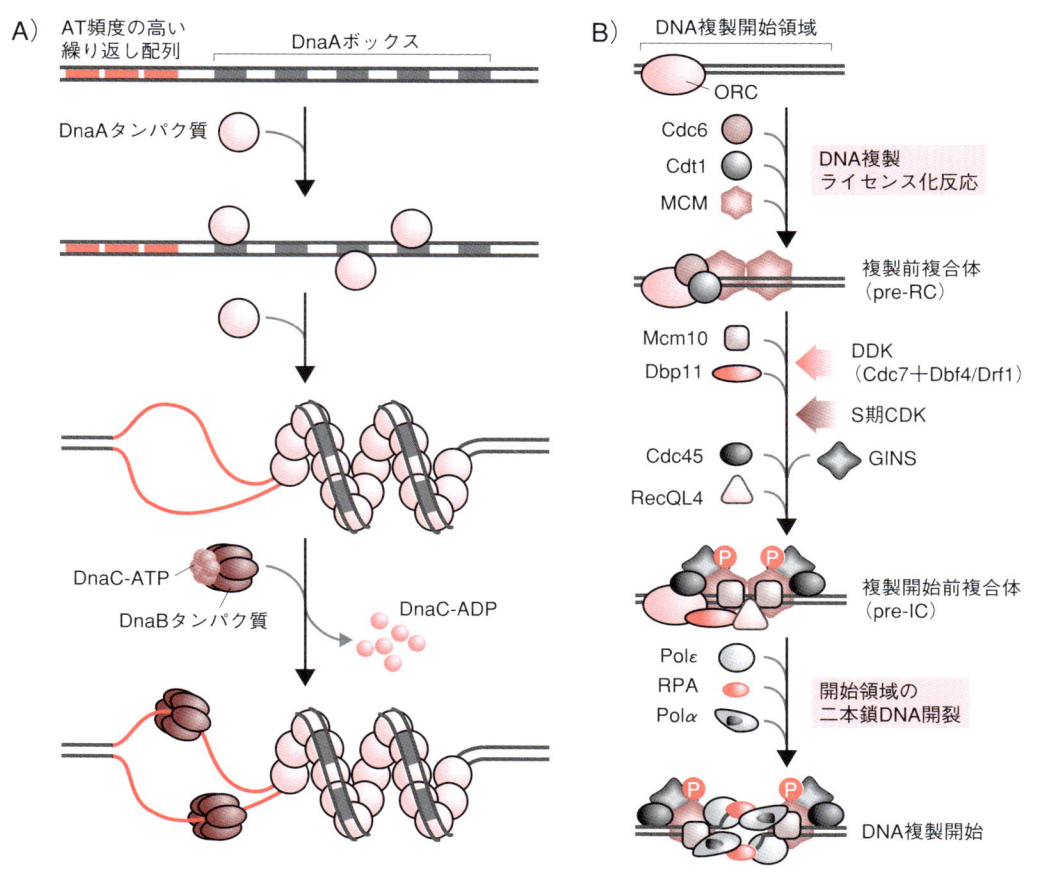

図2-7 DNA複製開始機構

A) 大腸菌 oriC における開始反応．oriC 上の DnaA ボックスに結合した DnaA が多量体を形成し，これに伴って A-T に富む領域が開裂する．ここに DnaB/DnaC 複合体の DnaB 六量体が導入され DNA ヘリカーゼ活性により一本鎖部分を拡張する．B) 真核細胞の DNA 複製開始機構．DNA 複製開始領域に ORC，Cdc6 および Cdt1，MCM 複合体が順次結合し複製前複合体を形成する．ここに DDK，CDK によるリン酸化反応と Mcm10，Dpb11，Cdc45，GINS，RecQL4 の DNA 結合が進行し複製開始前複合体を構築する．さらに，DNA ポリメラーゼε（Pol ε），RPA，DNA ポリメラーゼα-プライマーゼ複合体（Pol α）が導入されることにより二本鎖 DNA の開裂と DNA 複製開始が進行する

2）真核生物の DNA 複製開始

　出芽酵母の DNA 断片をプラスミド DNA につないで酵母細胞に導入すると，そのうちの一部のものについては酵母細胞内で複製することができるようになる．酵母細胞中でプラスミド DNA の複製を可能にする出芽酵母 DNA の領域を自律複製配列（autonomously replicating sequence：ARS）という．ARS のうち数多くのものは，出芽酵母 DNA の複製開始領域として機能することが確認されている．この領域に結合するものとして6つのサブユニット（Orc1〜6）から構成される複製開始点認識複合体（origin recognition complex：ORC）が見出された．ORC に相当するタンパク質複合体は多くの真核生物から見出されており，ORC はすべての真核細胞の DNA 複製開始において重要な役割を担っていると考えられている．

　複製開始領域に結合した ORC を目印として，Cdc6，Cdt1 が結合する（図2-7B）．これらは DNA 複製開始に直接的に働きかける役割をもつ MCM 複合体の DNA 上への結合のために必要となる．MCM（mini-chromosome maintenance）遺伝子は出芽酵母細胞中で ARS をもつミニ染色

体を安定に保持するために必要とされるタンパク質をコードする遺伝子群であり，その産物のうちの6種（Mcm2〜7）がMCM複合体を形成する．この複合体が真核生物においてDNA複製フォークを進行させるDNAヘリカーゼの中心に位置するものであると考えられている．ここまでに構築されるタンパク質-DNA複合体を複製前複合体（<u>pre</u>-<u>r</u>eplication <u>c</u>omplex：pre-RC）と呼ぶ．

　MCM複合体のDNA上への結合ののち，Mcm10, Dpb11, Cdc45, GINS複合体（Sld5-Psf1-Psf2-Psf3），RecQL4がDNA複製開始領域に順次結合する．この過程にはDDKとS期CDKの2つのタンパク質リン酸化酵素が必要とされる．DDK（<u>D</u>bf4/<u>D</u>rf1-<u>d</u>ependent protein <u>k</u>inase）とは*CDC7*遺伝子産物であり，Dbf4またはDrf1と会合することにより酵素活性が賦活化され，DNA複製開始の過程でMCM複合体のサブユニットをリン酸化する．一方，CDK（<u>c</u>yclin-<u>d</u>ependent protein <u>k</u>inase）はサイクリンと会合し賦活化される．このため，Dbf4やS期サイクリンの転写の制御がDDK，CDK酵素活性の制御に非常に重要となる．ここまでの過程はMCM複合体をDNAヘリカーゼとして活性化するための過程であると考えられており，構築されるタンパク質-DNA複合体を複製開始前複合体（<u>pre</u>-<u>i</u>nitiation <u>c</u>omplex：pre-IC）と呼ぶ．

　さらに，DNA複製開始領域における一本鎖DNAの露出とRPAによる一本鎖部分の安定化，DNAポリメラーゼε，αなどのDNA複製領域への導入が引き起こされ，DNA複製開始の過程からDNA鎖伸長の過程へと移行する．

Memo

DNA複製開始に必要なS期CDKの標的となる基質タンパク質は，出芽酵母ではSld2, Sld3と呼ばれるタンパク質であることが明らかにされた．しかしながら，いずれも出芽酵母のDNA複製に必須のタンパク質であるにもかかわらず，高等真核生物ではSld3に相当するものが見出されていない．また，Sld2と相同な構造をもつRecQL4でも，CDKによるリン酸化部位とされるアミノ酸は保存されていない．したがって，高等真核生物のDNA複製開始に要求されるS期CDKによるリン酸化の標的はいまだに明らかではない．

■ 文　献 ■

1) Watson, J. D. & Crick, F. H. C.：Molecular structure of nucleic acids: a structure for deoxyribose nucleic acid. Nature, 171：737-738, 1953
2) "DNA replication"（Kornberg, A. & Baker T. A.）, Freeman, 1991
3) Stillman, B.：Smart machines at the DNA replication fork. Cell, 78：725-728, 1994
4) Baker, T. A. & Bell, S. P.：Polymerases and the replisome: machines within machines. Cell, 92：295-305, 1998
5) Kelman, Z. & O'Donnell, M.：DNA polymerase III holoenzyme: structure and function of a chromosomal replicating machine. Annu. Rev. Biochem., 64：171-200, 1995
6) Pomerantz, R. T. & O'Donnell, M.：Replisome mechanics: insights into a twin DNA polymerase machine. Trends Microbiol., 15：157-164, 2007
7) Bambara, R. A. et al.：Enzymes and reactions at the eukaryotic DNA replication fork. J. Biol. Chem., 272：4647-4650, 1997
8) Garg, P. & Burgers, P. M. J.：DNA polymerases that propagate the eukaryotic DNA replication fork. Crit. Rev. Biochem. Mol. Biol., 40：115-128, 2005
9) Kao H.-I. & Bambara, R. A.：The protein components and mechanism of euaryotic Okazaki fragment maturation. Crit. Rev. Biochem. Mol. Biol., 38：433-452, 2003
10) Mott, M. L. & Berger, J. M.：DNA replication initiation: mechanisms and regulation in bacteria. Nat. Rev. Microbiol., 5：343-354, 2007
11) Duderstadt, K. E. & Berger, J. M.：AAA+ ATPases in the initiation of DNA replication. Crit. Rev. Biochem. Mol. Biol., 43：163-187, 2008
12) Takisawa, H. et al.：Eukaryotic DNA replication: from pre-replication complex to initiation complex. Curr. Opin. Cell Biol., 12：690-696, 2000
13) Labib, K. & Gambus, A.：A key role for the GINS complex at DNA replication forks. Trends Cell Biol., 17：271-278, 2007
14) "DNA replication and human deseases"（DePamphilis, M. L./ed.）, Cold Spring Harbor Laboratory Press, 2006

Chapter 2

2 転写機構

転写はDNA上の遺伝子にコードされた遺伝情報を発現する第一段階として，RNAポリメラーゼがRNAを合成する反応である．原核生物と真核生物でその基本機構は似ており，RNAポリメラーゼは遺伝子の転写開始点を含むプロモーター領域に結合し，開始，プロモータークリアランス，伸長，終結という4段階で転写サイクルを終了する．ところが，真核生物は，情報量が多いこともあってDNAがクロマチンという構造で折りたたまれており，さらにRNAポリメラーゼ単独で転写を正確に行えない．また近年，転写がその後の反応と協調的に制御されていることも明らかになってきた．

概念図

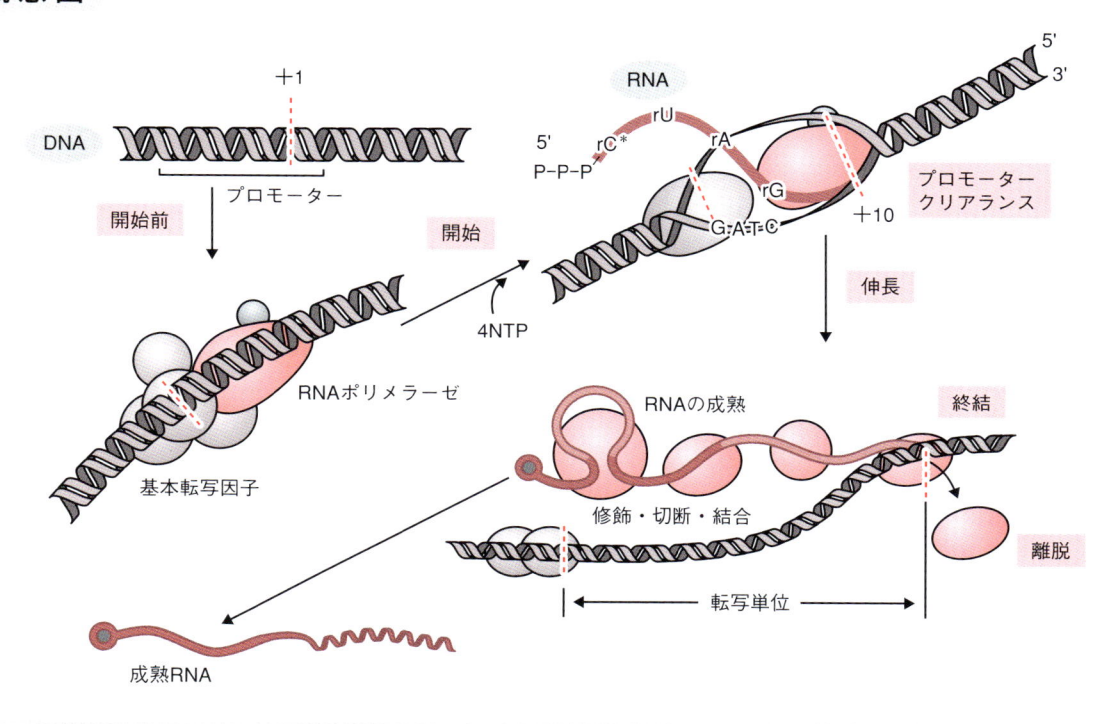

転写とは，二本鎖DNAの鋳型鎖（template strand）に対応したRNAを合成する反応である．この反応を行う酵素がRNAポリメラーゼであり，デオキシリボヌクレオシド三リン酸から構成されるDNAを鋳型に，基質となるリボヌクレオシド三リン酸を重合してRNA鎖を合成する．転写反応はDNAを合成する複製反応とよく似ているが，DNA合成酵素であるDNAポリメラーゼと以下の点で異なっている．①プライマーを必要とせず，転写開始点からすぐに転写を開始できる．②また，複製は細胞分裂のたびにゲノム全体を1回だけ完全に複写するが，転写はゲノムの決まった部分のみを必要な回数複写する．

一方，DNAの鋳型鎖に相補的な鎖は非鋳型鎖（nontemplate strand），またはコード鎖（coding srtand）と呼ばれ，遺伝子から転写されるRNAとDNAではTの位置にUがある以外，配列が同じである．

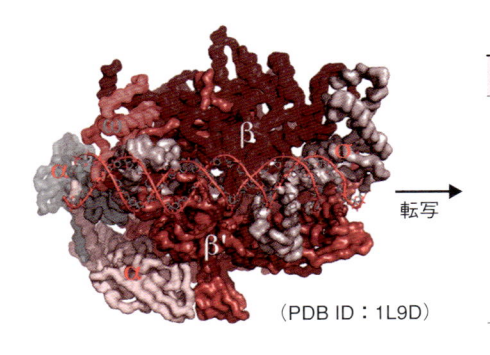

サブユニット	機能
α	β, β'の集合，プロモーター結合能
β	ヌクレオチド重合触媒活性，基質結合
β'	DNA結合，σ因子結合
σ	プロモーター認識，転写能活性化
σ^{70}	通常の遺伝子のプロモーター
σ^{54}	飢餓状態で発現する遺伝子プロモーター
σ^{32}	熱ショックで発現する遺伝子プロモーター

図 2-8　原核生物 RNA ポリメラーゼの構造と機能（巻頭カラー 1 参照）
X線結晶構造解析により決定された高度好熱菌（*Thermus aquaticus*）のRNAポリメラーゼの全6サブユニット（$\alpha_2\beta\beta'\sigma\omega$）とプロモーターDNAの共結晶構造（PDB ID：1L9D）を示す．右には大腸菌サブユニットの機能をまとめた

1　RNA ポリメラーゼ

　RNAポリメラーゼ（RNA polymerase，ここではDNAを鋳型とするDNA依存性RNAポリメラーゼのこと）は，原核生物と真核生物のすべての種で転写反応を担っている．1959年ラット肝細胞で発見され，翌年には大腸菌からも発見された．

1）原核生物の RNA ポリメラーゼ

　原核生物では1種類のRNAポリメラーゼがすべての遺伝子の転写を担っている．その際，ファージでは単一のポリペプチド鎖がRNAポリメラーゼとして機能しているのに対して，大腸菌などの真性細菌ではα，β，β'，σ，ωの5種類のサブユニットが$\alpha_2\beta\beta'\sigma\omega$の六量体構造の複合体を形成している．図2-8の左には好熱菌 *T. aquaticus* のRNAポリメラーゼの構造を示す．サブユニットのなかでσ因子は着脱しやすく，σの結合した形をホロ酵素（holoenzyme），σが脱離した形をコア酵素（core enzyme）という．各サブユニットの機能を図の右側にまとめる．構造からも明らかなように，σ因子はプロモーターDNAと広範にわたり結合しており，RNAポリメラーゼのプロモーターDNAとの結合特異性にかかわっている．またσ因子にはいくつかの種類があり，大腸菌では通常σ^{70}と呼ばれるものが中心に機能しているが，窒素飢餓や熱ショックの状態になると，σ^{54}やσ^{32}という別の因子がRNAポリメラーゼに結合して転写に機能する．その際には，σ因子の種類に応じて転写される遺伝子も異なるものが選択されている．

2）真核生物の RNA ポリメラーゼ

　真核生物では，原核生物に比べて遺伝情報が膨大になったこともあり，RNAポリメラーゼの構造と機能は複雑になっている．まず，RNAポリメラーゼが3種類となり，RNAポリメラーゼⅠ，Ⅱ，Ⅲ（それぞれPol Ⅰ，Pol Ⅱ，Pol Ⅲ）と命名されている．表2-1にこれをまとめた．表に示すようにおのおののポリメラーゼには役割分担がある．タンパク質をコードする遺伝子はすべてPol Ⅱにより転写されるが，この構造と機能の解明を行ったという功績に対して，2006年のノーベル化学賞が米国スタンフォード大学のロジャー・コーンバーグ（Roger Kornberg）教授に授与された．一方，他のポリメラーゼに関してはPol ⅠはrRNA遺伝子，Pol ⅢはtRNA，5S rRNA，snRNAなどの低分子RNA遺伝子やアデノウイルスVA1遺伝子を転写する．これら真核生物の

表2-1　RNAポリメラーゼの比較

	大腸菌RNAPol	古細菌RNAPol	Pol I	Pol II	Pol III
細胞内局在	−	−	核小体	核質	核質
α-アマニチン感受性	−	−	非感受性	高感受性（0.02μg/mLで50％阻害）	低感受性（20μg/mLで50％阻害）
役割	すべてのRNAの転写	すべてのRNAの転写	rRNAの転写	すべてのmRNA，一部のsnRNA，多くの低分子RNAの転写	tRNA，5S rRNA，snRNA，アデノウイルスVARNA，Alu RNA，一部の低分子RNAの転写
特徴		原核と真核生物の中間に位置するが，真核生物に近い構成をもつ	アクチノマイシンで阻害	最大サブユニットのC末端にセリンに富む7アミノ酸の繰り返し配列（CTD）をもつ	
	β'	A'+A''（2つに分離）	Rpa190	Rpb1	Rpc160
	β	B	Rpa135	Rpb2	Rpc128
	α	D	Rpc40	Rpb3	Rpc40
	α	L	Rpc19	Rpb11	Rpc19
	ω	K	Rpb6	Rpb6	Rpb6
		F	Rpa14	Rpb4	Rpc17
		H	Rpb5	Rpb5	Rpb5
		E	Rpa43	Rpb7	Rpc25
		M	Rpa12	Rpb9	Rpc11
		N	Rpb10	Rpb10	Rpb10
		P	Rpb12	Rpb12	Rpb12
		G（一部の種が保有）	Rpb8	Rpb8	Rpb8
			Rpa34		Rpc31
			Rpa49		Rpc34
					Rpc37
					Rpc53
					Rpc82

真核生物の3種のRNAポリメラーゼで共有された5個のサブユニットをボックスで囲った

　遺伝子は，転写するRNAポリメラーゼに応じて3つのクラス（クラスI〜III）に分類できる．また，第5章で詳しく述べられているが，近年細胞内での重要な機能が話題になっている低分子RNAは，micro RNA（miRNA）をはじめ，ほとんどはPol IIが転写しており，一部Pol IIIが転写していることが明らかになっている．

　表2-1に示すように，真核生物のRNAポリメラーゼは，Pol Iが14個，Pol IIが12個，Pol IIIが17個という多サブユニットから構成されており，各サブユニットは表2-1にまとめた．3種のポリメラーゼは，小さいサブユニット5個を共有しており，またおのおのの最大と2番目のサブユニットは大腸菌RNAポリメラーゼのβ'とβサブユニットにそれぞれ相同である．一方，これも表2-1に示しているが，大腸菌のαサブユニットに相同なサブユニットが真核生物では3種のポリメラーゼに2個ずつあること，ωサブユニットに相同なサブユニットも真核生物に存在し，Pol IIではRpb6が相当する．

　特筆されるのは，あらゆるポリメラーゼのなかで真核生物のPol IIだけが，その最大サブユニットRpb1のC末端に7アミノ酸（YSPTSPS）の繰り返し配列（CTD：C-terminal domain）を有しており，ヒトで52回，出芽酵母では26回繰り返している．そして，CTDがその2番目と5番目のセリンでリン酸化されて，転写およびRNAプロセシング，加えて遺伝子の転写開始点下流のクロマチンリモデリングを協調的に遂行させるのに重要であることが近年明らかにされている．

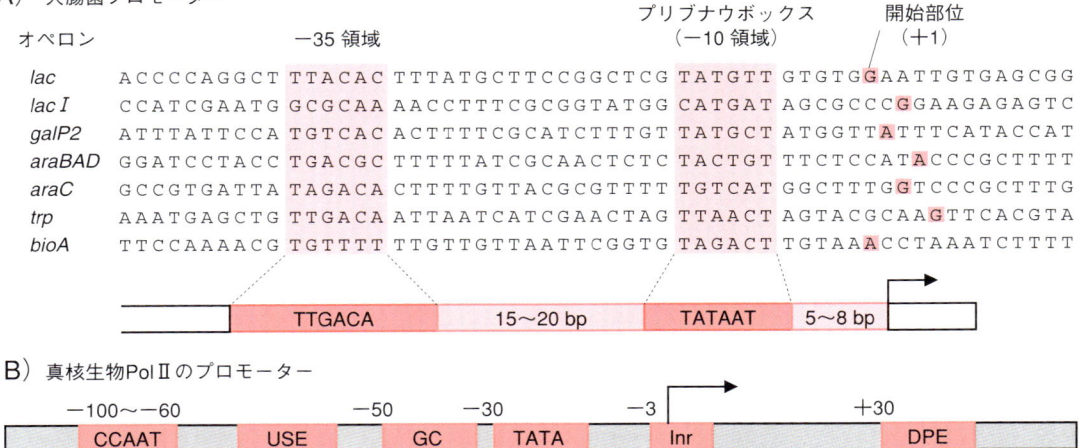

図2-9 プロモーターの基本構造

A) 大腸菌プロモーター

オペロン		－35領域		プリブナウボックス（－10領域）	開始部位（＋1）
lac	ACCCCAGGCT	TTACAC	TTTATGCTTCCGGCTCG	TATGTT	GTGTGGAATTGTGAGCGG
lacI	CCATCGAATG	GCGCAA	AACCTTTCGCGGTATGG	CATGAT	AGCGCCGGAAGAGAGTC
galP2	ATTTATTCCA	TGTCAC	ACTTTTCGCATCTTTGT	TATGCT	ATGGTATTTCATACCAT
araBAD	GGATCCTACC	TGACGC	TTTTTATCGCAACTCTC	TACTGT	TTCTCCATACCCGCTTTT
araC	GCCGTGATTA	TAGACA	CTTTTGTTACGCGTTTT	TGTCAT	GGCTTGGTCCCGCTTTG
trp	AAATGAGCTG	TTGACA	ATTAATCATCGAACTAG	TTAACT	AGTACGCAAGTTCACGTA
bioA	TTCCAAAACG	TGTTTT	TTGTTGTTAATTCGGTG	TAGACT	TGTAAACCTAAATCTTTT

コンセンサス配列: TTGACA — 15〜20 bp — TATAAT — 5〜8 bp

B) 真核生物PolⅡのプロモーター

−100〜−60: CCAAT, −50: USE, −30: GC, TATA, −3: Inr, +30: DPE

大腸菌（A）と真核生物（B）のプロモーターの典型的な構造を示した．ここでは真核生物のプロモーターは，典型的なTATAボックスをもつものを示す．いくつかの特徴的な配列がみられる．CCAAT（CCAATボックス），USE（upstream stimulating element），GC（GCボックス），TATA（TATAボックス），Inr（イニシエーター，PyPyANT/APyPy，Pyはピリミジン），DPE（downstream promoter element）

転写においては，5番目のセリンリン酸化がPolⅡの転写開始点近傍にいて転写を開始して伸長段階に移行する際に重要で，2番目のセリンリン酸化は転写伸長に重要である．また最近新たに，7番目のセリンリン酸化も転写における重要性が認識され，研究が始まっている．

> **Memo**
> 進化的に真核生物と真正細菌の中間に位置する古細菌（Archaea）では，RNAポリメラーゼは真正細菌と同様に1種類であるが，11サブユニット（12サブユニットの亜種もある）を有しており，その構造と機能は真核生物のものに近いと考えられる．

2 プロモーター

RNAポリメラーゼは，1回の転写サイクルでDNAの一定範囲を転写する．このDNA領域を転写単位といい，遺伝子そのものの範囲とほぼ一致する．真核生物の場合は，転写単位には1つの遺伝子しか含まれない〔モノシストロニック（monocistronic）〕が，原核生物の場合は，転写単位をオペロン（operon）と呼び，複数の遺伝子がまとめて一度に転写されるポリシストロニック（polycistronic）転写が行われる．転写の開始と終結は，特徴的なDNA構造が機能しており，開始にかかわる領域をプロモーター（promoter），終結にかかわる領域をターミネーター（terminator）と呼ぶ．

1）原核生物のプロモーター

原核生物では，熱ショックや飢餓状態に特異的なものを除く通常のプロモーターは，転写開始点（＋1）から5′側へ35塩基上流（−35）と10塩基上流（−10）付近に共通性の高いコンセンサス配列（consensus sequence）が存在する（図2-9A）．前者はTTGACA，後者はプリブナウボックス（Pribnow box）と呼ばれ，ともにσ因子が異なる領域で結合することで転写開始の正

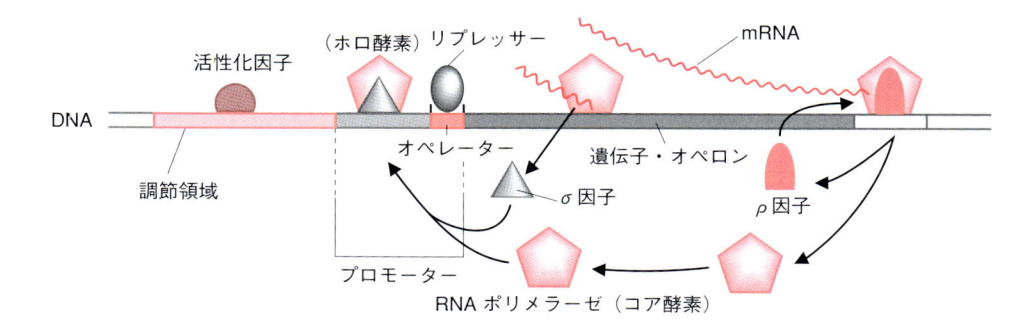

図2-10 大腸菌遺伝子の転写におけるRNAポリメラーゼ利用サイクル
大腸菌RNAポリメラーゼのプロモーターへの結合と転写開始にはσ因子が，また転写終結と鋳型DNAからの離脱にはρ因子が関与する

確さと効率を増す役割をしている．遺伝子のターミネーターは，原核生物において明確に機能しており，Tに富む配列を有する．大腸菌ではρ因子がRNAポリメラーゼに結合して転写終結させる機構がある（図2-10）．

2）真核生物のプロモーター

真核生物では，より広範な領域をプロモーターにもち，Pol ⅡのクラスⅡ遺伝子ではおよそ－100から＋50までの領域である（図2-9B）．しかし，真核生物はモノシストロニックということもあり，プロモーターの範囲や構造は遺伝子により特徴的である．また，RNAポリメラーゼによる転写に必要な最低限の領域をコアプロモーター（core promoter）という．図に示すようにクラスⅡ遺伝子プロモーターのコンセンサス配列は，－30付近のTATAボックスと転写開始部位周辺のイニシエーター（initiator）配列，また下流にDPE（downstream promoter element）などが知られている．またコアプロモーター上流には転写活性化因子が結合して転写活性を上昇させる活性化領域が存在しており，CCAATボックス，GCボックス，USE（upstream stimulating element）などが知られる．TATAボックスのない（TATA-less）プロモーターも多く存在し，GCボックスがTATAの代わりをすることが多い．

3 基本転写因子

真核生物の3種のRNAポリメラーゼは，単独では正確な転写開始を行うことができず，おのおののクラスの遺伝子の転写を開始するために基本転写因子を必要とする．一方，原核生物では転写は1種類のRNAポリメラーゼが単独で転写能力を有する．しかし，RNAポリメラーゼがコア酵素からホロ酵素になる際に加わるσ因子はプロモーターへの結合特異性を有することから，真核生物の基本転写因子様の役割を担っていると考えることもできる．図2-8にまとめたように，大部分の遺伝子はσ^{70}が機能し，熱ショックのときσ^{32}，飢餓状態でσ^{54}というサブタイプが機能している．

真核生物のRNAポリメラーゼの基本転写因子は，おのおののポリメラーゼに特異的に働くことが知られている．表2-2にはPol Ⅱの5種の基本転写因子についてまとめている．基本転写因子はPol Ⅱとともに，プロモーター上に転写開始複合体を形成する．この複合体の形成において基本転写因子は，その役割から2つのクラスに分類される．第一のクラスは複合体を安定に形成するために必要な因子で，TFⅡD，TFⅡB，TFⅡFがこれに分類される．第二は，複合体を不活

表 2-2　真核生物 Pol II の基本転写因子

因子	サブユニット構成	機能	特性
TF II B	33 kDa の単一ポリペプチド．Zn リボン構造をもつ	Pol II と TF II F の転写開始複合体へのリクルート，Pol II の転写開始点決定	TBP と相互作用して TATA ボックス近傍に結合し，複合体形成を安定化する．Zn リボンを含む N 末半分が Pol II の RNA 転写産物の出口から入り込み，活性中心における正確な転写開始に寄与する
TF II D	馬鞍型をした DNA 結合領域をもつ TBP と，これに結合した 14 個の TAF サブユニット（TAF1～TAF14）からなる	プロモーター認識と TATA ボックスへの特異的結合．転写活性化因子の関与する転写制御．ヌクレオソームの認識と解離の制御	TAF の構成の違いでいくつかのサブタイプが存在する．TBP は Pol I や Pol III の基本転写因子の構成成分でもある．また TBP と類似した複数のタンパク質が存在する
TF II E	57 kDa の α と 34 kDa の β の 2 サブユニット．中央コア領域には Zn フィンガーとフォークヘッドドメインがおのおのある	TF II H の転写開始複合体へのリクルートと活性制御，転写開始複合体の安定化，Pol II の構造変化，プロモータークリアランス	すべての基本転写因子と Pol II に結合する．TF II H とは α サブユニット C 末酸性領域で TF II H の p62 サブユニット N 末の PH (pleckstrin-homology) ドメインと結合して複合体にリクルートする．β サブユニットはフォークヘッド領域で二本鎖 DNA とまた C 末で一本鎖 DNA と結合し，Pol II の転写開始を助ける
TF II F	74 kDa の α と 30 kDa の β の 2 サブユニット．どちらもフォークヘッドドメインをもつが，β のみ二本鎖 DNA 結合能を有する	Pol II との結合と転写開始複合体へのリクルート，Pol II の遺伝子との非特異的結合の阻害，転写伸長	Pol II を担体とするアフィニティーカラムで最初に精製されたことからもわかるように Pol II に非常に安定に結合する．伸長中の Pol II にも結合して，伸長段階にも機能する
TF II H	89 kDa の XPB から最近同定された，8 kDa の p8 に至るまでの 10 サブユニットからなる．大きい 2 サブユニット XPB と XPD がヘリカーゼ活性，ATPase 活性をもち，CAK サブ複合体が CTD キナーゼ活性をもつ	Pol II CTD リン酸化，転写開始複合体の活性化，プロモータークリアランス，Pol II プロセス能付与，DNA 除去修復，細胞周期の制御	転写開始複合体内で唯一酵素活性を使って Pol II による転写開始を活性化する基本転写因子である．p62 サブユニットの TF II E α との結合を介して，TF II E により複合体内にリクルートされる．XPB，XPD，p8 の 3 サブユニットがヒトの 3 種の遺伝病（色素性乾皮症，硫黄欠乏性毛髪発育異常症，コケイン症候群）にかかわっている

性型から活性型に変換するもので，TF II E と TF II H が担当している．

図 2-11 に各ステップを示すが，TF II D のプロモーターを選択して TATA ボックスへの結合に至る過程が，律速段階となっている．TF II D は TATA と結合する TBP (TATA binding protein) と 14 個の TAF (TBP-associated factor) から構成されるが，転写活性化因子と相互作用する機能や，プロモーターのイニシエーターや DPE 領域との結合能，TAF1 のヒストンアセチル化酵素 (HAT) 活性，また最近では TAF3 が PHD ドメインでヌクレオソームを形成するヒストン H3 のトリメチル化された N 末から 4 番目のリジンと結合することで転写とクロマチン制御の橋渡しをしていることが報告されている．そこで，TATA ボックスをもたない遺伝子の転写では TAF の機能によってプロモーターを認識して結合し，転写開始複合体の形成を開始できるようにすると考えられている．次に TF II B が TF II D を認識しながら複合体に入るが，この因子は Pol II の正確な転写開始にかかわっている．これは 2006 年にノーベル化学賞を受賞した Roger Kornberg らのグループが，Pol II との共結晶構造から TF II B が Zn リボンを含む N 末半分を Pol II から転写された RNA の出てくる孔から突っ込むような形で活性中心に到達し，プロモーターの転写鎖の転写開始点を活性中心に押さえつけてやることで正確な転写開始を可能にしている機構で説明できるようになった．Pol II（非リン酸化 CTD をもつ IIa 型）は TF II F と結合して複合体に加わり，この段階でプロモーター上の正確な位置に結合すると考えられる．

次に第二のクラスが働くステップでは，TF II E が転写開始複合体内の TF II B，TF II F，Pol II と結合して，さらには TF II E β サブユニット中央領域が有する二本鎖 DNA 結合活性により転写開始点の 10 塩基ほど上流に結合しながら複合体に加わる．一方，TF II E α サブユニット C 末の酸性領域では TF II H の p62 サブユニットと結合して，これを一緒に複合体にリクルートして転写開

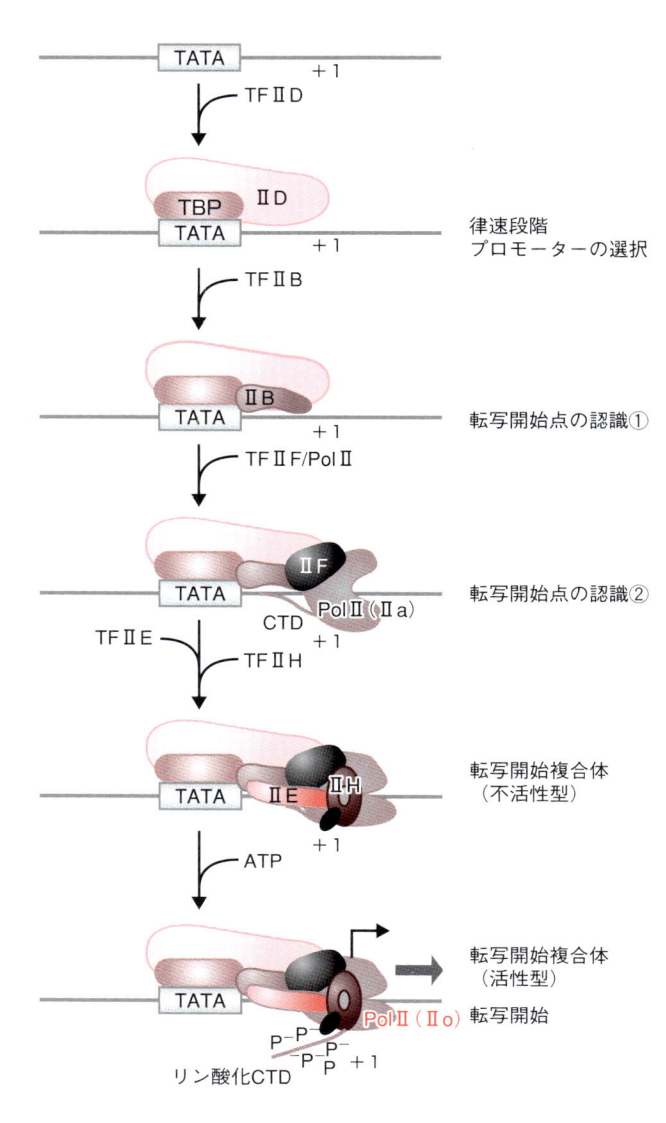

図 2-11 Pol II 系遺伝子の転写開始複合体の形成

ここではタンパク質をコードする TATA ボックスをもつ遺伝子プロモーターでの複合体形成を示す．まず TFIID が TBP で TATA ボックスに結合するが，これは複合体形成反応の律速段階である．転写開始点の認識では，TFIIB と TFIIF が Pol II の正確な位置での結合と転写開始点決定にかかわる．次に TFIIE が TFIIH をリクルートして，複合体（不活性型）の形成を完成させ，最後に TFIIH の酵素活性を制御して複合体を活性型へと変換させる

始複合体の形成が完成する．ここで TFIIH が，TFIIE の制御によって自身のもつ 3 種の酵素活性（ATPase，DNA ヘリカーゼ，プロテインキナーゼ）により Pol II と複合体全体を活性化し，効率的に転写が開始される．Pol II の活性化は，CTD のリン酸化が大きく絡んでおり，このリン酸化は転写のみならず RNA プロセシングとプロモーターの下流に位置するクロマチン制御を協調的に制御していることが最近解明されている．さらに TFIIH が損傷 DNA 除去修復や細胞周期調節にもかかわる多機能因子であることは，特筆される．

Pol I で転写される rDNA 遺伝子の場合，転写開始複合体形成で TFIID の代わりの役割を果たす必須因子は SL1 であるが，SL1 自身はプロモーター結合力が弱く，HMG ドメインをもつ上流結合因子 UBF の補助を必要とする．この rDNA 遺伝子プロモーターには TATA ボックスがない（図 2-12）．

Pol III 系遺伝子の場合，プロモーター構造は 5S rRNA や tRNA のように TATA ボックスがなくプロモーターが遺伝子の内部に位置しているものと，U6 snRNA のように TATA ボックスをもつものがある（図 2-12）．5S rRNA 遺伝子では Zn フィンガーモチーフをもつ TFIIIA が，プロモ

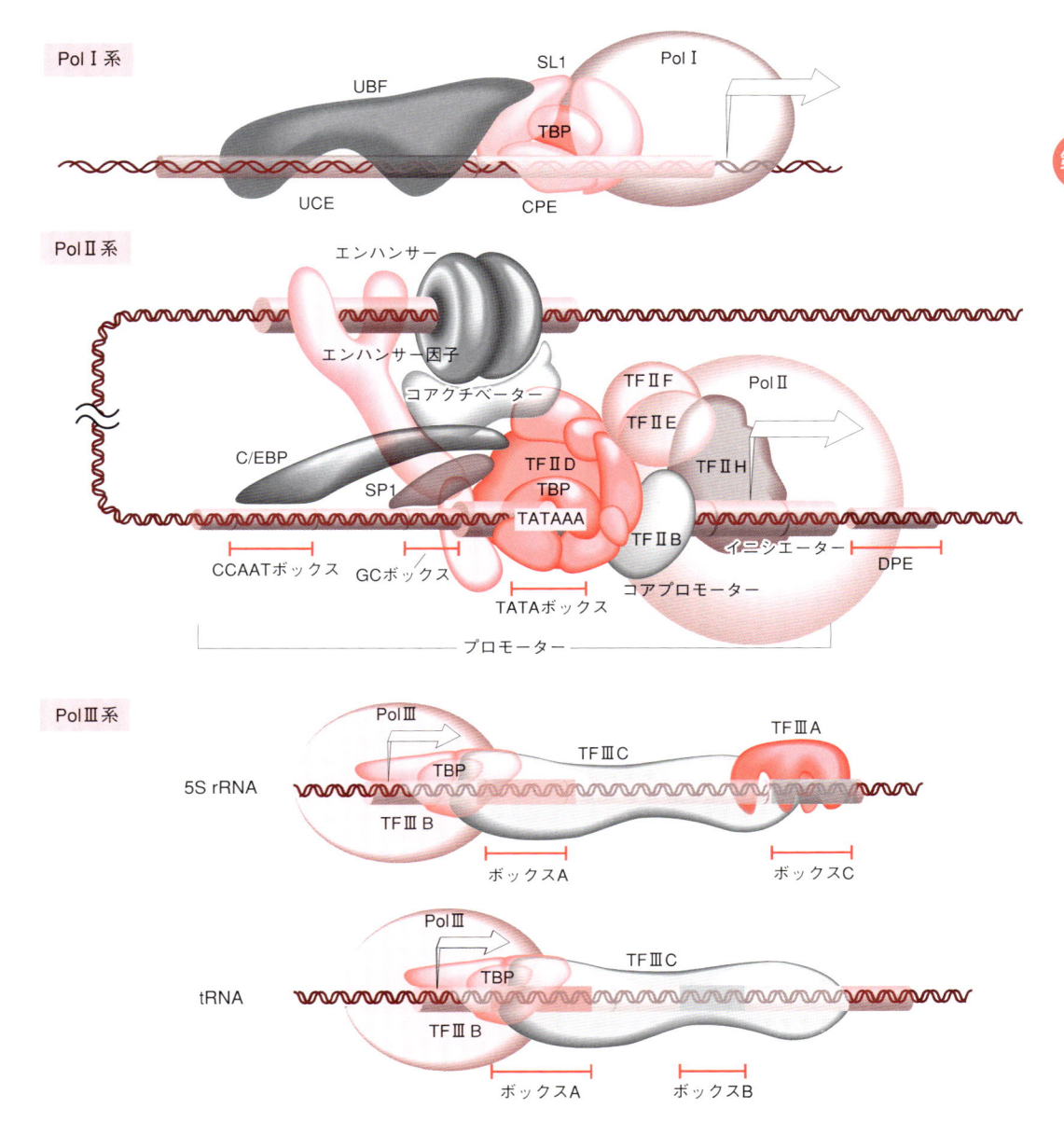

図2-12 真核生物遺伝子のプロモーター構造とそれらに作用する転写因子
《Pol Ⅰ プロモーター》UCE：上流コントロールエレメント，CPE：コアプロモーターエレメント．《Pol Ⅱ プロモーター》DPE：下流プロモーターエレメント

ーター（ボックスC）にまず結合する．次にTFⅢCに助けられたTFⅢBがプロモーター上の特異的位置に安定化され，Pol Ⅲを取り込む．tRNA遺伝子は，TFⅢAが関与せず，ボックスCの代わりにボックスBでTFⅢCが直接結合している．一方，U6 snRNA遺伝子は，SNAPcが関与する異なる機構で転写される．

　ここで特記されるのは，Pol Ⅰ～Pol Ⅲの転写開始複合体の最初に働くという共通の機能をもつ基本転写因子（順にSL1，TFⅡD，TFⅢB）であるが，これらはすべてTBPをそのサブユニットに保持している．さらにTBPは，これら以外の転写複合体B-TFⅡDでも機能していることが知

表 2-3　Pol II 系の転写伸長因子

機能	種類	備考
転写伸長の促進	TFIIF	Pol II に結合する転写開始因子でもある
	SII	RAP38 ともいう．Pol II の5′エキソヌクレアーゼ活性を高める校正能に関与する
	SIII	エロンギンともいう．ヒトVHL病産物（野生型）はSIII活性を抑制する
	ELL	ヒトの白血病（eleven-ninteen lysin-rich leukemia），別名MENの産物
	P-TEFb	キナーゼ活性をもつ
	エロンゲーター	HAT活性をもつサブユニットを有する
転写伸長の抑制	NELF	DSIFと複合体をつくる．P-TEFbと拮抗する

られる．また，TBPのホモログであるTRF（TBP-related factor）やTLF（TBP-like factor）と呼ばれるタンパク質因子も報告され，その機能が解析されている．他方，TFIIIBのBRFサブユニットはそのN末側がTFIIBと高い類似性を示すことがわかった．このように異なるRNAポリメラーゼにおいて役割の類似した基本転写因子どうしは，構造も似ている場合があることが判明している．

4　転写開始後の過程

　転写が開始しても，安定な伸長段階に入るためにPol IIは，伸長に結びつかない転写（abortive transcription）と呼ばれるサイクルには入らずに転写産物RNAが10塩基合成され，伸長への移行段階を乗り越えなくてはならない．この過程をプロモータークリアランスとよび，転写を開始した後の転写開始複合体ではPol IIとともに複合体に残ったTFIIEとTFIIHがCTDリン酸化やDNAヘリカーゼ活性により重要な役割を果たしている．また最近では，メディエーター複合体が細胞核内でさまざまな転写活性化シグナルを受領してPol IIに伝える際に，同じくCTDリン酸化や他の転写伸長因子のリクルートを介して機能していると考えられている．

　転写伸長は，決してコンスタントに進むわけではなく，順調に始まってもやがて伸長速度が落ちる．原核生物の転写では，アテニュエーター配列が転写伸長を抑制することで知られている．真核生物においては，SII，P-TEFb（Positive-transcription elongation factor b）のように伸長を促進させる因子とNELF（Negative elongation factor）などの抑制する因子が存在する（表2-3）．転写を積極的に停止する機構は，最近Pol IIの2番目セリンのリン酸化部位に結合する終結因子が見出されて研究が進み始めている．mRNA前駆体は，RNAの3′端にあるAAUAAA（ポリAシグナル）の20塩基下流で切断される．

　転写反応は，その後の反応と密接に関連している．原核生物の場合，mRNAにはすぐリボソームが結合してタンパク質合成が起こる転写と翻訳の共役が知られ，遺伝子発現量は厳密に転写量に依存している．一方，真核生物では転写と翻訳の場が異なり，直接の共役はないが，核内でmRNAの成熟が，転写，キャッピング，ポリA付加，スプライシングが転写後協調的に起こる．近年，これがPol IIのCTDリン酸化に依存して起こること，このリン酸化は同時に転写中の遺伝子のクロマチン制御とも協調していることが明らかにされている．

5　オペロン

　最後に，原核生物の転写に特異的な制御単位，オペロンについて述べる．前述したように，原核生物には複数の遺伝子がポリシストロニックに転写される転写単位と，その制御領域を含むオペロンが存在する．オペロンは遺伝子とプロモーターの間に転写量を調節するオペレーター（oper-

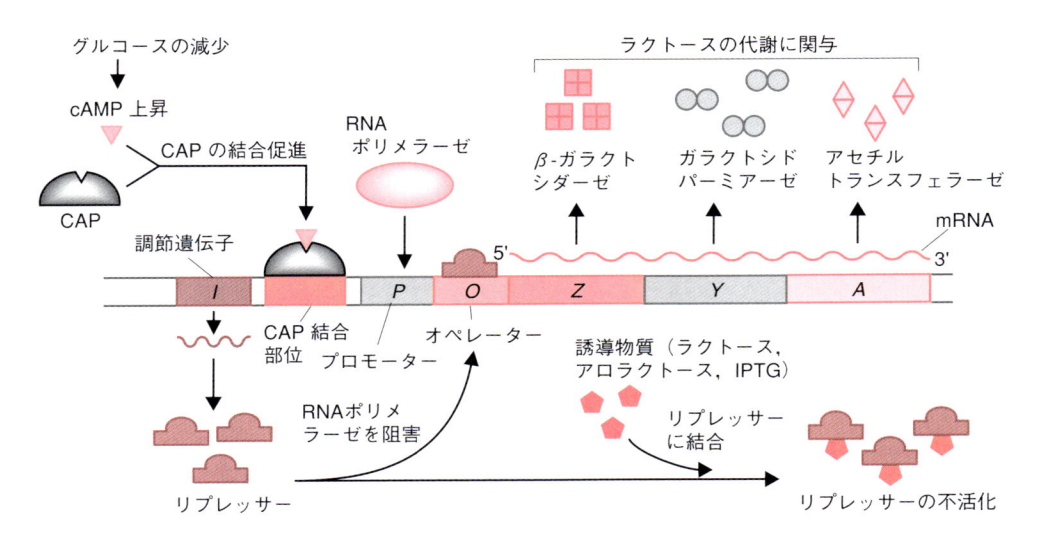

図2-13 ラクトースオペロンにみられる遺伝子発現制御機構
ラクトースオペロンは関連する3つの遺伝子（β-ガラクトシダーゼ，ガラクトシドパーミアーゼ，アセチルトランスフェラーゼ）を含む構造である

ator）配列をもつ．糖やアミノ酸代謝に関するさまざまなオペロンがあるが，よく知られているのはラクトース（乳糖）オペロンである．

図2-13にその機構を示すが，大腸菌の培地にラクトースやその類似物質を加えるとオペロンが転写される．通常，細胞内には転写阻害効果をもつリプレッサー（repressor）があり，それがオペレーターに結合してRNAポリメラーゼの動きを阻害する．細胞内にラクトースが取り込まれるとリプレッサーと結合してこれを不活性化するため，転写のスイッチはオンとなる．ところが，培地にグルコースを加えると，例えラクトースがあってもグルコースを利用し，ラクトースの利用は押さえられる（catabolite repression：代謝物質抑制）．これは図2-13の左上に描かれた制御とは逆で，グルコースによりcAMP濃度が低下し，DNA結合性転写制御因子のCAP（catabolite gene activating protein）の機能が低下するという現象に起因する．

■ 文　献 ■

1) "Genes IX"（Lewin, B.）, Jones & Bartlett Publishers, 2006
2) "Molecular Cell Biology, Sixth edition"（Lodish, H. F. et al.）, W. H. Freeman & Company, 2007
3) "バイオサイエンスシリーズ 新 転写制御のメカニズム"（田村隆明）, 羊土社, 2000
4) McClure, W. R.：Mechanizm and control of transcription initiation in prokaryotes. Annu. Rev. Biochem., 54：171-204, 1987
5) "RNA polymerase"（Losick, R. & Chamberlin, M. J.）, Cold Spring Harbor Press, 1976
6) Young, R. A.：RNA polymerase II. Annu. Rev. Biochem., 60：689-715, 1991
7) Murakami, K. S. et al.：Structural basis of transcription initiation：RNA polymerase holoenzyme at 4Å resolution. Science, 296：1280-1284, 2002
8) Kwapisz, M. et al.：Early evolution of eukaryotic DNA-dependent RNA polymerases. Trends Genet. 24：211-215, 2008
9) Vermeulen, M. et al.：Selective anchoring of TFIID to nucleosomes by trimethylation of histone H3 lysine 4. Cell, 131：58-69, 2007
10) Bushnell D. A. et al.：Structural basis of transcription：an RNA polymerase II-TFIIB cocrystal at 4.5 Angstroms. Science, 303：983-988, 2004

3 翻訳

翻訳とは，リボソーム上で遺伝子の情報を担ったmRNAを鋳型としてそれに対応するtRNAに担われたアミノ酸が次々と連結することによりタンパク質が合成されるプロセスである．mRNA上のコドン（本稿 1 ）とアミノ酸の間の対応は遺伝暗号表に従うが，それは，tRNAが正しいアミノ酸を受容することに加えて，tRNA上のアンチコドンによるコドンの読みとりが正確に行われることで成立する．前者は，アミノアシルtRNA合成酵素により保証され，後者は翻訳装置であるリボソーム上で行われる．tRNAに結合したペプチドへのアミノ酸の重合反応（ペプチド結合の形成反応）は，リボソーム大サブユニット中のrRNAの触媒作用によって行われる．翻訳過程は開始，伸長，終結，リサイクリングの4段階からなるが，mRNAとアミノアシルtRNAに加えて種々の翻訳因子がリボソームを介して機能することにより進行する（本稿 3 ）．

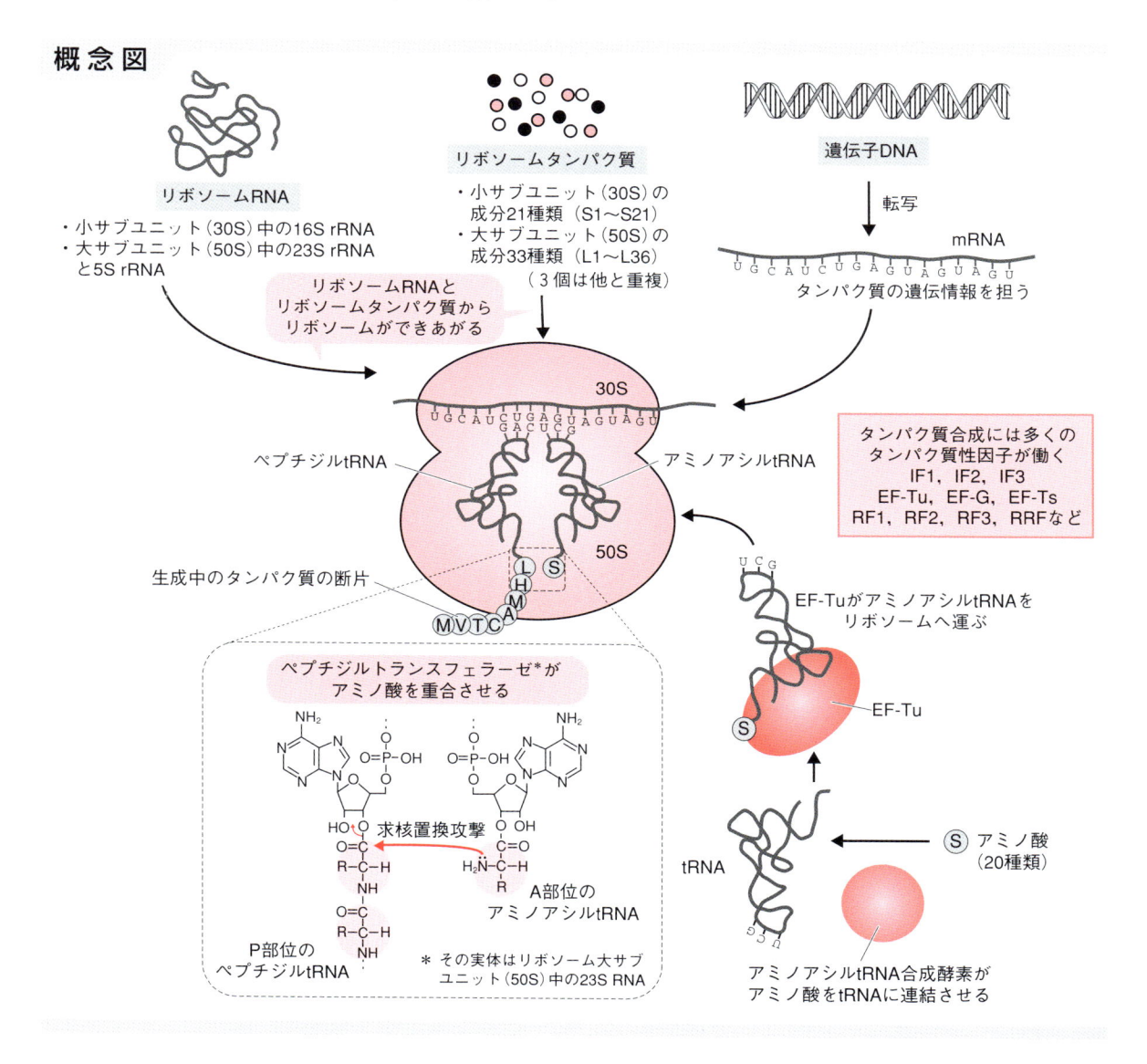

概念図

ゲノム上でタンパク質をコードする遺伝子はmRNA前駆体へと転写され，それがさまざまなプロセシングを受けた後，成熟mRNAとなってリボソーム上でタンパク質合成反応の鋳型となる．翻訳反応ではmRNA中の三連塩基が1個のアミノ酸を指定するが，このようなアミノ酸に対応するmRNA（または対応するDNA）中の三連塩基のことをコドンといい，それら全体を遺伝暗号と総称する（本稿**1**）．タンパク質合成の基質となるアミノ酸は，それに特異的なアミノアシルtRNA合成酵素（ARS）によって各アミノ酸に対応するtRNAに連結され，アミノアシルtRNAとなる（本稿**2**）．リボソーム上のP部位とA部位にmRNAのコドンに対合して配置されたそれぞれペプチジルtRNAとアミノアシルtRNAのアミノ酸の間で，リボソームに内在するペプチジルトランスフェラーゼ（その実体はリボソーム大サブユニット中の23S rRNA）の触媒作用により，ペプチド結合が形成される．次にEF-GとGTPに依存した転座反応によりmRNAとともにtRNAが1コドン分ずつ移動し，空いたA部位に次のアミノアシルtRNAが入る（本稿**3**）．このようにしてつぎつぎとmRNAの遺伝情報に従ってアミノ酸が連結され，タンパク質ができあがるのである．この過程には種々のタンパク質性の翻訳因子が関与している．

1 遺伝暗号（コドン）

遺伝子に蓄えられた遺伝情報がどのように伝達され，タンパク質へと発現されるかについては1940年代から研究が行われたが，1953年のWatsonとCrickによるDNA二重らせんモデルの提唱によって，「核酸の塩基配列が個々のアミノ酸を指定する情報になっている」という考えが定着した．1960年初頭にDNAとタンパク質をつなぐ中間の情報担体としてmRNAが発見され，mRNAの三連塩基が特定のアミノ酸を指定することも実証された．そして1961年Nirenbergらによる「UUUがフェニルアラニン（Phe）のコドンである」という発見を契機として，1966年までに64個のすべての遺伝暗号が解読された（図2-14）．これは主に大腸菌で決められたが，その後，動植物やウイルスもすべて同じ暗号を使っていることがわかり，普遍暗号と呼ばれるようになった．その大まかな特徴は次のようなものである．

① 64コドンのうち，アミノ酸を指定するセンスコドンは61個で，残り3個は終止（ナンセンス）コドンである．

② 開始コドンAUGは同時にメチオニン（Met）のコドンである．タンパク質は必ずMetから合成されるが，その後の過程でMetが取り除かれる場合が多い．

③ 「1アミノ酸＝1コドン」はMet（AUG）とトリプトファン（Trp：UGG）のみで，残りの18種類のアミノ酸は複数の（アミノ酸によって異なり，2，3，4，6個の）コドンをもつ．これらを同義語コドン（synonymous codon）という．

その後1979年になってヒトのミトコンドリアでUGAが終止コドンではなくTrpコドンであることが発見されたのを皮切りに，1985年には核遺伝子でも普遍暗号に従わないコドンが見つかり，以後こうした非普遍暗号が続々と発見されてきた（図2-14）．

現在の三大生物界（真正細菌，真核生物，古細菌）に分岐する以前の生物の進化の過程で，遺伝暗号が（おそらく現在の普遍暗号をより単純化した初期暗号という形で）確立し，その後の系統進化の過程で一部が非普遍暗号をもつようになったと考えられている．真核生物の核から独立した遺伝情報系をもつミトコンドリアと葉緑体は，それぞれの祖先である真正細菌が真核生物の先祖細胞へ共生することにより生じたと考えられているが，この過程でゲノムが極端に縮小したミトコンドリアでは特に激しい暗号変化が起こったと解釈される．

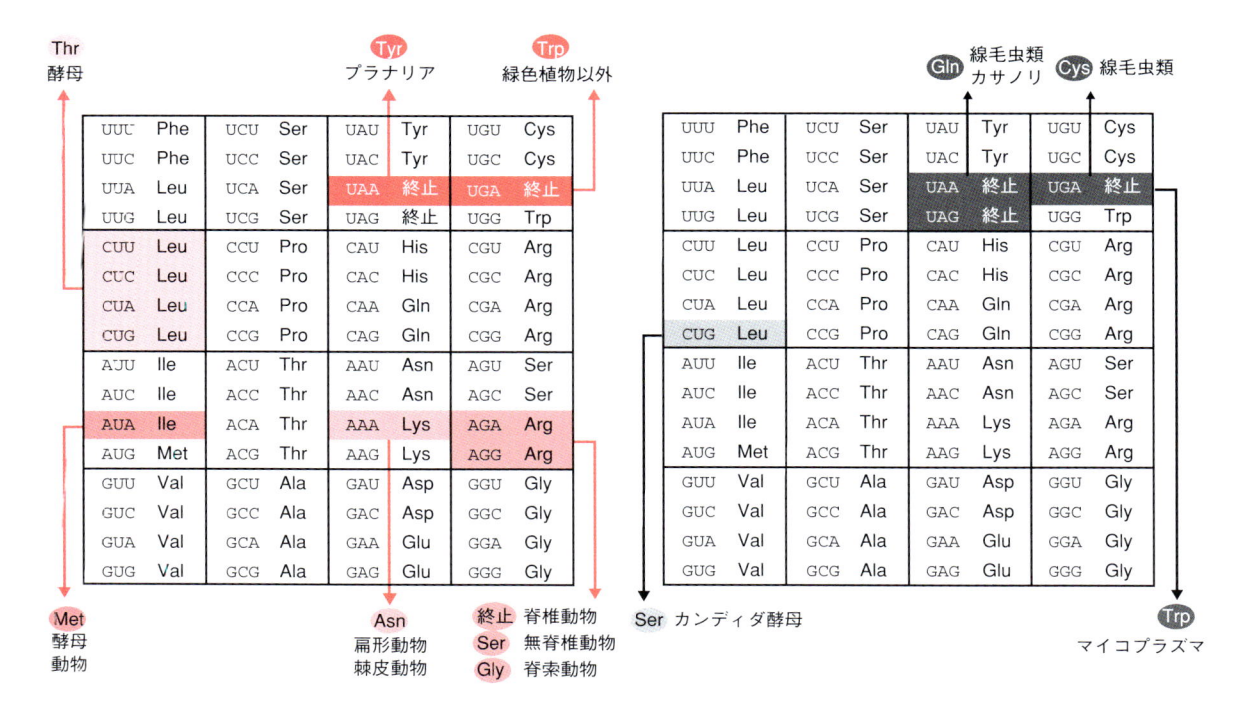

図2-14 普遍暗号表（枠内）およびミトコンドリア（左）といろいろな生物種（右）における非普遍暗号の分布

> **Memo**
>
> 暗号変化を引き起こす要因として，生物の進化過程でゲノムにかかるGC-またはAT-変異圧（複製時の突然変異などによりゲノムのGC含量に偏りが生じること）とゲノムの縮小の2つが考えられている．非普遍暗号の発生機構としては，このような要因で特定のコドンがタンパク質遺伝子（ORF）からいったん消失し（これを非指定コドンという），それがその後の変異によって再び出現し，他のアミノ酸用のコドンとして使用されるという，大澤とJukesが提唱したコドン捕獲説による説明が広く受け入れられている．

2 アミノアシルtRNA

ペプチド鎖合成反応の基質となるアミノ酸は，tRNAに結合したアミノアシルtRNAの形で反応過程に供給される．特定のアミノ酸をそれに対応するtRNAに連結する反応（アミノアシル化）を触媒するアミノアシルtRNA合成酵素（aminoacyl-tRNA synthetase：ARS）は，各アミノ酸に対応して20種類存在する．反応は通常，以下の2段階で起こり，ATPの加水分解エネルギーが使われる（aaはアミノ酸を，PPiはピロリン酸を示す．また，−は共有結合，・は非共有結合によって複合体を形成していることを示す）．

　　　aa ＋ ARS ＋ ATP → aa-AMP・ARS ＋ PPi　　　　　　①
　　　aa-AMP・ARS ＋ tRNA → aa-tRNA ＋ AMP ＋ ARS　　②

ARSは，主に活性中心の構造や反応の特徴から表2-4のように2つのクラスに分類される．ある種の細菌や葉緑体にはグルタミンに特異的なARS（GlnRS）が存在しない．この場合，tRNA^{Gln}はまずGluRSによりGlu-tRNA^{Gln}になり，これがさらにアミドトランスフェラーゼによってアミ

表2-4 アミノアシルtRNA合成酵素（ARS）の分類と特徴

	クラスI	クラスII
ARSの種類	TyrRS, TrpRS, GluRS, GlnRS, IleRS, ArgRS, CysRS, MetRS, ValRS, LeuRS	AspRS, HisRS, LysRS, SerRS, GlyRS, PheRS, AlaRS, AsnRS, ThrRS, ProRS
サブユニット構成	α または $\alpha 2$	$\alpha 2$, $\alpha 4$ または $\alpha 2 \beta 2$
ATP結合ドメインに共通する		
①アミノ酸配列	HIGH, KMSKS（一文字で表記した）	モチーフ1, 2, 3
②超二次構造	並行β-シート（ロスマンフォールド）	逆並行β-シート
③ATPの立体構造	伸びた構造	折れ曲がった構造
tRNAの受容ステムとの結合	minor groove側	major groove側
tRNAの可変ステムの配向	溶液側	酵素側
tRNAの末端A残基リボースへのアミノ酸の結合	2′-OH	3′-OH（ただしPheRSのみ2′-OH）

この表はARSの構造面からの分類が，それらのさまざまな機能面での特徴と密接に結びついていることを示している．各アミノ酸特異的なARSは三文字表記したアミノ酸の後にRSをつけて表す

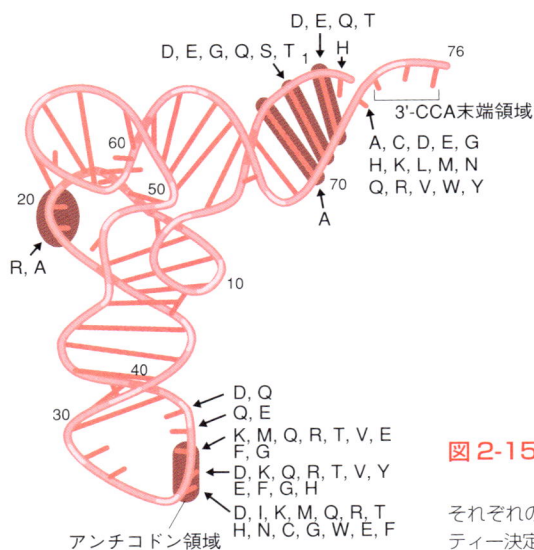

図2-15 大腸菌におけるtRNAのアイデンティティー決定因子

それぞれのARSによるtRNA認識部位（tRNAアイデンティティー決定因子）を対応するアミノ酸の一文字表記で示した

ド化されることでGln-tRNA^{Gln}となる．古細菌では，GlnRSだけでなくAsnRSも存在せず，Gln-tRNA^{Gln}がつくられる場合と同様にAsp-tRNA^{Asn}を経てAsn-tRNA^{Asn}ができあがる．

それぞれのARSは②の段階において，対応するtRNAだけを正確に見分けてアミノ酸を結びつけなければならない（tRNAアイデンティティー）．この過程が正確に行われることは，コドンとアミノ酸との厳密な対応関係を保証するうえで必須である．多くの場合，ARSはtRNAのアンチコドンとアミノ酸受容ステムを認識することで正確な識別を行っている（図2-15）．

ARSは上記①の反応において，バリンとイソロイシン，あるいはスレオニンとバリンというような化学構造の似たアミノ酸を完全には識別しきれない場合がある．このようなARSには，①の反応で生じてしまった誤ったaa-tRNAを②の反応で速やかに加水分解することにより校正（proof reading）を行う機能部位が存在している．

3 翻訳

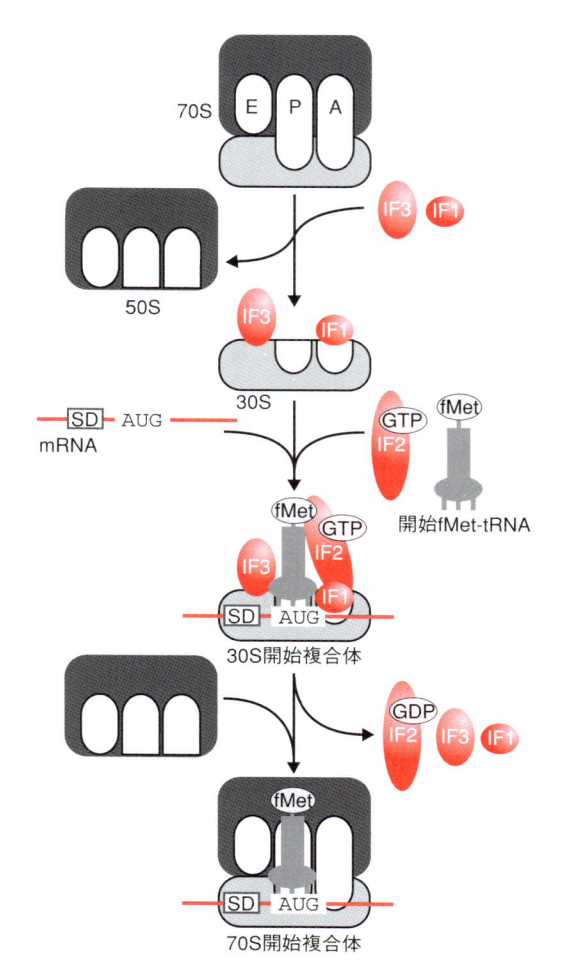

図2-16 原核生物における翻訳の開始反応（initiation）

リボソームには3つのtRNA結合部位が存在し，アミノアシルtRNAが結合するA部位（A site），ペプチジルtRNAが結合するP部位（P site），脱アシルtRNAが結合するE部位（E site）からなる．ただし，E部位においてコドン-アンチコドン対合が必要かどうかについてはまだ決着がついていない．IF3は30Sサブユニットに結合し，50Sとの会合を妨げる役割がある．mRNAはSD配列を介して30Sに結合し，開始コドン（AUG）がP部位に装填される．このとき，A部位にはIF1が結合する．GTPを結合したIF2がfMet-tRNAを30SのP部位上の開始コドンに結合させる．IF2はA部位のIF1とも結合する．また30Sに結合したIF3もfMet-tRNAを認識する（30S開始複合体）．最後に50Sサブユニットが30Sサブユニットに結合することにより，IF2のGTPが加水分解すると同時にIF1, 2, 3が解離し，70S開始複合体が形成される

原核生物の翻訳開始で働くホルミルメチオニルtRNA（fMet-tRNA^{Met}：MetのNH$_2$がホルミル基で修飾されたMet-tRNA^{Met}）は，開始反応特異的tRNA^{Met}がまずMetRSによってメチオニンを結合した後，それがtRNAホルミルトランスフェラーゼによってホルミル化されるという過程を経てつくられる．

3 ペプチド鎖合成反応

ペプチド鎖はmRNAにコードされた遺伝暗号に従い，アミノアシルtRNAを用いてリボソーム上で合成される．リボソームはタンパク質とRNAの複合体で構成され，原核生物では沈降係数70Sの粒子で，30Sと50Sの2つのサブユニットからなる．30Sサブユニットは16S rRNAと21種類のリボソームタンパク質で構成され，50Sサブユニットは23S rRNAと5S rRNAおよび33種類のリボソームタンパク質で構成される．真核生物は60Sと40Sのサブユニットからなる80Sのリボソームをもつ．翻訳の過程は開始（initiation），伸長（elongation），終結（termination），および終結後のリボソームの再生（recycling）の4段階から構成され，各段階には多くの翻訳因子（translation factor）が関与する．翻訳反応の駆動力はGTPの加水分解に伴うエネルギーであり，原核生物ではGTPaseである4種類の翻訳因子（IF2，EF-Tu，EF-G，RF3）がGTPの加水分解に関与している．

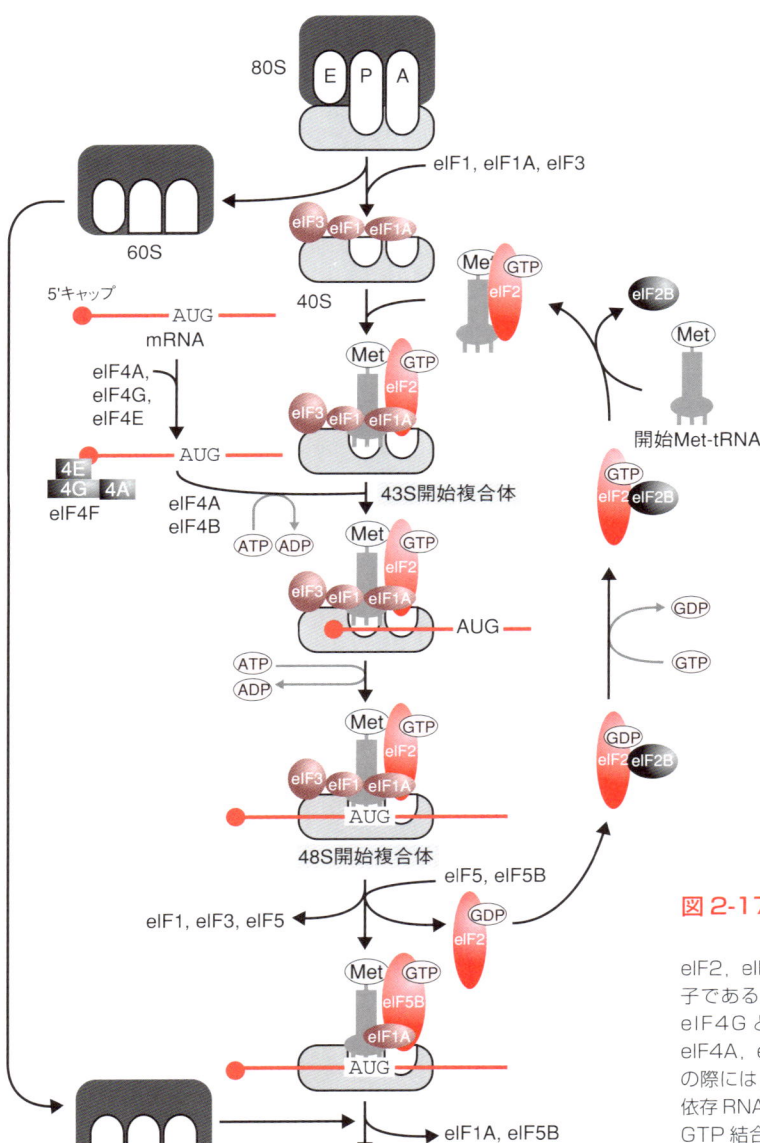

図2-17 真核生物における翻訳の開始反応（initiation）

eIF2, eIF3はそれぞれ原核生物のIF2, IF3に対応する因子である．eIF4Eはキャップ構造を認識し，eIF4AとeIF4GとともにmRNAに結合する（なお，eIF4E, eIF4A, eIF4Gの複合体をeIF4Fと呼ぶ）．スキャニングの際には，eIF4AはmRNAの二次構造を解消するATP依存RNAヘリカーゼとして働き，eIF4Bはそれを助ける．GTP結合型eIF2は，eIF5により加水分解が促進され，メチオニルtRNAから解離し，GTP結合型eIF5Bと置き換わる．その後，60Sサブユニットが会合することにより，GTP結合型eIF5BはGTPを加水分解し，リボソーム・メチオニルtRNA複合体から解離する．遊離したGDP結合型eIF2はeIF2Bの作用によりGTP結合型へと変換され，リサイクルされる

1）開始反応

　原核生物の翻訳開始反応（図2-16）には，3つの開始因子（initiation factor：IF1, IF2, IF3）が関与し，fMet-tRNA^{Met}がリボソームのP部位において開始コドンと結合することで翻訳開始複合体が形成される．mRNAの30Sサブユニットへの結合はmRNAの開始コドンから数塩基上流に位置するシャイン-ダルガルノ配列（プリンに富む配列で，SD配列と略する）と30Sサブユニット中の16S rRNAの3′末端近傍のピリミジンに富む配列（アンチSD配列）との間に塩

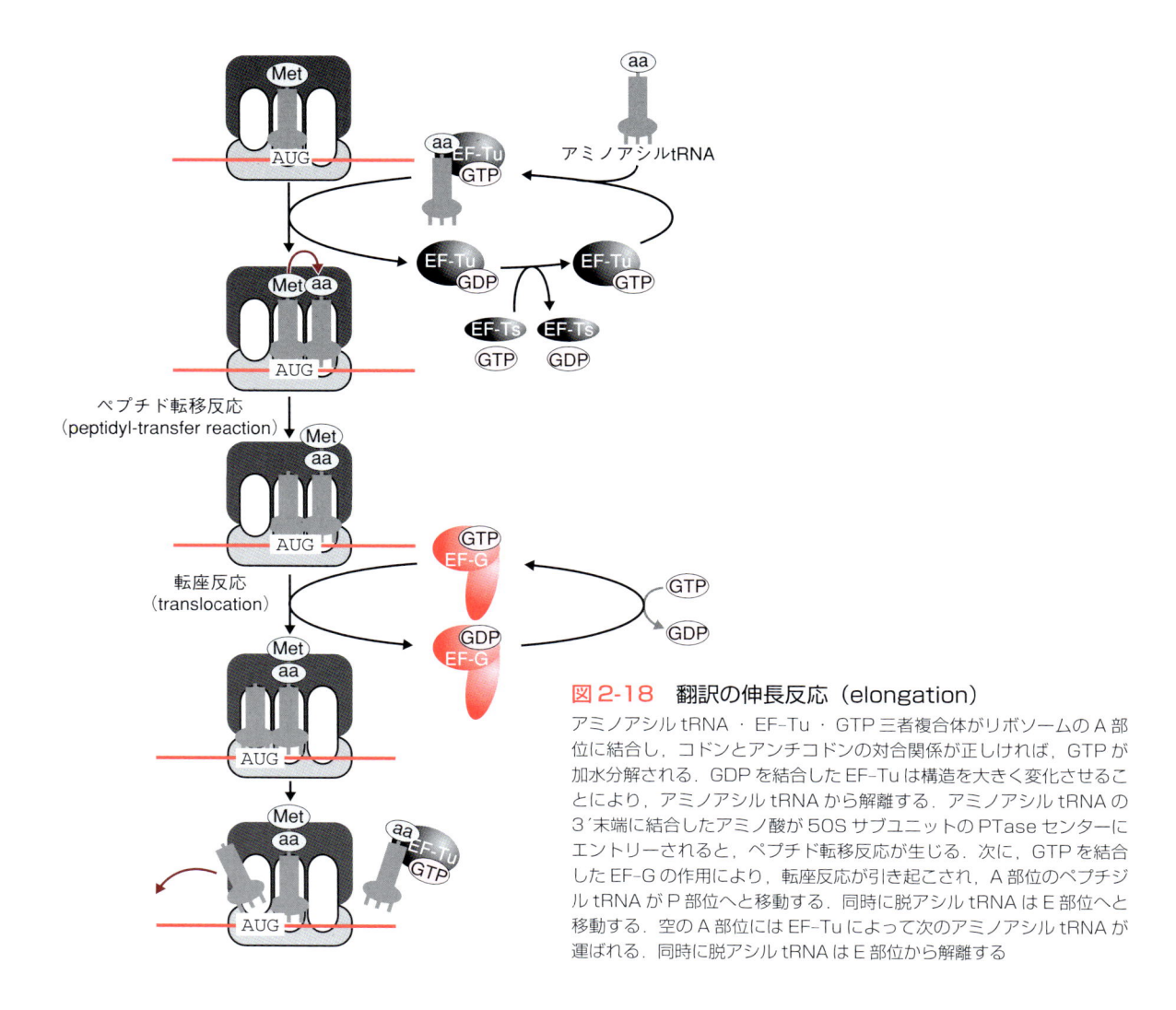

図2-18 翻訳の伸長反応（elongation）

アミノアシルtRNA・EF-Tu・GTP三者複合体がリボソームのA部位に結合し，コドンとアンチコドンの対合関係が正しければ，GTPが加水分解される．GDPを結合したEF-Tuは構造を大きく変化させることにより，アミノアシルtRNAから解離する．アミノアシルtRNAの3′末端に結合したアミノ酸が50SサブユニットのPTaseセンターにエントリーされると，ペプチド転移反応が生じる．次に，GTPを結合したEF-Gの作用により，転座反応が引き起こされ，A部位のペプチジルtRNAがP部位へと移動する．同時に脱アシルtRNAはE部位へと移動する．空のA部位にはEF-Tuによって次のアミノアシルtRNAが運ばれる．同時に脱アシルtRNAはE部位から解離する

基対形成が生じることで，開始コドンが正確にP部位に装填される．

真核生物でも基本的には原核生物と類似の機構（図2-17）により行われるが，原核生物にはない数多くの真核生物特異的開始因子（eIF）が関与する複雑な反応機構である．原核生物とは異なり，開始のメチオニルtRNAはホルミル化されない．真核生物のmRNAには開始コドンの位置を指定するSD配列がない．かわりに5′末端にもっとも近いAUGから翻訳が開始される．これは，5′末端のキャップ構造（7メチルグアノシンが5′–5′のピロリン酸結合を介してmRNAの5′末端に結合している）を多数の開始因子が認識することにより形成された開始複合体が3′末端方向へmRNA上をスキャニングすることにより可能となる．また真核生物のmRNAは，3′末端にはアデノシンが連続した長いポリAテールをもち，ポリA結合タンパク質（PABP）と5′末端のeIF4Gとの結合を介して環状をなしている．真核生物の翻訳は，開始因子がリン酸化されることによって，しばしば調節されている．eIF2のリン酸化は翻訳開始過程を阻害することにより，細胞増殖や分化の制御に重要な働きを果たしており，eIF4Eのリン酸化はキャップ構造への結合能を増大させる働きがある．

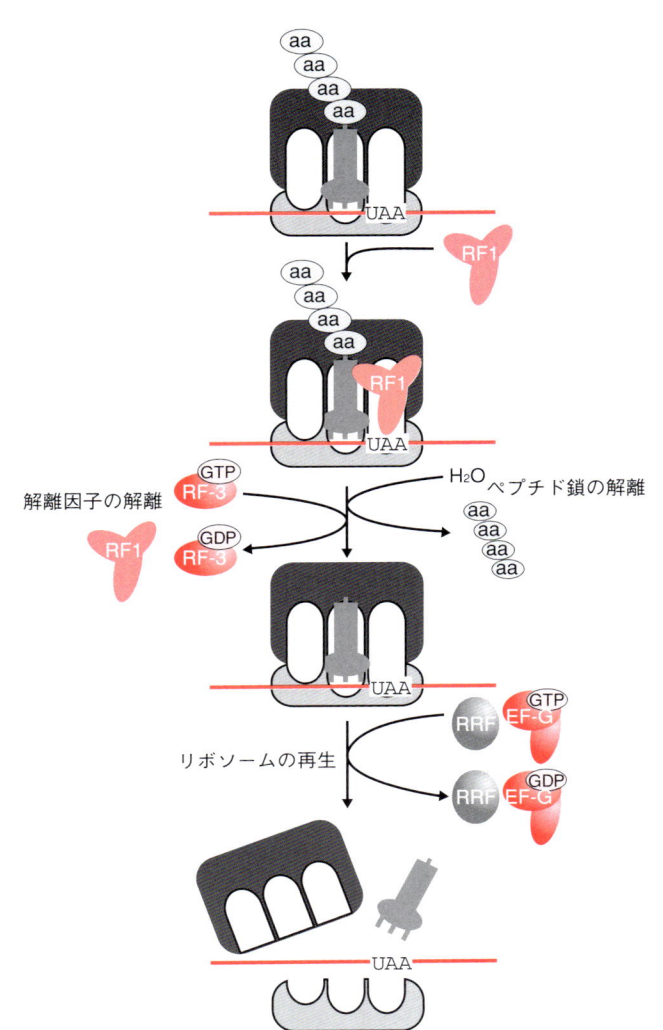

図2-19 原核細胞における翻訳の終結反応（termination）とリボソームの再生過程（recycling）

RFがA部位の終止コドン（ここではUAA）を認識し，ペプチジルtRNAのペプチド鎖をtRNAから解離させる．この加水分解反応に，RFが触媒的に働くと考えられている．空のA部位にはRRFが結合し，EF-G/GTPの作用で，脱アシルtRNA，mRNA，50S，30Sが解離する．IF3は解離した30Sと結合することにより，50Sとの再会合を防ぐ役割がある

2）伸長反応

　ペプチド鎖の伸長反応（図2-18）には，伸長因子（elongation factor：原核生物ではEF，真核生物ではeEF）が関与する．アミノアシルtRNAがGTP結合型EF-Tu（真核生物ではeEF1A）と三者複合体（ternary complex）を形成し，リボソームのA部位に導入される．このときに30S上でmRNAのコドンとアンチコドンの正しい対合が起きると，EF-TuのGTPが加水分解され，GDP結合型となったEF-TuはアミノアシルtRNAから遊離し，アミノアシルtRNA3′末端に結合したアミノ酸が50Sのペプチジルトランスフェラーゼ（PTase）活性中心に導入される．遊離したGDP結合型EF-Tuはグアニンヌクレオチド交換因子であるEF-Ts（真核生物ではeEF1B）の作用によってGTP結合型EF-Tuへと変換され，再びアミノアシルtRNAとの結合能を回復する．50Sサブユニットでは23S rRNAのPTaseの作用により，P部位に結合しているペプチジルtRNAのペプチド鎖とA部位に結合したアミノアシルtRNAのアミノ酸間でペプチド結合が形成される．この反応で，ペプチド鎖はアミノアシルtRNA側に移動し，P部位には脱アシル化されたtRNAが残る．この状態で，GTP結合型EF-G（真核生物ではEF2）が転座反応を引き起こし，リボソームはmRNA上を1コドン分下流へ移動させる．この反応でA部位およびP部位の

tRNAはそれぞれP部位，E部位へと移動する．空のA部位にはEF-Tuによって新たなアミノアシルtRNAが運ばれるが，その際にE部位のtRNAはリボソームから遊離し，伸長反応が進行する．この過程を繰り返すことによってペプチド鎖が伸長する．

Memo

大腸菌50SサブユニットにおけるPTase活性は23S rRNAが担っていることが50SのX線結晶解析から明らかになった．23S rRNAのドメインV領域に含まれる保存塩基の作用により，P部位とA部位に結合するtRNAのCCA末端がPTase活性中心に近接する．ペプチド転移反応の触媒については，一時ドメインV領域の保存塩基が一般酸塩基触媒として作用するとの説が提唱されたが，現在ではむしろ，P部位に結合したtRNA3′末端の2′OH基が関与するプロトンシャトリングによる触媒機構が有力となっている．

3）終結反応とリボソームの再生過程

翻訳の終結には解離因子（release factor：原核生物はRF，真核生物はeRF）が作用する（図2-19）．原核生物では，RF1がリボソームA部位の終止コドン，UAAおよびUAGを認識し，RF2はUAAおよびUGAを認識する．真核生物の場合は，eRF1だけで3つの終止コドンすべてを認識する．解離因子がA部位に結合すると，ペプチジルtRNAのペプチド鎖とtRNAの結合を加水分解し，ペプチド鎖がリボソームから遊離する（遊離したペプチド鎖は自発的に折りたたまるか，シャペロンの助けを借りて活性のあるタンパク質に成熟する）．A部位に結合した解離因子は，RF3の作用によりGTPの加水分解を伴い，リボソームから遊離する．リボソームにはmRNAとP部位に脱アシル化tRNAが残るが，原核生物ではこの状態にリボソーム再生因子RRF（ribosome recycling factor）とEF-Gが作用することで，（mRNAとtRNAは解離し）リボソームは再生される．

■ 文 献 ■

1) "Evolution of the genetic code"（Osawa, S.），Oxford University Press, 1995〔"遺伝暗号の起源と進化"（渡辺公綱，他/訳），共立出版，1996〕
2) Arnez, J. G. & Moras, D.：Structural and functional considerations of the aminoacylation reaction. Trends Biochem. Sci., 22：189-192, 1997
3) Nureki, O. et al.：Enzyme structure with two catalytic sites for double-seive selection of substrate. Science, 280：578-582, 1998
4) Shimizu, M. et al.：The role of anticodon and the discriminator nucleotide in the recognition of some E. coli tRNAs by their aminoacyl-tRNA synthetases. J. Mol. Evol., 35：436-443, 1992
5) Ramakrishnan, V.：Ribosome structure and the mechanism of translation. Cell, 108：557-572, 2002
6) Moore, P. B. & Steitz, T. A.：The involvement of RNA in ribosome function. Nature, 418：229-235, 2002
7) Agrawal, R. K. et al.：Visualization of tRNA movements on the Escherichia coli 70S ribosome during the elongation cycle. J. Cell Biol., 150：447-460, 2000
8) 浅野 桂, Hershey, J. W. B.：真核生物の翻訳開始機構－リボソームと細胞質分子の情報ネットワーク．細胞工学, 15：1095-1105, 1996
9) 鈴木 勉, 渡辺公綱：リボソームの構造機能研究の最先端－X線結晶構造解析が解き明かしたリボソームの機能．蛋白質核酸酵素, 46：1635-1644, 2001
10) Ban, N. et al.：The complete atomic structure of the large ribosomal subunit at 2.4 Å resolution. Science, 289：905, 2000
11) Selmer, M. et al.：Structure of the 70S ribosome complexed with mRNA and tRNA. Science, 313：1935-1942, 2006
12) Laurberg, M. et al.：Structural basis for translation termination on the 70S ribosome. Nature, 454：852-857, 2008

Chapter 2

4 変異と修復

遺伝情報を担う DNA は，細胞内で化学的・物理的な損傷を容易に受ける．DNA の損傷は，DNA 複製や転写などの機能を直接阻害することによって，細胞死や種々の機能異常を誘起する．一方，これらの損傷は，DNA 複製時に DNA ポリメラーゼが引き起こすエラーとともに，突然変異の原因となる．変異の蓄積は，細胞の癌化や老化を促進する．生物は，これらの有害な DNA 損傷や塩基のミスマッチを速やかに取り除くために，種々の DNA 修復機構を進化の過程で獲得し，遺伝情報の維持に努めている．

概念図

正常な細胞増殖，機能発現

損傷の復帰（光回復，など）
塩基除去修復
ヌクレオチド除去修復
組換え修復，など

ミスマッチ修復

転写と共役した DNA 修復

DNA 複製時におけるエラー

複製後修復

DNA 損傷

DNA ポリメラーゼの進行阻害

RNA ポリメラーゼの進行阻害

DNA ポリメラーゼによる損傷の乗り越え
誤ったヌクレオチドの取り込み

細胞増殖の停止

遺伝子発現の異常

細胞死

細胞機能の欠陥

突然変異

突然変異の蓄積

細胞の癌化
老化，など

個体の老化など

遺伝情報の担い手である DNA は，安定に保持されなければならない．しかし自然界において生物は，代謝の過程で生ずる活性酸素に代表される内的因子や紫外線，放射線などの外的因子によってつねに DNA に損傷を受けている．DNA の損傷が，細胞あるいは生物個体に及ぼす影響は多岐にわたる．例えば，多くの損傷は DNA 複製時に DNA ポリメラーゼの進行を阻害し，その結果として細胞死を引き起こす可能性がある．また，転写の鋳型となる DNA 鎖に生じた損傷は，

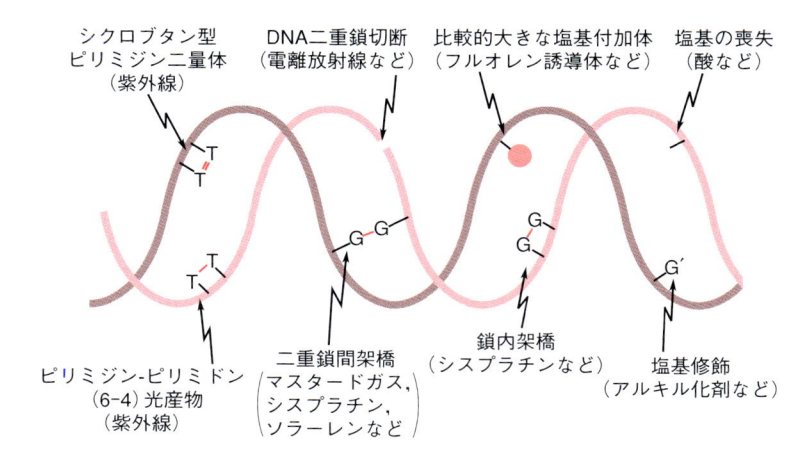

図 2-20　DNA 損傷の種類
変異を誘発する変異原の例を括弧内に示した

図中ラベル：
- シクロブタン型ピリミジン二量体（紫外線）
- DNA二重鎖切断（電離放射線など）
- 比較的大きな塩基付加体（フルオレン誘導体など）
- 塩基の喪失（酸など）
- ピリミジン-ピリミドン(6-4)光産物（紫外線）
- 二重鎖間架橋（マスタードガス，シスプラチン，ソラーレンなど）
- 鎖内架橋（シスプラチンなど）
- 塩基修飾（アルキル化剤など）

同様にRNAポリメラーゼの進行をブロックすることにより当該遺伝子の発現を低下させ，細胞機能の低下，ひいては細胞死を誘導する．これらの急性効果に加えて，DNA損傷は突然変異を誘起することによって，細胞の癌化や老化などのより長期的な影響を生物に与える．

こうしたDNA損傷によってもたらされる脅威に対抗し，遺伝情報を維持するための防御手段として，生物はさまざまなDNA修復機構を備えてきた．その一方で，突然変異が生物種における個体間の多様性の獲得，さらには生物進化の原動力となってきたことは疑いない．ここでは，種々の高次の生命現象に影響を与える変異とDNA修復の関連について概説する．

1 変異原と変異の種類

遺伝子の構造変化を総称して「突然変異」と呼んでいるが，結果的にDNAに遺伝暗号としてコードされている機能分子の構造に変化を生じる．多くの場合，この機能分子はタンパク質であり，ヌクレオチド配列の変化はタンパク質のアミノ酸配列の変化として反映される．またDNAから転写されたRNA自体が翻訳の鋳型以外の機能を有する場合には，そのRNAのヌクレオチド配列が影響を受けることになる．

突然変異を引き起こす要因としては，DNA損傷に起因するものと，DNA複製の際にDNAポリメラーゼが引き起こすエラーとがある．DNAに損傷を与える物質の多くは，突然変異を誘発する，いわゆる「変異原」となることが知られている．DNA損傷を引き起こす要因としては，①塩基部分の脱アミノ化や，塩基-デオキシリボース間のN-グリコシル結合の開裂など，DNAの構造自体の不安定性によるもの，②細胞内で生ずる活性酸素による塩基損傷に代表される内因的なもの，③環境から受ける放射線・紫外線や種々の化学物質など外的要因によるものなどが考えられる．図2-20に示すように，変異原の種類に応じて生成する損傷のタイプも実に多様である．また表2-5に示すように，損傷の数も正常時においてさえ膨大である．これらの損傷が変異を引き起こすメカニズムとしては，以下のようなものが考えられる．①ある塩基が損傷を受けたことによって，本来とは異なる塩基を対合できるようになる結果，DNA複製時に娘鎖へ誤った塩基が取り込まれる．②複製ポリメラーゼが鋳型鎖に存在する損傷によって進行をブロックされた場合，損傷乗り越え型DNAポリメラーゼがやってきて，その損傷を乗り越える．この際，損傷の部分では本来とは異なる塩基が取り込まれやすい．③DNAに切断が起きた場合，生じた末端からDNAが削られることにより，欠失変異が起きうる．また，損傷により生じたDNA末端が，染色体上の別の部位から生じた末端と誤って再結合されることによって，転位が起きる．

表2-5 哺乳類細胞1個あたりのDNA損傷の形成量

損傷の種類	個数	損傷の種類	個数
脱プリン残基	440	脱プリン残基後の単鎖切断	440
脱ピリミジン残基	22	O^6-メチルグアニン	100
シトシン脱アミノ化	6	ピリミジン二量体（皮膚）（テキサスの正午）	$4×10^4$
単鎖切断	1,760	自然放射線による単鎖切断（バックグラウンド）	10^{-4}

（37℃，1時間あたり）（R. B. Setlow博士による）

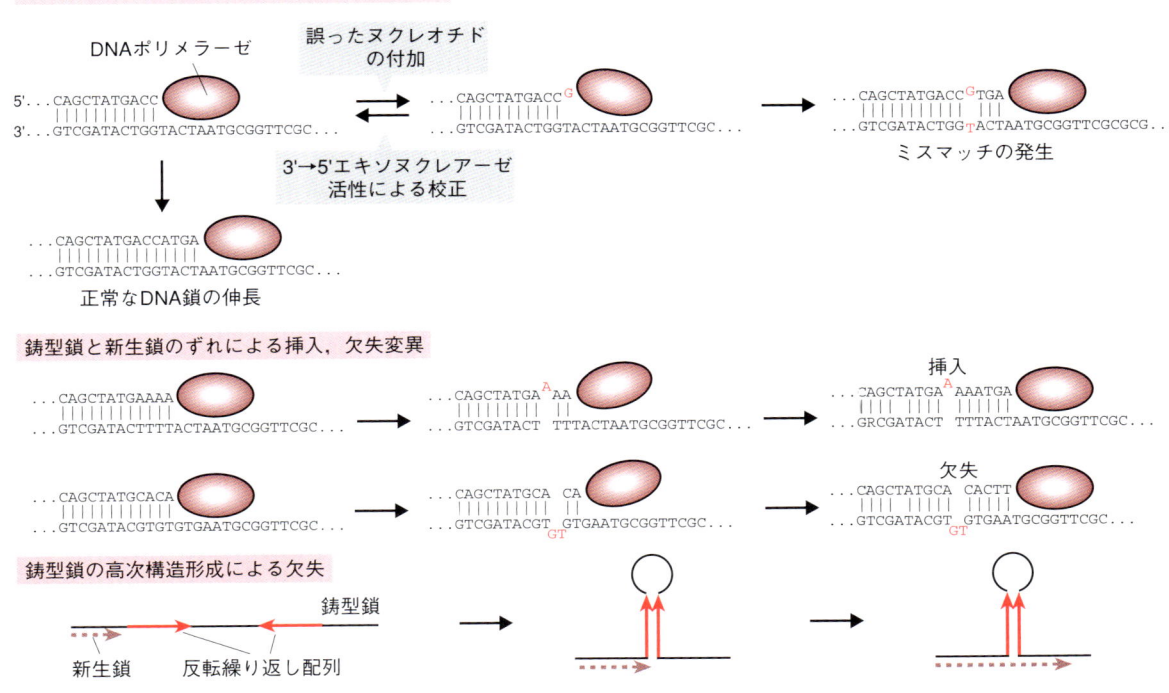

図2-21 DNA複製に伴う突然変異発生機構の例

DNAポリメラーゼがDNA合成中に誤った塩基を取り込んだ場合，そのポリメラーゼに3′→5′エキソヌクレアーゼ活性（校正機能）が付随していれば，それを速やかに取り除くことができる．それに対して，校正機能が働かずにそのままDNA鎖が伸長されるとミスマッチが生じる．また，短い塩基配列が繰り返す部位では，DNA合成中に鋳型鎖と新生鎖がずれて一方の鎖が小さなループ構造をとることにより，塩基の挿入や欠失が起こりうる．さらに，鋳型鎖に存在する反転繰り返し配列が対合して図のようなステム・ループ構造を形成する場合，DNAポリメラーゼが高次構造の部分をスキップすると比較的大きな欠失を生じると考えられる

　DNAの損傷に比べると，DNA複製の際にDNAポリメラーゼが引き起こすエラーはかなり低いレベルである．例えば大腸菌の主要な複製ポリメラーゼであるDNAポリメラーゼⅢのエラー頻度は約10^8回に1回である．これはこのポリメラーゼ自身に，いったん誤ったヌクレオチドを取り込んでもそれを検知し取り除く校正機能（具体的には3′→5′エキソヌクレアーゼ活性）が付随しているからである．そうはいっても，複製エラーによる変異は無視できない．さらにDNA複製中に新生鎖と鋳型鎖がずれることによって生じる塩基の欠失，挿入などもDNAポリメラーゼによる変異のメカニズムとして考えられる（図2-21）．

> **Memo**
> 突然変異はDNA損傷およびDNA複製エラーによってもたらされる．

　ヌクレオチド配列の変化の様式によって変異を考えた場合，1個から数個の局所的なヌクレオチドの変化を伴う点突然変異（point mutation）と，より大きなレベルでの塩基配列の再構成（挿入，欠失，倍化，反転，転位など）に分類される．さらに点突然変異は，単独のヌクレオチドが別のものに置き換わる塩基置換変異（base substitution）と，少数のヌクレオチドの挿入（insertion），あるいは欠失（deletion）に区別することができる．点突然変異は，図2-22に示すように，それが起こった部位によりさまざまな効果をもたらす．大規模な塩基配列の再編成の効果はより複雑であるが，一般的にその規模が大きいほど多数の遺伝子機能に影響を及ぼす可能性が高くなるといえる．

2　DNA損傷の修復機構

　冒頭に述べたように，DNA損傷によって誘起される急性の細胞機能異常や突然変異の発生を防ぐため，生物は損傷を修復する機能を備えている．DNAの修復機構の重要性は，それが欠損した遺伝病の患者における高発癌性，神経病変，発生異常，早期老化などのさまざまな病態から明らかである．DNA修復機構は，その反応様式によっていくつかのクラスに分類される．

> **Memo**
> 生物は多様なDNA損傷に対応してさまざまなDNA修復機構を備えている．

1）損傷の直接的な復帰による修復（reversion）

　このクラスの代表的なものとしては，光回復があげられる．この反応に関与する光回復酵素（photoreactivating enzyme；photolyase）は，紫外線によって誘起されるシクロブタン型のピリミジン二量体（cyclobutane pyrimidine dimer：CPD）やピリミジン-ピリミドン（6-4）光産物（6-4 photoproduct：6-4PP）に結合し，可視光のエネルギーを利用してもとの正常なピリミジン塩基に復帰させる．

> **Memo**
> マウスやヒトなどの哺乳類では光回復酵素は存在せず，類似の遺伝子が生物時計を司るタンパク質のいくつかをコードするように進化の過程で変わってしまっている．

　損傷の直接的な復帰による修復のもう1つの例として，メチル化やエチル化といったアルキル化塩基の脱アルキル化がある．アルキル化剤によって生成するO^6-アルキルグアニンやO^4-アルキルチミンは，それぞれT，Gと誤った塩基対を形成しうることから，突然変異を誘発する．これらのアルキル化塩基を脱アルキル化によって正常な塩基に復帰させる酵素は，さまざまな生物で存在が確認されている．さらに，DNAの一本鎖切断により生じた切断端をDNAリガーゼによって再結合する反応も，損傷の直接的復帰によるものと考えられる．

2）除去修復（excision repair）

　DNA修復の代表ともいえる除去修復は，損傷部位をいったん取り除いた後，あらためて正常なDNA鎖をつくり直す反応で，DNA二本鎖の片方に生じた塩基損傷を対象とする．言い換える

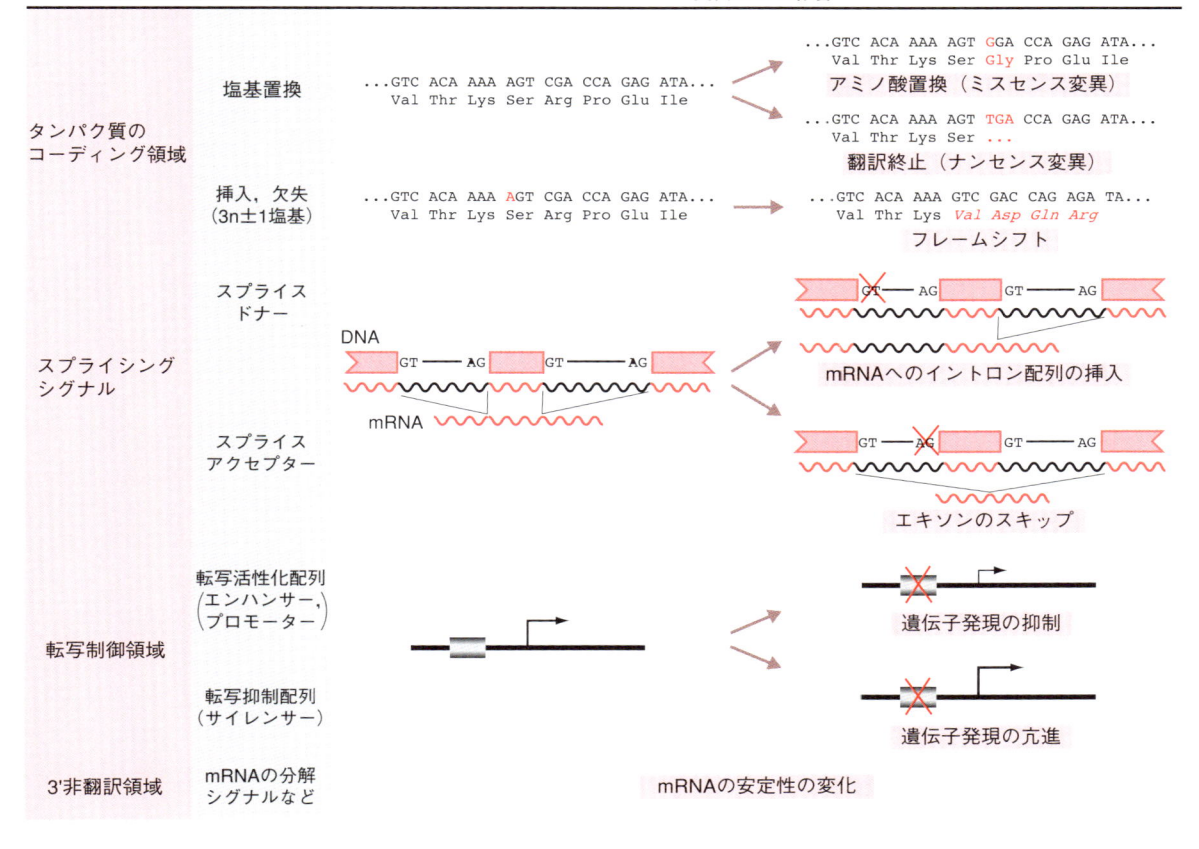

変異部位と変異の種類			変異による影響
タンパク質のコーディング領域	塩基置換	...GTC ACA AAA AGT CGA CCA GAG ATA... Val Thr Lys Ser Arg Pro Glu Ile	...GTC ACA AAA AGT GGA CCA GAG ATA... Val Thr Lys Ser Gly Pro Glu Ile **アミノ酸置換（ミスセンス変異）** ...GTC ACA AAA AGT TGA CCA GAG ATA... Val Thr Lys Ser ... **翻訳終止（ナンセンス変異）**
	挿入, 欠失 (3n±1塩基)	...GTC ACA AAA AGT CGA CCA GAG ATA... Val Thr Lys Ser Arg Pro Glu Ile	...GTC ACA AAA GTC GAC CAG AGA TA... Val Thr Lys Val Asp Gln Arg **フレームシフト**
スプライシングシグナル	スプライスドナー	DNA — GT—AG — GT—AG — mRNA	— GT—AG — GT—AG — **mRNAへのイントロン配列の挿入**
	スプライスアクセプター		— GT—AG — GT—AG — **エキソンのスキップ**
転写制御領域	転写活性化配列 (エンハンサー, プロモーター)		**遺伝子発現の抑制**
	転写抑制配列 (サイレンサー)		**遺伝子発現の亢進**
3'非翻訳領域	mRNAの分解 シグナルなど		**mRNAの安定性の変化**

図 2-22　点突然変異の発生部位とその影響の例

点突然変異が遺伝子機能発現に及ぼす影響の例を，変異の発生部位別にまとめた．タンパク質のコーディング領域における塩基置換変異は，1アミノ酸置換や翻訳終止によるC末端の欠失をもたらす．また，塩基の挿入や欠失は翻訳フレームのずれを生じ，本来とは全く異なるアミノ酸配列をもつタンパク質が合成される．一方，転写されたRNAのスプライシングにかかわるシグナルの変異は，mRNAの塩基配列の挿入や欠失につながり，その結果タンパク質のアミノ酸配列の挿入，欠失，フレームシフトなどを引き起こす．また，転写制御領域やmRNAの安定性に関与する配列の変異は，細胞内のmRNAのトータル量を変化させることにより，最終的な機能タンパク質の発現量に影響を与える可能性がある

と，反対側の鎖（鋳型として働くDNA鎖）が無傷である必要がある．このクラスに属するDNA修復機構としては，塩基除去修復（base excision repair：BER），ヌクレオチド除去修復（nucleotide excision repair：NER），ミスマッチ修復（mismatch repair：MMR）が含まれる．

このうちBERは，塩基の離脱による脱塩基部位や酸化的損傷など，比較的小さな塩基損傷に作用する．一方，NERは紫外線によって生じるCPDや6-4PP，シスプラチンなどによる鎖内架橋や種々の化学物質による比較的かさ高い塩基付加体など，DNAの二本鎖にひずみを生じるような広範な損傷を除去する．

Memo

高発癌性を示す色素性乾皮症（xeroderma pigmentosum：XP）や早期老化を呈するコケイン症候群（Cockayne syndrome：CS）などの遺伝病でNERに欠損がみられることから，数ある修復反応のなかでもNERはもっとも精力的に研究が進められてきた．

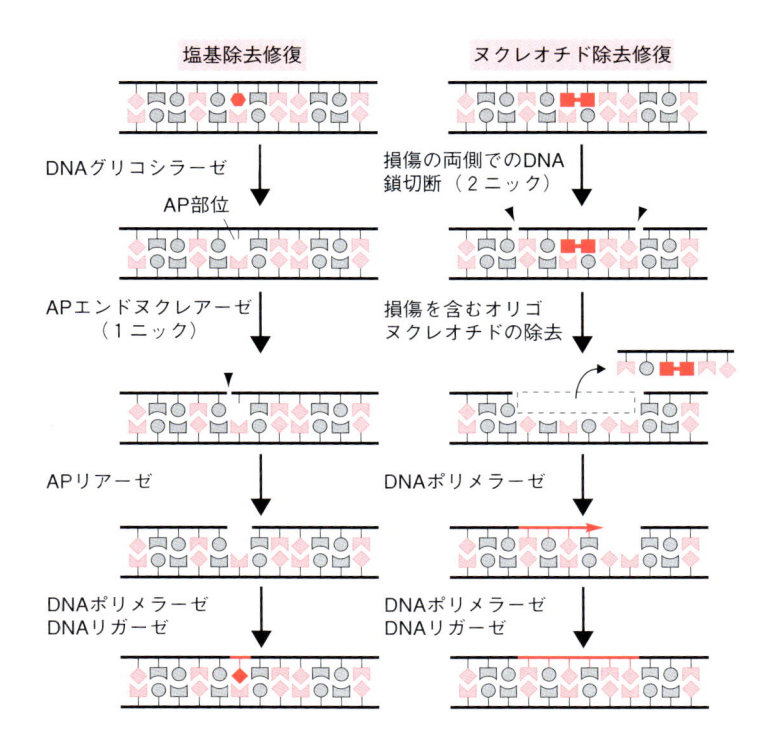

図 2-23 塩基除去修復とヌクレオチド除去修復の反応機構の比較

塩基除去修復（BER）は，損傷塩基を認識してN-グリコシル結合を加水分解するDNAグリコシラーゼによって開始される．この塩基を失った部位（いわゆるAP部位：apurinic or apyrimidinic site）は，APエンドヌクレアーゼによって特異的に一本鎖切断を受ける．その後，損傷部位を含むデオキシリボースがAPリアーゼによって除去され，生じたギャップがDNAポリメラーゼによって埋め戻された後，DNAリガーゼが作用して修復が完了する．ただし一部のDNAグリコシラーゼはAPリアーゼ活性もあわせて有しており，損傷塩基の除去と脱塩基部位の切断を単一の酵素が連続的に行う．ヌクレオチド除去修復（NER）では，損傷の両側で一本鎖切断が起こり，損傷を含む20〜30ヌクレオチドが遊離されるのが特徴的である．生じたギャップは，BERの場合と同様にDNAポリメラーゼとDNAリガーゼによってもとどおりに復帰する．この図はBERとNERの代表的な副経路を模式的に示したもの

　大腸菌のNER反応は，最低6種類のタンパク質によって試験管内で再構成可能であるのに対し，真核細胞では，XPやCS関連因子をはじめとして，30種類以上のタンパク質が関与する複雑な反応であることが明らかとなっている．また，NERにはゲノム全体をカバーする副経路（global genome repair：GGR）と，転写の鋳型となるDNA鎖から選択的に損傷を除去するもう1つの副経路（transcription-coupled repair：TCR）が存在する．GGR反応については，試験管内での再構成系が一応できているが，TCRに関しては，まだ未知の部分がかなり残されており，再構成されていない．図2-23にBERとNERの反応を比較した．MMRについては後述する．

3）組換え修復（recombination repair）

　DNA損傷のなかには，その修復のためにDNA組換えを必要とするものがある．X線やγ線などによってDNA二本鎖切断が生じた場合，その切断端が再結合し，もとのDNAが復元する場合と，異なる切断端が結合する場合とがある．前者を非相同末端結合とよび，後者を相同組換えとよぶ．原核生物や下等真核生物では後者が主な二本鎖切断修復であるのに対し，高等真核生物では前者がメインである．いずれの反応においても，程度の差はあるが相同な塩基配列の対合を利用するので，広い意味で「組換え修復」と呼ばれる．次項に述べる複製後修復も，基本的には組換え修復の一形態である．組換え修復に関与する因子およびそのメカニズムの詳細については，第2章-5を参照されたい．

3 複製時における修復

　前述のように，DNA複製時にDNAポリメラーゼによって引き起こされるエラーは，突然変異の原因として重要なものの1つである．DNAポリメラーゼが誤ったヌクレオチドを取り込むことによって生じる塩基のミスペアや，鋳型-プライマー間のずれなどによって形成された小さなル

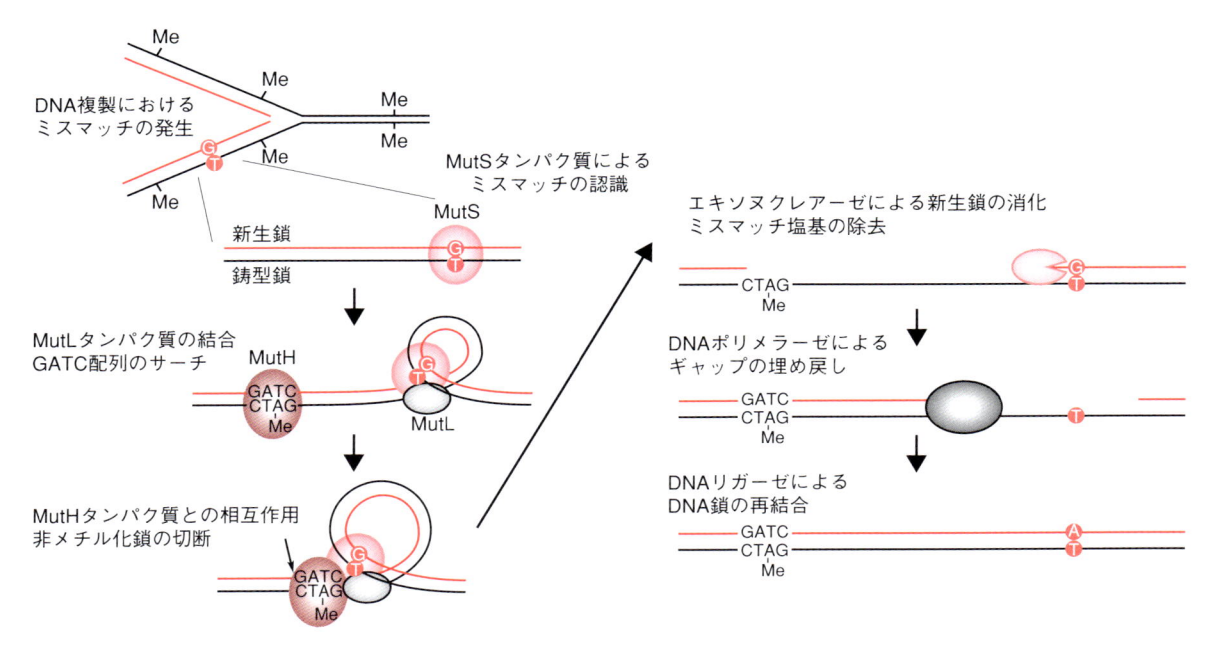

図2-24　大腸菌のミスマッチ修復機構モデル

大腸菌のゲノムDNA中のGATC配列は，通常DamメチラーゼによってAがメチル化されているのに対して，合成直後の新生DNA鎖は非メチル化状態をとっている．DNA複製のエラーによりミスマッチが生じると，まずMutSタンパク質がこれを認識して結合する．さらにMutLタンパク質が結合した後，この複合体はDNA鎖を両方向にスキャンしてGATC配列に結合したMutHタンパク質と相互作用する．MutHタンパク質は非メチル化GATC配列に特異的なエンドヌクレアーゼで，MutLS複合体と相互作用することによって活性化され，新生鎖特異的に一本鎖切断を入れる．この切断部位からエキソヌクレアーゼが作用してミスマッチ塩基を除去した後，DNAポリメラーゼがギャップを埋め戻し，DNAリガーゼがDNA鎖を再結合して修復が完了する．このように，大腸菌のミスマッチ修復機構において，Damメチラーゼによるメチル化は新生鎖と鋳型鎖の判別に重要な役割を果たしている

ープ構造は，MMRの機構によって修復される．そのメカニズムは大腸菌において詳細に研究されており，図2-24に示すようなことがわかっている．MutS，MutLそれぞれに相同なタンパク質は酵母から哺乳類まで，真核生物でも広く見出されており，同様な修復機構が進化の過程で保存されていることが示唆される．しかしながら，真核生物においてはDamメチラーゼやMutH相同遺伝子は見出されておらず，複製クランプであるPCNAが真核細胞のミスマッチ修復機構における鋳型鎖と新生鎖の区別に働いていると考えられている．

Memo
ゲノム中の繰り返し塩基配列の不安定性を伴う家族性非ポリープ性大腸癌（hereditary non-polyposis colorectal cancer：HNPCC）とミスマッチ修復因子の異常との関連が明らかとなり，発癌抑制におけるMMRの重要性が注目されるようになった．

一方，紫外線によって生成するCPDや6-4PPのような損傷がDNA複製の鋳型鎖にあった場合，DNAポリメラーゼは通常その手前で停止する．その状態は少なからず一本鎖DNAを含み，細胞にとって非常に危険なものなので，速やかに回避せばならない．図2-25に示すように，複製阻害から回避する手段として3つの機構が考えられている．これらのうち，1番目の相同的組換え反応については第2章-5に詳述されている．2番目のテンプレートスイッチに関しては，原核生物や下等真核生物ではすでに存在が確認されているが，高等真核生物ではまだ確認されていない．3番目の損傷乗り越え複製（translesion synthesis：TLS）については，比較的最近に

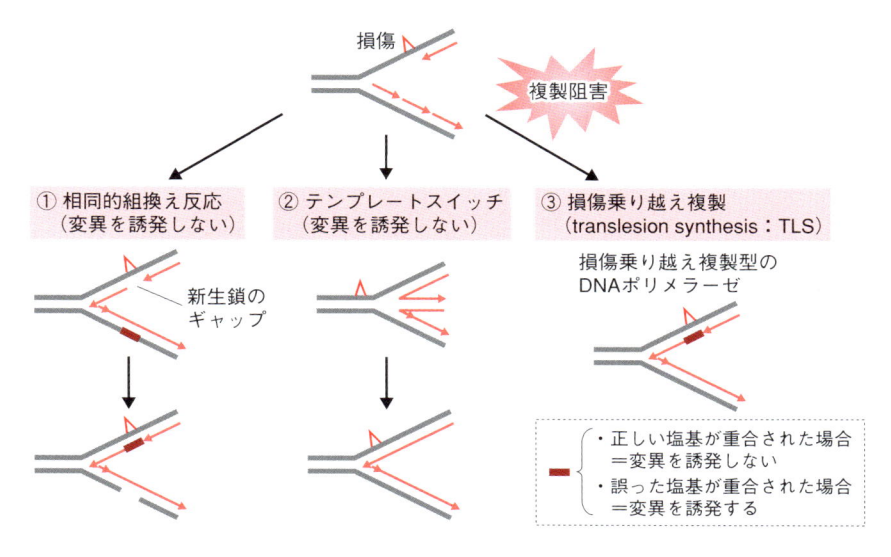

図2-25　DNA損傷による複製阻害からの回避手段
DNA損傷による複製フォークの進行阻害を回避する3つの機構を模式的に表したもの．損傷を含むDNA鎖が複製される際，DNAポリメラーゼは損傷の手前で停止する．①相同的組換え反応：損傷の下流（3′側）からのDNA複製再開によって一本鎖DNAギャップが形成され，そのギャップを相同DNA組換え反応により修復する．②テンプレートスイッチ：停止した複製フォークをいったん逆行させて損傷のない方の新生鎖を鋳型として複製を続行させる．③損傷乗り越え複製：正確な塩基の重合が起きた場合，変異は誘発しない（正確な損傷乗り越え複製）．誤った塩基が重合された場合，変異が誘発される（誤りがち損傷乗り越え複製）．後者は，損傷部位に対する塩基重合によってミスマッチを形成する過程と，ミスマッチ末端からDNA鎖を伸長する過程の2段階反応と考えることができる

なってTLSに特化したDNAポリメラーゼ（Yファミリーポリメラーゼ）が次々と発見され，TLSの機構は原核生物からヒトまで広く保存されていることがわかった．TLSポリメラーゼは，基本的には複製時に誤りを起こしやすい性質をもっており，正確な塩基対合を本来の使命としているDNAポリメラーゼの概念を大きく変えるものであった．

Memo
TLSポリメラーゼのなかでもDNAポリメラーゼη（イータ）は，CPDに対して効率よく，また比較的正確なTLSを行うこと，ヒトではバリアント群XPの原因遺伝子産物であることなどでよく知られている．

これら3つの反応を総称して複製後修復（post-replication repair）と呼んでいる．

文　献

1) "DNA Repair and Mutagenesis, 2nd edition"（Friedberg, E. C. et al.）, ASM Press, 2006
2) 花岡文雄/編：［特集］いま明かされるゲノム損傷応答システム．実験医学, 24：2006
3) "わかる実験医学シリーズ DNA複製・修復がわかる"（花岡文雄/編）, 羊土社, 2004
4) "ゲノムの修復と組換え－原子レベルから疾患まで"（花岡文雄, 他/編）, シュプリンガー・フェアラーク東京, 2003
5) Jiricny, J.：The multifaceted mismatch-repair system. Nat. Rev. Mol. Cell Biol., 7：335-346, 2006
6) Lehmann, A. R. et al.：Translesion synthesis: Y-family polymerases and the polymerase switch. DNA Repair, 6：891-899, 2007

5 遺伝子組換え

DNA鎖の交換反応である組換えは生体内の重要な機能を担う．DNAに生じる傷，特に二本鎖DNA切断は組換えによって修復される．組換え反応は細胞の機能発現や細胞周期の進行とも密接に関係している．また，組換えは減数第一分裂期の相同染色体の分配に必須の役割を担っている．組換えは，相同なDNAの間で起こる相同組換え，そしてDNA鎖の単純な再結合反応の非相同組換えに大別できる．それぞれの過程は複数のタンパク質がかかわる多段階の反応である．近年少しずつその分子機構が明らかにされてきている．ここでは組換えの基礎知識と最近のトピックスを織り交ぜ，組換えについて概説したい．

概念図

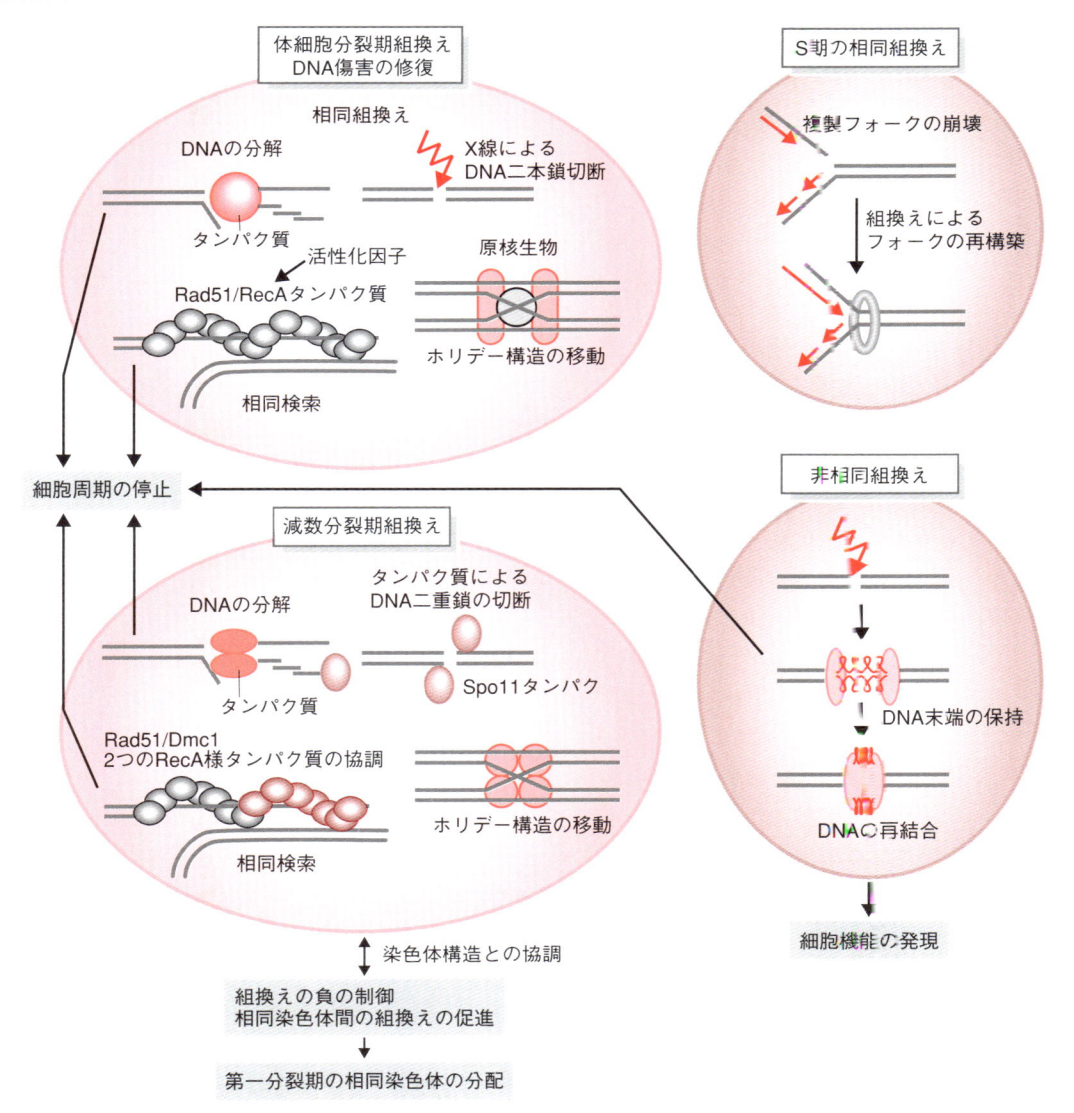

体細胞分裂期組換え DNA傷害の修復
- 相同組換え
- DNAの分解 / タンパク質
- X線によるDNA二本鎖切断
- 活性化因子
- Rad51/RecAタンパク質
- 原核生物
- ホリデー構造の移動
- 相同検索

減数分裂期組換え
- DNAの分解 / タンパク質
- タンパク質によるDNA二重鎖の切断
- Spo11タンパク
- Rad51/Dmc1 2つのRecA様タンパク質の協調
- ホリデー構造の移動
- 相同検索
- 染色体構造との協調
- 組換えの負の制御 相同染色体間の組換えの促進
- 第一分裂期の相同染色体の分配

S期の相同組換え
- 複製フォークの崩壊
- 組換えによるフォークの再構築

非相同組換え
- DNA末端の保持
- DNAの再結合
- 細胞機能の発現

→ 細胞周期の停止

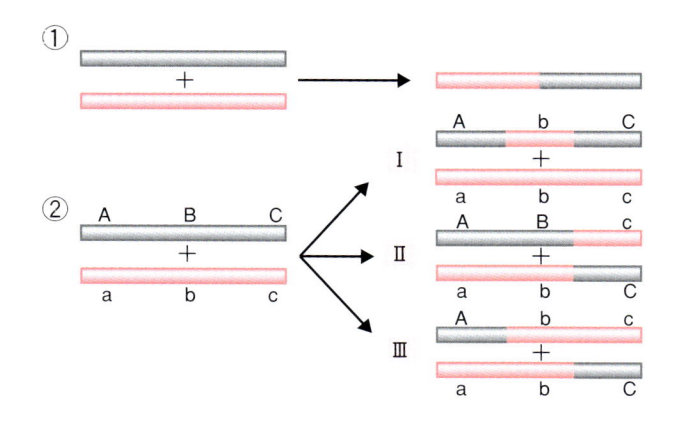

図2-26　組換え反応と組換え反応の種類
①組換えはDNA断片どうしの切断，再結合と捉えることができる．②2組の親DNAからさまざまな組換え体が生じる．A，B，C，a，b，cはマーカーを表す．遺伝子変換型（Ⅰ），交叉型（Ⅱ），交叉を伴う遺伝子変換型（Ⅲ）．Ⅲのタイプでは，中央のマーカーに遺伝子変換型の組換えが起こり，さらに両端のマーカーも入れ換わっている

　2分子の二本鎖DNA間で起こる遺伝的組換えは，ゲノム情報を安定化（DNA傷害を修復）すると同時に，ゲノムの動的変化に積極的に関与して遺伝情報の多様性を増やす．このような組換え反応は多数のタンパク質によって触媒されるが，その遺伝子はファージや大腸菌などの原核生物からヒトを含めた真核生物まで広く保存されている．さらに，減数分裂期では多様性の産出ばかりでなく，相同染色体間に物理的な結合をつくり，染色体の分配に必須の役目を果たしている．

　近年では細胞周期のS期で頻繁に起こると考えられるDNA複製フォークの崩壊に伴う複製フォークの再活性化やテロメアの伸長反応にも相同組換えが大切な役割を果たすことが示されており，組換えはゲノムの安定性の維持に欠かせない生命機能の1つといえる．また，免疫細胞などの特殊化した細胞での，細胞機能の多様性の創成にDNA再編反応の組換えを用いている．

1 組換えの種類

　組換えはDNA断片どうしの切断，再結合と単純に捉えることができる（図2-26①）．2つのDNA分子のDNA塩基配列はほぼ相同な場合と全く異なる場合があり，前者を相同組換え，後者を非相同組換えと呼んでいる．厳密な意味で何%の相同性で2つの組換えを分けるのかは難しく，試験管内の反応では80%くらい似ていれば相同組換え反応は起こる．しかし，細胞内では80%の相同性をもつDNAどうしの間では相同組換えは起こらない．

Memo
細胞のなかではミスマッチ修復に関係する遺伝子が相同性の高くない配列間での組換え〔ホメオロガス（homeologous）な組換えと呼ばれる〕を排除することが知られている．

　相同組換えは，産物である組換え体がどのようにゲノム断片を交換するかを，遺伝子やDNAに目印を入れることで検出することができる．目印（マーカー）として主に使われるものに，特異的な塩基置換（変異），それによって生じる細胞や個体の表現型，あるいはDNA上の多型の変動〔個体，細胞ごとのDNAの塩基配列の違い（SNPs）．特に反復配列のリピート数の変化を示す場合が多い〕などがある．DNA上の3カ所にあるマーカーを利用して組換え体を解析すると，組換え体は大きく分けて遺伝子変換型〔gene conversion，あるいは非交叉型組換え（non-crossover）〕と，交叉型（crossover）の2つのタイプに分類される（図2-26②）．2つの組換えには形成経路に加え，機能的な違いも存在する．交叉型組換えは，減数分裂期の相同染色体の分配に必須であることから，この組換えは配偶子形成過程において機能的に必須の役割を果たしている．

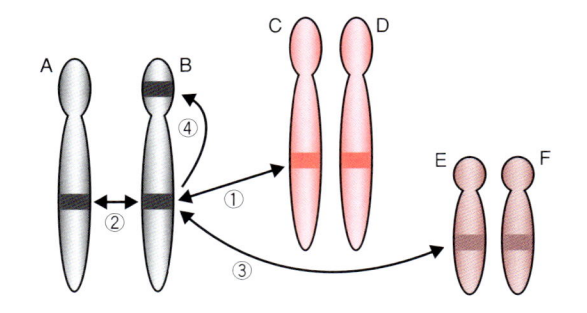

図2-27 染色体の位置における組換えの分類
姉妹染色体間組換え（①），相同染色体間組換え（②），エクトピックな組換え（③），染色体内組換え（④）．A，BとC，Dは相同染色体を表す．AとB，CとDはそれぞれ姉妹染色体を表している

　相同組換えは相同なDNA配列間で比較的自由に起こるので，組換えの基質となる2つのDNA配列の染色体上の配置からも分類できる．同一染色体上の相同な配列間で起こる組換えを「染色体内組換え」，独立した染色体上の配列間で起こる組換えを「染色体間組換え」と呼んでいる．染色体間組換えには相同染色体間で起こる組換え（図2-27②），あるいは姉妹染色体の間で起こる組換え（図2-27①）がある．異なる染色体上の相同配列間で起こる組換えをエクトピックな組換え（ectopic recombination）（図2-27③）と呼び，染色体内組換え（図2-27④）も広義ではこのなかに分類される．組換えは，細胞周期や細胞のプロイディー（倍数性：ploidy），さらには細胞の状態に依存して制御されていると考えられる．二倍体の細胞では，G1期には染色体内，あるいは相同染色体間でのみ相同組換えが起こるが，染色体が倍加したS期の後期やG2期の細胞では，さらに姉妹染色体間での組換えが可能になる．一方，一倍体を生活環にもつ下等真核生物では，G2期には姉妹染色体間での組換えは起こるが，G1期ではエクトピックな相同組換えのみが可能となる．

　同一の遺伝情報をもつ姉妹染色体間の組換えでは，組換えが起こった前と後での遺伝情報（DNA配列）の変化はみられないが，その他の組換えでは遺伝情報の変化を伴う．例えば，相同染色体間の遺伝子変換型組換えでアレル（対立遺伝子：allele）が失われる場合や，染色体内組換えやエクトピックな組換えで，交叉型組換えを伴うと染色体の欠失や転座が生じる場合である．これらは，癌化に代表されるような細胞機能の異常と結びつくことが多い．

　組換え反応は細胞によりその頻度が変動している，つまり，組換え反応のタイプが細胞ごとで異なる経路が働く場合がある．ほとんどの細胞で共通なのは，DNA二重鎖切断を修復する組換えである．一方，生殖細胞では交叉型組換えが染色体分配に必須の役割を果たし，種の保存と遺伝情報の多様性を生み出す原動力となっている．ヒトやマウスの免疫グロブリンやT細胞受容体では，非相同組換えのV(D)J組換え（後述）によって無限に近い異なる対立遺伝子を生成して，外界からの防御に対応している．一方，ニワトリやウサギでは，免疫グロブリン遺伝子とその上流に存在する多数の偽遺伝子の間の遺伝子変換が対立遺伝子の数を増やしている．ヤツメウナギなどの無顎類の自然免疫受容体も相同組換えにより多様性を生み出すと考えられている．眠り病を引き起こすトリパノソーマの表現抗原の遺伝子も遺伝子変換により，外部抗原の多様性を生み出している．さらに，組換え機能は，細胞周期のなかでも使い分けられている．高等真核細胞のG1期では非相同組換えが主にDNA二本鎖切断を修復し，S期とG2期では相同組換えがその修復を行っている．

2 相同組換えの分子機構

1) 相同組換えのモデル

　組換え反応はすでに述べたように，生物種や，同じ個体でも細胞の種類，DNAの構造，ある

いは細胞の置かれた状態で変化するので，組換えの中間体や生成される組換え体の構造が異なったことから，数多くのモデルが提出されている．しかし，反応の中心的な役目を担っているタンパク質の機能が似ていることから，最近では，バクテリアからヒトまで種を超えて，組換えの分子機構は基本的に保存されていると考えられている．ここではもっとも広く受け入れられている相同組換えの反応経路として，二本鎖切断修復（double-strand break repair：DSBR）モデルと，DNA合成依存性アニーリング（synthesis-dependent strand annealing：SDSA）モデルについて述べる．

　DSBRモデルは，最初，線状DNAの形質転換（遺伝子ターゲッティング）の実験結果より提唱され，後に減数分裂期組換えの解析にもとづき改良された（図2-28 左）．実際に，出芽酵母の減数分裂期組換えのDNA中間体に相当する，DNA二本鎖切断，3′-OHをもつ一本鎖DNA，そして，二重ホリデー構造（double-Holliday junction）やその前のDループに相当する中間体分子（single-strand invasion intermediate）が減数分裂期に存在することが証明され，DSBR修復モデルが確立している．

　一方，体細胞分裂期にはDSBRモデルがあてはまらない組換え経路が主に観察されている．ショウジョウバエの体細胞分裂期の二本鎖切断の修復では交叉型の組換えが伴わないことと，二本鎖切断で生じた2つのDNA末端が独立にふるまうことが明らかになり，この現象を説明するためにSDSAモデルが提唱された（図2-28 右）．このモデルの大きな特徴として鋳型の情報は変化せず，ホリデー構造を伴わないため産物はすべて遺伝子変換型になることがあげられる．この経路はさまざまな生物の体細胞分裂期の組換えに主として働く．

2）相同組換えに関与する遺伝子/タンパク質

　組換えにかかわる遺伝子は大腸菌，古細菌，酵母，マウス，ヒトなどで詳しく解析されている．それぞれの遺伝子は，その機能から開始反応，相同検索–DNA鎖交換反応，組換え中間体の成熟反応の3つの段階に働く遺伝子に大きく分けられる（図2-28）．

　DNAを分解するヌクレアーゼ，あるいは二本鎖DNAを一本鎖DNAに巻き戻すヘリカーゼが組換えの開始に必要な単鎖DNAを供給する．中期過程の相同検索–DNA鎖交換反応ではRecA/Rad51タンパク質が中心的役割を果たす．RecA/Rad51タンパク質は試験管内でも相同な一本鎖DNAと二本鎖DNAとの相同性を探し，DNA鎖を交換する活性をもっている．後期過程にはDNA合成ホリデー構造の移動，その開裂に関与する因子が知られている．

　出芽酵母では変異株がX線に対して感受性を示す*RAD52*グループが組換えに必要なことが古くから知られていた（表2-6）．これらの遺伝子のいくつかは大腸菌の遺伝子と相同性を示し，ほとんどの遺伝子が真核生物のなかで広く保存されている．つまり，組換えの基本的な分子メカニズムは進化を通じて広く保存されていると言える．

　真核生物の組換えタンパク質は複雑な相互作用をもつことが大きな特徴の1つである．RecA様Rad51と他のタンパク質との相互作用は進化を通じて保存され，高等真核生物になるほど役者が増え，相互作用の機構は複雑さを増している．このような相互作用は組換え反応が巨大なタンパク質複合体により遂行されることを意味するのかもしれないし，あるいは，タンパク質の特定のDNA領域への結合を厳密に制御することに関与しているとも考えられる．

　相同検索–DNA鎖交換ではRad51タンパク質と単鎖DNAの結合，つまり，Rad51の機能単位である右巻きのらせん構造をもつRad51ヌクレオプロテイン・フィラメントの形成が鍵になる．このフィラメントの形成にはさまざまな制御機構が働く多段階からなるタンパク質複合体形成を伴う．その例が図2-29に描かれている．

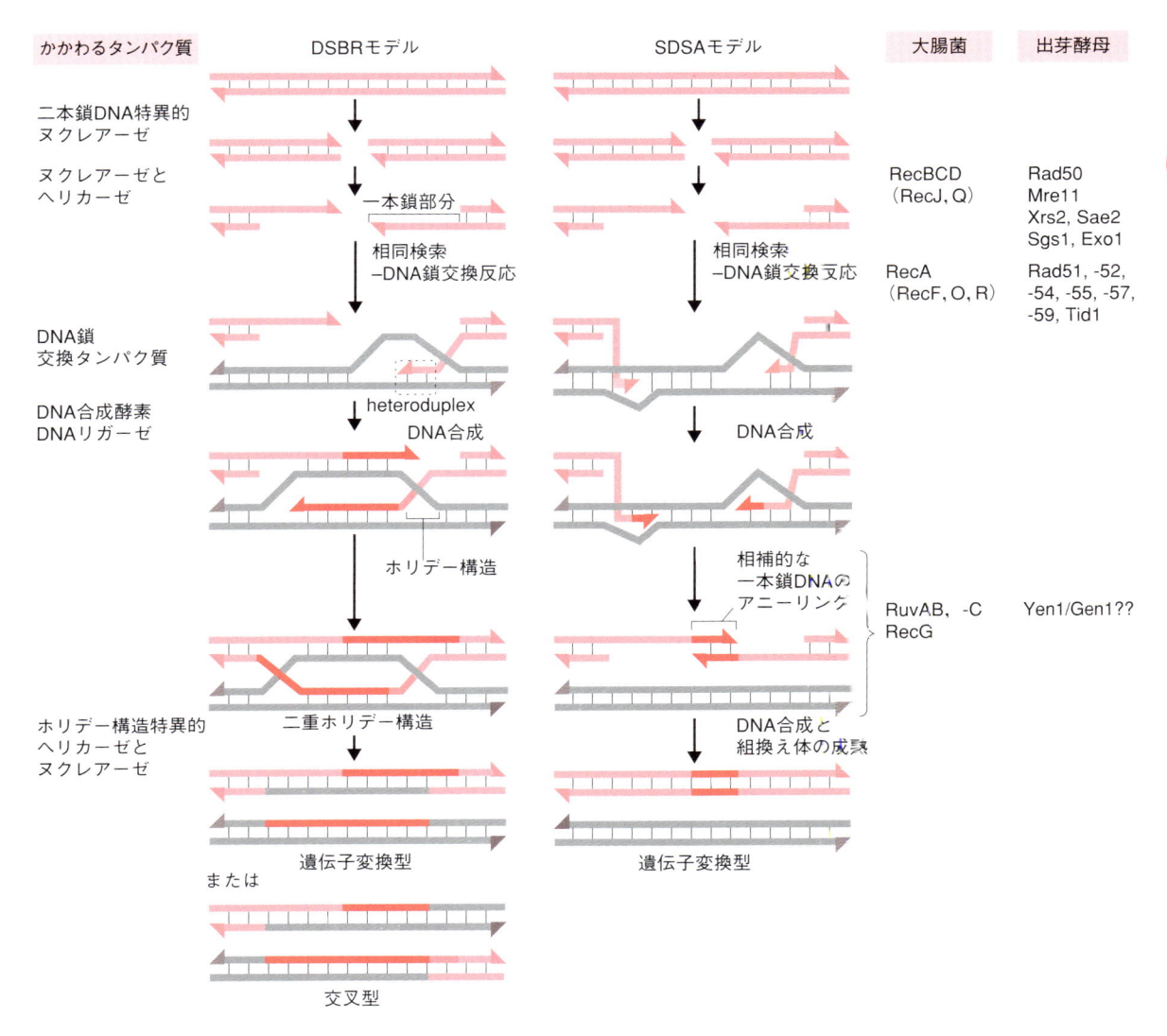

図 2-28　DNA 二本鎖切断修復（DSBR）モデルと DNA 合成依存性アニーリング（SDSA）モデル

DSBR モデルでは，組換えは DNA 上の二本鎖切断で始まる．体細胞分裂期では X 線のような電離放射線などが DNA に二本鎖切断を入れ，減数分裂期では組換えのホットスポットと呼ばれる染色体上の特定の部位の二本鎖 DNA が切断される．二本鎖切断の導入後，その DNA の末端には 3´-OH をもつ一本鎖部分が形成される．この一本鎖 DNA の塩基配列の情報を利用して，この領域と相同な二本鎖 DNA 分子が探し出され，一本鎖部分が相手の二本鎖分子の相補鎖と水素結合をつくる．この新たに形成された二本鎖 DNA 領域を heteroduplex と呼ぶ．heteroduplex 形成が二本鎖切断の両側で起こるか，あるいは，相同な二本鎖 DNA に入り込んだ一本鎖 DNA の 3´-OH から新たに DNA が合成されて heteroduplex 領域が広げられる．そして切断された DNA と相手方 DNA が結合すると，X 字状の組換え中間体が形成される．この中間体をホリデー（Holliday）構造と呼ぶ．このホリデー構造は DNA の塩基配列が相同である限り移動が可能なので heteroduplex 領域はさらに広がる．その後，ホリデー構造が開裂して組換え体分子が形成される．ホリデー構造の開裂には 2 とおりあり，開裂の仕方により交叉型の組換え分子になるか，遺伝子変換型の組換え分子になるかが決まる．SDSA モデルでは，二本鎖切断で生じた一本鎖 DNA が，相同な二本鎖 DNA に入り込むところまでは DSBR モデルと同じであるが，新たに合成された DNA 鎖が，DNA 合成後に鋳型 DNA から外れてしまう点で異なっている．新たに合成された一本鎖 DNA どうしが，その相補的な配列どうしで再度水素結合をつくるアニーリング反応で，組換え中間体が形成される．この場合，すべての組換え分子が遺伝子変換型（非交叉型）となる

5　遺伝子組換え

表2-6 体細胞分裂期組換えとDNA傷害の修復に関与する遺伝子とその性質

遺伝子名	機能	ヒトの相同遺伝子	古細菌	大腸菌の相同遺伝子
RAD50	Mre11, Xrs2と複合体を形成 ヌクレアーゼ	hRAD50	RAD50	sbcC
MRE11	Rad50, Xrs2と複合体を形成 ヌクレアーゼ	hMRE11	MRE11	sbcD
XRS2	Mre11, Rad50と複合体を形成 ヌクレアーゼ	NBS1		
RAD51	DNA鎖交換活性	HsRAD51	RadA	recA
RAD52	DNA結合, Rad51の機能の補助	HsRAD52		recO/R?
RAD54	SWI2/SNF2ヘリカーゼの配列	HsRAD54		
RAD55	Rad57と複合体形成 Rad51の機能の補助	HsRAD51B, HsRAD51C, HsRAD51D, XRCC2, XRCC3	RadB	recO/R?
RAD57	Rad55と複合体形成 Rad51の機能の補助			recO/R?
RAD59	Rad52と部分的に相同			
RDH54/TID1	Rad54と相同	RAD54B?		
RFA1	単鎖DNA結合タンパク質RPAの最大サブユニット	hRPA1	RFA	ssb

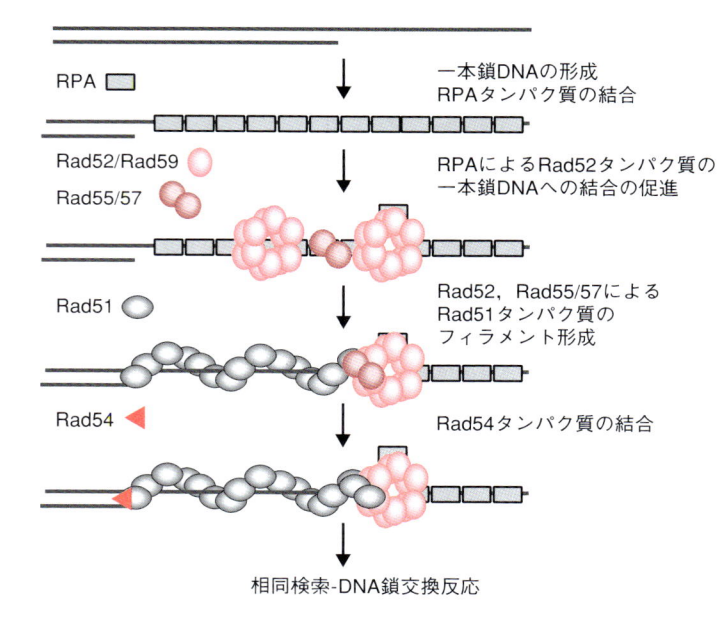

図2-29 組換え反応中期過程のタンパク質複合体形成のモデル

Rad51ヌクレオプロテイン・フィラメントは段階的なタンパク質/DNA複合体を経て形成される。DNA二本鎖切断により生じた一本鎖DNAにRPAが結合し、その後、Rad52タンパク質がこの複合体に呼び込まれ、Rad52-RPA-DNA複合体が形成される。さらに、Rad51がこのRad52を含む複合体に結合し、Rad51フィラメントが形成される。このRad51が呼び込まれる過程にRad52に加えてRad55/57が必要になる。それぞれの各過程でRPA-Rad52、Rad52-Rad51タンパク質間の相互作用が各タンパク質複合体を形成するために重要な役割を果たしている

Memo

ヒトではRad51タンパク質に家族性乳癌の原因遺伝子（BRCA2）が相互作用することが報告されている。相同組換えは細胞の癌化と密接に関係しているようである。組換えの遺伝子がヒトでは病気の原因になることもわかってきた。Nbs1/Xrs2、Mre11の欠損はゲノムの不安定性を引き起こす病気の原因となり、家族性乳癌の原因遺伝子（BRCA2）やファンコニ貧血にかかわる因子もRad51と相互作用し、ゲノムの安定化に積極的に機能している。組換えを制御するDNAヘリケース、Blm、Wrnタンパク質もブルーム（ゲノム不安定性を示す）、ウエルナー症候群（早老症を示す）の原因遺伝子である。

3）相同組換えの新しい機能

　組換えに関係する遺伝子は大腸菌や酵母のような菌類では細胞の生存には必須でない．一方，マウスなどの高等真核生物では組換えに関与するいくつかの遺伝子が細胞の生存に必須であることがわかっている．このような結果に基づき，組換えの必須機能，S期での修復における役割が注目されている．DNA複製フォークは内的，外的な要因で頻繁に止まり，崩壊する．複製を完了するためには複製フォークを再構築することが重要である．特にゲノムのサイズが大きくなるほど，複製フォークの停止は頻繁に起こり，相同組換えはこの再構築に重要な役割を果たすことが示されている．

　さらに相同組換えは染色体末端の構造であるテロメアの伸長にも大切な役割を担っている．通常，テロメアはDNA合成酵素の1つ，テロメラーゼによって伸長されているが，テロメラーゼが不在時，あるいは発現していない細胞（癌細胞に多い）では相同組換えがテロメアリピートを他の染色体末端を鋳型にすることで伸長している．

3　減数分裂期組換え

　減数分裂期組換えは減数分裂の細胞周期において必須の役割を果たしている．減数分裂期では染色体がDNA複製によって倍加した後，2回連続して細胞分裂を行う．第一分裂では相同染色体を両極に，第二分裂では姉妹染色体を分配して，4つの一倍体の配偶子が形成される．第二分裂は体細胞分裂期の分裂と同様に動原体の結合によって姉妹染色体が保持され分配に必要な張力を生み出す．一方，相同染色体を両極に分配するために必要な張力を生み出す染色体の物理的な結合（キアズマ：Chiasma）は第一分裂前期に起きる組換えによってつくられる．減数分裂組換えの欠損は不妊性，あるいは流産，ダウン症のような異数体形成を伴う病気の原因になることが知られている．

　減数分裂期組換えの特徴として，①減数分裂期の組換えの頻度は体細胞分裂期に比べ100倍以上高いこと，②組換えが染色体上のホットスポットと呼ばれる特定の領域で高頻度に起こること，③シナプトネマ複合体と呼ばれる特殊な染色体構造を伴うこと，④組換えが姉妹染色体より相同染色体間で起こりやすいこと，⑤相同染色体間に交叉型組換えを最低1回保証するメカニズムが存在することなどがあげられる．出芽酵母では体細胞分裂期の組換えに必要な*RAD52*遺伝子群に加え，減数分裂期に特異的な多数の遺伝子が減数分裂期の特異性を与えている．出芽酵母の減数分裂期組換えは，組換えのホットスポット部位にDNA二本鎖切断を導入することで誘発される．この過程ではトポイソメラーゼと相同性をもつSpo11タンパク質が二本鎖切断を導入する．また，DNA二重鎖切断以降の減数分裂期の組換えは図2-28左のDSBRモデルで示すような経路で起こるが，この経路の最終産物は交叉型組換え体のみになる．つまり二重ホリデー構造をもつ中間体は交叉型組換え体しか形成されないようにその開裂の仕方が決まっている．そして減数分裂期の遺伝子変換型の産物は図2-28右で示す経路で生じる．

　相同染色体あたり最低1回の組換えを保証するメカニズムとして干渉現象（crossover interference；ある交叉型組換えは近傍で起こる交叉型組換えを抑制すること）が知られている．この現象にはシナプトネマ複合体が関与するという考えもあるが，むしろ組換えの初期過程（相同鎖検索反応前後）でその交叉型組換えへの分化制御が決まっていると現在では考えられている．

> **Memo**
> DNA鎖交換反応には体細胞分裂期ではRad51が必要であるが，減数分裂期にはRad51に加え，減数分裂期特異的RecA/Rad51タンパク質のホモログDmc1が必要となる．

4 非相同組換え

　非相同組換えは"2つのDNA間の結合部位に相同性を伴わないDNA鎖の切断・再結合反応"と定義できる．実際には20 bpより短い相同性（micro-homology）が存在する場合も非相同組換えの1つと定義されている．部位特異的組換えである転移因子（トランスポゾン）の転移反応も非相同組換えに含まれるが，これについては第3章-1を参照していただき，ここでは特に最近注目されている反応の1つ，非相同DNA末端結合反応（non-homologous end-joining：NHEJ）について概説する．NHEJ反応とは単純にDNA二重鎖切断が起こった末端どうしが再結合して，DNA鎖を回復する反応である．この反応はもとの分子を正確に回復する場合もあるが，末端付近の遺伝情報の欠損を伴うことも多い．興味深いことに，出芽酵母などでは相同組換えがDNA二本鎖切断を主に修復するのに対し，高等真核生物では主にこのNHEJにより修復が行われる．これは，もしかするとゲノム構成の違いを反映しているのかもしれない．反復配列が多く，ゲノムの大半が重要な遺伝情報を担っていない高等真核生物では，機能的に重要なエキソンなどに傷害を受ける可能性も低い．反復配列間では容易に相同配列を検索できることもあり，二本鎖切断をNHEJで修復させる反応が主たる機構として取り上げられて，進化してきたのかもしれない．

　一見単純にみえるが，NHEJの反応にも数多くの因子がかかわっている．高等真核生物ではDNA依存型のキナーゼ（DNA-PK）がこの経路に関与し，このタンパク質はDNA末端に結合するKu70/80のヘテロ二量体と触媒サブユニットのp350から構成されている．また，DNA複製で使われるものとは異なるDNAリガーゼⅣ（とその結合タンパク質Xrcc4やXLF1）がDNAの末端を直接つなげる反応を行う．出芽酵母ではKu70/80，DNAリガーゼⅣホモログが存在し，NHEJに必要であることが示されている．また，酵母では相同組換えやDNA修復にかかわる遺伝子（Rad50, Mre11, Xrs2/Nbs1）がNHEJに関与している．一方，どのようにDNAの末端どうしを保持し，末端の構造をそろえて，ホスホジエステル結合を形成するかなどの非相同組換えの分子機構についてはほとんどわかっていない．

5 その他の組換え

　最後に近年，その解析が急速に進んだ組換え反応の1つであるV(D)J組換えについて簡単に紹介する．その生物学的意味は第8章-1に詳しく述べられている．V(D)J組換えは，トランスポゾン的な反応とNHEJに似た反応の2つの異なる組換えが共役したユニークな反応である．組換えの基質には，最終的につながるDNAの間に，特異的な2つのシグナルエンドと呼ばれる配列（CACAGTG，ACAAAAACC）が存在する．この配列を免疫細胞特異的なRag1/Rag2タンパク質複合体が認識し，二本鎖切断を導入する．切断反応はトランスポゾンやレトロウイルスの切り出し反応と同じで，Rag1/Rag2は水分子のOH基の求核反応でDNA二本鎖にニックを入れ，次いで，生じたニック部位のDNAの末端3′-OHの求核反応が反対側のDNA鎖をターゲットとして起こり，ヘアピン中間体をコーディングエンドに生じさせる．シグナルエンドどうしの結合とコーディングエンドどうしの結合にはNHEJ反応が関与する．V(D)J組換え反応で唯一免疫細胞特異的な因子はRag1/Rag2タンパク質で，DNA末端どうしの結合反応は，どの細胞にも存在する前述の非相同組換えに関与するタンパク質因子で進行する．

■ 文　献 ■

1) "DNA repair and mutagenesis, 2nd edition"(Friedberg, E. C. et al.), ASM Press, 2005
2) Hassold, T. & Hunt, P.: To err (meiotically) is human: the genesis of human aneuploidy. Nat. Rev. Genet., 2: 280-291, 2001
3) Petronczki, M. et al.: Un menage a quatre: the molecular biology of chromosome segregation in meiosis. Cell, 112: 423-440, 2003
4) Paques, F. & Haber, J. E.: Multiple pathways of recombination induced by double-strand breaks in Saccharomyces cerevisiae. Microbiol. Mol. Biol. Rev., 63: 349-404, 1999
5) Keeney, S.: Mechanism and control of meiotic recombination initiation. Curr. Top Dev. Biol., 52: 1-53, 2001
6) Villeneuve, A. M. & Hillers, K. J.: Whence meiosis? Cell, 106: 647-650, 2001
7) Zickler, D. & Kleckner, N.: The leptotene-zygotene transition of meiosis. Annu. Rev. Genet., 32: 619-697, 1998
8) Zickler, D. & Kleckner, N.: Meiotic chromosomes: integrating structure and function. Annu. Rev. Genet., 33: 603-754, 1999
9) Kleckner, N.: Chiasma formation: chromatin/axis interplay and the role(s) of the synaptonemal complex. Chromosoma, 115: 175-194, 2006
10) Weterings, E. & Chen, D. J.: The endless tale of non-homologous end-joining. Cell Res., 18: 114-124, 2008
11) Soulas-Spauel, P. et al.: V(D)J and immunoglobulin class switch recombinations: a paradigm to study the regulation of DNA end-joining. Oncogene, 26: 7780-7791, 2007

原核生物の遺伝要素 第3章

1 ゲノムとその発現 ... *76*
細胞核をもたない生物特有のしくみ

2 バクテリオファージ ... *83*
原核生物を乗っ取り，時に多様性をもたらす

3 プラスミド ... *87*
宿主に特異的な機能を与える環状DNA

Chapter 3

1 ゲノムとその発現

原核生物は，細胞核をもたない単細胞生物の総称である．すなわち，その遺伝要素であるゲノム染色体が膜構造で隔離されることなく細胞内に存在する．そのためゲノム上の遺伝子は，細胞質内で多くの酵素やリボソームに取り囲まれ，転写と同時に翻訳が進行する．ゲノム染色体は細胞内で凝縮し一塊となって存在する．これを核様体という．ゲノムDNAの複製と染色体分配は同時に進行し，細胞周期の複製期（S期）と分配期（M期）が明確に分かれていない．この点でも真核生物と大きく異なる．このような細胞周期の進行により，原核生物では十数分というきわめて早い細胞の分裂増殖が可能である．原核生物は，さらに真正細菌群，いわゆる細菌と，好熱細菌などの古細菌群に分かれる．これらは地球上のあらゆる環境中に生育する．

概念図

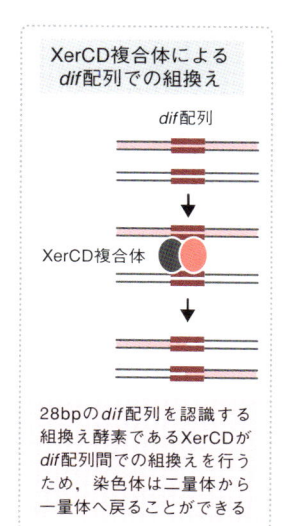

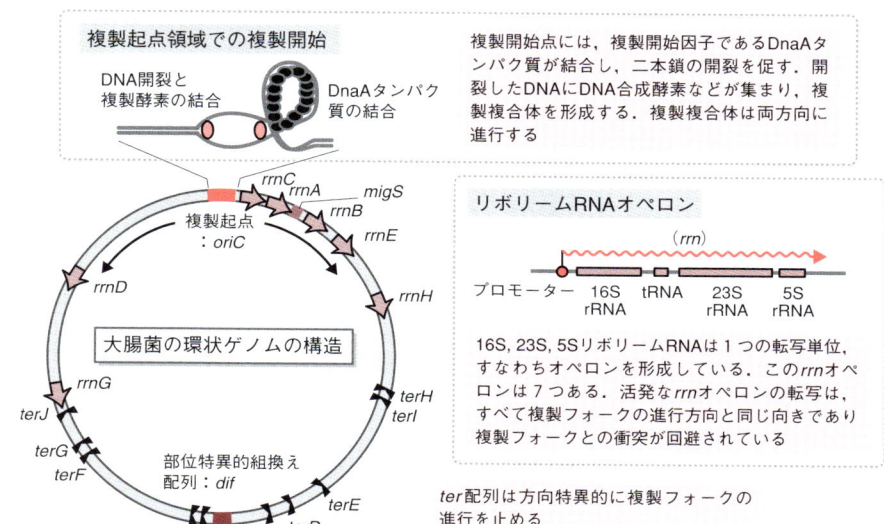

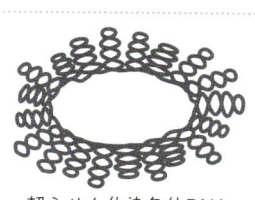

XerCD複合体によるdif配列での組換え

dif配列

XerCD複合体

28bpのdif配列を認識する組換え酵素であるXerCDがdif配列間での組換えを行うため，染色体は二量体から一量体へ戻ることができる

複製起点領域での複製開始

DNA開裂と複製酵素の結合
DnaAタンパク質の結合

複製開始点には，複製開始因子であるDnaAタンパク質が結合し，二本鎖の開裂を促す．開裂したDNAにDNA合成酵素などが集まり，複製複合体を形成する．複製複合体は両方向に進行する

大腸菌の環状ゲノムの構造

複製起点：oriC
rrnC, rrnA, migS, rrnB, rrnE, rrnH, terI, terH, terE, terD, terA, terB, terC, terF, terG, terJ, rrnG, rrnD
部位特異的組換え配列：dif

リボソームRNAオペロン (rrn)

プロモーター 16S rRNA tRNA 23S rRNA 5S rRNA

16S, 23S, 5SリボソームRNAは1つの転写単位，すなわちオペロンを形成している．このrrnオペロンは7つある．活発なrrnオペロンの転写は，すべて複製フォークの進行方向と同じ向きであり複製フォークとの衝突が回避されている

ter配列は方向特異的に複製フォークの進行を止める

超らせん化染色体DNA

環状の染色体DNAにはトポイソメラーゼにより負のねじれが入り，超らせん構造をとる．超らせん構造は100〜200kbごとに生じている

大腸菌細胞

核様体の周囲をリボソームに富んだ細胞質が取り囲み，ここで転写や翻訳が行われる．プラスミドも細胞質に存在する．ファージは細胞壁に取りつき，細胞膜を越してDNAを感染させる．鞭毛は原核細胞の重要な運動器官である．鞭毛の回転方向を変えながらより栄養源の濃度の高いところへと移動する

超らせん構造をした染色体にはさらにさまざまなDNA結合性タンパク質が結合し，DNAの折れたたみを促す．最終的に核様体が形成される．核様体には複製起点を含む領域であるOriドメインと複製終結領域を含むTerドメインが存在する

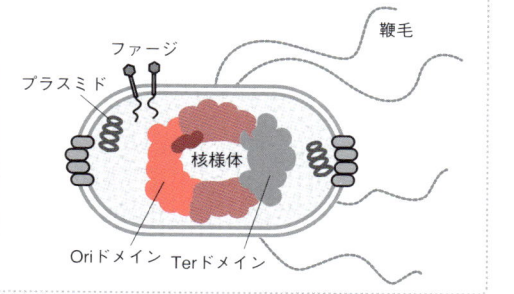

ファージ，プラスミド，核様体，Oriドメイン，Terドメイン，鞭毛

1 原核細胞の基本構造

原核細胞の細胞質を脂質二重層からなる細胞膜が取り囲む．細胞質には多量のリボソームや酵素などのタンパク質が存在し，細胞質内は特に区画化されておらず，そのなかに核様体やプラスミドなどが浮遊する．膜構造からなるオルガネラなどの細胞内小器官は，原核細胞には存在しない．さらに細胞膜の周囲を直鎖状の多糖重合体をペプチド結合で架橋した層，ペプチドグリカン層が袋状に取り巻く（図3-1A）[1]．ペプチドグリカンのこの立体構造はサキュルスと呼ばれ，原核細胞に機械的な強度を与える．このペプチドグリカン層が厚い菌は，グラム染色でよく染まるためグラム陽性菌という．グラム陰性菌である大腸菌 *Escherichia coli* はペプチドグリカン層は薄く，ペプチドグリカン層の外側にさらに脂質二重膜である外膜を有する（図3-1B）．ペプチドグリカンやこれと結合した外膜を含めて細胞壁が形成される．

鞭毛は細胞膜から外部へ伸びたタンパク質からなる中空の繊維状構造体である．細胞膜と細胞壁に埋まった基底部が回転モーターとして機能し細胞の推進力を発生する．

Memo
ペニシリンなどの β-ラクタム系の抗生物質は，ペプチドグリカンの合成酵素に強く結合し，ペプチドグリカン層の一部の合成ができず，浸透圧により細胞膜が破裂し菌は死ぬ（溶菌）．

2 原核細胞のゲノム構造

一般に，原核生物のゲノムは一本の環状DNAである．真核生物のようなクロマチン構造は形成しないが，種々のDNA結合タンパク質が結合し，近傍の遺伝子の転写を調節する．これまで多くの原核生物のゲノムが調べられ，複数のゲノムからなる原核生物も見出された．コレラ菌や

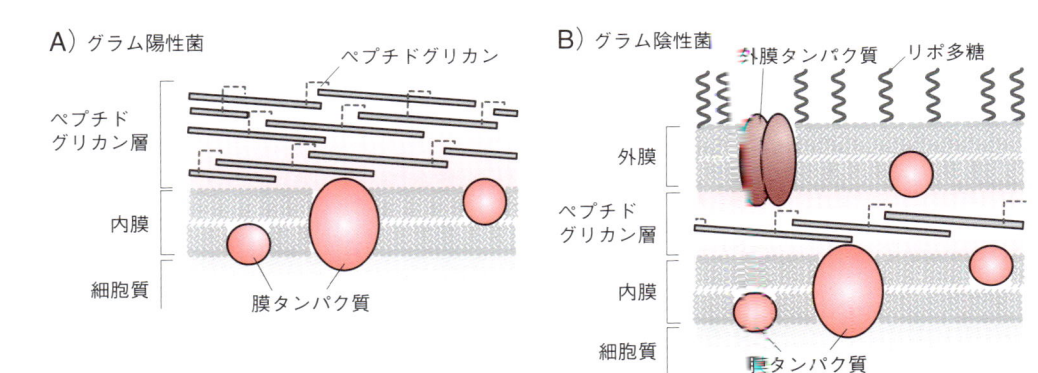

図3-1 グラム陽性菌と陰性菌の細胞壁構造

原核細胞の細胞質は脂質二重膜，いわゆる細胞膜に取り囲まれる．この外側を強度の高いペプチドグリカンが袋のように取り囲み，サキュルスという巨大分子を形成し，これが細胞の形態を保持する．ペプチドグリカンは，N-アセチルグルコサミンと N-アセチルムラミン酸が交互に結合した重合体（グリカン）で，それぞれの N-アセチルムラミン酸の間を4～5残基のペプチド鎖で結合し1つの分子を形成する．ペプチド鎖のアミノ酸配列は原核細胞で異なる．また，D-アミノ酸が入っているため，通常のペプチド分解酵素では分解できず，酵素的にも強い．溶菌酵素として涙や卵白に多く含まれるリゾチームは，グリカンを分解し，細胞質の高い浸透圧に対する耐久性が低下するため溶菌を引き起こす．グラム陰性菌はペプチドグリカン層が薄いが，さらに外側に脂質二重膜構造をもつ．細胞質や外膜にはタンパク質が存在し，イオンや栄養物質の選択的な透過を担う．また，これら膜タンパク質の一部はペプチドグリカンとも結合し，一体化している．外膜の脂質には糖鎖が結合したリポ多糖が存在し，細胞間の接着などの機能がある．エンドトキシンと呼ばれる，ヒトを含む動物に対する毒素の成分は，このリポ多糖である．

表 3-1　原核生物のゲノムサイズと GC 含有量

原核生物種		ゲノムサイズ	GC含有量*
枯草菌	*Bacillus subtilis*	4.2 Mb	43%
カロバクテリア	*Caulobacter crescentus*	4.0 Mb	67%
大腸菌	*Escherichia coli* 042	5.4 Mb	51%
	Escherichia coli E2348/69	5.0 Mb	51%
	Escherichia coli H10407	5.2 Mb	51%
	Escherichia coli K12	4.6 Mb	50%
	Escherichia coli O157	5.8 Mb	50%
ピロリ菌	*Helicobacter pylori*	1.6 Mb	38%
パラチフス菌	*Salmonella paratyphi*	4.6 Mb	52%
チフス菌	*Salmonella typhi*	4.8 Mb	52%
黄色ブドウ球菌	*Staphylococcus aureus*	2.9 Mb	32%
肺炎連鎖球菌	*Streptococcus pneumoniae*	2.2 Mb	67%
放線菌	*Streptomyces coelicolor*	8.7 Mb	72%
コレラ菌	*Vibrio cholerae*	1.1 Mb	46%
	Vibrio cholerae	3.0 Mb	47%
ペスト菌	*Yersinia pestis*	4.6 Mb	48%

＊ゲノム配列の全塩基対に対するGC塩基の割合

　腸炎ビブリオ菌を含む *Vibrio* 属は大小2つの環状染色体をゲノムとしてもつ．小型のゲノムはリボソーム関係の遺伝子など増殖に必須の遺伝子をコードするがその数は多くない．複製様式の点からみて，おそらくプラスミドに必須の遺伝子の一部が移り，ゲノムの一部になったと考えられる．放射線耐性菌として知られる *Deinococcus radiodurans* は大小4つの環状ゲノムを有する．

　一方，環状染色体ではなく，直鎖状の染色体構造をもつ菌も存在する．放線菌 *Streptomyces coelicolor* の染色体は直鎖状で，8.7 Mbpと原核生物でも大きなゲノムサイズである（表3-1）．人為的に環状の大腸菌染色体を直線状にした変異株が作製されている[2]．この変異株は，細胞増殖などには特に異常はなく，原核生物の染色体がなぜ環状化を優先してきたのか考えるうえで興味深い．

Memo

リボソーム遺伝子の系統比較から原核細胞が古細菌（archaea）と真正細菌（eubacteria）に区分された．古細菌は温泉，深海の熱水噴出口，深度の地中などいわゆる極限環境にも生育する．古細菌は細胞核をもたない点で真正細菌と類似するが，DNA複製や転写などには真核細胞に類似した分子機構が見出され，今日では系統的に真核生物に近いと考えられる．さらに生物を古細菌，真正細菌，真核細胞の3グループとする説もある．

3 ゲノムの遺伝子配置

　原核生物のうち，標準的なゲノムサイズをもち，研究がよく進んでいるグラム陰性の腸内細菌である大腸菌の環状ゲノムの構成を示す（概念図）．大腸菌K12株は，約4.6 Mbpの環状染色体を1本もつ．DNA複製はつねに染色体の1カ所の特定の配列から始まる．この染色体配列が複製起点 *oriC* である．*oriC* 配列には，複製開始因子DnaAタンパク質が結合する．複製開始点から両方向に複製は進み，*oriC* の対極側の染色体領域で複製フォークは再会し，1回の複製が完了する．この部分が複製終結領域Terであり，方向特異的に複製フォークを停止する配列（*ter*）が散在する．これは，一方の複製フォークが *dif* 配列を越えて染色体の半分以上を複製することを阻止する機能がある．*dif* 配列は複製終結領域の中心，*oriC* と正反対の部分に存在する部位特異的な組換え配列である．この配列は二量体（ダイマー）化した染色体を一量体（モノマー）に戻し，

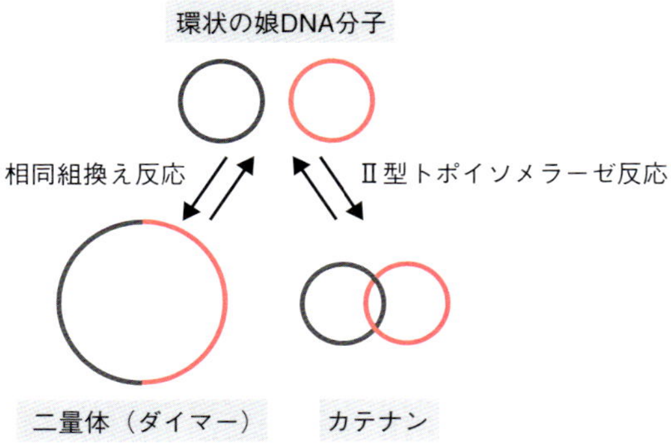

図 3-2　環状 DNA の多量体形成

複製した環状の DNA は，相同 DNA 配列をもつため，奇数回の組換え反応が起きると 1 つの分子になる．これを組換えによる多量体化という．2 分子の組換え反応物を二量体（ダイマー：dimer），3 つを三量体（トリマー：trimer）のように表す．環状の DNA の場合，鎖上に物理的につながる分子形体をとる場合がある．これをカテナン（catenae）という．カテナン分子の生成と解消は，DNA の二本鎖を切断し，さらに末端を回転させ再結合するⅡ型トポイソメラーゼによる．原核細胞の主なⅡ型トポイソメラーゼには DNA ジャイレース（gyrase）と DNA トポイソメラーゼⅣがある．

娘染色体を物理的に分離するという役目がある（図 3-2）．さらに複製に関するシス機能部位としては，DnaA タンパク質を多数結合し，活性化分子の量を調節する *dat* 配列[3]や複製し娘染色体を両極方向へ引き離す *migS* 配列[4]が *oriC* 近傍に存在する．

リボソーム RNA をコードする *rrn* オペロンは染色体上の 7 カ所に散在する．*rrn* からの転写は非常に活発であり，そのため転写方向は複製フォークの進行と衝突しないようにすべて同方向になっている．*oriC* を中心とした染色体側は遺伝子などが高密度で位置しているのに比べ，複製終結領域の周辺には増殖に必須な遺伝子が少なく，またファージの遺伝子などが組み込まれ，遺伝子として機能を失った後もこの染色体領域に残存している．染色体 DNA の両鎖の単位あたりの GC 量を測定すると，*oriC* と *dif* を結んだ軸を中心に反転する（GC スキュー：GC skew）[5]．この GC 含有量の偏りは，複製開始点 *oriC* から両方向に進む複製フォーク内でのリーディング鎖合成とラギング鎖合成の間でのヌクレオチドの校正機能の違いによりおこるらしい．逆にゲノム配列の GC スキューは，*oriC* や *dif* の位置を推定する手がかりの 1 つとなる．

Memo

環状の娘染色体が複製すると，DNA の二重らせん構造のため娘分子が鎖状に絡み合ったカテナン分子になる．これを分離する酵素としてⅡ型トポイソメラーゼが必要である（図 3-2）．

4　染色体分配と凝縮

真核生物では，複製が完全に終了した後に染色体分配が起こるのに対して，原核生物の染色体では，複製を終えた領域から順次分離していく（図 3-3）[6]．大腸菌では最初に複製した *oriC* 近傍の染色体が *migS* 配列によって細胞両極方向に分かれていく．両極へ分かれた後，それぞれの娘染色体は折りたたまれ，新しい核様体を形成していく．最後に複製終結領域が複製し，細胞分裂部位に局在する FtsK タンパク質の助けを借り，二量体化した染色体は *dif* 配列で XerCD 組換え酵素により完全に分離する[7]．

細胞長よりも 1,000 倍以上も長い染色体 DNA が折りたたまれ，核様体を形成する．この DNA の凝縮として，まず DNA のねじれ，すなわち超らせん化（supercoil）が起こり，染色体のサイズが減少する．大腸菌染色体では約 100〜200 kbp ごと（10 kbp 以下という推定もある[8]）の染色体領域が超らせん構造をとり，染色体全体では約 30〜50 カ所このような構造ができあがることになる．さらに，コンデンシンという真核生物にも存在する染色体凝縮因子により，さらに密に折れたたまれる[9]．核様体の折れたたまれは無秩序ではなく，その遺伝子の並びに従って折れたたまれ，*oriC* を含んだ染色体の部分（Ori ドメイン）と複製終結領域を含んだ領域（Ter ドメイン）を形成している[10]．

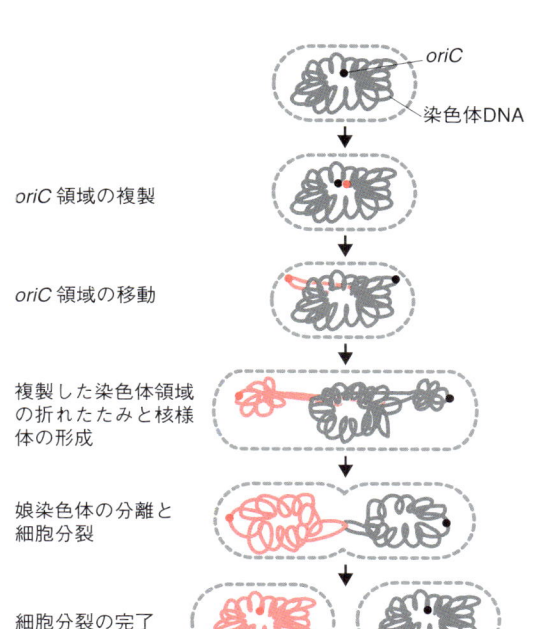

図 3-3 原核細胞染色体の複製と分離

原核細胞の染色体は複製起点 *oriC* から複製が開始し，この染色体領域がまず倍加する．次に，*oriC* を含む複製した染色体領域が，それぞれ細胞極の方向へと分かれ移動する．大腸菌の場合は，*migS* という配列がその移動を促進する．かつて細胞膜の伸長によって染色体の移動が起こると考えられてきたが，このとき，細胞膜の伸長は必ずしも伴わず，また細胞の伸長速度より *oriC* 領域の移動速度が速いことなどがわかり，今では別の移動のしくみがあると考えられている．複製した染色体領域は順次，折れたたまれ新しい核様体を形成する．細胞分裂の前に染色体はそれぞれ新しい核様体へと分離する．染色体の二量体も，最終的にこのときに解消され，細胞分裂の完了と同時に新生細胞となる

（図左側ラベル：上から）
oriC 領域の複製
oriC 領域の移動
複製した染色体領域の折れたたみと核様体の形成
娘染色体の分離と細胞分裂
細胞分裂の完了

5 染色体外因子

原核生物には，ゲノムDNAとは別に，その増殖には必須ではない遺伝要素が存在する．これらは宿主となった原核細胞に新たな性質を与えることもあり，時にそれが病原性因子や抗生物質の多剤耐性因子となり医学的な問題となっている．その名前のとおりに宿主の染色体とは別に存在するが，染色体に組み込みその一部としてふるまうこともある．

1）プラスミド（第3章-3参照）

プラスミドは染色体とは独立して，細胞内で自律増殖する遺伝要素である．そのため，独自の複製起点やDNA分配機構をもつ．さらに，自身のプラスミドが宿主から脱落した場合は，その宿主細胞を殺し，つねに集団中にプラスミドを保持した細胞だけにするような機構をもつものも存在する（ポストキリングシステム：post-segregational killing system）[11]．プラスミドはその複製起点の制御機構の違いにより，細胞中のコピー数が数個から数百個までと幅広い種類が存在する．これらの自然界から分離したプラスミドから，組換えDNA実験のためのさまざまなベクターが作製された．

F因子は大腸菌とその近縁種に見つかるプラスミドの1つで，原核生物に接合能を与える．この能力によりF因子をもっている細胞（F⁺株）がF因子をもたない細胞（F⁻株）と接合し，融合した細胞部分を通じてF因子が伝達される．F因子が宿主染色体に組み込まれていると，F因子とともに宿主染色体が接合した細胞に伝達する．さらに，相同組換えにより伝達された遺伝子と置き換わり，遺伝子の交換が起こる．このような遺伝子の導入と交換の過程を性的接合反応という．R因子は薬剤耐性遺伝子をもったプラスミドで，接合能ももつため薬剤耐性を広げる原因として医学上の問題となる．

2）トランスポゾン

トランスポゾンとはゲノム中の位置を移動（転位）することのできるDNA配列である[12]．原

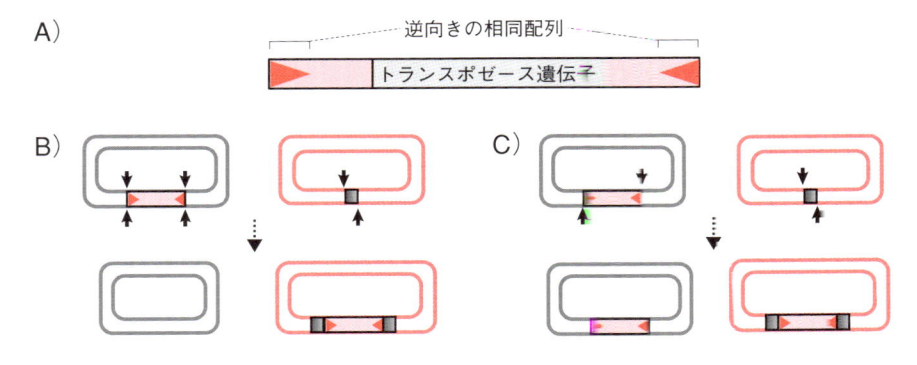

図3-4 トランスポゾンの構造と転位様式
A) トランスポゾンの構造．トランスポゾンには転位反応を触媒する酵素であるトランスポゼース遺伝子がコードされている．トランスポゾンの両端には数十bpの逆向き相同配列があり，ここへトランスポゼースが結合し転位反応を行う．B) カットアンドペースト型の転位．トランスポゾンの両末端が両鎖とも切断されもともとトランスポゾンがあった場所から抜け出て，数塩基長の標的配列に転位する．このとき，標的配列はスタッガートに切断されて生じたギャップが修復される結果，転位したトランスポゾンの外側には数塩基の順向き相同配列が現れる．C) 複製型の転位．トランスポゾンの両末端の片鎖が切断され，数塩基長の標的配列に転位する．その後，宿主細菌のDNA複製系によりトランスポゾンが複製され，もともとトランスポゾンがあった場所と新たな転位先の2コピーに倍加する．転位したトランスポゾンの外側には数塩基の順向き相同配列が現れる

核生物ではTnに番号を付して命名する．代表的なものに，Tn3，Tn5，Tn7がある．Tnはその配列の内部に転位活性化酵素（トランスポゼース）をコードしている（図3-4A）．トランスポゾンはこれに加えて，薬剤耐性遺伝子，重金属耐性遺伝子などをもち，これらが宿主細菌に新たな表現型を与え，これが生存に有利に働く場合がある．他方，このような遺伝子をもたず，トランスポゼースをだけを有するトランスポゾンは，特に挿入配列（Insertion Sequence：IS）といい，大腸菌にはIS1，IS3，IS4が見出されている．またMuファージは宿主ゲノムに組み込まれているときはトランスポゾンと同じ挙動を示す．

トランスポゾンは両端に逆向き相同配列があり，ここにトランスポゼースが結合し転位反応を触媒する．トランスポゾンの転位様式には，トランスポゾンが切り出されて別の場所に挿入されるカットアンドペースト型（cut-and-paste type）と，もとのトランスポゾンは維持されて別の場所にそのコピーが挿入される複製型（replicative type）がある（図3-4C）．複製型にはTn3，IS1ファミリーがあり，その他はカットアンドペースト型であるらしい．どちらの型でも転位の結果，トランスポゾンの外側に標的となった配列が数bpずつ重複する（トランスポゾンにより数は異なる）．Muファージは宿主ゲノムに組み込まれた後，複製型の転位を繰り返しコピー数を増加させる．

トランスポゾンの転位の場所によっては宿主の遺伝子が破壊されることになるため，転位はごく低頻度に抑制されている．トランスポゾンが転位した結果，挿入された近傍の遺伝子の不活化や反対に活性化が起こる．相同なトランスポゾンがゲノム中に複数存在すると，この間で相同組換えが生じ，結果的にゲノムの重複や欠失，あるいは逆位が起こり，ゲノムの進化に大きな影響を与えてきたと考えられる．トランスポゾンは通常あらゆるゲノム部位に転位することができるため，遺伝子破壊や遺伝子導入などを行う実験ツールとしても有用である．

6 細胞分裂と細胞骨格タンパク質

原核生物にも細胞骨格性タンパク質が存在する[13]．チューブリンやアクチンと相同なタンパク質が原核細胞内で重合，脱重合しそのポリマー状のタンパク質因子が細胞分裂や細胞形態の維持

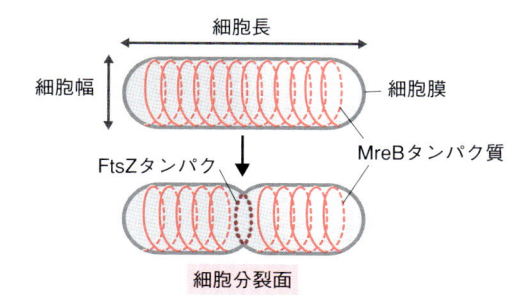

図 3-5　原核細胞の細胞骨格性タンパク質と機能
原核細胞においてもアクチンとチューブリンタンパク質が，細胞形態の維持と分裂に重要な働きをしている．アクチン様タンパク質であるMreBは繊維状の重合体を形成し，細胞膜の内側に沿って細胞全体をらせん状に貫く．このらせん構造が細胞長や細胞幅を決める．桿菌では，分裂前に細胞が2倍ほど伸長し，その中央部に，チューブリン様タンパク質であるFtsZがリング状に重合する．さらにFtsZリングにさまざまなタンパク質が集合し，細胞分裂複合体が形成され細胞分裂が進行する

などを担っている（図3-5）．

1）細胞分裂

原核細胞には球菌，桿菌，らせん菌などさまざまな形態がある[14]．細胞体積が増加した後，二分裂して増殖を繰り返す．このとき，分裂面にチューブリン様タンパク質であるFtsZタンパク質が集合し，これにその他の因子が集合し収縮環を形成する．FtsZはほとんどすべての原核生物に存在し，細胞質分裂のもっとも基本的な因子である．

2）細胞形態形成

細胞の機械的な強度はペプチドグリカンが担っているが，その合成は細胞内にあるアクチン様タンパク質のMreBタンパク質による調節を受けている．MreBタンパク質は，桿菌ではらせん状の重合体として細胞膜の裏側を取り巻き，細胞の幅や長さを規定する．

■文　献■

1) Vollmer, W. et al.: Peptidoglycan structure and architecture. FEMS Microbiol. Rev., 32：149-167, 2008
2) Cui, T. et al.: Escherichia coli with a linear genome. EMBO Rep., 8：181-187, 2007
3) Ogawa, T. et al.: The datA locus predominantly contributes to the initiator titration mechanism in the control of replication initiation in Escherichia coli. Mol. Microbiol., 44：1367-1375, 2002
4) Yamaichi, Y. & Niki, H.: migS, a cis-acting site that affects bipolar positioning of oriC on the Escherichia coli chromosome. EMBO J., 23：221-233, 2004
5) Grigoriev, A.: Analyzing genomes with cumulative skew diagrams. Nucl. Acids Res., 26：2286-2290, 1998
6) 仁木宏典：バクテリアのセントロメア様領域．"実験医学増刊 染色体サイクル Vol. 25 No. 5"（正井久雄，渡辺嘉典／編），pp686-690, 羊土社，2007
7) Kennedy, S. P. et al.: Delayed activation of Xer recombination at dif by FtsK during septum assembly in Escherichia coli. Mol. Microbiol., 68：1018-1028, 2008
8) Postow, L. et al.: Topological domain structure of the Escherichia coli chromosome. Genes & Dev., 18：1766-1779, 2004
9) Holmes, V. F. & Cozzarelli, N. R.: Closing the ring: Links between SMC proteins and chromosome partitioning, condensation, and supercoiling. Proc. Natl. Acad. Sci. USA, 97：1322-1324, 2000
10) Espéli, O. & Boccard, F.: Organization of the Escherichia coli chromosome into macrodomains and its possible functional implications. J. Struct. Biol., 156：304-310, 2006
11) Jensen, R. B. & Gerdes, K.: Programmed cell death in bacteria: proteic plasmid stabilization systems. Mol. Microbiol.,17：205-210, 1995
12) Mahillon, J. & Chandler, M.: Insertion Sequences. Microbiol. Mol. Biol. Rev., 150：725-774, 1998
13) Shih, Y.-L. & Rothfield, L.: The Bacterial cytoskeleton. Microbiol. Mol. Biol. Rev., 70：729-754, 2006
14) Young, K. D.: Bacterial shape. Mol. Microbiol., 49：571-580, 2003

2 バクテリオファージ

バクテリオファージ（ファージ）は原核生物（真正細菌＋古細菌）を宿主とするウイルスの総称である．感染したとき，溶菌して子ファージを生産する溶菌過程と，増殖せずに自己ゲノムを宿主ゲノムに組み込んで潜伏状態（プロファージ）となる溶原化過程がある．溶菌過程のみをとるものはビルレントファージと呼ばれ，溶原化過程もとりうるものはテンペレートファージと呼ばれる．溶原化は原核生物ゲノムに多様性をもたらす要因となる．原核生物はファージの感染を防御するために，ファージはそれを打ち破るために，それぞれが新たなしくみを進化させている．

概念図

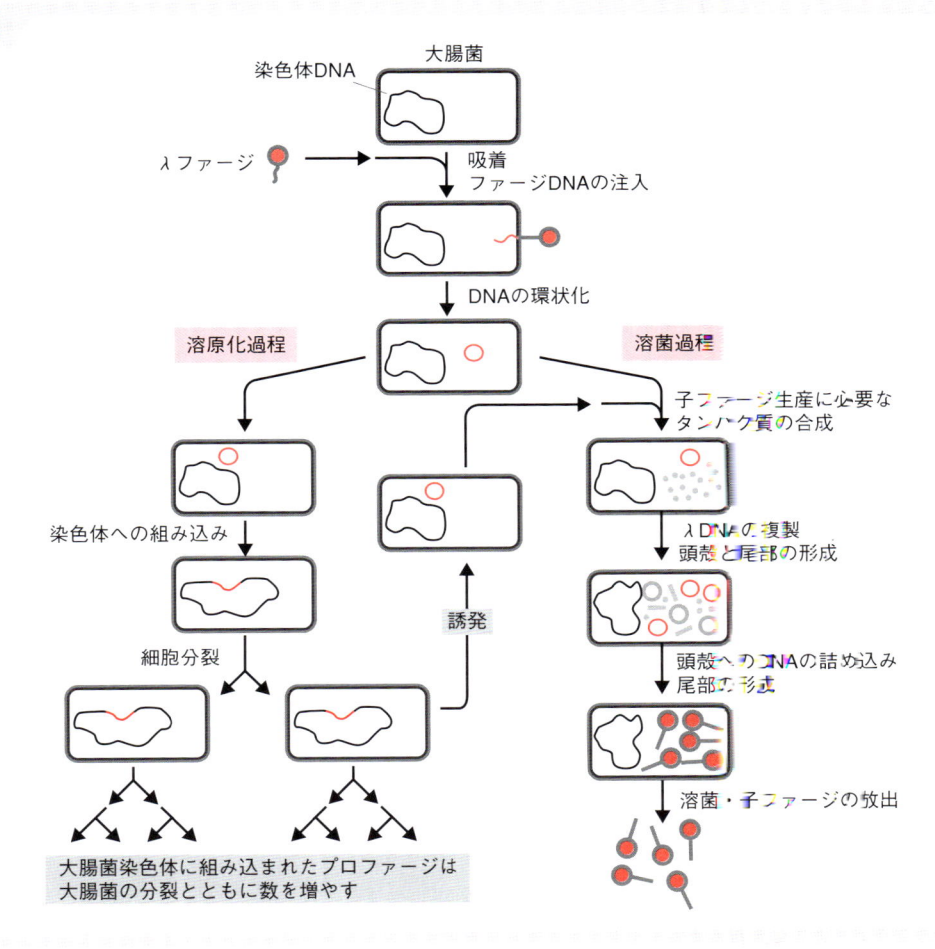

染色体DNA — 大腸菌
λファージ → 吸着 → ファージDNAの注入
→ DNAの環状化

溶原化過程
染色体への組み込み
細胞分裂
大腸菌染色体に組み込まれたプロファージは大腸菌の分裂とともに数を増やす

誘発

溶菌過程
子ファージ生産に必要なタンパク質の合成
λDNAの複製　頭殻と尾部の形成
頭殻へのDNAの詰め込み　尾部の形成
溶菌・子ファージの放出

1 バクテリオファージの多様性[1)2)]

自然界から同じファージが単離されることがないと言われるほどファージの多様性は著しい（図3-6A）．また，生物界の暗黒物質と例えられるように，ファージには莫大な個体数が見積もられている（海水圏では10^{31}）．そのため，きわめて低頻度の非相同組換えもファージのゲノム再編に

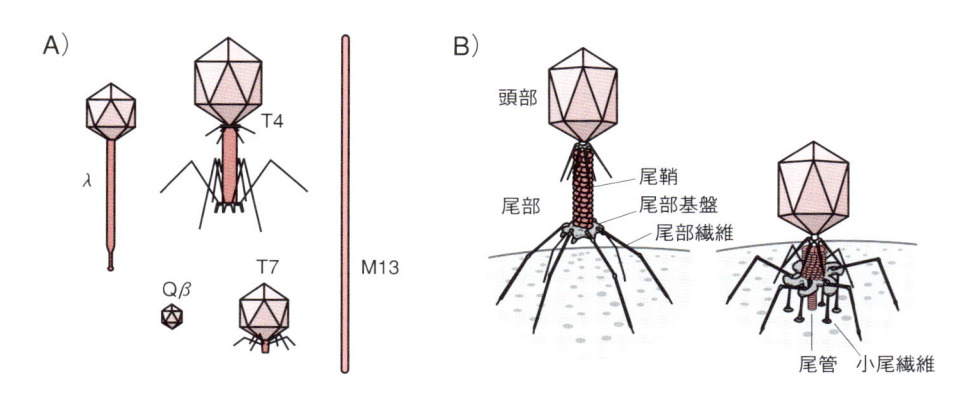

図 3-6 さまざまなファージ粒子構造とT4ファージの構造変化
A) λ，Qβ，T7は正三角形20個からなる正二十面体構造をもつのに対し，T4ファージの頭部は正二十面体をやや伸ばした形をとっている．繊維状のM13は直径に対して長さは100倍以上もあるが図では縮めている．ファージは，核酸の性質（DNAまたはRNA，単鎖または二重鎖，環状または線状），粒子の形態（球状，線状あるいは頭部＋尾部など）と含有脂質の有無，さらには尾部が収縮性かあるいは非収縮性か，などの基準に基づいて分類されている．これまでに解析されたファージには線状の二重鎖DNAをゲノムとしてもつものが圧倒的に多く，約4,500種類に及んでいる．これらのゲノムサイズは20 kb以下のものから小形細菌であるマイコプラズマのゲノムに匹敵する650 kbに及ぶものまでさまざまであるが，ほとんどすべてがバクテリオファージに特徴的な尾部構造をもつ．上図のファージについて，Qβは線状単鎖RNA，M13は環状単鎖DNA，それ以外は線状二重鎖DNAをゲノムとしてもつ．B) T4ファージの尾部は尾鞘と内側にある尾管，尾部基盤，尾部繊維に分けられる．大腸菌への吸着により，尾部基盤は六角形から星形に変化し，隠れていた小尾繊維も飛び出す．それが引き金となり，尾鞘が収縮し，尾鞘内部にあった尾管が基盤の下部から飛び出す．このとき，基盤に存在するリゾチームが細胞壁を局所的に溶解するので，飛び出した尾管は大腸菌内膜まで達することができ，頭部に収納されていたDNAが尾管を通ってペリプラズムへ放出される．DNAはその後，内膜の輸送系により細胞内に送り込まれる（B図は文献3より）

貢献している．また，混合感染の機会も天文学的数字（地球上で10^{25}回/秒）で見積もられており，相同組換えによるDNAの交換も活発に行われる．その結果，ファージゲノムは共通の遺伝子プール間の交換から生じたモザイクとして多様化してきた．

2 バクテリオファージの生活環・溶菌過程[4]〜[6]

　ビルレントファージの代表であるT4ファージは大腸菌と衝突すると，尾部繊維が菌体表面の受容体分子と結合（吸着）する．吸着により，ファージ粒子が一連の構造変換（図3-6B）を経た後にDNAは細胞内に注入され，直ちに転写が始まる．
　T4ファージは宿主RNAポリメラーゼを修飾することによって認識可能な転写プロモーターを変化させる．その結果，T4がもつ約300の遺伝子は，感染直後の前期（10分以内），中期（5〜15分），後期（10分以降）に分かれて発現することになる．前期では，宿主mRNAやDNAの分解，T4特異的なヌクレオチドの合成などが始まる．中期では，複製開始点に依存したDNA複製，続いてDNA組換えに依存したDNA複製を推進するためのタンパク質が合成される．後期にはファージ粒子を構成するタンパク質やそのプロセシングにかかわるプロテアーゼ，あるいは分子シャペロンなどが合成される．構成タンパク質は分子シャペロンの助けを借りながら秩序だった分子間相互作用によって集合する（図3-7）．ファージ粒子が完成する時期になると内膜につくられたチャネルを通ってリゾチームがペリプラズムに輸送されて細胞壁の消化（溶菌作用）が始まる．

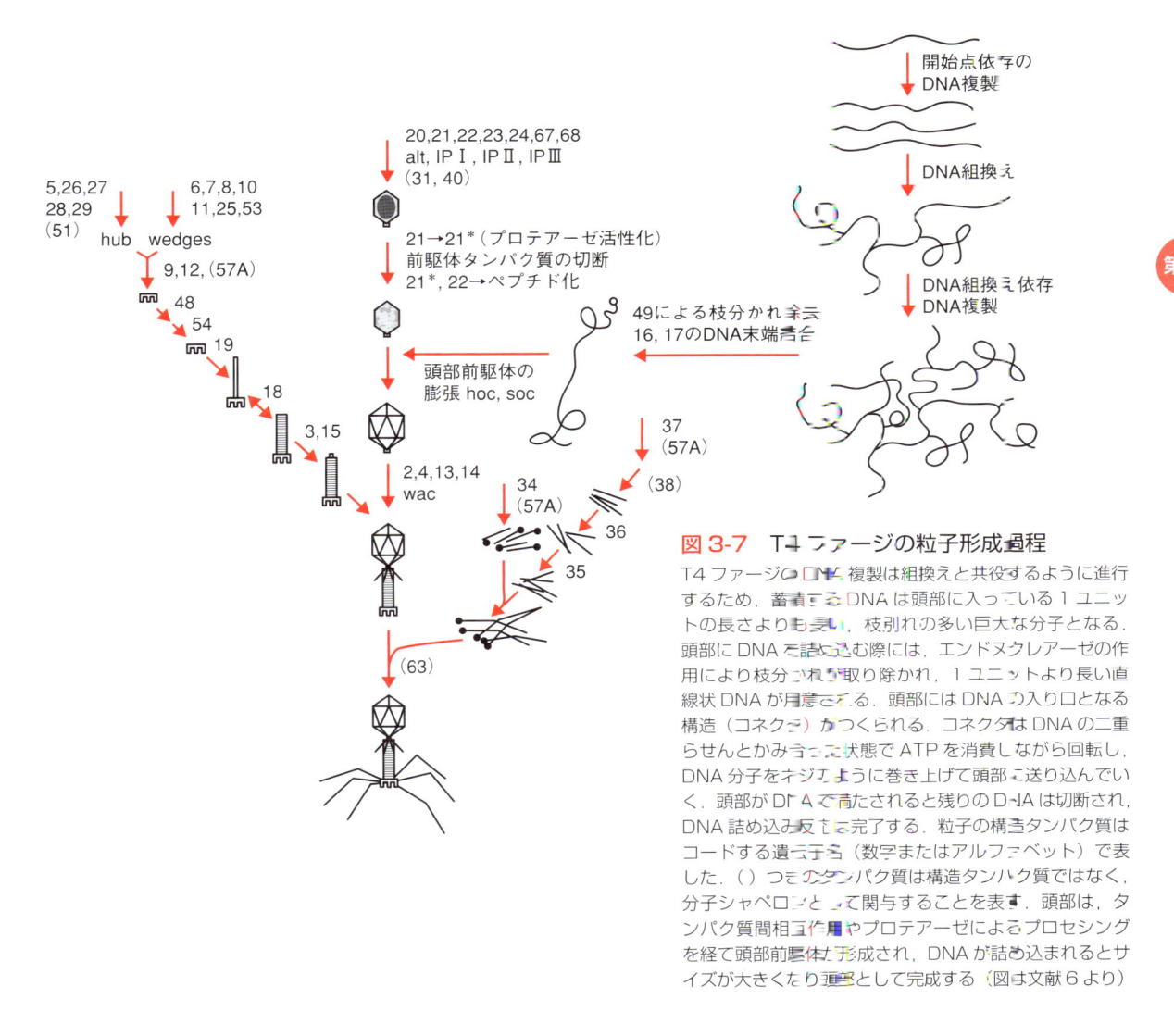

図 3-7　T4ファージの粒子形成過程

T4ファージのDNA複製は組換えと共役するように進行するため、蓄積するDNAは頭部に入っている1ユニットの長さよりも長く、枝別れの多い巨大な分子となる。頭部にDNAを詰め込む際には、エンドヌクレアーゼの作用により枝分かれが取り除かれ、1ユニットより長い直線状DNAが用意される。頭部にはDNAの入り口となる構造（コネクタ）がつくられる。コネクタはDNAの二重らせんとかみ合った状態でATPを消費しながら回転し、DNA分子をネジのように巻き上げて頭部に送り込んでいく。頭部がDNAで満たされると残りのDNAは切断され、DNA詰め込み反応は完了する。粒子の構造タンパク質はコードする遺伝子名（数字またはアルファベット）で表した。()つきのタンパク質は構造タンパク質ではなく、分子シャペロンとして関与することを表す。頭部は、タンパク質間相互作用やプロテアーゼによるプロセシングを経て頭部前駆体が形成され、DNAが詰め込まれるとサイズが大きくなり頭部として完成する。（図は文献6より）

3　テンペレートファージ：溶原化機構[7)～9)]

　テンペレートファージの代表であるλファージもT4ファージと同じような過程をたどって増殖する。異なる点は、宿主RNAポリメラーゼを修飾せず、抗転写終結因子の発現により遺伝子の時差的発現を可能にすることである。

　λファージの感染では、増殖に必要な遺伝子の転写を抑制するCIリプレッサーとCIリプレッサー遺伝子の転写を抑制するCroタンパク質の量的な違いにより溶菌過程と溶原化過程のどちらに進むかが決定する。λDNAの両5′末端は相補的な12塩基からなる一本鎖（付着末端）であり、細胞内に入ると両端の対合とDNAリガーゼの作用により直ちに環状化する。溶原化に進む場合、λDNAは大腸菌DNAに組み込まれる（図3-8）。プロファージ状態において、DNAに損傷が入ると活性化された大腸菌RecAタンパク質との相互作用によりCIリプレッサーは自ら分断化して失活する。その結果、λ遺伝子の発現抑制が解かれて溶菌過程に入る（誘発）。誘発時には、λDNAは染色体DNAから切り出される（図3-8）。

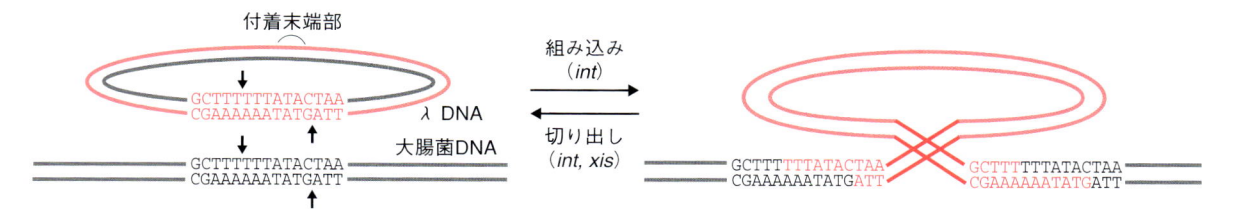

図 3-8　λファージ DNA の部位特異的組換え
λ DNA と大腸菌 DNA に存在する 15 塩基の相同な配列は 7 塩基ずれた位置で単鎖の切断が入った後，互いに相手を交換して再結合することにより，λ DNA は宿主染色体に組み込まれてプロファージとなる．ファージ DNA の組み込みはファージのインテグレース（int）により触媒され，組み込まれる部位はファージ種により異なるものの，一般には tRNA や tmRNA 遺伝子の近傍がよく利用される．λ ファージの DNA 組み込み部位は gal 遺伝子の傍にあり，むしろ例外的である．また，逆反応である切り出しには int 以外に xis も必要とされる．プロファージが変異の蓄積により増殖能力を失った場合にはクリプティックファージと呼ばれる．さらに，変異が蓄積するとファージの名残として認識される程度となる．変異がそれほど多く蓄積していない時点では，プロファージに関係した遺伝子領域は GC 含量の違いやコドン使用頻度の違いにより，周辺の宿主 DNA と区別することが可能である．プロファージによって残された遺伝子は宿主にとって外来の遺伝子源となる

4　遺伝子水平伝搬役としてのファージ[10)][11)]

　原核生物ゲノムに認められる著しい多様化は外来性遺伝子の水平伝播に由来する．溶原化は原核生物の病原性アイランド，共生窒素固定能，難分解化合物分解能にかかわる遺伝子などを水平伝搬する立役者である．例えば，大腸菌 K12 株と O157 株のゲノムサイズはそれぞれ 4.6 Mb と 5.5 Mb であり，そのうち 4.1 kb の配列については高い相同性を示すが，残りはそれぞれの株に特異的な配列としてゲノム上のさまざまな領域に散在している．O157 株特異的配列のうち 0.9 Mb は 18 個のプロファージと 6 個のクリプティックファージが占めている．さらに，これらのファージ関連の遺伝子にはベロ毒素遺伝子など病原性にかかわるものが多数含まれている．

Memo
原核生物はファージに対する防御機構，ファージはそれを打破する機構を生み出すことにより果てしない戦いを繰り広げている．その一方で，ファージが溶原化した原核生物は新たな形質を獲得することになる．ファージは新たな遺伝子を創出するしくみをもち，生じた新遺伝子はファージ相互間に伝えられる．さらに，水平伝達によって原核生物にもちこまれることで原核生物ゲノムの多様化が進む．

■ 文　献 ■

1) Nelson, D.: Phage taxonomy: We agree to disagree. J. Bacteriol., 186: 7029-7031, 2004
2) Pedulla, M. L. et al.: Origins of highly mosaic mycobacteriophage genomes. Cell, 113: 171-182, 2003
3) 皆川貞一: "T系ファージ", 東京大学出版会, 1991
4) Rossmann, M. G. et al.: The bacteriophage T4 DNA injection machine. Curr. Opin. Struct. Biol., 14: 171-180, 2004
5) 米崎哲朗: T4ファージの遺伝子の発現，複製，組換え．"ウイルス学"（畑中正一/編），pp570-579, 朝倉書店, 1997
6) Eiserling, F. A. & Black, L. W.: Pathways in T4 morphogenesis. "Molecular biology of bacteriophage T4" (Karam, J. D. et al./eds.), pp209-212, American Society for Microbiology, 1994
7) 池田日出男: λファージの増殖と遺伝. "ウイルス学"（畑中正一/編），pp546-554, 朝倉書店, 1997
8) Schubert, R. A. et al.: Cro's role in the CI-Cro bistable switch is critical for λ's transition from lysogeny to lytic development. Genes Dev., 21: 2461-2472, 2007
9) Fogg, P. C. M. et al. Identification of multiple integration sites for Stx-phage 24_B in the *Escherichia coli* genome, description of a novel integrase and evidence for a functional anti-repressor. Microbiol., 153: 4098-4110, 2007
10) Canchaya, C. et al.: Phage as agents of lateral gene transfer. Curr. Opin. Microbiol., 6: 417-424, 2003
11) Hayashi, T. et al.: Complete genome sequence of enterohemorrhagic *Eschelichia coli* O157: H7 and genomic comparison with a laboratory strain K-12. DNA Res., 8: 11-22, 2001

3 プラスミド

プラスミドは宿主の染色体と独立して複製する環状DNA（稀にRNAや線状DNAもある）で，基本的には複製開始領域（ori）と，複製開始反応に必要なイニシエータータンパク質の産生遺伝子（rep）から構成されている．これ以外の領域はプラスミドにとって必須ではないが，そこにはプラスミドが特異性を発揮するいろいろな遺伝子が組み込まれている．細胞内で通常存在できるプラスミド数（コピー数）はプラスミドの複製制御機構に依存しており，1分子から数十分子とプラスミドによってさまざまであるが，同じコピー数調節事情をもつ異なった2種類のプラスミドは同じ細胞で共存できない（不和合性）．環状二本鎖DNAのプラスミドは細胞内ではDNAジャイレースの働きでDNAらせん密度が減少した負の超らせん構造体になっている．

概念図

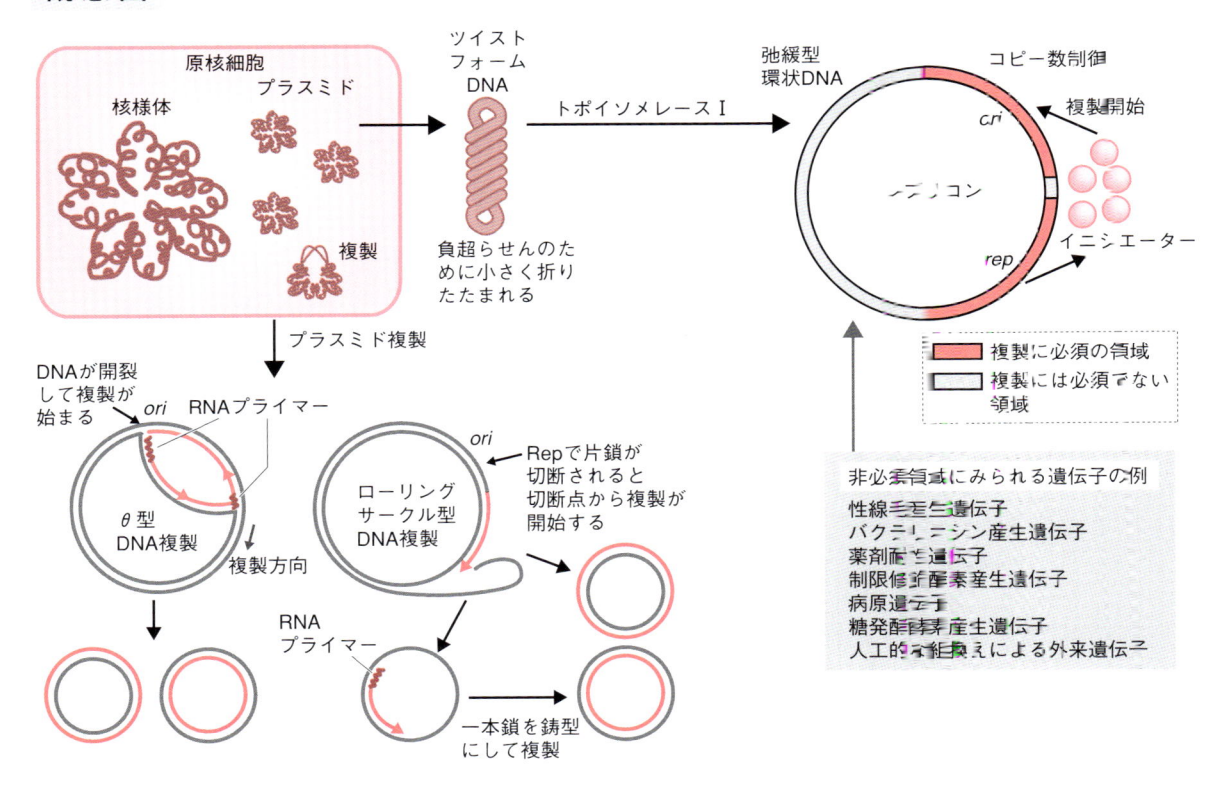

1 プラスミドの機能

多くのプラスミドには，複製には必須でない数kbから数百kbのDNA領域が存在し，そこにはいろいろな遺伝子が組み込まれている．以下，代表的なプラスミドについて簡単に説明する．

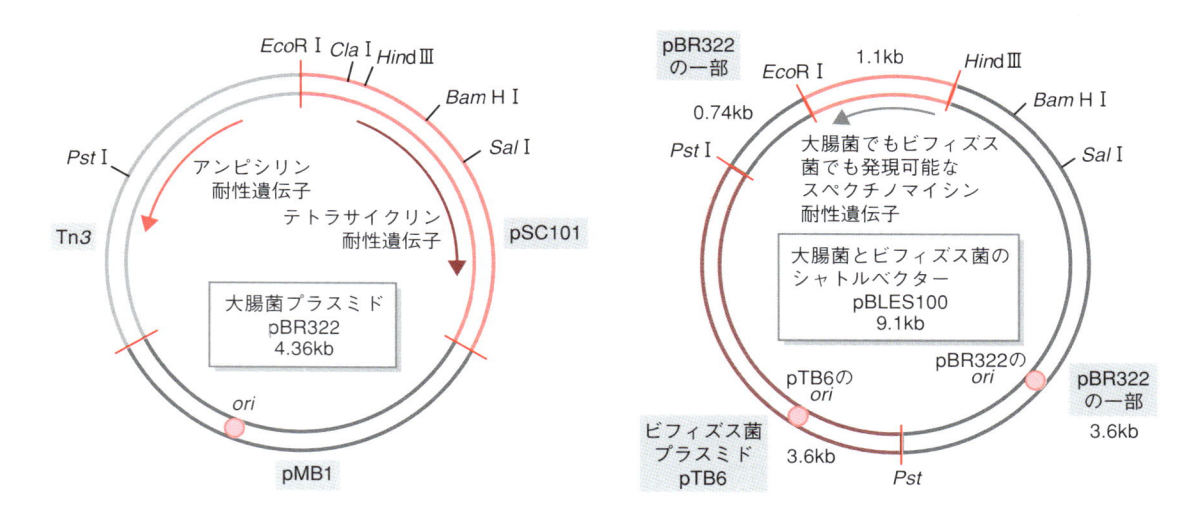

図3-9 キメラプラスミド pBR322 と pBLES100

左図は大腸菌で複製するrelaxed型（高いコピー数を保つ）プラスミドpBR322で，プラスミドpMB1の複製開始点（ori）とトランスポゾンTn3のアンピシリン耐性遺伝子とプラスミドpSC101のテトラサイクリン耐性遺伝子から構成されており，クローニングベクターとして高頻度に利用されている．右図は大腸菌でもビフィズス菌でも複製できる（シャトルベクターと呼ばれる）relaxed型プラスミドpBLES100で，pBR322のPstⅠ制限酵素サイトにビフィズス菌プラスミドpTB6が挿入され，制限酵素サイトEcoRⅠ-HindⅢ間が，両菌種で発現できるスペクチノマイシン耐性遺伝子に置き換わった複合プラスミド．アンピシリン耐性遺伝子とテトラサイクリン耐性遺伝子は破壊されている．大腸菌ではpBR322のoriからθ型複製をし，ビフィズス菌ではpTB6のoriからローリングサークル型複製をする（**概念図**参照）．矢印は転写方向

1) Fプラスミド（性決定因子，稔性因子，F因子ともいう）

大腸菌にはFプラスミドを保持している菌（F^+菌）と保持していない菌（F^-菌）がある．F^+菌ではFプラスミドからF線毛（性線毛）が産生され，これを介してFプラスミドがF^-菌に伝達される．Fプラスミドは宿主染色体に組み込まれることがあり，この場合，染色体遺伝子の一部も一緒にF^-菌に伝達される．このためF^+菌を♂，F^-菌を♀ということがある．

2) Colプラスミド〔コリシン（colicine）産生プラスミド，コリシン産生因子ともいう〕

殺菌性タンパク質を産生する大腸菌プラスミドで，このタンパク質を細胞外に放出して周りの大腸菌を殺す．殺菌性タンパク質はバクテリオシンと呼ばれ，大腸菌から産生されるものはコリシン，これを産生するプラスミドをColプラスミドという．コリシン産生プラスミドからはコリシンに抗する免疫物質が産生されており，自身が殺菌されることはない．

3) Rプラスミド（薬剤耐性因子，薬剤耐性プラスミド，R因子ともいう）

抗生物質を不活化する酵素の遺伝子（薬剤耐性遺伝子）をもっており，このプラスミド保持菌は特定の抗生物質に対して耐性になる．複数種の薬剤耐性遺伝子をもつプラスミドも知られている．

4) キメラプラスミド

今日では種々のDNA断片を組合せて，目的にかなったいろいろなキメラプラスミドが構築されており，クローニングベクターや発現ベクターとして有効に利用されている．プラスミドにクローン化された遺伝子からはプラスミドのコピー数に依存して大量のタンパク質が産生される．またプラスミドを抽出して大量のクローン化DNAを得ることができる（図3-9）．

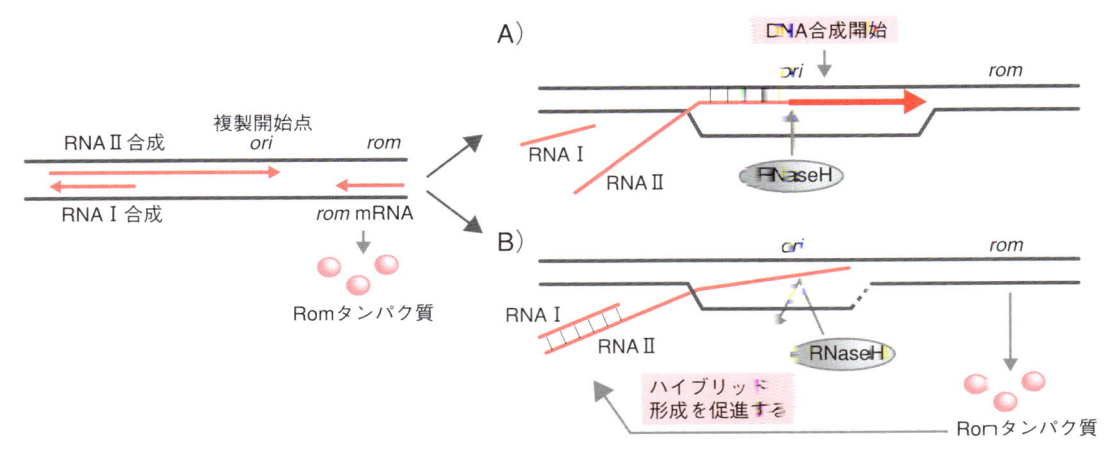

図 3-10　ColE1 プラスミドの複製開始機構
A) ori 領域で DNA とハイブリッド形成した RNA Ⅱ は RNaseH によって切断されて DNA 合成のプライマーとなり，DNA 合成が開始する．B) RNA Ⅱ と RNA Ⅰ がハイブリッド形成すると，RNA Ⅱ と ori 領域 DNA のハイブリッド形成が阻止されて，RNA Ⅱ が RNaseH で切断されなくなり，RNA Ⅰ はプライマーになれず，DNA 合成は開始できない．Rom タンパク質は RNA Ⅰ-RNA Ⅱ ハイブリッド形成を促進する．ColE1 プラスミドはこのような複製開始頻度の調節によって細胞内でおよそ 20 コピーを維持している．

2　プラスミド複製

　プラスミドは複製開始点 ori と開始を決定するイニシエーター（Rep タンパク質）および複製頻度を調節するシステムをもっている．プラスミドの複製様式に二つとおりあり，二本鎖の両鎖が ori から一方向あるいは両方向へ複製を開始し，複製途中の形がθ文字様になるθ型複製と，もう1つは ori の片鎖が切断され，これがプライマーとなってまず片鎖の DNA が複製され，その後もう一方の鎖が複製されるローリングサークル型複製である[3]．ColE1 プラスミドは一方向性θ型複製をする（図 3-10）．

Memo

ColE1 プラスミドを保持した大腸菌にクロラムフェニコールを添加してタンパク質合成を阻害すると，宿主の DNA 合成は停止するが ColE1 プラスミドの複製は停止しない．しかし複製の制御がきかなくなってコピー数が 3,000 ほどに上昇する．また遺伝子工学によく利用されるプラスミド pUC は ColE1 プラスミドの ori をもっているが，プライマー領域に変異があり，高温（37℃〜42℃）では正常な RNA Ⅱ-RNA Ⅰ ハイブリッド形成ができなくなる．その結果，複製の抑制がきかなくなってコピー数が 500〜700 にも上昇する．

3　その他のプラスミド

1）Ti プラスミド

　土壌細菌のアグロバクテリア（*Agrobacterium tumefaciens*）の Ti（tumor-inducing）プラスミドは，その一領域である T-DNA（transferred DNA）を植物細胞に伝達して腫瘍（クラウンゴール）を引き起こす．この伝達性を利用して Ti プラスミドは植物細胞の形質転換用ベクターとして利用されている[3]．

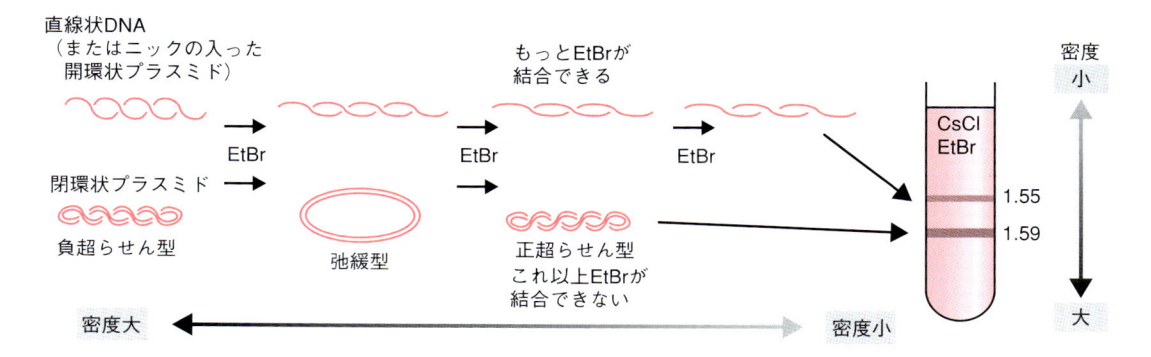

図 3-11　塩化セシウム（CsCl）密度勾配遠心法による閉環状 DNA プラスミドの分離

負の超らせんをもったツイストフォームプラスミド DNA（CCC）にインターカレート剤のエチジウムブロマイド（EtBr）が結合すると，DNA の見かけの負の超らせんが減少する．結合量が増すにつれて負の超らせんが消失し，やがて正の超らせんをもつ元とは逆巻きのツイストフォームへと変化し，ついにはツイストの増加も不可能になり EtBr が結合できなくなる．これに対して，線状 DNA（linear）や開環状 DNA（OC）はツイストを形成しないのではるかに大量の EtBr が結合でき，高濃度の EtBr では両 DNA に密度の差が生じる．この密度差を利用すると，高濃度のエチジウムブロマイドを含んだ塩化セシウム密度勾配遠心で linear や OC が混入したサンプルから CCC を分離できる．プラスミドの二本鎖 DNA は図の複雑化を避けるために Watson-Crick のらせんを省略してある

2）真核生物のプラスミド

出芽酵母には多コピー型環状 DNA の $2\mu\mathrm{m}$ プラスミド，ARS（autonomously replicating sequence）を複製開始点とする多コピー型や低コピー型の人工環状プラスミドなどがある．ARS，セントロメア，テロメアをもった環状プラスミドを線状化すると，2,000 kb ほどの DNA もクローン化が可能となり，これは YAC（yeast artificial chromosome）と呼ばれて遺伝子研究の多方面で利用されている[2)4)]．

4　プラスミドの取り扱い

ツイストフォーム DNA〔閉環状 DNA：covalently closed-cicular（CCC）DNA〕の片鎖にニックが入るとツイストは消失し，弛緩した環状 DNA〔開環状 DNA：open-circular（OC）DNA〕に変化する．抽出したプラスミド[6)]をアガロースゲル電気泳動すると，CCC より遅れて少量の OC の泳動がみられる．トポイソメレース I で弛緩した環状 DNA〔relaxed circular（RC）DNA〕にはニックが入っていないが，移動度は OC と似て小さい[3)4)]．図 3-11 では密度差を利用した CCC プラスミドの精製法が示されている．

■文献■

1) "遺伝子の分子生物学，第 4 版"（Watson J. D. et al.；松原謙一，中村桂子，三浦金一郎/監訳），pp240-281，トッパン，1987
2) "分子遺伝学，第 3 版"（Brown T. A.；西郷 薫/監訳），pp416-438，1999
3) "クラーク分子生物学" Clark, D. P.；田沼靖一/監訳），pp459-489，丸善，2007
4) "クラーク分子生物学"（Clark, D. P.；田沼靖一/監訳），pp647-683，丸善，2007

真核生物の遺伝子とその構造 第4章

1　ゲノムの構造 ……… 92
明らかにされる生命の設計図

2　クロマチン ……… 99
DNAを収納し，必要に応じてほどく構造

3　エピジェネティクス ……… 105
同じゲノムから多様な細胞機能を生むしくみ

4　転写制御機構 ……… 112
必要な遺伝情報を必要なときに必要なだけつくる

5　転写後調節 ……… 123
RNAの修飾から分解まで：もう1つの遺伝子発現制御

6　タンパク質の制御 ……… 135
タンパク質機能発現・活性化の制御機構

Chapter 4

1 ゲノムの構造

ヒトゲノムは 3.2×10^9 bp の DNA を含み，22 種類の常染色体と 2 種類の性染色体に分かれて存在する．ゲノムは遺伝子領域と非遺伝子領域とに分けられ，遺伝子領域のなかには約 3〜4 万個の遺伝子が存在する．遺伝子の長さを 10〜15 kb とすると，遺伝子密度は平均約 100 kb に 1 つという計算になり，残りの非遺伝子領域は平均 85〜90 kb となる．遺伝子は mRNA に対応するエキソンと核内で切り取られるイントロンおよび遺伝子の発現調節に関与する配列からなる．非遺伝子領域は偽遺伝子，スペーサー，反復配列などからなる．

概念図

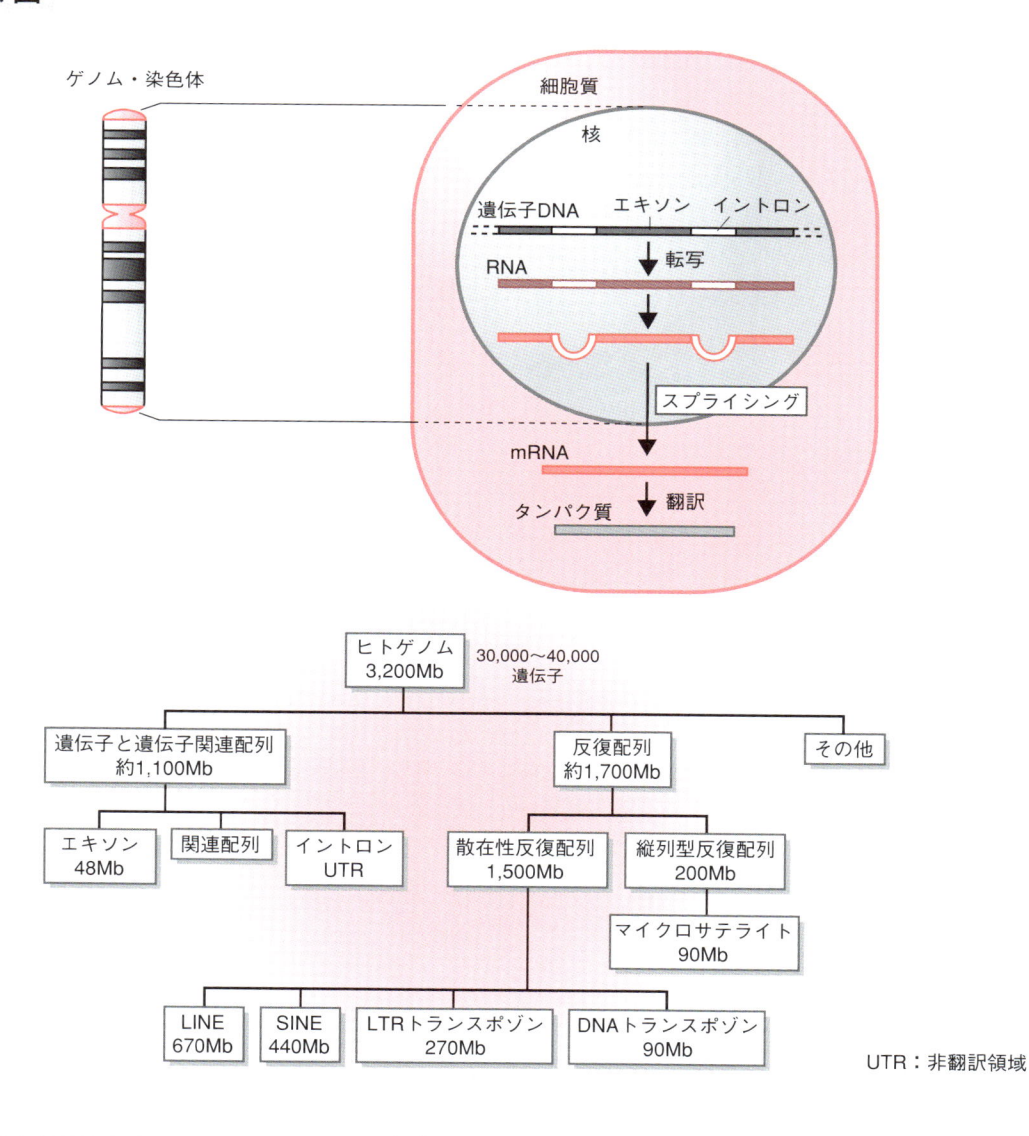

UTR：非翻訳領域

遺伝子・DNAは，ヒトという構造体の設計図である．その設計図はどの細胞でも原則的には同一であり，父親からと母親からの2組のDNAセットからなりたっている．その1組のセットをハプロイドゲノム，通常簡単にゲノムと呼んでいる．DNAは物理・化学的に安定な物質であり，生物学的にも変異が起こらないようによく保存するしくみがある．だから，ヒトはヒトのプログラムを安定に維持し，親から子供へと正確に伝えることができる．ゲノムは構造体の素材（筋肉タンパク質や酵素など）をつくり出す設計図であるだけでなく，自らの設計図を順序よく働かせていく機構（制御遺伝子による）をも備えている．これは，卵と精子が結合すると，その後は自動的に個体を形成することからもよくわかる．

　ここではまずゲノム，染色体の主要構成単位である遺伝子の占める染色体領域（遺伝子領域と呼ぶ）の構造的，構成的特徴，とりわけエキソン，イントロン構成とその多様性，遺伝子ファミリーについて述べる．次に残りの非遺伝子染色体領域（反復配列，可変性因子）について説明する．

1 染色体のなかの遺伝子

1) ゲノム，染色体と遺伝子

　ヒトゲノムは22種類の常染色体と2種類の性染色体とに分かれて存在している．中期染色体標本をGバンド法などで分染すると550本のバンドが観察され，1本のバンドは平均6 MbのDNAを含む．24種類の染色体は染色体バンド模様で簡単に区別でき，染色体の大きさとセントロメアの位置により分類されている．セントロメア領域は染色体の一次狭窄（M期のすべての染色体にみられる顕著な狭窄部．図4-4 参照）として，リボソームRNA遺伝子の存在する領域は二次狭窄（特定の染色体にのみ見られる小さな狭窄部）として観察される．

　ゲノムは遺伝子領域と非遺伝子領域とに分けることができる（概念図参照）．ヒトゲノムは 3.2×10^9 塩基対のDNAからなり，そのなかに約3～4万個の遺伝子が含まれるので，ゲノム中の遺伝子密度は平均すると約100 kbに1つという計算になる．遺伝子領域の平均の長さを10 kb～15 kbとすると残りの非遺伝子領域は平均85 kb～90 kbとなる．

　しかし，遺伝子の分布にはムラがあり，遺伝子密度はヒト染色体100 kbあたり0～64遺伝子とばらつく．タンパク質をコードする遺伝子はアミノ酸を指定する配列（エキソンの一部），遺伝子発現を調節する配列とイントロンである．アミノ酸指定領域はゲノムの1.5%を占めるにすぎず，発現調節配列を含めても，その3倍程度にしかならない（概念図参照）．遺伝子にはリボソームやtRNAなどの機能的RNAをコードする遺伝子が存在する．これらは全遺伝子数の約10%を占めると考えられている．最近注目されているマイクロRNA（第5章-2，-3参照）をコードする遺伝子は現在約500発見されており，その一部は特定の染色体上にクラスターしている．残りの非遺伝子領域は染色体や核構造の形成に関与するDNA，進化的な遺物である偽遺伝子，遺伝子領域と遺伝子領域の間のスペーサーからなる．ゲノム中にいくつものコピーが存在する反復配列もこのなかに含まれる．反復配列はヒトゲノムの約半分を占める．

2) ヒトの遺伝子の構成

　ヒト遺伝子の半数以上はすでに機能が知られているか，コードされるタンパク質の類似性，ドメイン構造などから機能が推測できるものである．その約25%は遺伝子の発現，複製，維持に関与する．21%は外部からのシグナルに応じて細胞の働きを調節するシグナル伝達に関与し，18%は細胞の生化学的機能一般に働く既知の遺伝子である．すべての真核生物は基本的な機能を担う類似の遺伝子セットをもつが，複雑な生物種ほど他の高次機能をもつ遺伝子数が多くなる．タンパク質を指定する遺伝子領域の一般的な構造を図4-1に示した（詳細は省略）．

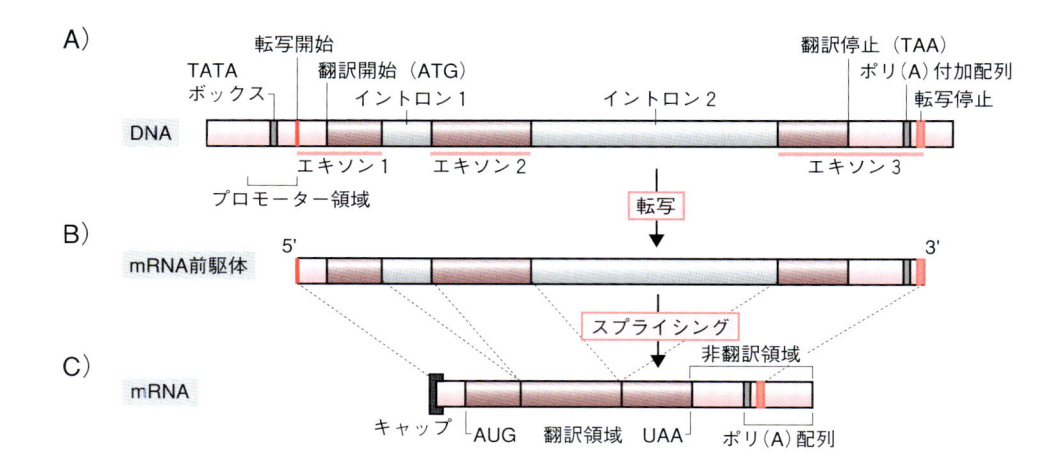

図 4-1　タンパク質を指定する遺伝子の基本構造

A) タンパク質のアミノ酸配列を指定する塩基配列はゲノム DNA 上では分断されて存在することが多い．エキソンとイントロンの構成，転写開始点などを示している．B) DNA から転写されたばかりの mRNA 前駆体の構造が示されている．C) スプライシングによりイントロン部分が除かれ成熟した mRNA の構成が描かれている

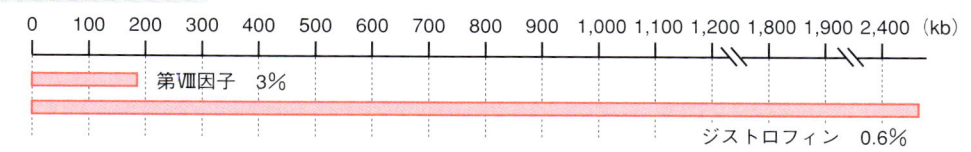

図 4-2　遺伝子の大きさの多様性

2.5 Mb という大きなジストロフィン遺伝子から，ヒストン H4 遺伝子のようにわずか 500 bp という小型のものまで存在する．その差は個々のイントロンの長さと数に負うところが大きい．遺伝子名の右側の数字（%）は遺伝子あたりのエキソンの占める割合である

　哺乳類の遺伝子の大きさには多大な多様性があり，数百 bp から数 Mb にまで及ぶ（図 4-2）．2.5 Mb という大きなジストロフィン遺伝子の転写には 16 時間かかり，転写の終了する前にスプライシングが始まる．遺伝子の大きさとその産物（多くはタンパク質）の大きさには直接的な相関性はみられない．エキソンの長さはイントロンに比べ一般に短く，どの遺伝子でも大差がない．それに比べ，イントロンの長さは千差万別で，それが遺伝子の長さの多様性のもとになっている．図 4-2 からわかるように，ヒストン H4 遺伝子はすべてがエキソンであるが，ジストロフィン遺伝子では遺伝子内でのエキソンの含まれる割合は 0.6% にすぎない．

　大きな遺伝子のイントロン中に異なる遺伝子が存在するというめずらしい例が知られている．*NF1* 遺伝子（神経線維腫症 1 型遺伝子）のイントロン 26 は約 40 kb にわたるが，そのなかに 3 個

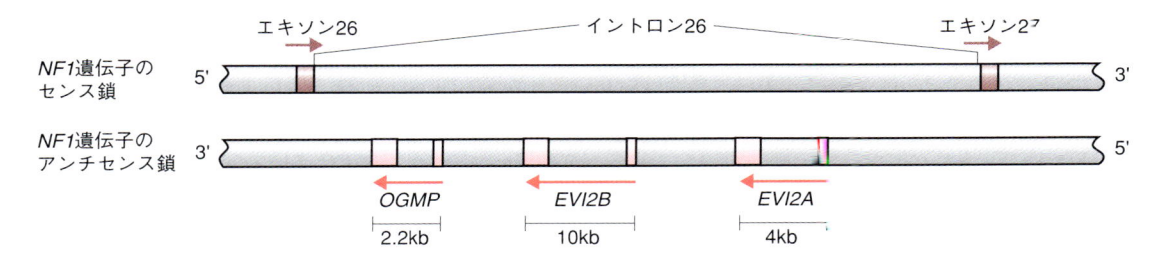

```
NF1遺伝子の        エキソン26      イントロン26           エキソン27
センス鎖      5'─────────▶─────────────────▶──────────3'

NF1遺伝子の   3'───────────────────────────────────────5'
アンチセンス鎖           ◀───      ◀───        ◀───
                        OGMP      EVI2B        EVI2A
                        2.2kb     10kb         4kb
```

図 4-3　大きな遺伝子のなかの小さな遺伝子の存在
NF1遺伝子のイントロン26のなかに3つの小さな遺伝子が存在する

の小さな遺伝子（OGMP, EVI2B, EVI2A）が存在する．おのおのの遺伝子は2つのエキソンをもち，NF1遺伝子を指定しているDNA鎖とは反対のDNA鎖に指定されている（図4-3）．

2　反復するDNA配列

1）遺伝子ファミリーと反復配列

　ヒトゲノムはさまざまな繰り返し配列を含んでいる．その繰り返しに，リボソームRNA遺伝子クラスターやヘモグロビン遺伝子ファミリーのように機能的な遺伝子を含む場合と，非機能的な（機能不明な）DNAからなる反復配列を含む場合がある．DNA配列の繰り返しは生物進化の過程で発生しているが，遺伝子あるいはDNAが重複，ときには増幅する性質をもつためだと考えられる．その結果，生物ゲノム中に共通の塩基配列，類似のアミノ酸配列を指定する塩基配列をもつ遺伝子が数多く存在する．

　遺伝子ファミリーは1つの遺伝子が重複し，個々の遺伝子が進化の過程で機能分担していったものである．したがって，ファミリーメンバーが縦列に存在している場合（αヘモグロビン遺伝子クラスターなど）が多いが，異なった染色体上に存在する場合も少なくない．遺伝子配列の類似性が遺伝子全体に及ぶものと一部のドメインまたはモチーフにのみ認められるものが存在する．前者は古くから遺伝子ファミリーと呼ばれていたが，最近では後者の遺伝子もファミリーと呼ばれるようになっている．その例としてホメオボックスをもつ遺伝子群などがあげられる（第8章-2参照）．さらに，個々の配列には高い類似性はみられないが，機能や全般的なドメイン構造の類似性の高いものを超遺伝子ファミリーと呼んでいる．これには免疫グロブリン遺伝子ファミリーとHLA遺伝子群（主要組織適合抗原遺伝子複合体）を含めたものがあげられる．

　ヒトゲノムの大部分は転写に不活性な繰り返し配列からなる．この繰り返し配列はゲノム上での分布，分散の機構に従い，2種類に分類される（表4-1）．1つは配列単位が縦列に繰り返す縦列型反復配列であり，そのメンバーである大型のサテライトは染色体の一領域（セントロメア領域やヘテロクロマチン領域）を占める．小型のサテライトとしてはミニサテライト，マイクロサテライトがある．第2は反復単位が染色体中に散在するもので，Alu配列，L1（LINE-1）ファミリーなどがその代表例である．

2）縦列型反復配列

　染色体の特定の領域は縦列型反復配列で占められている（図4-4）．これは進化の過程でDNA重複，DNA増幅により形成されたものと考えられる．縦列型反復配列は類似の塩基配列が繰り返すので，DNAを塩化セシウム密度勾配遠心法で分画したり，制限酵素消化物をゲル電気泳動

表4-1 ヒトの主要な繰り返し配列

種類	繰り返し単位の大きさ（bp）	主な染色体上の局在
縦列型反復配列		
サテライトDNA（100kb〜数Mb長に及ぶ）		
サテライト2および3	5	ほとんど（おそらくすべて）の染色体
サテライト1（高AT含量）	25〜48	ほとんどの染色体のセントロメア・ヘテロクロマチン領域とその他のヘテロクロマチン領域
α（アルフォイドDNA）	171	全染色体のセントロメア・ヘテロクロマチン領域
β（Sau 3Aファミリー）	68	第1，9，13，14，15，21，22番およびY染色体のセントロメア・ヘテロクロマチン領域に著しい
ミニサテライトDNA（2〜30kbの範囲）		
テロメアファミリー	6	全染色体
超可変ファミリー	9〜24	全染色体，多くはテロメア近傍
マイクロサテライトDNA（多くは150bp未満）	1〜4	全染色体
分散型反復配列		
*Alu*ファミリー	約280bpまたはそれ以下	全染色体に分散するが，Rバンドに集中する
LINE-1（*Kpn*）ファミリー	6.1kbまたはそれ以下（平均長は1.4kb）	全染色体に分散するが，Gバンドに集中する
LTRトランスポゾン	1.5〜11kb	
DNAトランスポゾン	80bp〜3kb	

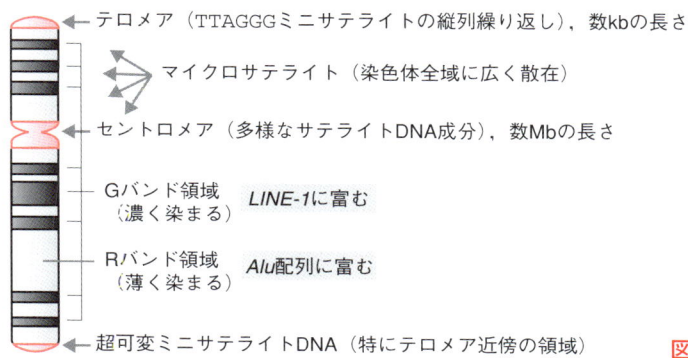

図4-4 反復配列の存在する染色体領域

← テロメア（TTAGGGミニサテライトの縦列繰り返し），数kbの長さ
← マイクロサテライト（染色体全域に広く散在）
← セントロメア（多様なサテライトDNA成分），数Mbの長さ
Gバンド領域（濃く染まる） *LINE-1*に富む
Rバンド領域（薄く染まる） *Alu*配列に富む
← 超可変ミニサテライトDNA（特にテロメア近傍の領域）

することにより，1つの塊（例えば，ゲル上のスメアーではなく太いバンド）として検出される．この塊はゲノム全体のDNAとは異なった特徴をもつため，サテライトと呼ばれてきた．セントロメアに存在するアルフォイドDNAはその代表例で，ヒト染色体の3〜5％を占める．この部分の繰り返しは平均171bpで，その配列は各染色体により少しずつ異なっている．染色体末端，すなわちテロメアも，TTAGGGという6塩基が繰り返す縦列型反復配列からなる特殊な構造体を形成している．それは，DNA損傷によって生じるDNA末端は修復や細胞死の反応を誘発するため，それとは区別される必要があるからである．このテロメア配列は細胞分裂により減少するが，その減少を補う機構としてRNAとタンパク質の複合体からなるテロメラーゼがTTAGGG配列を染色体末端に付加するという特色をもつ．

　小型の縦列型反復配列はいろいろな染色体領域に存在する．1つはミニサテライトで，もう1つはマイクロサテライトである．両者の基本的な違いは反復配列が占める全体のサイズにあり，500bp以上はミニサテライト，それ以下はマイクロサテライトと呼んでよい．

　ミニサテライトの反復単位は10〜50塩基程度で，全体の長さは2〜30kbである．その特徴は

超可変性にある．その結果，多くの対立遺伝子をもつことから，多型ミニサテライトをプローブとしたDNAフィンガープリント法（サザンブロット法の一応用法）は個体識別，親子鑑定などに利用される．一方，マイクロサテライトは一般に反復単位が短く，4つ以下のものが大半である．そのなかで特に有名なのはCA（GT）リピート配列である．遺伝的多型を示し，PCR法と電気泳動法で簡単に多型が検出されることから，遺伝解析の有用なマーカーとして用いられている．このマーカーは癌細胞の示すゲノム不安定性を測定するプローブとしても利用される．

縦列型反復配列・サテライトの形成はDNA複製時のスリップやDNA組換え過程による重複の結果と考えられる．どちらの機構でも，個々の反復単位はゲノム全体に散らばらず，一連の連なった反復配列となることが容易に想像される．一方，分散型反復配列は，反復単位がゲノム中のもとの配列とは離れた場所に生じるので，これらとは異なった機構があるに違いない．もっともよく起きる機構は転移（トランスポジション：transposition）によるもので，ほとんどの分散型反復配列は内在的に転位活性を有する．

3）分散型反復配列と転移因子

形成された反復単位が染色体上で分散するには特殊な遺伝子が必要であり，その遺伝子は反復単位内に存在している．したがって，これらの反復配列はトランスポゾン（転移因子）と呼ばれる．その転移機構には2種類ある．DNAからRNAに転写されるRNA中間体が存在するものと，しないものである．中間体を介する転移はRNAからDNAコピーをつくる逆転写過程が関与するので，レトロ転移（retrotransposition）と呼ばれ，そのコピーはレトロトランスポゾンと呼ばれている．この複製・増殖過程はレトロウイルスのそれと類似しており，レトロトランスポゾンはこのRNAウイルスから派生したものだと考えられている．複製分散の基本的な機構は次の3段階からなる．①反復単位（この場合はレトロトランスポゾン）のRNAコピーが通常の転写過程で合成される．②その転写産物（RNA）がDNAにコピーされる．この過程に必要な逆転写酵素（reverse transcriptase）の多くはトランスポゾン内の遺伝子にコードされている．③トランスポゾンのDNAコピーがゲノムに入り込む．もう一方のDNAトランスポゾン（RNA中間体が存在しないもの）は4）で述べる．真核生物にみられるトランスポゾンの大半は欠落をもったもので，単独では転移することができない．

哺乳類の分散型反復配列（レトロトランスポゾン）のファミリーは3種類に大別される．1つはLTRトランスポゾンで，ヒトゲノムの約8.5％を占める．レトロウイルス様配列と転写調節配列であるLTRをその両端にもつ．残りの2つはSINEとLINEであり，前者はゲノムの約14％を占め，後者はゲノムの約20％を占める．短い配列からなるものを短鎖散在型核因子（SINE）と呼び，Alu配列がその代表メンバーである．長いものは長分散型核因子（LINE）と呼ばれ，L1因子がよく知られた例である．分散型反復配列の多くはRNAを介した移動を行う転位因子と考えられ，ゲノム中に存在する不安定なDNA配列である．

Aluファミリーはヒトゲノム中に散在する小型（300 bp以下）の反復配列で，7SL RNA遺伝子と塩基配列相同性をもつことから，その偽遺伝子が本体であると考えられている．Alu配列は3′側にアデニン残基をもち，両末端には直列配列をもつ場合が多いことから，ゲノムを転位するトランスポゾン様性質をもつと考えられている（図4-5A）．このAlu配列はゲノム中に約50万コピー存在し，その大半が遺伝子密度の高い染色体Rバンド領域に集中する．一方，L1因子（LINE-1）はヒトゲノム中に5万〜10万コピー存在し，そのいくつかは活発に転位する活性をもつことが知られている．コンセンサス配列の全長は6.1 kbで，そのなかに2つのアミノ酸指定領域（ORF）を含む．ORF-1の機能は未知だが，ORF-2は逆転写酵素のもつ配列と相同性を示し，転位に必

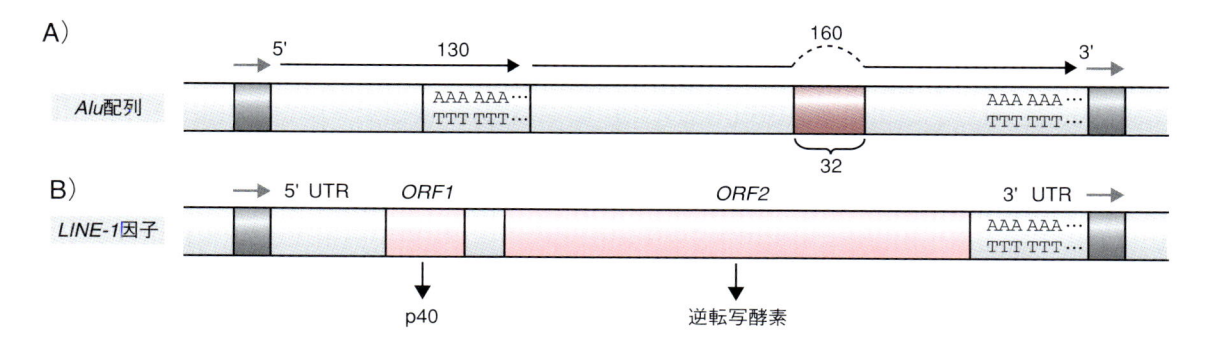

図4-5 分散型反復配列の構造
A）二量体構成（約130 bpと160 bpからなる）をもつ *Alu* 配列の構造を示している．後半の配列には32 bpの挿入がみられる．*Alu* 配列にはさまざまな短縮型が存在する．AAAA/TTTTはポリ（A）配列を示す．B）*LINE-1* 配列の全長は6.1 kbで，p40と逆転写酵素を指定している．ほとんどの *LINE-1* はさまざまな短縮型として存在する

要な要素を指定していると考えられている（図4-5B）．L1因子は *Alu* 配列とは対照的に遺伝子密度の低いGバンド領域に局在している．

4）DNAトランスポゾン

　RNA中間体を介さないで，DNAコピーからDNAへと直接移れるトランスポゾンも多数ある．その転移の特色は転移した断片が両端に同方向性の短い繰り返し配列をもつことである．DNAトランスポゾンの転移には，もとのトランスポゾンが複製した後，そのコピーが別の場所に挿入される場合と，トランスポゾン自身が切り出され，それが別の場所に移動する場合とがある．どちらの場合でも転移に必要な特殊な酵素が関与する．DNAトランスポゾンは遺伝学的には重要な位置を占める．それは1950年代のBarbara McClintockによる発見の経緯による．トウモロコシの発生に伴う形態変化を調節する因子を彼女は研究していたが，この不思議な因子の存在や動きは視覚的にはっきりと捉えられるという特徴があった．この調節因子の本体が後にトランスポゾン（*Ac/Ds* 因子）であることがわかったときには，大きな反響を巻き起こした．

　真核生物では，DNAトランスポゾンはレトロトランスポゾンより少なく，ヒトゲノムの約3％を占める．一方，原核生物ではゲノムの重要な構成単位である．IS因子（挿入配列：insertion sequence）は，代表的なDNAトランスポゾンであり，1つの大腸菌ゲノム内にいろいろな種類のものが20コピーも存在する．ISのDNA配列のうち大部分は，転移を触媒するトランスポゼース（transposase）をコードする遺伝子が占めている（第3章-1参照）．

■文　献■

1）"細胞の分子生物学"（中村桂子，松原謙一/監修），教育社，1995

2）"ヒトの分子遺伝学"（村松正實，木南 凌/監修），メディカル・サイエンス・インターナショナル，2001

Chapter 4

2 クロマチン

クロマチンと呼ばれるDNA高次構造は，真核細胞において核膜で覆われ，ゲノムの安定性や遺伝子発現において重要な役割を担っている．遺伝子発現の調節には転写調節因子のDNA結合に加え，ヒストンタンパク質の翻訳後修飾，DNAの化学修飾とそれに伴ったクロマチンの高次構造変化が重要な働きをする．クロマチン構造は遺伝子発現の調節に加え遺伝子複製，修復および組換えにも重要な働きをしている．細胞核内でのヒストンタンパク質の翻訳後修飾，クロマチン再構築，さらにタンパク質間の相互作用と関連した遺伝子発現制御機構，修復や複製の機構が明らかにされている．クロマチン構造の最小単位であるヌクレオソームは，2つのヒストンH2A-H2B二量体と1つのH3-H4四量体からなるコアヒストン八量体の周りを146 bpのDNAが1.75回転で左巻きに巻いたものである[1]．このヌクレオソーム形成と再構築はクロマチン形成と再構築の主要な要素を占める．本章ではクロマチン構造の最小単位であるヌクレオソーム形成と再構築を中心に解説する．

概念図

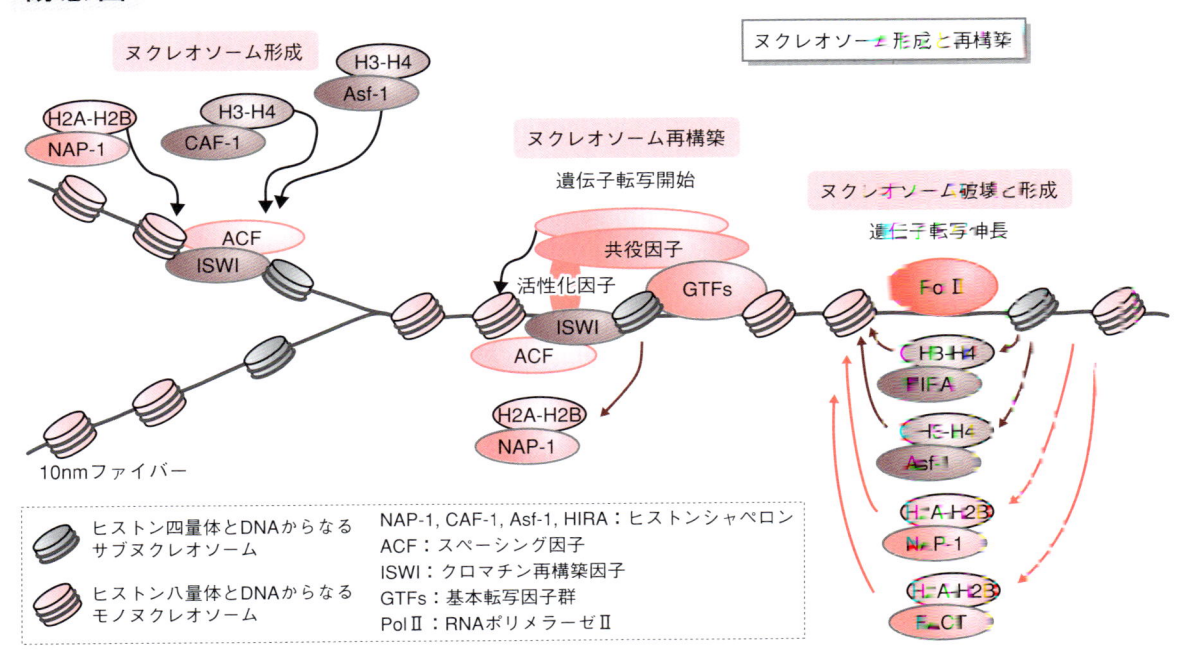

【ヌクレオソーム形成】
H2A-H2B / NAP-1
H3-H4 / CAF-1
H3-H4 / Asf-1
ACF / ISWI

【ヌクレオソーム再構築】
遺伝子転写開始
共役因子
活性化因子
GTFs
ISWI
ACF
H2A-H2B / NAP-1

【ヌクレオソーム破壊と形成】
遺伝子転写伸長
Pol II
H3-H4 / FIFA
H3-H4 / Asf-1
H2A-H2B / NAP-1
H2A-H2B / FACT

10nmファイバー

ヒストン四量体とDNAからなるサブヌクレオソーム
ヒストン八量体とDNAからなるモノヌクレオソーム

NAP-1, CAF-1, Asf-1, HIRA：ヒストンシャペロン
ACF：スペーシング因子
ISWI：クロマチン再構築因子
GTFs：基本転写因子群
Pol II：RNAポリメラーゼII

1 ヌクレオソーム構造

真核細胞のゲノムは細胞核内でクロマチンと呼ばれるDNA高次構造をとる．クロマチン構造の最小単位はヌクレオソームで，2つのヒストンH2A-H2B二量体と1つのH3-H4四量体で構成されるコアヒストン八量体の周りを146 bpのDNAが1.75回転で左巻きに巻いている[1]（図4-6）．

ヌクレオソームを形成するヒストンタンパク質の末端は図4-6のようにヌクレオソームから外側に向けて突出しているためヒストンテールと呼ばれる．ヒストンテールに存在するリジン残基，

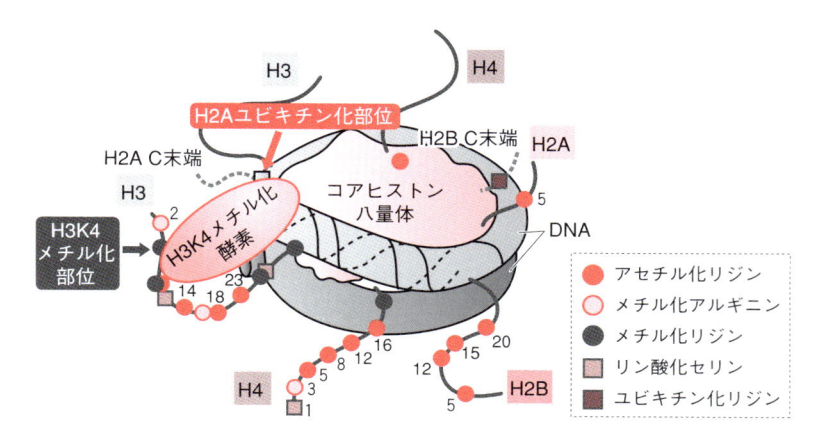

図4-6　ヌクレオソーム中ヒストンの翻訳後修飾

ヒストンH2A C末端とH3 N末端はDNAがヌクレオソームに入る部位で隣接する．H2AK120とH3K4の翻訳後修飾はトランスヒストンクロストークにより遺伝子転写を制御する（後述）

アルギニン残基，セリン/スレオニン残基はアセチル化，メチル化，ユビキチン化，リン酸化などの翻訳後修飾を受け遺伝子転写などを調節している．ヒストン修飾と遺伝子転写制御の一例として，ヒストンH3 N末端から4番目のリジン（H3K4）や9番目のリジン（H3K9）のメチル化がある．H3K4のジメチル化やトリメチル化は転写活性化と関連し，H3K9のメチル化は遺伝子転写抑制と関連している[2)3)]．ニワトリのb-グロビン座を用いた解析からH3の4番目と9番目のリジンのメチル化には明らかに境界が存在し，4番目のリジンは転写が活性化された領域でメチル化され，対照的に9番目のリジンは転写が抑制された領域でメチル化されていることが明らかにされている．H3の4番目のリジンはSET1などによりメチル化され，H3の9番目のリジンはSUV39H1などによりメチル化される[3)]．

一方，ヒストンH2Aも図4-6に示したようにリン酸化やユビキチン化などの翻訳後修飾を受ける．伊藤らはヒストンH2A C末端120番目のセリンがリン酸化されることを明らかにし，このリン酸化を触媒する酵素を同定してNHK-1と命名した．このヒストンH2Aリン酸化部位は細胞周期依存性にリン酸化され細胞増殖と遺伝子転写に関与する[4)]．ヒストンH2A C末端セリン/スレオニンのN末端に存在する119番目のリジンはユビキチン化されることが，1975年に明らかにされている．このユビキチン化ヒストンH2Aは最初に発見されたユビキチン化タンパク質であり，このユビキチン化は遺伝子転写を制御することを明らかにした（後述）．

2 ヌクレオソーム形成

ヌクレオソームが形成されるためにはヒストンと会合するシャペロン（運搬タンパク質）によるヒストン転移が必要である（概念図参照）．NAP-1（nucleosome assembly protein-1）やヌクレオプラスミンがヒストンH2A-H2Bに結合するシャペロンとして同定された．NAP-1やヌクレオプラスミンは in vitro においてコアヒストンの結合タンパク質として働き，DNAとヒストンの凝集を防ぎ，DNA上にヌクレオソームを形成する．一方，クロマチン複製に依存した形成因子としてCAF-1やAsf-1が同定された．これらの因子はヒストンH4の5番目と12番目のリジンがアセチル化されたヒストンH3-H4と複合体をつくる．細胞質で新しく合成されたヒストンH4は5番目や12番目のリジンがアセチル化されることが知られており，CAF-1やAsf-1はクロマチン複製に依存してヌクレオソームを形成すると考えられている．Asf-1はH3-H4の二量体と結合し，H3のヘリックス3とヘリックス2の一部をブロックすることによりH3-H4のヘテロ四量体形成を阻害することで，DNAにH3-H4を転移するまでH3-H4の二量体を保っていると考えられている[5)6)]．一方，遺伝子転写と関連したヌクレオソームの破壊，形成に関連したヒストンH3-H4

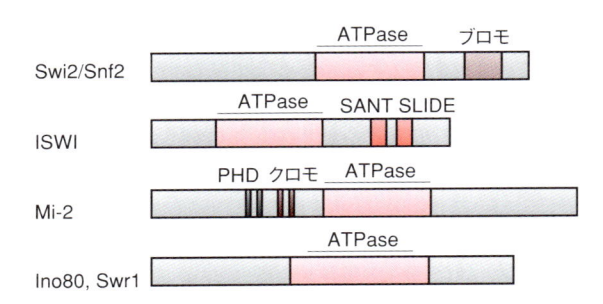

図4-7 再構築因子複合体のモーターを担うヘリカーゼ

のシャペロンとしてはAsf-1やHIRAが知られている．HIRAはH3のバリアントであるH3.3と会合し遺伝子転写と関連していることが明らかにされている[7]．

ヌクレオソーム構造の結晶解析から，形成の様式に関して，中心を占めるヒストンH3-H4が最初に，外側に存在するヒストンH2A-H2Bの二量体が引き続きDNA上に転移されると予想される．試験管内実験においても，ヌクレオソーム形成とクロマチンの成熟に関してヒストンH3-H4が先にDNAの上に転移され，引き続きヒストンH2A-H2Bが転移されることを明らかにした[8]．ヒストンH2A-H2B，DNAおよびH3-H4から構成されるサブヌクレオソーム，シャペロンNAP-1間の親和性を調べると，①H2A-H2B & サブヌクレオソーム＞②H2A-H2B & NAP-1＞③H2A-H2B & DNAの順番であった．すなわちH2A-H2B単独ではDNAの上に転移されることはなく，サブヌクレオソームが形成されて初めてDNA上に転移することがわかる．またH3-H4とヒストンシャペロン間の親和性を調べると，①DNA & H3-H4＞②H3-H4 & NAP-1の順番であった．これら親和性の差異は生化学的にヒストンの転移様式を決定する．すなわちヒストンH3-H4がDNAに転移された後，DNAおよびH3-H4の四量体からなるサブヌクレオソームができなければ，H2A-H2BはNAP-1からDNAに転移しないことを意味する[8]．

ヌクレオソームの連なったアレイが形成されるにはヌクレオソームが可動化されることが必要である．ATP要求性因子ACF（ATP-utilizing chromatin assembly and remodeling factor）はヌクレオソームを可動化することを明らかにした[8]．すなわち，ヌクレオソーム間隔が揃ったアレイを形成するにはヒストンシャペロンのみでは不十分で，スペーシング因子との両因子が必要である．コアヒストン転移の後，ACFがヌクレオソームを可動化し，ヌクレオソーム形成が完了する．

3 クロマチン再構築

ヌクレオソーム構造は遺伝子転写を抑制し，転写が活性化されるときには何らかの変化を受ける．これらの変化は実験的には，制限酵素やDNase Iによるヌクレオソームの切断パターンの変化，ヒストン八量体の移動，不規則に並んだヌクレオソームから生理的なヌクレオソームへの変化，超らせん度の変化，ダイヌクレオソームや十字形DNAの形成などを調べることによって明らかにすることができる．このようなヌクレオソーム構造の変化を引き起こす因子はクロマチン再構築因子，リモデラーなどと呼ばれ，真核細胞においてはSwi2/Snf2，ISWI，NURD/Mi-2/CHD，Ino80，Swr1などのATP要求性ヘリカーゼ（図4-7）を含むクロマチン再構築複合体が知られている．

1) Swi2/Snf2

Swi2/Snf2は最初に同定された再構築複合体Swi/Snfに含まれるヘリカーゼである．Swi遺伝子群は酵母の接合型変換（swiching）を制御するHOエンドヌクレアーゼ遺伝子の転写制御因子群として遺伝学的手法により単離された．類似の複合体としてBrahma複合体，RSC複合体などがある．

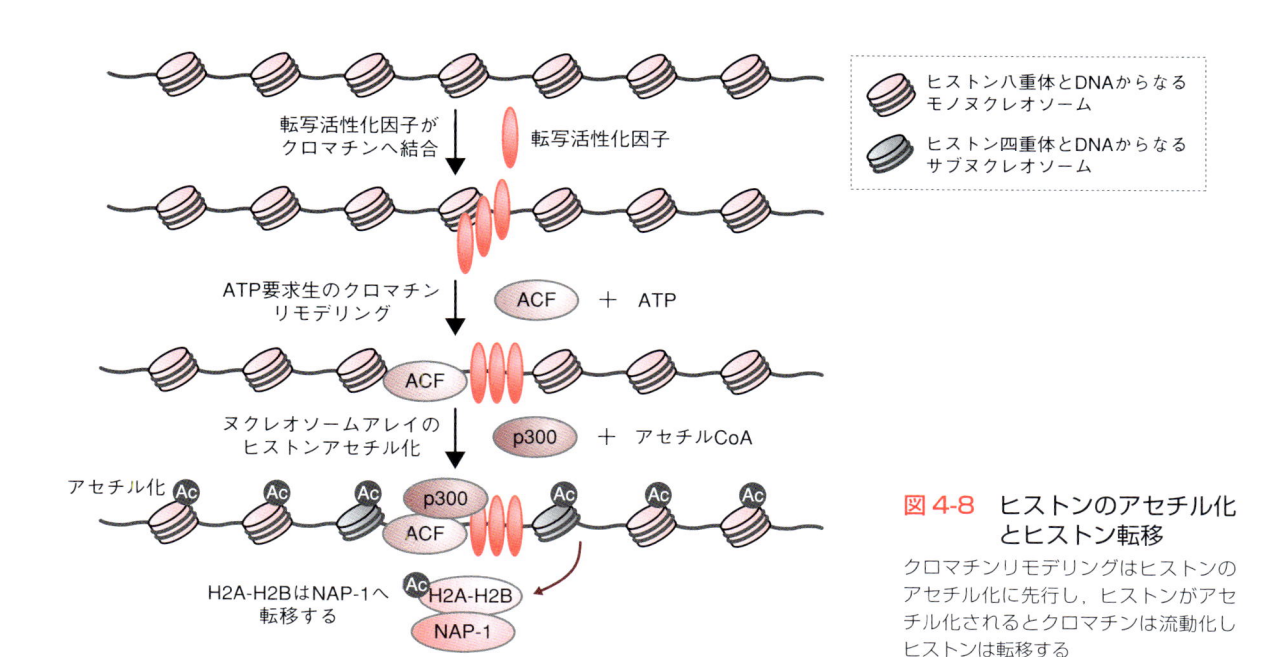

図4-8 ヒストンのアセチル化とヒストン転移

クロマチンリモデリングはヒストンのアセチル化に先行し，ヒストンがアセチル化されるとクロマチンは流動化しヒストンは転移する

2）ISWI（Imitation Swi）

ISWIはSwi2/Snf2とのホモロジーを利用してTamukanのグループにより同定された．Imitation Swi（ISWI）はATPaseであり，ISWI複合体複合体の中心をなす．ISWI複合体の代表例として2つのペプチドより構成されるACFが知られている[9）10)]．

ACFはNAP-1と協調してクロマチンを形成する因子として精製同定したが，ACFとNAP-1で形成したクロマチンが，転写活性化因子（GAL4-VP16）によるヌクレオソームの再構築能を有していることから，ACFはクロマチンの形成と再構築の両方に働いていることが明らかになった．ACFはp170，p140の2つのペプチドより構成され，p140が活性の中心をなすISWIであることを明らかにした．一方，p170/p185から得たペプチド配列に基づき acf1 遺伝子をクローニングした[10)]．Acf1タンパク質は1,476のアミノ酸残基よりなり，WACモチーフ，WAKZモチーフ，PHDフィンガー，ブロモドメインを保持している．

Acf1は種間で保存され，ヒトのACFの構成要素になっているほか，加藤茂明らのグループはヒトのAcf1ホモログであるWSTFがWINAC複合体のサブユニットであることを明らかにした．WINAC複合体は中心にSwi2/Snf2タイプのヘリカーゼを有し，ビタミンD受容体を介したクロマチンリモデリングと遺伝子転写に関与している[11)]．

3）Mi-2

皮膚筋炎の自己抗原として知られるMi-2はATPaseドメインをもつ．Mi-2を含む複合体として，単離されたのがNuRDである．NuRDはMi-2をATPaseサブユニットとしてもち，他のサブユニットとしてヒストン脱アセチル化酵素HDAC1，HDAC2，ヒストン結合タンパク質であるRbAp48，RbAp46，MBD3，転移関連タンパク質MTA1，MTA2より構成される．NuRDは他のクロマチン再構築複合体同様，ATPに依存的なクロマチン再構築活性をもつ．さらにHDAC1，HDAC2をサブユニットとしてもっていることから予想できるように，ヒストン脱アセチル化酵素の活性を有する．

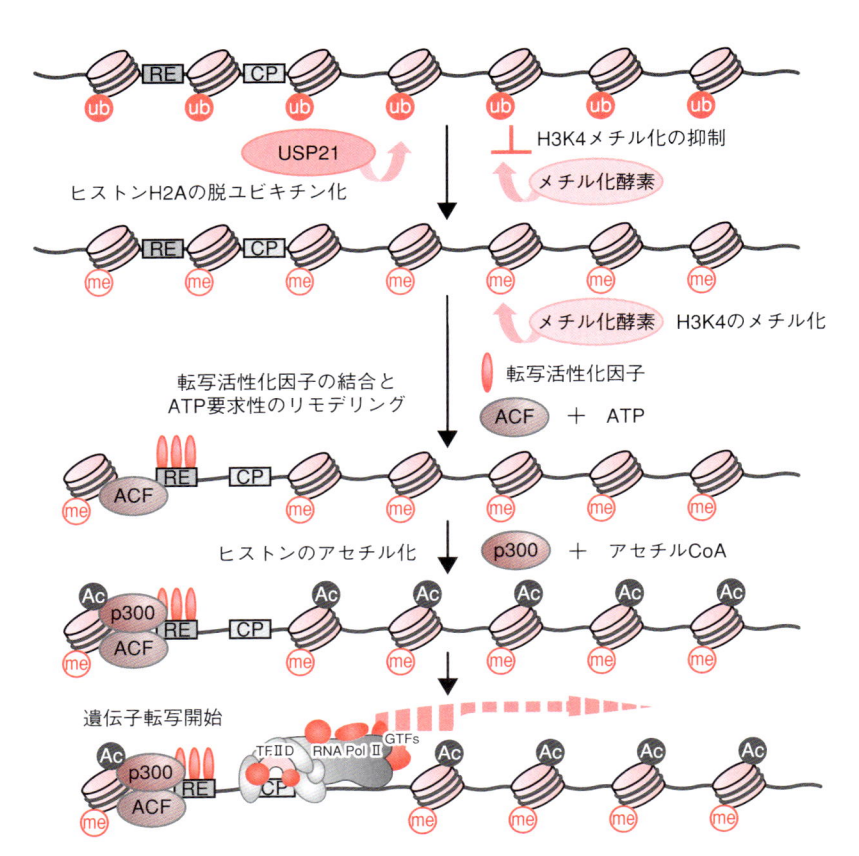

図4-9 遺伝子転写開始の調節機構

ヒストンH2Aのユビキチン化はトランスヒストンクロストークによりH3K4のメチル化を抑制する．試験管内再構築ではH3K4がメチル化されて初めて遺伝子転写が開始する．RE：制御配列，CP：コアプロモーター

4) Swr1

　Swr1はSwi2/Snf2タイプのヘリカーゼドメインを有するが，ヘリカーゼドメインが挿入配列により2つのセグメントに分かれている．Swr1も複合体を形成し，転写制御と関連したヒストンバリアントであるH2AZと会合することがWuのグループにより明らかにされた．in vivoでのH2AZのクロマチンへの取り込みにSwr1が必要で，in vitroにおいてもSwr1複合体にH2AとH2AZの交換を促進する活性をもつ[12]．伊藤らはヒストンのアセチル化がヒストンH2A-H2BのNAP-1への転移を促進しクロマチンを流動化することを示しており，クロマチンはアセチル化やクロマチンリモデリング因子により流動化すると考えられる[13]（図4-8）．

4 ヒストン翻訳後修飾とクロマチン構造変化

　転写活性化因子によるクロマチン再構築やRNAポリメラーゼⅡによる遺伝子転写に伴いクロマチン構造は分解され，ヒストンシャペロンにより捕捉され再度DNA上に転移されるというモデルが一般的になりつつある（概念図参照）．

　クロマチン再構築複合体とヒストン修飾酵素の直接的な相互作用はクロマチンテンプレートへの親和性を増加させるとともに，互いの活性に影響を与えると考えられる．伊藤らは転写共役因子p300とGAL4-VP16を用いて，GAL4-VP16がp300をリクルートしリモデリング因子がこのヒストンの翻訳後修飾と協調してヌクレオソームの破壊を引き起こすことを証明した[13]．リモデリングによって破壊されたヒストンH2A-H2Bはクロマチンが流動化しNAP-1などのヒストンシャペロンに転移すれば余剰のコアヒストンを処理できる（図4-8）．

さらに伊藤らはヒストンの翻訳後修飾と遺伝子転写開始に関する現象の一端を明らかにした．ヒストンH2Aユビキチン化は1975年，Bushらのグループにより最初に同定されたユビキチン化タンパク質である．Bushらのグループは^{32}Pによる生体ラベルの後，肝臓を70％切除後に劇的に減少する一連のタンパク質を二次元泳動により同定した．そのなかの1つがA24と命名されたユビキチン化ヒストンH2Aである．生体ラベルの後に，枝分かれタンパク質が加水分解を受けるため，泳動上消失するように検出されたのである．その後間もなくA24が76アミノ酸のユビキチンC末端グリシンとヒストンH2A119番目リジンεアミノ基の間でイソペプチド結合したものであることが解明された．ユビキチン化ヒストンH2Aは，最初に同定されたユビキチン化タンパク質であるにもかかわらずその機能は明らかにされていなかった．伊藤らは肝臓切除後に増加する脱ユビキチン化酵素の候補を組換えタンパク質により発現させ，酵素活性によりヒストンH2A脱ユビキチン化酵素USP21を同定した．この酵素を用いて試験管内の遺伝子転写を行うと，ヒストンH2A脱ユビキチン化が遺伝子転写を活性化する．ヌクレオソーム構造においては，ヒストンH2A C末端とヒストンH3のN末端は近接している．すなわち，ヒストンH2Aのユビキチン化はヒストンH3のN末端4番目のリジンのメチル化を抑制することにより転写を抑制する機構（トランスヒストンクロストーク）を明らかにした．USP21によるヒストンH2Aの脱ユビキチン化によりヒストンH3のN末端4番目のリジンのメチル化抑制は解除され，遺伝子転写が開始される[14]（図4-9）．

クロマチン再構築複合体に加えヒストンシャペロンの重要性が再評価されている．ヒストンタンパク質の翻訳後修飾やヒストンバリアントがヒストンシャペロンと密接に関連して形成される細胞核内ネットワークの全容が明らかにされつつある．

■文　献■

1) Ito, T.: Nucleosome assembly and remodeling. Curr. Top. Microbiol. Immunol., 274：1-22, 2003
2) Rando, O. J.: Global patterns of histone modifications. Curr. Opin. Genet. Dev., 17：94-99, 2007
3) Ito, T.: Role of histone modification in chromatin dynamics. J. Biochem., 141：609-614, 2007
4) Aihara, H. et al.: Nucleosomal histone kinase-1 phosphorylates H2A Thr 119 during mitosis in the early Drosophila embryo. Genes Dev., 18：877-888, 2004
5) English, C. M. et al.: Structural basis for the histone chaperone activity of Asf1. Cell, 127：495-508, 2006
6) Natsume, R. et al.: tructure and function of the histone chaperone CIA/ASF1 complexed with histones H3 and H4. Nature, 446：338-341, 2007
7) Tagami, H. et al.: Histone H3.1 and H3.3 complexes mediate nucleosome assembly pathways dependent or independent of DNA synthesis. Cell, 116：51-61, 2004
8) Nakagawa, T. et al.: Multistep chromatin assembly on supercoiled plasmid DNA by nucleosome assembly protein-1 and ATP-utilizing chromatin assembly and remodeling factor. J. Biol. Chem., 276：27384-27391, 2001
9) Ito, T. et al.: ACF, an ISWI-containing and ATP-utilizing chromatin assembly and remodeling factor. Cell, 90：145-155, 1997
10) Ito, T. et al.: ACF consists of two subunits, Acf1 and ISWI, that function cooperatively in the ATP-dependent catalysis of chromatin assembly. Genes Dev., 13：1529-1539, 1999
11) Kitagawa, H. et al.: The chromatin-remodeling complex WINAC targets a nuclear receptor to promoters and is impaired in Williams syndrome. Cell, 113：905-917, 2003
12) Mizuguchi, G. et al.: ATP-driven exchange of histone H2AZ variant catalyzed by SWR1 chromatin remodeling complex. Science, 303：343-348, 2004
13) Ito, T. et al.: p300-mediated acetylation facilitates the transfer of histone H2A-H2B dimers from nucleosomes to a histone chaperone. Genes Dev., 14：1899-1907, 2000
14) Nakagawa, T. et al.: Deubiquitylation of histone H2A activates transcriptional initiation via trans-histone cross-talk with H3K4 di- and trimethylation. Genes Dev., 22：37-49, 2008

Chapter 4

3 エピジェネティクス

エピジェネティクス機構は，DNAの塩基配列の変化を伴わない遺伝情報制御のしくみであり，遺伝子の選択的活用による細胞の個性や機能を創出するものである．DNAのメチル化，ヒストンなどの翻訳後修飾，クロマチンの形成を通して，各細胞のゲノムは印づけされており，それをエピゲノムと呼ぶ．幹細胞，分化した体細胞，癌細胞，老化細胞などは，それぞれに特有のエピゲノムを有する．生殖細胞ではエピゲノムをリプログラムして母方または父方の印づけがなされている．エピジェネティクス機構は，エピゲノムに基づく遺伝子の発現調節に不可欠であり，発生，再生，老化，遺伝などの生命現象の分子基盤を担っている．

概念図

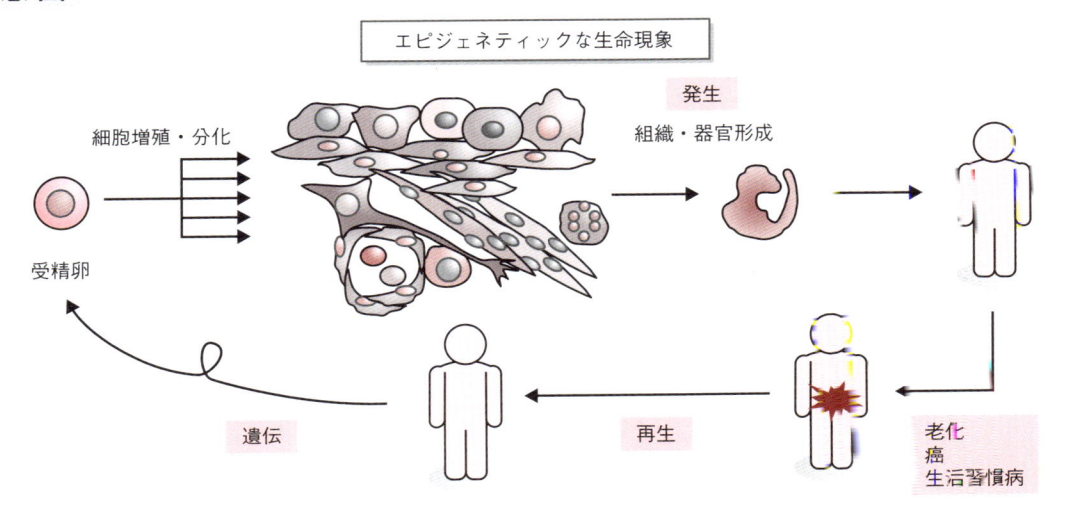

[エピジェネティックな生命現象：受精卵→細胞増殖・分化→発生（組織・器官形成）→老化・癌・生活習慣病→再生→遺伝]

1 エピジェネティクスとは

エピジェネティクス（epigenetics）は，「DNAの塩基配列の変化を伴わずに，遺伝的および可逆的に遺伝子の発現を調節するしくみ（エピジェネティクス機構）」に基づいた遺伝学であると定義される．基本的にメンデル型遺伝がDNAの塩基配列に規定されるのに比して，エピジェネティクスは非メンデル型遺伝に相当するものである．1942年，Conrad Waddington博士が発生現象を説明するために，DNAの塩基配列の上位にあるしくみとしてエピジェネティクスの概念を提唱したとされる．

その後，エピジェネティクスは，X染色体の不活性化やゲノムインプリンティング，癌における異常など，DNAのメチル化による遺伝子発現の抑制機構に主体を置いて展開してきた．他方，転写因子と基本転写装置から展開した研究，ヒストンを基礎とするクロマチン研究では，遺伝子発現の活性化機構に重点があり，現在はこれらを統合した遺伝子制御機構として理解されるに至った．エピジェネティクス機構は，DNAのメチル化，ヒストンの翻訳後修飾，クロマチンの形

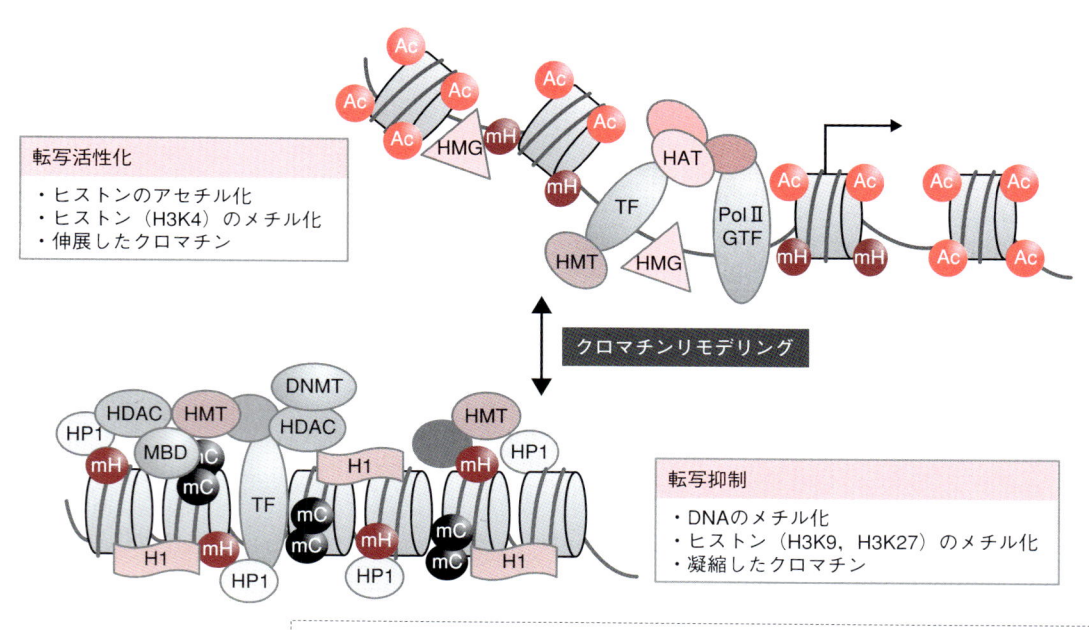

転写活性化
- ヒストンのアセチル化
- ヒストン（H3K4）のメチル化
- 伸展したクロマチン

転写抑制
- DNAのメチル化
- ヒストン（H3K9，H3K27）のメチル化
- 凝縮したクロマチン

Ac ：アセチル化ヒストン
mH ：メチル化ヒストン（H3K4, H3K9, H3K27）
mC ：メチル化シトシン
HAT ：アセチル化酵素
PolⅡ ：RNAポリメラーゼⅡ
DNMT ：DNAメチル化酵素
HDAC ：脱アセチル化酵素
H1 ：リンカーヒストン
HMG ：HMGタンパク質
TF ：転写因子
GTF ：基本転写因子
MBD ：メチル化DNA結合タンパク質
HMT ：メチル化酵素
HP1 ：ヘテロクロマチンタンパク質1

図 4-10 エピジェネティクスの分子機構
エピジェネティクス機構は，DNAメチル化，ヒストンの翻訳後修飾，クロマチンの形成が連携している．転写が活発な遺伝子はDNAの低メチル化，ヒストンの高アセチル化，H3K4のメチル化，伸展した転写活性なクロマチンがみられる．一方，DNAの高メチル化，ヒストンの低アセチル化，H3K9およびH3K27のメチル化，凝縮した不活性クロマチンは遺伝子転写を抑制する．転写因子やDNA結合タンパク質に誘導されたコアクチベーターやコリプレッサーがヒストンの修飾を行う．転写状態が活性（上段）または不活性（下段）のクロマチンは変換することがある（クロマチンリモデリング）

成によるゲノムの印づけのしくみであり（図4-10），印づけされたゲノムをエピゲノム（epigenome）と呼ぶ．さらには，機能的RNAの関与，高次元の調節としての染色体テリトリーや核内構造がかかわっている．

Memo
エピジェネティクス機構は，DNAのメチル化，ヒストンの翻訳後修飾，クロマチンの形成が主な要素である．①分裂後に親細胞と同じエピゲノムを継承する（遺伝性），②異なるエピゲノムをもつ細胞に変化する（可逆性），③細胞内外のシグナルに応じてエピゲノムを変化する（応答性）を可能にする．

2 DNAのメチル化

1）DNAのメチル化

脊椎動物のゲノムでは，5′-CpG-3′の2塩基配列のシトシンの5位炭素原子がメチル基修飾を受けている．この場合，塩基対をなす3′-GpC-5′のシトシンも同様に対称的にメチル化されてい

```
         DNAメチル化
非メチル化    ヘミメチル化    フルメチル化
                              CH₃
                CH₃            |
5'-CpG-3'  →  5'-CpG-3'  →  5'-CpG-3'
3'-GpC-5'     3'-GpC-5'     3'-GpC-5'
                              |
                              CH₃

           新規型メチル化    維持型メチル化   メチル化DNA
           酵素             酵素            結合タンパク質
           DNMT3a          DNMT1           MBD1
           DNMT3b                          MBD2/MBD3
                                           MeCP2
```

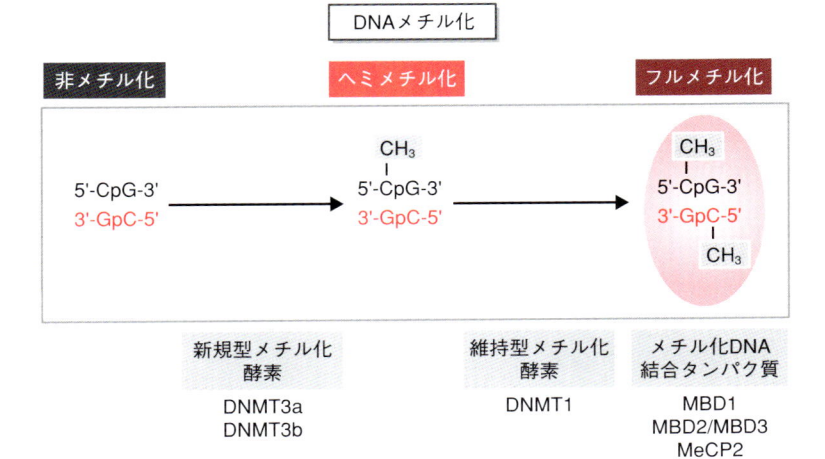

図4-11　DNAメチル化の保存性

DNMT1が維持型DNAメチル化酵素（ヘミメチル化からフルメチル化）であり，DNMT3が新規型DNAメチル化酵素（非メチル化からヘミメチル化）である．細胞周期のDNA複製〜細胞分裂期で親細胞のエピゲノムを娘細胞が継承するために，DNAメチル化とクロマチンの状態が再現される．DNA複製複合体はクロマチン形成因子，DNMT1，ヒストン修飾酵素などと協調して，ヌクレオソームとDNAメチル化を再構築する．フルメチル化CpGをメチル化DNA結合タンパク質が認識する

る．ゲノム上のすべてのCpG配列の60〜90％がメチル化されており，メチル化CpGの多くは遺伝子に富むゲノム領域に分布している．一方，非メチル化CpGは遺伝子のプロモーター領域にあるCpGアイランド（CpG island：CG配列に富む領域）に集積している．通常，コアプロモーター部分と転写開始点は，1kb程度のCpGアイランドのなかの5'側に位置しており，この領域がメチル化されると遺伝子発現は強く抑制される．DNAのメチル化は，転写因子の結合阻害や不活性クロマチンの形成を通して，遺伝子発現を安定かつ可逆的に調節している．

2）DNAメチル化酵素と脱メチル化活性

哺乳類のDNAメチル化酵素（DNA methyltransferase：DNMT）には，維持型メチル化酵素と新規型メチル化酵素がある（図4-11）．維持型メチル化酵素DNMT1は，二本鎖DNAの片方鎖のみがメチル基修飾を受けたヘミメチル化DNAを基質とする活性が高いので，DNA複製において新規に合成された娘鎖に親鎖と同じパターンのメチル基修飾を行う．一方，新規型メチル化酵素（DNMT3a，DNMT3b）は，本来メチル化されていないCpG2塩基対にメチル基を付加する活性をもっており，新たなメチル化CpGを創出することになる．これは，細胞の発生分化，腫瘍化の過程でのDNAメチル化の獲得に関与している．DNMT3bは，免疫不全，染色体のセントロメア近傍の低メチル化と不安定性，顔貌異常で特徴づけられるICF症候群（Immunodeficiency in association with centromere instability of chromosomes 1, 9, and 16 and facial anomalies）の原因遺伝子である．

DNA脱メチル化活性については，いまだに解決されていない．脱メチル化に至るプロセスとして2つの考え方があり，①DNA複製の際に維持メチル化を行わないために脱メチル化状態に至るという受動的な機構，②未同定の脱メチル化酵素で触媒される積極的な機構である．後者には，損傷塩基やミスマッチ塩基の除去修復にかかわるDNAグリコシラーゼなどが候補とされている．

3）メチル化DNA結合タンパク質

メチル化感受性の転写因子（E2F，CREB，AP2，cMyc，NF-κB，cMyb，ETS）では，その結合配列のなかのCpGがメチル化されると，結合自体が直接的に阻害されることが知られている．一方，メチル化非感受性の転写因子（Sp，CTF，YY1）の結合を阻害するためには，結合配列やその近傍のCpGメチル化に加えて，メチル化DNA結合タンパク質（methylated-DNA binding domain（MBD）protein〕の関与が必要である．MBDタンパク質はメチル化CpGに結合して，メチル化DNA領域に転写不活性なヒストン修飾酵素およびクロマチンタンパク質をリクルートする．MeCP2，MBD1，MBD2，MBD3は遺伝子の転写抑制に働き，MBD4はT-Gミスマッチに対するグリコシラーゼ活性によるDNA修復に関与している．X染色体上に位置する*MeCP2*はRett症候群の原因遺伝子であり，本症候群は女性の神経発達障害でもっとも頻度の高い疾患である．また，マイクロサテライト不安定性をもつ腫瘍で*MBD4*の変異が認められている．

3 ヒストンの修飾

1）ヒストンのアセチル化酵素と脱アセチル化酵素

ヒストンの翻訳後修飾（アセチル化，リン酸化，メチル化，ユビキチン化，ADPリボース化）の組合せが，ゲノム領域の転写・複製・修復状態，細胞分裂と相関している．これをヒストンコード（histone code），あるいは，DNAのメチル化と合わせてエピジェネティックコード（epigenetic code）と呼ぶ（図4-12）．CBP/p300やPCAFなどのコアクチベーターはヒストンアセチル化酵素（histone acetyltransferase：HAT）活性をもち，一方，ヒストン脱アセチル化酵素（histone deacetylase：HDAC）はコリプレッサーとして働いている．例えば，HDAC1/HDAC2を含む複合体には，SIN3複合体とMi2-NuRD（nucleosome-remodelling histone deacetylase）複合体が最初に同定された．SIN3複合体は，特定の塩基配列を標的にする転写因子やコリプレッサー（Mad-Max，リガンドと未結合の核内ホルモン受容体とN-CoR/SMRT），MBDタンパク質（MeCP2およびMBD2）にリクルートされて，標的遺伝子のヒストンH3/H4のリジンの脱アセチル化を起こしている．一方，Mi2-NuRD複合体では，構成分子であるMBD3とMBD2を介して，メチル化DNA領域に作用すると考えられる．

特記すべき点として，細胞核内のNADに依存した脱アセチル化酵素として，Sirtタンパク質が同定されている．エネルギー代謝にかかわる遺伝子群を標的としており，細胞老化やモデル生物の寿命にかかわっている（第8章-4参照）．

2）ヒストンのメチル化酵素と脱メチル化酵素

メチル基修飾は，ヒストンH3/H4のリジンまたはアルギニンに付加される．SUV39HはH3の9番目のリジン（H3K9）のメチル化酵素であり，生じたメチル化H3K9にヘテロクロマチンタンパク質HP1が結合する．さらに，HP1はSUV39HやDNAメチル化酵素を順次リクルートすることで，転写不活性なクロマチンを形成する．H3の10番目のセリン（H3S10）のリン酸化は分裂期の染色体凝縮や増殖刺激による早期転写反応にかかわっており，リン酸化H3S10がヒストンアセチル化酵素による近傍のリジンのアセチル化を促すことが示されている．メチル化H3K9とリン酸化H3S10は互いに抑制的な関係にあり，1つのヒストン分子上の化学修飾に相互作用があると理解されている．ポリコーム抑制複合体（polycomb repressive complex：PRC）では，PRC2に含まれるEZH2がH3の27番目のリジン（H3K27）のメチル化酵素であり，PRC1に含まれるPC2がメチル化H3K27に結合して，*HOX*遺伝子などを不活性化する．逆に，トリソラックス複合体（trithorax complex）に含まれるMLL/ALLは，H3の4番目のリジン（H3K4）のメチル化酵素であり，*HOX*遺伝子などの転写活性化に働いている．また，同様に，アルギニンメチル化酵素も遺伝子の活性化および不活性化に関与している．

ヒストンの修飾の多重性，標的アミノ酸に付加されるメチル基の数（mono，di，tri）に加えて，脱メチル化酵素も判明して，分子修飾は予想を超えて複雑かつ動的である．Jumonjiファミリーには数多くのメンバーが同定されており，ヒストンのおのおののメチル基を取り除く機能を

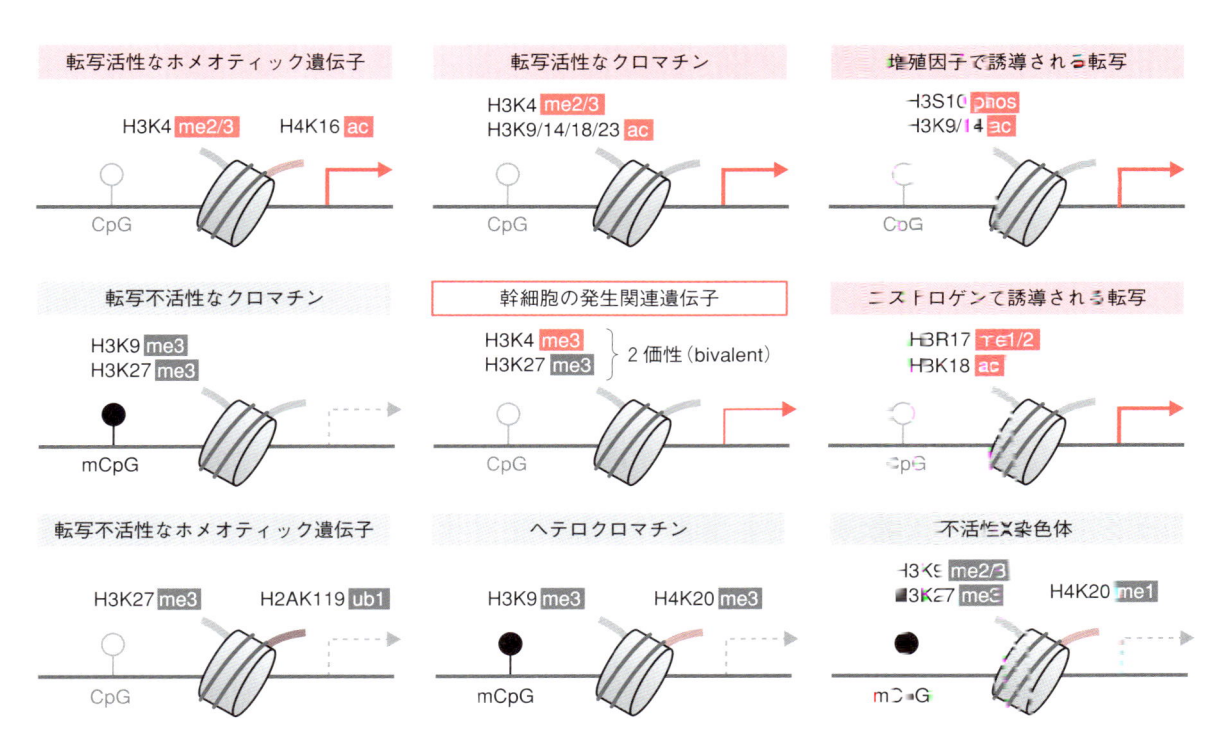

図4-12 エピジェネティックコードとその意義
DNAのメチル化とヒストンの修飾を合わせてエピジェネティックコードと呼ぶ．ヒストン（H3, H4, H2A），リジン（K），アルギニン（R），セリン（S），アセチル化（ac），メチル化（me），リン酸化（phos），ユビキチン化（ub），メチル化CpG（mCpG）．数字はK/Rのアミノ酸番号，または上記の修飾基の数（1～3）を示す．遺伝子やゲノム領域に選択的な印づけについて示す（文献14を参照）

分担して果たしている．また，LSD1オキシダーゼファミリーは，主にメチル化H3K4に対する脱メチル化酵素である．

Memo
エピジェネティクス機構は，DNAおよびタンパク質の修飾酵素による印づけ，特異的な認識タンパク質の印づけへの結合，タンパク質複合体のリクルートによるクロマチン形成，という共通するメカニズムで働く．

4 クロマチンの形成

1）ヘテロクロマチンタンパク質HP1

HP1はセントロメア近傍のヘテロクロマチンに局在する分子として見出されて，position effect of variegation（PEV）の関連因子であることが明らかになった．PEVとは，染色体の組換えや転座によって移動した遺伝子が隣接するヘテロクロマチンの位置効果によって転写抑制されることである．哺乳類にはHP1α，HP1β，HP1γの3種類が存在しており，HP1αとHP1βはセントロメア近傍を含むヘテロクロマチン，HP1γはユークロマチンで主に働くようである．

2）リンカーヒストンH1

ヒストンH1は裸のDNAよりもヌクレオソームに結合する性質をもつことから，通常，リンカ

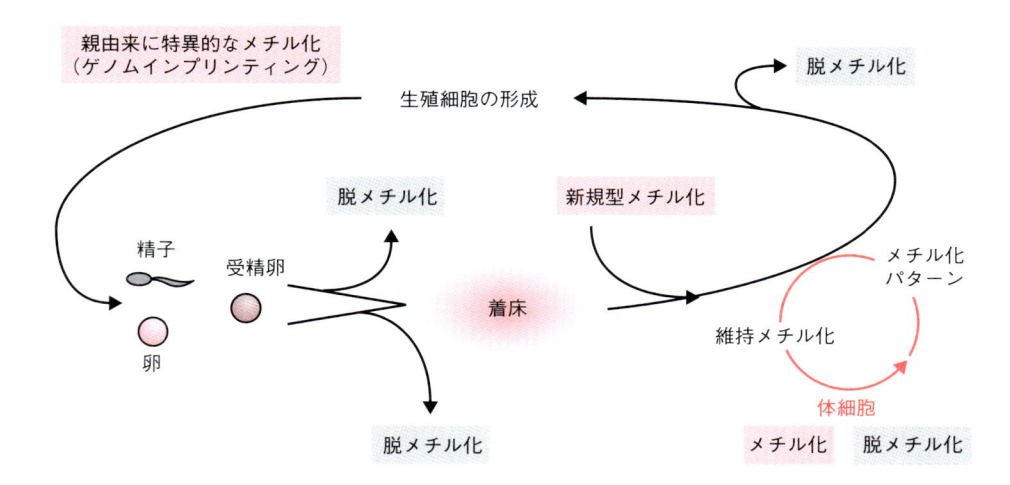

図 4-13　哺乳類における DNA メチル化のダイナミズム
精子と卵から生じた受精卵では父方ゲノムと母方ゲノムの全体的な脱メチル化が着床前になされる．着床後に新規型メチル化が起こり，体細胞ではメチル化と脱メチル化によって固有のメチル化パターンが確立・維持される．一方，生殖細胞では再びゲノム全体が脱メチル化されて，精子と卵に親由来に特異的な新規型メチル化（ゲノムインプリンティング）が印づけられる（文献 17 より）

ーヒストンと呼ばれており，凝縮したクロマチンファイバーに不可欠な因子である．哺乳類の発生過程で H1 サブタイプが発現する時期や発現パターンに明らかな特徴があることが判明している．代表的なサブタイプとして，卵細胞 H1 (cleavage stage H1)，体細胞 H1 (replication-dependent H1)，分化依存的 H1 (differentiation-dependent H1[0])，精子細胞 H1 (H1t) が知られている．

3）HMG (high mobility group) タンパク質

HMG タンパク質は 3 つのファミリーに分けられており，HMGA ファミリーは A/T フック（A/T-hook），HMGB ファミリーは HMG ボックス（HMG-box）と呼ばれる DNA 結合ドメインで特徴づけられる．HMGN ファミリーはヌクレオソーム結合ドメインを含んでいる．HMGA タンパク質は，インターロイキン-2 受容体 α サブユニットおよびインターフェロン-β の遺伝子プロモーターに形成される転写因子複合体（エンハンセオソーム：enhanceosome）のなかに含まれている．また，ヌクレオソーム中のヒストン H1 と拮抗して，転写活性なクロマチンの形成に働くようである．通常，胎生期や未分化な幹細胞で発現が高く，分化型細胞や分裂能のない細胞では発現が低い．他方，多くの癌細胞では HMGA が恒常的に高く発現することから，悪性化にかかわるとされる．

5　エピジェネティックな生命現象とヒト疾患

エピジェネティクス機構は，発生，再生，老化，遺伝などのエピジェネティックな生命現象の分子基盤を担っている．例として，哺乳類の発生過程における DNA メチル化のダイナミズムについて示した（図 4-13）．ゲノムインプリンティングがかかわる Prader-Willi 症候群と Angelman 症候群のように，同じ家系のなかで同一変異を伝える親の性別によって子供に全く異なる疾患を起こすものが最初に明らかになった．また，遺伝的に同一である一卵性双生児において，X 連鎖性副腎白質ジストロフィーや統合失調症などの発症不一致例があること，一卵性双生児に由来する細胞で，DNA メチル化やヒストンの修飾の状態が加齢とともに異なってくることが明らかになった．

多因子性疾患（糖尿病，高脂血症，心疾患，癌，生活習慣病など）は遺伝要因も多様であり，単純なメンデル型遺伝で説明することは容易ではない．これらの疾患の発症には，遺伝要因と環境要因が互いに影響する可能性が高く，その理解にエピジェネティクスが貢献すると期待されている．エピジェネティクスがかかわる疾患には，ゲノムインプリンティングに関連する疾患，クロマチン構造にかかわるタンパク質因子の異常による疾患（ICF症候群やRett症候群），遺伝子座のクロマチン構造を調節するゲノム領域（locus control region）の異常による疾患（サラセミア，脆弱X症候群，顔面肩甲上腕型筋ジストロフィー）が含まれている．

Memo

エピジェネティクスは，遺伝性疾患のみならず，より一般的な多因子性疾患の発症にかかわると考えられる．胎児期から小児期における栄養・環境・育成状況などがエピゲノムに与える影響が成人期における健康状態や疾患リスクにかかわる可能性が示唆されている．

■文　献■

[エピジェネティクス]

1) Wolffe, A. P. & Matzke, M. A.：Epigenetics: regulation through repression. Science, 286：481-486, 1999
2) Richards, E. J. & Elgin, S. C.：Epigenetic codes for heterochromatin formation and silencing: rounding up the usual suspects. Cell, 108：489-500：2002
3) Goldberg, A. D. et al.：Epigenetics: a landscape takes shape. Cell, 128：635-638, 2007

[DNAメチル化]

4) Bird, A. P. & Wolffe, A. P.：Methylation-induced repression-belts, braces, and chromatin. Cell, 99：451-454, 1999
5) Bestor, T. H.：The DNA methyltransferases of mammals. Hum. Mol. Genet., 9：2395-2402, 2000
6) Bird, A.：DNA methylation patterns and epigenetic memory. Genes Dev., 16：6-21, 2002
7) Ooi, S. K. & Bestor, T. H.：The colorful history of active DNA demethylation. Cell, 133：1145-1148, 2008
8) Clouaire, T. & Stancheva, I.：Methyl-CpG binding proteins: specialized transcriptional repressors or structural components of chromatin. Cell. Mol. Life Sci., 65：1509-1522, 2008

[ヒストン修飾，クロマチン]

9) Workman, J. L. & Kingston, R. E.：Alteration of nucleosome structure as a mechanism of transcriptional regulation. Annu. Rev. Biochem., 67：545-579, 1998
10) Kingston, R. E. & Narlikar, G. J.：ATP-dependent remodeling and acetylation as regulators of chromatin fluidity. Genes Dev., 13：2339-2352, 1999
11) Ahringer, J.：NuRD and SIN3 histone deacetylase complexes in development. Trends Genet., 16：351-356, 2000
12) Jenuwein, T. & Allis, C. D.：Translating the histone code. Science, 293：1074-1080, 2001
13) Klose, R. J. & Zhang, Y.：Regulation of histone methylation by demethylimination and demethylation. Nat. Rev. Mol. Cell Biol., 8：307-318, 2007
14) Ruthenburg, A. J. et al.：Multivalent engagement of chromatin modifications by linked binding modules. Nat. Rev. Mol. Cell Biol., 8：983-994, 2007
15) Berger, S. L.：The complex language of chromatin regulation during transcription. Nature, 447：407-412, 2007
16) Schwartz, Y. B. & Pirrotta, V.：Polycomb silencing mechanisms and the management of genomic programmes. Nat. Rev. Genet., 8：9-22, 2007

[発生，再生，遺伝，老化，癌]

17) Hsieh, C. L.：Dynamics of DNA methylation pattern. Curr. Opin. Genet. Dev., 10：224-228, 2000
18) Spivakov, M. & Fisher, A. G.：Epigenetic signatures of stem-cell identity. Nat. Rev. Genet., 8：263-271, 2007
19) Fraga, M. F. & Esteller, M.：Epigenetics and aging: the targets and the marks. Trends Genet., 23：413-418, 2007
20) Wang, G. G. et al.：Chromatin remodeling and cancer, Part I: Covalent histone modifications. Trends Mol Med., 13：363-372, 2007
21) Wang, G. G. et al.：Chromatin remodeling and cancer, Part II: ATP-dependent chromatin remodeling. Trends Mol. Med., 13：373-380, 2007
22) Jirtle, R. L. & Skinner, M. K.：Environmental epigenomics and disease susceptibility. Nat. Rev. Genet., 8：253-262, 2007

Chapter 4

4 転写制御機構

　細胞の運命は，外部環境などさまざまな要因によって変化する遺伝子の発現レベルによって規定される．転写の開始には，クロマチン構造の弛緩とそれに伴う転写因子，転写補助因子の結合，さらに，基本転写因子群のリクルートが必要である．転写効率は，細胞内シグナル伝達系によるこれらのステップの制御と，それぞれの因子の多元的かつ協調的な相互作用によって決定される．

概念図

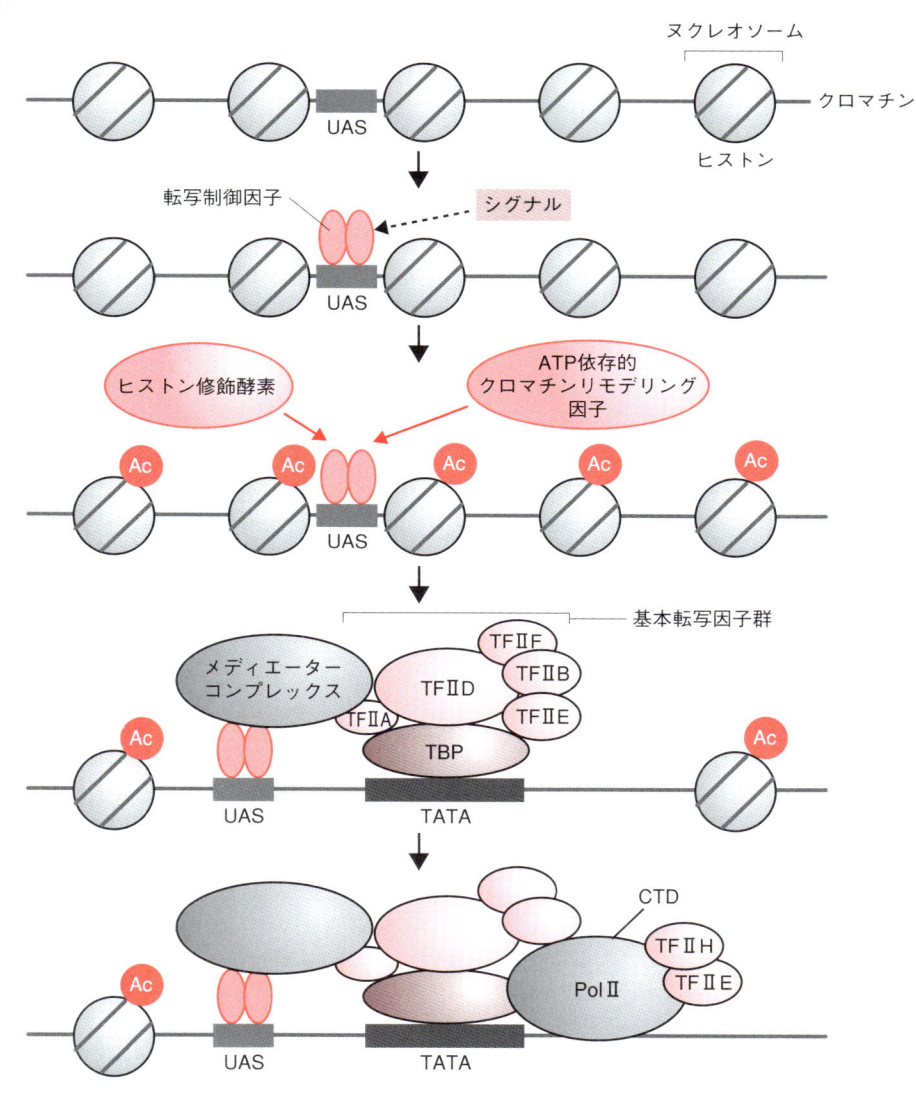

DNA上に結合した転写制御因子は，ヒストン修飾酵素複合体やATP依存的クロマチンリモデリング因子群をリクルートすることにより，クロマチンを変換し，基本転写因子群のDNAへの結合を促す．基本転写因子群はRNAポリメラーゼII（Pol II）をリクルートし，転写を開始する

1 真核生物の転写制御

1) クロマチン構造の変化

　DNAはクロマチン構造を形成し，核内にコンパクトに収納されている．クロマチンは，核内で一様に分布しているわけではなく，凝縮したヘテロクロマチン領域と弛緩したユークロマチン領域が観察される．ヘテロクロマチン領域は転写が不活発な領域であり，一方，ユークロマチンは転写が可能な領域にみることができる．クロマチン構造の最小単位はヌクレオソーム構造であり，2つのヒストンH2A-H2B二量体と1つのH3-H4四量体で構成されるコアヒストンの周囲にDNAが巻きついている．ヒストンは塩基性の強いタンパク質であり，DNAとの結合・解離にはヒストンシャペロンと呼ばれる因子群が関与している．このようなヒストンシャペロンはヒストンに対する特異性があり，H2A-H2BはNAP-1，NLPによって，またH3-H4はCAF-1およびAsf1と呼ばれるタンパク質によって運搬される．これらのヒストンシャペロンによってDNA上にリクルートされたヒストンは，ACFなどのクロマチンリモデリング因子の働きによって移動し，ヌクレオソームアレイを構築する．

　転写を開始するためには，DNA依存性RNAポリメラーゼと基本転写因子群を遺伝子プロモーター上に集め，RNAポリメラーゼを起動する必要がある．クロマチン構造は一般に，プロモーター上へのプレ転写開始複合体の形成を阻害するため，転写に対し抑制的に作用する．したがって，転写反応を開始するためには，クロマチンの構造変化が必要となる．遺伝子の特異的領域のクロマチン状態を変え，転写を活性化するためには，まず，転写制御因子の転写制御領域への結合が必要である．

2) 転写制御因子のDNAへの結合

　転写制御因子の多くはDNA結合領域を有し，特異的なDNA配列を認知して結合することによって機能する「配列特異的転写制御因子」である．DNA結合ドメインの多くは構造が明らかになっており，ホメオドメイン，Znフィンガー，塩基性ヘリックス-ループ-ヘリックス，塩基性ロイシンジッパーなどのグループに分けられる．転写制御因子は，これらのドメインを介して転写制御領域に結合し，ヒストン修飾酵素を含む転写活性化因子複合体とATP依存的クロマチンリモデリング因子複合体をクロマチン上にリクルートする．ヒストン修飾酵素は，ヒストンを化学修飾することによってヒストンとDNAとの結合強度を減弱するとともに，ヒストンとクロマチンリモデリング因子との結合を促進し，ヒストンのDNA上に沿ったスライディングを容易にする．その結果，プロモーター近傍のクロマチン構造が破壊され，転写開始領域が露出し，転写開始複合体が形成されて転写が始まる．転写制御因子は，外部環境に応答して活性や局在，量が変化して標的遺伝子群の転写を制御する「シグナル依存的転写制御因子」と，転写制御因子自身の発現が時空間的に限定されており，組織特異的，または発生時期特異的に機能する「発生・分化過程特異的（＝臓器組織特異的・細胞系列特異的）転写制御因子」に大別できる．転写制御因子と細胞内情報伝達経路は密接に絡み合い，ネットワークを形成して，個体の発生・分化や恒常性の維持を行っている．

　近年の転写研究から，ヒストンの化学修飾の重要性が指摘され，ヒストンコードという概念が提唱されている．一方，DNAも化学修飾を受けることが以前から知られていた．DNAの主たる化学修飾は，CpGのメチル化である．DNAのメチル化は，転写制御因子の結合を阻害し，メチル化シトシン結合タンパク質（メチル化DNA結合タンパク質）をリクルートすることによって転写に対し，抑制的に働く．真核生物の転写は，このようなさまざまなシグナル，因子，修飾状

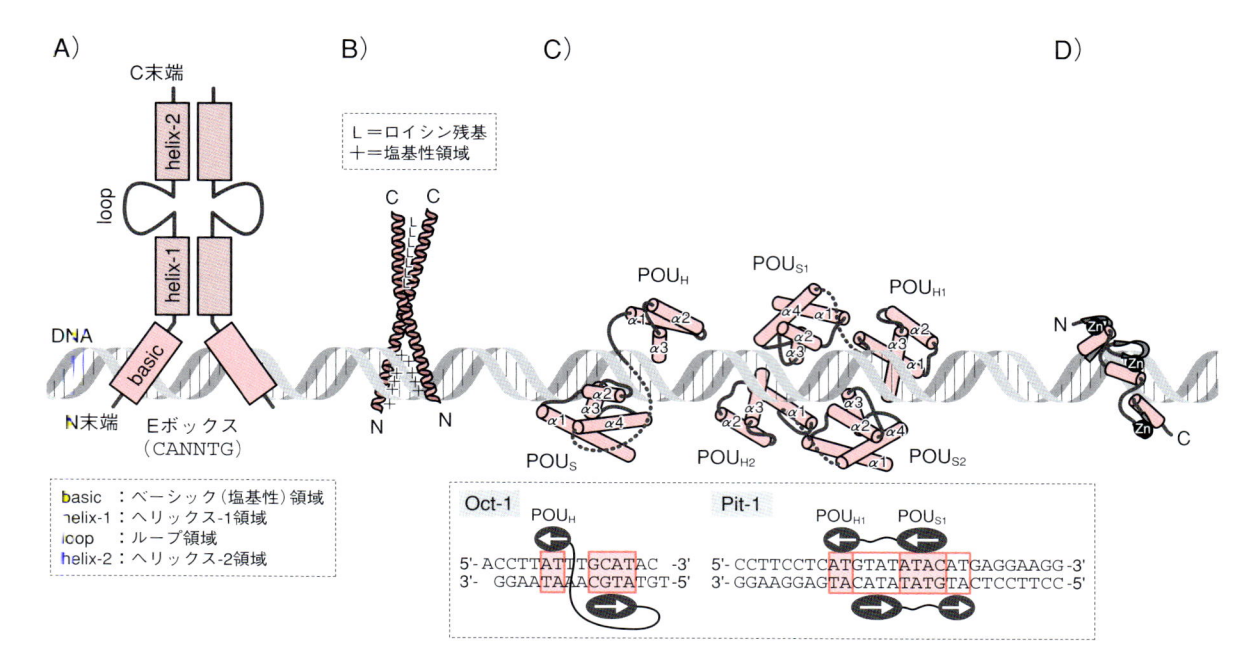

図 4-14 DNA 結合領域の構造
A）塩基性ヘリックス-ループ-ヘリックス，B）塩基性ロイシンジッパー，C）POUドメイン，D）ZnフィンガーとDNAとの結合様式．文献11より

態によって総合的に制御される．

2 配列特異的転写制御因子

　多くの転写制御因子は，特異的なDNA配列を認識・結合して機能する「配列特異的転写制御因子」である．配列特異的転写制御因子は，基本転写因子との対比概念であり，DNA結合能をもたないものも含んでいる．配列特異的転写制御因子は，通常DNA結合ドメインと活性制御領域をもち，さらに，核内受容体のようにリガンド結合領域をもつものもある．また，多くの因子はヘテロ，または，ホモ二量体となって強い活性を発揮するため，タンパク質-タンパク質結合にかかわる疎水領域やロイシンジッパー構造をもつものも多い．これらのドメインは因子のなかで一定の配置をとり，モチーフ構造を形成する．

　転写制御因子はモチーフ構造によって数種類に分類することができる．代表的なDNA結合モチーフには，塩基性ロイシンジッパー，Znフィンガー，塩基性ヘリックス-ループ-ヘリックス，ウイングドヘリックス，POUドメイン，ヘリックス-ターン-ヘリックスなどがある（図4-14）．塩基性ロイシンジッパーでは，7アミノ酸ごとにロイシンまたはイソロイシンが存在することにより，αヘリックスの片側面上に疎水性残基がジッパー状に並び，二量体形成が可能となる．形成された二量体の塩基性領域がDNAを挟み込むようにして結合する．ヘリックス-ループ-ヘリックスもロイシンジッパーと同様に二量体を形成し，塩基性領域でDNAに結合する．Znフィンガーは，亜鉛を配位することによって特異的な構造をとり，DNAに結合する．このタイプは核内受容体，SP1やGATAファミリーに認められる．ヘリックス-ターン-ヘリックスは，形態形成を司る因子であるHox因子群に認められるモチーフであり，2番目のヘリックスがDNAを認識して結合する．

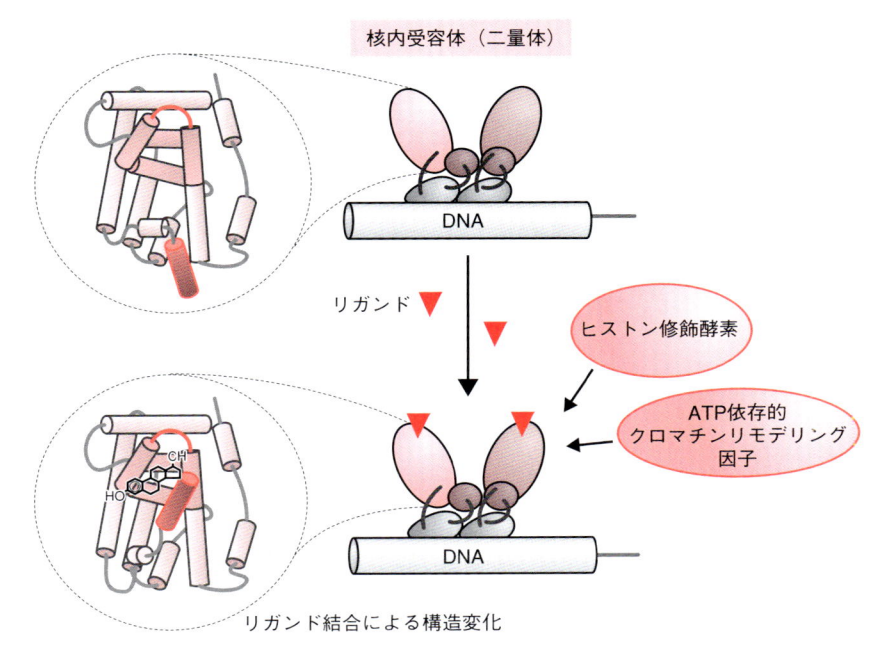

図4-15 核内受容体のリガンド結合と構造変換

核内受容体のリガンド結合ドメインは12個のαヘリックスで構成されている。リガンドが結合するとC末端（12番目）のヘリックスの角度が変化する。この構造変化を認識してヒストン修飾酵素複合体やATP依存的クロマチンリモデリング因子群が結合し、クロマチン状態を変化させて転写を制御する

活性化ドメインには酸性アミノ酸，プロリン，セリンやスレオニンが多く含まれる．リガンド結合ドメインは，リガンド結合によって構造が変化し，活性化される（図4-15）．このような活性化ドメインは，アセチル化酵素活性をもつタンパク質複合体などをリクルートし，クロマチン状態を変換することによって転写を制御するメディエーターコンプレックスと結合し，基本転写因子群を安定化させる，あるいは基本転写因子群の修飾状態などを変化させ，その活性を制御するなどの機能をもつと考えられる．

3 刺激応答の視点から捉える転写因子

1）転写制御の種類

遺伝子には，恒常的に転写されているハウスキーピング遺伝子群と，細胞外刺激に対する応答や，発生・分化に際して転写量がダイナミックに変化する遺伝子群が存在する．ハウスキーピング遺伝子群は，Sp1，C/EBP，NFIのような構成的転写因子によって制御される．一方，多くの転写制御因子は環境情報や位置情報に応答して標的遺伝子群の転写を制御する調節的転写制御因子である．個体の発生・分化・恒常性維持のためには，増殖因子，ホルモン，サイトカインなどのもたらすシグナルを直接，または，細胞内シグナル伝達系によって転写因子に伝え，転写を適正に制御する必要がある．このような刺激による転写制御を誘導的遺伝子発現制御と呼ぶ．

2）発生・分化過程特異的因子

調節的転写制御因子は大きく発生・分化過程特異的（＝臓器組織特異的・細胞系列特異的）因子とシグナル依存的因子に分類される．発生・分化過程特異的因子は，その発現が時間的・空間的に制限されており，ある時期に，特定の細胞群に特異的に発現することによってその細胞群の運命決定を行う．このような因子群は，個体の発生や分化を制御している．発生・分化過程特異的因子の研究は，骨格筋分化を制御する転写調節因子であるMyoDの発見に端を発し，その後，血球分化に関与するGATA因子など多くの転写調節因子が見出され，解析が進んでいる．発生

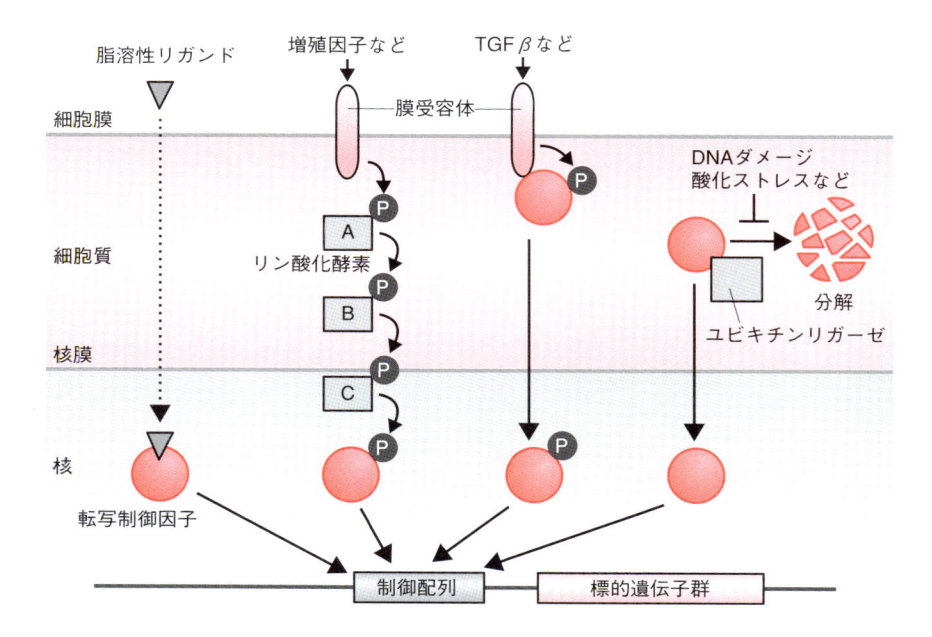

図4-16 シグナル依存的因子の分類

シグナル依存的因子は，シグナルによって直接制御されるものと，間接的に制御されるものに大別される．さらに，間接的に制御されるものも修飾による活性制御や，ユビキチンリガーゼとプロテアソームによる量の制御などに分類することができる

においてはショウジョウバエの前後軸研究から，Hox因子群の重要性が示されている（第8章-2参照）．また，直近ではiPS細胞の研究成果により，未分化維持に必要な因子群も特定されてきており（第9章-4参照），今後ますます注目される研究分野である．

3）シグナル依存的因子

一方，シグナル依存的因子は，細胞外の環境情報に応答して活性や局在，存在量が変化し，標的遺伝子群の転写を制御することによって生体の恒常性を担う．シグナル依存的因子は，シグナルによって直接制御される因子と，間接的に制御される因子の2つに大別できる（図4-16）．シグナルによって直接活性が制御される転写因子の代表例は核内受容体である．核内受容体はステロイドホルモン，脂溶性ビタミン，脂質，コレステロール代謝物，低分子脂溶性の外来物質など，細胞膜を透過できる物質と直接結合する．これらの物質と結合した核内受容体は，細胞質から核への移行とDNAへの結合，構造変化による転写活性化因子のリクルートによって転写を活性化する．

一方，シグナルによる間接的な制御にはリン酸化カスケード，セカンドメッセンジャー，分解制御など複数のメカニズムが存在する．EGFなどの細胞増殖因子は，細胞表面上の受容体型チロシンキナーゼによって受容される．シグナル情報は，受容体型チロシンキナーゼから下流のリン酸化タンパク質にリン酸基という形で順次受け渡され，最終的にMAPキナーゼのリン酸化を引き起こす．リン酸化を受けたMAPキナーゼは，転写因子をリン酸化することで活性化する．2つめのメカニズムは，シグナルを受容する膜受容体の下流に細胞内セカンドメッセンジャーが存在する場合である．TGFβが細胞膜上のTGFβ受容体に結合すると，受容体によって細胞内のSmadがリン酸化され，核内に移行し，CBPをリクルートすることによって転写を活性化する．3つめの分解による制御はp53のような転写因子にみられる．p53は，通常Mdm2によってユビキチン化され分解されることによって細胞内の量が低く保たれている．DNAに傷害が起こるとp53のリン酸化，アセチル化が促進し，同時に，核小体の崩壊によりArfが核質に移行することによってMdm2との結合が阻害される．この結果，核内にp53が蓄積し，結果的にp53標的遺伝

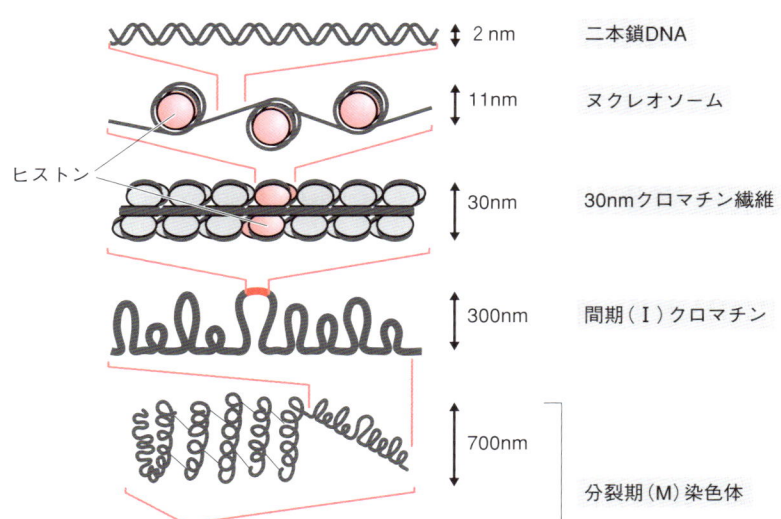

図4-17 DNAを含む細胞内高次構造

DNAはヒストンに巻きついてヌクレオソームを形成する．ヌクレオソームは集合してクロマチンを構成し，30 nmのクロマチン繊維を形成している．これらのクロマチン繊維がさらに集合し，高次構造をとることによって染色体が形成される．

子群の転写活性が上昇する．同様のメカニズムは転写因子Nrf2の制御においても認められる．Nrf2はKeap1によって分解されているが，低酸素や酸化ストレスに細胞がさらされるとKeap1内にシステインの修飾が起き，Nrf2の分解を抑制する．

4 クロマチン転写の活性化と転写補助因子

DNAは，真核生物ではヒストンに巻きつくことによってヌクレオソーム構造を形成し，それらが集まってクロマチン構造をとっている（図4-17）．DNAへのヒストンの結合は，一般に転写に対し抑制的に作用する．ヒストンのこのような機能は，バックグラウンドの遺伝子発現を抑制し，転写活性時とのS/N（シグナル/ノイズ）比を高めるのに役立っている．一方，転写因子が作用し，転写反応が起こるためにはヒストンとDNAを含めたクロマチンの構造変化が必要となる．ヒストンによる転写抑制の解除には大別して2つの方法が知られている．1つはヒストン修飾酵素によるヒストンテール部分の化学修飾であり，もう1つはATPの加水分解エネルギーを用いた局所的なクロマチンの構造変化である．

1）ヒストンテールの化学修飾

ヒストンテール部分の化学修飾のうち，転写を活性化する代表的なものにヒストンテールのアセチル化である．アセチル基は負のチャージをもつため，ヒストンの正の電荷を打ち消すことによって，テールによるヒストンとDNAとの相互作用を減弱させるものと考えられている．ヒストンは，アセチル化以外にもメチル化，リン酸化，ユビキチン化，ポリADPリボシル化，SUMO化などの修飾を受けることが知られている（図4-18，表4-2）．これらヒストン修飾酵素の多くは，転写補助因子（転写共役因子・コファクター）として大きなタンパク質複合体を形成し，転写因子によってクロマチン上にリクルートされ，周囲のヒストンを修飾することによって局所的なクロマチン再構築を促進する．

転写補助因子は2つのグループに大別される．1つめのグループには，ヒストンアセチル基転移酵素（HAT）のようにヒストンを修飾することによって，クロマチン構造を弛緩させるタンパ

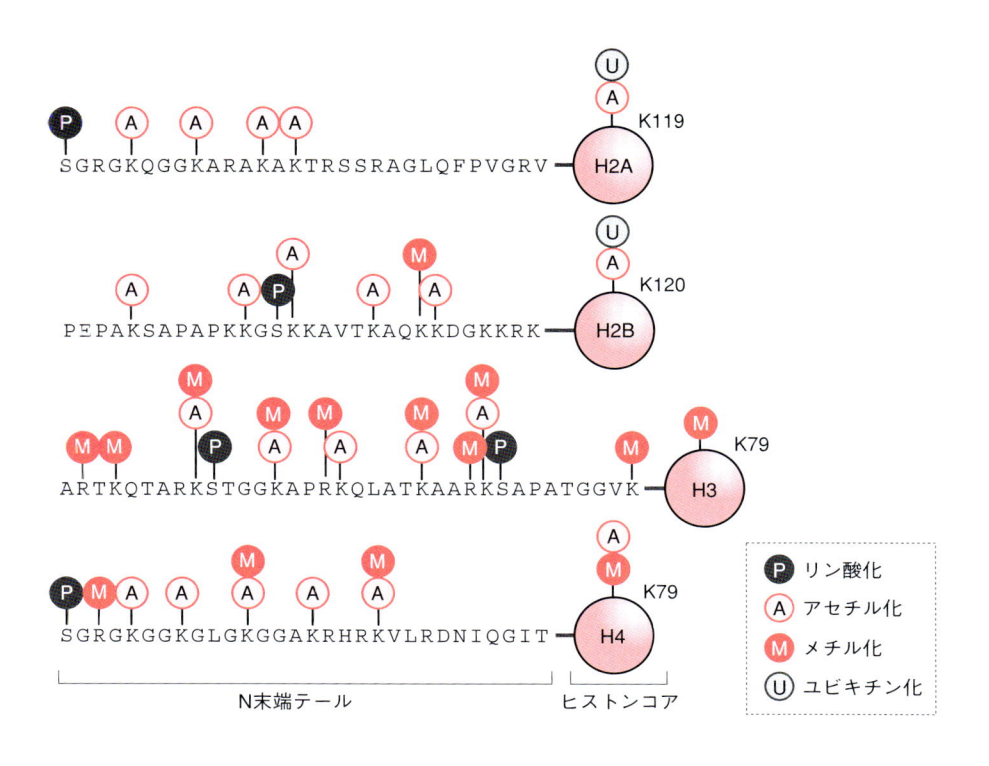

図4-18 ヒストン修飾

ヒストンはテール部分を中心にリン酸化，アセチル化，メチル化，ユビキチン化，ポリADPリボシル化，SUMO化などの修飾を受けることが知られている

P リン酸化
A アセチル化
M メチル化
U ユビキチン化

表4-2 ヒストン修飾の転写活性に及ぼす影響

ヒストン修飾		転写活性
アセチル化リジン (Kac)	H3 (9,14,18,56), H4 (5,8,13,16), H2A, H2B	促進
リン酸化セリン/スレオニン (S/Tph)	H3 (3,10,28), H2A, H2B	促進
メチル化アルギニン (Rme)	H3 (17,23), H4 (3)	促進
メチル化リジン (Kme)	H3 (4,36,79)	促進
	H3 (9,27), H4 (20)	抑制
ユビキチン化リジン (Kub)	H2B (123[*1]/120[*2])	促進
	H2A (119[*2])	抑制
Sumo化リジン (Ksu)	H2B (6/7), H2A (126)	抑制

[*1]：酵母　[*2]：哺乳類
さまざまなヒストン修飾は，その修飾基と導入位置によってヌクレオソーム構造に影響を及ぼし，結果的に転写を促進または抑制する．例えば，ヒストンH3の9, 14, 18, 56番目のリジンのアセチル化は転写を促進させ，H3の9, 27番目のリジンのメチル化は転写を抑制する．文献6より

ク質群が含まれる（表4-3）．これらのタンパク質は，転写を活性化することから「転写活性化因子（コアクチベーター）」と呼ばれる．一方，2つめのグループは，「転写抑制因子（コリプレッサー）」と呼ばれ，1つめのグループとは逆に化学修飾または脱修飾によって転写を抑制する一連のタンパク質を含む．このグループにはヒストンテールを脱アセチル化するヒストン脱アセチル化酵素（HDAC）などが含まれる（表4-3）．転写にはメチル化やユビキチン化などアセチル化以外の化学修飾も影響することが明らかになってきている．メチル化はヒストンのリジンおよびアルギニン残基にメチル基転移酵素によって導入される．アルギニン残基のメチル化は転写の活性化と結びついているが，リジン残基のメチル化はメチル化される残基の位置と導入される

表 4-3 ヒストンアセチル基転移酵素（HAT），ヒストン脱アセチル化酵素（HDAC），ヒストンメチル化酵素（HMT）一覧表

	標的	複合体	機能
ヒストンアセチル基転移酵素（ヒト）（HAT）			
GCN5 関連			
PCAF	H3/H4, TAT, E1A, p53, PCAF, AR	PCAF	転写活性化
GCN5L	H3/H4, TAFs	STAGA, TFTC	転写活性化
ELP3	H3/H4	Elongator	伸長
P300/CBP			
P300	H2A/H2B/H3/H4, p53, EIA, TAT, AR		転写活性化
CBP	H2A/H2B/H3/H4, TFs, EIA		転写活性化
MYST			
Tip60	H3/H4/H2A, AR	TIP60	転写活性化
MOF（MYST1）	H3/H4/H2A	MAF2	転写活性化
MOZ（MYST3）	H3/H4		転写活性化
MORF（MYST4）	H3/H4		転写活性化
HBO1（MYST2）	H3/H4		転写抑制，DNA 複製
転写因子			
ATF2	H4/H2B		転写活性化
TAFI（TAFII250）	H3/H4	TFIIB	転写活性化
TFIIIC90（GTF3C4）	H3		転写活性化
核内受容体関連			
SRC-1（NCOA1）	H3/H4	NCOA	転写活性化
ACTR	H3/H4	PCAF/P300	転写活性化
その他			
CIITA（HMC2TA）	Il4		転写活性化
CDYL	H4		ピオタミン→ヒストン
HAT1	H4/H2A		ヒストンデポジション
ヒストン脱アセチル化酵素（ヒト）（HDAC）			
Class I			
HDAC1	ヒストン, TP53, E2F1	Sin3, NURD	転写抑制
HDAC2	ヒストン, YY1	Sin3, NURD	転写抑制
HDAC3	H4, RELA	NCOR1/NCOR2-GPS2 – TBL1X	転写抑制
HDAC8	ヒストン		転写抑制
Class II			
HDAC4	ヒストン	NCOR1/NCOR2	転写抑制
HDAC5	ヒストン		転写抑制
HDAC6	ヒストン		
HDAC7	ヒストン	Sin3, NCOR2	転写抑制
HDAC10	ヒストン	NCOR2	転写抑制
Class III（Sir-tuins）			
SIRT1	p53		細胞増殖
SIRT2	ヒストン, チューブリン		細胞周期，細胞死
ヒストンメチル基転移酵素（ヒト）（HMT）			
アルギニン HMTs			
PRMT1（HRMT1L2）	H4（Arg3）, ILE3, ETOILE, HNRPA2B1		転写活性化
PRMT4（CARM1）	H3（Arg1T, Arg26）, TARP, CBP, PAB1	AR, PCAF, NCOA2, P300, NUMAC	転写活性化
PRMT5（SKB1）	H2A, H4, SMN	Methylosome	細胞周期, snRNP アセンブリ
リジン HMTs			
MLL1（ALL-1）	H3（Lys4）	SET1, MENIN	転写活性化，細胞増殖，造血
MLL4（former MLL2）	H3（Lys4）	SET1, MENIN	転写活性化
hSET1	H3（Lys4）	SET1/ASH2/HCF1	転写活性化
SMYD3	H3（Lys4）		転写活性化，細胞増殖
SET7/9	H3（Lys4）		転写活性化，抑制
SET8（PR-Set7）	H4（Lys20）		細胞周期，ヘテロクロマチン
DOT1L	H3（Lys79）		転写活性化，抑制
SUV39H1/2	H3（Lys9）	E2F1, E2F4	転写抑制，ヘテロクロマチン
Eu-HMTase1	H3（Lys9）	E2F6	転写抑制
SETDB1（ESET）	H3（Lys9）		ヘテロクロマチン，抑制
G9a（BAT8）	H3（Lys9, Lys27）		転写抑制，抑制
EZH2	H3（Lys9, Lys27）	EDD-EZH2	転写抑制，抑制

各酵素の標的タンパク質，酵素を含む複合体名と機能．文献 14 より

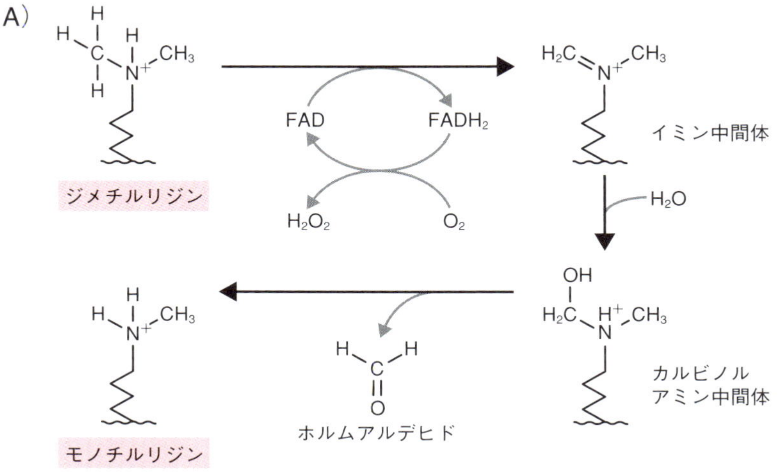

A)

ジメチルリジン → (FAD → FADH₂, O₂ → H₂O₂) → イミン中間体 → (+H₂O) → カルビノールアミン中間体 → (−ホルムアルデヒド) → モノメチルリジン

B) ヒストン脱メチル化のカテゴリー

	LSD1	JHDM1	JHDM2A	JMJD2A	JMJD2B	JMJD2C	JMJD2D
H3K4me3	−	−	−	−	−	−	−
H3K4me2	+	−	−	−	−	−	−
H3K4me1	+	−	−	−	−	−	−
H3K9me3	−	−	−	+	+	+	+
H3K9me2	+	−	+	+/−	−	+	+
H3K9me1	+	−	+	−	−	−	−
H3K27me3	−	−	−	−	−	−	−
H3K27me2	−	−	−	−	−	−	−
H3K27me1	−	−	−	−	−	−	−
H3K36me3	−	−	−	+	−	+	−
H3K36me2	−	+	−	+/−	−	−	−
H3K36me1	−	+	−	−	−	−	−
H3K79me3	−	−	−	−	−	−	−
H3K79me2	−	−	−	−	−	−	−
H3K79me1	−	−	−	−	−	−	−
H3K20me3	−	−	−	−	−	−	−
H3K20me2	−	−	−	−	−	−	−
H3K20me1	−	−	−	−	−	−	−

図4-19 脱メチル化酵素の反応と基質となるヒストンの位置

脱メチル化酵素にはLSD1とJHDMファミリーがある．A) LSD1の脱メチル化反応を示したものである．ジメチルリジンはイミン中間体，カルビノールアミン中間体を経てモノメチルリジンとなる．B) LSD1とJHDMファミリーの基質特異性を示したもの．たとえば，LSD1はH3のモノメチル化またはジメチル化された4番目および9番目のリジンからメチル基を除去することができる．文献5より

メチル基の数によって転写促進と抑制の両方を制御している（表4-2）．例えば，ヒストン3の4，36，79番目のリジン残基がメチル化された場合は活性化，9，27番目のリジンがメチル化された場合は抑制される．一方，メチル化されたヒストンからメチル基を除去する酵素群も見つかっている．PAD4/PADI4はメチル化されたアルギニン残基からメチル基を取り除く．LSD1/BHC110とJHDMはメチル化されたリジン残基からメチル基を除去することができる（図4-19）．DNAとヒストンとの親和性は化学修飾の組合せによって規定されることが示され，ヒストンの修飾パターンが遺伝子発現にかかわる情報をコードしているとするAllis, C. D.の「ヒストンコード仮説」が広く認知されてきている．

2）ATP依存的クロマチンリモデリング

ATP依存的クロマチンリモデリングには，ATP存在下にクロマチン構造の変化を引き起こす

A)

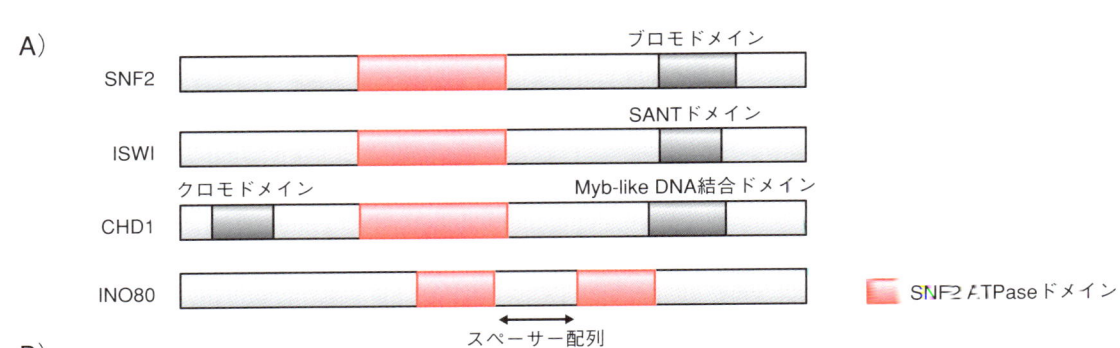

SNF2 — ブロモドメイン
ISWI — SANTドメイン
CHD1 — クロモドメイン / Myb-like DNA結合ドメイン
INO80 — スペーサー配列

■ SNF2 ATPaseドメイン

B)

SWI/SNFサブファミリー

酵母		ハエ		ヒト	
SWI/SNF	RSC	BAP	PBAP	BAF	PBAF
Swi2/Snf2	Sth1*	Brahma*	Brahma*	Brg1 or hBrm*	BRG1*
Swi1/Adr6		OSA	BAP250		
	Rsc1, 2 & 4		Polybromo		Polybromo/BAF180
	Rsc9		BAP170		
Swi3	Rsc8	Moira	Moira	BAF170 & 155	BAF170 & 155
Snf5	Sfh1	Snr1	Snr1	hSNF5/INI1	hSNF5/INI1
Swp82/Yfl049w	Rsc7/Npl6p				
Swp73/Snf12	Rsc6	BAP60	BAP60	BAF60a	BAF60aorb
Arp7/Swp61	Arp7/Rsc11	BAP55	BAP55	BAF53	BAF53
Arp9/Swp59	Arp9/Rsc12				
		Actin	Actin	Actin	Actin
Snf6					
Swp29/Tfg3/Taf14/Arf1c					
Rtt102	Rtt102				
Snf11					
	Rsc5, 10, 13-15				

INO80サブファミリー

酵母		ヒト
yINO80	ySWR1	hINO80
Ino80*	Swr1*	hIno80*
Arp8		Arp8
Arp5		Arp5
Arp4	Arp4	BAF53a/Arp4
Rvb1	Rvb1	Tip49a
Rvb2	Rvb2	Tip49b
Ies2		hIes2/PAPA-1
Ies6		hIes6/C18orf37
Act1	Act1	Amida
Taf14	Arp6	FLJ90652
Nhp10	Yor1/Swc5	NFRKB
Ies1	Yes71/Swc6	MCRS1
Ies3	Yes72/Swc2	FJL20369
Ies4	Yaf9	
Ies5	Bdf1	
	Swc1/Swc3	
	Swc4/Gcn11	

ISWIサブファミリー

酵母			ハエ			ヒト				マウス	
ISW1a	ISW1b	ISW2	ACF	CHRAC	NURF	WCRF/hACF	WICH	hCHRAC	RSF	SNF2h/Cohesin	NoRC	mWICH
Isw1*	Isw1*	Isw2*	ISWI*	ISWI*	ISWI*	hSNF2h*	hSNF2h*	hSNF2h*	hSNF2h*	hSNF2h*	mSNF2h*	mSNF2h*
Ioc3	Ioc2	Itc1	Acf1	Acf1		hAcf1		hAcf1		Mi2	Tip5/Bax2a	mWstf
	Ioc4						Wstf					
		Dpb4		Chrac16				hChrac17		Mta1 & 2	p50	
		Dls1		Chrac14				hChrac15		HDAC1 & 2	p80	
					Nurf301				p325	RbAp46		
					Nurf55					RbAp48		
					Nurf38					MBD2 & 3		
										Rad21		
										SA1 & 2		
										Smc1 & 3		

CHDサブファミリー

酵母	ハエ		マウス		ヒト	
CHD1	Mi2	CHD1	CHD1	Mi2	NuRD	ATRX
Chd1*	Chd4*	Chd1*	Chd1*	Chd4/Chd3*	Chd3/Chd4*	ATRX*
	Rpd3			HDAC1 & 2	HDAC1 & 2	
				Icaros1, 2 & 7	RbAp46	
				Aiolos	MBD3	
					MTA2	

CHDファミリーにはこの他のタンパク質も含まれている可能性がある

図 4-20 ATP依存的クロマチンリモデリング因子の分類と複合体
A) ATP依存的クロマチンリモデリング因子は含有ドメインによってSWI/SNF (SNF2)、ISWI、CHD1、INO80の4つに分類される．B) ATP依存的クロマチンリモデリング因子を含むタンパク質複合体．文献3より

SWI/SNF複合体やISWI複合体などの多くのタンパク質が関係する．これらのタンパク質はDNAヘリカーゼ/ATPase活性をもつSNFスーパーファミリーに属するATPaseサブユニットをもち，ATPの加水分解エネルギーを利用したヒストンのDNA上のスライディングによってクロマチンの再構築を行う．ATP依存的クロマチンリモデリングは，ATPase活性を有するサブユニット内のドメインの種類によって，SWI/SNF，ISWI，CHD，INO80の4つのサブファミリーに分けられる（図4-20）．SWI/SNF複合体は，11のサブユニットで構成され，2つのバリエーションが存在する．酵母ではSWI/SNFとRSC複合体が存在するが，RSCは細胞増殖に必須であるのに対し，SWI/SNFは必要ではないなど機能にも違いがある．SWI/SNFの活性サブユニットはSwi2/Snf2であり，RSCの活性はSth1が担っている．ISWI複合体はサブユニット数が他の複合体と比較して少なく，ISWI型ATPaseを含む．このタイプのATPaseはSANTドメインをもちブロモドメインをもたない．CHDはマウスから単離された因子であり，Swi2/Snf2ファミリーとpolycomb/HP1クロモドメインファミリーの特徴を併せもつ．しかしながら，polycomb/HP1とは異なり凝縮したクロマチン上ではなく，DNAのマイナーグルーブを認識して結合する．INO80は14～15のサブユニットを含む大きな複合体であり，転写の活性化とDNA修復に関与する．活性はIno80とSwr1が担っているが，他のATPaseと異なり活性をもつドメインが広い領域に分布している．

3）転写制御は協調的に

ヒストン修飾酵素群とATP依存的クロマチンリモデリング因子群は，直接的または間接的に相互作用し，協調的に働いて転写を制御することが酵母および哺乳類の実験系によって示されている．これらの因子群が転写を活性化するためには，まず，最初に転写因子の転写制御領域への結合が必要である．エンハンサー上に結合した転写因子は，ヒストン修飾酵素を含む転写活性化因子複合体とATP依存的クロマチンリモデリング因子複合体をDNA上にリクルートする．ヒストン修飾酵素は，ヒストンの化学修飾（特にアセチル化）を通してヒストンとDNAとの結合強度を減弱するとともに，ヒストンとクロマチンリモデリング因子との結合を促進し，ヒストンのDNA上に沿ったスライディングを容易にする．このようなメカニズムにより，プロモーター近傍のクロマチン構造が破壊され，転写開始領域が露出し，転写開始複合体が形成されて転写が始まる．

■ 文　献 ■

1) Anand, R. & Marmorstein, R.：Structure and mechanism of lysine-specific demethylase enzymes. J. Biol. Chem., 282：35425-35429, 2007
2) Santos-Rosa, H. & Caldas, C.：Chromatin modifier enzymes, the histone code and cancer. European J. Cancer, 41：2381-2402, 2005
3) Gangaraju, V. K. & Batholomew, B.：Mechanisms of ATP dependent chromatin remodeling. Mutat. Res., 618：3-17, 2007
4) Hogan, C. & Varga-Weisz, P.：The regulation of ATP-dependent nucleosome remodelling factors. Mutat. Res., 618：41-51, 2007
5) Tian, X. & Fang, J.：Current perspective of histone demethylases. Acta Biochimica et Biophysica Sinica, 39：81-88, 2007
6) Berger, S.：The complex language of chromatin regulation during transcription. Nature, 447：407-412, 2007
7) Workman, J. L.：Nucleosome displacement in transcription. Genes Dev., 20：2009-2017, 2006
8) Li, B. et al.：The Role of chromatin during transcription. Cell, 128：707-719, 2007
9) Lied, J. D. & Clarke, N. D.：Control of transcription through intragenic patterns of nucleosome composition. Cell, 123：1187-1190, 2005
11) "転写因子・転写制御キーワードブック"（田村隆明，山本雅之/編），羊土社，2006
12) "転写因子による生命現象解明の最前線　実験医学増刊 Vol.25 No.10"（五十嵐和彦，他/編），羊土社，2007
13) Santos-Rosa, H. & Caldas, C.：Chromatin modifier enzymes, the histone code and cancer. Europ. J. Cancer, 41：2381-2402, 2005

Chapter 4
5　転写後調節

　RNAポリメラーゼによって核内で転写されたmRNA，rRNA，tRNAの前駆体はさまざまなプロセスを経て成熟し，細胞質に運ばれて機能する．遺伝子の発現はDNA→RNAへ遺伝子を転写する段階（転写調節）だけではなくRNAの修飾，切断，寿命や翻訳過程の各プロセスにおいても巧妙に制御されている．これらの制御を総称して遺伝子発現の転写後調節（post-transcriptional control）と呼んでいる．

　転写後調節は各RNA前駆体から機能するRNA分子に加工することから始まり，RNAの修飾や核外輸送，翻訳調節，分解など多岐にわたる複雑な機構である．近年特に，これまで機能をもたないと考えられてきたncRNA（non-coding RNA）分子による調節機構も明らかとなってきた．これら核内低分子RNAによる遺伝子発現制御機構は，発生，分化，環境応答，疾患の発病機序とも直接的関連を指摘されており，今後も飛躍的な研究の足進が期待されている[1]．

概念図

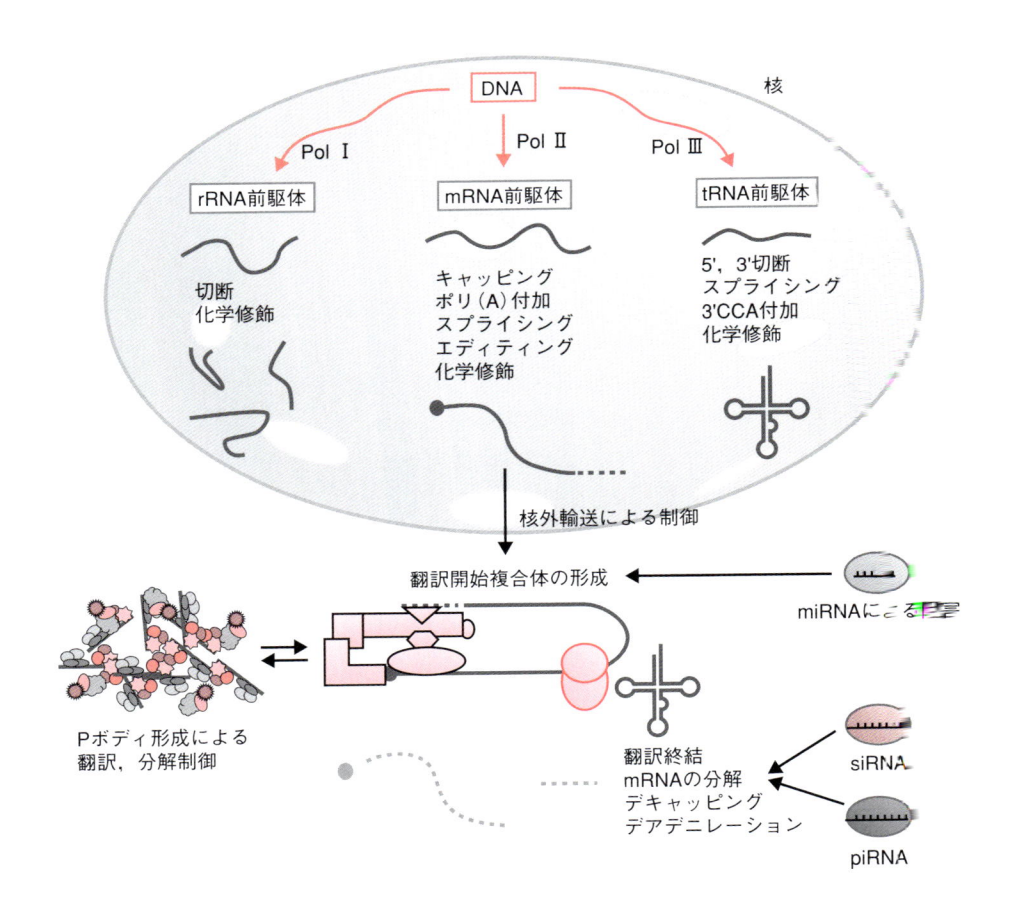

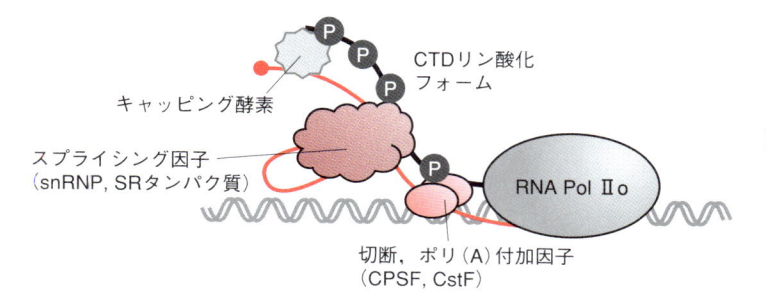

図 4-21 mRNA の加工因子と Pol IIo との相互作用

mRNA の前駆体は RNA ポリメラーゼ II により転写されるが，リン酸化した CTD に加工因子群が結合し，転写の伸長に伴ってスムーズに mRNA の成熟が行われる

1 mRNA の修飾

　mRNA の 5′ 末端には，7 位の窒素原子がメチル化された修飾グアニン（m^7G）が結合したキャップ（m^7GpppN）という特有の構造があり，この付加反応をキャッピングと呼んでいる．生物種や遺伝子の種類によっては，mRNA 5′ 末端の 1 あるいは 2 塩基のリボース 2′ 位の酸素原子にメチル化が起こる場合もある．キャッピング反応は，トリホスファターゼ，グアニルトランスフェラーゼ，メチルトランスフェラーゼによって触媒される．後述するように，キャップ構造はタンパク質合成の開始，mRNA の安定性（stability），3′ 末端とのコミュニケーションに不可欠である．

　mRNA の 3′ 末端にはポリアデニル酸が付加された，ポリ (A) 構造がある．この付加反応は 3′ 側非翻訳領域（3′ UTR）に存在するポリアデニレーション信号（AAUAAA）により指令され，mRNA の認識・切断・成熟促進に働く複数の因子（CPSF, CstF など）とポリ (A) ポリメラーゼが協調して進む．ポリ (A) は mRNA の安定性のみならず，翻訳効率（translatability）を規定する重要な働きがある．ポリ (A) 伸長反応の一部は細胞質においても行われるが，主要なポリ (A) 付加とキャッピング反応は核内で行われ，RNA ポリメラーゼ II（Pol II）による転写と供役して同時進行する．Pol II の最大サブユニットの C 末端領域（CTD : C-terminal domain）には特徴的な繰り返し配列（YSPTSPS）があり，転写の開始に伴い CTD のリン酸化が進む（リン酸化前を Pol IIa，リン酸化後を Pol IIo と区別）．このリン酸化された CTD は mRNA のトリミング，スプライシング，キャッピング，ポリ (A) 付加，分解，などの一連の mRNA の加工に働くタンパク質群の結合部位（アダプター）となって機能する（図 4-21）[2]．

2 mRNA のスプライシング

　真核生物の mRNA は転写後にアミノ酸をコードした配列（エキソン：exon）を残して，アミノ酸をコードしていない配列（イントロン：intron）が切り取られる．これが mRNA のスプライシング（splicing）であり，イントロンは rRNA や tRNA にも存在するが，それぞれ mRNA とは異なる機構でスプライシングが起こる．

　mRNA のスプライシングはスプライソソーム（spliceosome）と呼ばれる巨大な複合体で起こる．スプライソソームは多数のタンパク質因子などからなる複雑な複合体で，保存された塩基配列（5′- の AGGURAGU と 3′- の CAGG；哺乳類の場合）を認識，正確に切り取る．mRNA スプライシングは主にイントロンの切り出しとエキソンの結合の 2 つの反応からなる．2 つの反応はいずれもエステル結合の転移であり，はじめに 5′ 側が切られ，イントロンの 5′ 側はブランチ部位と呼ばれるイントロン中のアデニンと結合し，ラリアット（投げ縄）構造を形成する．次に 3′ 側も切断されてイントロンが切り出され，2 つのエキソンはホスホジエステル結合でつなぎ合

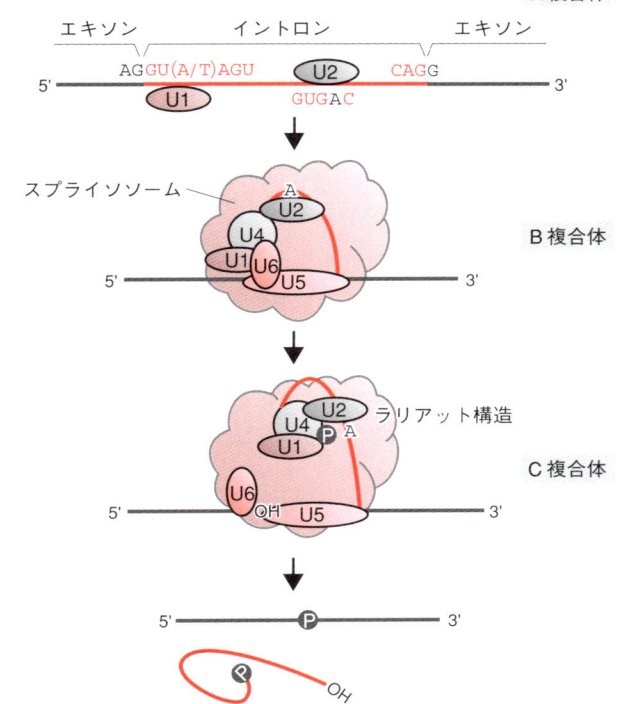

図4-22　mRNAのスプライシング
U1, U2, U4, U5, U6などのsnRNA (small nuclear RNA：核内低分子RNA) はタンパク質と結合したsnRNPを形成し，それらが集合した巨大な複合体スプライソソームとなる．はじめにU1, U2 snRNPが結合し，A複合体を形成．続いてU4, U5, U6が集合し，イントロンの5′側を切断．最後にC複合体がエキソンどうしを結合する．

わされる（図4-22）．スプライシングの因子SR（serine/aruginine-rich）タンパク質もPol IIoのリン酸化CTDに結合することが報告されており，転写の伸長に協調した反応であると考えられている（図4-21）．

一部の遺伝子では，スプライシングが起こる場所の違いにより，複数のmRNAを生じる場合がある．このことは選択的スプライシング（alternative splicing）と呼ばれており，異なる発生段階や器官で目的に応じたタンパク質の機能を調節していると考えられる[3]．

3　mRNAのエディティング

RNAのエディティング（editing）はmRNAから作製したcDNAの配列がゲノムDNAの配列と異なる事実が発端となって寄生性原虫のトリパノソーマ（*Trypanosoma brucei*）のミトコンドリアDNAで発見された．その後，高等植物のミトコンドリアや葉緑体で，C（シトシン）→U（ウラシル），U→Cへの部位特異的な塩基修飾が次々に発見された[4,5]．さらにヒトでもC→U，A（アデニン）→I（イノシン）の塩基修飾が確認されている．近年，G（グアニン）→Aの置換も報告されており，多彩な構造と機能が明らかとなってきた[6]．これまでに知られるRNAエディティング反応様式の違いを図4-23にまとめる．

> **Memo**
> 高等植物のミトコンドリアでは，すべてのタンパク質がエディティングの対象となって，その部位は約1,000カ所（1/10コドン）に及ぶと考えられる．

高等植物のエディティングの多くは，C→Uへのデアミネーション（deamination：脱アミノ化）反応で，下等植物ではU→Cへの逆反応も多く存在する．ヒトにおいては，脂質の輸送・代

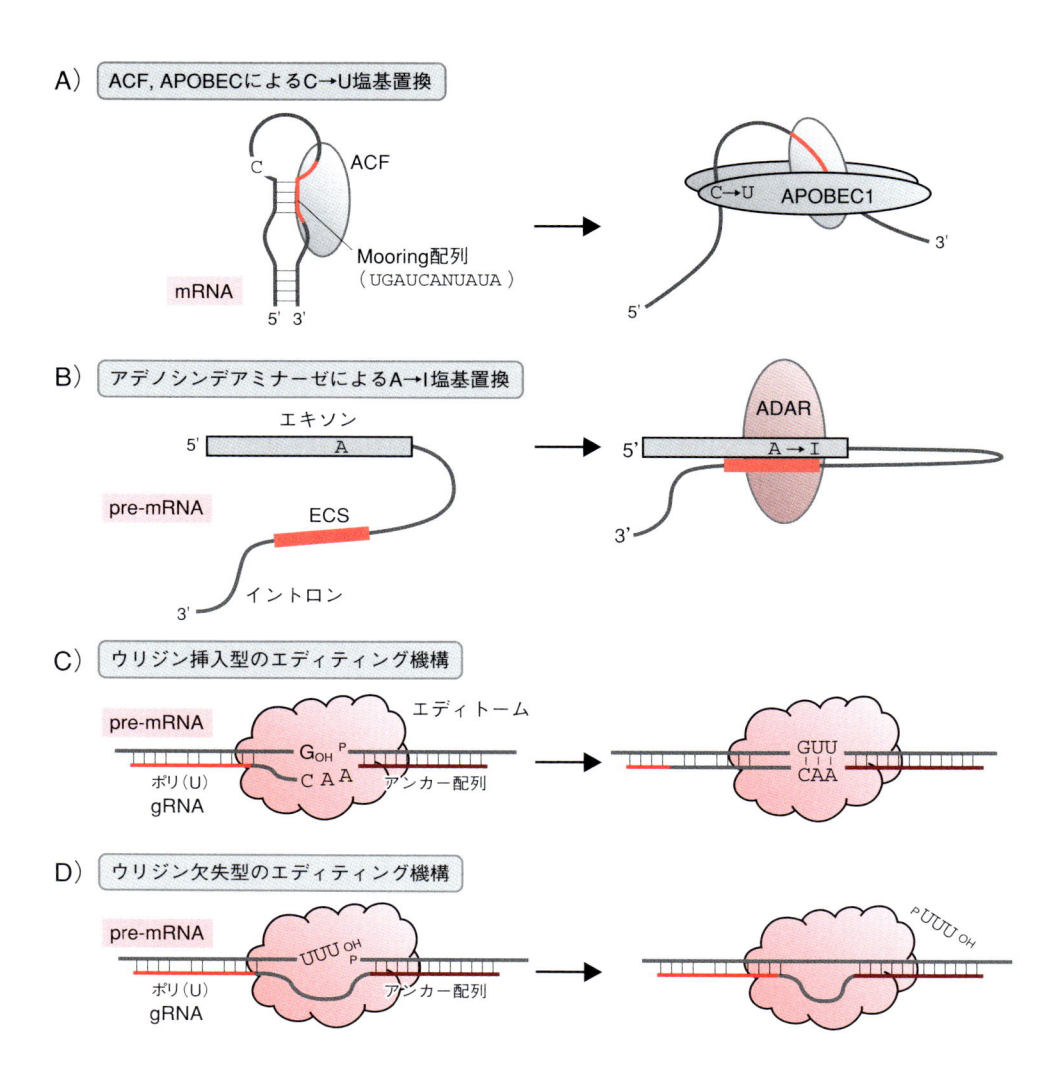

図4-23 RNAエディティングの分子機構

A) apoB遺伝子では，mRNAステムループ部位のMooring配列を認識したACFタンパク質にAPOBEC1が結合し，シトシンデアミナーゼ活性でC→Uの変異で新たな終止コドンを生じて，短いタンパク質が産生される．B) GluR遺伝子などでは，イントロンに存在するECSがエキソンと相補的な二本鎖を形成し，ここにADARが結合する．アデノシンデアミナーゼ活性により，アデノシンがイノシンに置換され，イノシンはグアニンとして認識される．C) D) トリパノソーマミトコンドリアDNAではガイドRNA (gRNA) の相補的な塩基対合によって正しい配列が切断，再結合して編集される

謝にかかわる apoB（apollipoprotein B）遺伝子と神経系の Ca^{2+} チャンネルのグルタミン酸受容体 GluR 遺伝子などで，塩基修飾型のエディティング反応が知られる．前者はMooring配列と呼ばれる保存された配列を認識する ACF（APOBEC1 complementation factor）と二量体のシトシンデアミナーゼ，APOEBEC1（apolipoprotein B mRNA editing enzyme, catalytic polypeptide 1）によってCAA（グルタミンコドン）がUAA（終止）コドンに変化する[7]．後者はエキソンに相補的な配列をもつECS（exon complementary sequence）が結合し，アデノシンデアミナーゼ，ADARによって，CAG（グルタミン）コドンがCGG（アルギニン）コドンに変化する（IはGとして認識される）（図4-23A）[8]．

トリパノソーマなどのミトコンドリアDNAは，大小2種類の環状DNA（マキシサークル，ミ

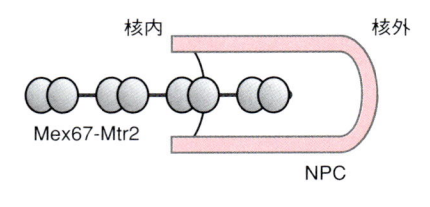

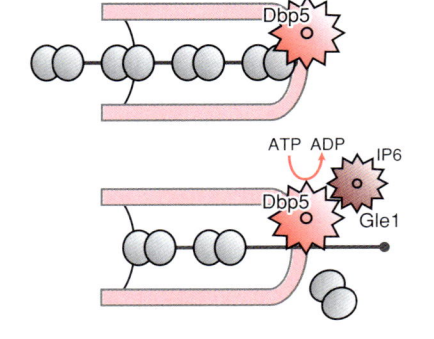

図4-24 核膜孔を通過するmRNPモデル
mRNP複合体が核膜孔でDbp5によってMex67-Mtr2を外されながら核外へ移行する．このときDbp5は，IP6と結合したGle1によってATPを分解しながら働く

ニサークル）が知恵の輪のように相互につながったキネトプラスト（kDNA）と呼ばれる特異的な構造をつくる．ミトコンドリアタンパク質は主にマキシサークルDNAにコードされ，mRNA前駆体に大規模のウリジンの挿入と欠失が正確に繰り返されてシトクロムをはじめとするミトコンドリア構成タンパク質の配列をコードする全く新しいmRNAの配列がつくり出される．この手品のような不思議なしくみは，エディティング部位の成熟配列をコードする短いRNA断片が，マキシサークルおよびミニサークルDNAから発見され，それがガイドRNA（gRNA）として働くことによって起こることが明らかにされた（図4-23C, D）．

Memo

ウリジン挿入型・欠失型のエディティングを行う装置の本体はエディトソームと呼ばれ，トリパノソーマの場合20Sほどの分子複合体を形成し，20種類前後のタンパク質を含んでいる．エディトソームはエンドヌクレアーゼ，3′ターミナルウリジリルトランスフェラーゼ（TUTase），U特異的エキソヌクレアーゼ，RNAリガーゼ，RNAヘリカーゼなどの酵素活性をもつタンパク質やRNA結合性のタンパク質から構成されており，これらの機能により連続的に正確に反応が行われると考えられる．

4 RNAの輸送

　mRNAは一群のタンパク質とmRNP（ribonucleoprotein）複合体を形成し，核膜孔（nuclear pore complex：NPC）から細胞質へ輸送される．核膜孔は約100種類のタンパク質から構成される100〜200 nm径の巨大なゲートである．出芽酵母ではmRNAはアダプタータンパク質であるMex67（RNA binding protein involved in nuclear mRNA export）-Mtr2（RNA transport regulator, essential nuclear protein）複合体（高等真核生物ではTAP/NXF1-p15/NXT1）に結合して核膜孔に至り，Dbp5（Cytoplasmic ATP-dependent RNA helicase of the DEAD-box family involved in mRNA export from the nucleus 5）タンパク質によってMex67-Mtr2複合体は外されながら，mRNAが核外へ移動する（図4-24）．このときDbp5タンパク質はIP6（イノシトール6リン酸）と結合したGle1（Cytoplasmic nucleoporin required for polyadenylated RNA export but not for protein import）の働きでATPを分解しながら反応を進行させる[13)]．

> **Memo**
> Mex67-Mtr2複合体は分子ラチェット（動作方向を一方に制限するために用いられる機構）として働いており，Mex67-Mtr2複合体やDbp5タンパク質によるこのような機構はブラウニアンラチェットモデルと呼ばれている．

5 mRNAの翻訳調節

1）翻訳開始の調節

真核生物の翻訳機構については，約30種類にも及ぶ翻訳開始因子（eIF）の遺伝子が同定され，それらの機能・構造研究が行われている（第2章-3参照）．40Sリボソーム粒子は，通常mRNAの5′末端のキャップ部分に結合し，3′側へスキャンしながら開始コドンへ到達して開始複合体を形成する（スキャニングモデル）．eIF4Gタンパク質にはマルチなアダプター機能があり，N末端部分に翻訳開始eIF4E（キャップに結合し，翻訳開始の号令をかける役目）への結合ドメイン，中央にポリ（A）結合性タンパク質Pab1への結合ドメイン，C端部分に翻訳開始因子eIF3（40Sリボソーム粒子をmRNAへ着地させる役目）への結合ドメインをもつ[10]．そのために，細胞質で翻訳されるmRNA上では，eIF4Gを介してeIF4E，Pab1，eIF3とのヘテロメリックな複合体が形成され，mRNAの5′と3′末端が閉じたループをつくることが最近明らかとなった（図4-25A）．このループが，速やかに40Sリボソーム粒子を翻訳の終結から開始へリサイクルさせるしくみとして働く．

> **Memo**
> 翻訳開始因子の1つであるeIF4Gが，キャップやポリ（A）とリボソームを結合させるアダプターとして働き，相互のコミュニケーションを可能にしている．

スキャニングモデルは，しばらくの間，普遍的な原理と考えられたが，1988年にIRES（internal ribosomal entry site）がポリオウイルスRNA上に発見され，キャップ非依存的な新しい翻訳開始のしくみが真核生物に存在することが明らかになった．その後，すべてのピコナウイルスRNA，ある種の植物ウイルスRNAやC型肝炎ウイルスRNA，あるいは細胞側mRNA上にも存在することが明らかにされた．ポリオウイルスをはじめとするピコナウイルスは，eIF4GのN末端部分を切断する特異的なプロテアーゼをもち，eIF4Eとの相互作用を不可能にしてIRESに依存した翻訳のみを触媒する（図4-25B）．IRESをもつ細胞側mRNAとしては，熱ショックタンパク質や発生・分化に関与する遺伝子のmRNAが知られる．したがって，IRESは細胞が特別な環境下，あるいは発生・分化の過程のある段階での翻訳レベルの遺伝情報発現に重要な機能を果たすと考えられる[11]．

鉄貯蔵タンパク質フェリチンをコードする遺伝子の発現は，鉄が高濃度な場合はIRP（iron regulatory protein）タンパク質によって抑制され，鉄の濃度が低下すると抑制が解除されるしくみになっている．IRPはフェリチン遺伝子のキャップ直下に存在するIRE（iron responsive element）配列へ結合して，開始因子とリボソーム複合体の形成を阻害する（図4-25C）．

2）翻訳終結とリコーディング

遺伝暗号の解読機構は，分子生物学初頭の中心テーマとして1960年代でそのシナリオが解かれたと思われているが，この理解は正しいとはいえない．終止コドンがどのように認識されるかは，最近まで謎に包まれていた．歴史的には1970年前後に，原核生物から2種類のタンパク質がペプ

A) キャップ依存的な翻訳開始制御

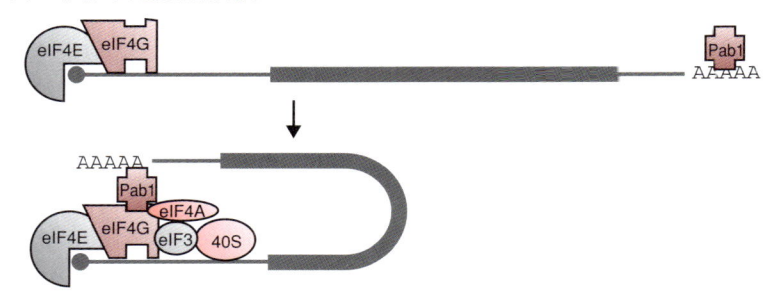

B) キャップ非依存的翻訳開始

C) IRPリプレッサーによる開始複合体の形成阻害

図 4-25　翻訳開始調節機構
A) キャップ結合能をもつ eIF4E と eIF4G のヘテロ二量体が結合すると，eIF4G がアダプターとなってキャップ部分で翻訳開始複合体が形成される．ポリ(A)は Pab1 を介して，eIF4G をアダプターとして mRNA の 5′ と 3′ 端が結合し，ループを形成する．B) eIF4G がアダプターとなって IRES 部分で翻訳開始複合体が形成される．C) IRP リプレッサーは IRE へ結合し，eIF4E, eIF4G, eIF3 の結合をブロックし，翻訳開始複合体の形成を阻害する．

チド解離に必要な因子として精製され，それぞれ RF1, RF2 と命名された．RF1 は UAG/UAA で，RF2 は UGA/UAA で解離反応を触媒する．これに対し，真核生物では1種類（eRF1）の解離因子が3種類の終止コドンを認識することが早くから指摘された．それから30年を経て，ペプチド性アンチコドンが発見され，タンパク質（RF）が tRNA を分子擬態することによって遺伝暗号（終止コドン）を解読するしくみが明らかにされた[12)13)]．さらに最近，70S リボソーム tRNA, mRNA, RF1 複合体の X 線結晶構造が 3.2 Å の解像度で決定され，ペプチドアンチコドンが構造レベルでも証明された．詳しくは最近の総説を参照されたい[14)]．

遺伝暗号の古典的不偏則から外れた多様な翻訳現象が近年，生物種を越えて相次いで発見されている．

Memo
この一見異常ともみえる解読機構は，実は正常な遺伝情報発現のしくみとして細胞にプログラムされており，リコーディング（recoding）と命名された[15)]．

翻訳フレームシフトは，細胞やウイルスに多くプログラムされた代表的なリコーディング機構である．大部分のレトロウイルスは −1 フレームシフトによって gag-pol 融合タンパク質を合成する．フレームシフト以外に，pol 遺伝子を翻訳することができないためである．+1 フレームシフトの遺伝子も報告されている．フレームシフトに必要な信号は mRNA 上に組み込まれている

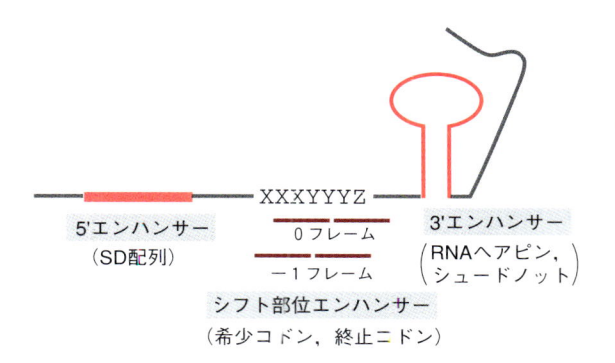

図4-26 翻訳のフレームシフト
シフト部位の塩基配列は1塩基逆向きシフト（－1）によってtRNAのアンチコドンとコドンの対合を破壊しない（1, 2文字めの塩基対合の保存と3文字めの対合）ような配列になっている．さらにフレームシフトを促進するエンハンサーと呼ばれる特異的な配列やRNA構造が存在する．エンハンサーにはさまざまな種類があり，rRNAと相補的な配列（SD配列），RNAヘアピン構造，RNAシュードノット構造，あるいは希少コドンなどが知られている．いずれもリボソームの動きを減衰，一時停止させ，フレームシフトを誘導する

（図4-26）．動物細胞においては，ポリアミン合成を触媒する酵素（ODC）の阻害剤であるアンチザイムが，＋1フレームシフトによって合成されることが知られる．シフト部位にはUGAコドンがあり，－1フレームシフトによって停止を回避するしくみになっているが，おもしろいのはこのフレームシフトが細胞内のポリアミンによって誘導されるため，ODC酵素を無駄につくらないように自己制御をかけるしくみも働くことである[16]．

6 mRNAの分解と翻訳制御

　真核生物の遺伝子発現制御において，mRNA分解と翻訳は密接にかかわっていることが明らかとなってきた．mRNAの分解はポリ（A）短鎖化が直接の引き金となる場合（deadenilation dependent decay）が多く，ポリ（A）短鎖化は，Ccr4（carbon catabolite repression 4）/Pop2（F-box/WD repeat protein）/Not（negative regulator of transcription 1）複合体によって引き起こされ，その結果としてポリ（A）結合タンパク質Pab1は除去される．その後は2つの主要な経路が知られており，1つは，デキャッピング酵素Dcp1/2（decapping 1/2）とDHH1（DExD/H-box helicase 1），EDC3（enhancer of mRNA decapping 3）を含む複合体によりキャップを除去され，5´末端側から，PAT1，XRN1にエキソヌクレアーゼのLMS1～7を含む複合体により分解される反応である（図4-27A）．デキャッピング反応は，ポリ（A）短鎖化によってPab1タンパク質がmRNA 3´側から解離し，mRNAの5´キャップ側との相互作用を失うことがデキャッピング酵素の活性化につながると考えられている．2つめはSki2/3/7/8にエキソソームを含む複合体による消化で，3´末端側から，エキソヌクレアーゼ活性で分解する（図4-27A）[16]．

　一方，ポリ（A）除去を経ずに直接キャップが除去される場合（deadenilation independent decay）もある．RPS28タンパク質は，自らのmRNAの3´UTRに存在するヘアピンループに結合し，EDC3およびDcp1/2複合体をリクルートすることで，デキャッピングと5´→3´エキソヌクレアーゼ複合体を引き寄せて，分解を起こす（図4-27B）[17]．

　近年，mRNAの分解や翻訳の制御にPボディという構造体が関与していることが明らかになってきた．PボディはmRNAとデキャッピング複合体，5´→3´エキソヌクレアーゼ複合体などのmRNA 3´UTR結合タンパク質が凝集してできているが，翻訳開始タンパク質やリボソームは含まれていない．Pボディは細胞内でmRNAを過剰発現すると成長するが，RNaseAで処理すると凝集体は消失することから，mRNAに依存した構造である．また，何らかのストレスや環境状態の変化によってmRNAがリボソームから解離すると，細胞内でのPボディの大きさが拡大することが知られる．これらにより，PボディはmRNAの分解と供役した翻訳制御の役割をもつのではないかと考えられ始めた（図4-28）[16]．さらに，その形成はmRNA 3´UTR結合タンパク質だ

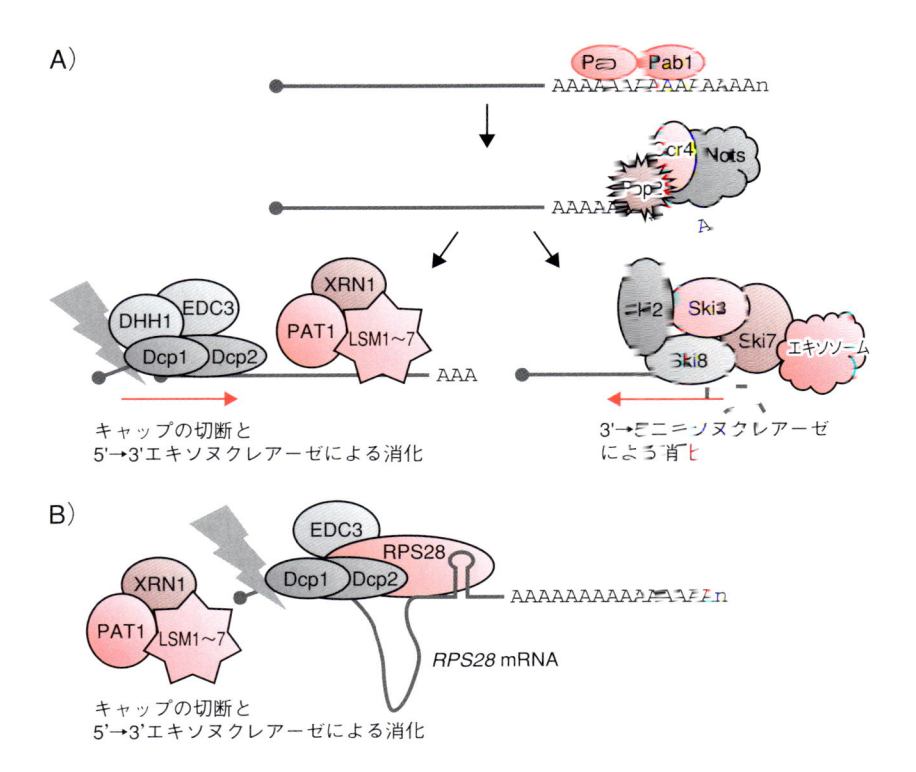

図4-27　mRNA 分解の経路
A) Ccr4/Pop2/Not 複合体が mRNA のポリ (A) 鎖に結合し，デアデニレーションを引き起こすと，2 つの経路で mRNA の分解が誘発されると考えられている．1 つは，デキャッピング酵素活性を有する Dcp1/2 や DHH1，EDC3 からなる複合体の働きで 5´ 末端のキャップ構造が切断される反応である．キャップ構造が消失すると，5´→3´エキソヌクレアーゼ活性を有する XRN1 や，PAT1，LSM (1〜7) を含む複合体が，5´末端から分解する．もう 1 つは Ski タンパク質群が介在するエキソソームの 3´→5´エキソヌクレアーゼ活性であり，ポリ (A) を消失したターゲットの 3´末端側から分解が行われる．B) Rps28 タンパク質は自らの mRNA の 3´UTR に存在するヘアピンループと結合し，デキャッピング複合体と相互作用する

けではなく，miRNA/RISC なども関与していると考えられている．

7　ncRNA による制御

　近年，これまで機能をもたない配列と考えられていた配列が，生体内では rRNA の分解や翻訳制御に重要な働きをもつことがしだいに明らかとなってきた．siRNA (small interfering RNA)，miRNA (micro RNA)，piRNA (Piwi associated RNA) などである．いずれも，短い RNA が DICER などのタンパク質因子によってプロセシングされた後，AGO タンパク質を中心に RISC と呼ばれる複合体を形成し，ターゲットである mRNA と結合して翻訳阻害や分解，P ボディの形成促進などで遺伝子発現を特異的に抑制している．詳細については第 5 章-2 および第 5 章-3 を参照されたい．

8　rRNA の修飾

　rRNA は RNA ポリメラーゼ I (Pol I) によって，18S，5.8S，28S rRNA がつながった前駆体（ヒトでは約 13,000 塩基の長さ）として合成され，核小体 (nucleolus) で成熟分子へ加工される．核小体は数 μm の大きさで，RNA とタンパク質がもっとも密につまった核画分である．核小体に

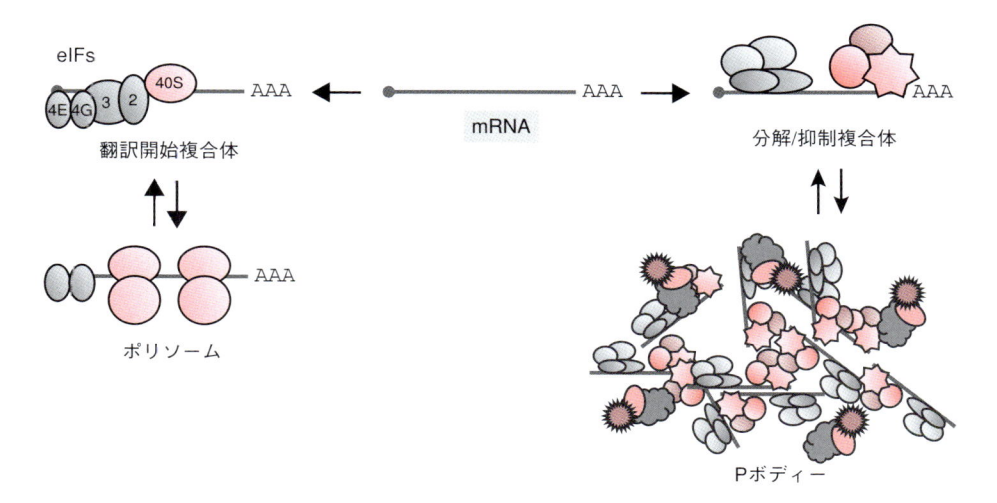

図4-28 翻訳と分解の制御

mRNAからの翻訳とmRNAの分解は相反する関係にあり，DHH1やPAT1によってmRNAの分解/抑制複合体が形成されると，互いに凝集してPボディと呼ばれる凝集体を形成する

は100～200塩基長の小さなRNAが多数含まれ，これらはsnoRNA（small nucleolar RNA：核小体低分子RNA）と総称される．これまでrRNAの加工ステップは多くの謎を残していたが，最近，rRNAの塩基修飾を含む成熟過程にこれらのsnoRNAが重要な働きをすることが明らかとなった．rRNAにはウリジンの異性化（通常ウラシルの1位がリボースへ結合しているが，5位に変わるシュードウリジレーション：pseudouridylation）とリボースの2′位メチル化（2′-O-methylation）反応による多くの修飾塩基が存在する[18]．動物のrRNAではウリジンの異性化とリボースのメチル化がおのおの100カ所あり，それらが種を超えて保存されている場合が多い．

> **Memo**
> snoRNAは，これら200カ所の修飾塩基の位置を正確に決定するための秤（デバイス）である．

これまでに発見されたsnoRNAは，その保存塩基配列のモチーフからボックスC/D型とボックスH/ACA型に分類され，それぞれがリボースのメチル化，ウリジンの異性化に関与する．snoRNAとrRNA前駆体とが塩基対合して形成する二次構造が，修飾塩基の位置を規定するデバイスとなる（図4-29）．この構造を認識して働く修飾酵素に関してはいまだ不明な点が多い（第5章-2参照）．

snoRNAは，多くのリボソーム遺伝子のイントロンにコードされている．さらに，8種類のsnoRNAをポリシストロニックにコードする遺伝子がヒトで発見され（UHG：U22 host gene），snoRNAの遺伝子構成についての研究が進展している．

9 tRNAの転写後調節

tRNAはRNAポリメラーゼⅢ（Pol Ⅲ）によってtRNA前駆体として合成され，その後RNasePおよびtRNaseZによって5′と3′末端が切断され，3′にはCCA付加酵素（rNTrs：nucleotidyl transferase）の働きでCCAが付加されて末端のアデノシン基にアミノ酸が共有結合できるようになる．その結合は各アミノ酸に特異的なアミノアシルtRNA合成酵素により正確に制御される．

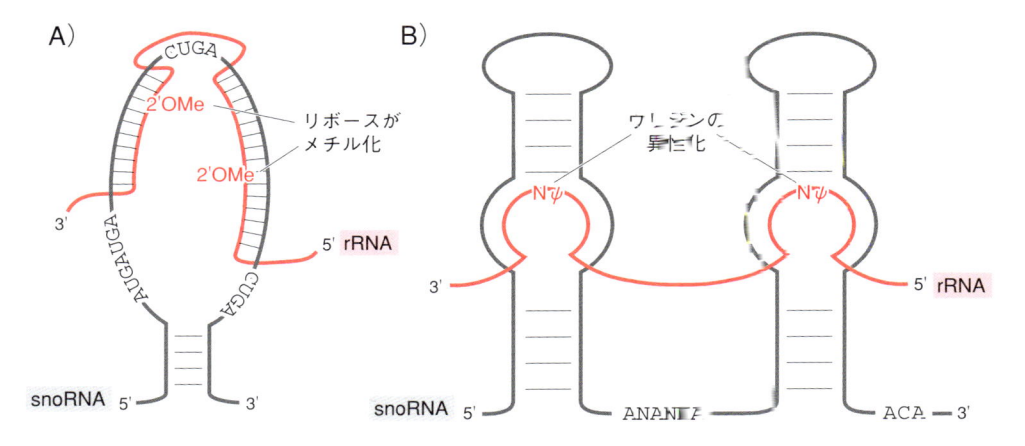

図 4-29 rRNA 前駆体へ塩基対合し修飾塩基の位置を測定する snoRNA

リボソーム遺伝子のイントロンなどから合成される snoRNA は，rRNA 前駆体と相補的に塩基対合して修飾塩基の位置と種類を規定する．大別してリボースのメチル化（2′OMe）に働くボックス C/D 型（A）とウリジンの異性化（ψ）に働くボックス H/ACA 型（B）がある．N は任意のヌクレオチドを示す（文献 18 参照）

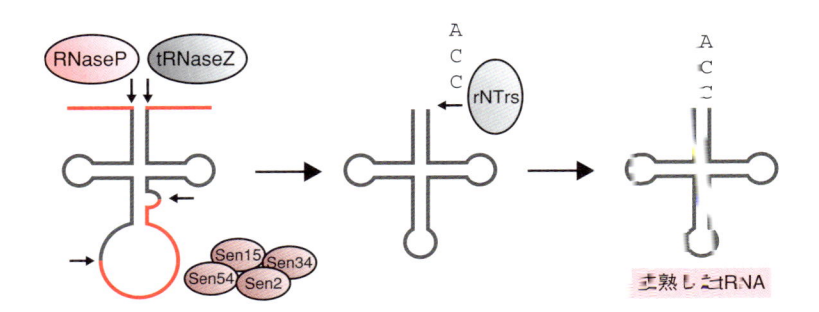

図 4-30 tRNA の転写後調節

5′，3′両末端の切断とイントロンのスプライシングが別々に起こり，その後 rNTrs によって 3′に CCA が付加される．さらにさまざまな化学修飾を受けるなどして成熟した tRNA が完成する

イントロンは Sen54，Sen2，Sen34，Sen15 の 4 つのタンパク質サブユニットからなるスプライシング・エンドヌクレアーゼにより切り出される（図 4-30）．その後 tRNA は正確にコドンを認識するために，多様な tRNA 修飾酵素によりさまざまな化学修飾を受けて成熟する．その種類は 100 種類以上に及ぶ複雑なものであり，tRNA はもっとも多様な修飾塩基をもつヌクレオシドである[19]．

以上，概説したように遺伝子発現の転写後研究は，基本因子や基本反応の解析から制御システムとそれらのネットワークの研究を経由し，遺伝子発現の要としての有機的，動的な研究が行われた．現在 siRNA や miRNA に代表されるようなジーンサイレンシングや特異的な制御機構を担う ncRNA の解析が盛んに行われている．今後は癌，発生，分化などの高次機能においても，RNA の動態制御や翻訳制御プログラムの詳細が明らかになっていくであろう．

Memo

《RNA ネットワーク研究が重要である》

ヒトゲノムの概要が 2001 年に発表された．その結果，4 万未満の遺伝子から 10〜20 万のタン

パク質の世界が生み出されることが明らかとなった．その多様性はRNAの働きによりmRNAの転写後調節によりつくり上げられる．

さらにヒトゲノムから産生されるRNAのうちタンパク質をコードするRNAはわずか1.5％で，残り98.5％はncRNAである．ncRNAは従来いわれてきたようなジャンクではなく，遺伝子発現を幾重にもコントロールし，複雑な高次生命機能を完現する高度なソフトウエアーを形成すると考えられる（第5章-1参照）．このような多様なRNAの能動態の働きはすべての生物のすべての遺伝子発現系で，生命維持システムの根本といっても過言でないほどの重要性をもつ．このような急激な流れのなかで，転写後の調節にかかわるすべてのネットワークは相互に密接なネットワークを形成するため，RNA情報発現系の時間的・空間的なネットワークの解明が重要な研究目標となる．

■ 文　献 ■

1) 中村義一：RNAと生命．蛋白質核酸酵素, 51：2409-2412, 2006
2) Hirose, Y. & Ohkuma, Y.：Phosphorylation of the C-terminal domain of RNA polymerase II plays central roles in the integrated events of eucaryotic gene expression. J. Biochem., 141：601-608, 2007
3) Black, D. L.：Mechanisms of alternative pre-messenger RNA splicing. Annu. Rev. Biochem., 72：291-336, 2003
4) Smith, H. C. et al.：A guide to RNA editing. RNA, 3：1105-1123, 1997
5) Stuart, K. D. et al.：Complex management: RNA editing in trypanosomes. Trends Biochem. Sci., 30：97-105, 2005
6) Klimek-Tomczak, K. et al.：Editing of hnRNP K protein mRNA in colorectal adenocarcinoma and surrounding mucosa. Br. J. Cancer, 94：586-592, 2006
7) Maris, C. et al.：NMR structure of the apoB mRNA stem-loop and its interaction with the C to U editing APOBEC1 complementary factor. RNA, 11：173-186, 2005
8) Gerber, A. P. & Keller, W.：RNA editing by base deamination: more enzymes, more targets, new mysteries. Trends Biochem. Sci., 26：376-384, 2001
9) Stuart, K. & Panigrahi, A. K.：RNA editing: complexity and complications. Mol. Microbiol., 45：591-596, 2002
10) Stewart, M.：Ratcheting mRNA out of the nucleus. Mol. Cell, 25：327-330, 2007
11) Hentze, M. W.：eIF4G: a multipurpose ribosome adapter? Science, 275：500-501, 1997
12) Ito, K. et al.：A tripeptide 'anticodon' deciphers stop codons in messenger RNA. Nature, 403：680-684, 2000
13) Nakamura, Y. et al.：Mimicry grasps reality in translation termination. Cell, 101：349-352, 2000
14) 朝原治一，伊藤耕一：解離因子によるtRNA分子擬態．遺伝子医学MOOK, 15, in press（2009）
15) 松藤千弥，他：リコーディング．"RNA研究の最前線"（志村令郎，渡辺公綱/編），pp139-149, シュプリンガー・フェラアーク, 2000
16) Parker, R & Sheth, U.：P bodies and the control of mRNA translation and degradation. Mol. Cell, 25：635-646, 2007
17) Badis, G. et al.：Targeted mRNA degradation by deadenylation-independent decapping. Mol. Cell, 5：5-15, 2004
18) Bachellerie, J. P. et al.：The expanding snoRNA world. Biochimie, 84：775-790, 2002
19) Calvin, K. & Li, H.：RNA-splicing endonuclease structure and function. Cell Mol. Life Sci., 65：1176-1185, 2008

6 タンパク質の制御

mRNAに基づいて翻訳されたタンパク質はそのままですぐに機能する場合もあれば，プロセシングや，糖鎖，脂質，リン酸の共有結合などによるさまざまな翻訳後修飾を受けることもある．また個々のタンパク質はそれぞれ細胞外あるいは細胞内の適切な区画に配置される必要がある．このような修飾や輸送は，タンパク質の機能や活性の制御に重要な役割を果たしており，その不全は小胞体ストレスなどを引き起こす．さらに，ひとたび合成したタンパク質を分解することが多くの生命現象にかかわっていることも明らかになってきている．

概念図

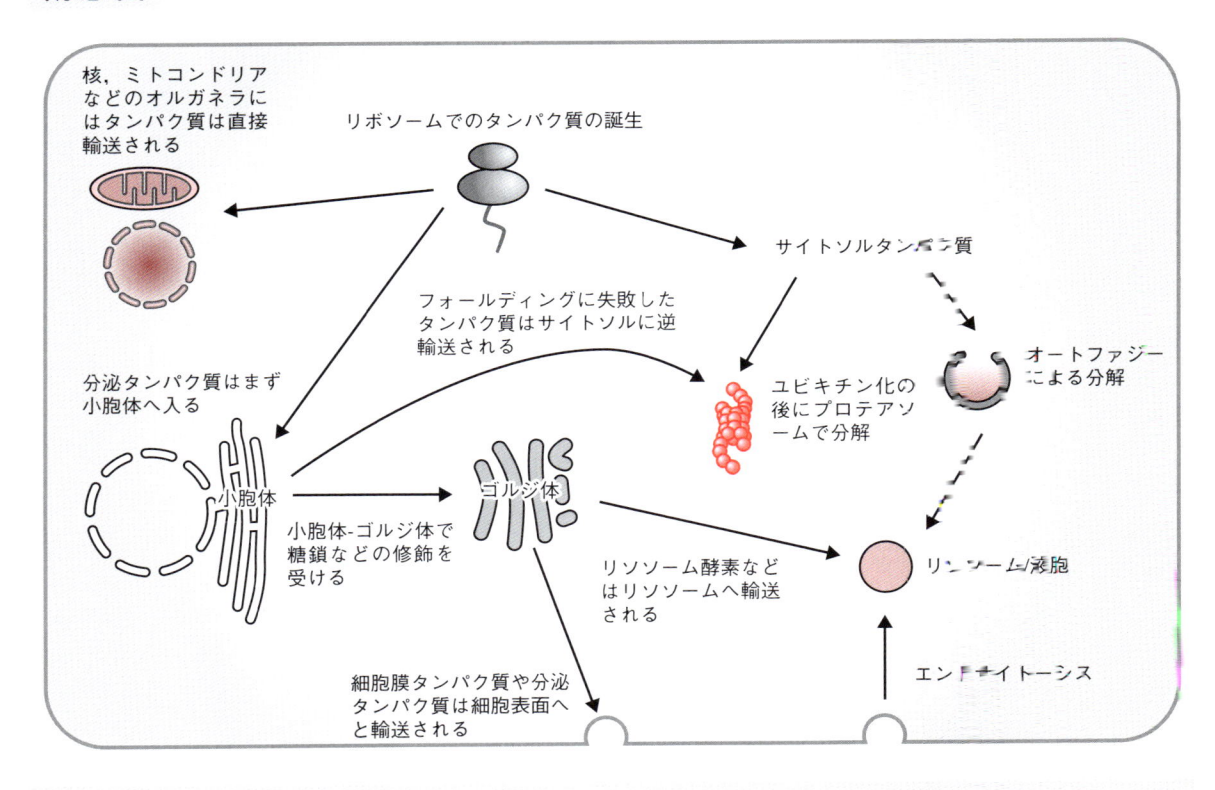

- 核，ミトコンドリアなどのオルガネラにはタンパク質は直接輸送される
- リボソームでのタンパク質の誕生
- サイトソルタンパク質
- フォールディングに失敗したタンパク質はサイトソルに逆輸送される
- ユビキチン化の後にプロテアソームで分解
- オートファジーによる分解
- 分泌タンパク質はまず小胞体へ入る
- 小胞体-ゴルジ体で糖鎖などの修飾を受ける
- ゴルジ体
- リソソーム酵素などはリソソームへ輸送される
- リソソーム/液胞
- 細胞膜タンパク質や分泌タンパク質は細胞表面へと輸送される
- エンドサイトーシス

1 分子シャペロン

タンパク質が合成され，正常に機能するためには，小胞体などのオルガネラ内部や細胞質中のいたるところで介添えタンパク質である分子シャペロンの助けを借りている．シャペロンにはHsp60（シャペロニン），Hsp70，Hsp90などのファミリーがある．当初は熱ショックタンパク質（heat shock protein）として発見されたためこのような名前がついているが，その機能は多彩である．まずタンパク質が合成されるときにその正常な高次構造形成（フォールディング）を助ける．あるいは，ミトコンドリアなどの膜を透過するときに，タンパク質をいったんほぐして（ア

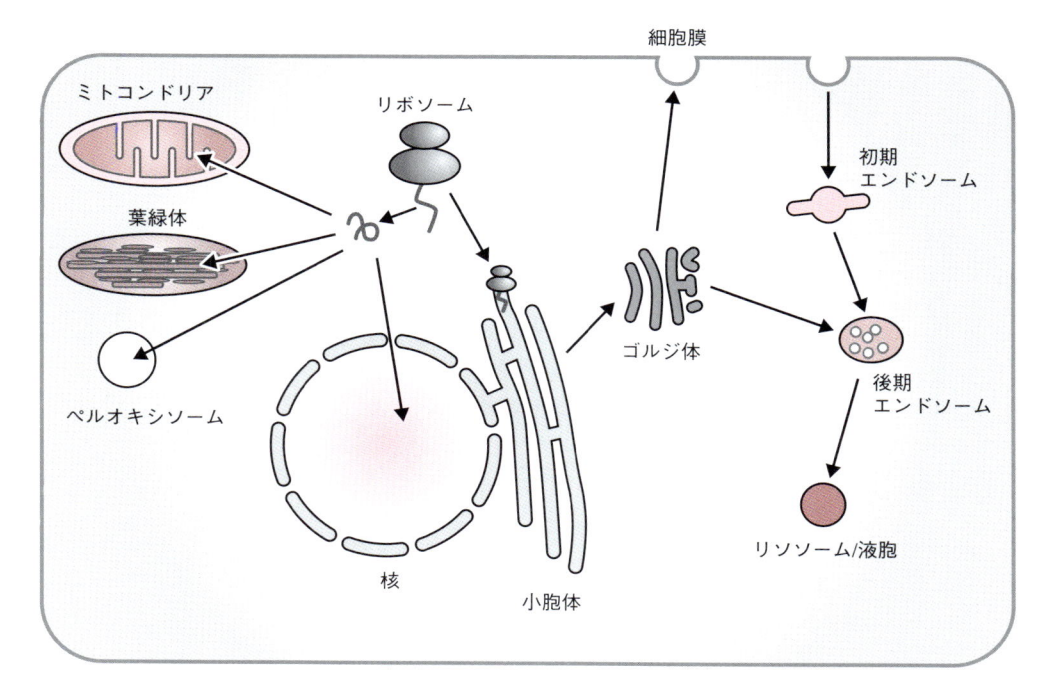

図4-31 細胞内のタンパク質の輸送
リボソームで新規に合成されたタンパク質は，核，ミトコンドリア，葉緑体，ペルオキシソームなどへは直接輸送されるが，細胞膜やその他のオルガネラへは一度小胞体へ入ってから小胞輸送によって最終目的地に運ばれる

ンフォールディング），膜透過後に再度巻き戻すのもシャペロンの働きである．また，細胞内で凝集しやすい不安定なタンパク質を正常な状態に保つ役割もある．さらには後述するプロテアソームでのタンパク質分解までもがシャペロンの助けを借りている．まさにシャペロンはタンパク質の誕生から分解までの一生の面倒をみていることになる．

2 タンパク質トラフィックの制御

　合成されたタンパク質が機能するためには，それらが適切な場所に運ばれる必要がある．細胞外へ分泌されるものもあれば，細胞内にとどまるものもある．また一言に「細胞内」といってもサイトソル，細胞膜，オルガネラなどさまざまである．このような多様な行き先を決定する信号はタンパク質の配列のなかに存在する[2]．

　細胞外，細胞膜，そして多くのオルガネラ（小胞体，ゴルジ体，分泌小胞，リソソーム・液胞，エンドソームなど）へのタンパク質の配置は小胞体をスタート地点とする膜輸送によって行われる（図4-31，詳しくは第6章-3を参照）．N末端に「シグナル配列」が存在するタンパク質は，小胞体膜に結合した膜結合型リボソームで合成されると同時にSec61複合体を通過して小胞体内に入り（多くの場合シグナル配列は切断される），そこから小胞輸送によってそれぞれの終着点へと運ばれる．細胞表面へ向かうか，ゴルジ体から分岐してエンドソームやリソソームへ向かうかを決定するシグナルもタンパク質の配列中に存在する[2]．また一部のタンパク質は小胞体内で機能するため，小胞体にとどめさせるための残留シグナルも存在する．

　核，ミトコンドリア，ペルオキシソーム，葉緑体への輸送は上記の分泌経路を経由しない．遊離リボソームで合成されたタンパク質は直接各オルガネラに標的化される．これを規定している

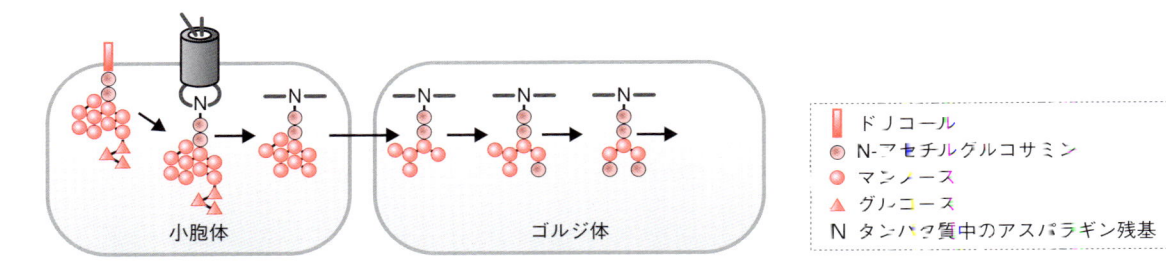

図 4-32　N-型糖鎖修飾
膜型リボソームで合成されたポリペプチド鎖が小胞体内腔へ入ると同時にオリゴ糖（小胞体膜のドリコールと結合した状態で待機している）がアスパラギン残基に付加される．小胞体内では3個のグルコースと1個のマンノースがこれから除去される．次にゴルジ体へ運ばれるとさらに糖の付加と除去がさらに行われ，糖鎖修飾が完了する．

のもタンパク質中に存在する移行（局在化）シグナルである．核と細胞質の間の輸送には核への移行シグナルだけでなく，核から細胞質へ逆輸送されるためのシグナルもある[3]．

Memo
タンパク質は核，ミトコンドリア，ペルオキシソーム，葉緑体へは直接輸送され，他のオルガネラや細胞膜，細胞外へは小胞体を経由した小胞輸送によって輸送される．

3 翻訳後修飾

　タンパク質の翻訳後修飾には，タンパク質の一部を切断するプロセシングや，他の分子の共有結合による修飾などがある．プロセシングは酵素やペプチドホルモンの活性化などにおいてしばしばみられる．この場合，前駆体（不活性型）として合成されたタンパク質の一部がプロセシング酵素によって除去され，成熟型（活性型）となる．

　共有結合による修飾の代表は糖鎖修飾である[4]．タンパク質の糖鎖修飾は，小胞体とゴルジ体内でほとんど行われる．タンパク質中のアスパラギン残基の側鎖のアミノ基（-NH$_2$）に糖鎖が結合するタイプは N-結合型と呼ばれ，粗面小胞体で合成されるほとんどのタンパク質はこのタイプの糖鎖修飾を受けている（図4-32）．一方，頻度は少ないが，セリンやスレオニン残基の側鎖の水酸基（-OH）にオリゴ糖が結合する O-結合型もある．糖鎖修飾はタンパク質の折りたたみや輸送，安定性にかかわっており，細胞接着などにおいても重要な役割を果たしている．

　タンパク質に脂質が共有結合する修飾もある．これはGPI（グリコシルホスファチジルイノシトール）アンカー，脂肪酸アシル化（N-ミリストイル化やS-パルミトイル化），イソプレニル化（S-ファルネシル化やS-ゲラニルゲラニル化）の3つに大別される．GPIによる修飾はタンパク質のC末端で行われ，これは小胞体内でなされる．その後細胞表面へと運ばれた「GPIアンカータンパク質」はGPI部分で膜につながれて細胞の外側を向く（図4-33）[5]．脂肪酸アシル化やイソプレニル化を受けたタンパク質は膜の細胞質側に存在することが多い．脂質修飾によってタンパク質は脂質二重膜との親和性を獲得する．しかし最近では膜結合だけが目的ではなく，他のタンパク質との相互作用や，タンパク質の機能そのものにもかかわっていると考えられている．

　リン酸化は非常に多くのタンパク質でみられる翻訳後修飾の1つである．タンパク質中のアミノ酸側鎖の水酸基とリン酸の間にエステル結合が形成される．これは迅速な可逆的修飾であり，リン酸化はプロテインキナーゼによって，脱リン酸化はホスファターゼによって触媒される．プ

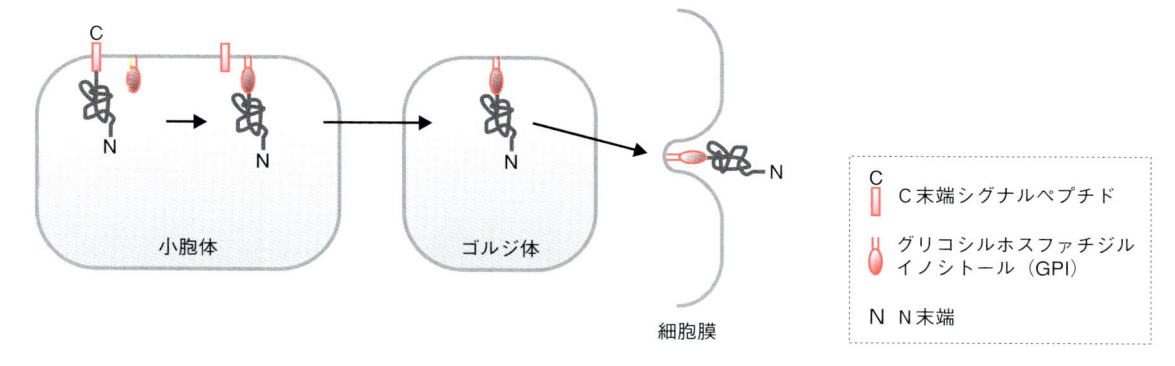

図4-33 GPIアンカーの付加
GPIアンカー修飾を受けるタンパク質は，C末端に特殊なシグナルをもっている．合成後膜に結合しているこのC末端の疎水性アミノ酸からなる配列が切断され，ただちにグリコシルホスファチジルイノシトールに結合する．タンパク質部分はすべて小胞体内腔側を向いており，小胞輸送によって細胞表面へ運ばれると，細胞の外側を向くことになる

ロテインキナーゼはリン酸化するアミノ酸の種類から，チロシンキナーゼとセリン/スレオニンキナーゼに大別される．増殖因子などの多くの細胞外刺激による信号の伝達や細胞周期の調節など，細胞内ではリン酸化によるタンパク質の機能調節が重要な役割を果たしている．共有結合による修飾にはその他にメチル化やアセチル化[6]，SUMO化[7]，ユビキチン化（後述）などがある．

Memo
小胞体の内腔はサイトソルとは膜で隔てられており，トポロジーとしては細胞の外と等価である．このことを念頭に置いて，それぞれのタンパク質修飾を理解する必要がある．

4 タンパク質分解

　1回つくったタンパク質をわざわざ分解することは無駄なようにも思えるが，細胞周期の制御因子などの酵素量を迅速に調節したり，既存のタンパク質を分解して再利用したりすることは細胞の正常な営みや，さまざまな環境適応において重要である．一般に寿命の短いタンパク質はプロテアソームという細胞質にある巨大タンパク質複合体によって分解される[8)9)]（図4-34）．標的となるのはサイトソル中のタンパク質だけではなく，小胞体内でフォールディングに失敗したタンパク質も再びサイトソルに引き戻された後にプロテアソームで分解される[10]．これは一般に「小胞体ストレス」という状態に対する細胞の反応の1つであり，小胞体関連分解と呼ばれている（図4-35）．注目すべき点は，プロテアソームはどのタンパク質を分解するべきかを認識できることである．これにはユビキチンという小さなタンパク質が一役買っている（図4-34）．分解されるべきタンパク質にユビキチンが共有結合すると，これが標識となってプロテアソームに認識されるのである．

　一方，細胞内の大部分のタンパク質はゆっくりではあるが，リソソームという分解専門のオルガネラで分解される．細胞質のタンパク質をリソソーム内へ運び込むためには，リソソームの膜を越えなければならないが，それはオートファジーという巧妙な膜現象によって主に達成されている（図4-36）[11)12)]．プロテアソームでの分解と異なり，オートファジーは原則的には非選択的な分解系とされており，タンパク質のみならずミトコンドリアなどのオルガネラもこの系で分

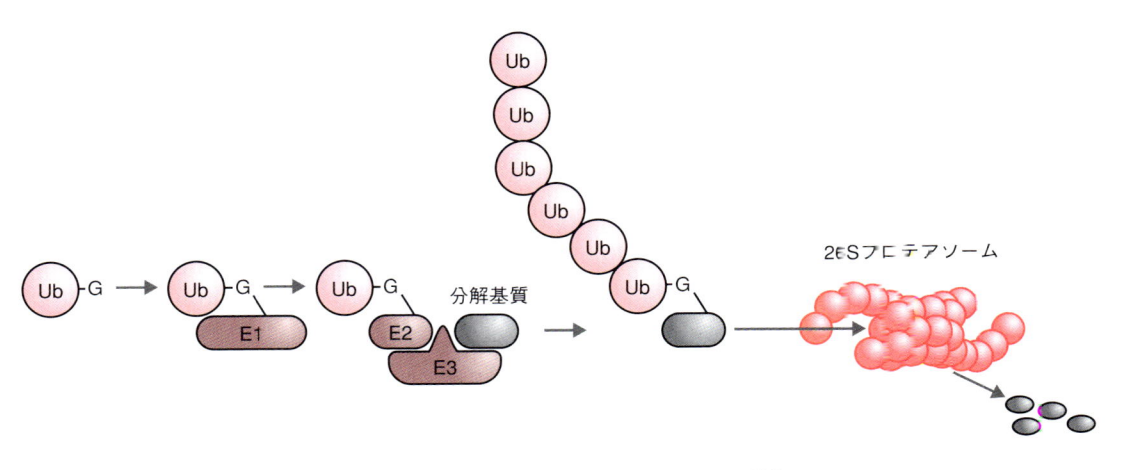

図 4-34　ユビキチンシステムとプロテアソームによる分解

ユビキチン（Ub）のC末端グリシンはE1（Ub活性化酵素）によってATP依存的に活性化され，UbとE1は高エネルギー性チオエステル結合による中間体を形成する．次にUbはE2（Ub結合酵素）とチオエステルを形成する．多くの場合E3（Ubリガーゼ）との共同作業によってUbは分解基質のリシンのε-アミノ基に結合する．さらにUb自身の48番目のリシンにUbが結合し，ポリユビキチン鎖が形成される．ポリユビキチン標識されたタンパク質は26Sプロテアソームによって認識され，分解される

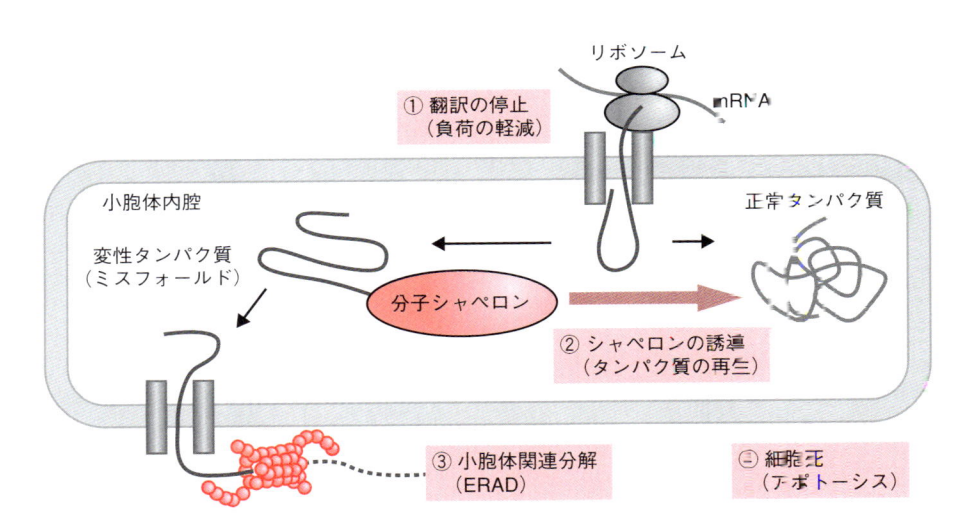

図 4-35　小胞体ストレスとその細胞応答

小胞体内に変性（ミスフォールド）タンパク質が蓄積すると，小胞体ストレスが惹起される．小胞体膜にはこのような変性タンパク質の蓄積を検出するセンサー分子（IRE1，ATF6，PERKなど）が存在しており，速やかにストレス応答が開始される．細胞はまず小胞体の負荷を軽減するためにタンパク質の翻訳を停止する（①）．次に分子シャペロンの発現を誘導して変性タンパク質の再生を試みる（②）．再生の不能なタンパク質は小胞体外に排出され，ユビキチン化の後，プロテアソームで分解される（③）．それでもなおストレスが解除されない場合に細胞そのものがアポトーシスによって死に至る（④）

解されうる．ただし最近では一部のタンパク質（p62など）はオートファジーによって選択的に分解されることも明らかになってきている．オートファジーは，栄養飢餓時に必要なアミノ酸を細胞内で緊急に調達するためや，絶えず細胞内を浄化して細胞の品質を維持するためなどに重要である．

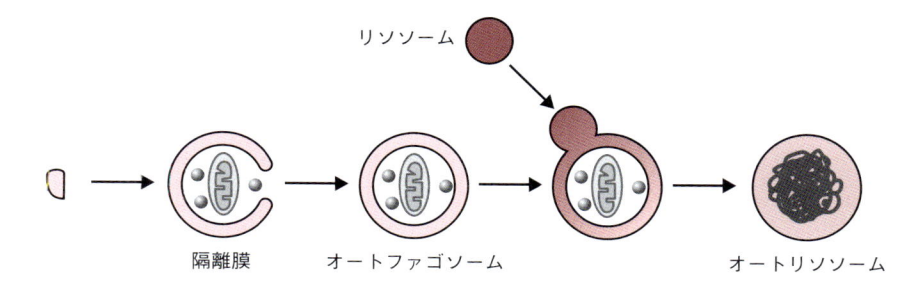

図4-36 オートファジーによる分解

細胞質の一部が隔離膜によって取り囲まれて二重膜膜構造体であるオートファゴソームが形成される．このときミトコンドリアなどのオルガネラも取り囲まれうる．次いでオートファゴソームの外膜はリソソームまたは液胞膜と融合し，リソソーム酵素によってオートファゴソームの内膜とともに内容物が分解される．生じたアミノ酸はリソソーム膜のトランスポーターを介して再びサイトソルに運ばれ，タンパク質に再利用されたり，エネルギー源になったりする

> **Memo**
>
> 細胞内の主要なタンパク質分解の場は，巨大タンパク質複合体であるプロテアソームと，細胞内小器官であるリソソームである．

■ 文 献 ■

1) Hartl, F. U.: Molecular chaperones in cellular protein folding. Nature, 381: 571-579, 1996
2) Keller, P. & Simons, K.: Post-Golgi biosynthetic trafficking. J. Cell Sci., 110: 3001-3009, 1997
3) Komeili, A. & O'shea, E. K.: New perspectives on nuclear transport. Annu. Rev. Genet., 35: 341-364, 2001
4) Hart, G. W.: Glycosylation. Curr. Opin. Cell Biol., 4: 1017-1023, 1992
5) Kinoshita, T.: Defective glycosyl phosphatidylinositol anchor synthesis and paroxysmal nocturnal hemoglobinuria. Adv. Immunol., 60: 57-103, 1995
6) Wurtele, H. & Verreault, A.: Histone post-translational modifications and the response to DNA double-strand breaks. Curr. Opin. Cell Biol., 18: 137-144, 2006
7) Geiss-Friedlander, R. & Melchior, F.: Concepts in sumoylation: a decade on. Nat. Rev. Mol. Cell Biol., 8: 947-956, 2007
8) Hochstrasser, M.: Ubiquitin-dependent protein degradation. Annu. Rev. Genet., 30: 405-439, 1996
9) Hershko, A. & Ciechanover, A.: The ubiquitin system. Annu. Rev. Biochem., 67: 425-479, 1998
10) Meusser, B. et al.: ERAD: the long road to destruction. Nat. Cell Biol., 7: 766-772, 2005
11) Pfeifer, U.: Functional morphology of the lysosomal apparatus. "Lysosomes: Their role in protein breakdown" (Glaumann, H. & Ballard, F. J./ed), pp3-59, Academic Press, 1987
12) Mizushima, N. et al.: Autophagy fights disease through cellular self-digestion. Nature, 451: 1069-1075, 2008

RNAバイオロジー 第5章

1 新しいトランスクリプトーム像 *142*
非コードRNAの可能性：タンパク質様の機能をもつ

2 非コード低分子RNA *147*
多様な細胞機能を制御する小さなRNA

3 RNAによる遺伝子サイレンシング *152*
低分子RNAが遺伝子発現を抑制する

4 RNAがかかわる生理機能と疾患 *159*
生命現象とRNAとの多彩なつながり

Chapter 5

1 新しいトランスクリプトーム像

今までトランスクリプトームといえばmRNAを指していたが，最近の研究により非コードRNA（non-coding RNA：ncRNA）と呼ばれるRNAがmRNAと同じくらい存在することが明らかとなり，トランスクリプトームの認識が様変わりしてきた．タンパク質が生体内の生理現象の中枢を担っているという常識を覆し，ncRNAが機能性物質としてタンパク質と双璧をなすような存在ではないかと考えられてきている．本稿を読むことで，生命のしくみを読み解くカギとなるncRNAの無限に広がる可能性とおもしろさを感じてくれたら嬉しい．

概念図

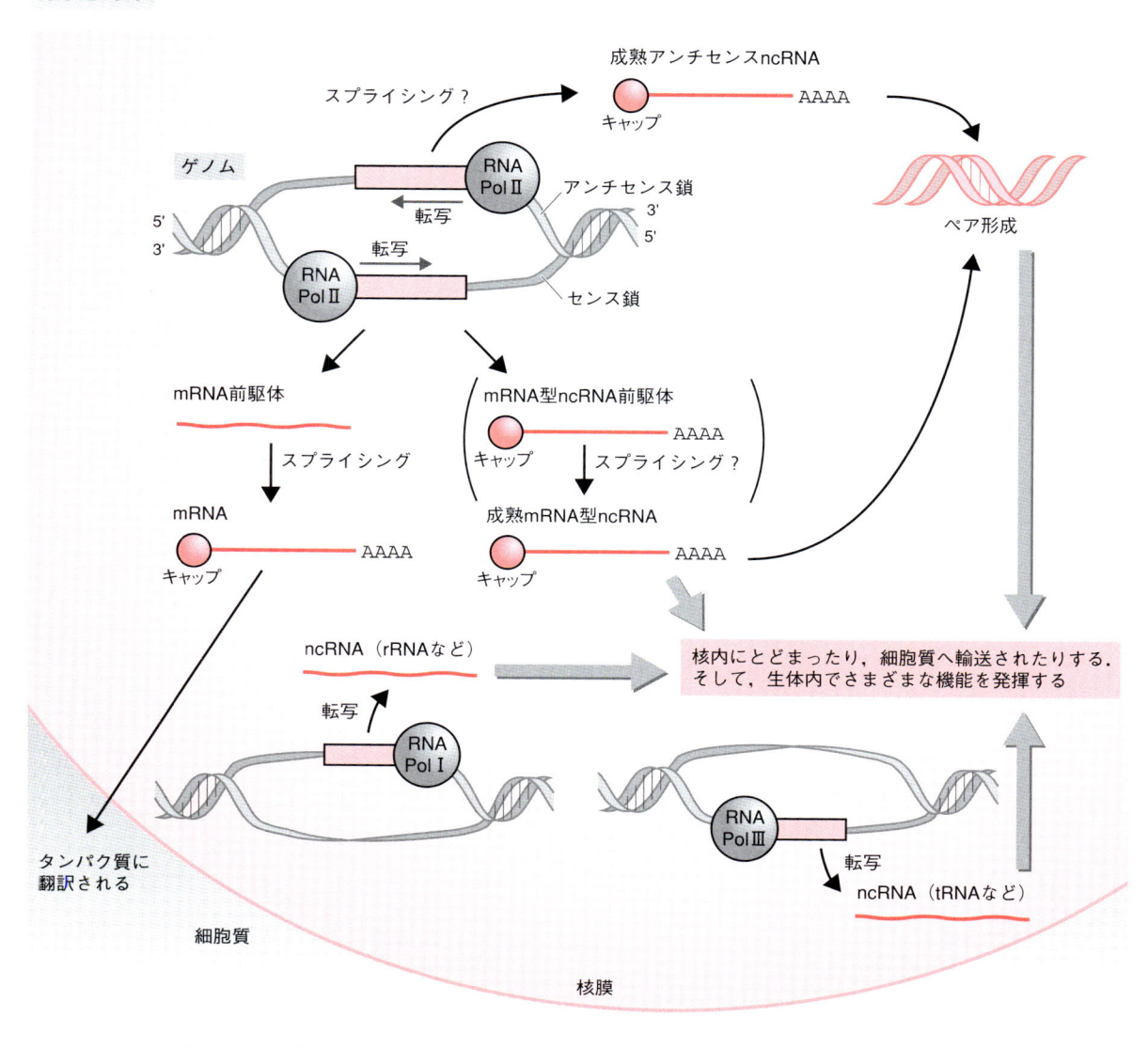

1 従来のトランスクリプトーム像

トランスクリプトーム（transcriptome）とは，転写産物（transcripts）と，「すべて，あらゆる，完全」などの意味をもつオーム（-ome）とを融合した造語で，1つの生物において転写されているすべての転写産物を意味する[1]．他にも遺伝子（gene）＋omeでゲノム（genome）や，タンパク質（protein）＋omeでプロテオーム（proteome），代謝産物（metabolite）＋omeでメタボローム（metabolome）などが使われている．

従来はトランスクリプトームといえば，「転写されたすべてのmRNA」や「タンパク質の遺伝子に由来する全RNA」などと表現されてきた[2]．これは，DNAからRNAに転写されタンパク質に翻訳されるという一連の流れのなかでのRNA，つまりmRNAのことを示す．RNAには，タンパク質に翻訳されるRNA（protein-coding RNA）と，タンパク質に翻訳されない非コードRNA（non-coding RNA：ncRNA）とがある．タンパク質に翻訳されるRNA（つまり，mRNA）は，転写された全RNAのうちの大部分を占めると考えられてきた．その理由に，タンパク質が生物の生理機能の中枢を担っているというのが分子生物学の常識であり，そのもととなるmRNAも大量に存在していると考えられてきた．しかし，最近の研究によって「RNA新大陸」が発見され，その認識が覆されつつある．ncRNAが大量に見つかった（図5-1）．昔からよく知られているncRNAには，さまざまな教科書に出てくる，転移RNA（transfer RNA：tRNA），リボソームRNA（ribosomal RNA：rRNA）や，RNAスプライシングなどに関与している核内低分子RNA（small nuclear RNA：snRNA），RNAのメチル化などに関与している核小体低分子RNA（small nucleolar RNA：snoRNA）などがある[2]が，これら以外のncRNAが大量に存在したのである．

2 RNA新大陸の発見

ヒトゲノムにおいて，ゲノム上の30％程度から転写され，mRNA前駆体となり，スプライシングによりイントロンが切り出されエキソンだけつなげられ，タンパク質翻訳に直接的にかかわる成熟mRNAになるのは結局ゲノム上の約1～2％しかない[3]．つまり，ゲノムの98％はジャンク（がらくた）であると考えられていた．

近年，理化学研究所ゲノム科学総合研究センター遺伝子構造・機能研究グループ（2008年4月よりオミックス基盤研究領域に改варе）を運営の中心とした国際的研究組織のFANTOM（Functional Anotation Of Mouse cDNA）プロジェクトによって，マウスのトランスクリプトームの全容解明に挑戦する研究が行われた[4,5]．その結果，マウスゲノムの約70％の領域から約44,000種類のRNAが転写されており，そのうちの約21,000種類（47％）はタンパク質に翻訳されるRNAで，約23,000種類（53％）はタンパク質に翻訳されないncRNAであることがわかった（図5-2）[4,5]．従来ncRNAの存在は広く知られていたが，例外的な存在であると捉えられてきた[4,5]．しかし，その

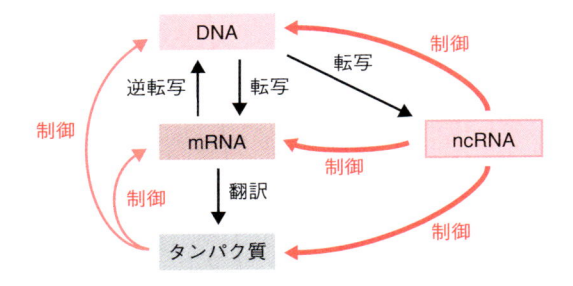

図5-1 「RNA新大陸」発見によるセントラルドグマの新たな概念図

従来のセントラルドグマは，DNA→RNA→タンパク質という流れであったが，最近の研究によってncRNAが大量に発見された．タンパク質が生物の生理機能の中枢を担っているというのが分子生物学の常識であったが，mRNAと同じかそれ以上の数のncRNAがあることがわかった．さらに，それらのなかにはタンパク質のように生体内でさまざまな機能を発揮するものがある

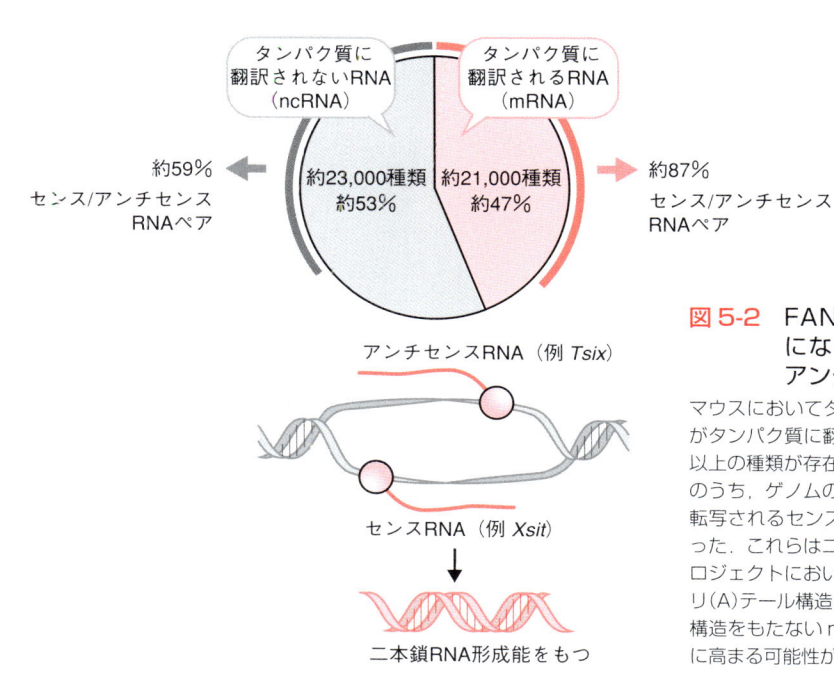

図5-2 FANTOMプロジェクトの結果明らかになったncRNAの割合と，センス・アンチセンスRNA

マウスにおいてタンパク質に翻訳されないRNA（ncRNA）がタンパク質に翻訳されるRNA（mRNA）と，同じかそれ以上の種類が存在することが明らかになった．また，これらのうち，ゲノムの同一領域のセンス鎖とアンチセンス鎖から転写されるセンスRNAとアンチセンスRNAが多く見つかった．これらは二本鎖形成能をもつとされる．また，このプロジェクトにおいて確認されたncRNAはキャップ構造とポリ(A)テール構造をもつmRNA型ncRNAであり，これらの構造をもたないncRNAもあるため，ncRNAの割合はさらに高まる可能性がある（文献4，5より）

ncRNAが大量に存在することが明らかとなり，ncRNAの数はタンパク質に翻訳されるRNAの半分以上であるという驚くべき結果が明らかとなったのである[4)5)]．また，ゲノムネットワークプロジェクトによってヒトについても，マウスと同様の結果が得られた[4)5)]．最終機能物質として生命現象を担っている「タンパク質大陸」とでもいうべき大きな枠組みと，同等かそれ以上の「RNA新大陸」が存在していたのであった[4)5)]．1958年にF. Crickにより提唱された，RNAはDNAからタンパク質への橋渡し役であるような分子生物学の中心原理であるセントラルドグマは，その考えを見直さなければならないのかもしれない[4)5)]．

3 新しいトランスクリプトーム像

最初に述べたように，従来のトランスクリプトームとは，タンパク質に翻訳されるすべてのRNA，つまり全mRNAであった．昔からncRNAは知られていたが例外的なものとして捉えられ，トランスクリプトームというとmRNAという考えであった．しかし，RNA新大陸の発見によって，今やトランスクリプトームといえば「転写されたすべてのRNA」という表現に至っている．タンパク質に翻訳されるRNA（mRNA）と，タンパク質に翻訳されない非コードRNA（ncRNA）すべてを含む形となった．

4 non-coding RNA

non-coding RNA（ncRNA）とは，タンパク質に翻訳されないRNAである．ncRNAには，siRNA（small interfering RNA）やmiRNA（microRNA）などの約20塩基ほどのものから，X染色体の不活性化にかかわる約2万塩基のXist[5)]など，数十〜数万塩基の長短さまざまなものがある．DNAからRNAに転写され，ncRNAとして機能する．近年ではsiRNAやmiRNAなどの低分子RNAが，mRNA分解の誘導や翻訳阻害の機能をもつことで脚光を浴びている．

miRNAはncRNAのなかでよく研究されているRNAで，転写された初期転写産物はpri-miRNA（primary-miRNA）と呼ばれ，核内でDrosha と DGCR8というタンパク質によって一部を切り取

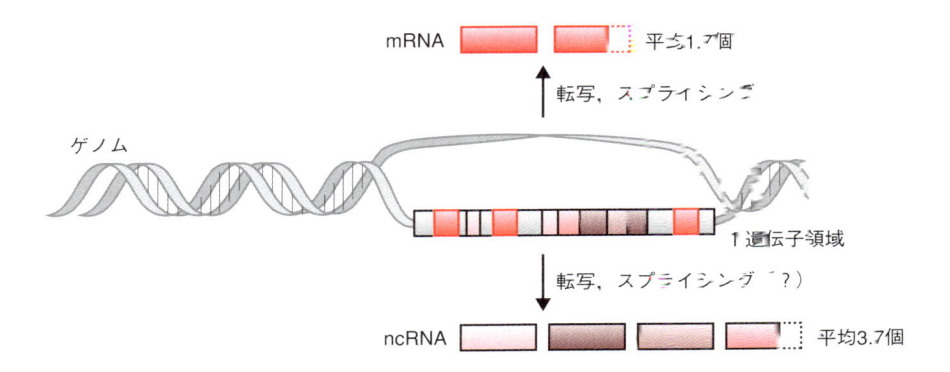

```
                                    mRNA  ▭ ▭  ┊▭┊  平均1.7個
                                              ↑
                                          転写, スプライシング
ゲノム
                                        ↑遺伝子領域
                                              ↓
                                          転写, スプライシング（？）
                                    ncRNA ▭ ▭ ▭ ▭ ┊▭┊  平均3.7個
```

図 5-3　ENCODE プロジェクトの結果明らかになったこと
ヒトゲノムにおいて，1つの遺伝子領域から平均5.4個の異なる RNA が転写され，そのうちタンパク質に翻訳されるものは1.7個であった．細胞の種類や状況によってそのときに必要とされるタンパク質や ncRNA が違い，さまざまな RNA がつくられる

られ，pre-miRNA（precursor-miRNA）という miRNA 前駆体となり，細胞質へ運ばれさらに Dicer というタンパク質によって一部を切り取られ，成熟 miRNA となる[6]．成熟 miRNA は複合体を形成し，miRNA の配列と相同な配列をもつ mRNA に結合し，翻訳阻害や mRNA の分解を誘導する[6]．miRNA はさまざまな生物において多用な生理現象にかかわるタンパク質の発現制御に深くかかわっている．このような低分子 RNA については，第5章-2 を参照していただきたい．

また，数百～数万塩基の長い ncRNA には，次の **5** で述べる mRNA 型 ncRNA などがあるが，それらの機能についてはほとんどわかっていないのが現状である[3]．

まだ未解明な部分の多い ncRNA であるが，アメリカの ENCODE（encyclopedia of DNA elements）プロジェクトの結果，1つの遺伝子領域から平均5.4個の異なる RNA が転写され，そのうちタンパク質に翻訳されるものは1.7個であった（図 5-3）[5]．また，同一ゲノム領域の両鎖から転写される RNA ペアがあり，センス・アンチセンス RNA と呼ばれている[4,5]．FANTOM プロジェクトでは，タンパク質に翻訳される RNA のうちの約87％が，ncRNA のうちの約59％がペアだった（図 5-2）[4,5]．

このように ncRNA は，近年の研究の的であるが，まだ未知の大陸である．2004年にヒトゲノムコンソーシアムによりヒトの遺伝子数が約22,000個であると予測された[4]．マウスの遺伝子数は約23,000個でヒトのそれとほぼ同じであり，70％の遺伝子がヒトと共通であるが，ゲノムの長さはヒトの4分の1であった[7]．遺伝子の種類に30％の違いがあるものの，このようにヒトと他種との遺伝子数に大きな差がないにもかかわらず，生命の複雑さの違いを示す要素の1つに，転写産物の多様性があると考えられている．このような ncRNA のブラックボックスの解明が，生命のしくみの解明への大きな一歩となるだろう．

5　mRNA 型 non-coding RNA

高等真核生物においてゲノムから mRNA に転写される際に，RNA ポリメラーゼ II によって転写が行われており，mRNA は 5′ 末端にキャップ構造と 3′ 末端にポリ(A)テール構造をもつ．tRNA や rRNA にはない mRNA の構造上の特徴である．このような構造をもつ ncRNA を mRNA 型 ncRNA（mRNA-like non-coding RNA：mlncRNA）と呼ぶ．先ほど「RNA 新大陸の発見」の項で述べた，FANTOM プロジェクトによって明らかとなったマウスの ncRNA は，キャップ構造とポリ(A)テール構造をもつものを解析しているので，mRNA 型 ncRNA といえる．つまり，

表 5-1　哺乳類の ncRNA

種類	転写	長さ	特徴・機能
5.8S, 18S, 28S rRNA	Pol I	約160塩基，1.9キロ塩基，4.7キロ塩基	タンパク質翻訳
mRNA型ncRNA	Pol II	約100塩基〜1,000キロ塩基	さまざまな機能をもつとされる
snoRNA	Pol II	約60〜150塩基	RNAの切断，修飾など
U1, U2, U4, U5 snRNA	Pol II	約100〜200塩基	スプライシング
U7 snRNA	Pol II	約60塩基	ヒストンmRNAの3′端プロセシング
miRNA	Pol II, Pol III	約22塩基	翻訳抑制
5S rRNA	Pol III	約400塩基	タンパク質翻訳
7SK RNA	Pol III	約300塩基	転写因子の活性制御
7SL RNA	Pol III	約300塩基	シグナル識別粒子の構成成分
RNase MRP RNA	Pol III	約300塩基	rRNAプロセシング，ミトコンドリアDNA複製
RNase P RNA	Pol III	約300塩基	tRNAの5′端プロセシング
tRNA	Pol III	約70〜90塩基	タンパク質翻訳
U6 snRNA	Pol III	約100塩基	スプライシング

RNAポリメラーゼの違いによりさまざまなncRNAが転写される．転写するRNAポリメラーゼの種類と転写されたncRNAの長さと機能を示した

タンパク質に翻訳されるRNA：mRNA型ncRNAが47％：53％であったといえる．

このmRNA型ncRNAの生理機能が明らかとなっているものはほとんど，このプロジェクト以前に同定されたごくわずかなものである．よく研究されているものとして，X染色体不活性化にかかわる哺乳類の*Xist*がある[5]．この遺伝子から転写されたRNAはX染色体を覆い尽くし，X染色体上の遺伝子からの転写量を雌雄間で同レベルにするための調節役として働いている[5]．さらに*Xist*には同じ遺伝子領域のアンチセンス鎖から*Tsix*というアンチセンスRNAも転写されており，似たような働きを示す[5]（第5章-4参照）．さらに，これらは核内にとどまるmRNA型ncRNAである[5]．どのようにしてとどまるのかは，まだよくわかっていない[5]．

また，mRNA型ncRNA以外のRNA，つまりキャップ構造がなかったり，ポリ(A)テール構造がなかったり，もしくはどちらもないようなncRNAも存在する．表5-1に各RNAポリメラーゼによって転写される哺乳類のncRNAの例を示した．先ほど述べたように高等真核生物においてRNAポリメラーゼIIによって転写された場合mRNA型ncRNAの形で転写されるが，RNAポリメラーゼIもしくはIIIによって転写されると，キャップ構造やポリ(A)テール構造のないRNAが転写される．FANTOMプロジェクトではmRNA型ncRNAを解析したが，それとは対をなすようにアメリカのENCODEプロジェクトではキャップ構造やポリ(A)テール構造のないRNAまでも解析されている．しかし，このようなRNAに関することはわかっていないことが多く，今後のさらなる解析が期待される．

■ 文　献 ■

1) "最新生命科学キーワードブック"（野島 博），p175，羊土社，2007
2) "RNAと生命 蛋白質核酸酵素 臨時増刊号 Vol.51"（中村義一/編），pp2413-2419，共立出版，2006
3) "機能性 Non-coding RNA"（河合剛太，金井昭夫/編），pp69-82，pp115-126，クバプロ，2006
4) "[特集] RNA新大陸の発見から non-coding RNA の機能解明に挑む 実験医学 Vol.24"（林﨑良英/企画），pp786-793，羊土社，2006
5) "RNA機能の解明と医療応用 実験医学増刊 Vol.26"（林﨑良英，安田 純/編），pp16-33，pp88-98，羊土社，2008
6) "[特集] 生殖細胞形成から発生，分化を制御する small RNA の新機能 miRNA, siRNA, piRNA, rasiRNA の多彩な役割 実験医学 Vol.25"（塩見美喜子/企画），pp800-805，羊土社，2007
7) Pennisi, E.：Sea urchin genome confirms kinship to humans and other vertebrates. Science, 314：908-909, 2006

Chapter 5

2 非コード低分子RNA

生体内にはタンパク質へと翻訳されない非コード低分子RNAが多数存在する．mRNAが遺伝情報を伝達する働きをもつのに対し，非コード低分子RNAはそれ自体が機能をもつ．非コード低分子RNAはタンパク質や核酸など他の生体内分子と相互作用し，DNAの安定性，mRNAの転写，スプライシング，翻訳，タンパク質輸送など，さまざまな細胞機能を制御している．本稿では非コード低分子RNAの構造，生合成，機能について解説する．

概念図

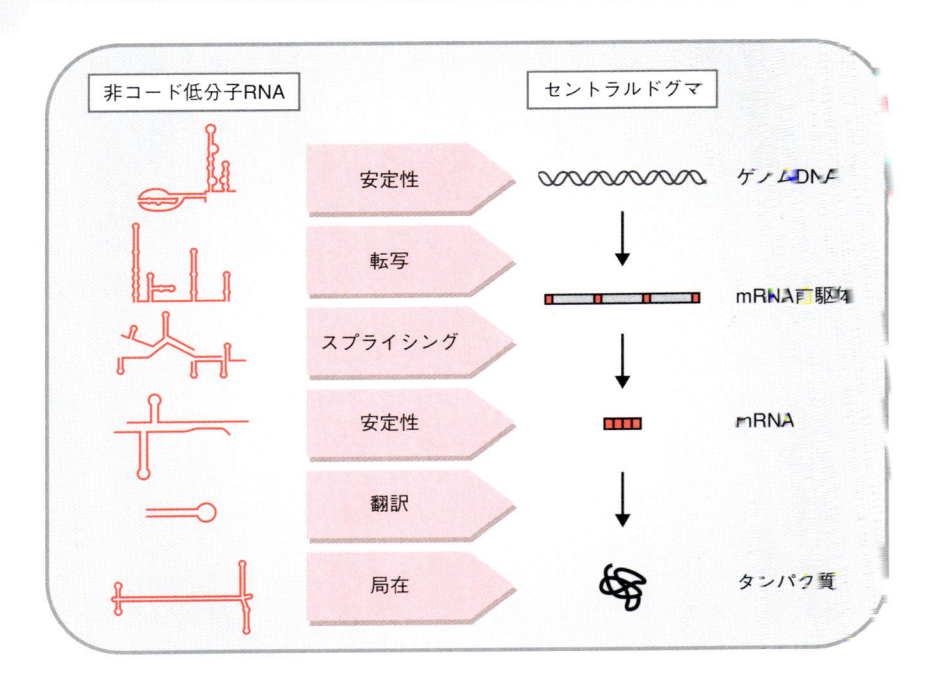

非コード低分子RNA		セントラルドグマ
	安定性	ゲノムDNA
	転写	mRNA前駆体
	スプライシング	
	安定性	mRNA
	翻訳	
	局在	タンパク質

1 非コード低分子RNAの概要

ゲノムから転写されるRNAは，タンパク質翻訳の鋳型となるメッセンジャーRNA（mRNA）とタンパク質情報をもたない非コードRNA（non-coding RNA）に分類される．非コードRNAのうち特に塩基配列の短いRNAを非コード低分子RNAと呼ぶ．表5-2に主な非コード低分子RNAを示した．

非コード低分子RNAは，遺伝子発現の各過程に関与している（概念図）．古典的な非コード低分子RNAとして，mRNAからタンパク質への翻訳過程において重要な働きを担う転移RNA（tRNA）があげられる．tRNAは約80塩基ほどの小さな分子だが，アミノ酸に結合するアクセプターステム構造とmRNAに結合するアンチコドンアームをもちアミノ酸合成のアダプターとして働く．また，mRNA前駆体のスプライシング反応には巨大なリボ核酸タンパク質（ribonucleo-

表5-2 主要な非コード低分子RNA

種類	長さ	主な機能
5.8S rRNA	約160塩基	タンパク質翻訳
5S rRNA	約120塩基	タンパク質翻訳
7SK RNA	約300塩基	転写因子の活性制御
7SL RNA	約300塩基	タンパク質局在シグナル認識
microRNA	約22塩基	タンパク質翻訳抑制
piRNA	約30塩基	トランスポゾンの抑制
RNase MRP RNA	約300塩基	rRNAプロセシング，ミトコンドリアDNA複製
RNase P RNA	約300塩基	tRNA 5′末端プロセシング
scaRNA	約80〜330塩基	RNA塩基修飾
snoRNA	約60〜150塩基	rRNA塩基修飾
Telomerase RNA	約380〜560塩基	テロメア配列付加
tRNA	約70〜90塩基	タンパク質翻訳
U-snRNA	約100〜200塩基	スプライシング
U7 snRNA	約60塩基	ヒストンmRNAの3′端プロセシング
Vault RNA	約80〜150塩基	細胞内輸送
Y RNA	約80〜110塩基	DNA複製

脊椎動物における主要な非コード低分子RNA，塩基長，および主な機能を示した

protein：RNP）複合体が関与している．このRNP複合体には5種類の核内低分子RNA（snRNA：small nuclear RNA）が含まれ，スプライシングの各ステップで重要な役割を果たす．核内小器官である核小体にも多数の低分子RNA（snoRNA：small nucleolar RNA）が存在し，rRNAの成熟化に関与している．細胞質に存在するマイクロRNA（miRNA：micro RNA）は約22塩基の低分子RNAであり，mRNAに結合することにより，タンパク質の翻訳を抑制する働きをもつ．非コード低分子RNAは，DNAの安定性，mRNAの転写・スプライシング・安定性，そしてタンパク質の翻訳・局在に至るまで遺伝子発現・機能をさまざまな段階で制御している．

2 スプライシングにかかわる核内低分子RNA

真核生物のスプライソームは巨大なRNP複合体であり，DNAから転写されたmRNA前駆体からイントロンを取り除くスプライシング活性をもつ．スプライソームには，U1，U2，U4，U5，U6の5種類の核内低分子RNA（uracil-rich small nuclear RNAs：U-snRNAs）が含まれている[1]．U-snRNAは複数のタンパク質と結合し，核内低分子リボヌクレオプロテイン（U snRNP）複合体を形成する．スプライシング反応の各ステップにおいて異なるU-snRNPがスプライソームを構成する（図5-4）[1]．

通常イントロンは5′末端にGT，3′末端にAGという塩基配列をもつ（GT-AC型）が，脊椎動物，植物，ショウジョウバエなどにおいて，AT-AC型保存配列をもつイントロンが見つかっている．AT-AC型イントロンのスプライシング反応では，U1，U2，U4，U6の代わりにU11，U12，U4atac snRNA，U6atacという独自のsnRNAが用いられる[2]．

3 RNAの修飾にかかわる核小体低分子RNA

核小体低分子RNA（snoRNA）は真核生物の核小体に存在する低分子RNAである．snoRNAはrRNAなどのRNAの化学修飾において，修飾塩基の位置を規定するガイドとしての役割を担う．マウスやヒトでは200種類以上のsnoRNAが知られているが，その多くはリボソーム関連タ

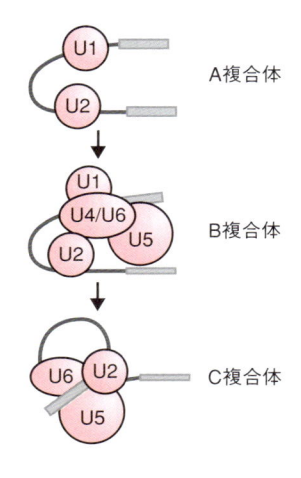

図 5-4 低分子核小体 RNP によるスプライシング

はじめに U1 snRNP が mRNA 前駆体の 5′スプライス部位に結合，続いて U2 snRNP がブランチ領域に結合し，スプライソソーム前駆体（A 複合体）を形成する．次に U4，U5，U6 snRNA が結合して B 複合体が形成される．続いて，U1 および U2 snRNP が分離，C 複合体が再編成される．イントロンの 5′末端はブランチ部位に結合，ラリアットとよばれるループ状の構造が形成される

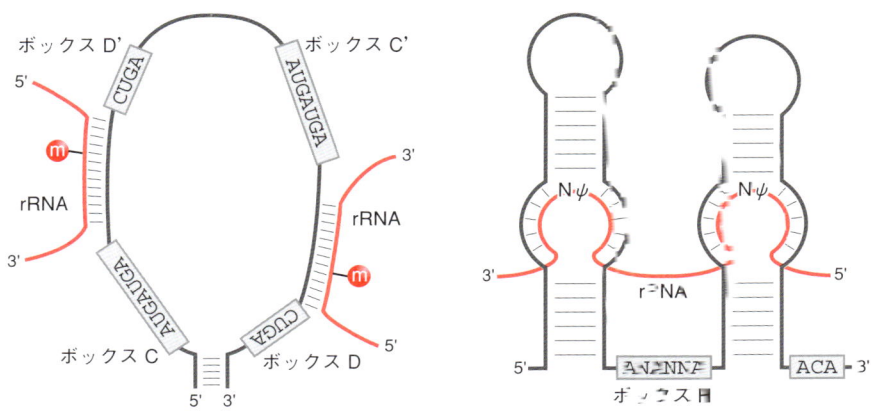

図 5-5 snoRNA の構造

ボックス C/D 型 snoRNA（左）は 5′末端および 3′末端付近にボックス C（UGAUGA）およびボックス D（CUGA）保存配列をもつ．両末端のステム構造を介して，これらのボックスは折りたたまれる．rRNA は約 10～20 塩基の相補配列を介してボックス D の上流に結合し，5 塩基目の塩基がメチル化を受ける．H/ACA ボックス型 snoRNA（右）は 2 つのヘアピン領域およびボックス H（ANANNA）およびボックス ACA をもつ．rRNA はヘアピン領域中のループ構造に結合する．ボックス H およびボックス ACA の 14～16 塩基上流に位置する rRNA のウリジン残基がシュードウリジン化（ψ）を受ける

ンパク質をコードする遺伝子のイントロンのなかにコードされている．snoRNA は配列の構造から C/D ボックス型と H/ACA ボックス型に分類される（図 5-5）．それぞれの snoRNA は特異的な核内タンパク質と結合し核小体低分子リボ核酸タンパク質（snoRNP）を形成する[3]．C/D ボックス型 snoRNP は，FBL，NOL5A，NOL5，NHP2L1 の共通タンパク質を含む．H/ACA ボックス型 snoRNP は DKC1，NOLA1，NOLA2，NOLA3 の共通タンパク質を含む．snoRNA は，標的 RNA と相補的な配列を介して結合し，C/D ボックス型はリボースのメチル化，H/ACA ボックス型はウリジンの異性化を誘導する．

snoRNA に関連する低分子 RNA として，カハール体とよばれる核内の小器官に存在する scaRNA（small Cajal body-specific RNA）がある[4]．scaRNA はスプライソソームを構成する U-snRNA の塩基修飾を補助する働きをもつ．一部の scaRNA は C/D ボックスとボックス H/ACA の 2 種類の構造をもち，塩基のメチル化とシュードウリジン化の両方に働く．

染色体 DNA の末端にテロメア配列を付加するテロメラーゼの構成成分であるテロメラーゼ RNA

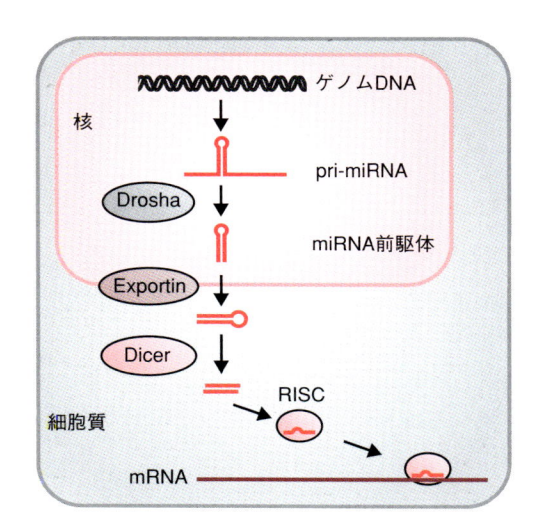

図 5-6　miRNA の生合成

miRNA は，pri-miRNA と呼ばれる長鎖の RNA としてゲノムから転写される．RNase III様酵素である Drosha が pri-miRNA のステムループ構造を認識・切断し，約 70 塩基の miRNA 前駆体（pre-miRNA）がつくられる．Exportin-5 により miRNA 前駆体は核から細胞質へと輸送される．Dicer により miRNA 前駆体が切断され約 21 塩基対の二本鎖 miRNA が生成されるが，その片鎖が RNA 誘導型サイレンシング複合体（RISC）に取り込まれる．RISC は miRNA との部分的な相補鎖を介してターゲットとなる mRNA に結合する

もカハール体に局在する[5]．脊椎動物のテロメラーゼ RNA は snoRNA の H/ACA ボックスに類似した構造をもち，H/ACA ボックス型 snoRNP の共通タンパク質と結合する．

4　遺伝子発現抑制にかかわる低分子 RNA

　miRNA は遺伝子の発現抑制にかかわる約 22 塩基の低分子 RNA である．miRNA はゲノムにコードされており，通常ポリメラーゼ II により数千塩基におよぶ初期 RNA として転写される（図 5-6）．この初期 RNA は Drosha，Dicer などの酵素による切断を受けた後，AGO タンパク質と結合し RNA 誘導型サイレンシング複合体（RISC）を形成する[6]．RISC に取り込まれた miRNA は発現抑制のターゲットとなる mRNA と部分的な相補鎖を介して結合し，通常，タンパク質の翻訳抑制を誘導する．siRNA（small interfering RNA）も遺伝子発現を抑制する低分子 RNA であるが，外来性の長い二本鎖 RNA からつくられ mRNA 切断が主な作用である（第 5 章-3 参照）．miRNA は，線虫，植物，哺乳類において数百種類以上存在することが報告されている．miRNA の発現調節の対象は，発生，細胞分化，腫瘍形成など多岐にわたる．

　AGO タンパク質はアルゴノート（Argonaute）タンパク質ファミリーに属し，低分子 RNA による遺伝子発現抑制にかかわる．最近，このアルゴノートの 1 つである Piwi タンパク質と結合する piRNA が発見された．piRNA は約 30 塩基前後の低分子 RNA であり，マウス，ヒト，ショウジョウバエなどの生殖細胞に多数存在し，レトロトランスポゾンの抑制などに働いていることが報告されている[7]（第 5 章-3 参照）．

Memo
《RNA 研究を支える最新技術》
近年の RNA 研究の発展には，高度な塩基配列解読技術が寄与している．例えば，生体内に数百から数万種類も存在する miRNA や piRNA は，高速シーケンサーや大規模コンピュータシステムにより解析が進められている．

5　その他の非コード低分子 RNA （表5-2）

　7SK RNA は約 300 塩基の低分子 RNA で，1970 年代に発見された．最近になりストレス環境下

において7SK RNAは転写伸長因子P-TEFbに結合し，ポリメラーゼIIによる転写を阻害する働きをもつことが報告された[8)9)].

7SL RNA（または7S RNA）は，シグナル認識粒子（SRP：signal recognition particle）に含まれる約300塩基の低分子RNAである．シグナル認識粒子は膜タンパク質や分泌タンパク質のN末端に存在するシグナル配列を認識する働きをもつ[10)].

リボヌクレアーゼP（RNase P）は，エンドヌクレアーゼの1つでtRNA前駆体の5′側を切断する．また，リボヌクレアーゼMRP（RNase MRP）はRNase P由来と考えられるエンドヌクレアーゼ活性をもつRNAであり，rRNAのプロセシングおよびミトコンドリアDNAの複製に必要なRNAプライマーの産生にかかわる[11)].

U7 snRNAは核内低分子RNAの一種であり，クロマチンの主要構成成分であるヒストンのmRNAの3′末端の成熟化に関与する．

Vault RNAは，約80～150塩基のRNAで真核生物の細胞に偏在するVault RNPの構成成分である．Vaultは樽型の細胞小器官で核および細胞質に存在し，細胞内での分子輸送にかかわっていると考えられている[12)].

Y RNAはRo RNPの構成成分として発見された約100塩基の低分子RNAである．脊椎動物，線虫，および一部の細菌で見つかっており，DNAの複製および5S rRNAの品質管理にかかわっていることが報告されている[13)].

Memo
《細菌における非コード低分子RNA》
細菌においてsRNA（small noncoding RNA）とよばれる非コード低分子RNAが知られている．大腸菌では，mRNAの転写，安定性，およびタンパク質翻訳などに関与する約80種類のsRNAが報告されている．

■ 文 献 ■

1) Moorhead, G. B. et al.: Emerging roles of nuclear protein phosphatases. Nat. Rev. Mol. Cell Biol., 8: 234-244, 2007
2) Tarn, W. Y. & Steitz, J. A.: Highly diverged U4 and U6 small nuclear RNAs required for splicing rare AT-AC introns. Science, 273: 1824-1832, 1996
3) Reichow, S. L. et al.: The structure and function of small nucleolar ribonucleoproteins. Nucleic Acids Res., 35: 1452-1464, 2007
4) Richard, P. et al.: A common sequence motif determines the Cajal body-specific localization of box H/ACA scaRNAs. EMBO J., 22: 4283-4293, 2003
5) Theimer, C. A. et al.: Structural and functional characterization of human telomerase RNA processing and cajal body localization signals. Mol. Cell, 27: 869-881, 2007
6) Du, T. & Zamore, P. D.: microPrimer: the biogenesis and function of microRNA. Development, 132: 4645-4652, 2005
7) O'Donnell, K. A. & Boeke, J. D.: Mighty Piwis defend the germline against genome intruders. Cell, 129: 37-44, 2007
8) Nguyen, V. T. et al.: 7SK small nuclear RNA binds to and inhibits the activity of CDK9/cyclin T complexes. Nature, 414: 322-325, 2001
9) Yang, Z. et al.: The 7SK small nuclear RNA inhibits the CDK9/cyclin T1 kinase to control transcription. Nature, 414: 317-322, 2001
10) Wild, K. et al.: Towards the structure of the mammalian signal recognition particle. Curr. Opin. Struc. Biol., 12: 72-81, 2002
11) Zhu, Y. et al.: Sequence analysis of RNase MRP RNA reveals its origination from eukaryotic RNase P RNA. RNA, 12: 699-706, 2006
12) Gopinath, S. C. et al.: Human vault-associated non-coding RNAs bind to mitoxantrone a chemotherapeutic compound. Nucleic Acids Res., 33: 4874-4881, 2005
13) Christov, C. P. et al.: Functional requirement of non-coding Y RNAs for human chromosomal DNA replication. Mol. Cell. Biol., 26: 6993-7004, 2006

Chapter 5

3 RNAによる遺伝子サイレンシング

20〜30塩基程度のsmall RNAを介した配列特異的な遺伝子発現抑制機構は，総称してRNAサイレンシングと呼ばれる．small RNAと結合して遺伝子発現抑制で重要な機能を果たす因子は，Argonaute（AGO）タンパク質である．これまでの解析から，AGOタンパク質は，結合したsmall RNAをガイド分子として標的mRNAに結合し，切断，翻訳抑制またはヘテロクロマチン形成制御を引き起こすことが明らかとなった．small RNAの生合成の研究も進められ，Dicerがその分子経路にかかわることが示された．しかし，最近同定されたpiRNAという一群の生殖細胞に特異的なsmall RNAの場合，その生合成はDicer非依存的に起こることもわかった．

概念図

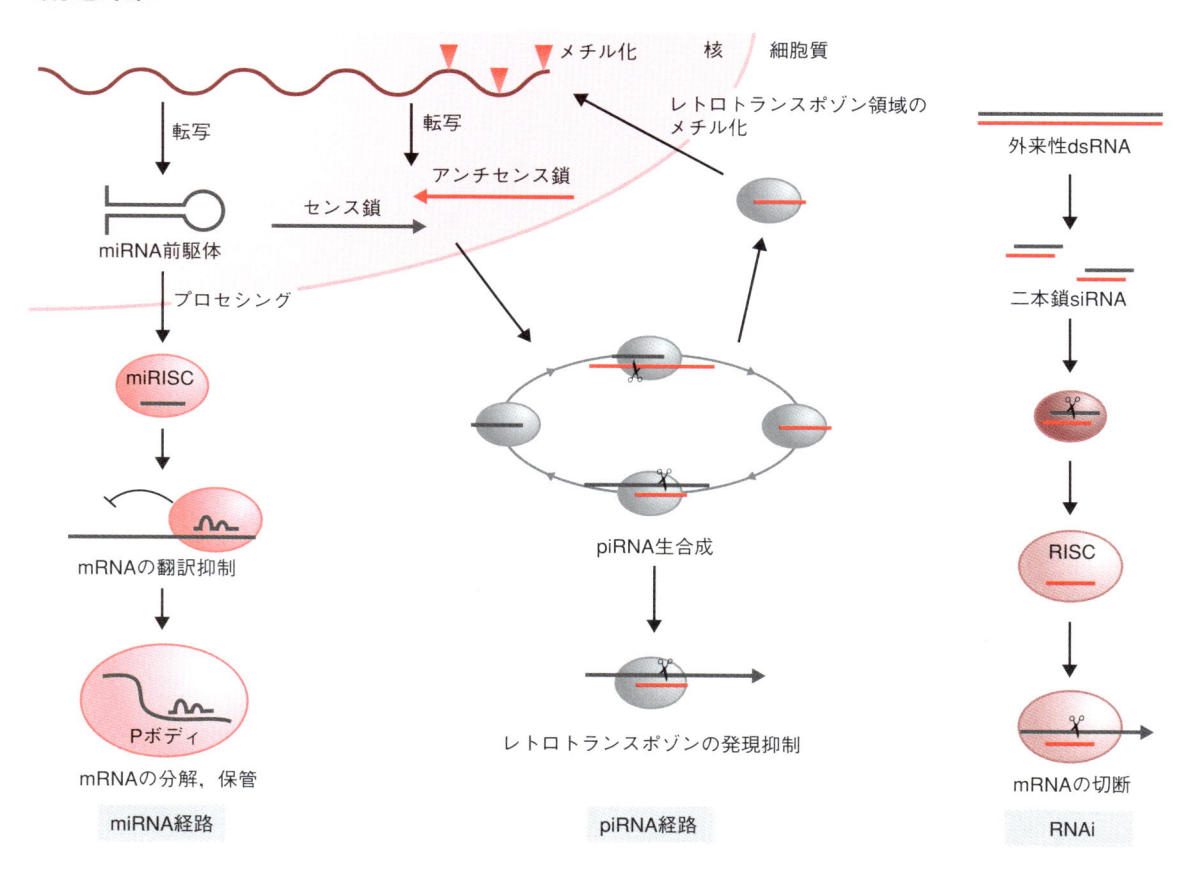

miRNA経路 ／ piRNA経路 ／ RNAi

1 RNAサイレンシング

RNAサイレンシングの代表例はRNAiである．RNAiは，siRNA（small interfering RNA）を介して配列特異的な標的mRNAの切断を引き起こす遺伝子発現抑制機構である[1]．この機構は，

ショウジョウバエなどの下等動物においては生体内に侵入してきたウイルスから生体を防御するために必要であることが知られている．

siRNAと類似する内在性small RNAとして報告されているものの1つにmiRNA（micro RNA）がある．miRNAは，生物種によっても異なるが，ゲノム上に数百種類コードされており，時空間的に標的mRNAの翻訳抑制をすることによって，発生や代謝などの生理現象を調節する．最近報告された内在性smallRNAであるpiRNA（Piwi-interacting RNA）は，レトロトランスポゾンなどの発現を抑制する[2)〜5)]．

これらsmall RNAと結合して，遺伝子発現抑制で中心的な働きをする因子が，AGOファミリータンパク質である．AGOタンパク質は，PAZとPIWIドメインを有することを特徴とする．PAZとPIWIドメインは，small RNAと結合するために必要である．また，PIWIドメインは，small RNAに相補的な配列をもつ標的RNAを切断する活性を有する（これをslicer活性と呼ぶ）．AGOファミリーは，アミノ酸配列の相同性により2種類のサブファミリー（AGO，PIWI）に分類される．AGOサブファミリーは，全細胞で恒常的に発現するのに対し，PIWIサブファミリーは，生殖細胞特異的に発現する．いずれの場合においても各AGOメンバーは，異なった種類のsmall RNAと結合することによって，異なったRNAサイレンシング分子機構で機能することが明らかになってきた．

2 RNAi

1）抑制機構

RNAiは，長い二本鎖RNA（dsRNA）を由来とする約21塩基長のsiRNAを取り込んだRISC（RNA-induced silencing complex）が標的mRNAを切断することで遺伝子発現を抑制する機構である（図5-7）．dsRNA前駆体からの二本鎖siRNA（siRNA duplex）の切断は，RNaseⅢ活性をもつDicer（ヒトではDicer，ショウジョウバエではDicer2）によって行われる．Dicerは，dsRNA binding domain（dsRBD）タンパク質（ヒトの場合TRBPあるいはPACT，ショウジョウバエの場合R2D2）と複合体を形成することによってその機能を果たす．Dicerによって切り出されたsiRNA duplexは一本鎖化されRISCに取り込まれる．siRNA duplexの一本鎖化は，AGOサブファミリーであるAGO2（ヒト，ショウジョウバエ両方において同じ名前をもつ）のslicer活性に依存して起きる．RISCに取り込まれる鎖（ガイド鎖）とAGO2のslicer活性によって切断され消失する鎖（パッセンジャー鎖）の選択は，siRNA duplexの両端の熱力学的な差により決定される[6)]．siRNAを取り込んだRISCは，siRNAを介して結合した標的mRNAを切断する．この切断反応に必要なslicer活性はAGO2が担う[1)]．

2）実験への応用

RNAiは，dsRNAを用いることで比較的簡易に遺伝子発現を抑制できる有効な手法である．培養細胞でRNAiを引き起こす場合，dsRNAまたはsiRNAを直接細胞内に導入する方法と，shRNA発現ベクターを細胞内に導入してsiRNAを発現させる方法が考えられる．導入方法としては，一般的に試薬を使用したトランスフェクション法が用いられているが，他にエレクトロポレーション法，ウイルスの感染による方法などが存在する．導入するdsRNA，siRNAまたはshRNA発現ベクターは，高純度なものを使用することで効率よくRNAiを引き起こすことができる．しかし，哺乳類培養細胞の場合，留意しなければならない点も存在する．30塩基以上に長いdsRNAを用いると，dsRNAに反応してウイルス防御機構が働き，アポトーシス（第7章4参照）が引き起こされるからである．一方，ショウジョウバエでRNAiを行う場合，アポトーシスを引き起こさ

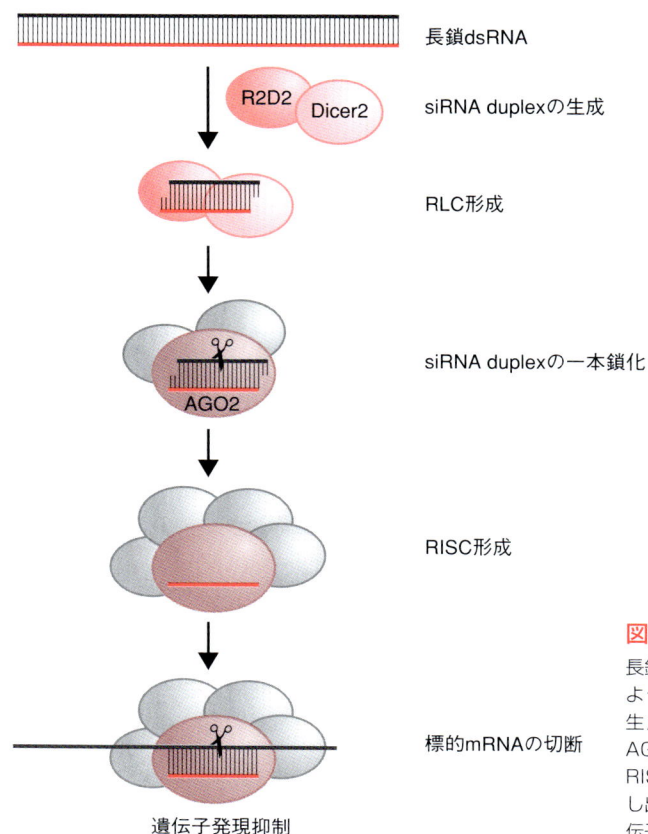

図 5-7　RNAi 機構
長鎖 dsRNA から Dicer2-R2D2 複合体によって約 21 塩基長の siRNA dupulex が生成された後，slicer 活性を保有する AGO2 の働きで，一本鎖化される．その後 RISC を形成し，siRNA をガイドとして探し出した標的 mRNA を切断することで，遺伝子発現抑制を引き起こす

ないため長い dsRNA を用いることができる[7]．

　siRNA の非特異的な遺伝子の抑制によるオフターゲット効果にも留意する必要がある．先にも述べたように RISC に取り込まれるのは dsRNA の一方鎖のみである．RNAi を効果的に人為的に引き起こす場合，遺伝子を抑制できる siRNA 鎖が RISC に取り込まれるように熱力学的要素を考えて設計しなければならない．

3　miRNA による翻訳抑制

1）miRNA 経路

　RNA ポリメラーゼ II により転写された miRNA 前駆体 pri-miRNA（primary miRNA）は，核内で RNase III 活性をもつ Drosha と dsRBD 因子（ヒトでは DGCR8，ショウジョウバエでは Pasha）の複合体により miRNA 前駆体（pre-miRNA：precursor miRNA）へと切断される（図 5-8）．切断された pre-miRNA は，細胞質に輸送された後 Dicer によって約 22 塩基長の二本鎖 miRNA（miRNA/miRNA*）に切断される．ヒトでは siRNA 生成と同様の Dicer がこの切断に関与するのに対し，ショウジョウバエでは Dicer1 と dsRBD タンパク質である Loqs が miRNA/miRNA* を生成する．Loqs との結合によって Dicer は特異的かつ正確な切断を行えるようになる．miRNA が活性をもつためには，miRNA/miRNA* は一本鎖になる必要がある．一本鎖となった miRNA は AGO（ヒトの場合 AGO1〜4，ショウジョウバエの場合 AGO1）と結合し，RISC 様複合体（miRISC）を形成する．miRNA/miRNA* には中央部分にいくつかのミスマッチが存在する．つまり，AGO の slicer 活性によって切断される部位が対合していないため，AGO によって切断さ

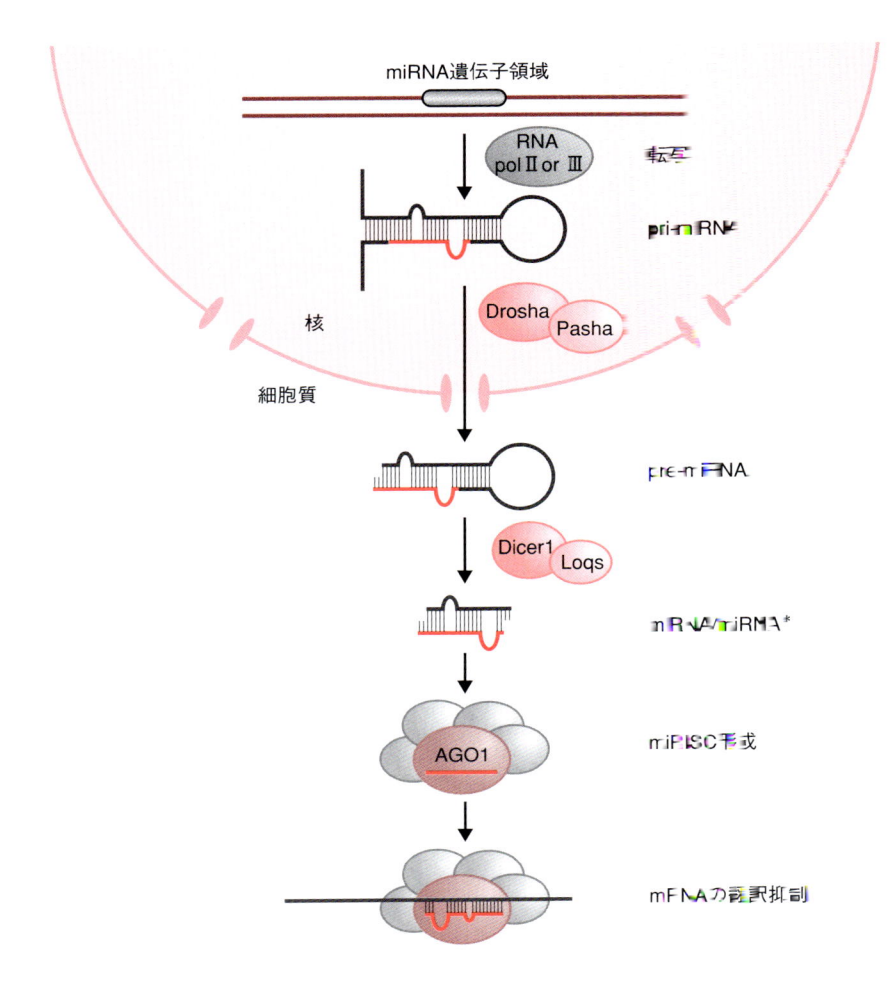

図 5-8　miRNA 経路
RNA ポリメラーゼⅡにより転写された miRNA 前駆体は，核と細胞質で Drosha と Dicer によりプロセシングされる．その後，一本鎖化した miRNA は，miRISC に取り込まれ，標的 mRNA を翻訳抑制するためのガイドに使用される．miRNA によっては，RNA ポリメラーゼⅢで転写されるものもある

れない．そのため，AGO の silcer 活性に依存しない経路で一本鎖化が引き起こされると考えられる．しかし，現在のところ miRNA の一本鎖化にかかわる因子は明らかになっていない[8]．

新しく形成された miRISC は，miRNA を介して標的 mRNA の 3′ UTR に結合することによって翻訳抑制を引き起こす．しかし，RNAi の場合と異なり標的 RNA の切断は引き起こされない．これは，標的 mRNA と miRNA の配列が完全に相補的でなく，AGO が切断する場所（miRNA の 5′ 末端から 10 塩基めと 11 塩基めの間）にミスマッチがあるからである．ちなみに mRNA と完全に相補性を示す標的を作製すると miRNA であっても標的 mRNA を切断しうることが実験的に示されている．miRNA の 5′ 末端から 2 番目から 8 番目までの塩基配列を「seed 配列」と呼ぶ．この seed 配列が標的 mRNA と完全にあるいはほぼ完全に相補的であることが標的 mRNA の認識に重要であることが明らかになっている[8]．

2）翻訳抑制機構

miRISC による mRNA の翻訳抑制の機構に関しては諸説あるものの，翻訳開始時を阻害する

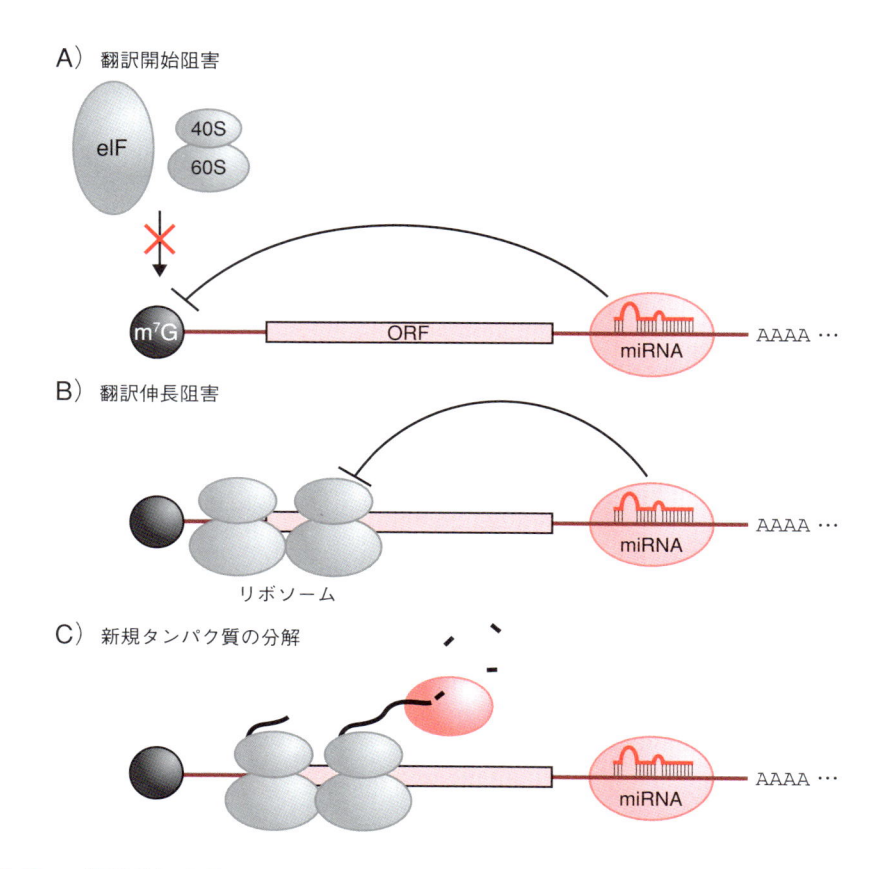

図5-9 miRISCによるmRNAの翻訳抑制

A) miRISCは，キャップ構造に翻訳開始複合体（eIF）そしてリボソームが結合するのを阻害する．B) miRISCは，リボソームの翻訳伸張を阻害する．C) miRISCに誘導されたプロテアーゼにより，翻訳されているペプチドは分解される

いう説が有力であろう（図5-9A）．miRNAによる翻訳開始阻害は，mRNAのm7Gキャップ構造依存的に引き起こり，ウイルスmRNAなどにみられるIRES（internal ribosome entry site）には非依存的である．翻訳を開始するためには，eIF4Eを含む翻訳開始因子複合体がキャップ構造上で形成されることが必要である．miRISC構成因子であるAGOの中央には，eIF4Eのキャップ結合領域と類似する配列があり，実際にキャップ構造と結合する能力を有することが示されている．そのため，miRISCの翻訳抑制は，AGOがmRNAのキャップ構造に結合した結果，翻訳開始因子複合体，ひいてはリボソームがmRNA上へ誘導されにくくなることで生じると考えられる．ただし，miRISCのAGOがどのような分子メカニズムで標的mRNAのキャップ構造のみを認識し，結合するかは明らかになっていない．

miRNAを介した翻訳抑制機構に関しては以下のような異説もある．Sharpらは，ショ糖密度勾配超遠心法の実験により，miRNAの標的mRNAはmiRNA非存在化または存在化のどちらにおいても，ポリソーム画分に分画されることを示した[9]．ウイルス由来のIRESをもつレポーターmRNAにおいても翻訳抑制が生じる結果ももっており，主にこれら2つの結果からmiRNAは「翻訳の伸長を阻害する」という説が導かれた（図5-9B）．miRNAが標的RNAから合成された新規タンパク質（あるいはペプチド）を随時分解へ導くという説もある（図5-9C）．

細胞質内には，Pボディ（processing body）と呼ばれる凝集体が存在する．Pボディには，脱

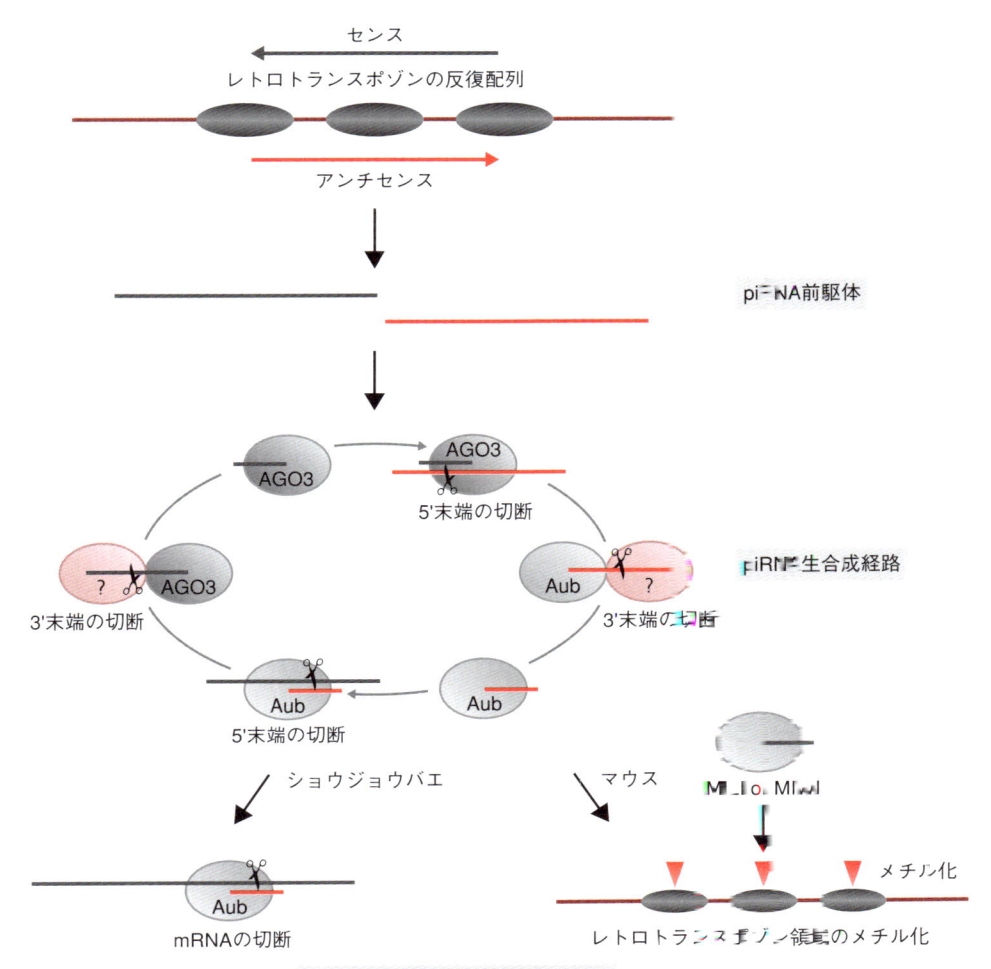

図 5-10　生殖細胞内での piRNA による遺伝子発現制御
レトロトランスポゾンの反復配列由来の piRNA 前駆体（センス，アンチセンス）に，ショウジョウバエ PIWI サブファミリー AGO3 または Aub により 5′末端が切断される．その後，前駆体は AGO3 あるいは Aub に引き渡されて，3′末端の切断を受ける．piRNA と結合した Aub は，レトロトランスポゾン mRNA の発現を抑制するために slicer 活性で mRNA を切断する．マウスにおいては，piRNA と結合した PIWI サブファミリー MILI または MIWI がレトロトランスポゾン領域のメチル化を引き起こす

アデニル酵素 CAF1-CCR4-NOT 複合体，脱キャップ酵素 Dcp1, Dcp2 や 5′-3′ エキソヌクレアーゼ Xrn1 などが含まれているため，RNA の分解の場であると考えられる．この P ボディに，miRISC により翻訳抑制された mRNA，miRNA，AGO が凝集することが実験的に示された．つまり，miRNA の標的は翻訳抑制を受けた後，P ボディで壊される運命にあるといえる．miRNA の標的は，P ボディで"保存される"という説もある．Filipowicz らは，ヒト miR-122 の研究を通して，miR-122 の標的である cat-1 mRNA が通常時は P ボディへ隔離されており，翻訳が抑えられているが，細胞にストレスがかかると P ボディから細胞質に遊離しその翻訳が開始することを示した[10]．P ボディは mRNA の分解だけでなく，時としては mRNA の保管庫としても機能するといえる．

4 piRNAを介した遺伝子発現抑制

　PIWIサブファミリーの変異体は，生殖能力を欠失する[11)12)]．よって，PIWIサブファミリーは，生殖細胞形成に必須な因子であるといえる．マウスやショウジョウバエの生殖細胞から，レトロトランスポゾンなどの反復配列に由来する25〜30塩基長のsmall RNAが同定された．これらsmall RNAは，PIWIサブファミリーと特異的に結合することから，piRNA（PIWI-interacting RNA）と名づけられた[2)〜5)]．PIWIサブファミリーの変異体では，レトロトランスポゾンの発現が上昇する．よって，PIWIサブファミリーはpiRNAとの結合を介してレトロトランスポゾンの発現を抑制する因子であると考えられている．ショウジョウバエのPIWIサブファミリーは，RNAを切断するslicer活性を有する．この結果から，PIWIサブファミリーはRNAi様に標的RNAを切断することによってトランスポゾンの発現を抑制すると考えられる[5)]（図5-10）．しかし，最近，マウスを用いた解析から，新生仔期の精巣内でレトロトランスポゾンDNA領域のメチル化にPIWIサブファミリーが必要であることが示された[13)]（図5-10）．生物種でPIWIサブファミリーの作用機序が異なる可能性も考えられる．

　これまでの解析によりpiRNAはDicer非依存的に生成されることがわかった[14)]．piRNAの生合成にかかわる因子はまだすべて明らかになっていないが，Piwiサブファミリーのメンバーがもつslicer活性が大きくかかわることは実験的に示されている[3)4)]（図5-10）．

　small RNAを介した遺伝子発現抑制機構は，発見されてから急速に解明されてきた．この機構は，抗ウイルス防御，生殖細胞形成，発生，クロマチン制御などに至る広範囲で重要な働きをすることから，全貌を明らかにできれば生命現象を理解するうえで大きな助けになると思われる．しかし，現在においてもまだ数多くの不明な点が存在する．今後の研究によって，この機構の全貌が解明されることを期待する．

■ 文　献 ■

1) Tomari, Y. & Zamore, P. D.：Perspective: machines for RNAi. Genes & Dev., 19：517-529, 2005
2) Aravin, A. A. et al.：Developmentally regulated piRNA clusters implicate MILI in transposon control. Science, 316：744-747, 2007
3) Brennecke, J. et al.：Discrete small RNA-generating loci as master regulators of transposon activity in Drosophila. Cell, 128：1089-1103, 2007
4) Gunawardane, L. S. et al.：A slicer-mediated mechanism for repeat-associated siRNA 5' end formation in Drosophila. Science, 315：1587-1590, 2007
5) Nishida, K. M. et al.：Gene silencing mechanisms mediated by Aubergine_piRNA Gene silencing mechanisms mediated by Aubergine_piRNA. RNA, 13：1911-1922, 2007
6) Tomari, Y. et al.：A protein sensor for siRNA asymmetry. Science, 306：1377-1380, 2004
7) "RNAi実験なるほどQ&A"（程久美子，北條浩彦/編），羊土社，2006
8) Filipowicz, W. et al.：Mechanisms of post-transcriptional regulation by microRNAs: are the answers in sight? Nat. Rev. Genet., 9：102-114, 2008
9) Petersen, C. P. et al.：Short RNAs repress translation after initiation in mammalian cells. Mol. Cell, 21：533-542, 2006
10) Bhattachayya, S. N. et al.：Relief of microRNA-mediated translational repression in human cells subjected to stress. Cell, 125：1111-1124, 2006
11) Harris, A. N., & Macdonald, P. M.：Aubergine encodes a Drosophila polar granule component required for pole cell formation and related to eIF2C. Development, 128：2823-2832, 2001
12) Kuramochi-Miyagawa, S. et al.：Mili, a mammalian member of piwi family gene, is essential for spermatogenesis. Development, 131：839-849, 2004
13) Kuramochi-Miyagawa, S. et al.：DNA methylation of retrotransposon genes is regulated by Piwi family members MILI and MIWI2 in murine fetal testes. Genes & Dev., 22：908-917, 2008
14) Vagin, V. V. et al.：A distinct small RNA pathway silences selfish genetic elements in the germline. Science, 313：320-324, 2006

Chapter 5

4 RNAがかかわる生理機能と疾患

最近のトランスクリプトーム研究の進展はRNAが細胞内で多様な生理機能にかかわる可能性を示した（第5章-1）．本稿ではXistに代表される，タンパク質をコードしない機能性非コードRNAのエピジェネティックな遺伝子発現調節について紹介する．一方で遺伝性疾患のなかには，RNAのプロセシング機構の障害によって発症する疾患や，細胞内で独自の遺伝子発現系をもつミトコンドリアのRNAの異常がもたらす疾病も同定されている．本稿ではこれらRNAに起因する疾病発症についても概説する．

概念図

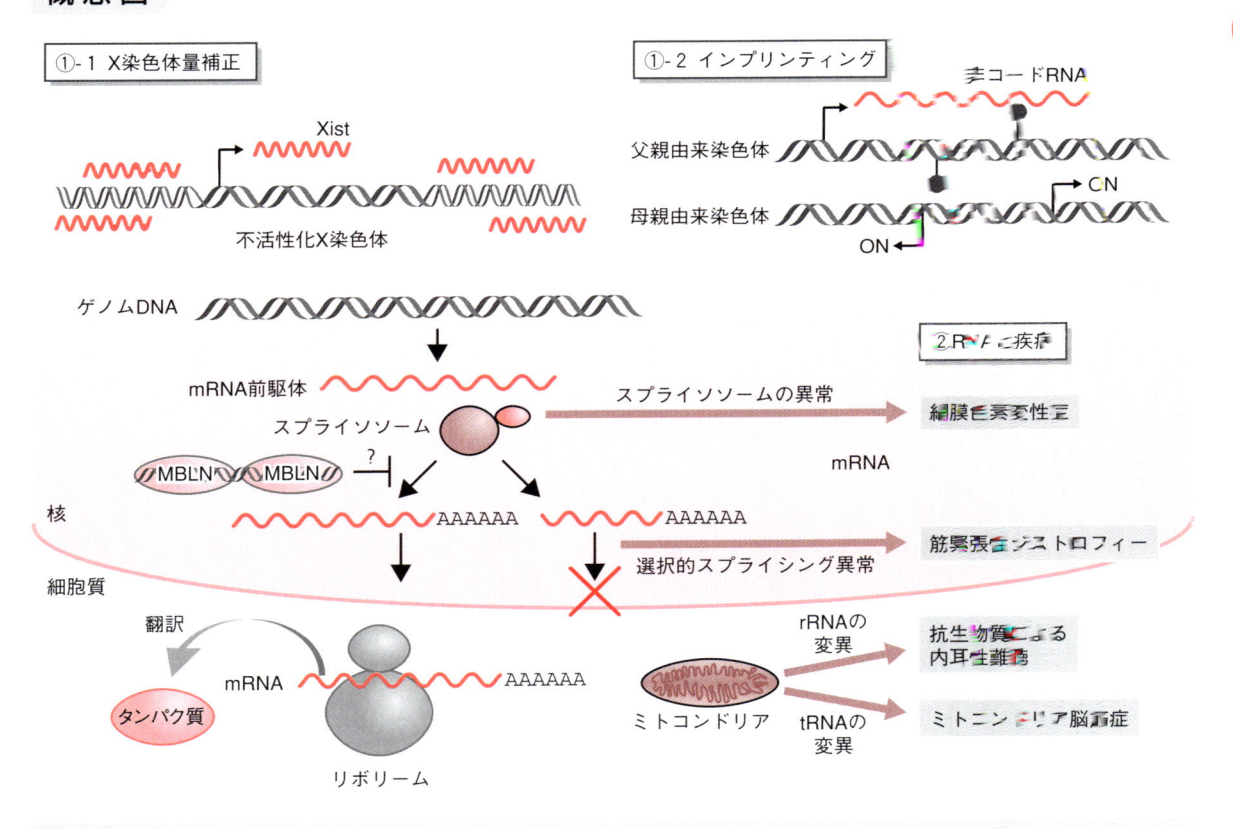

①-1 X染色体量補正

Xist
不活性化X染色体

①-2 インプリンティング

非コードRNA
父親由来染色体
母親由来染色体
ON / OFF

ゲノムDNA
mRNA前駆体
スプライソソーム
MBLN MBLN ?
核
細胞質
翻訳
mRNA AAAAAA
タンパク質
リボソーム

スプライソソームの異常 → 網膜色素変性症
選択的スプライシング異常 → 筋緊張性ジストロフィー

② RNAと疾患

ミトコンドリア
rRNAの変異 → 抗生物質による内耳性難聴
tRNAの変異 → ミトコンドリア脳筋症

1 RNAがかかわる生理機構

　生命現象の本質はタンパク質である酵素によって担われるとする酵素説（19世紀末から20世紀初頭）と，1941年のBeadleとTatumの一遺伝子一酵素説，1958年のCrickのセントラルドグマ（遺伝情報はDNA→RNA→タンパク質の方向にのみ流れる）を根拠として，ゲノムDNAからの最終機能産物はタンパク質であり，RNAの場合はrRNAやtRNAのような高次構造まで進化的に高度に保存されたRNAのみであると考えられてきた．しかし，哺乳類の雌の細胞でのX

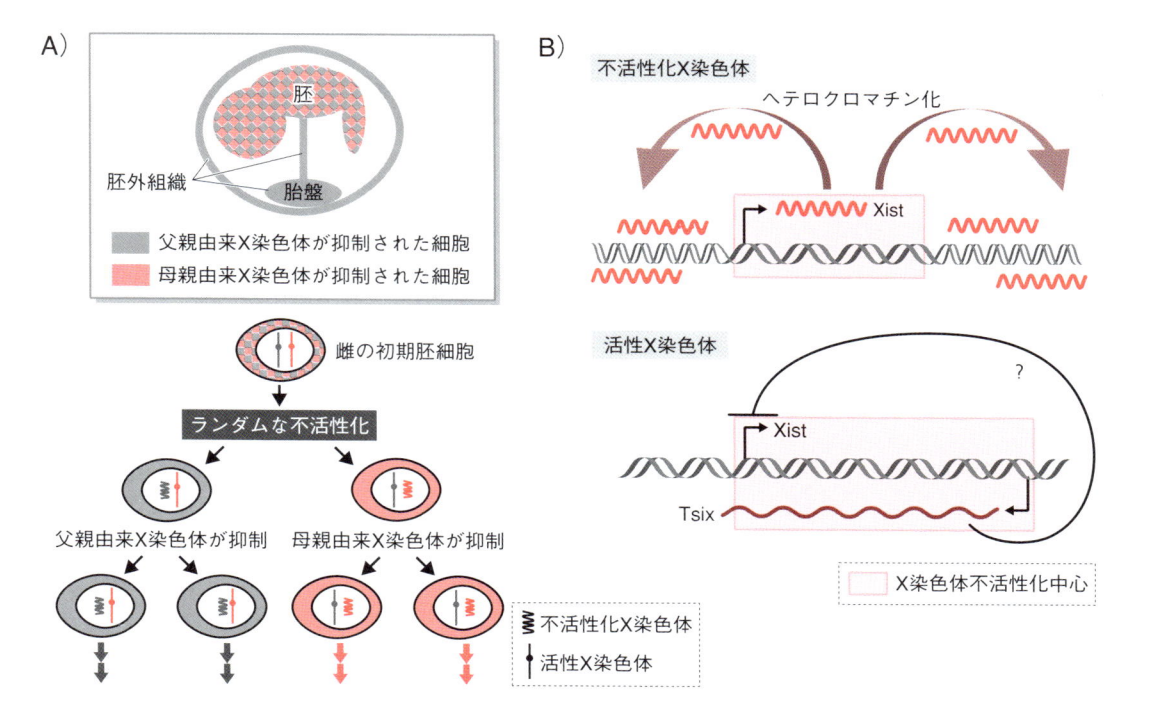

図5-11　哺乳類雌細胞でのX染色体不活性化
A）枠内：雌胎仔および胚外組織でのX染色体不活性化の模式図．下図は雌胚でのランダムなX染色体の不活性化の説明．不活性化したX染色体は強度にヘテロクロマチン化し凝集する．光学顕微鏡でもBarr小体として核膜近傍に観察される．B）Xist非コードRNAと不活性化X染色体．不活性化するX染色体のX染色体不活性化中心からはXistが発現し，発現している染色体のヘテロクロマチン化を誘導し，シスに発現を抑制する．一方，不活性化を免れたX染色体ではXistのアンチセンス鎖であるTsixが発現している

染色体の不活性化を司る *Xist* 遺伝子産物がタンパク質をコードしないRNA（非コードRNA：non-coding RNA）であることが知られてから，機能性RNAという概念が生まれてきた．ここではXistをはじめとする，転写制御を通じて生理機能を示すRNAについて解説する．

1）性染色体量補正機構とXist

哺乳類の性染色体はX, Yと2種類あるが，有性生殖を行う動物の多くは，性による遺伝子数の差を解消するための量補正機構（dosage compensation）を有する．哺乳類の場合，雌の細胞で2本あるX染色体の1本を不活性化することで量補正を行う．このX染色体の不活性化は胎盤などの胚外組織では父親由来のX染色体が選択的に抑制され，胚組織では各細胞で異なるX染色体がランダムに不活性化されたモザイクとして構成される（図5-11A）．雌の初期胚の各細胞において，ランダムに2本あるX染色体の1本が不活性化され，強く濃縮したヘテロクロマチンとなる．ここでの不活性化は以後の娘細胞へ引き継がれる（図5-11A）．なお，生殖系列細胞ではこの不活性化は解除される．

Memo
白，黒，茶の三色の三毛猫が雌しかいない理由は，このX染色体のモザイシズムによる．茶色毛の遺伝子（*O*）がX染色体上にあり，これがヘテロ接合体（*Oo*）となったメスで茶色のぶちがランダムなX染色体の不活性化によって出現するからである．

さて，このX染色体の不活性化の分子機構であるが，X染色体上には*Xic*（X-inactivation center：X染色体不活性化中心）が存在し，この*Xic*の領域内に*Xist*遺伝子が存在する（図5-11B）[1)2)]．*Xist*遺伝子は17 kbと長大で，明確なタンパク質コード領域が認められない．*Xist* RNAは不活性化されるX染色体のみから転写され，表面を包み込むように不活性化X染色体に結合する（図5-11B）．この結合の生物学的意義やその分子機構はいまだ不明である．興味深いことに，活性型のX染色体からはTsixという，Xistのアンチセンスとなる RNA が転写されている（図5-11B）[3)4)]．

2）インプリンティングと非コードRNA

インプリンティングとは，ある遺伝子座において父親由来，もしくは母親由来の対立遺伝子の片方のみから遺伝子が発現する現象である（図5-12A）．これはメンデル遺伝の重要な例外の1つである．ヒトの*IGF2*遺伝子のインプリンティングの障害は，臍帯ヘルニア，巨舌，巨大児を示すBeckwith-Wiedemann症候群の原因となる．インプリンティングを示す領域からは複数のタンパク質コード遺伝子が発現するが，通常1つは非コードRNA遺伝子の発現が認められる．複数の実験的事実が非コードRNAの発現とインプリンティングとの関連を示している．図5-12Bに一例としてマウスの*igf2r*領域での*Air*の発現によるインプリンティング誘導について示す[6)]．

2 RNA異常が関与する疾病

1970年代にDNA多型マーカーを用いた連鎖解析法が開発され，各種の遺伝病の原因遺伝子が同定された．その結果，遺伝子発現に伴うRNAのプロセシング機構の異常が疾病の原因である例が見つかっている．本稿ではスプライシング機構の異常，異常RNA蓄積による選択的スプライシングの異常，の2種類についてそれぞれ代表的な疾患を紹介する．また，母系遺伝を示すミトコンドリア病においてもRNAの異常が同定されているので，こちらについても紹介する．

1）mRNAプロセシング機構の異常による疾病

網膜色素変性症（retinitis pigmentosa：RP）は，末梢から中心へと進行する網膜変性を示す疾患の総称で，夜盲により発症し，多くの症例が失明に至る難病である．遺伝学的解析からこの疾患の責任遺伝子は140以上で，遺伝形式も常染色体優性，常染色体劣性，X染色体劣性とさまざまで，病態は非常に複雑である．最初に同定されたRPの責任遺伝子は光受容分子である*Rodopsin*（*RHO*）遺伝子であった．

その責任遺伝子のなかに，ほとんどすべての組織で発現するmRNAのプロセシング機構を担うタンパク質をコードしているPre-mRNA processing factors（PRPFs）がある[7)]．常染色体優性を示すRP責任遺伝子12個のうち4個（*PRPF31*，*PRPC8*，*PAP1*，*HPRP3*）がこのカテゴリーに属する．これらのPRPFの異常がなぜ網膜に強い症状を示すのかは不明である（図5-13A参照）．しかし，網膜の杆体細胞の外節は新陳代謝が盛んで，翻訳効率が正常の半分程度になるだけでも症状を示す可能性があるとされる．

Memo
2倍体細胞に2コピーある遺伝子のうち，一方の機能欠損のみで症状が出る場合をハプロ不全（haploinsufficiency）と呼ぶ．

一方で異常RNAの発現がmRNAプロセシング機構に影響を及ぼし，発症する疾病もある．その代表例が筋強直性ジストロフィー（dystrophia myotonica：DM）である．この疾患は筋肉の

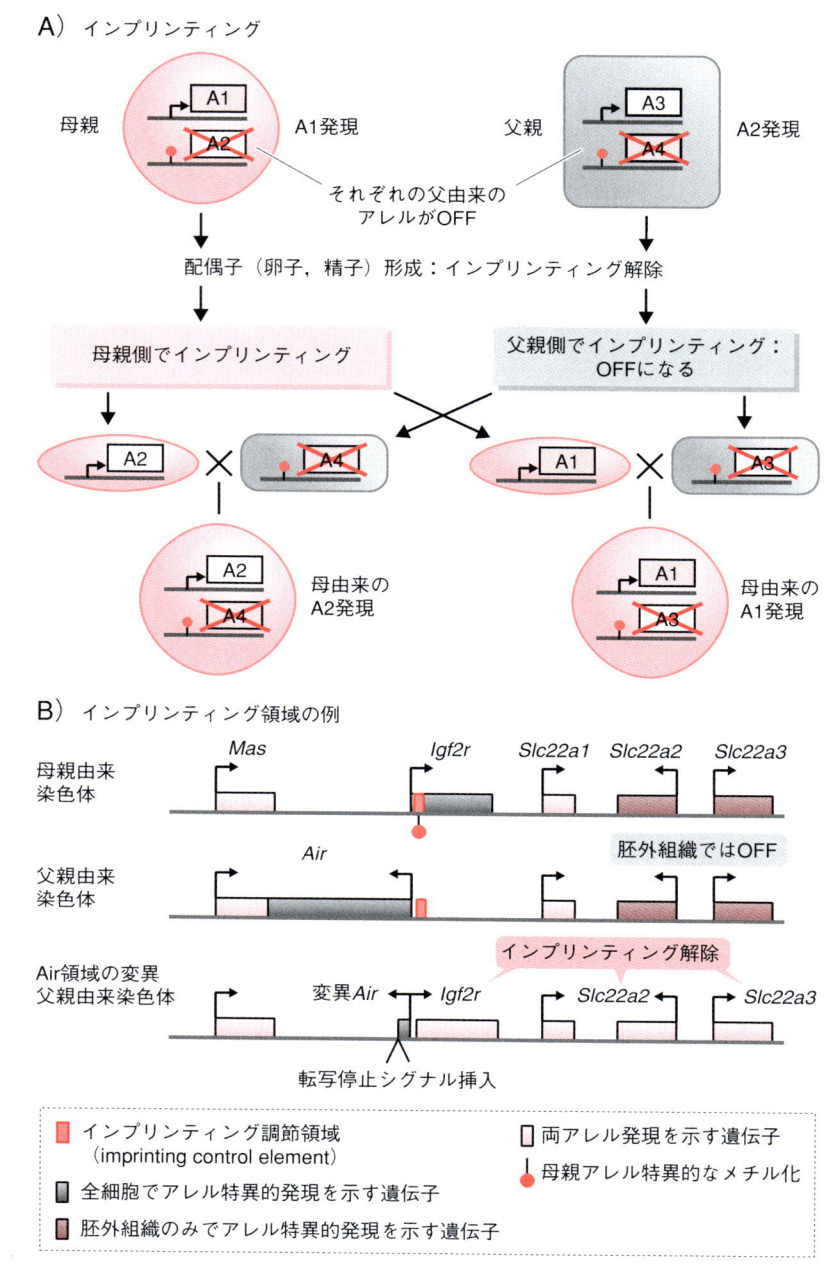

図 5-12 インプリンティング

A) インプリンティングの概念図．インプリンティングは種間で保存されている場合も，種に特異的なものもある．ここでは模式的に一遺伝子座のみを示す．両親のそれぞれの父系の遺伝子がインプリンティングによってOFFになっている．配偶子形成の際にどちらの配偶子もいったんインプリンティングは解除されるが，再びどちらの配偶子においてもインプリンティングされる．ここでは父親の配偶子で祖父由来の遺伝子がオフになる．結局父親で活性化していた遺伝情報（A3）は次世代では発現せず，母親でオフであった遺伝子 A2 が子で発現し，母方の祖父の遺伝情報が発現することになる．B) インプリンティング領域の例．ここではマウスで認められるインプリンティング領域 *Igf2r* を示す．Air は全長 100 kbp と非常に長大な RNA であるが，その転写開始点の下流に変異を挿入したマウスでは，Air 転写開始点の上流の3つのインプリンティング遺伝子が両染色体から発現するようになった．しかし一方，本文中にある，Beckwith-Wiedemann 症候群にかかわる *IGF2* 遺伝子の近傍に位置する H19 非コード RNA については，類似の実験によって，H19 の発現は *IGF2* 領域のインプリンティングに必須ではないことが示されている

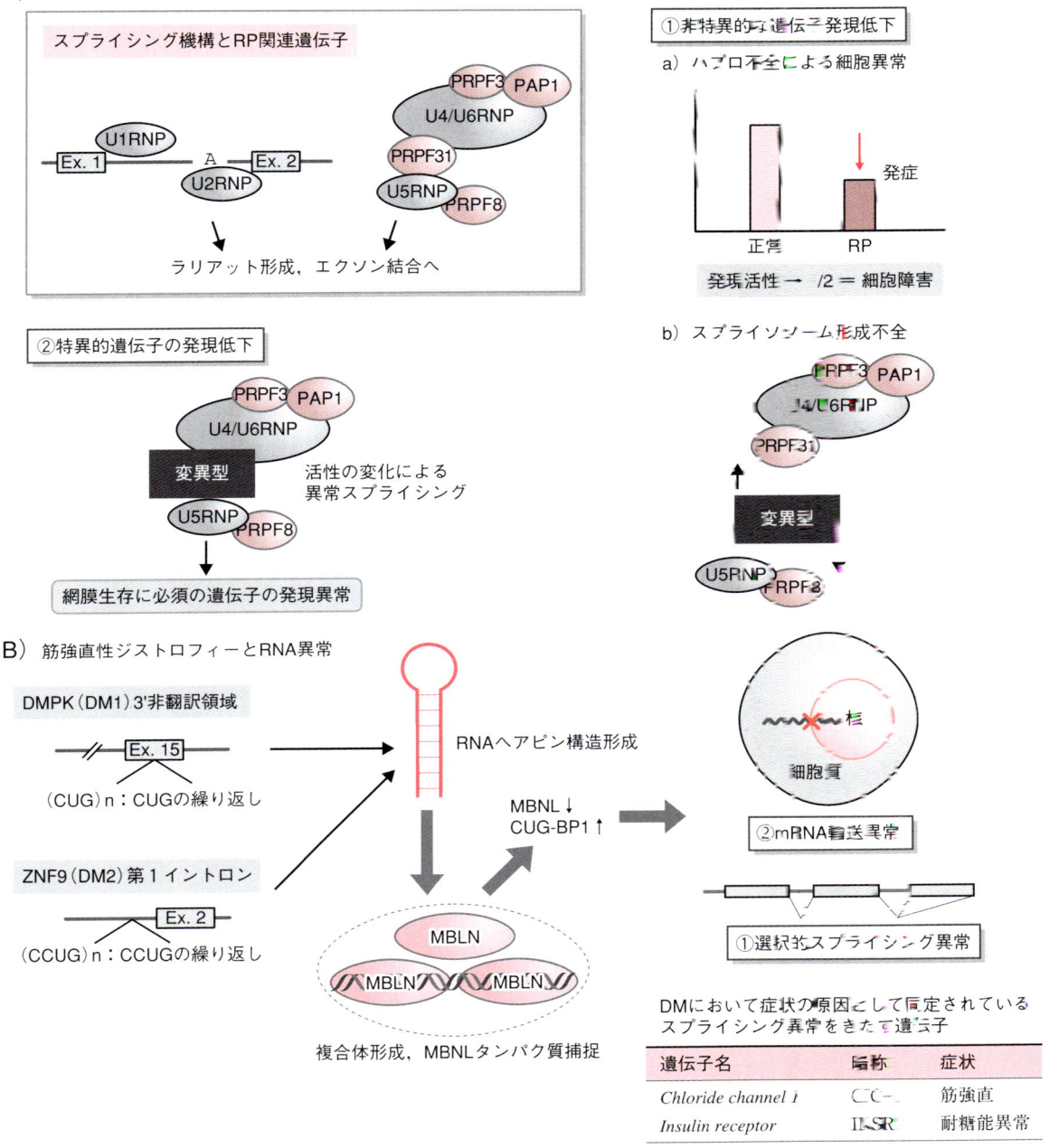

図5-13 RNAプロセシングと疾病

A) スプライシング異常による網膜色素変性症．枠内：スプライシングの必須因子としての網膜色素変性症責任遺伝子産物（●）がスプライソソームに組み込まれている模式図．スプライシング異常と発症の関連についてはさまざまな説があり，枠外に模式的に示した．ハプロ不全や変異タンパク質によるスプライソソーム形成不全は，いわばすべてのスプライシングが影響を受ける①非特異的な影響である．変異タンパク質が特定の遺伝子の発現を阻害しうる②の場合は特異的な影響である．実際，*PRPF31*遺伝子の変異が*RHO*遺伝子のスプライシングに影響を及ぼすことが示されている．B) 筋強直性ジストロフィーとRNA異常．筋強直性ジストロフィーの責任遺伝子*DM1*，*DM2*からはリピート配列が読み出される．この領域は通常長大で*DM2*の場合は数kbにまで及ぶとされる．この長大なリピート配列はヘアピン構造をとり，核内でMBNL（Muscleblind）タンパク質と結合する．この複合体は核内で凝集し，それ以外の場所でのMBNL濃度を低下させる．これらの異常の結果，複数の遺伝子の選択的スプライシングが障害される．なかにはDMでの症状と相関する遺伝子スプライシング異常も同定されている（図中表参照）

強直と進行性の筋萎縮を主訴とする症候群であり，多様な症状（白内障，インスリン抵抗性など）を示す．

DMには，*DMPK*（*DM1*）と*ZNF9*（*DM2*）と現在2つの責任遺伝子が知られている（図5-13B）[8]．これらは転写産物中のCUGもしくはCCUGの繰り返し配列が異常に増大することによって発症するが，これら繰り返し配列はタンパク質コード領域に存在しないので，発現するタンパク質には異常がなく，トリプレットリピート病とは病態が異なる．

Memo
トリプレットリピート病とは脆弱X染色体症候群や，ハンチントン舞踏病の責任遺伝子のようにCUGのトリプレットの繰り返しが世代の進行に伴って増大し，ポリグルタミンを含む異常タンパク質が発現することによって発症する疾病である．神経系の難病に多い．

DM発症の原因は筋肉細胞で重要なタンパク質が合成されにくくなることとされている（図5-13B参照）．影響を受ける遺伝子のイントロン領域にもCUGの繰り返し配列があり，MBNLタンパク質が認識することが正常なスプライシングを促進すると考えられている．

2）ミトコンドリアRNAの異常

ミトコンドリアは真核細胞のなかで酸化的リン酸化反応を司るオルガネラで，独自のゲノムDNAとその転写翻訳システムを有する．ミトコンドリアゲノムDNAのなかにコードされるRNAの変異による疾病として，アミノグリコシド系抗生物質投与によって発症する内耳性難聴（いわゆるストマイ難聴）と中枢神経系症状と筋萎縮を示すミトコンドリア脳筋症とがある[9]．内耳性難聴は12S rRNAの変異，ミトコンドリア脳筋症の一部の病態においてはtRNA-LeuやtRNA-Lysに変異を認める．ミトコンドリアの機能は真核細胞の活動にきわめて重要なので，そのゲノムDNAの複製，転写，翻訳の異常は重篤な疾病につながる．一方で1つの細胞内に複数種類のミトコンドリアゲノムが同時に存在しうる（＝ヘテロプラスミー）ため，その症状は多様である．

近年，mRNA様非コードRNAがさまざまな状況で遺伝子発現制御にかかわっている実例も数多く見出されている．例えば*Hox C*遺伝子領域から発現し，*Hox D*の遺伝子の発現を抑制する*Hotair*などは*Hox*遺伝子領域間の相互作用を媒介するRNAであり非常に興味深い[10]．今後の研究の展開が期待される．

■ 文 献 ■

1) Brockdorff, N. et al.: The product of the mouse Xist gene is a 15 kb inactive X-specific transcript containing no conserved ORF and located in the nucleus. Cell, 71: 515-526, 1992
2) Brown, C. J. et al.: The human XIST gene: analysis of a 17 kb inactive X-specific RNA that contains conserved repeats and is highly localized within the nucleus. Cell, 71: 527-542, 1992
3) Lee, J. T. et al.: Tsix, a gene antisense to Xist at the X-inactivation centre. Nat. Genet., 21: 400-404, 1999
4) Lee, J. T. & Lu, N.: Targeted mutagenesis of Tsix leads to nonrandom X inactivation. Cell, 99: 47-57, 1999
5) Pauler, F. M. et al.: Silencing by imprinted noncoding RNAs: is transcription the answer? Trends Genet., 23: 284-292, 2007
6) Mordes, D. et al.: Pre-mRNA splicing and retinitis pigmentosa. Mol. Vis., 12: 1259-1271, 2006
7) Cho, D. H. & Tapscott, S. J.: Myotonic dystrophy: emerging mechanisms for DM1 and DM2. Biochim. Biophys. Acta, 1772: 195-204, 2007
8) Taylor, R. W. & Turnbull, D. M.: Mitochondrial DNA mutations in human disease. Nat. Rev. Genet., 6: 389-402, 2005
9) Yasuda, J. & Hayashizaki, Y.: The RNA continent. Adv. Cancer Res., 99: 77-112, 2008

真核細胞の機能 第6章

1 細胞接着 *166*
多細胞生物に重要な接着のメカニズム

2 細胞骨格 *175*
細胞の形を決め，運動を担うダイナミックな構造体

3 細胞内物質輸送 *181*
タンパク質やRNAなどを適切な場所に送り届ける

Chapter 6

1 細胞接着

多細胞動物ではほとんどの細胞は単独では存在せず，周りの細胞や，細胞外のさまざまな物質と接着して機能している．この細胞接着には大きく，細胞が隣の細胞と接着する細胞間接着と細胞が細胞外基質と接着する細胞基質間接着に分けることができる．細胞間接着と細胞基質間接着においては異なった細胞接着分子が使われている．しかし，隣の細胞や細胞外基質を細胞骨格につなげるという点では，相同の役割を果たしている．細胞骨格が集まる細胞接着部位には多くの細胞質因子が集合し，細胞接着装置を形づくる．細胞接着は細胞の増殖制御や形態制御，移動制御，極性の構築維持などに関与していると考えられている．

概念図

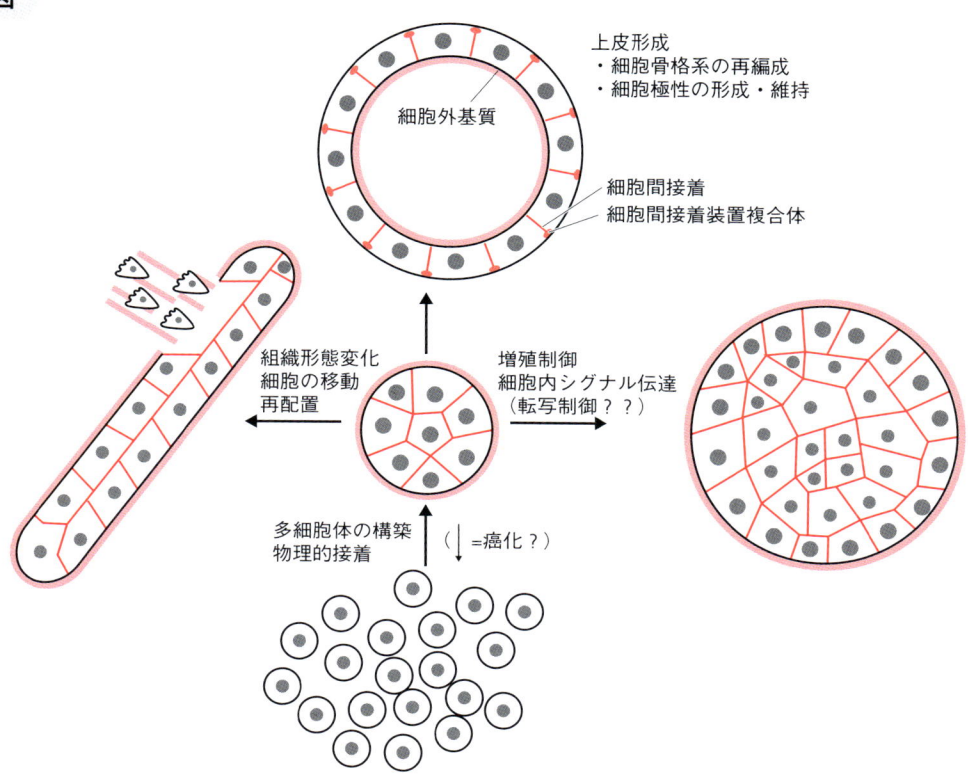

上皮形成
・細胞骨格系の再編成
・細胞極性の形成・維持

細胞間接着
細胞間接着装置複合体

組織形態変化
細胞の移動
再配置

増殖制御
細胞内シグナル伝達
（転写制御？？）

多細胞体の構築
物理的接着　　（↓＝癌化？）

1 細胞間接着[1)]

　　多細胞動物において，細胞どうしを接着させる機構を細胞間接着と呼ぶ．細胞間接着において実際に接着に寄与するのが細胞間接着分子である．細胞間接着分子は多くの場合，膜貫通型タンパク質であるが，なかにはGPI（glycosyl phophatidylinositol）アンカー型のものも存在している．これらの接着分子は大きく分けて，カドヘリンスーパーファミリー[2)]，クローディンファミリー[3)]，免疫グロブリンスーパーファミリー（Igスーパーファミリー），セレクチンファミリー

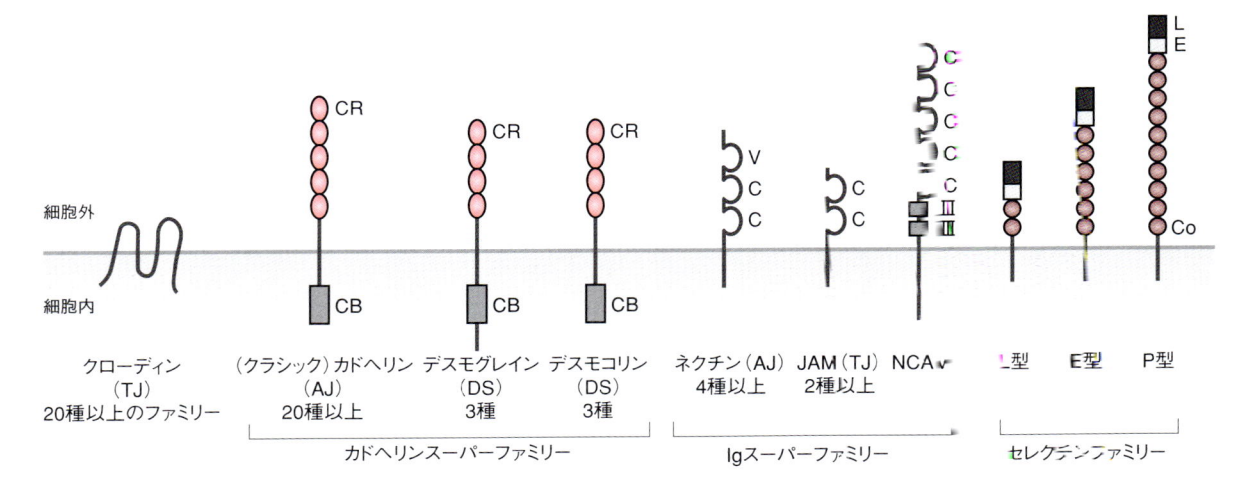

図 6-1　細胞間接着分子の模式図

クローディンファミリー，カドヘリンスーパーファミリー，Igスーパーファミリー，セレクチンファミリーの分子を模式的に示した．接着装置複合体に局在する場合はTJ（タイトジャンクション），AJ（アドヘレンスジャンクション），DS（デスモソーム）で局在場所を示した．CR：カドヘリンリピート，CB：カテニン結合領域，V：免疫グロブリン様Vドメイン構造，C：免疫グロブリン様Cドメイン構造，Ⅲ：フィブロネクチンⅢ型構造，L：レクチン様ドメイン構造，E：EGFドメイン構造，Co：補体結合ドメイン構造

に分類される（図6-1）．

Memo

カドヘリンリピートは当初クラシックカドヘリン分子内に存在するCa^{2+}結合モチーフをもつ繰り返し配列として同定された．その後，このリピートを含む多くの分子が発見され，カドヘリンスーパーファミリーと呼ばれている．このなかには数十個のカドヘリンリピートをもち癌抑制遺伝子として機能するFat分子や，十数個のリピートをもち平面内極性を制御するフラミンゴ分子が存在している．また聴覚の物理的刺激伝達にプロトカドヘリン15とカドヘリン23が関与していることも報告されている．

カドヘリンスーパーファミリーのなかではクラシックカドヘリンファミリーとデスモソーマルカドヘリンが接着分子として機能することが確認されている．Igスーパーファミリーは非常に多様な分子から構成され，神経系や免疫系の細胞接着・認識に関与している場合が多い．

Memo

最近ショウジョウバエにおいてDscamというIgスーパーファミリーに属する分子の興味深い役割が報告された[4]．この分子は複雑なオルターナティブスプライシングにより1つの遺伝子座からきわめて多数（論理的には19,008種）の転写産物をつくることができる．この分子を用いて神経細胞は自分と自分でない細胞を見分けることができる．おもしろいことに，この分子は同じ種類のものだけが結合することができるのだが，結合した場合にはお互いが"接着しない"シグナルを細胞内に伝える．認識と接着が解離する例である．

セレクチンファミリーは血球系の細胞と血管内皮細胞との相互作用において機能している．

Memo

ADAMファミリーの分子は精子と卵の結合や，筋肉の融合に関与するが，このファミリーの分子は細胞表面のタンパク質分解など，接着以外の機能が主要なため，通常，細胞間接着分子としては扱

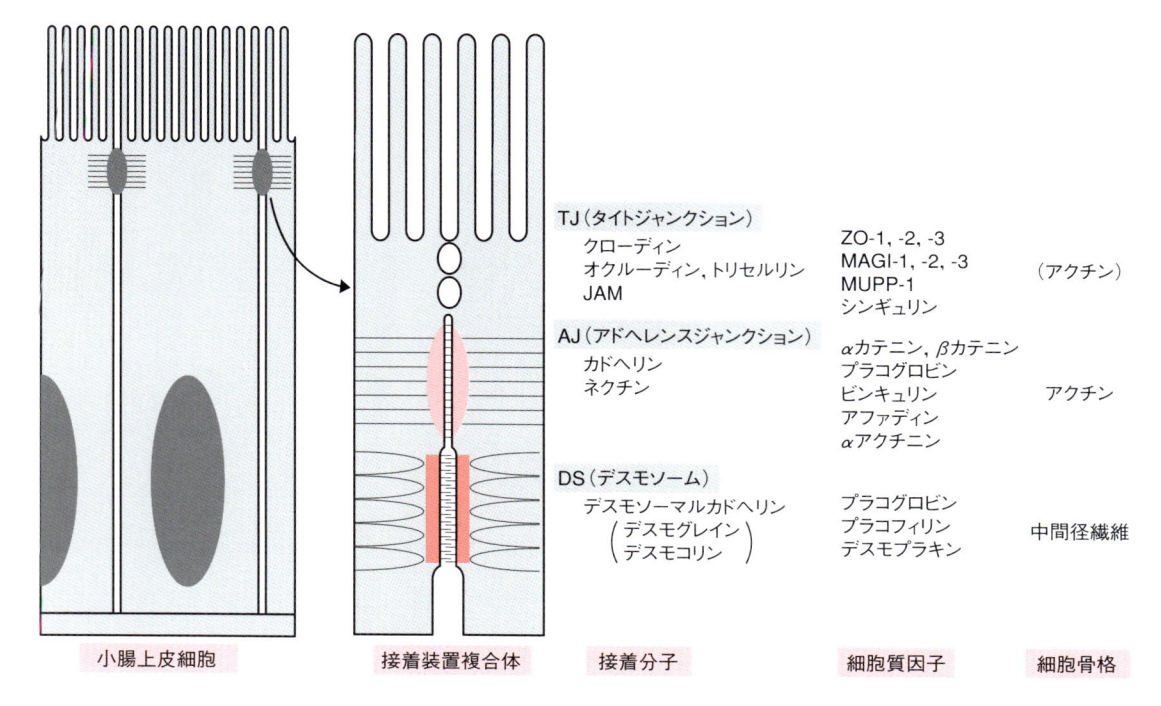

図6-2 細胞間接着装置複合体の構成

小腸上皮細胞の接着装置複合体を模式的に示した．細胞間隙のもっとも内腔面に近いところに，内腔面側からTJ，AJ，DSの順に並んでいる．ここでは示していないがボタン状のデスモソームは細胞間隙全体に散在している．各接着装置の構成因子を右側に接着分子，細胞質因子，細胞骨格の順に記した．複数の接着装置に局在しうるタンパク質は主に局在する接着装置に含めている

われない．4回膜貫通型タンパク質である．コネキシンは細胞間接着装置の1つ，ギャップジャンクションの構成因子である．しかしギャップジャンクションは細胞間の接着というよりもシグナル伝達装置としての機能が主である．

　多くの細胞間接着分子は，その細胞質領域を介していくつかの細胞質因子と複合体を形成し，最終的に細胞骨格と相互作用する．接着分子と細胞質因子の複合体はさらに局所的に集合して接着装置を形成することが多い．この場合，細胞質因子は接着装置の裏打ちタンパク質と呼ばれる．細胞間接着装置には大きく分けて，タイトジャンクション（TJ：密着結合），アドヘレンスジャンクション（AJ：接着結合）[5]，デスモソーム（DS：接着斑）[6]の3種類が存在している．ほとんどの細胞にAJは存在しているが，TJやDSは特定の細胞にのみ形成される．すべての細胞間接着装置をもつ典型的な細胞は小腸上皮細胞で，この細胞では一番内腔面に近い領域に内腔面側から，TJ，AJ，DSが並び接着装置複合体をつくっている[7]．上皮細胞ではTJとAJは細胞の全周を帯状に取り囲むため，それぞれ密着帯，接着帯とも呼ばれる．上皮細胞における接着装置複合体の模式図とそれぞれの接着装置の構成因子を図6-2にまとめた．

　図6-2からもわかるように，それぞれの接着装置には多くの構成因子が存在している．TJではクローディン以外に，オクルーディン，トリセルリン，JAMという接着分子が局在している．オクルーディンとトリセルリンはクローディンと同じく4回膜貫通型，JAMはIgスーパーファミリーに属する膜タンパク質である．これらの膜タンパク質は，多くの細胞質因子と相互作用している．そのなかにはZO-1やMUPP-1など複数のPDZ領域をもつものが含まれている．

	TJ			AJ			DS	
膜タンパク質 （接着分子）	オクルーディン	クローディン	JAM	カドヘリン	ネクチン		デスモグレイン	デスモコリン
細胞質因子 （接着分子に 直接結合）		ZO-1,-2,-3*3	MUPP-1*13	βカテニン	アファディン*1		プラコグロビン	
細胞質因子	MAGI-1*5	シンギュリン	(AF6/アファディン?*1)	αカテニン			プラコフィリン	デスモプラキン
				(ZO-1*3)	αアクチニン	ビンキュリン		
細胞骨格	アクチン繊維	ミオシン			アクチン繊維			中間径繊維

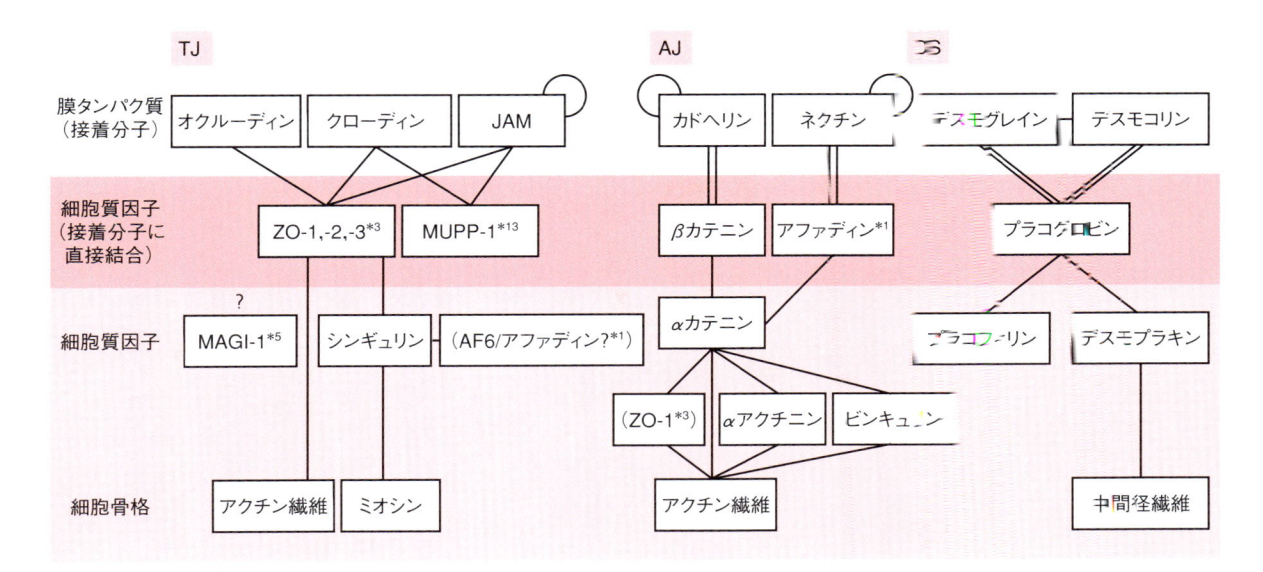

図 6-3　細胞間接着装置の構成因子
一般的な細胞間接着装置構成因子の相互作用を，安定した結合が報告されているものを二重線で，少なくとも *in vitro* での結合が示されているものを一重線でつないで示した．PDZ タンパク質には * をつけた．* の後の数字は PDZ ドメインの数を表す．TJ 細胞質因子には多数の PDZ ドメインをもつタンパク質が多い．一方，AJ 細胞質因子には多種類のアクチン結合タンパク質が存在している

Memo
PDZ 領域ははじめ PSD-95，Dlg-1，ZO-1 というタンパク質に共通に存在されている機能領域として同定された．膜タンパク質の C 末端の特定の配列を認識するなどタンパク質相互作用に機能する．この PDZ 領域を分子内に複数もつタンパク質は多数存在しており，多種類のタンパク質をまとめあげるスキャフォールドタンパク質として機能すると考えられている

　TJ にこのような分子が含まれることから，非常に複雑なタンパク質相互作用による TJ の形成制御が想像される．実際 TJ の位置は ZO タンパク質が決定していることが報告された．これは細胞間接着では珍しい，細胞の中から外へのシグナル伝達の例だと考えられる．AJ においてはカドヘリン，ネクチンという 2 種類の接着分子に多くの細胞質因子が結合している．AJ の構築では α カテニンと呼ばれる細胞質因子が，カドヘリンとアクチン系細胞骨格との相互作用で中心的な役割を果たしている．AJ にはこれら骨格系因子だけではなく，Src ファミリーや EGF 受容体などのリン酸化酵素，PTPμ など受容体型の脱リン酸化酵素など，いくつかのシグナル伝達因子が局在している（図 6-7AJ 参照）．これらのシグナル伝達因子とその他の因子の結合様式については不明な点が多い．DS にはデスモソーマルカドヘリンであるデスモグレインとデスモコリンという 2 種類のカドヘリンスーパーファミリーに属する接着分子が存在し，プラコグロビン，デスモプラキンなどいくつかの細胞質因子を介して中間径繊維細胞骨格につながっている．図 6-3 は接着装置複合体の構成因子の相互作用を模式化したものである．

2　細胞基質間接着[1]

　細胞基質間接着では細胞は細胞外基質と接着している．

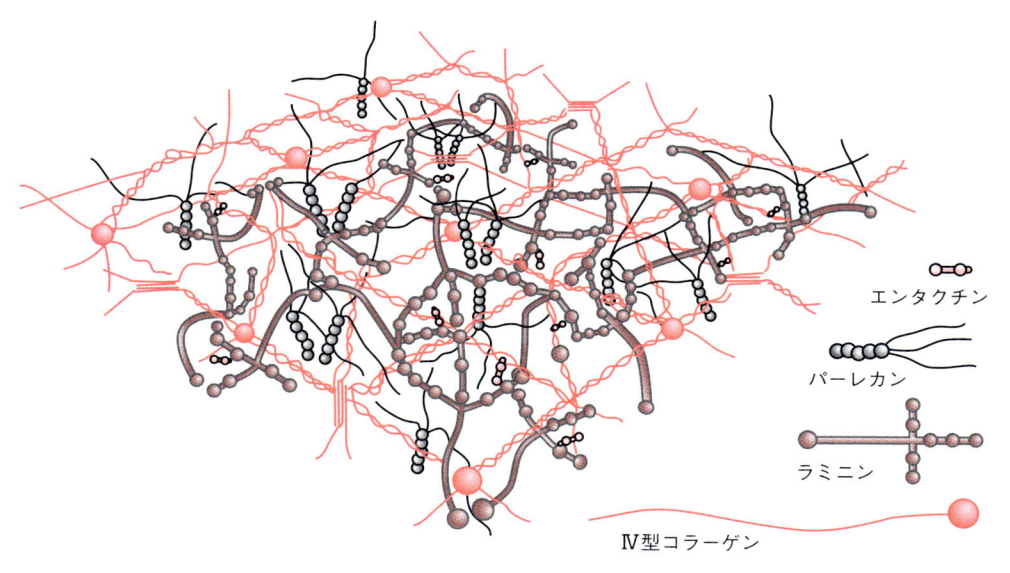

図 6-4 基底層の分子構築モデル
Ⅳ型コラーゲン,ラミニン,パーレカン,エンタクチンから構成される基底層を模式的に示した.これら4つの分子は自分自身や他の分子と結合することにより,複雑な層構造をつくり上げていると考えられる

Memo

細胞外の物質はひとまとめにして細胞外マトリックスと呼ばれている.このなかで細胞基質間接着分子の結合相手を本稿では細胞外基質と呼ぶ.細胞外基質以外の細胞外マトリックスの主要成分はヒアルロナンやアグレカンなどのグリコサミノグリカンである.これらの分子は細胞間を満たして強度を保ったり,細胞外の成長因子の局在を制御すると考えられている.

　主要な細胞外基質分子はコラーゲン,ラミニン,フィブロネクチン,ビトロネクチンなどで,これらは基質接着分子と呼ばれることもある.フィブロネクチンなどのポリペプチド内にはRGD配列という,インテグリンに特異的に認識される非常に短いペプチド配列が存在している.生体内ではこれらの基質分子はさらにヘパラン硫酸プロテオグリカンなどと結合し,複雑な三次元構造をつくり組織構築に寄与する.典型的なものとしては上皮細胞の底面に存在する基底層がある.基底層は基本的にはⅣ型コラーゲン,ラミニン,エンタクチンというタンパク質とパーレカンと呼ばれるヘパラン硫酸プロテオグリカンが複雑に絡み合って,薄いマット状の構造をつくり出し,上皮組織の構築・維持に機能している(図6-4).

　細胞基質間接着において,実際の接着に寄与する細胞側の接着分子はインテグリンファミリーに属している[8].インテグリンはα鎖とβ鎖がヘテロ二量体を形成して機能している.これまで少なくとも18種類のα鎖と8種類のβ鎖から24種類の異なったインテグリンが組み立てられうることが報告されている(表6-1).インテグリンは複数の細胞外基質を認識する場合があり,また特定の細胞外基質を複数のインテグリンが認識する場合もあり,複雑な接着特異性が生まれる.また,ある種のインテグリンは隣の細胞の細胞間接着分子と結合して,細胞間接着に寄与することもある.インテグリンは通常,非活性な形で細胞表面に発現している.この非活性型インテグリンのβ鎖の細胞質を介してタリンが結合することにより,インテグリン全体の構造変化が起こり,細胞外基質と結合できる活性型に変換する(図6-5)[9].これは細胞内から外にシグナルが伝えられているため,中から外へのシグナル伝達(inside-out signal)と呼ばれている.イ

表6-1 インテグリンとその結合相手

インテグリン		結合する細胞外基質または細胞間接着分子
α1	β1	コラーゲン，ラミニン
α2		コラーゲン，ラミニン，コンドロイチン
α3		ラミニン，リーリン，トロンボスポンジン
α4		フィブロネクチン，オステオポンチン
α5		フィブロネクチン
α6		ラミニン
α7		ラミニン
α8		フィブロネクチン，テネシン，ネフロネクチン
α9		テネシン，オステオポンチン，コラーゲン，ラミニン
α10		コラーゲン
α11		コラーゲン
αV		フィブロネクチン，ビトロネクチン
αL	β2	ICAM-1-5（Igスーパーファミリー）
αM		ICAM-1，VCAM-1（Igスーパーファミリー）
αX		
αD		ICAM-3，VCAM-1（Igスーパーファミリー）
αV	β3	ビトロネクチン，フィブロネクチン他
αⅡb		ビトロネクチン，フィブロネクチン，vW因子
α6	β4	ラミニン
αV	β5	ビトロネクチン，骨シアリックタンパク質
αV	β6	フィブロネクチン，テネシン
α4	β7	フィブロネクチン
αE		Eカドヘリン（クラシックカドヘリン）
αV	β8	コラーゲン，ラミニン，フィブロネクチン

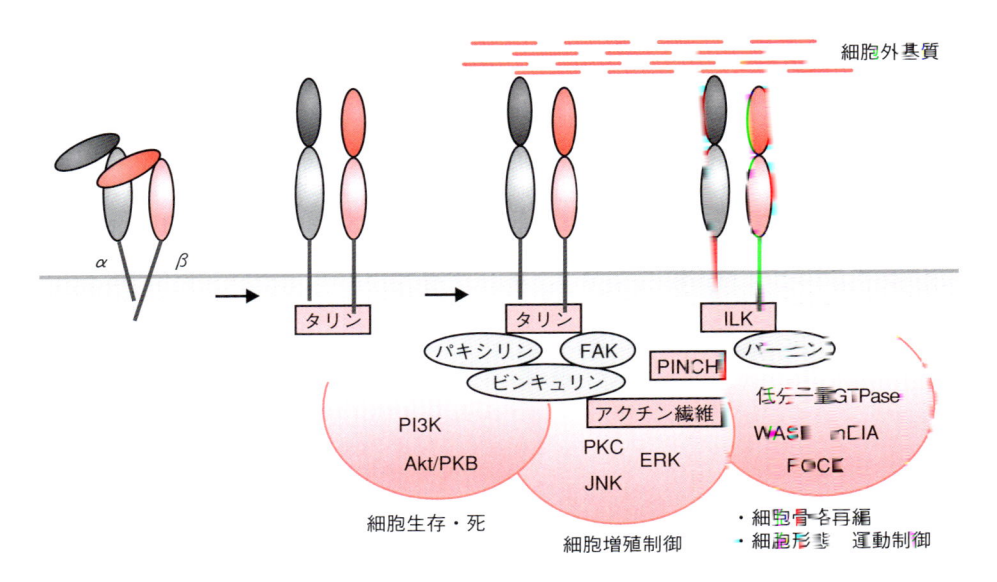

図6-5 インテグリンの活性化とフォーカルアドヒージョン（FA）の構成因子
タリンによるインテグリンの活性化と典型的なFAの構成因子を模式的に示した．2つの複合体がどのような関係にあるのか不明な点が多い．FAには細胞の生存，増殖，形態制御に関する多くのシグナル分子が集積しており，基質と接着した情報を細胞内部に伝えている

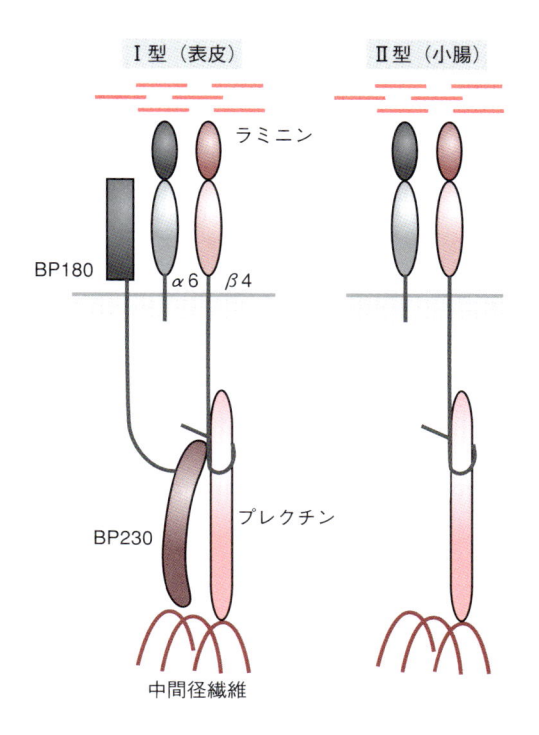

図6-6 ヘミデスモソーム（HDS）の構成因子

表皮でみられる典型的なⅠ型HDSではα6β4インテグリンが細胞外基質のラミニン、膜タンパク質のBP180、CD151、細胞質因子のプレクチン、BP230と複合体をつくり、中間径細胞骨格と結合している。小腸上皮でみられるⅡ型HDSではα6β4インテグリンとプレクチンのみからなる複合体が機能している

ンテグリンの活性化は多細胞動物の正常な発生に必須である．活性化がどのようにして，さまざまな形態形成の場面で制御されているのか，今後の解析が期待されている．

インテグリンも，多くの細胞質因子と複合体を形成し，最終的には細胞骨格と相互作用する．さらに生体内ではヘミデスモソーム（HDS）という接着装置が観察される[10]．HDSはその名のとおり，DSをちょうど半分にしたような構造で，細胞外では上述の基底層に結合している．HDSにおいてインテグリンは別の膜タンパク質であるBP180および細胞質因子であるプレクチン，BP230などと複合体をつくり，最終的には中間径繊維細胞骨格につながっている（図6-6）．HDSのインテグリンは主にラミニンに結合するα6β4インテグリンである．細胞を培養条件に移したときにはAJによく似たフォーカルアドヒージョン（FA）と呼ばれる構造が観察される．FAではインテグリンはタリン，ビンキュリン，パキシリン，ミグフィリンなどの細胞質因子と複合体をつくり，最終的にアクチン繊維細胞骨格につながる．インテグリンの細胞質領域は上記の構造的な細胞質因子だけではなく，非常に多くのシグナル伝達因子と相互作用していることが報告されている．このなかで，インテグリンβ鎖の細胞質領域と結合する2つのリン酸化酵素，ILK (integrin-linked kinase) とFAK (focal adhesion kinase)，が主要な役割を果たしていると考えられる．ILKはこの分子の安定化に必要なPINCHと複合体を形成している．ILK/PINCH複合体はパービン，Aktなどさまざまなシグナル伝達因子と結合している．FAKは直接またはタリンやパキシリンを介して間接的にインテグリンに結合している可能性が報告されている．

3 細胞接着の多彩な機能

細胞接着機構は単に細胞を接着させているだけではない．細胞間接着装置の1つTJは細胞の周りを連続して取り囲み，電子顕微鏡による観察では隣接した細胞膜が完全に融合したようにみえる形態をとる．結果として，上皮細胞において内腔面側と側底面側との間に低分子ですら透過

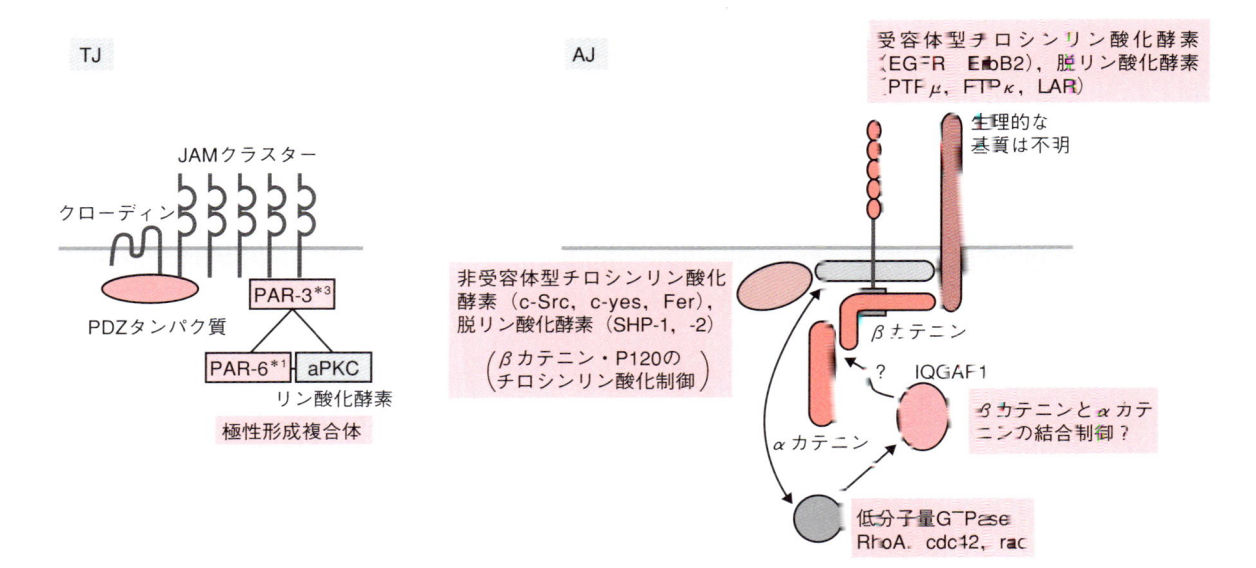

図6-7 接着装置の情報伝達物質

細胞間接着装置，特にAJに多くの情報伝達因子が局在していることが報告されている．現在のところそれぞれの因子が具体的にどのような機能を果たしているか詳細は不明である．リン酸化・脱リン酸化酵素系は増殖制御や接着制御，低分子量GTPase系はアクチン細胞骨格を介して細胞の形態制御に機能する可能性が高い．TJには極性決定関連分子PAR-3，PAR-6，aPKCの局在が報告されている．PAR-3，-6 ともにPDZタンパク質である．

できない帯をつくり出し，細胞間隙をシールする役割を果たす．AJやFAは1つの細胞内のアクチン骨格系を隣の細胞のアクチン骨格や細胞外マトリックスとつなぎ合わせることにより，細胞集団が組織として統合されることに機能している．AJの構成因子であるカドヘリンやαカテニンの欠損・変異は癌細胞の転移・浸潤性と高い相関性を示す．これはAJの異常により組織が組織を維持できなくなった結果と考えられる．DSやHDSは中間径繊維と相互作用することにより，細胞や組織への機械的な刺激に対して抵抗性を与えるという重要な機能を果たしている．実際，DSやHDSの機能異常では表皮細胞の接着が異常になり，水疱が生じる場合がある．たとえば，デスモソーマルカドヘリンに対する自己抗体ができると，表皮細胞間の接着が異常になり，天疱瘡という皮膚疾患が生じる．この場合，単にデスモソームの形成阻害だけではなく，プラコグロビンを介してAJの形成阻害も引き起こされている可能性が示唆されている．

カドヘリンファミリーやインテグリンファミリーの分子は，異なったサブクラスや異なったヘテロ二量体が異なった接着特異性を示す．そのため，カドヘリンは細胞選別に機能して同じ種類の細胞（少なくとも同じ型のカドヘリンを発現している細胞）がひとかたまりになる過程に寄与する．インテグリンは，特定のインテグリンを発現している細胞で，特定の細胞外基質が存在する領域を移動するために使われることがある．この細胞移動においてフィブロネクチンとテネイシンは細胞の移動を促進したり抑制したりする働きが知られている．

細胞が移動したり，組織の形が変形したりするとき，細胞はお互いに接着したり，細胞外基質に接着したまま移動したり，お互いの位置を入れ替えることが可能である．これは細胞間接着も細胞基質間接着も動的な性質をもっていることを意味している．このような動的制御のために，接着分子の積極的な細胞内への取り込みと再利用が行われている可能性が示唆されている．実際には接着分子の細胞質領域のユビキチン化などを介したエンドサイトーシスの活性化機構が報告されている．生体内での接着活性制御機構の詳細は今後の解析が期待される[11]．

細胞接着は細胞極性の構築維持にも重要な役割を果たす[12]．上皮細胞では前述のように，頂端-基部極性が存在している．この極性形成の底部を決める情報が，細胞基質間接着に依存している可能性が高いが，その分子的背景は不明である．一方で，TJとAJにはaPKCやPAR-3/ASIP/Bazooka，PAR-6など線虫やショウジョウバエで極性形成に働くことが知られている因子が局在する．そのためこれらの接着装置も頂端-基部極性の構築維持に寄与すると考えられる．しかしこの極性決定の分子機構についてはまだ不明な点が多い（図6-7）．

　前述したようにFAには多くのシグナル伝達因子がインテグリンを介して集積している．インテグリンが細胞外基質に結合するとその情報が細胞内部に伝えられ，シグナル伝達因子を活性化する．たとえばILK/PINCH複合体の活性化はAktなどの活性化を介して細胞の増殖制御，形態変化などを引き起こす．さらにNckやパキシリン，パービンなど多くのアクチン制御因子を介して，アクチン系細胞骨格の再編成を引き起こす[13]．結果として，インテグリンを介した細胞接着は細胞の生存，死，分化の制御，細胞形態の制御を行うことになる（図6-5）．このような細胞外から細胞内へのシグナル伝達は，外から中へのシグナル伝達（Outside-in signals）と呼ばれている．細胞間接着においても，特にAJにシグナル伝達因子が局在していることから同様のシグナル伝達機構が存在することが想像されているが，不明な点が多い．

> **Memo**
> 細胞間接着が細胞の増殖を阻害する（contact inhibition of cell growth），または移動を阻害する（contact inhibition of cell movement）という概念としてコンタクトインヒビションが提唱されている．一般に受け入れられている概念であるが，細胞間接着が細胞の増殖を抑制している具体的な例は乏しい．また移動についても阻害というよりも調整といった意味合いが強い．

　細胞間接着による細胞内シグナルの制御機構の解明は，この実体が不明なコンタクトインヒビションという概念の検証という意味でも興味深い．

■文献■

1) "Bio Science新用語ライブラリー 細胞接着"（宮坂昌之，矢原一郎/編），羊土社，1996
2) Hirano, S. et al.：The cadherin superfamily in neural development: diversity, function and interaction with other molecules. Front Biosci., 8：d306-d355, 2003
3) Furuse, M. & Tsukita, S.：Claudins in occluding junctions of humans and flies. Trends Cell Biol., 16：181-188, 2006
4) Schmucker, D.：Molecular diversity of Dscam: recognition of molecular identity in neuronal wiring. Nat. Rev. Neurosci., 8：915-920, 2007
5) Niessen, C. M.：Tight junctions/adherens junctions: basic structure and function. J. Invest. Dermatol., 127：2525-2532, 2007
6) Green, K. J. & Simpson, C. L.：Desmosomes: new perspectives on a classic. J. Invest. Dermatol., 127：2499-2515, 2007
7) Farquhar, M. G. & Palade, G. E.：Junctional complexes in various epithelia. J. Cell Biol., 17：375-412, 1963
8) Hynes, R. O.：Integrins: bidirectional, allosteric signaling machines. Cell, 110：673-687, 2002
9) Wegener, K. L. et al.：Structural basis of integrin activation by talin. Cell, 128：171-182, 2007
10) Margadant, C. et al.：Regulation of hemidesmosome disassembly by growth factor receptors. Curr. Opin. Cell Biol., 20：589-596, 2008
11) Mosesson, Y. et al.：Derailed endocytosis: an emerging feature of cancer. Nat. Rev. Cancer., 8：835-850, 2008
12) Suzuki, A. & Ohno, S.：The PAR-aPKC system: lessons in polarity. J. Cell Sci., 119：979-987, 2006
13) Legate, K. R. et al.：ILK, PINCH and parvin: the tIPP of integrin signalling. Nat. Rev. Mol. Cell Biol., 7：20-31, 2006

Chapter 6

2 細胞骨格

真核細胞の内部には，細胞骨格と呼ばれる繊維状の構造が存在する．細胞骨格は，アクチンフィラメント，微小管，中間径フィラメントの3種類の繊維系からなる．細胞骨格には，さまざまな調節タンパク質が存在し，外部環境からの刺激や細胞周期の各種シグナルに応じて，細胞骨格の形成・消失および三次元的な配置を制御している．

概念図

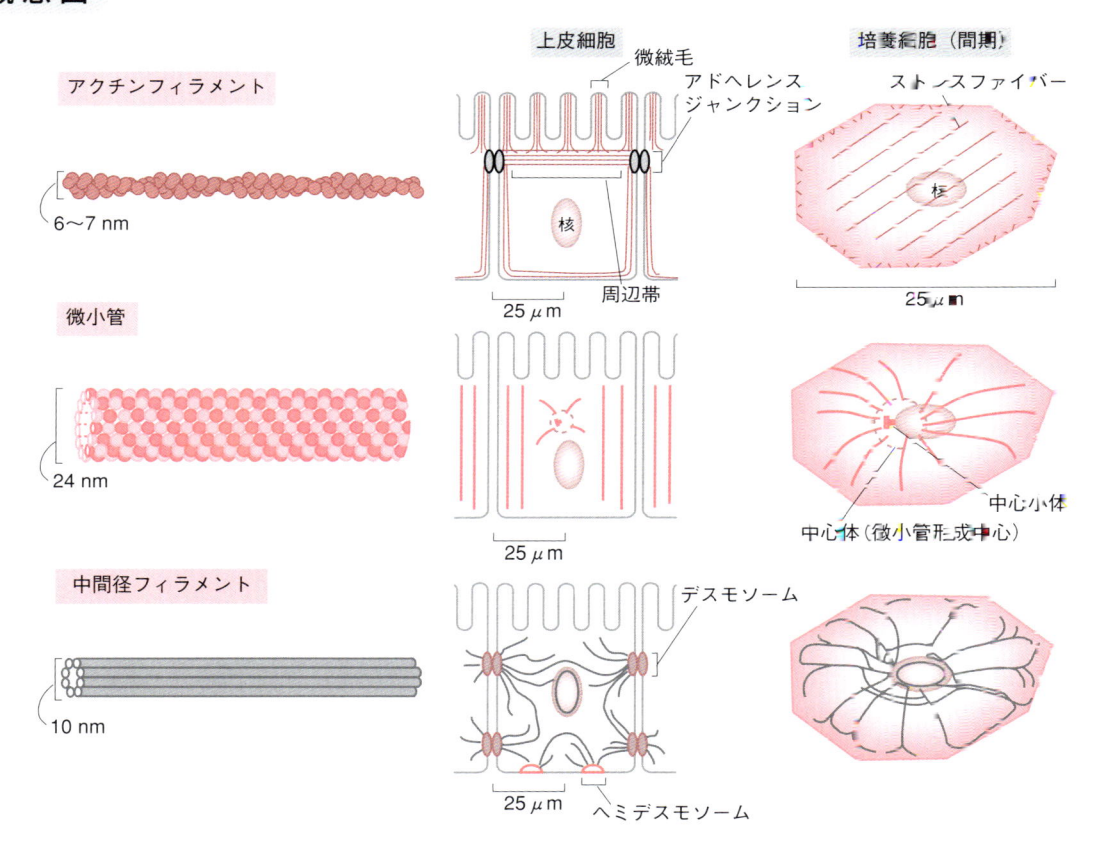

アクチンフィラメント
6～7 nm

微小管
24 nm

中間径フィラメント
10 nm

上皮細胞：微絨毛，アドヘレンスジャンクション，核，周辺帯，デスモソーム，ヘミデスモソーム（25 μm）

培養細胞（間期）：ストレスファイバー，核，中心小体，中心体（微小管形成中心）（25 μm）

1 細胞骨格の種類と基本的な性質

細胞骨格は，アクチンフィラメント・微小管・中間径フィラメントの3種類の繊維系からなる．これらの繊維系は，基本単位となるタンパク質が重合することで，繊維状の構造をとるという共通点をもつ．

1）アクチンフィラメント

アクチン（actin）は，分子量約42,000の球状タンパク質である．単量体であるG-アクチンと

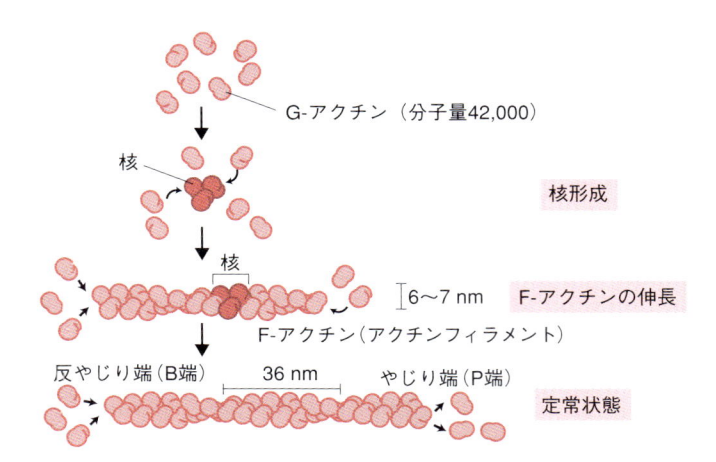

図6-8 アクチンフィラメント形成の模式図

　フィラメント状のF-アクチン（アクチンフィラメント）の2状態が存在する（図6-8）．F-アクチン内ではG-アクチンが右巻き二重らせん構造をとっている．フィラメントの直径は6〜7 nm，らせんの半周期は36 nmで，このなかに約13個の単量体が存在する．F-アクチンには方向性があり，ミオシン頭部を結合させたフィラメントを電子顕微鏡観察するとやじりを繰り返す像を示すことから，F-アクチンの一方の端をやじり端（P端：pointed end，−端），もう一方を反やじり端（B端：barbed end，+端）と呼ぶ．

　アクチンはATPを結合し，重合後にその加水分解を起こす．ATP-アクチンは主に重合反応に，ADP-アクチンは主に脱重合反応に寄与している．正味の重合速度と脱重合速度が等しくなるときのG-アクチンの濃度を臨界濃度と呼ぶ．B端とP端における臨界濃度はそれぞれ約0.1 μMと約0.6 μMである．B端での臨界濃度の方が小さいため，定常状態では，F-アクチンは，B端で伸長し，P端から短縮する（トレッドミリング）．トレッドミリングは，試験管内だけではなくて，細胞内でも観察される現象である．細胞内ではさまざまなアクチン調節タンパク質が働き，アクチンフィラメントの三次元的な配置やダイナミクスを制御している（表6-2）．

2）微小管

　微小管（microtubule）は，それぞれ分子量約50,000のαチューブリン（α-tubulin）とβチューブリン（β-tubulin）のヘテロ二量体から構成される．αチューブリンは交換不能なGTPを，βチューブリンは交換可能なGTPを結合している．微小管は，α/βチューブリン二量体が縦につながったプロトフィラメントが11〜16本（通常は13本）側面結合してできる管状の構造をしており，直径は約24 nmである．F-アクチンと同様に方向性をもち，チューブリン二量体の付加が速い方を+端，遅い方を−端と呼ぶ．

　微小管の伸長は，GTP-チューブリンが微小管の端へ結合することで起こる（図6-9）．微小管の端がGTP-チューブリンの場合，チューブリンの微小管からの解離は遅く，GTP-チューブリンの付加反応が優勢となり，伸長反応が進む．微小管の端がGDP-チューブリンの場合は，解離反応が速く，微小管の脱重合が進む．この結果，溶液中の定常状態では，微小管は，ゆっくりとした伸長と速やかな短縮の2つのフェーズを繰り返す「動的不安定性」を示す．電子顕微鏡観察の結果から，微小管の+端が伸長するときは，プロトフィラメントが二次元的なシート構造をとり，それが次に管状構造へ形を変えることで重合が進み，逆に，短縮するときは，プロトフィラメントどうしが離れ，1本1本ばらばらにほどけた状態から脱重合が進むと考えられている．微

表 6-2 アクチン調節タンパク質のいくつかの例

タンパク質	分子量（×10⁻³）	機能
チモシン	5	アクチン単量体を隔離する
プロフィリン	15	〃
ADF/コフィリン，デパクチン	19	フィラメントを脱重合する
キャッピングプロテイン	30×2	B端をキャップする
フラグミン/セバリン	40	フィラメントを切断する
ゲルゾリン	86	〃
フォルミン/ディアファノス	125〜140×2	B端での重合を促進する
Arp2/3複合体	七量体 (47,45,41,34,21,20,16)	フィラメントの枝分かれを起こす
ファシン	55	フィラメントを束化する
EF-1α	50	〃
フィンブリン	68	〃
αアクチニン	103×2	〃
スペクトリン	(280+250)×2	フィラメントの側面を細胞膜に固定する
フィラミン	280×2	フィラメントを架橋してゲル化する
トロポミオシン	30〜35×2	フィラメントを強化する

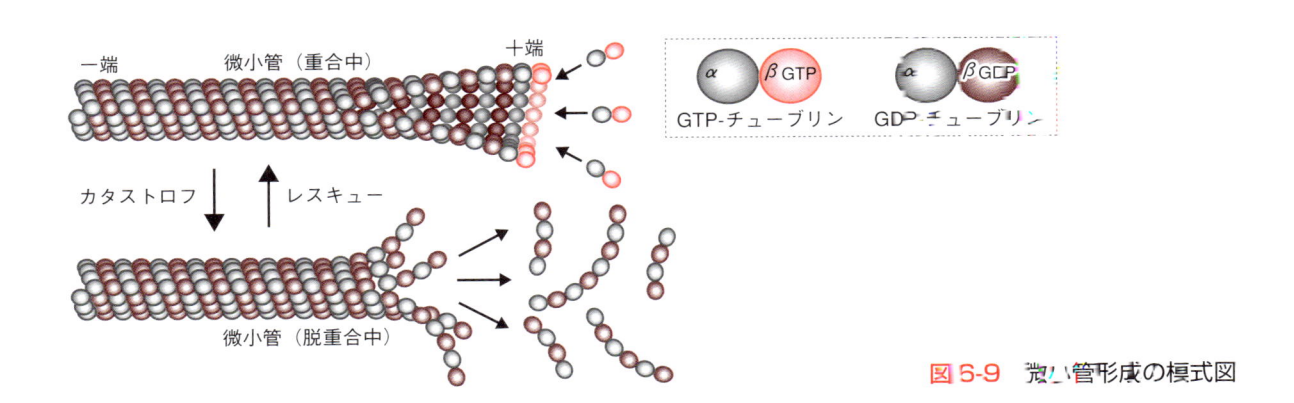

図 6-9 微小管形成の模式図

　小管の動的不安定性は，蛍光ラベルしたチューブリンのマイクロインジェクション実験により，細胞内でも起こっていることが確認されている．

3) 中間径フィラメント

　中間径フィラメント（intermediate filament）は，アクチンフィラメントおよび微小管に比べて，より多様性に富み，ヒトゲノムには中間径フィラメントタンパク質をコードする遺伝子がおよそ70個存在する．その相同性により5つのサブグループに分かれている（表6-3）．共通する

表6-3 中間径フィラメントタンパク質

クラス	名称	タンパク質	分子量（×10⁻³）
タイプI	酸性ケラチン類	酸性ケラチン	40〜57
タイプII	塩基性ケラチン類	塩基性ケラチン	53〜67
タイプIII	ビメンチン類	グリア繊維酸性タンパク質	50
		ビメンチン	57
		ペリフェリン	57
		デスミン	54
タイプIV	ニューロフィラメント類	NF-L	62
		NF-M	102
		NF-H	110
		α-インターネキシン	60
		ネスチン	240
タイプV	ラミン類	ラミンA	74
		ラミンB1	66
		ラミンB2	68
		ラミンC	65

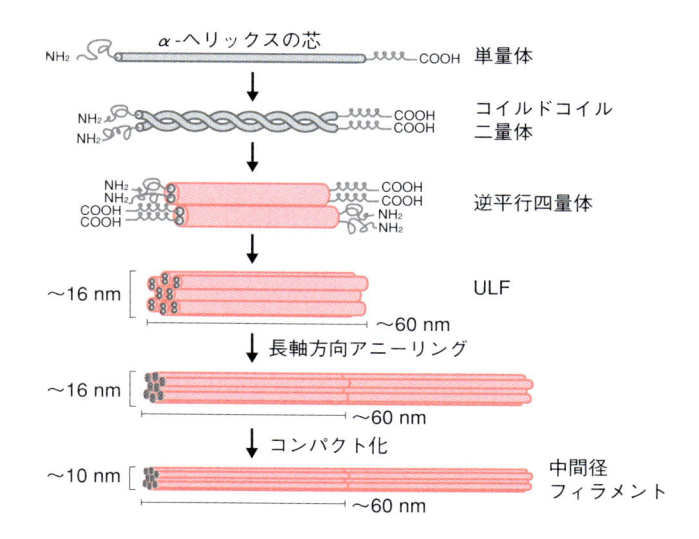

図6-10 中間径フィラメント形成の模式図

構造的な特徴として，タンパク質分子中央部に長いα-ヘリックス部位をもち，ヘテロもしくはホモ二量体を形成する．ケラチン（keratin）の場合は，タイプIの酸性ケラチンとタイプIIの塩基性ケラチンとの間でヘテロ二量体をつくる．一方，タイプIIIに属するビメンチン（vimentin）やペリフェリン（peripherin）の場合は，ホモ二量体を形成する．二量体が逆平行状に結合し四量体を形成し，さらに8本の四量体が側面で結合することで単位長フィラメント（unit length filament：ULF）をつくる（図6-10）．ULFは直径16 nm，長さ60 nmの円柱状をした構造であり，中間径フィラメントを構築する際の基本単位となる．ULFがさらに長軸方向でお互い結合し合うことで長いフィラメントを形成し，直径が16 nmから10 nmへ縮まるコンパクト化を経て成熟した中間径フィラメントとなる．この構造からわかるとおり，アクチンフィラメントおよび微小管と違い，中間径フィラメントは方向性をもたない．またアクチンやチューブリンのようにヌクレオチドと結合することもない．中間径フィラメントは，ULF間の解離速度定数が低く，アクチンフィラメントや微小管に比べると長時間に渡り安定な構造を保持する．

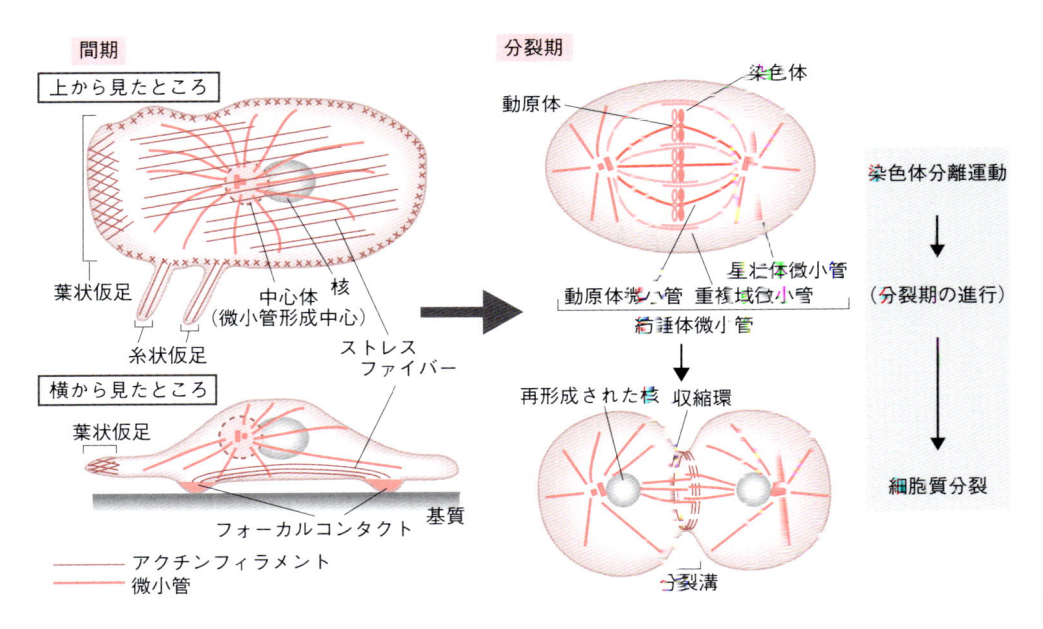

図6-11 細胞周期における細胞骨格の存在様式

2 細胞運動と細胞骨格

間期の繊維芽細胞が細胞運動しているときの細胞骨格について説明する（図6-11左）．

細胞の運動方向の先導端（leading edge）では，葉状仮足（lamellipodia）および糸状仮足（filopodia）において，B端から伸長するアクチンフィラメントが細胞膜を力学的に押すことで，細胞端が前に進む．葉状仮足は，短く枝分かれしたアクチンフィラメントから構成される．それに対して糸状仮足は，枝分かれのない長いアクチンフィラメントが平行に密に束ねられた構造をしている．

細胞先導端が前進した後には，ストレスファイバー（stress fiber）が形成される．ストレスファイバーは，アクチンフィラメントがα-アクチニン（α-actinin）により架橋された構造で，通常，細胞の長軸方向へ伸びている．ストレスファイバーの端にはフォーカルコンタクト（focal contact）と呼ばれる構造体があり，インテグリン（integrin）を介して細胞と基質の接着を担っている．ストレスファイバー内にはⅡ型ミオシン（myosin Ⅱ）が存在し，張力を発生している．ミオシンは，ATPを加水分解した際に生じるエネルギーを，アクチンフィラメント上での滑り運動に転換するモーター分子であり（第6章-3参照），ミオシンⅡはそのサブファミリーの1つを形成する．

核の近傍には，中心体（centrosome）または微小管形成中心（microtubule organizing center：MTOC）と呼ばれる構造が存在する．中心体は，その中心部に，互いに直交する一対の中心小体（centriole）を含む．中心小体は9組の微小管セットからなり，哺乳類細胞の場合は，特別な三連微小管が存在している．また中心体のなかには，γ-チューブリン環状複合体（γ-tubulin ring complex：γ-TuRC）と呼ばれるタンパク質構造が存在する．ここから新規の微小管が形成される．すなわち，細胞内の微小管は，－端がγ-チューブリンによってキャップされ，＋端での重合で細胞周辺部に伸長していくのである．

中間径フィラメントは，組織により発現している種類が大きく異なる．通常，哺乳類の繊維芽細胞に発現しているのは，タイプⅢのビメンチンとタイプⅤのラミン（lamin）である．ビメンチンは，細胞質内で，微小管と似た配置をしている．ラミンは，核膜の内側の直下で，網目構造を形成していると考えられている．哺乳類では，3つの遺伝子（ラミンA/C，ラミンB1，ラミンB2）が存在する．近年の遺伝子疾患の研究により，ヒトのラミンA/Cのさまざまな変異が，早老症，高脂血症，筋ジストロフィーの原因になっていることがわかった．

3 細胞分裂と細胞骨格

次に，細胞分裂時の細胞骨格について概観しよう（図6-11右）．動物細胞は細胞分裂期に入るとストレスファイバーが消失し，基質との接着を失った細胞は球状に変形する．複製を終えた中心体は分裂前期に分離して核の両側に移動する．前中期にラミンがリン酸化されることが引き金で核膜の崩壊が起きる．間期の，安定で長い微小管は，分裂期の紡錘体微小管（spindle microtubule）に変換する．紡錘体微小管は，さらに3種類に分類される．染色体上のセントロメアに形成された動原体（kinetochore）に付着している動原体微小管（kinetochore microtubule），分裂の赤道面付近で重なり合い安定化されている重複域微小管（overlap microtubule），そしてその他の星状体微小管（astral microtubule）である．星状体微小管は，間期の微小管に比べ不安定で，生成と消失を繰り返している．

分裂中期に，染色体は分裂赤道面に配列する．後期に入ると，一対の染色体は分かれてそれぞれ両極の中心体へ向かい，同時に2つの中心体の間の距離も広がっていく．これは，中心体，動原体，微小管重複領域に存在する種類の異なる微小管モータータンパク質，および動原体での＋端からの脱重合の協調作用として起こる．終期には，分配された染色体の周りに核膜が再構成され始める．このときラミンは脱リン酸化状態に戻る．細胞分裂終期には，赤道面に収縮環（contractile ring）が形成される．収縮環は，分裂溝（cleavage furrow）の膜直下に形成されるアクチンフィラメントとミオシンⅡを主成分とした構造である．細胞質分裂期に，この収縮環はアクチンとミオシンⅡの相互作用によって収縮していき，最終的には細胞を2つにくびり切る．

以上，細胞骨格の構造と機能を，細胞内での役割との関連で概観してきた．紙面の都合で，個々の微小管調節タンパク質・中間径フィラメント結合タンパク質について詳述できなかった．これらについては姉妹版の「タンパク質科学イラストレイテッド」を参照してほしい．

近年の研究により，細胞骨格が細胞外および細胞内のさまざまな刺激にダイナミックに反応し，細胞内のいろいろな生命現象に深く関連していることが明らかになってきている．個々の生化学的な性質がよくわかっている細胞骨格の調節にかかわるタンパク質が，どのように協調的に働いて1つのシステムをつくり上げていくのかについて理解を深めることが，今後の課題だろう．

■文　献■

1) Dechat, T. et al.: Nuclear lamins: major factors in the structural organization and function of the nucleus and chromatin. Genes Dev., 22: 832-853, 2008
2) Godsel, L. M. et al.: Intermediate filament assembly: dynamics to disease. Trends Cell Biol., 18: 28-37, 2008
3) Pollard, T. D. & Borisy, G. G.: Cellular motility driven by assembly and disassembly of actin filaments. Cell, 112: 453-465, 2003
4) Geiger, B. et al.: Transmembrane crosstalk between the extracellular matrix-cytoskeleton crosstalk. Nat. Rev. Mol. Cell Biol., 2: 793-805, 2001
5) Karsenti, E. & Vernos, I.: The mitotic spindle: a self-made machine. Science, 294: 543-547, 2001
6) 馬渕一誠：細胞質分裂：細胞分裂における収縮環の形成．蛋白質 核酸 酵素, 51: 752-760, 2006

3 細胞内物質輸送

サイトソルのリボソームで合成されたタンパク質は，そのアミノ酸配列中に存在する輸送シグナル（ターゲッティングシグナルともいう）に依存して，細胞内のさまざまな標的オルガネラあるいは細胞膜へと輸送される．細胞内物質輸送の基本概念は次の3つに大別される．ⓐ 核膜孔を通る輸送；ⓑ 膜透過輸送；ⓒ 細胞内メンブレントラフィック．ⓑ の輸送過程に関与する輸送シグナルは，標的オルガネラ内に入った後に切除される場合が多い．ⓒ の過程では，粗面小胞体に結合しているリボソームで合成開始され，小胞体内腔に移行したタンパク質は，主として輸送小胞を介して目的地へと輸送される．

概念図

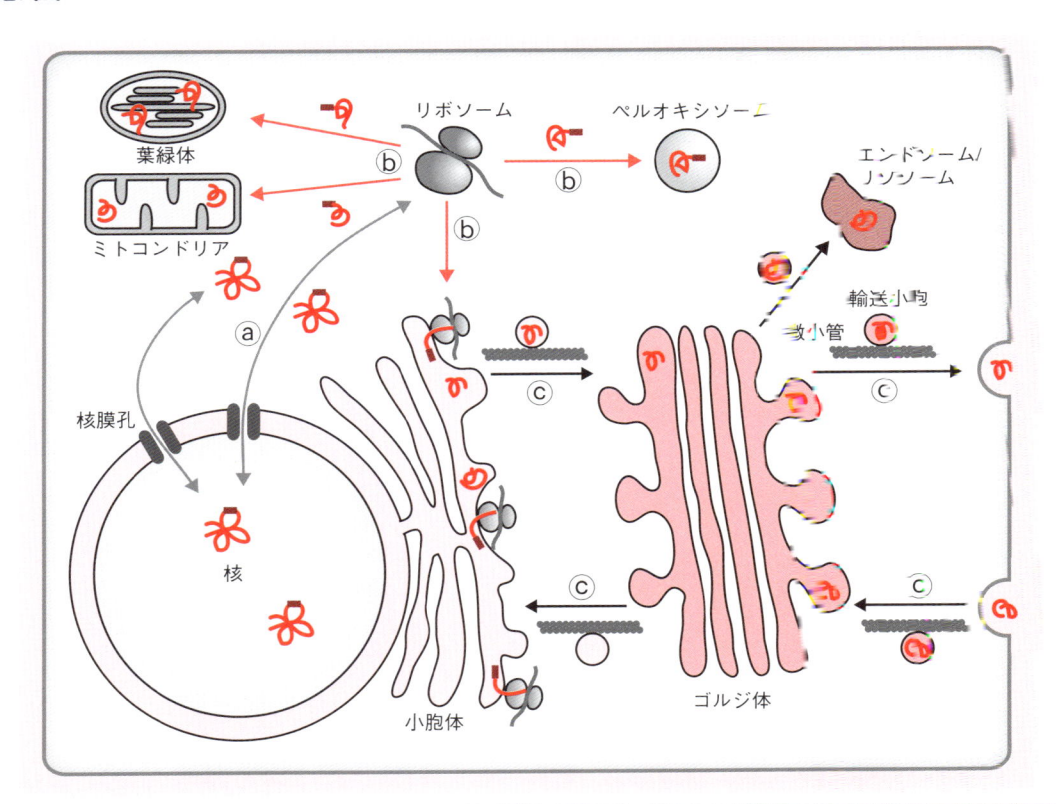

ⓐ 核膜孔を通る輸送
核局在化シグナルを有するタンパク質は，核膜孔複合体を通ってサイトソルから核内へと輸送される．
また核外輸送シグナルを有するタンパク質は，核内からサイトソルへと輸送される．

ⓑ 膜透過輸送
シグナル配列を有するタンパク質は，膜に埋め込まれたタンパク質転送装置を通ってオルガネラ内に輸送される．N末端に存在するシグナル配列は，膜透過後に切除されることが多い．ミトコンドリア，葉緑体，ペルオキシソーム内への輸送，および小胞体内腔への膜透過が，この機構を介する．小胞体内腔に移行したタンパク質は，メンブレントラフィックによりさらに別の細胞内区画（オルガネラ）や細胞膜へと輸送される．

ⓒ メンブレントラフィック（膜交通）
本図で淡赤色で示す細胞内の区画は，トポロジー的に細胞外と等価であり，内膜系と呼ばれる．小胞体内腔に移行したタンパク質や膜タンパク質は，内膜系の区画どうしの間，あるいは内膜系の区画と細胞表面との間を，輸送小胞を介して運搬される．また，細胞表面からエンドサイトーシスされたタンパク質も，輸送小胞を介して運搬される．輸送小胞はモータータンパク質を介して微小管に沿って移動する．

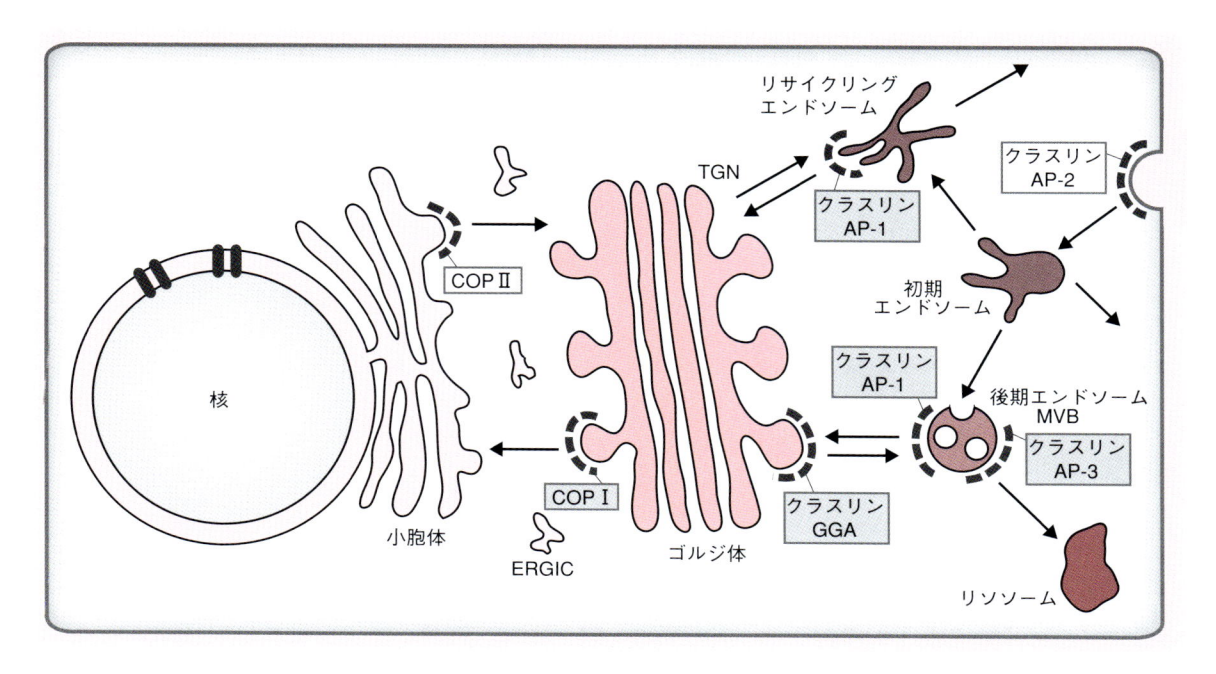

図6-12 メンブレントラフィックの経路
粗面小胞体で合成されたタンパク質は，COPⅡ小胞によりゴルジ体のシス側に運ばれる．COPⅠ小胞はゴルジ体から小胞体への逆行輸送に関与する．ゴルジ体の槽成熟を介してTGNに到達したタンパク質は，選別されてさまざまな目的地へ輸送される．一方，エンドサイトーシスされたタンパク質は初期エンドソームで選別され，細胞膜にリサイクルされたり，リソソームに送られたりする．TGN，エンドソーム，細胞膜では，さまざまなクラスリン被覆小胞（AP複合体が異なる．後述）が輸送に関与する．ERGICは小胞体-ゴルジ体中間区画の略

1 細胞内輸送

1）メンブレントラフィックとは

　図6-12で内部を赤く塗った細胞内の区画（オルガネラ）は内膜系と呼ばれ，その内部はトポロジー的には細胞外と等価である．このような区画間のタンパク質輸送は，粗面小胞体で新たに合成されたタンパク質のエキソサイトーシスの過程と，細胞膜から取り込まれたタンパク質のエンドサイトーシスの過程に大別される．

　粗面小胞体のリボソームで合成されて小胞体内腔に移行したタンパク質は，まずゴルジ体のシス側へと輸送される．ここから，一部のタンパク質（本来は小胞体に局在するタンパク質など）は小胞体へと逆行輸送されるが，残りはゴルジ体のいくつかの槽（小胞体側からシス，メディアル，トランス槽など）を通ってトランスゴルジ網（TGN）に到達する．リソソーム，種々のエンドソーム，細胞表面などへと向かうタンパク質がTGNで選別を受け，各目的地へと輸送される．内分泌細胞における分泌顆粒への選別，上皮細胞における頂端膜側と基底膜側への選別，神経細胞における軸索側と樹状突起側への選別もTGNで起こる．

Memo
ゴルジ体の槽間の輸送については，積み荷タンパク質が小胞に乗ってシスからトランス側へと順次輸送される「小胞輸送モデル」と，ゴルジ体の槽自体がシス側からトランス側へと順次成熟していく「槽成熟モデル（cisternal maturation model）」が提唱されていた．近年になって，少なくとも酵母では槽成熟モデルが正しいことが証明された[1]．

積み荷タンパク質が輸送シグナルに従って特定の輸送小胞に取り込まれる

関与するタンパク質：
ARF/Sar1，コートタンパク質

小胞膜と標的膜の融合が起こり，積み荷タンパク質が標的オルガネラに移る

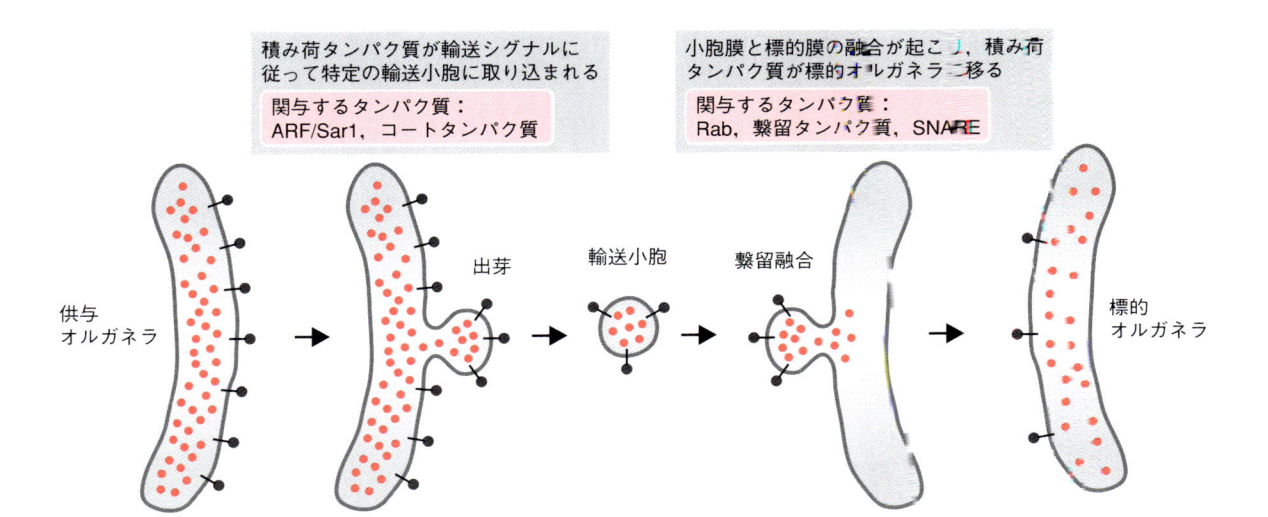

関与するタンパク質：
Rab，繋留タンパク質，SNARE

供与オルガネラ　→　出芽　→　輸送小胞　→　繋留融合　→　標的オルガネラ

図 6-13　小胞輸送過程で起こる出芽と融合
輸送小胞は供与オルガネラから出芽して，標的オルガネラと融合することにより，積み荷タンパク質を受け渡す

　一方，細胞膜からエンドサイトーシスされて初期エンドソームに達したタンパク質の一部は，初期エンドソームから直接，あるいはリサイクリングエンドソームを経由して細胞表面へとリサイクルされる（例：トランスフェリン受容体）．一方，増殖因子受容体の多く（例：EGF受容体）は，初期エンドソームから後期エンドソームを経てリソソームに輸送されて分解される．また，逆行輸送経路に沿ってゴルジ体や小胞体にまで輸送されるタンパク質もある．
　このような細胞内区画間の輸送は，主として輸送小胞を介して行われる（図6-13）．小胞輸送は，輸送されるべき積み荷タンパク質を含んで供与オルガネラから形成された輸送小胞が，標的オルガネラ膜に繋留・融合して積み荷タンパク質を受け渡すという一連の基本過程からなる．以前は，「小胞輸送＝メンブレントラフィック」と漠然と考えられていた．しかし最近では，輸送小胞ではなく管状構造の輸送中間体を介する輸送や槽成熟による輸送，およびファゴサイトーシスやオートファジーのような過程（後述）も含めて，メンブレントラフィック（膜交通：membrane traffic）と総称される．

2）輸送小胞の形成

　供与オルガネラ膜から出芽する輸送小胞はコートタンパク質により覆われていることから，被覆小胞（coated vesicle）と呼ばれる．被覆小胞には，コートタンパク質の異なるCOPⅡ被覆小胞，COPⅠ被覆小胞，クラスリン被覆小胞などがある．クラスリン被覆小胞の場合には，積み荷タンパク質とクラスリンをつなぐアダプタータンパク質の種類によりさらに細かく分類される（AP-1，AP-2，AP-3，AP-4，GGA）[2]．これらの被覆小胞が関与する輸送過程の概略を図6-12に示す．COPⅡ被覆小胞は小胞体からゴルジ体への順行輸送に，COPⅠ被覆小胞は主としてゴルジ体から小胞体への逆行輸送に関与する．クラスリン/AP被覆小胞は，TGNやエンドソーム，細胞膜などからのさまざまな輸送過程に関与する．
　図6-14に輸送小胞形成の概略を示す．供与オルガネラ膜上に存在するグアニンヌクレオチド交換因子（GEF）の働きにより，不活性なGDP結合型から活性を有するGTP結合型へと変換された低分子量GTPase（COPⅡ小胞の場合にはSar1，COPⅠ小胞とクラスリン/AP小胞の場合

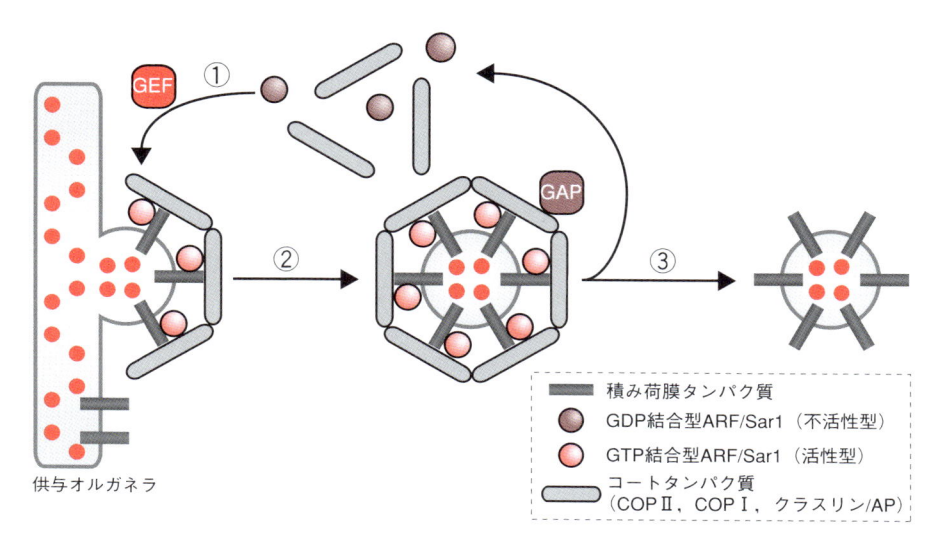

図6-14 輸送小胞の形成
①供与オルガネラ膜上に存在する特異的なGEFにより活性化された（GTP結合型に変換された）ARFやSar1が膜に結合し、そこにコートタンパク質（ARFの場合にはCOPⅠ複合体やクラスリン/AP複合体、Sar1の場合にはCOPⅡ複合体）をリクルートする。コートタンパク質は、輸送シグナルを認識することにより積み荷タンパク質の集合を促す。またコートタンパク質は膜の変形を引き起こして、小胞の出芽が始まる。②出芽のつけ根がくびり切られて輸送小胞が完成する。③特異的なGAPによりARFやSar1に結合しているGTPが加水分解されるとともに、ARFやSar1は膜から遊離し、それに伴ってコートタンパク質も遊離する。裸になった小胞は標的膜との融合が可能になる

にはARF；ただし、クラスリン/AP-2小胞の形成にはARFは関与しない）がオルガネラ膜に結合する。そこにリクルートされたコートタンパク質は、積み荷タンパク質の輸送シグナルを認識してその集合を促すとともに、膜の変形を引き起こして小胞の出芽を開始させる。その後、出芽のつけ根がくびり切られて輸送小胞が完成する。小胞の形成後、あるいは形成と並行して、GTPase活性化タンパク質（GAP）がSar1やARFに結合しているGTPの加水分解を促進する。この不活性化によって低分子量GTPaseが小胞膜から遊離するとともに、コートタンパク質も膜から遊離する。裸になった輸送小胞は、標的オルガネラとの融合が可能になる。

Memo
エンドサイトーシスの際のクラスリン/AP-2被覆小胞の出芽のつけ根のくびり切りには、高分子量GTPaseのダイナミンが関与する[3]。その他の被覆小胞形成の際のくびり切りの機構は不明である。COPⅠ被覆小胞の場合にはCtBP1/BARSが関与するのではないかと考えられる[4]。

3）輸送小胞と標的オルガネラの融合

メンブレントラフィックが正確に機能するには、輸送小胞が標的オルガネラを正しく認識して融合する必要がある（図6-15）。まず、輸送小胞が標的オルガネラを認識して繋留（tethering）される。この際に、小胞膜に存在するRabファミリーの低分子量GTPaseと標的膜に存在するRabエフェクター（繋留タンパク質）の相互作用が重要である。ただし、すべての繋留過程にRabが必要なわけではなく、Rabには他にもさまざまな機能がある。

小胞膜と標的オルガネラ膜との融合の特異性は、小胞膜に存在するv-SNAREタンパク質（vesicle-SNARE；ヘリックス複合体形成に重要なArg残基にちなんでR-SNAREともいう）と標的膜に存在するt-SNAREタンパク質（target-SNA；同様にQ-SNAREともいう）の組合せが

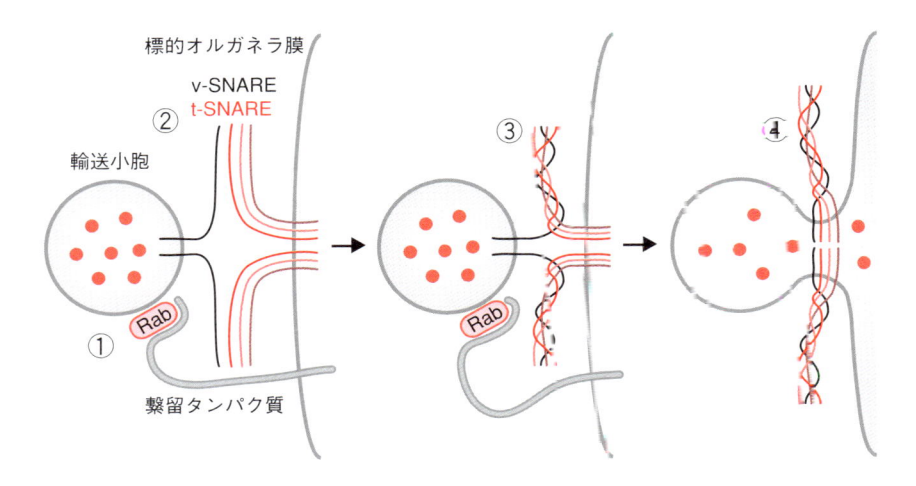

図6-15 輸送小胞と標的オルガネラの融合
①小胞膜上で活性化された（GTP結合型になった）Rabが標的オルガネラ膜上のエフェクター（繋留タンパク質）と相互作用することにより，小胞が標的膜につなぎ止められる．②小胞膜由来の1本のSNARE（v-SNARE）と標的膜由来の3本のSNARE（t-SNARE）が対合を開始する．この組合せが，融合する小胞と標的オルガネラの特異性を決定する．③v-SNAREとt-SNARE由来の4本のヘリックスドメインどうしが巻きついて，安定な束（トランスSNARE複合体）を形成する．④SNAREどうしが巻きつく際のエネルギーが推進力となり，小胞膜と標的膜の融合が起こり，積み荷タンパク質が標的オルガネラに移る．その後，シスSNARE複合体はNSFやα-SNAPなどの作用により解離して，個々のSNAREは再利用される（図には示していない）

決定する．ヒトには37種類のSNAREタンパク質が存在する[5,6]．
　SNAREの役割に関しては，シナプス小胞と神経終末細胞膜との融合で解析がもっとも進んでいる．小胞膜に存在するVAMP2（R-SNARE）由来の1本，および終末膜に存在するシンタキシン1A（Q-SNARE）由来の1本（Qa）とSNAP-25（Q-SNARE）由来の2本（QbとQc）の計4本のヘリックスが，ファスナーをとじるように巻きついて束（トランスSNARE複合体）を形成する．この巻きつく際のエネルギーを利用して膜どうしの融合が起こる（図6-15）．融合後のSNARE（シスSNARE複合体）は，AAA-ATPaseのNSF（N-ethylmaleimide-sensitive factor）などの作用により解きほぐされて再利用される．

> **Memo**
> ボツリヌス毒素や破傷風毒素はメタロプロテアーゼであり，シナプス小胞膜と神経終末膜との融合に関与するSNAREを切断する．これらの毒素のおかげで，神経伝達物質の放出機構に関する研究は大いに促進された．ちなみに，SNAREはsoluble NSF attachment protein receptorの略．

4）リソソームでの分解に至る経路：エンドサイトーシス，ファゴサイトーシス，オートファジー

　増殖因子受容体のなかには，エンドサイトーシス後にリソソームでの分解によりダウンレギュレーションされるものがある（例：EGF受容体）．エンドサイトーシスの経路にはいくつかある．主要な経路はクラスリン依存性エンドサイトーシスであり，クラスリンとアダプターのAP-2複合体が関与する（図6-12）．その際に，膜タンパク質の細胞質ドメインに存在する輸送シグナル（YXXØモチーフ，FXNPXYモチーフなど）が，AP-2複合体により直接，あるいは間接的に認識される[2]．一方，クラスリン非依存性の経路も存在し，その代表例がカベオリン（caveolin）という膜タンパク質が関与するカベオラ（caveola）を介するエンドサイトーシスである．

図6-16 リソームでの分解に至る経路
エンドサイトーシス経路，ファゴサイトーシス経路とオートファジー経路．詳細については本文参照

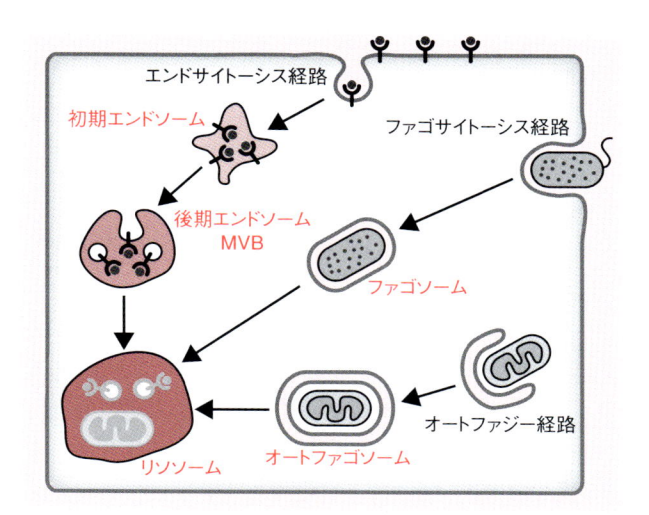

　初期エンドソームに到達した膜タンパク質は，ここで選別を受ける（リサイクリングされるタンパク質については図6-12参照）．リソソームで分解を受けるタンパク質は，初期エンドソームから後期エンドソームへと輸送される．この過程でエンドソームの境界膜が陥入し，膜タンパク質はエンドソーム内部の小胞内に隔離される（図6-16）．内部小胞を有する後期エンドソームのことを多胞エンドソーム（MVB：multivesicular body）という．次にMVBがリソソームと融合し，内部のタンパク質はプロテアーゼにより加水分解される．
　リソソームで分解を受けるタンパク質（EGF受容体など）の輸送過程では，ユビキチン（プロテアソームによるタンパク質分解のシグナルでもある）による修飾が重要な役割を果たす[7)～9)]．特に，境界膜が陥入してタンパク質が内部小胞に隔離されるまでの過程は，ユビキチン化酵素，脱ユビキチン化酵素，多数のユビキチン結合タンパク質による調節を受ける[8) 9)]．

Memo
MVBの表面で，ユビキチンを認識する一連のタンパク質複合体（ESCRT-0，-Ⅰ，-Ⅱ，および-Ⅲ；ESCRTはendosomal sorting complex required for transportの略）がユビキチン化タンパク質と順次結合することにより，タンパク質の内部小胞への隔離が起こる[8) 9)]．

　リソソームでの分解に至る経路は他にもある．マクロファージなどの食細胞では，微生物や老化細胞などの大型の粒子がファゴサイトーシスにより取り込まれ，形成されたファゴソームがリソソームと融合することにより分解される（図6-16）．この過程はマクロファージなどによる抗原提示にとってきわめて重要である．
　一方，近年研究が盛んなのがオートファジーである[10)]．オートファジーでは，オルガネラを含む細胞質成分が嚢状の膜構造により取り囲まれて，二重の膜からなるオートファゴソームが形成される．次に，オートファゴソームがリソソームと融合して内容物が分解される．

Memo
オートファジーは，老化したり細胞にとって不要になったりしたオルガネラの分解や，栄養飢餓時の細胞質成分の分解による栄養源の確保にとって重要な経路と考えられてきた．しかし近年になって，発生・分化，神経変性疾患の抑制などの過程における積極的な役割も明らかになりつつある．

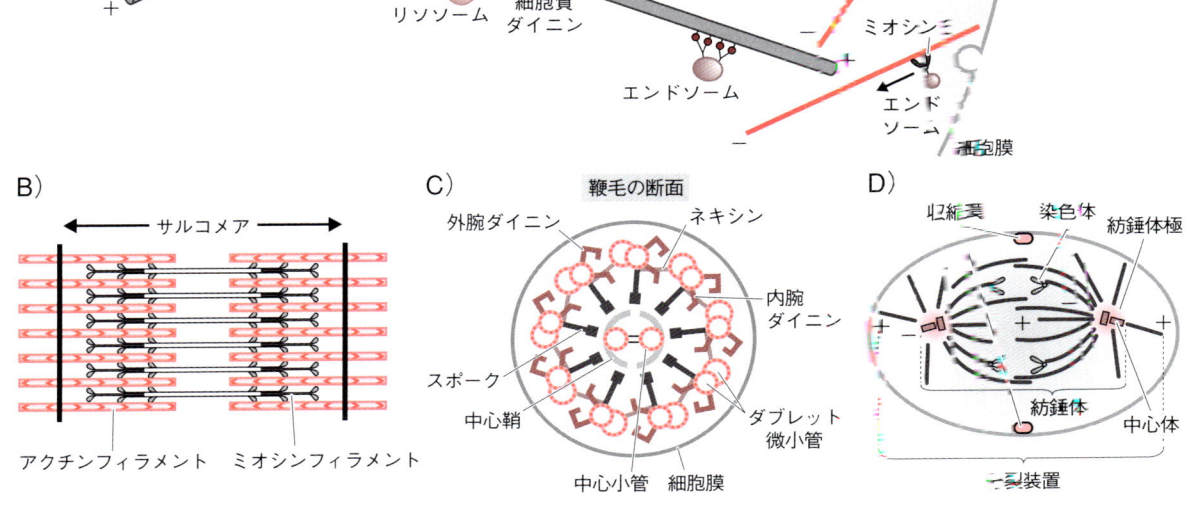

図6-17 モータータンパク質のおもな役割
A）細胞内物質輸送：細胞小器官や小胞が微小管とアクチンに沿って輸送される．B）筋収縮：アクチンフィラメントとミオシンフィラメントが滑り合い，サルコメアが短縮する．C）鞭毛運動：9本のダブレット微小管がダイニンにより滑り合い，鞭毛の屈曲をつくる．D）細胞分裂：分裂装置（微小管とキネシン，ダイニン）が染色体を分離し，収縮環（アクチンフィラメントとミオシン）が細胞質を分離する

2 モータータンパク質

　モータータンパク質はATPの加水分解エネルギーを使って生体の運動を生み出す機能をもつタンパク質であり，アクチンフィラメントと相互作用するミオシン，微小管と相互作用するダイニンとキネシンの3種類がある．これらのモータータンパク質は，それぞれ，運動装置として特化した筋肉や鞭毛，細胞内輸送が盛んな神経軸索において発見されたが，細胞内小器官やmRNAの輸送，核の移動，細胞分裂などの原動力であり，発生・形態形成や感覚受容，神経ネットワーク構築にも関与し，生命活動にとって基本的かつ多様な役割を担っている（図6-17）．

1）ミオシン（図6-18A）

　ミオシン分子は基本的に，ATP加水分解部位とアクチン結合部位を含むモータードメイン（頭部），ミオシン軽鎖を結合する頸部，そして重鎖の会合や運搬する荷物を結合する尾部からなる．ミオシンモータードメインをもつタンパク質は多数（哺乳類ではゲノムあたり40種類以上）存在

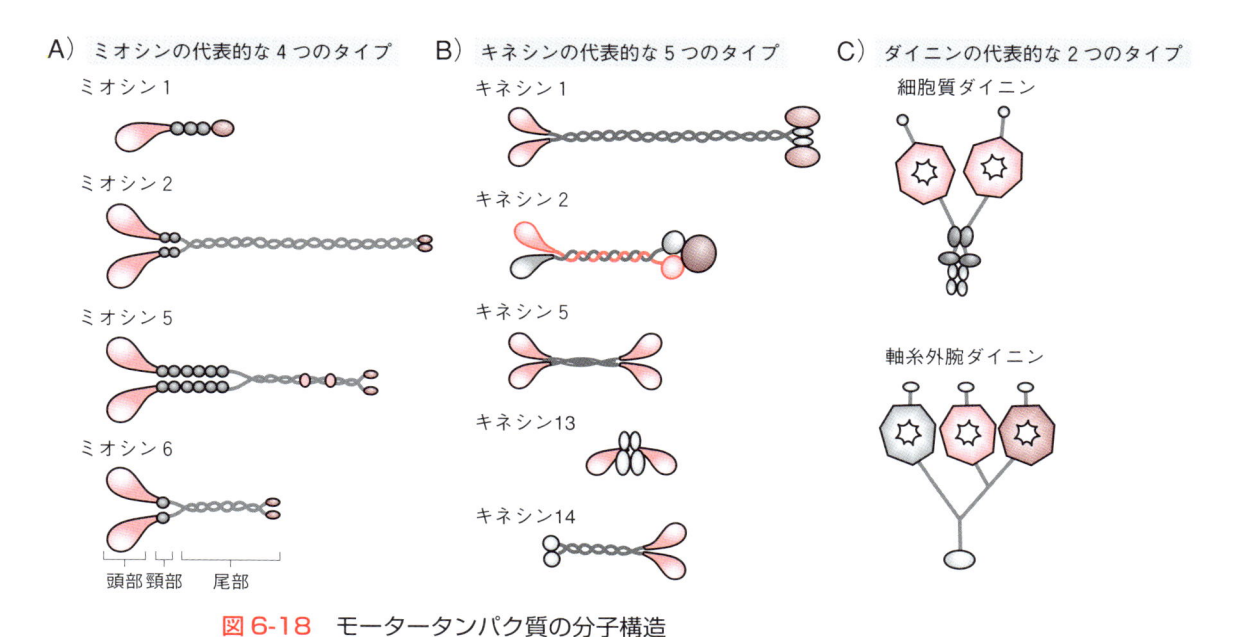

A) ミオシンの代表的な4つのタイプ　B) キネシンの代表的な5つのタイプ　C) ダイニンの代表的な2つのタイプ

ミオシン1
ミオシン2
ミオシン5
ミオシン6
頭部　頸部　尾部

キネシン1
キネシン2
キネシン5
キネシン13
キネシン14

細胞質ダイニン
軸糸外腕ダイニン

図6-18　モータータンパク質の分子構造

し，それらはミオシンスーパーファミリーとして20以上のサブファミリーに分類されている．

よく知られる筋肉のミオシンはミオシン2であり，ミオシン2には筋肉型以外にも非筋細胞のタイプがあるが，いずれも尾部のコイル領域でホモ二量体を形成し，双頭と長い尾部をもつ．尾部で分子どうしが会合して両極性のフィラメントを形成し，その中央部へ向かってアクチンフィラメントを引き込むことで収縮を生じる．ミオシン2のモータードメインの構造解析や再構成運動系における計測などから，モータードメイン内のレバーアームが角度を変えることでアクチンフィラメントに対するパワーストロークが生じると理解されている（図6-19）．

ミオシン1は尾部が短く単量体で，単細胞アメーバの運動や食作用，上皮細胞の微絨毛などで働く．ミオシン5は小胞輸送を担うモーターで，長い頸部をもちアクチンフィラメント上を34 nmという長いステップサイズで二足歩行するように動く．ミオシン6も小胞輸送を担うが，他のミオシンと異なりアクチンフィラメントの−端へ向かって動く．ミオシン1，6，7，15は感覚上皮細胞の機能に重要で，それらの異常は視覚や聴覚の異常をもたらす．植物にはミオシン2はないが，ミオシン8，11，13などは植物に特有のタイプであり，特にミオシン11は植物の原形質流動の原動力となり，その運動速度は60 μm/秒にも及ぶ．

2) キネシン（図6-18B）

細胞内では微小管が核近傍の中心体から放射状に広がり，中心体側に微小管の−端が，細胞周辺部に微小管の＋端が位置している（図6-17A参照）．キネシンは基本的に微小管上をその＋端側に移動するモータータンパク質である．キネシンの役割は，細胞内物質輸送と細胞分裂時の紡錘体機能の2つに大別される．

キネシンのモータードメインはアミノ酸数430ほどで，ミオシンモータードメインの約半分の大きさであるが，ミオシンと同様な折れたたみ構造をとっており，その構造変化はミオシンと共通の機構による．キネシンモータードメインをもつタンパク質はすべての真核生物においてゲノム中に多数存在し（マウスでは45種類），キネシンスーパーファミリーは14種類のサブファミリーに分類されている．キネシン1から12まではモータードメインが重鎖のN末端側，キネシン13

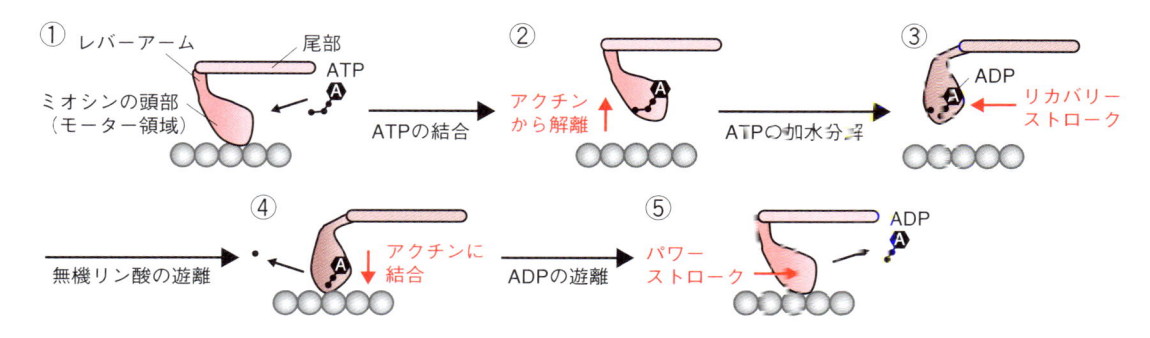

図6-19 モータータンパク質のクロスブリッジサイクル
①アクチンに結合しているミオシン頭部．②ミオシン頭部にATPが結合するとアクチンから解離する．③ミオシン頭部でATPが加水分解されてレバーアームが角度を変える（リカバリーストローク）．④ミオシン頭部から無機リン酸が放出されるとアクチンに結合する．⑤ミオシン頭部からADPが放出されるとレバーアームが角度を変えて（パワーストローク）アクチンを動かす

は中央部，キネシン14はC末端側に位置している．キネシン13は主に微小管を脱重合する活性をもち，微小管の長さの調節にかかわっている．また，キネシン14は微小管の－端方向へ動くという逆方向のモーター活性をもつ．サブファミリーはそれぞれの尾部にも特徴的なアミノ酸配列があり，それによって単量体，二量体，四量体などの分子形態をとり，また尾部の性質により結合する相手（運搬する荷物）が異なり，機能の多様性を生み出している．

キネシン1はホモ二量体の双頭構造と長い尾部をもち，ミオシン2とよく似た構造で，神経軸索の順行性輸送（神経細胞体からシナプス側へ向かう輸送）に代表される小胞輸送を担う．また，キネシン1はミトコンドリアや小胞体などに結合して，それらの細胞内配置を支持している．キネシン2は，異なる重鎖からなるヘテロな双頭構造をもち，鞭毛・繊毛内の物質輸送IFT（intra flagellar transport）の担い手で，その微小管構造をレールとして鞭毛基部から先端へ（微小管の＋端へ）向かう輸送を行う．多細胞生物に存在する動かない感覚繊毛（一次繊毛）においても同様な物質輸送を担当している．さらに，キネシン2は魚類などの体色変化にみられる色素顆粒の拡散・凝集の移動においても働いている．

細胞分裂にかかわるキネシンには，中心体の分離と紡錘体の形成に働く（キネシン5），紡錘体極の形成に必要とされる（キネシン14），染色体の腕上にあって染色体の整列にかかわる（キネシン4），キネトコア（動原体）に局在して染色体の移動にかかわる（キネシン7とキネシン13），紡錘体の伸長にかかわる（キネシン6），などの役割がある．

キネシン1は約1 μm/秒で微小管上を動き，そのステップの大きさは微小管上のチューブリン二量体の周期と同じ8 nmであり，最大発生力は約7 pN（ピコニュートン）である．キネシン1は二足歩行するように2つの頭部を交互に前方へ移動する（hand-over-hand）方式で微小管上を動き，1分子が数μmにわたって運動を続けることができる（図6-20）．

3）ダイニン（図6-18C）

ダイニンは微小管の－端へ向かって動くモータータンパク質である．ミオシンやキネシンとは異なり，ダイニンのモータードメインはAAA＋タイプのATPaseと共通のリング状の構造をもつ．多くのAAA＋タンパク質ではAAAモジュールをもつサブユニットが6個集合してリング構造を形成するが，ダイニンはその重鎖のなかにAAAモジュール6つが直列に並んでいてリング構造とる．6個のうち1番目から4番目のモジュールにはATP結合部位が保存されていて，複

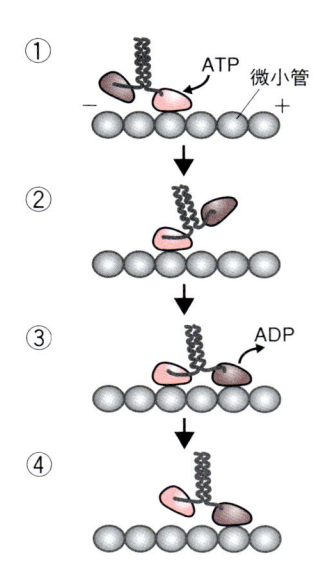

図6-20 キネシンの二足歩行（hand-over-hand）モデル
微小管に結合している頭部にATPが結合すると頸部の構造が変わり，もう一方の頭部（ADP結合状態）が微小管の＋端方向に振り出され，微小管に結合してADPを遊離する．後ろ側になった頭部ではATPが加水分解され，微小管から解離する．これを交互に繰り返しながら歩くように移動するという

数のATPを結合する．さらに，モジュールの4番目と5番目の間に逆平行コイルドコイルで突き出したストークと呼ばれる構造をもち，その先端で微小管と結合する．重鎖のアミノ酸数は4,000にも及び，そのうちC末端側の約3分の2がモータードメイン，N末端側が尾部であり，尾部では，重鎖どうしの会合や，中間鎖，中間軽鎖，軽鎖との会合をして，巨大なダイニン分子複合体を形成している．

　ダイニンは菌類から哺乳動物まで広く存在するが，植物界には存在しない．鞭毛・繊毛をもつ生物種では多種類のダイニン重鎖（ダイニンスーパーファミリー）をもつが，このうち2種のみが細胞質ダイニンで，他の10種類以上の分子種は鞭毛・繊毛（図6-17C参照）に局在する軸糸ダイニンである．

　2種の細胞質ダイニンは，それぞれ，同じ重鎖が会合したホモ二量体を形成している．細胞質ダイニン重鎖1は，分裂間期の細胞質においては，核やゴルジ体の配置や，小胞などの物質輸送に働き，神経軸索の逆行性輸送（シナプス側から細胞体方向へ向かう輸送）を担当している．細胞質ダイニン重鎖1はまた，細胞分裂時には紡錘体の極や染色体上のキネトコアに局在して，紡錘体形成や染色体分配においても機能している．細胞質ダイニン重鎖2はIFTのうち，キネシン2とは逆方向の鞭毛の先端から基部へ向かう物質輸送を担っている．

　一方，軸糸ダイニンは，鞭毛・繊毛の9＋2構造の9本のダブレット微小管上の外腕と内腕に局在している（図6-17C）．外腕は異なる重鎖からなるヘテロの2頭（生物種により3頭）の構造をとり，ダブレット微小管の長軸方向に24 nmの周期で並んでいる．内腕はより複雑で7種の分子が96 nm周期のなかに規則的に配置されている．これらの軸糸ダイニンが隣のダブレット微小管上を鞭毛基部の方向（－端方向）へ動くことでダブレット微小管の間で滑り運動を起こし，これが鞭毛・繊毛の美しい波動運動を生み出すもとになる．

　細胞質ダイニンが微小管上を運動する速度は約1 μm/秒で，キネシン1の速さとほぼ等しい．軸糸ダイニンの運動速度は約10〜20 μm/秒と速い．1分子のダイニンのステップサイズは8 nm，最大発生力は約7 pNで，運動方向は逆であるがキネシン1と同様であることが再構成運動系における計測（図6-21）から明らかになった．しかし，構造変化の詳細は未解明の部分が多い．

　以上のようにモータータンパク質の分子の機能はかなり解明されてきた．細胞内では，それら

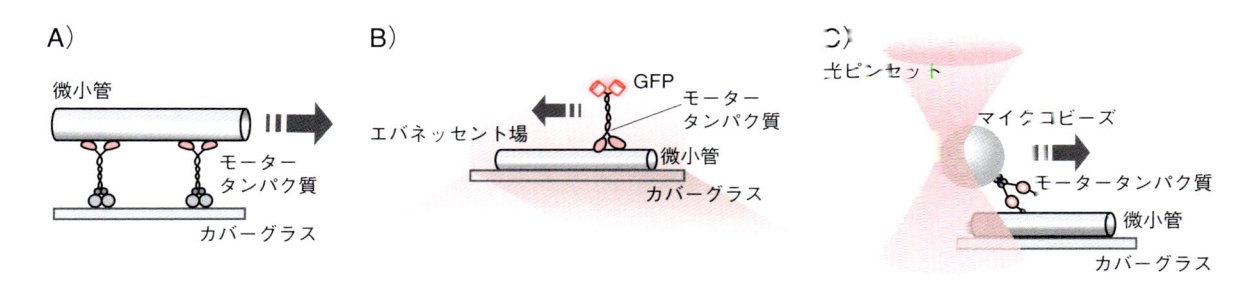

図6-21　再構成運動系によるモータータンパク質の機能の計測
A) 滑り運動系：モータータンパク質を基板に付着させ，その表面上を細胞骨格フィラメントが滑り運動するのを観察する．B) 全反射照明による1分子観察系：全反射照明によるエバネッセント光を使ってガラス表面のみを照明し，蛍光標識した1分子モータータンパク質の動きを観察する．C) 光ピンセットによる力計測系：レーザー光の焦点にマイクロビーズを捕捉する力とモータータンパク質の力を拮抗させ，モータータンパク質の力を計測する

の分子が独立に働く場合もあるが，鞭毛では複数種のダイニンが協調的に働き，紡錘体ではダイニンと複数種のキネシンがバランスをとりながらともに働いている．また，分泌小胞の輸送と分泌や，色素顆粒の拡散と凝集の動き，細胞分裂時の核分裂と細胞質分裂の連携においては，微小管系とアクチンフィラメント系の両方のモータータンパク質が協同して機能しており，それらの間の協調や連絡，その制御のしくみなどが注目されている．

Memo
《歩くモーター，走るモーター》
モータータンパク質は，ATP加水分解サイクルのなかで細胞骨格フィラメントに対して結合と解離を行う．結合時間の割合が大きく，二足方向をするようにつねに双頭のどちらか一方が結合を保ちながら移動するものは，1分子でも長距離にわたって運動を続けることができる（プロセッシビティーが高い）．一方，結合時間の割合が短いと走るように移動するので，フィラメントから離れた瞬間にナノメートルスケールの世界では熱運動で吹き飛ばされてしまい，1分子では連続的（プロセッシブ）な運動ができない．

3　核膜輸送

真核生物の最大の特徴の1つは，細胞内に核やミトコンドリアといった区分けされた領域（細胞内小器官/オルガネラ）をもつということである．このような区分けをもつことで，真核細胞はより複雑な生命機能を備えるようになったと考えられる．そのため，各区分間の物質輸送の制御は，各区分が協調して機能するために必要不可欠な役割を担う．特に「核」は，複製や転写といった根源的な生命機能の場であり，細胞内外の状況に応じ，実にさまざまな物質が核内外へと輸送制御を受けている（図6-22）．

1) 核膜孔複合体（NPC：nuclear pore complex）

核膜を介した多種多様な核-細胞質間の物質輸送（以下，核膜輸送）はすべて，核膜上に存在する核膜孔複合体（以下，NPC）を通して行われる．NPCは推定分子量60MDa以上（哺乳類）にも及ぶ巨大なタンパク質複合体であり，約30種類のヌクレオポリンと呼ばれるタンパク質から構成される．細胞質側にフィラメント構造を，核側にバスケットゴール様構造をもつ8回回転対称の特徴的な立体構造をしており（図6-23），その構造的特徴は広く真核生物に保存されてい

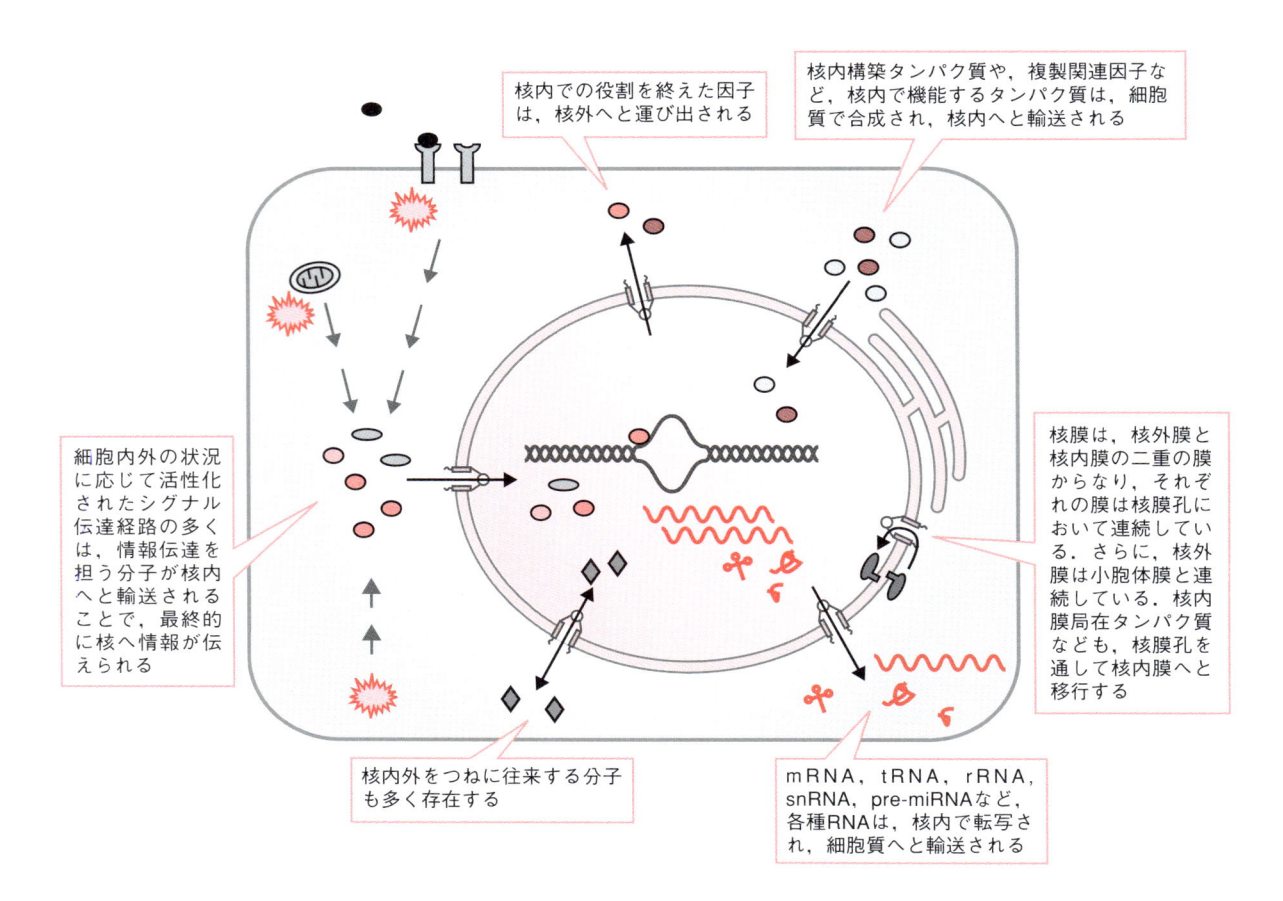

図6-22 真核細胞におけるさまざまな核膜輸送の模式図

核内での役割を終えた因子は，核外へと運び出される

核内構築タンパク質や，複製関連因子など，核内で機能するタンパク質は，細胞質で合成され，核内へと輸送される

細胞内外の状況に応じて活性化されたシグナル伝達経路の多くは，情報伝達を担う分子が核内へと輸送されることで，最終的に核へ情報が伝えられる

核膜は，核外膜と核内膜の二重の膜からなり，それぞれの膜は核膜孔において連続している．さらに，核外膜は小胞体膜と連続している．核内膜局在タンパク質なども，核膜孔を通して核内膜へと移行する

核内外をつねに往来する分子も多く存在する

mRNA，tRNA，rRNA，snRNA，pre-miRNAなど，各種RNAは，核内で転写され，細胞質へと輸送される

る．イオンや低分子量タンパク質など，分子量の小さな分子（約40 kDa以下）は，拡散により自由にNPCを通過することができるが，大きなタンパク質やRNAなどは，拡散によってNPCを通過することはできず，それぞれに特異的な輸送因子によって能動的に輸送される．ヌクレオポリンのうちには，FGリピートと呼ばれるフェニルアラニン-グリシンからなる繰り返し配列をもつ分子が数多く存在し，NPCの孔中心は，FGリピートにより形成されている．輸送因子とは，FGリピート領域と相互作用し，NPCを自由に通過する能力をもつ因子群であり，importin β ファミリーなどがよく知られる．

　核膜輸送の"通路"として機能するNPCであるが，最近になって，静的な通路というよりも，構成因子の一部がつねに置き換わる動的な構造体であることがわかってきた．また，NUP107-160複合体やRanBP2/NUP358といったヌクレオポリンが分裂期の微小管と動原体をつなぐ働きをすることや，酵母においてヌクレオポリンNup2pがmRNA転写を制御することなど，単なる"通路"以上の，さまざまな生命機能を担う構造体であることが明らかにされつつある[16]．

Memo
イオンや低分子量タンパク質は，拡散でNPCを通過する．高分子量タンパク質やRNAは，積み荷に特異的な輸送因子によって能動的に輸送される．

核膜孔複合体（NPC：nuclear pore complex）
哺乳類細胞のもので推定分子量60MDa以上にも及ぶ巨大なタンパク質複合体．8回回転対称構造で，細胞質側にフィラメント構造を，核側にはバスケット様構造をもつ．
生物種によって大きさに違いはあるが，構造的特徴はよく保存されている

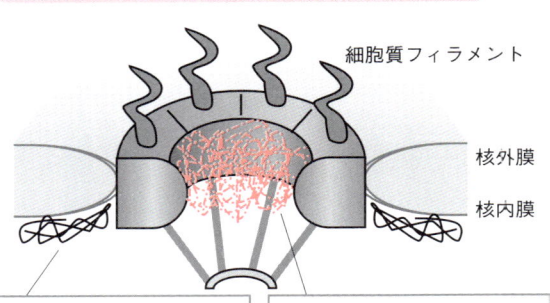

細胞質フィラメント
核外膜
核内膜

核ラミナ
核内膜直下にある網状の裏打ち構造．核の三次元構造を維持する骨格として機能するほか，クロマチンの配置や構造の維持・形成に深くかかわっており，核機能全般に重要な働きをもつ

FGリピート
輸送因子による能動的な核膜孔通過に重要な働きをする．ハイドロゲル状，もしくは，網目状の構造をなしていると考えられている

メモ
絵では静的構造体のようであるが，実際には，いくつかのヌクレオポリンがつねに置き換わっている動的な構造体である

図 6-23　核膜孔複合体

2）低分子量 GTPase Ran による核膜輸送制御

　輸送因子は，どのようにして核内と細胞質とを区別し，輸送の方向性を決定するのだろうか？これには，Ran という低分子量 GTPase が深く関与している．Ran は，他のGTPase と同様に，GDP結合型とGTP結合型が存在し，核内外で特徴的な局在を示す．核内では，RCC1の働きによって，RanGDPからRanGTPへの変換が促進される一方，核外では，RanGAPの働きにより，RanGTPからRanGDPへと変換される．その結果，細胞質にはRanGDPが，核内にはRanGTPが多く存在することになる（図6-24）．このRanGDPとRanGTPの濃度勾配が，輸送の方向性を決定する．核内輸送においては，核内で輸送因子とRanGTPが結合することにより，輸送因子と積み荷の乖離が引き起こされ，核外輸送では，RanGTP存在下でのみ安定に輸送因子と積み荷が結合し，細胞質でRanGTPが加水分解されると，複合体が乖離する

> **Memo**
> RanGDP と RanGTP の濃度勾配が，輸送の方向性を決定する．また，Ran は，紡錘体形成を制御するほか，有糸分裂後の核膜再構成にも重要な働きをする．

3）タンパク質の核膜輸送

　分子量の大きなタンパク質は，輸送因子によって能動的に輸送されることを述べた．核内外へと能動的に輸送されるタンパク質は，多くの場合その分子内に，輸送に必要十分なシグナル配列を有する．核内へと移行するタンパク質は，塩基性アミノ酸に富んだ核内移行シグナル配列（NLS：nuclear localization signal）を，核外へと移行するタンパク質は，ロイシンなどの疎水性アミノ酸

図中ラベル：
- RanGTPは、細胞質中もしくは核膜孔上に存在するRanGAPによってRanGDPへと変換される
- 核外輸送においては、RanGTPのRanGDPへの変換に伴って、輸送が完了する
- 細胞質には、RanGDPが多く存在する
- 核内には、RanGTPが多く存在する
- RanGDPは、GEF活性をもつRCC1によってRanGTPへと変換される
- 核内輸送においては、核内で輸送因子とRanGTPが結合することで、輸送が完了する
- 細胞質／核

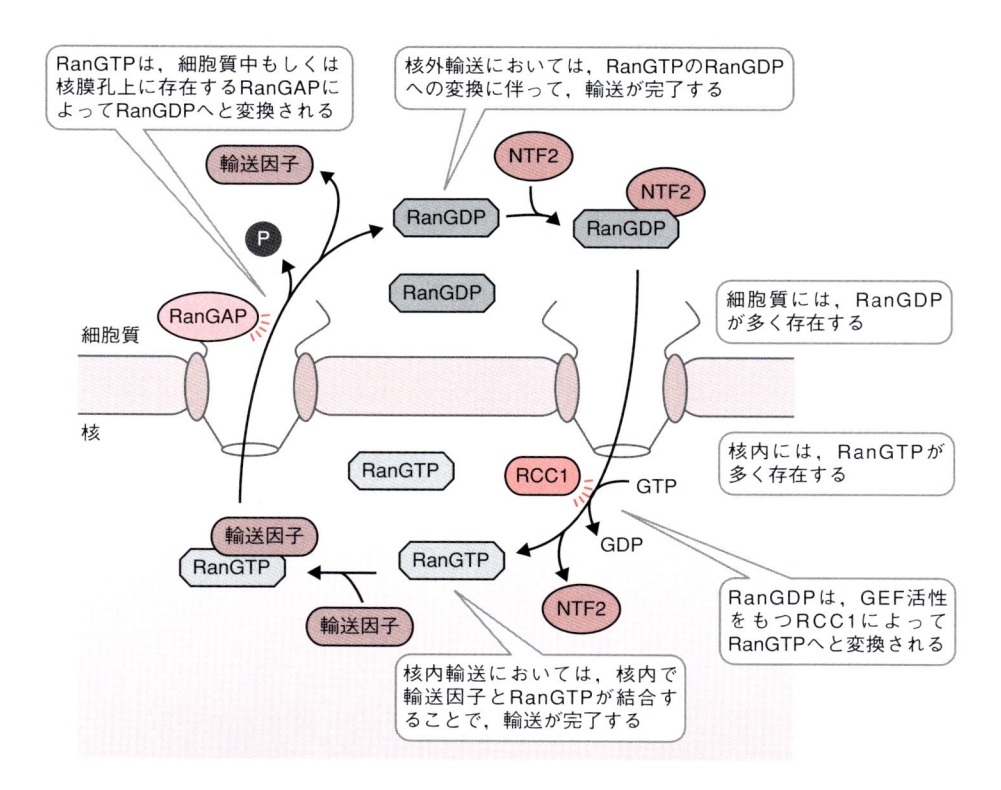

図6-24　RanのGTP/GDP変換サイクルと細胞内局在

に富んだ配列からなる核外移行シグナル配列（NES：nuclear export signal）を分子内にもつ．これらのシグナル配列が，アダプター因子または輸送因子によって認識され，輸送因子の働きでNPCを通過する（図6-25①②）．これまでに，さまざまな輸送因子が明らかにされており，核内輸送においては，代表的なものとして，アダプター因子importin α ファミリー，輸送因子importin β がよく知られている．この場合，NLSはアダプター因子importin α によって認識され，輸送因子importin β との三者複合体を形成して核内へと移行，Ranの働きによって，輸送が完了する．また，核外輸送因子としてCRM1〔chromosome region maintenance 1（exportin1とも呼ばれる）〕がよく知られている．CRM1は，RanGTP存在下でのみNESを認識し，三者複合体を形成する．細胞質へと移行した複合体は，RanGTPの加水分解により乖離し，輸送が完了する[17]．

Memo
核内輸送アダプター因子importin α ファミリーは，大きく3つのサブグループに分類され，各ファミリー分子の使い分けが，神経分化に深く関与することが明らかにされている[18]．他にも，リン酸化などの翻訳後修飾による輸送制御も多数報告されている．このように，細胞は多様な輸送制御機構を備え，適切に核-細胞質間のコミュニケーションを行っている．

4）RNAの核膜輸送

RNAの合成が核内で起こるため，多くの場合，さまざまな種類のRNAは核から細胞質へと輸送される必要がある．RNAの核外輸送は，RNAの種類に特異的な輸送機構によって輸送されている[19]．

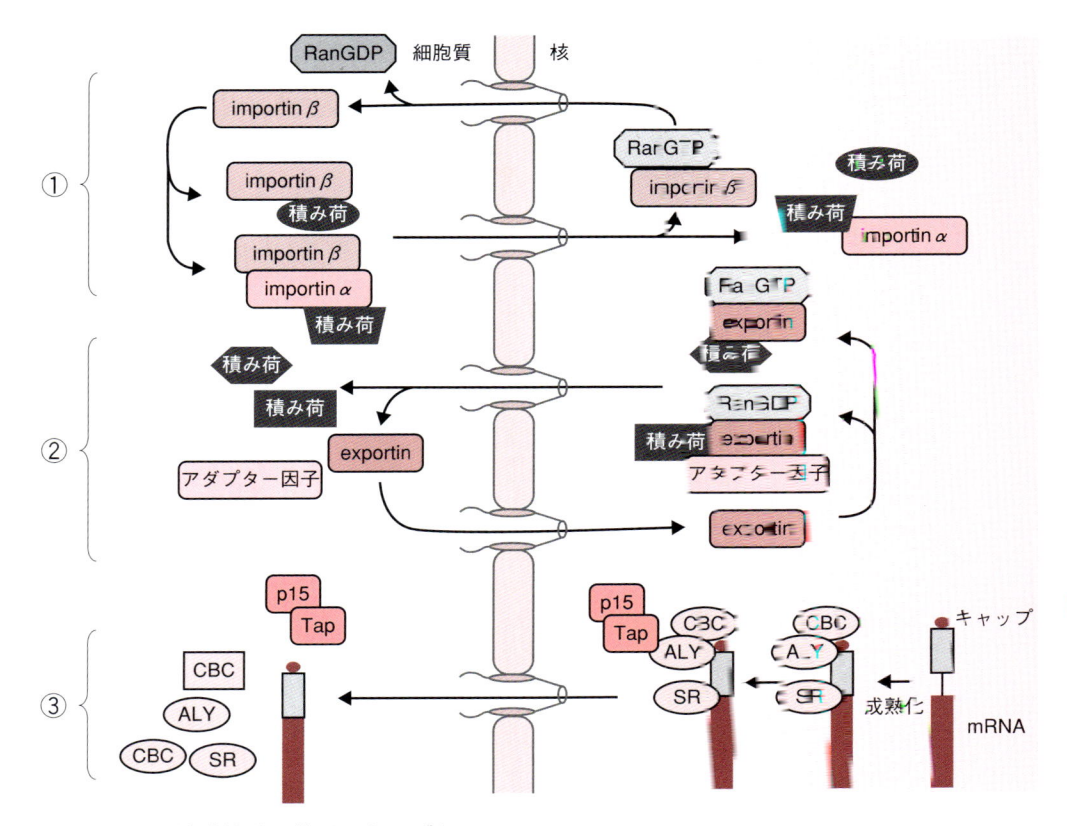

図6-25　核膜輸送の分子メカニズム

　UsnRNAは，UsnRNAのキャップ構造に結合したCBC（cap binding complex）にPHAX（phosphorylated adaptor for RNA export）が結合し，PHAXのNESをCRM1が認識し，複合体を核外へと輸送する．つまり，CBC・PHAXがアダプター因子として機能することで，タンパク質の核外輸送と同様の機構で，UsnRNAは核外へと運ばれる（図6-25②）．また，tRNAは，exportin-tと呼ばれるimportin βファミリーに属する輸送因子と直接結合し，Ranの制御を受けて核外輸送される．同様の機構により，pre-miRNAは輸送因子exportin-5によって核外輸送される（図6-25②）．

　一方で，一般的にmRNAは，スプライシング反応やキャップ付加反応といったmRNAの成熟化反応と共役して，Ran非依存的に核外へと輸送される．成熟過程においてmRNAに結合したいくつかのタンパク質（ALY/REF, SRなど）をアダプターとして，輸送因子複合体Tap/p15によって核外へと輸送される（図6-25③）．

> **Memo**
> 一部のmRNAは，CRM1によっても核外輸送される可能性が示唆されている．イントロンレスのmRNAの核外輸送など，さらに多様な輸送経路が存在することが明らかにされつつある．

5) 外来遺伝子の核膜輸送

　多くの場合，細胞に感染したウイルスは，核内へと移行し自身のゲノムを複製する．核膜輸送は，ウイルス感染にとっても不可欠な過程であり，ウイルスは巧みに細胞の核膜輸送機構を利用

する．NPCと直接相互作用するものや，importin α/β系によってNPCを通過するものなど，多種多様な輸送経路によってウイルスゲノムは核内へと輸送される．このような点に着目し，ウイルスの核内移行を阻害することで，さまざまな疾患を治療しようという試みが盛んに行われている．また，遺伝子治療においても，遺伝子を効率よく核へと輸送させることが大きな課題となっており，核膜輸送の臨床応用が注目を集めている[20]．

文献

1) 時田公美, 中野明彦：ライブイメージングによるゴルジ体槽成熟の証明. 細胞工学, 25：1264-1267, 2006
2) 中山和久：タンパク質の選択的な細胞内輸送メカニズム. ファルマシア, 40：1097-1102, 2004
3) Takei, K. et al.：Regulatory mechanisms of dynamin-dependent endocytosis. J. Biochem., 137：243-247, 2005
4) Corda, D. et al.：The multiple activities of CtBP/BARS proteins: the Golgi view. Trends Cell Biol., 16：167-173, 2006
5) Jahn, R. & Scheller, R. H.：SNAREs: engines for membrane fusion. Nat. Rev. Mol. Cell Biol., 7：631-643, 2006
6) Hong, W.：SNAREs and traffic. Biochim. Biophys. Acta, 1744：120-144, 2005
7) 中山和久：ユビキチンによるメンブレントラフィックの調節. 蛋白質核酸酵素, 51：1325-1330, 2006
8) 野田健司：ユビキチンに依存したエンドソーム選別輸送機構. 蛋白質核酸酵素, 51：1331-1338, 2006
9) Saksena, S. et al.：ESCRTing proteins in the endocytic pathway. Trends Biochem. Sci., 32：561-573, 2007
10) 小原圭介, 大隅良典：オートファジーの膜動態を巡る謎. 生化学, 80：215-223, 2008
11) Sellers, J. R.：Myosins: a diverse superfamily. Biochimica et Biophysica Acta, 1496：3-22, 2000
12) Hirokawa, N. & Noda. Y.：Intracellular transport and kinesin superfamily proteins, KIFs: structure, function, and dynamics. Physiol. Rev., 88：1089-1118, 2008
13) Yanagida, T. et al.：Single molecule measurements and molecular motors. Phil. Trans. R. Soc. B, 363：2123-2134, 2008
14) Numata, N. et al.：Molecular mechanism of force generation by dynein, a molecular motor belonging to the AAA+ family. Biochemical Society Transactions, 36：131-135, 2008
15) Amos, L. A.：Molecular motors: not quite like clockwork. Cell Mol. Life Sci., 65：509-515, 2008
16) Tran, E. & Wente, S. R.：Dynamic nuclear pore complexes: Life on the edge. Cell, 125：1041-1053, 2006
17) Terry, L. J. et al.：Crossing the nuclear envelope: hierarchical regulation of nucleocytoplasmic transport. Science, 318：1412-1416, 2007
18) 安原徳子, 米田悦啓：細胞分化を制御する核輸送因子importin α. 蛋白質核酸酵素, 52：427-433, 2007
19) Köhler, A. & Hurt, E.：Exporting RNA from the nucleus to the cytoplasm. Nat. Rev. Mol. Cell Biol., 8：761-773, 2007
20) Faustino, R. S. et al.：Nuclear transport: target for therapy. Clin. Pharmacol. Ther., 81：880-886, 2007

真核細胞の増殖と死 第7章

1 細胞刺激と受容体 *198*
外からの刺激を感知し、細胞内へと受け渡す

2 シグナル伝達 *205*
細胞外の情報を遺伝子に伝える巧妙なしくみ

3 細胞周期 *215*
細胞は秩序立った制御機構で増えてゆく

4 アポトーシス *226*
遺伝子には死もプログラムされている

5 細胞の癌化と個体レベルの発癌 *234*
癌化を引き起こす遺伝子と癌進展のメカニズム

Chapter 7

1 細胞刺激と受容体

細胞をホルモンや神経ペプチドで刺激すると，細胞内の分子が量的かつ質的な変化を伴うことから，細胞膜に細胞外からの刺激を感知する受容体の存在が1950年代に予測された．40年以上を経て，今日では，ヒトのゲノムDNAの全塩基配列が決定され，受容体の数が数千にも及ぶことが示された．これらの受容体の生理的かつ病理的機能が解析され，現在では多くの疾患の治療に受容体の阻害薬や作働薬が用いられている．また細胞膜受容体は細菌やウイルスの感染時における標的分子でもある．最近これらの受容体は，均一な細胞膜に存在しているのではなく，シグナル伝達のプラットホームであるマイクロドメイン/ラフトを介すことによって，よりダイナミックにシグナルを伝え，その機能を発揮していることが明らかとなってきた（概念図）．

概念図

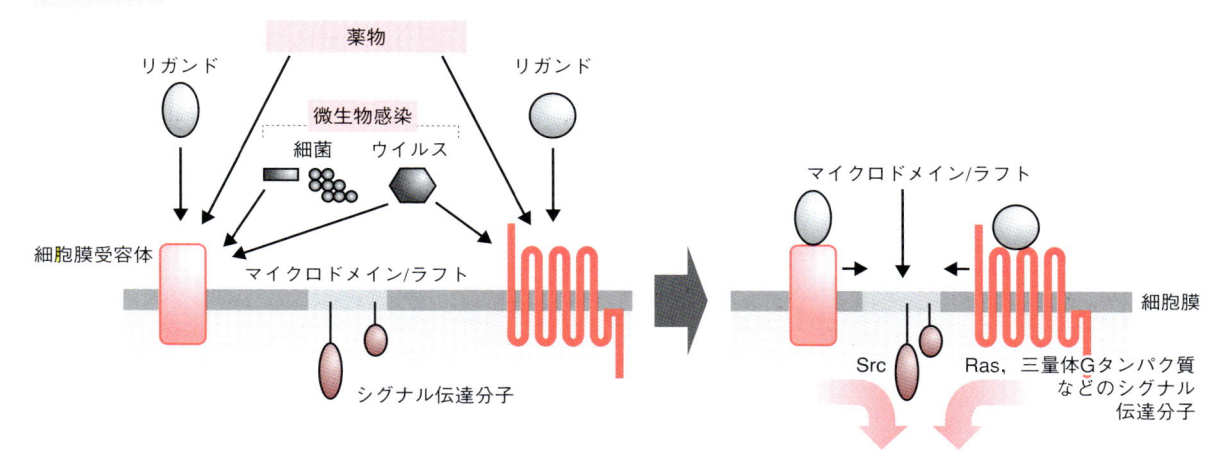

① キナーゼカスケード
② Smad/STAT/Notchなどによる転写制御
③ タンパク分解によるNotch/カスパーゼなどの活性化
④ その他

1 主な受容体の諸相

生物は，脂質二重層の膜によって，外界から隔てられた細胞を基本単位として構成されている．この細胞内の恒常性を維持するためには，何らかの方法で細胞外の状況の変化を細胞内に伝達する必要がある．この機構を説明する初めての報告は，1958年にE. W. Sutherlandによってなされた．彼らは肝細胞のグリコーゲン代謝（分解系）において，この律速酵素ホスホリラーゼを活性化するグルカゴンやエピネフリン（アドレナリン）の作用がcAMPの生成を介することを発見した（図7-1A）．そしてcAMP合成酵素活性が細胞膜分画に認められたため，それをアデニル酸シクラーゼと命名した．このことは細胞膜上の細胞外に面する特異的な部位にホルモン（ファーストメッセンジャー：細胞外情報物質）が結合すると，何らかの機構により，細胞膜の細胞質側に次

A) 受容体の概念とセカンドメッセンジャー

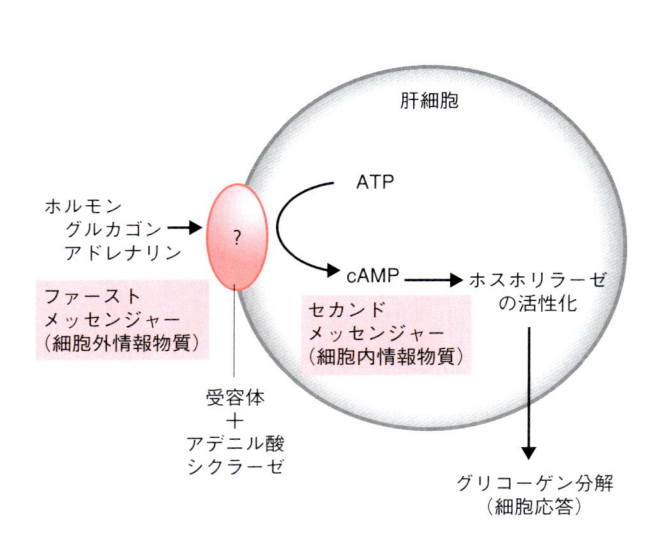

B) Gタンパク共役型受容体（GPCR）

内分泌系
　カルシトニン受容体
　グルカゴン受容体
神経系
　アドレナリン受容体
　アセチルコリン受容体
　アンジオテンシン受容体
　エンドセリン受容体
　ドーパミン受容体
　セロトニン受容体
　GABA受容体
　オピオイド受容体

免疫・炎症系
　ケモカイン受容体
　CD97, F4/80
　プロスタグランジン受容体
　プロスタノイド受容体
　ヒスタミン受容体

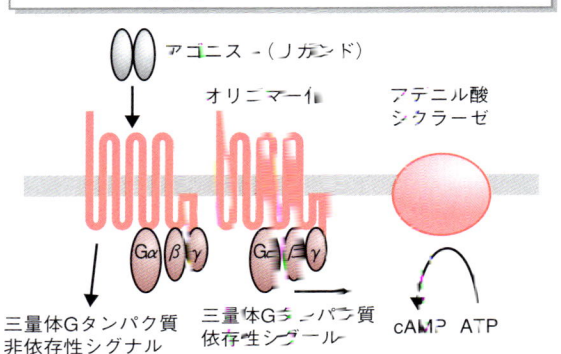

図7-1　細胞刺激における受容体の概念とGタンパク共役型受容体
A）E. W. Sutherlandによるセカンドメッセンジャー説では，ホルモンなどのファーストメッセンジャー（細胞外情報物質）による刺激をcAMPなどのセカンドメッセンジャー（細胞内情報物質）に変換する装置（受容体）の存在が予測された．B）多くのGタンパク共役型受容体（G-protein coupled receptor：GPCR）は，さまざまな内分泌系のホルモンや神経系のニューロペプチド，免疫・炎症系のケモカイン，プロスタグランジン，ヒスタミンなどの刺激により受容体のコンフォメーション（立体構造）の変化とオリゴマー化などにより，三量体Gタンパク質依存性シグナルと三量体Gタンパク質非依存性シグナルを伝える

のシグナル（セカンドメッセンジャー：細胞内情報物質）を産生するというものである．つまりホルモンに対する受容体の存在を予測するものであった（図7-1A）．その後，この受容体が単離され，それは，7つの疎水性アミノ酸領域が存在し，細胞膜を7回繰り返して貫通するという特徴的な構造を有する細胞膜タンパク質であった．この7回膜貫通型受容体はアゴニスト（リガンド）が結合すると，三量体Gタンパク質がGTP依存性に活性化され，シグナルを伝えるという特徴をもつGタンパク共役型受容体（G-protein coupled receptor：GPCR）であった（図7-1B）．ここではこれまでに単離された主な受容体群を分類し，受容体刺激における諸相を解説する．

1）GPCR

　　　最近ではゲノムプロジェクトによる線虫，ショウジョウバエ，トラフグ，マウス，ヒトなどのゲノムDNAの全塩基配列の決定により，それぞれの種における遺伝子数が推定された．それらのうちでGPCRの数は，線虫では1,049個（ゲノム上予測される遺伝子数の5.5％），ショウジョウバエでは160個（1％），ヒトでは900～1,300個と推定され，受容体のなかでもっとも大きな遺伝子群を形成している．
　　　ケモカイン受容体においては，二量体のケモカインがGPCRであるケモカイン受容体に結合することによりケモカイン受容体のコンフォメーション（立体構造）が変化し，オリゴマー化して三量体Gタンパク質の活性化を介して細胞遊走を誘導する（図7-1B）．近年，受容体会合分子

によるシグナル制御機構の解析が進められている[2]．アディポネクチン受容体は，N末側が細胞内，C末側が細胞外に存在する珍しいGPCRで，抗糖尿病，抗動脈硬化作用に関与する[3]．

2）チロシンキナーゼ受容体ファミリー

上皮成長因子受容体（epidermal growth factor receptor：EGFR）はEGFが結合すると，細胞外ドメインに構造変化が起こり，二量体が形成され，細胞内チロシンキナーゼドメインのキナーゼが活性化されることにより，相互のチロシン残基をリン酸化し細胞内に情報を伝えると考えられてきた（図7-2A）．このことは，生きている細胞中で蛍光1分子可視化法を用いて，1分子蛍光エネルギー転移を測定することによりEGF受容体1分子レベルで実証されている[4][5]．

3）TGF-β受容体

TGF-β（transforming growth factor-β）スーパーファミリーは，TGF-βファミリー，アクチビンファミリー，骨形成誘導因子（bone morphogenetic protein：BMP）ファミリーなどによって構成される[6]．これらのうちTGF-βは，恒常的に活性化されているⅡ型受容体に結合すると，Ⅰ型受容体がリクルートされ四量体を形成する．その結果Ⅱ型受容体がⅠ型受容体をリン酸化すると，Ⅰ型受容体のキナーゼドメインが活性化されSmadをリン酸化して活性化する．その後，核に移行して直接標的遺伝子の転写活性を制御し，主に細胞増殖抑制作用を示す（図7-2B）．

4）サイトカイン受容体

サイトカイン受容体は2～3のサブユニットで構成され，IL-2受容体ファミリーにおけるγc鎖（common γ chain）やIL-6ファミリー受容体におけるgp130のように，異なるサイトカイン受容体複合体は一部のサブユニットを共有している[6]．また複数のサブユニットの組合せによりリガンド（サイトカイン）に対する親和性を調節している（図7-2C, D, E）．サイトカインが結合した受容体はJAKキナーゼを活性化しSTATをリン酸化する．その後，活性化されたSTATは核に移行し，直接標的遺伝子の転写を制御する．

5）Notch

Notchは隣接した細胞の膜結合タンパク質であるリガンドDll1, 3, 4/Jagged-1, 2の刺激により，膜貫通部位の直下でPresenilin1, 2により切断される．その後，切断された細胞内ドメインは核内に移行してRBP-Jκと複合体を形成し，直接標的遺伝子の転写を制御することにより，隣接した細胞とは異なった分化状態の細胞になる（図7-2F）．このようにNotchは，受容体の一部が直接核に移行し，標的遺伝子の発現を制御するというユニークな特徴をもつ．

6）TNF/Fasファミリー受容体

TNF/Fasファミリーのうち，三量体のリガンドであるTNFαとリンフォトキシンαは三量体の受容体TNF受容体Ⅰを，FasリガンドはFasを，またTRAILはDR4とDR5を介してシステインプロテアーゼであるカスパーゼのカスケードを活性化しアポトーシス（細胞死）を誘導する（図7-2G）[6]．

2 微生物感染にかかわる受容体

1）細菌・真菌成分のパターンを認識する受容体

Tollは，ショウジョウバエにおける発生過程で，背腹軸の決定に重要な分子として単離された．

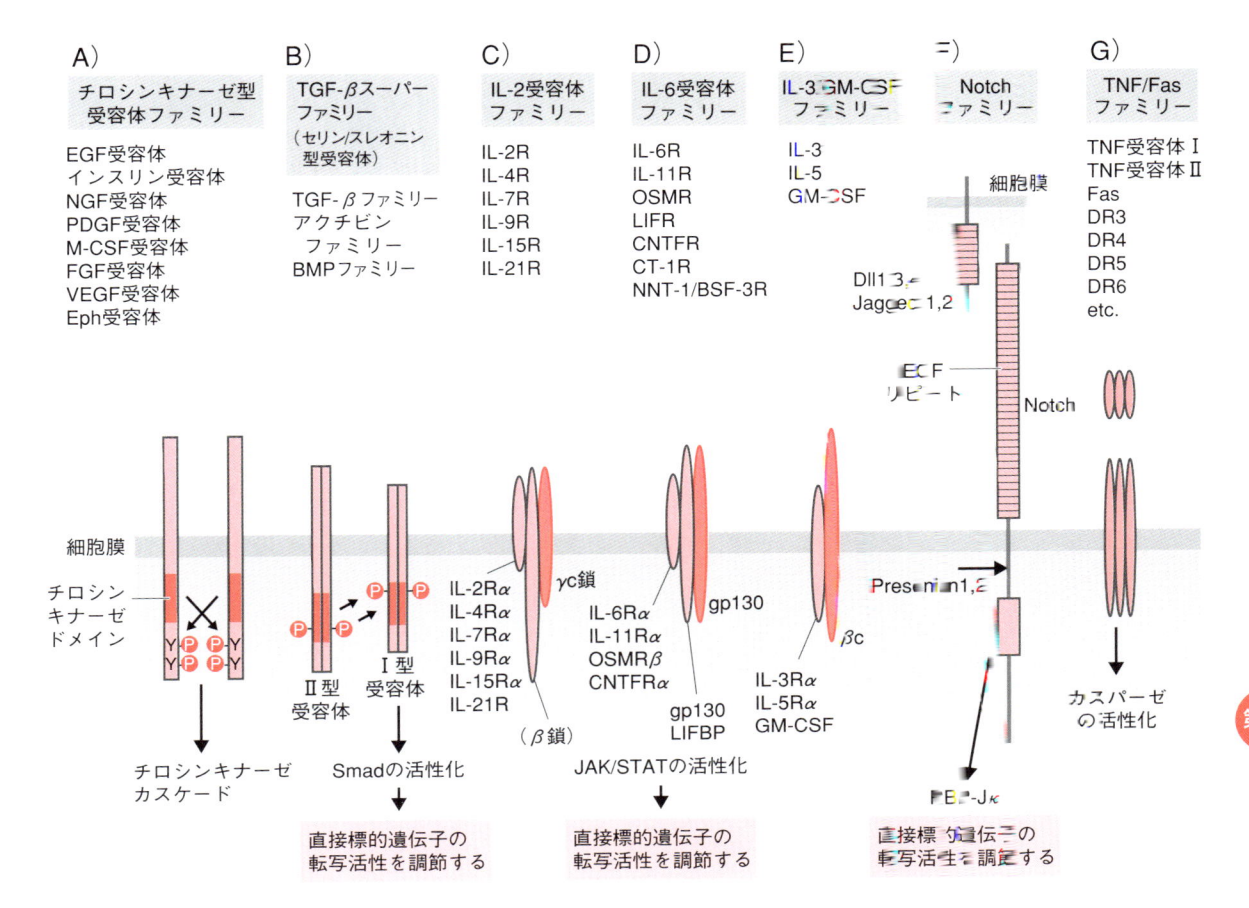

図 7-2 サイトカイン受容体群の諸相

A) EGF が受容体に結合すると二量体が形成され，細胞内のチロシンキナーゼドメインが活性化し，相互にチロシン残基をリン酸化しチロシンキナーゼカスケードを活性化する．B) TGF-β が受容体に結合するとSmadをリン酸化し，核に移行したSmadは直接標的遺伝子の転写活性を調節する．C) D) E) サブユニットを共有するサイトカイン受容体は，JAKキナーゼを活性化しリン酸化されたSTATは核に移行して直接標的遺伝子の転写活性を制御する．F) リガンドが Notch に結合すると，Presenilin1, 2により細胞内ドメインが切断され，核に移行し，RBP-Jκと結合した後，直接標的遺伝子の転写活性を調節する．G) TNF/Fasファミリーの三量体のリガンドは三量体の受容体に結合し，カスパーゼのカスケードを活性化してアポトーシス（細胞死）を誘導する

その後この分子は個体発生だけでなく真菌に対する受容体であることも示された．また18Wは細菌を認識し，感染防御反応を誘導する．Tollのマウス相同タンパク質TLR（Toll-like receptor）は現在10種類存在し（図7-3A），TLR4はグラム陰性細菌由来のLPS（lipopolysaccharide），TLR2はグラム陽性菌のペプチドグリカン，またTLR9は細菌由来のCpG DNAなどの外来微生物のパターンを認識する受容体として働く．これらの受容体が活性化されるとNF-κBが活性化され核に移行し，炎症性サイトカイン遺伝子などの標的遺伝子を転写誘導することにより，感染防御に重要な役割を果たす．

2）ウイルス感染にかかわる受容体

ウイルスは，一般的に感染時に，ケモカイン受容体を含む細胞表面タンパク質に結合し，それを介して細胞内に侵入する（概念図）[7]．特筆すべき例は，後天性免疫不全症候群（acquired

A) パターンを認識する受容体

TLRファミリー	
リガンド	受容体
リポペプチド	TLR1
リポペプチド	TLR2
ペプチドグリカン	TLR2
dsRNA	TLR3
LPS	TLR4
フラジェリン	TLR5
リポペプチド	TLR6
ssRNA	TLR7
ssRNA	TLR8
CpG DNA	TLR9
プロフィリン様タンパク質	TLR11

B) 多様な物質に対する受容体の認識機構

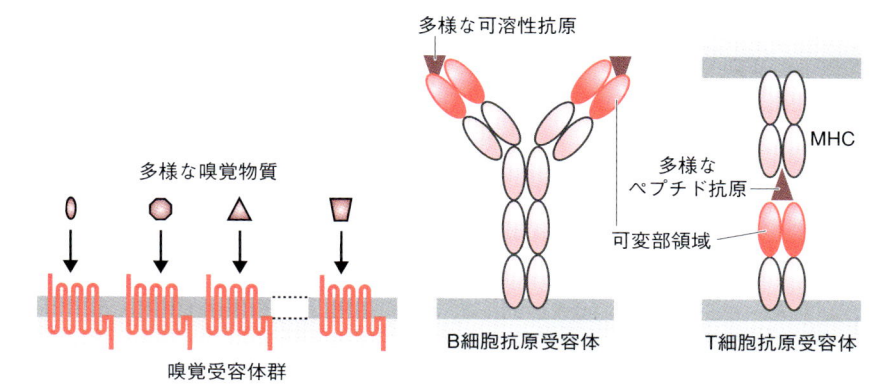

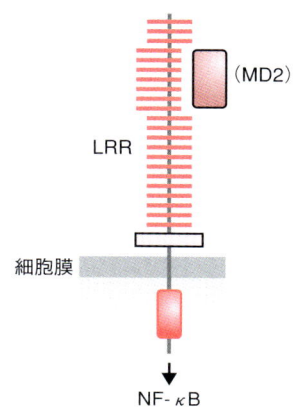

図7-3 パターンや多様な物質に対する受容体の認識機構
A) TLRは外来微生物のパターンを認識する受容体で，この刺激に伴いNF-κBが活性化され，炎症性サイトカインなどの遺伝子の転写誘導をする．B) 多様な嗅覚物質に対してそれぞれ多様な受容体が対応している．また抗原受容体では，体細胞におけるゲノムDNA上の抗原受容体遺伝子断片の再構成とその他の多くのメカニズムにより抗原受容体の可変部領域に多様性が獲得されるために，多様な抗原を認識することができる

immunodeficiency syndrome：AIDS）において，ケモカイン受容体CCR5やCXCR4などがHIV-1（human immunodeficiency virus type 1）の感染時にコレセプターとして働くことである．実際にCCR5遺伝子に変異のあるヒトはHIVに暴露されてもAIDSを発症しない．またコレセプター活性をもたないケモカイン受容体のHIV感染，AIDS発症への関与も報告されている[8]．

3 多様なリガンドに応答するための2つのストラテジー

嗅覚受容体の場合は，多様な嗅覚物質に対してそれぞれ多様な受容体が対応している（図7-3B）．一方，抗原受容体の場合は，体細胞におけるゲノムDNA上の抗原受容体遺伝子断片の遺伝子再構成と体細胞突然変異や遺伝子変換などの多くのメカニズムにより（第8章-1参照），抗原受容体の可変部領域に多様性が獲得されるために多様なリガンド（抗原）を認識することができる（図7-3B）．

4 臨床応用

受容体は多くの疾患の治療における標的分子となっている[9]．表7-1にこれまでの主な受容体を標的とした薬物とその対象疾患の例をあげた．アドレナリン受容体やアンジオテンシン受容体などのアンタゴニスト（阻害剤）を用いた高血圧症や他の循環器疾患の治療，また副甲状腺から分泌されるカルシトニンによるCa代謝において，そのアゴニスト（作動薬）を用いることによる骨粗鬆症の治療など多くの実例がある．実際に臨床で用いられている薬物の多くがGPCRを標

表7-1 受容体を標的とした薬物と対象疾患の例

GPCR	薬物	対象疾患
アドレナリン受容体	アンタゴニスト	高血圧
アンジオテンシン受容体	アンタゴニスト	高血圧
アセチルコリン受容体	アンタゴニスト	尿失禁
カルシトニン受容体	アゴニスト	骨粗鬆症
プロスタグランジン受容体	アンタゴニスト	緑内障
ドーパミン受容体	アゴニスト	パーキンソン病
ドーパミン受容体	アンタゴニスト	統合失調症（精神分裂病）の症状の一部
セロトニン受容体	アゴニスト	うつ病
セロトニン受容体	アゴニスト	片頭痛
ヒスタミン受容体	H1ブロッカー	動揺病のめまいに伴う悪心嘔吐
ヒスタミン受容体	H2ブロッカー	胃炎，胃潰瘍
プロスタノイド受容体	アンタゴニスト	気管支喘息
ケモカイン受容体（CCR5）	アンタゴニスト	HIV感染

サイトカイン受容体	薬物	対象疾患
エリスロポエチン受容体	エリスロポエチン	さまざまな貧血症（赤芽球前駆細胞に作用し赤血球に分化させ，赤血球数を増加させる）
G-CSF受容体	G-CSF	好中球減少症（好中球前駆細胞とそれ以降の好中球系細胞を分化増殖させる）
インターフェロン受容体	インターフェロン	B型肝炎，C型肝炎（抗ウイルス効果） 腎癌，慢性骨髄性白血病（抗腫瘍効果）

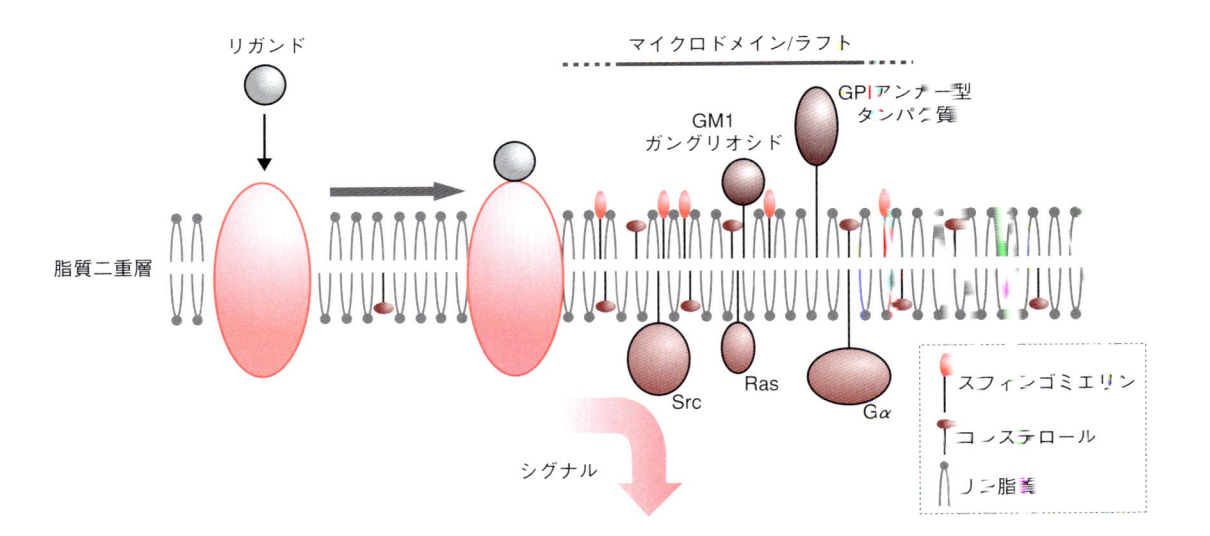

図7-4 シグナル伝達の場としてのマイクロドメイン/ラフト

細胞膜はリン脂質よりなる脂質二重層であるが，均一ではなくマイクロドメインまたはラフト（いかだ）と呼ばれるコレステロールやスフィンゴ脂質に富んだ限局した領域がある．マイクロドメイン/ラフトの細胞膜外面には，GM1ガングリオシドやGPIアンカー型タンパク質（glycosylphosphatidyl inositol anchored protein）などが局在し，またその細胞膜内面は Src，Ras，Gタンパク質などのシグナル伝達分子が集積し，受容体からのシグナルの発信の場を提供している

的としたアンタゴニストやアゴニストである．またエリスロポエチンによる貧血症の治療やインターフェロンによる肝炎あるいは肝癌，腎癌，慢性骨髄性白血病の治療のように，サイトカインを補充する治療も行われている．

5 マイクロドメイン/ラフト

　1972年にSingerらは，脂質二重層よりなる細胞膜のなかを膜タンパク質が自由に動くことができるという流動モザイクモデル[10]を提出したが，そこには膜の不均一性という概念は含まれていなかった．その後，Simonsらは膜は均一ではないことを示し，これを説明するものとしてラフトという概念を提出した[11]．彼らはラフトを限局された膜領域が膜上を移動するための"いかだ"（raft）として，また細胞内シグナル伝達の中継ステーションとして働くものであると定義している[12]．

　ラフトはコレステロールやスフィンゴ脂質に富み，1% Triton X-100やBrigiなどの界面活性剤に不溶性の分画として抽出される（図7-4）．ここにはパルミチン酸化やミリスチン酸化などの脂質修飾を受けたSrc，Ras，Gタンパク質などの多くのシグナル伝達分子が局在し，シグナル伝達の発信の場を提供している．また現段階では，正確に分類されてはいないが，少なくともマイクロドメイン/ラフトには流動性がありSrcやGタンパク質やRasなどのシグナル伝達分子が含まれるものと，細胞接着時に重要な流動性に乏しいものとに大別される．それぞれの機能的な相違は，今後明らかにされていくであろう．実際にCD59，インターフェロン受容体，アセチルコリン受容体，Fcγ受容体，T細胞抗原受容体複合体のCD3ζ鎖などはラフトとの相互作用が機能的に重要であると認められている受容体である．またラフトは病原体の侵入，神経変性疾患などの疾病との関連も明らかとなってきた．

■ 文 献 ■

1) "7回膜貫通型受容体研究の新展開 別冊 医学のあゆみ"，（佐藤公道，赤池昭紀/編），医歯薬出版，2001
2) Terashima, Y. et al. : Pivotal function for cytoplasmic protein FROUNT in CCR2-mediated monocyte chemotaxis. Nature Immunol., 6 : 827-835, 2005
3) Kadowaki, T. et al. : The physiological and pathophysiological role of adiponectin and adiponectin receptors in the peripheral tissues and CNS. FEBS Lett., 582 : 74-80, 2008
4) Sako, Y. et al. : Single-molecule imaging of EGFR signaling on the surface of living cells. Nature Cell Biol., 2 : 168-172, 2000
5) 楠見明弘/編：［特集］1分子細胞生物学－1分子の動きから細胞の機能をさぐる．細胞工学，20 : 683-690, 2001
6) "わかる実験医学シリーズ 基礎から最新トピックスまでのサイトカインがわかる"（宮島 篤/編），羊土社，2002
7) Murphy, P. M. : Viral exploitation and subversion of the immune system through chemokine mimicry. Nature Immunol., 2 : 116-122, 2001
8) Vasilescu, A. et al. : A haplotype of the human CXCR1 gene protective against rapid disease progression in HIV-1[+] patients. Proc. Natl. Acad. Sci. USA, 104 : 3354-3359, 2007
9) 辻本豪三/企：［特集］ゲノム創薬の重要ターゲット，受容体に迫る．Bioベンチャー，2 : 38-85, 2002
10) Singer, S. J. & Nicolson, G. L. : The fluid mosaic model of the structure of cell membranes. Science, 175 : 720-731, 1972
11) Simons, K. & Ikonen, E. : Functional rafts in cell membranes. Nature, 387 : 596-572, 1997
12) "マイクロドメイン形成と細胞のシグナリング：スフィンゴ脂質の新しい生物機能 蛋白質核酸酵素増刊Vol.47"（五十嵐靖之，他/編），共立出版，2002

Chapter 7

2 シグナル伝達

増殖開始・停止，さまざまな分化，細胞死の誘導・抑制など，細胞にとって必須の機能変化はほとんどすべて外界からのシグナルによって厳密に制御されている．細胞膜上には細胞外シグナルに対する高い特異性と親和性を有する「受容体」が存在し，細胞内シグナルへと転換する．増殖・分化などの細胞応答は，新たに必要な遺伝子のセットが発現することによって引き起こされる．したがって，受容体から始まる「細胞内シグナル伝達」は，その特異性を保ったまま核内に伝えられなければならない．ここでは，細胞膜上から核内までのシグナルの流れの例をいくつか示し，そのなかで見受けられるシグナル伝達の共通のストラテジーについて述べたい．

概念図

```
受容体 ─┬─ 細胞膜上受容体 ─┬─ キナーゼ型受容体 ─┬─ チロシンキナーゼ ─┬─ 自身がチロシンキナーゼ（増殖因子受容体など）
        │                  │                    │                   └─ チロシンキナーゼと共役（サイトカイン受容体など）
        │                  │                    └─ セリン/スレオニンキナーゼ（TGFβ受容体ファミリー）
        │                  ├─ GTPase共役型受容体（7回膜貫通型の受容体など）
        │                  └─ イオンチャネル型受容体（神経伝達物質受容体など）
        └─ 核内受容体（脂溶性リガンドの受容体：ステロイドホルモン受容体など）
```

1 シグナル伝達のストラテジー

1) ストラテジー1：セカンドメッセンジャー

　　　　　細胞膜上の受容体は大きく分けてキナーゼ型受容体，GTPase（Gタンパク）共役型受容体（GPCR），イオンチャネル型受容体などがある．GTPase共役型受容体はしばしば比較的低分子量の分子（cAMP，Ca^{2+}，リン脂質代謝産物など）を介して下流にシグナルを伝える．これらの分子は総称でセカンドメッセンジャーと呼ばれる（ファーストメッセンジャーは細胞外シグナルである）．1950年代Sutherlandは，グルカゴン，アドレナリンが細胞内cAMP濃度を上昇させることにより血糖の上昇を引き起こしていることを示した．この発見は細胞内シグナル伝達研究の第一歩といってよいだろう．cAMPの関与するシグナル伝達の例を図7-5Aに示した．

　　Ca^{2+}もさまざまな場所で用いられるセカンドメッセンジャーである．細胞内Ca^{2+}濃度の上昇は，細胞膜上のCa^{2+}チャネルを介した細胞外からの流入，あるいは小胞体などの細胞内ストックからの放出によって引き起こされる（図7-5B）．Ca^{2+}はカルモジュリン（CaM）などと結合し，カルシニューリン（ホスファターゼ2B）の活性化や，CaMキナーゼの活性化をはじめ多様な現象を誘起する．

2) ストラテジー2：タンパク質リン酸化

　　　　　増殖因子・分化因子など細胞の運命を大きく変える因子が受容体に結合すると，必ずといってよいほど総タンパク質のリン酸化量が一過的に大きく上昇する．特にマイナーな（0.1％以下）リ

A） Gαsはアデニル酸シクラーゼを活性化してcAMPシグナルを誘導する

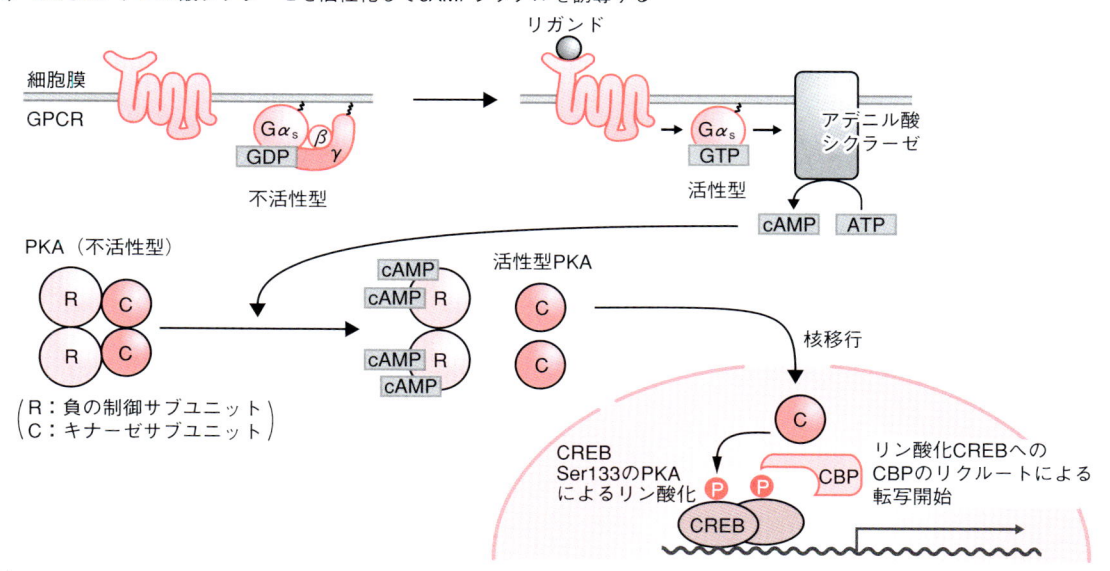

B） GαqはPLCβを活性化してPI代謝回転を誘導する

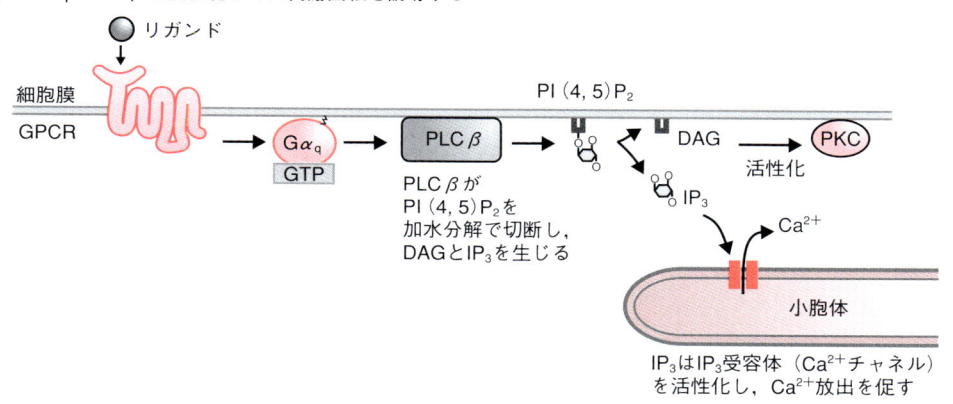

図 7-5 GTPase共役型受容体を介するシグナル伝達
GFCR：GTPase共役型受容体，Gαs：GTPase αsサブユニット，β：βサブユニット，γ：γサブユニット，Gαq：GTPase αqサブユニット，PI(4,5)P2：ホスファチジルイノシトール(4,5)二リン酸，PLCβ：ホスホリパーゼCβ，DAG：ジアシルグリセロール，IP3：イノシトール(1,4,5)三リン酸，PKC：Cキナーゼ，PKA：Aキナーゼ

ン酸化残基であるチロシン残基のリン酸化が著しく上昇することが，1980年代はじめに示された．受容体の多くがキナーゼであること（もしくはキナーゼと共役していること）はシグナル伝達におけるリン酸化の重要性をよく表している．その後の解析から，キナーゼによるタンパク質リン酸化がシグナル伝達の中心的な制御ストラテジーであることが多数の例によって明らかにされてきた．

リン酸化という制御機構にはいくつもメリットがある．可逆的であること，リン酸化の基質であるATPが豊富にあること，1つのリン酸基の付加により比較的大きな構造変化が期待できること（大きい極性/負電荷をもつ，メチル基などに比べ空間的に大きい），新たな転写を必要としないのでタンパク質が機能しているその場所で瞬時に構造変化が引き起こせること，などである．

キナーゼはしばしばカスケードを構成する．代表例としてMAPキナーゼ（MAPK）カスケー

ドを図7-6Aに示した．なぜ，MAPキナーゼカスケードはカスケードを構成しているのか（1段階でなく多段階か）．もっとも考えやすい仮説はシグナルの増幅による閾値の設定である（図7-6A）．例えば，Rafの活性化からMAPキナーゼの活性化までは計4個のリン酸化が必要であるから，Rafが徐々に活性化していっても，MAPキナーゼはある閾値を境に急に活性化することになる（正の協同性）．したがって，カスケードにすることにより，勾配のシグナルをON/OFFのシグナルに転換できると考えられる．もう1つの仮説は，多段階にすることにより，他のシグナル伝達とのクロストークの機会，あるいは同じシグナル伝達内でのフィードバックの機会を増やし，微妙な調節を可能にするというものである．例えばMAPキナーゼキナーゼ（MAPKK）は図7-6Aで示した経路に加え，Racなどの下流で活性化するPAKによってリン酸化されると活性がさらに増強する．またMAPキナーゼとRskは上流のmSOSをリン酸化することにより負のフィードバックを行っている．

3）ストラテジー3：GTPase

GTPaseには，三量体GTPase，低分子量GTPase，タンパク質合成に関与する分子などがある．いずれもGTP結合型が活性型，GDP結合型が不活性型であり，リン酸化同様可逆的に制御される「分子スイッチ」である．活性化はGEF（GTP/GDP交換因子．GDPをGTPaseから解離させる作用をもつ．細胞内GTP濃度がGDP濃度よりも高いため，結果的にGTP型を増やすことになる），不活性化はGAP（GTPase活性化因子．GTPaseのもつGTPase活性を上昇させ，GTPをGDPに加水分解する）と総称される分子が行う（図7-6Bを参照）．

（i）三量体GTPase

三量体GTPaseはGTPase共役型受容体（G protein-coupled receptor：GPCR，7回膜貫通型受容体であることが多い）によって活性化される．GPCRは哺乳類で1,000種以上存在することがゲノムプロジェクトの結果示されてきている（これまで実用化された薬の約半数がGPCRをターゲットにしているという実績があるため，GPCR周辺は製薬医療関係者も注目を集めている）．三量体GTPaseはα，β，γサブユニットからなり，GαサブユニットがGTP/GDPと結合する．活性化に伴ってGβ/γ複合体はGαから解離するが，GαだけでなくGβ/γ複合体もシグナル伝達に貢献する．Gαには，アデニル酸シクラーゼを活性化してcAMP濃度を上昇させるタイプ（Gα_s，Gα_{olf}など．図7-5A参照），アデニル酸シクラーゼを不活性化してcAMP濃度を低下させるタイプ（Gα_i，Gα_oなど），ホスホリパーゼCβを活性化するタイプ（Gα_qなど．図7-5B参照）などがある．

（ii）低分子量GTPase

低分子量GTPaseは，単量体として働く．大きく分類して，Rasファミリー（増殖・分化に関与），Rhoファミリー（細胞骨格の制御に関与），Rabファミリー・Arfファミリー（小胞輸送に関与），Ranファミリー（核-細胞質間輸送に関与）がある．

4）ストラテジー4：結合ドメイン

シグナル伝達において，伝達にかかわる分子間の特異的な結合は非常に重要である．結合にかかわるドメインを調べていくと，同じアミノ酸配列を共有する結合ドメインが，多くの異なる分子に見つかる．つまり，分子間の結合にはいくつかの基本型があり，それを使い回していることが考えられる．このような頻用される結合ドメインモジュール（構成単位）の例を表7-2に示した．

結合ドメインのなかには可逆的な結合の制御を可能にするものが含まれている．例えば，SH2ドメイン（src homology 2ドメイン＝srcのなかに初めて見出されたので，こう名づけられた）

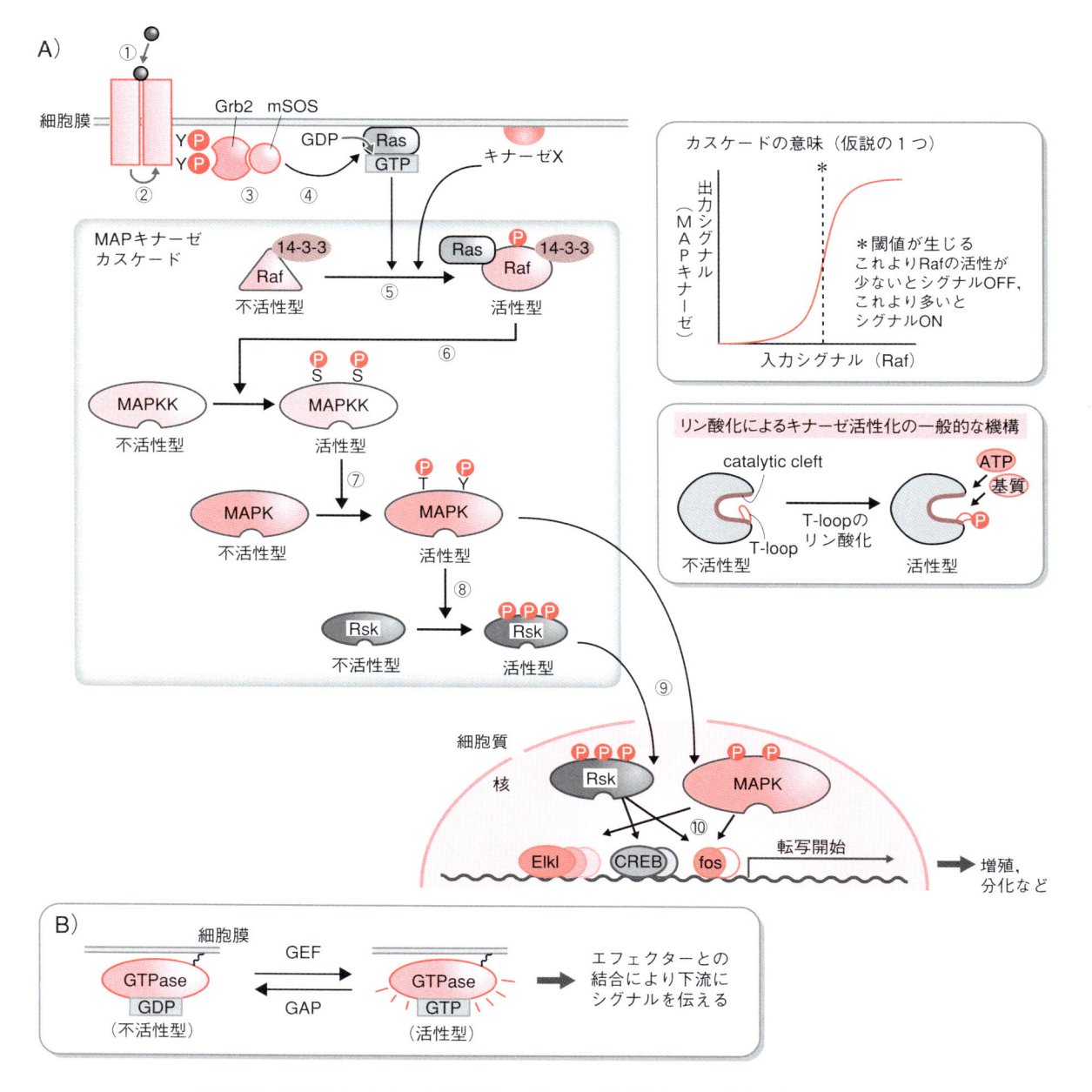

図7-6 チロシンキナーゼ受容体→Ras→MAPキナーゼカスケード

A) ①リガンドの受容体チロシンキナーゼへの結合．②リガンドの結合は，受容体の二量体化，あるいは二量体化した受容体の構造変化によって，チロシンキナーゼの活性化を誘導する．その結果，受容体分子間でチロシン残基を自己リン酸化する．③チロシンリン酸化した受容体に，アダプター分子 Grb2 の SH2 ドメインが結合し，その結果 Grb2 と mSOS の複合体が細胞質から細胞膜付近に移行する．Grb2 と mSOS は，Grb2 の SH3 ドメインと mSOS のプロリンリッチ配列との結合によりつねに複合体を形成している．④mSOS（Ras の GEF）による Ras の GDP→GTP 交換反応（すなわち，Ras の活性化）．⑤活性型 Ras と Raf が結合し，その結果 Raf が細胞質から細胞膜へ移行する．膜上に存在する Raf 活性化因子 X により Raf が活性化する．⑥Raf による MAP キナーゼキナーゼ（MAPKK，MEK ともいう）のリン酸化・活性化．⑦MAPKK による MAP キナーゼ（MAPK，ERK ともいう）のリン酸化・活性化．⑧MAPK による Rsk のリン酸化・活性化．⑨MAPK と Rsk の核内移行．⑩MAPK と Rsk による転写因子のリン酸化・活性化．B) GTPase の活性制御機構．GEF：GTP/GDP 交換因子，GAP：GTPase 活性化因子

表7-2　タンパク質の結合ドメインと配列

結合ドメイン	結合するモチーフ	結合ドメインを有するタンパク質の例
SH2	pYxxψ*1	Grb2, Src, STAT, Crk, p85, PLCγ
PTB	NPxpY*2	IRS1, IRS2, Numb, Shc
SH3	RxxPxxP, PxxPxR, PxxDY	Src, Grb2, Crk, Nck
WW	PPxY, PPL/RP, (PxxGMxPP)$_2$ pS/pTP, RxPPGPPPxR, PPxPP	Nedd4, Dystrophin, FE1
EVH1	FPPPP, PPxxF	Mena, ASP, Homer, WASP
PDZ	E/T/S-x-V/L, F/T-x-F/V/A, EIFY*3	PSD95, ZO-1, Lin-7, Ins-II, PAR3*4
EH	NPF	Eps15, Intersectin, EHD1
PH	PI(3,4)P$_2$, PI(3,4,5)P$_3$*5	Akt, PDK1, PLCγ, SOS
FYVE	PI(3)P	EEA1, SARA, Hrs, Fab1n
ENTH	PI(4,5)P$_2$, PI(3,4,5)P$_3$	Epsin, AP180, Hip1
PX	PI(3)P	p40^{phox}, p47^{phox}
FERM	PI(4,5)P$_2$	Ezrin, Moesin, Radixin
C1	ジアシルグリセロール，ホルボールエステル	PKC, DGK, c-Raf
C2	Ca^{2+}，酸性リン脂質	cPKC, synaptotagmin
EF-hand	Ca^{2+}	Calmodulin, Calbindin

pY：リン酸化チロシン，pS/pT：リン酸化セリンまたはリン酸化スレオニン．x：任意のアミノ酸．ψ：脂肪族側鎖アミノ酸
＊1：おのおののSH2に対し結合するコンセンサス配列は異なる．例えばp85のSH2ではpYxxM，Grb2ではpYxNx，SrcではpYEEI，PLCγではpYVIPに結合する．＊2：NumbやIRS-2のPTBドメインはリン酸化されていないNPxYモチーフにも結合する．＊3：いずれもC末端．＊4：PAR3のPDZドメインに種々のPI（ホスファチジルイノシトール）にも結合しうる．＊5：これらのリン脂質の他にイノシトールリン酸（P_3, IP_4），aPKCや三量体GTPaseのβγサブユニットに結合する例もある

やPTBドメインはリン酸化チロシンを含む配列（例えば，srcのSH2ドメインはpYEEIに結合するので，相手のチロシン残基のリン酸化に伴って結合し，脱リン酸化に伴って解離する．したがって，チロシンキナーゼによるリン酸化により，これらのドメインを含むタンパク質の結合を制御できる．例えば，受容体型チロシンキナーゼは，活性化に伴って自己をリン酸化することにより，多くのSH2/PTBドメインを有する分子と結合し，細胞内シグナル伝達を開始する（図7-7左）．リン酸化チロシンの他にも，リン酸化スレオニンと結合するドメイン（FHA），アセチル化リジンと結合するドメイン（Bromo），PI代謝産物に結合するドメイン（PH，FYVE，ENTH，PX）などが可逆的な結合制御にかかわっている．

5）ストラテジー5：スキャフォールドタンパク質

　ドメインを複数もち，おのおののドメインを介してシグナルにかかわる分子を集積させ，複合体をつくり上げる機能をもつタンパク質群を，スキャフォールド（足場）タンパク質と総称する（図7-7右）．スキャフォールドタンパク質のなかで，SH2ドメインとSH3ドメインのみからなる結合仲介分子（Grb2，Crkなど）をアダプタータンパク質と呼ぶこともある．また受容体などチロシンキナーゼによって複数の部位がチロシンリン酸化されることにより，SH2タンパク質を複数結合する，いわばシグナル伝達の"ハブ"をドッキングタンパク質と呼ぶこともある（IRS1，Gab1，Dok，p130^{CAS}，BLNK，LATなど）（図7-7左）．スキャフォールドタンパク質は，あるシグナル伝達に関与する分子を空間的に1カ所に集め，特異性を維持するのに貢献するとともに，シグナル伝達の効率を上げるのに役立ち，細胞内局在を決める働きもする．

　互いによく似たシグナル伝達経路が特異性を保つ（交差しない）ために，スキャフォールドタンパク質が用いられる例が報告されている．出芽酵母には，複数のMAPキナーゼカスケードが

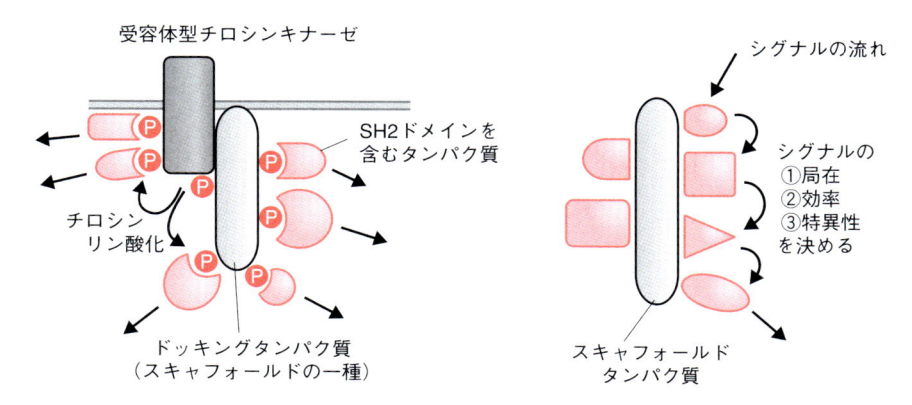

図7-7 シグナル分子を集積し，大きな複合体を形成するタンパク質群

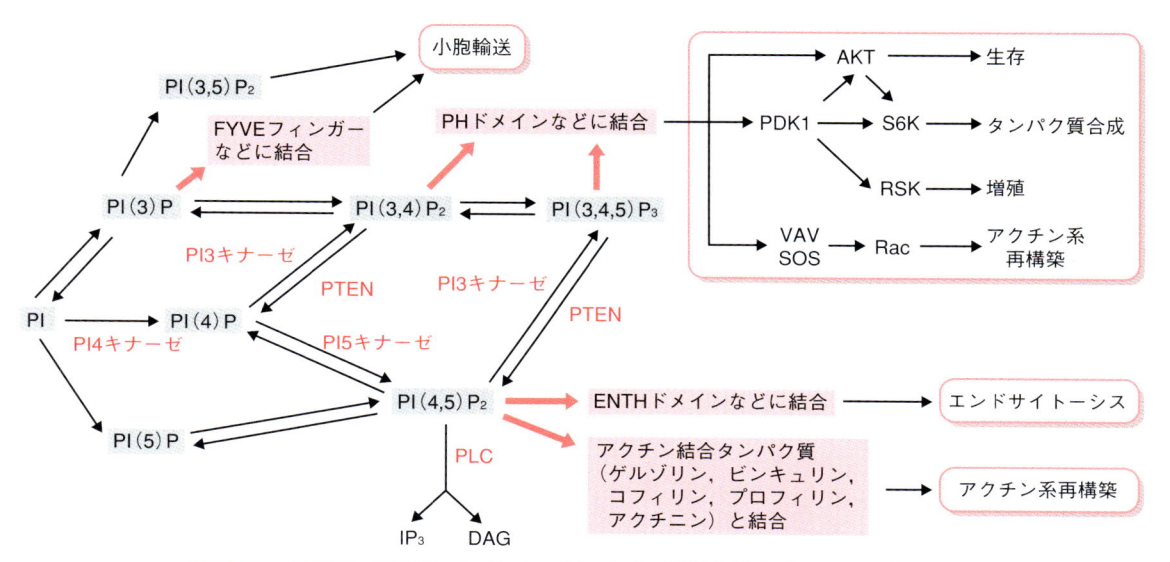

図7-8 ホスファチジルイノシトール（PI）代謝産物を介するシグナル伝達

存在する．性分化に関与するMAPキナーゼカスケード（Ste11→Ste7→Fus3）の特異性を保つのに貢献している分子としてSte5が知られている．Ste5はこのMAPキナーゼカスケードにかかわる分子のみをすべて結合する"スキャフォールドタンパク質"である．この分子が存在しないと，他のMAPキナーゼカスケード（Bck1→Mkk1/2→Mpk1）との交差が起きてしまうことが示唆されている．また，哺乳類MAPキナーゼカスケードの局在を制御してシグナル特異性を決めるスキャフォールド分子の例としてKSR（細胞膜局在），MP1（後期エンドソーム局在），Sef（ゴルジ体局在）が報告されている．

6）ストラテジー6：ホスファチジルイノシトール（PI）代謝産物

PIは全リン脂質の15％程度存在し，ほとんどが細胞膜内膜側に局在する．PI代謝産物中，PIがもっとも多く，次いでPI(4)P，PI(4,5)P_2が多く，これ以外の産物はごく微量しか細胞中に存在しない．しかし，ごく微量のものも含め，PIの代謝産物は実にさまざまなシグナル伝達に関与する．例えばPI(3,4,5)P_3とPI(3,4)P_2は，PI3キナーゼの活性化により誘導され，PHドメインに結

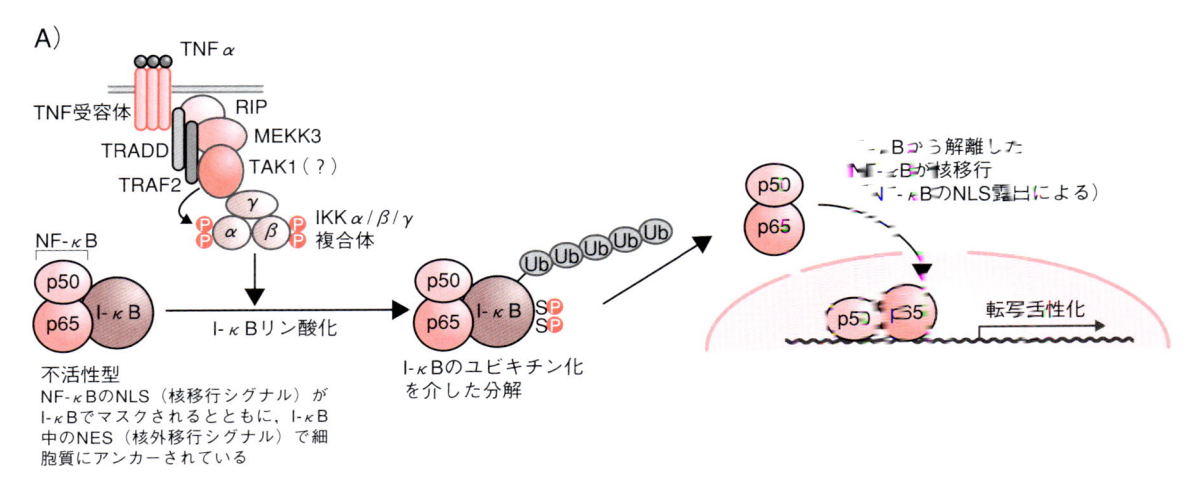

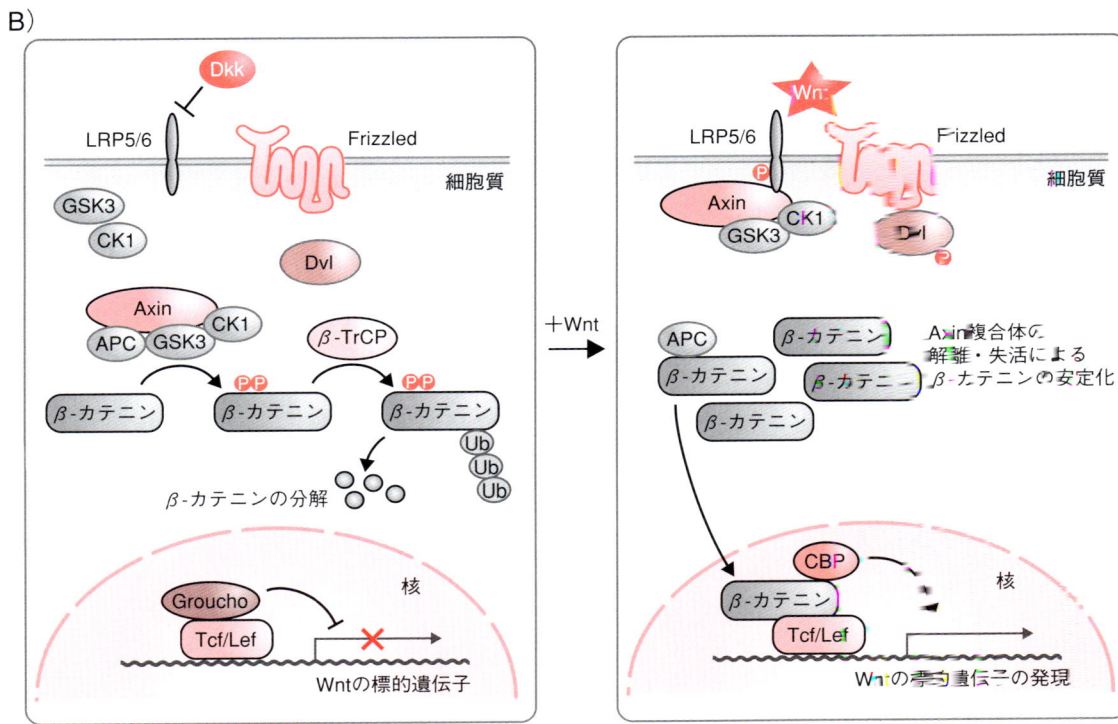

図7-9 タンパク質分解で制御されるシグナル伝達
A) 正の制御：NF-κB経路．B) 負の制御：Wnt経路

合することにより多くのPHドメインを有するタンパク質の膜移行と構造変化・活性変化を引き起こす．PI(4, 5)P$_2$は，多くのアクチン結合タンパク質に結合し機能調節をする（例えば，低分子量GTPaseによるアクチン系の制御に貢献している．図7-8）．

7）ストラテジー7：タンパク質の切断・分解

それぞれのタンパク質は，ある一定の速度で合成・分解されている．新規のタンパク質合成を介してシグナルが伝わる場合に加え，タンパク質の特異的な分解を介してシグナルが伝達される

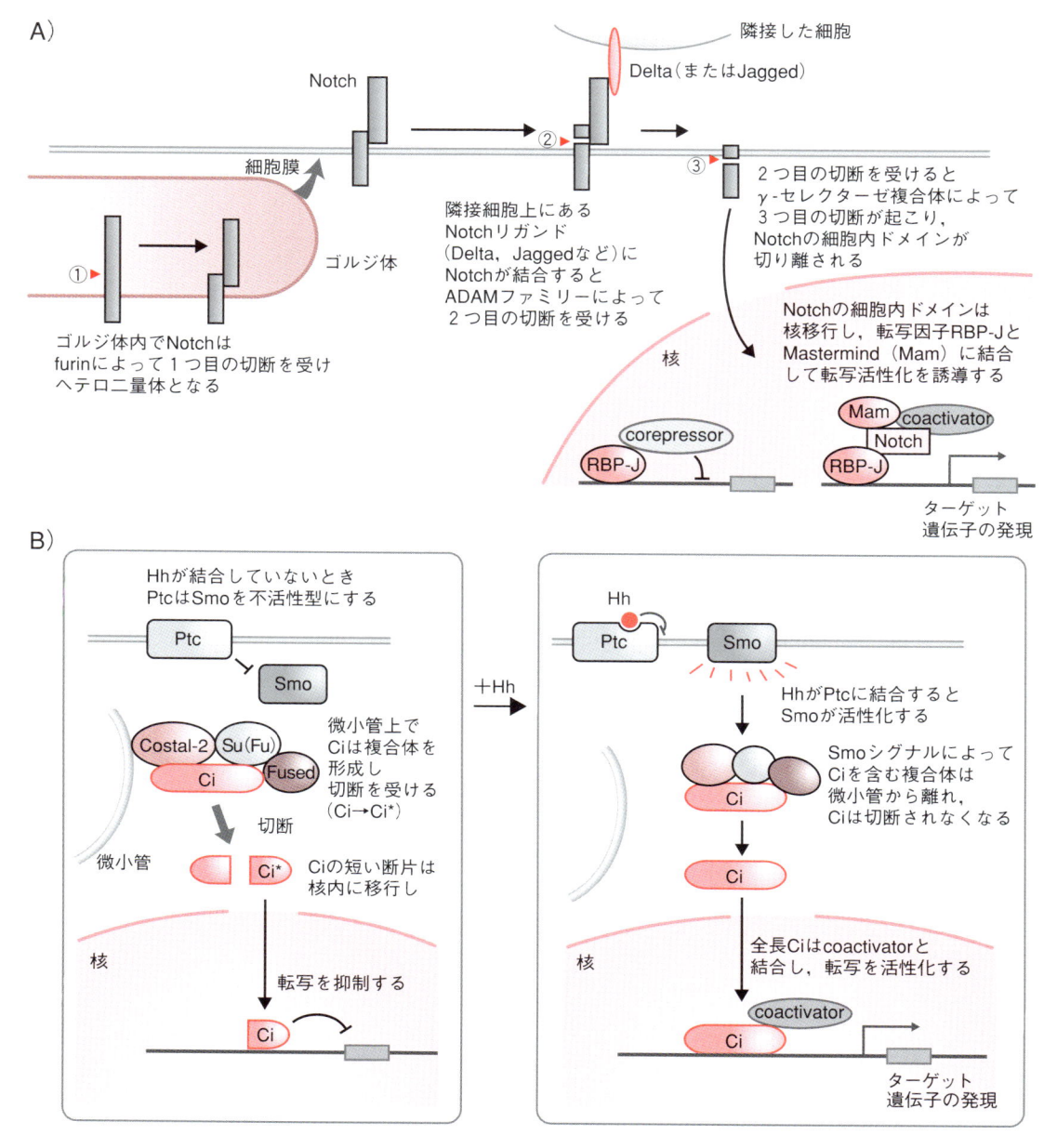

図7-10 タンパク質の切断（限定分解）で制御されるシグナル伝達
A）正の制御：Notch経路．B）負の制御：ショウジョウバエにおけるHh経路

こともある．タンパク質の分解がシグナル伝達を正に制御している例として，NF-κBシグナル伝達系があげられる．休止状態の細胞ではNF-κBはI-κBと結合して細胞質に局在するため，転写因子としては機能しない．そこへ，TNFなどの活性化シグナルが伝えられると，I-κBがリン酸化を介してユビキチン系による分解を受け，NF-κBが自由になり核移行して転写を誘導する（図7-9A）．

タンパク質分解がシグナルを負に制御している場合として，Wntシグナル伝達系があげられる．Wntシグナルを受けていない細胞では，細胞質中のβ-カテニンは，GSK3・APC・Axinと複

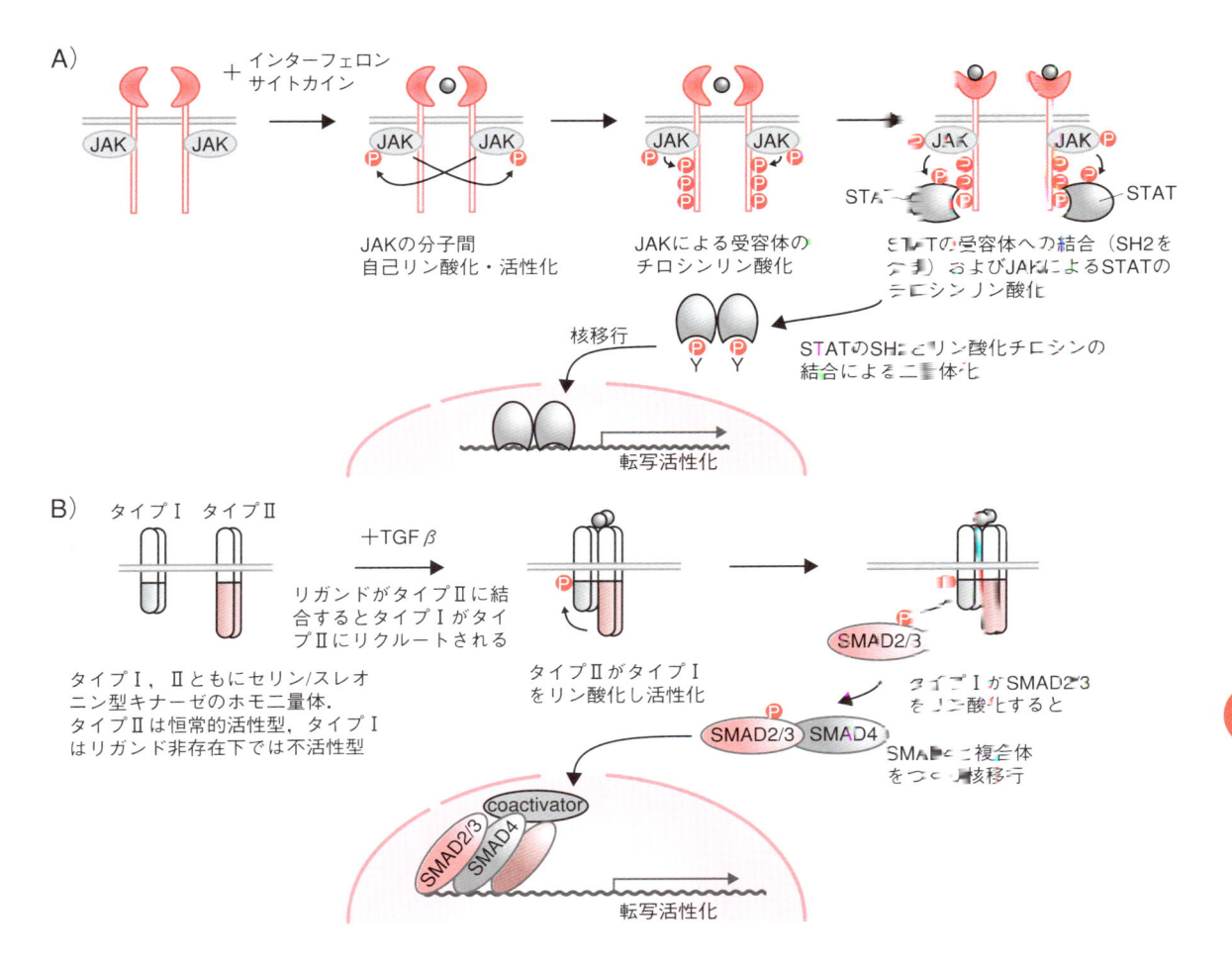

図7-11 転写因子が受容体近傍から核まで移行するシグナル伝達
A) JAK-STAT経路．B) TGFβ受容体-SMAD経路

合体をつくり，GSK3によるリン酸化に依存してユビキチン化され，分解される．Wntシグナルが伝えられると複合体が解離して，β-カテニンは安定化し，転写因子との新たな複合体を形成して転写が活性化される（図7-9B）．

タンパク質の切断は，完全分解に至るだけではなく，限定的切断により機能調節に使われることもある．図7-10に，タンパク質の限定分解がシグナル伝達の正の制御に使われる例としてNotchシグナル伝達を，また負の制御に使われる例としてHhシグナル伝達を示した．

2 シグナル伝達の進化的保存と多様性

シグナル伝達研究における大きな驚きの1つは，同じシグナル伝達分子が進化的に保存されており，また一見関係のない多種多様なシグナル伝達に広く応用されているという点である．特にMAPキナーゼの場合，見事にMAPKKK→MAPKK→MAPKというカスケードがセットとして（活性化機構も含め），酵母からヒトまで保存されている．おそらく，もとは酵母でストレス応答としてつくり出されたMAPキナーゼカスケードが，生物の進化の過程で，新しい機能を獲得するたびに応用されたと想像される．MAPキナーゼ経路だけでなく，GTPaseを介した経路

（図7-5），STAT経路・SMAD経路（図7-11），NF-κB経路・Wnt経路（図7-9），Notch経路・Hh経路（図7-10）は，どれも幅広い種で，さまざまな形で繰り返し使われている基本経路である．1つの分子（または経路）を，新たなシグナル伝達に応用するとき，全く同じ分子を用いながら，異なる細胞応答を生み出す場合と，類似の分子を新たにつくることにより，新たな伝達経路を生成する場合がある．では，前者の場合，どのようにして同じシグナル伝達分子のカセットを用いながら，それぞれの刺激に応じて異なる細胞応答が生み出されるのだろうか．考えられる可能性として，①別のシグナル経路が併用され，その組合せによって特異性が生じる場合，②細胞によって，あらかじめ発現している標的分子が異なる場合，③シグナルの強度，持続時間（長さ，タイミング），あるいは細胞内局在が異なる場合があげられる．これらの可能性については，今後さまざまな生命現象の側面で検証される必要がある．

　以上，例をあげながら細胞内シグナル伝達のストラテジーについて述べてきた．ここでは，シグナルの負の制御について触れてこなかったが，ほとんどのシグナル伝達には，活性化された後にシグナルを止める機構が存在する．それは，受容体の（分解やエンドサイトーシスを介した）ダウンレギュレーションや，あるいはシグナル伝達の阻害分子の転写誘導であったりと，シグナルを止める機構はさまざまである．一方で，細胞外シグナルが入るまでは細胞内シグナル伝達をOFFの状態に保つための積極的な抑制機構も存在する．転写因子に関しては，シグナルが入るまでは転写活性化しないというだけでなく，積極的に転写抑制因子（corepressorなど）が使われていることが近年明らかになってきた（default repressionと呼ばれる．図7-9B，図7-10参照）．このように，負の制御も正の制御と同様にシグナル伝達制御において重要な役割を果たしている．

　近年の研究により，「空間的・時間的・量的な要素」が多くのシグナル伝達の特異性（output）を決める鍵を握っているという認識がますます強まってきている．そこで，シグナル伝達を理解するためには，細胞のなかで実際にシグナル伝達分子がどのような挙動をしているかを経時的かつ定量的に観察するなどの手法が重要度を増していくことは間違いない．さらに，複数のシグナル伝達間の「クロストーク」もoutputを決める重要な要素であり，つねに考慮したい点である．

■文　献■

1）"ここまで分かった形づくりのシグナル伝達 実験医学増刊 Vol.20 No.2"（竹縄忠臣, 帯刀益夫/編），羊土社, 2002
2）"タンパク質科学イラストレイテッド"（竹縄忠臣/編），羊土社, 2005
3）"シグナル伝達研究2005-'06 実験医学増刊 Vol.23 No.11"（山本雅, 仙波憲太郎/編），羊土社, 2005
4）"細胞内シグナル伝達の新展開 蛋白質核酸酵素 Vol.53 No.10"（後藤由季子/編），共立出版, 2008

Chapter 7

3 細胞周期

真核生物の細胞は増殖の過程で細胞周期という秩序あるプロセスを経る．細胞周期は G1（ギャップ 1），S（DNA 合成），G2（ギャップ 2），M（分裂）期という 4 つの時期から構成され，G1 → S → G2 → M → G1 という周期を繰り返して増殖する．細胞には細胞周期を促進させるエンジンとともに抑止するブレーキも備わっており，それを制御するタンパク質は，おのおのが特別な時期に連動して，リン酸化，脱リン酸化，周期的な発現と分解を受けることにより活性が調節されて機能を発揮する．細胞周期チェックポイントは秩序だった細胞周期の進行を保障しており，その異常は染色体不安定性を生じて癌の悪性化の原因となる．G1 期では中心体に局在し，M 期には染色体へ移動する染色体メッセンジャータンパク質は正確な染色体分配と細胞質分離に重要な役割を担う．

概念図

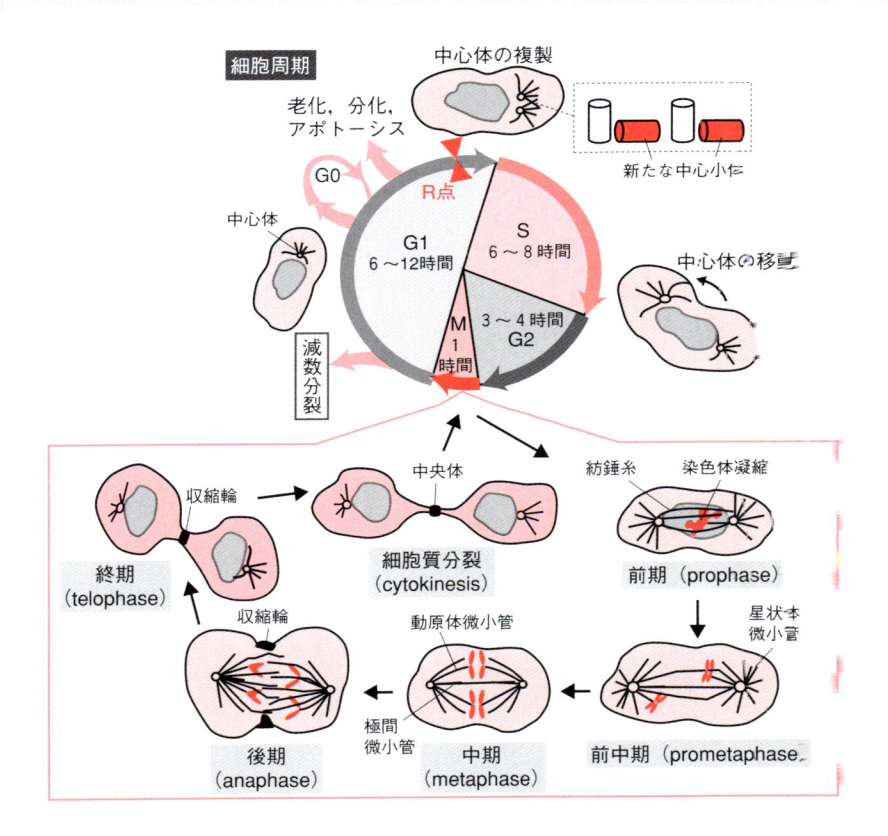

（図：細胞周期 — G0、G1 6〜12時間、S 6〜8時間、G2 3〜4時間、M 1時間、R点、中心体の複製、中心体の移動、減数分裂、終期 (telophase)、細胞質分裂 (cytokinesis)、前期 (prophase)、前中期 (prometaphase)、中期 (metaphase)、後期 (anaphase)、収縮輪、中央体、紡錘糸、染色体凝縮、星状体微小管、動原体微小管、極間微小管、老化・分化・アポトーシス、新たな中心小体）

1 真核生物の細胞周期制御

生命の単位の 1 つである細胞は，細胞周期（cell cycle）と呼ばれる一定の規則正しい過程を経て分裂・増殖する．細胞周期において重要な過程は，母細胞の染色体 DNA を複製する S 期（DNA 合成期：DNA synthesis）と，倍加したそれぞれの姉妹染色体を娘細胞に均等に分配する M 期

（分裂期：mitosis）である．大腸菌などの原核生物とは異なり，真核生物ではこの２つの過程を挟んだG1（ギャップ１）期あるいはG2（ギャップ２）期と呼ばれる準備期間が知られている．M期以外のG1，S，G2期の３つを間期（interphase）と総称することもある．かくして１つの細胞はG1→S→G2→M→G1というように循環を繰り返して増殖していくが，この順序は厳密に守られていて逆向きには決して進行しない（概念図）．G1期とS期の境目には，哺乳動物培養細胞ではR点（restriction point），酵母細胞ではスタート（START）と呼ばれる関所があり，外界の環境（栄養状態など）を検知して増殖（S期）に進むか否かを決裁する．いったんこの時点を通過すると外界の状況がいかにあれ細胞周期の進行に委ねられ（commitment），細胞はS期に進入し，続けてG2期，M期へと進んでいってG1期へ戻ってくる．S期に進まない場合は分化（differentiation），老化（senescence），アポトーシス（apoptosis），あるいは静止期〔resting (quiescent) state，G0期〕と呼ばれる諸過程のいずれかをたどる（概念図）．

2 細胞周期エンジン

　細胞周期を動かすのは細胞周期エンジンと呼ばれるサイクリン・Cdc2（CDK1）キナーゼ複合体である（図7-12）．サイクリンは細胞周期のある時期でのみ発現されてCdc2キナーゼを活性化し，その後はすぐに分解される．Cdc2キナーゼは標的となるタンパク質のセリン（S：Ser）あるいはスレオニン（T：Thr）を細胞周期のある時期でのみリン酸化することで活性化する．ヒトでは現在までにサイクリンA，-B，-C，-D，-E，-F，-G，-H，-I，-K，-Tまでの11種類のサイクリンが知られており，ゲノムプロジェクトからはサイクリンP，-O，-K，-L，-Mの存在も予測されている．さらにサイクリンAには２種類の（A1，A2），サイクリンBには２種類の（B1，B2），サイクリンDには３種類の（D1，D2，D3），サイクリンEには２種類の（E1，E2），サイクリンGには２種類の（G1，G2）サブタイプが報告されている．Cdc2キナーゼにも類似なタンパク質が見つかって順番にCDK2～CDK10（cyclin-dependent kinase）と名づけられた．これらは組合せと働く時期が異なる．例えばCDK2はG1後期からG1/S期にかけてサイクリンEと結合するが，S期に入るとサイクリンEは分解されるため，主としてサイクリンAと複合体を形成するようになる．また，サイクリンDはG1中期から後期にかけて発現し，CDK4，CDK6と結合して活性化する．

　G2/M期の移行期で働くエンジンでは，まずサイクリンBがCDK1キナーゼと複合体を形成する（図7-12右下）．サイクリンBはG2/M期において存在量がピークとなるが，CDK1の活性化にはまずWee1（あるいはMyt1）がCDK1のThr14とチロシン（Y：Tyr）15の２カ所をリン酸化する．ついで，CAK（サイクリンH/CDK7）がThr161（分裂酵母Cdc2ではThr167）をリン酸化するとエンジンは待機状態に入る．CAKもCAK活性化酵素（CAKK）によってThr170がリン酸化されることでキナーゼ活性が制御されている．M期に進入を許可する信号が入るとCDC25（ヒトではCDC25C）脱リン酸化酵素によってThr14/Tyr15が脱リン酸化され，サイクリンB/CDK1は活性型に変化する．CDC25Cも上流からの信号を受けてリン酸化を介した制御を受ける．活性型サイクリンB/CDK1は速やかに標的タンパク質をリン酸化することでM期が誘導され，その後はM期特有のスケジュールに従って有糸分裂が進行してゆく．たとえば，核膜の内側を重合によって網目状に裏打ちしているラミンをリン酸化して重合をほどいて袋状の核膜を崩壊させ，コンデンシン（Cut3/Smc4）をリン酸化して染色体を凝縮させると，続いてM期特異的な現象が次々と開始する．Srw1（ヒトではCDH1）のリン酸化によるサイクリンBの分解はM期の終了に必須である（図7-12左中央）．

　細胞周期エンジンはG1期後期で起こる周期的な転写誘導も制御する．そこでは数多くのS期開

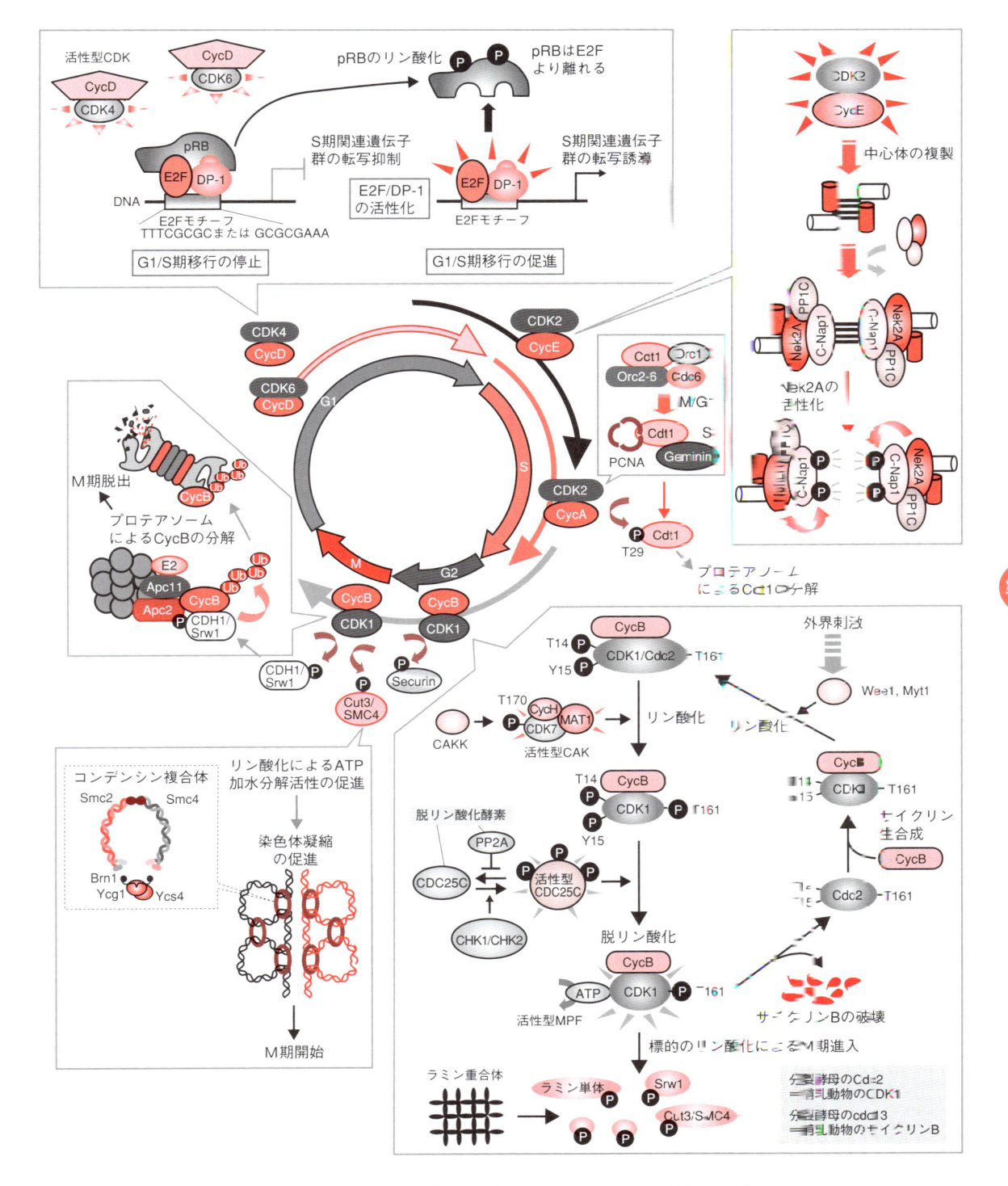

図7-12　真核生物の細胞周期における細胞周期エンジンの作用点とその制御のモデル

哺乳動物細胞では4台の細胞周期エンジンが働いている．たとえばCdc2/サイクリン(Cyc)B複合体〔MPF〕は真核生物のG2/M期制御に重要な働きをする．その制御にはCdc2に存在する3カ所の特定のアミノ酸のリン酸化と脱リン酸化が鍵となる．G2期では，Wee1・Myt1という類似なタンパク質キナーゼによってCdc2のThr14とTyr15がリン酸化されており，これは不活性型である．さらにCdc2のThr161がCAKによってリン酸化されて待機状態となる．M期に進入してもよいというシグナルが入るとCdc25脱リン酸化酵素によりTyr15が脱リン酸化され，MPFは活性型に変換される．活性型MPFがM期開始に働く標的タンパク質をリン酸化により活性化することでM期が誘導されM期が進行してゆく．

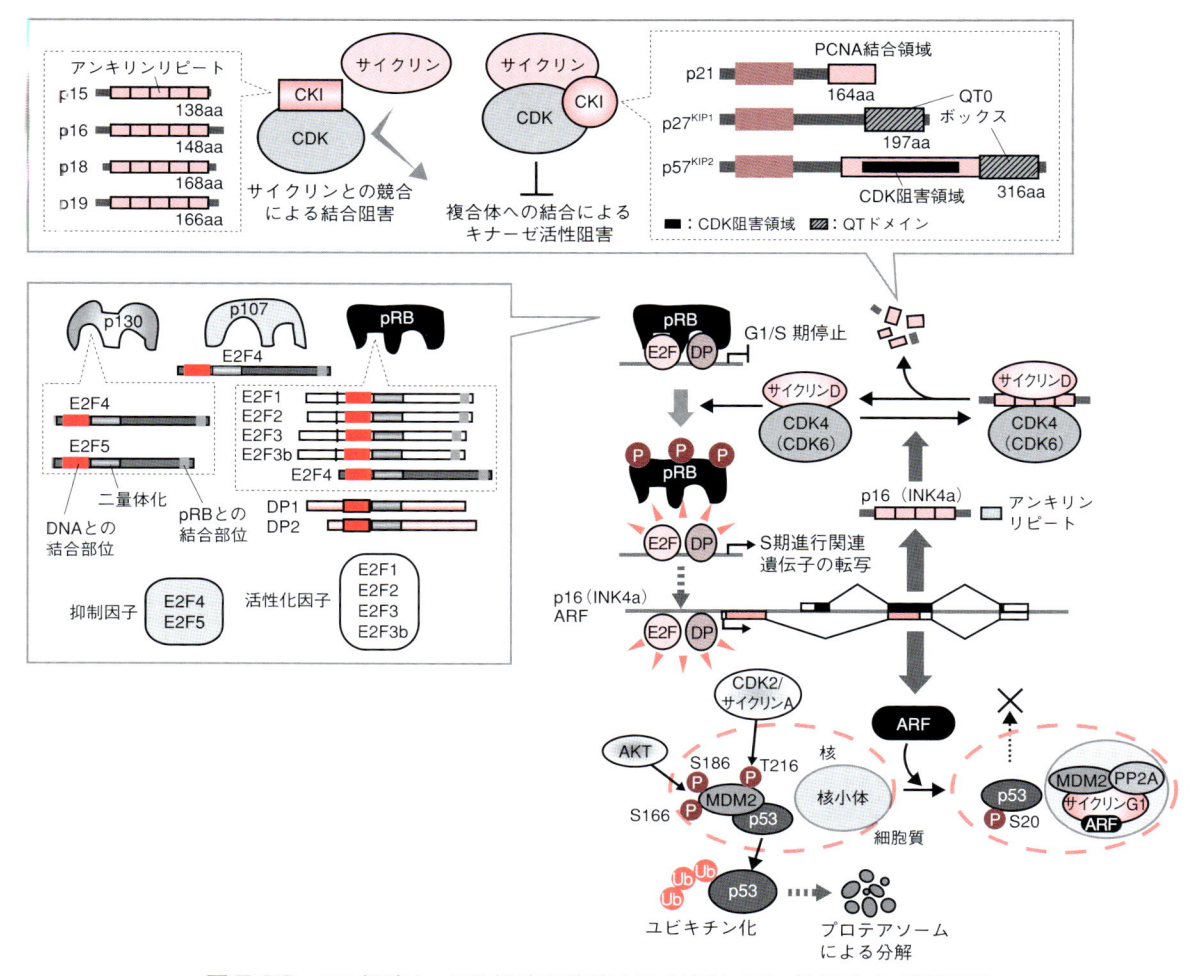

図7-13 RB経路とp53経路を連結するARF/p16（INK4a）遺伝子座

上）7種類のCKIは阻害の仕方によって2つのグループに分類される．そのうちの4種類は分子のほとんどがアンキリンリピートと呼ばれる，タンパク質間相互作用に働く反復配列で構成される．右）p16（別名INK4a）はCDK4/サイクリンDと結合して活性を阻害する．その結果，pRBタンパク質はリン酸化されず，E2F/DPから外れることなく細胞周期を停止させる．逆に，癌抑制遺伝子であるp16が欠損すると，つねにS期が開始され，細胞増殖を進めてしまう．この領域にはARFという遺伝子も発現されている．ARFはp53にユビキチンを付加して壊すユビキチン付加酵素であるMDM2をp53から引きはがしてp53を安定化する働きをしている．一方，脱リン酸化酵素（PP2A）を標的まで運搬する機能をもつサイクリンG1は，MDM2と結合し，Thr216（ヒトHDM2の場合にはSer166）を脱リン酸化することで，MDM2の活性を調節している

始に必要な遺伝子群が，転写制御因子E2FによってG1/S移行期でピークとなるように転写誘導されている．標的遺伝子の上流にはE2Fモチーフと呼ばれる特別な塩基配列が見つかるが，E2Fはここに結合して標的遺伝子の転写を誘導する．この制御は5種類のE2F様タンパク質（E2F-1〜E2F-6）と2つのE2F類似のDP（DP-1，DP-2）によって担われ，1分子のE2Fと1分子のDPが結合して転写を活性化する（図7-12左上）．一方，pRB（および類似のp107とp130）はG1/S移行期以外ではE2F/DP複合体に結合して標的遺伝子の転写誘導を抑制している．ここにサイクリンD/CDK4あるいはサイクリンD/CDK6が近づいてきてpRBをリン酸化すると，pRBは立体構造が変化して遊離する．その結果，抑制が解かれて活性化したE2F/DP複合体がS期開始に必要な遺伝子を一斉に転写誘導する．

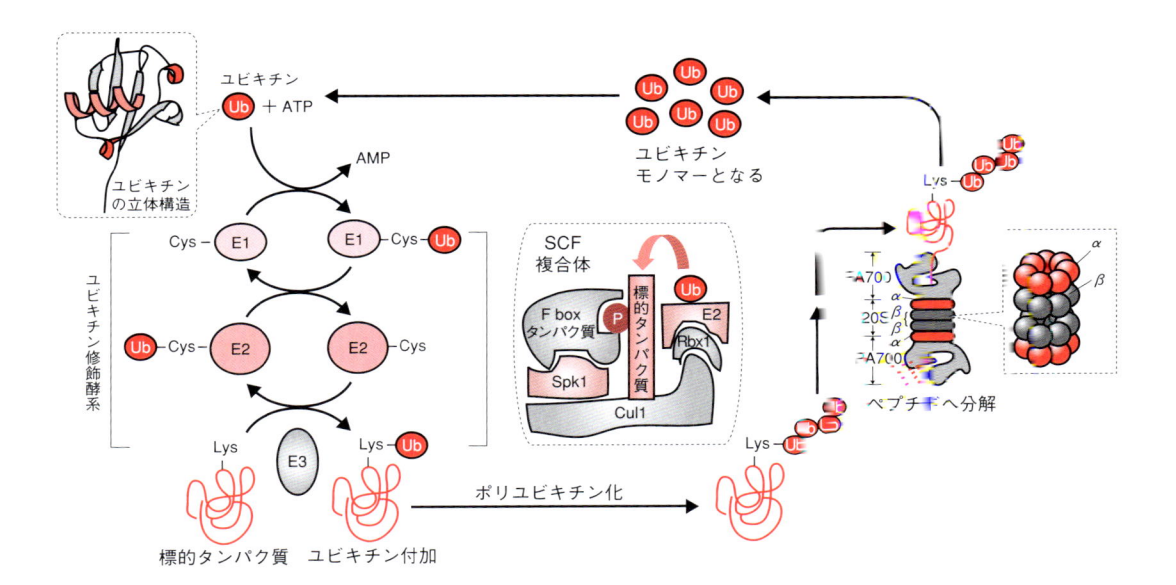

図7-14　タンパク質分解系

ユビキチンを目印としたタンパク質分解のしくみは2つの過程に分けられる。第一は目印をつけるステップで，ユビキチン（Ub）と呼ばれる76個のアミノ酸が標的タンパク質のリジン（Lys）残基に複数個付加される。この付加反応を触媒する酵素はユビキチン活性化酵素（E1），ユビキチン結合酵素（E2），ユビキチンリガーゼ（E3）で，これらはユビキチン修飾複合体（SCF複合体）を構成する。標的タンパク質の特異性を決定するのはE3で，標的タンパク質の特定アミノ酸（Ser・Thr）のリン酸化をユビキチン化の指令と認識する。第二はユビキチン化されたタンパクを見つけて分解するステップで，プロテアソームと呼ばれる巨大な複合体が標的タンパク質をATP依存的にアミノ酸まで分解する。このとき，ユビキチンはアイソペプチダーゼにより標的タンパク質からはずされて再利用される。プロテアソームは7つずつのα，βサブユニットが四層に重なった円筒型構造をしており，標的タンパク質はこの円筒を通過する際に分解される

3　細胞周期のブレーキ

　エンジンを暴走させないため，細胞周期エンジンにはCKIと呼ばれるブレーキが備わってCDKを阻害している（図7-13）．哺乳類ではこれまでに2グループ（合計7個）のCKIが発見されている（図7-13上）．第一グループの分子はCDKと強固に結合することでサイクリンの結合を競合的に阻害している．これらCKIは分子のほとんどがタンパク質分子間の結合に重要なアンキリンリピートと呼ばれる反復アミノ酸配列からできている．第二グループの分子はCDK/サイクリン複合体を押さえ込むように結合してキナーゼ活性を阻害する．サイクリン/CDK複合体がキナーゼ活性を発揮すべき時機が到来するとCKIはプロテアソーム系により分解される（図7-14）．
　ブレーキ（CKI）が壊れると細胞周期エンジンが暴走して細胞は節度なく分裂しはじめ，やがて悪性の癌細胞となる．たとえばp16はCDK4/サイクリンDを不活性化してpRBのリン酸化を阻害するため，pRBがいつまでもE2F転写制御因子に阻害的に結合し続ける（図7-13右）．その結果，E2Fの標的遺伝子であるS期開始制御遺伝子群が転写誘導を受けることができずに細胞周期はG1/S期に停止したままになって増殖が抑制される．p16と同一のDNA上には，p53の安定性を制御するARFがフレームをずらしてコードされていることで，問題はいっそう深刻となる．すなわち，この遺伝子領域の欠損により，pRB経路とp53経路が同時に壊れるのである．
　一方，p21はDNA損傷の信号を受けた転写因子（p53）による転写誘導によって発現され，いくつかのCDK/サイクリン複合体に結合して細胞周期を数カ所で一斉に停止させる（図7-15右

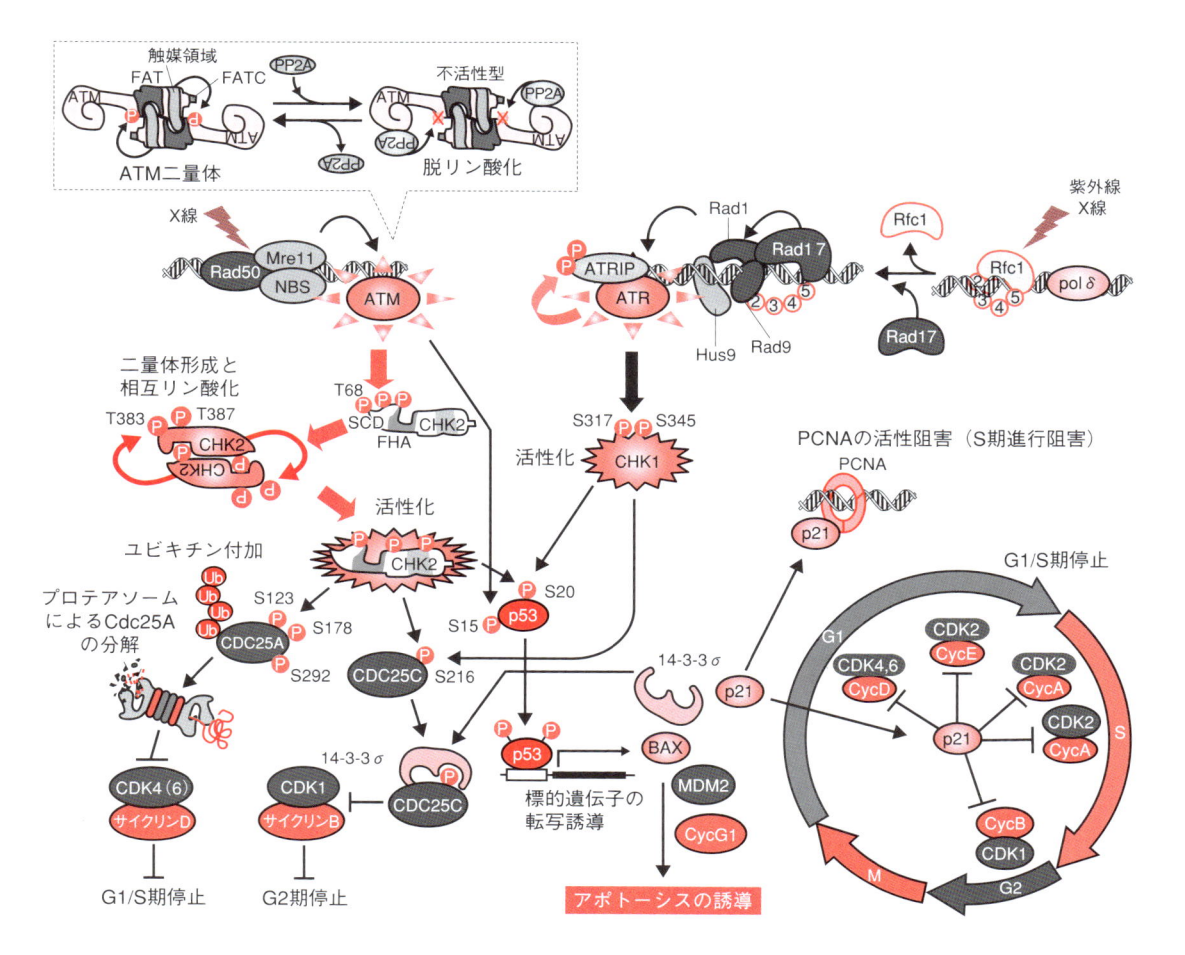

図7-15 DNA傷害チェックポイント制御のしくみ

DNA傷害チェックポイント制御には2つの経路が知られている．1つはATM/CHK2経路で，主としてX線などによるDNA二重鎖破壊に対して起こる．活性化されたATMキナーゼがCHK2のThr68をリン酸化すると，CHK2は二量体となり，お互いのThr383，Thr387をリン酸化する．すると立体構造が大きく変化して活性化された単量体となり，CDC25AやCDC25Cをリン酸化する．その結果，CDC25Aはユビキチン化されてプロテアソームにより分解され，G1/S移行に必須なCdk4(6)/サイクリンDを活性化できず，細胞周期はG1/S期で停止する．一方，リン酸化されたCDC25Cは14-3-3σと呼ばれるタンパク質によって，作用の場である核から細胞質へ引き離されてCDK1/サイクリンBを活性化できなくなり，細胞周期はG2期で停止する．ATM，CHK1，CHK2とも独自にp53をリン酸化することで，アポトーシス関連遺伝子群とCKIの1つであるp21の転写誘導を介してアポトーシス誘導と細胞周期停止も起こす．2つめは紫外線やX線により活性化されるATR/CHK1経路で，これも同様なしくみで作用する

下）．それゆえ，p21の欠損も癌細胞の悪性化の要因となる．

4 M期制御とタンパク質分解酵素系

G1/S期とM期では制御タンパク質の分解が行われており，そこで働く分解酵素複合体はSCF（Skp1-Cdc53-F-box）およびAPC/C（anaphase promoting complex/cyclosome）と呼ばれる（図7-14，図7-15）．細胞周期の制御に働くタンパク質分解系は，標的タンパク質のユビキチン修飾複合体とタンパク質分解複合体から構成されている．76個のアミノ酸からなるユビキチン（ubiquitin：Ub）は，ユビキチン活性化酵素（Ub activating enzyme：E1），ユビキチン共役酵素

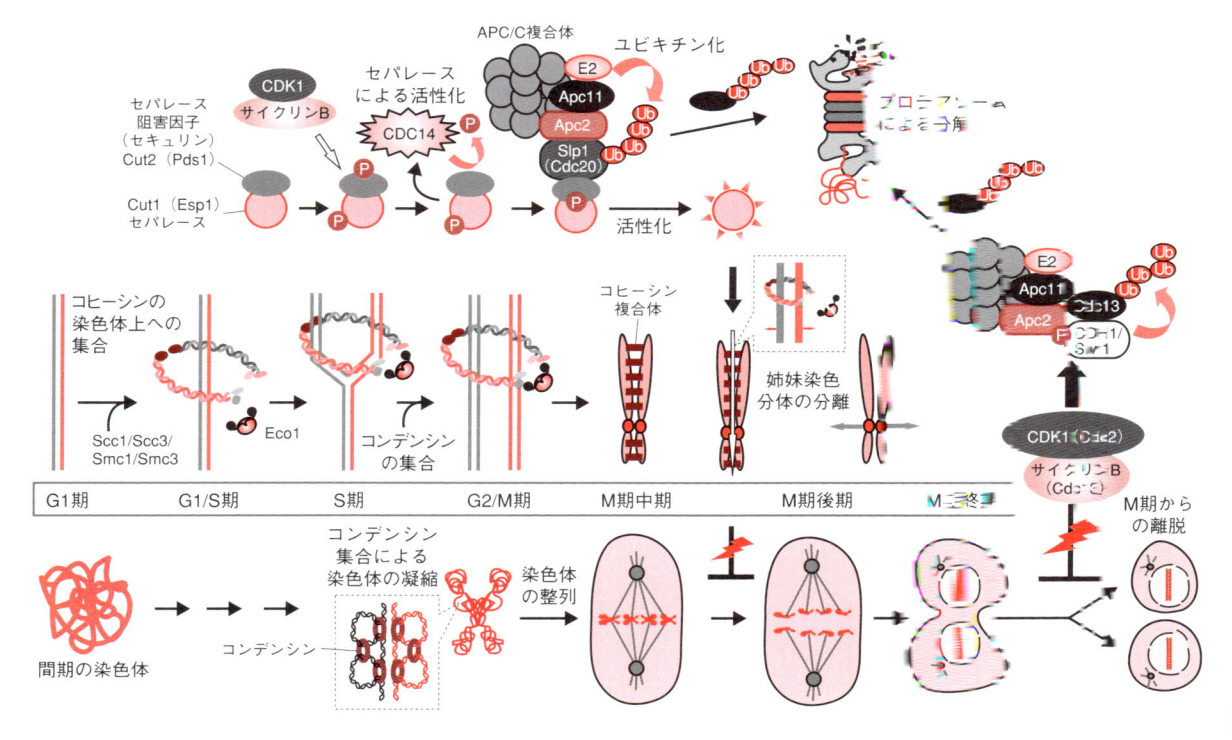

図7-16　M期進行の制御機構

M期進行制御のしくみ．DNA複製が起きるとすぐに父母由来の姉妹染色体どうしがばらばらにならないようにコヒーシン（鎖状の構造をもつ）によって輪状に包み込むように連結される．G2/M期になると，今度は鎖構造をもつコンデンシンが集合することで染色体が凝集する．M期中期の後半で，染色分体の赤道面における整列が完了したというシグナルを受けるとコヒーシンがセパレースによって切断される．セパレースはそれまで，セキュリンの結合で活性を阻害されていたのだが，CDK1/サイクリンBによってリン酸化されたことを感知したAPC/Cによってユビキチンを付加され，それを認識したプロテアソームによって壊されて阻害できなくなったのである．こうしてコヒーシンからの束縛が解けた姉妹染色分体は，すぐさま紡錘糸に引っ張られて娘細胞へと分配され，M期は終了する．このとき，サイクリンB（分裂酵母ではCdc13）もSrw1によってユビキチンが付加されてさらにプロテアソームによって分解され，その後で細胞は次のG1期へ進むことができるしくみとなっている．

（Ub conjugating enzyme：E2），ユビキチン付加酵素（ubiquitin protein ligase：E3）の共同作用によって標的タンパク質のリジン（Lys）残基に複数個結合する（図7-14）．ユビキチンを付加された標的タンパク質は巨大なタンパク質分解酵素複合体であるプロテアソーム（proteasome）に運ばれ，ユビキチンを目印としてATP依存的に分解される．

M期の直前（G2期）では，染色体はコンデンシン（condensin）の働きで凝縮して太くなり，核膜は崩壊して染色体は細胞質に広がる．一方，S期が始まる直前に2倍に複製した中心体（centrosome）はM期が始まるまでには核膜に沿って移動して核膜の両端に位置する（概念図）．核膜がなくなると中心体の周りに微小管構造中心（microtubular organizing center：MTOC）ができて，そこからチューブリン（tubulin）と呼ばれるタンパク質が重合して中空の管状になった多数の微小管（microtubule）が伸びてくる．このような微小管は紡錘糸（spindle）とも呼ばれ，染色体の中央にある動原体に付着すると個々の染色体は紡錘糸に押されて細胞の中心部（赤道面）へ一列に整列する．この状態を中期と呼ぶ．S期でDNA複製を終えた染色体はすでに連結複合体（コヒーシン：cohesin）によってつながれている．この連結は外側から輪でくくるように行われるとされている（図7-16）．染色体の整列が無事終了したというシグナルを受けるとセパレ

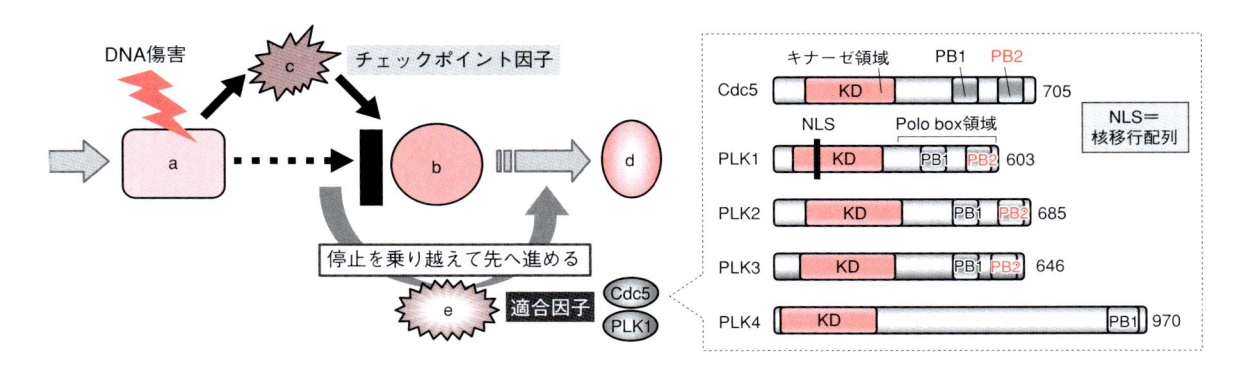

図7-17 チェックポイントと密接に関連する"適合"という概念の図解
適合制御因子の候補としてCdc5（ヒトでは4種類のPLK1～4）が知られている．"適合"が実際に起こっているがどうかには，以下の3つの現象が観察されることが証拠になるとされる．①チェックポイント信号により，しばらくは細胞周期を停止すること，②ある程度の時間が経つと細胞分裂を始めてしまうこと，③細胞分裂を始めた時点でも停止信号を保持していること

ース（separase）の働きを阻害していたセキュリン（securin）がAPC/Cによってユビキチン化されプロテアソームで分解される（図7-16）．活性化されたセパレースがコヒーシンを切断すると，個々の染色分体は紡錘糸によって核の両極側へ引っ張られる後期に入る．後期はわずか数分で完了し，核膜が再び構築されて分配された染色体を囲むとともに細胞質の中央が収縮輪（アクチンリング）によってくびれて細胞は2つに分裂する終期に進む（概念図）．その後，分裂した細胞は新たなG1期を始めるが，そのためにはSrw1（CDH1）の活性化とプロテアソームによるサイクリンBの分解が起きなければならない（図7-12，図7-16）．

5 細胞周期のチェックポイント制御

細胞周期を秩序正しく進行させるため，細胞にはチェックポイント（checkpoint）が備わっており，異常が検知されると細胞周期を停止させたうえで修復機構のスイッチを押す．例えばDNAが損傷されると，ATM/CHK2経路，あるいはATR/CHK1経路が活性化されてG1/S期とG2期で停止させる（図7-15）．ATRはDNA傷害の信号が入るとATRIPと複合体を形成し，ATRIPをリン酸化することで活性化され，CHK1を含む数多くのDNA修復・DNA複製・細胞周期制御タンパク質をリン酸化して活性化する．CHK1はATR/ATRIP複合体によるリン酸化を受けて活性化され，さまざまな標的をリン酸化して制御する．ATMは脱リン酸化酵素PP2Aによって自己リン酸化が抑制されて二量体を形成しているが，DNA二重鎖切断の信号が入ると自己リン酸化し単量体となって活性化する．次いでCHK2を含む数多くのタンパク質をリン酸化して活性化する．CHK2は普段は単量体であるが，ATMによりリン酸化されると二量体を形成して活性化され，特定のセリン残基を自己リン酸化する．そこで，別の立体構造をもった単量体として再度活性化され，CDC25Cを含むさまざまな標的をリン酸化して細胞内の多彩な現象を制御する．

修復が始まってしばらく経って，損傷が軽微な場合には，とりあえず細胞周期を再開しながら修復するという「適合」というしくみもある（図7-17）．そこではCdc5（ヒトではPLK1）が重要な働きをする．一方，細胞が修復不能なほどのひどい損傷を受けていると，p53が活性化されてアポトーシス関連遺伝子（サイクリンG1，BAXなど）を転写誘導して細胞を自殺させる．p53により転写誘導されるp21と14-3-3σはチェックポイントも制御する．p21はサイクリンD1/CDK4とサイクリンD1/CDK6に結合し，pRBのリン酸化を阻害することでE2F/DP複合体

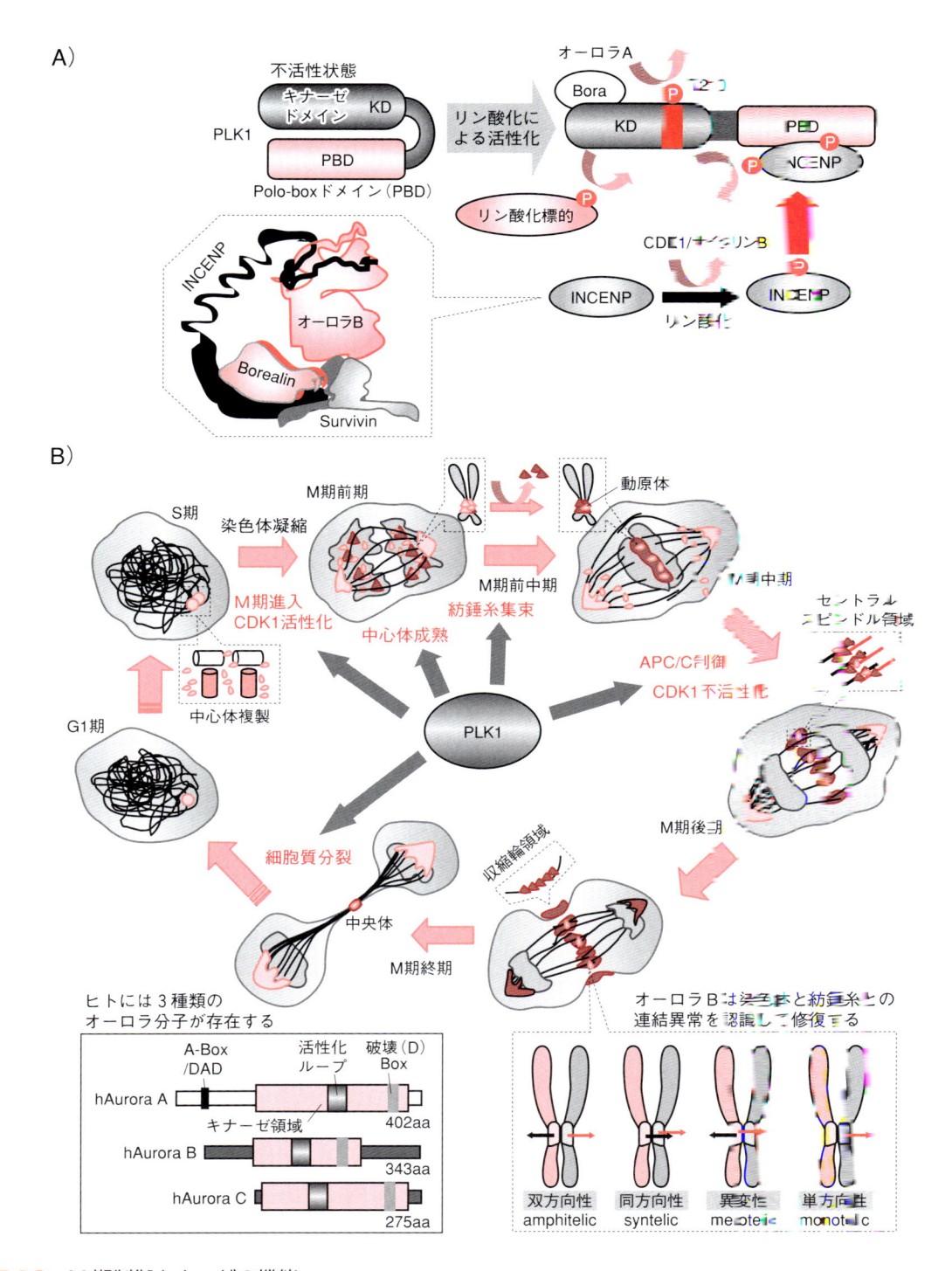

図7-18 M期制御キナーゼの機能

A) PLK1にBoraが結合するとオーロラAがThr210をリン酸化し、その結果、PLK1は立体構造を変化させ活性化する。一方、PLK1はCDK1によりリン酸化された標的タンパク質（たとえばオーロラBの結合因子であるINCENP）のリン酸化部位を認識して結合し、それを標的として新たにリン酸化して活性化する。B) 細胞周期におけるオーロラA（■）とオーロラB（■）のダイナミックな動き。オーロラAはS期が始まると中心体近傍に出現し、M期の開始とともに紡錘体極に配置する。このとき、一部が染色体の動原体へも分布し、CENP-Aをリン酸化する。そこへオーロラBが呼び込まれる。M期後期になって姉妹染色体が分離するときには一部がセントラルスピンドル領域に移動し、細胞質分裂の時期には中央体にも一部が観察される。オーロラBはM期の開始ののち動原体へ呼びこまれた後セントラルスピンドル領域に移り、一部は収縮輪にも移って、両側から細胞質分裂を促進し、最後は中央体に局在してから消失する。

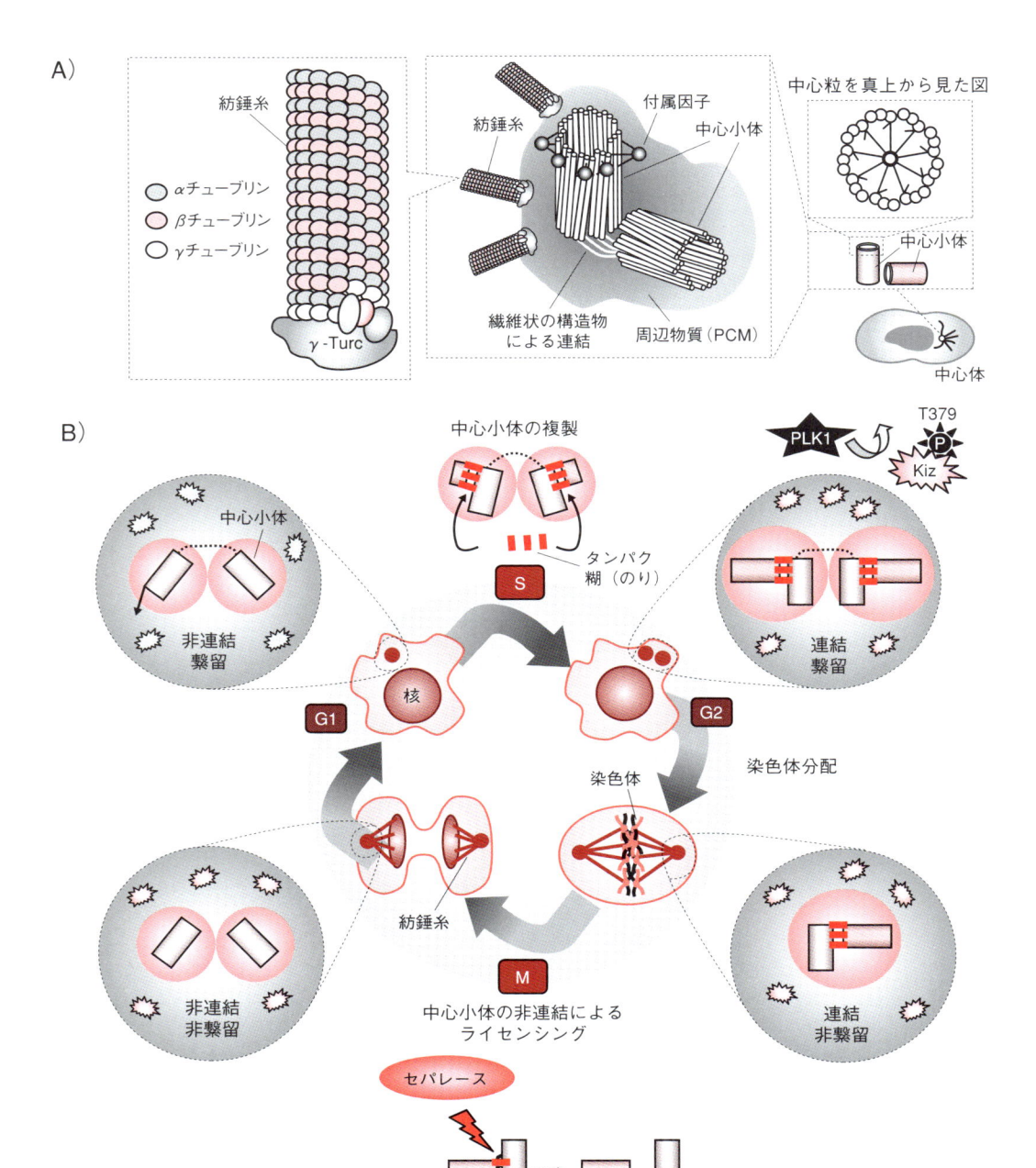

図7-19 細胞における中心体成熟の分子モデル

A) 中心体は2つの直交した中心小体と，それを取り囲む周辺物質（pericentriolar material：PCM）から構成される．2つの中心小体は繊維状の構造物により連結されている．紡錘糸はγ-Turcを土台にし，γチューブリンにより固定されたα/βチューブリンの重合体として周辺物質の外遠縁部へ結合している．B) 中心小体はS期で複製されたのち，一方が核膜の外側を移動しながら両端に対峙するように配置する（概念図）．その間に周辺物質は肥大・成熟して紡錘体形成に必要な数の微小管を集束させる能力を獲得してから紡錘極として働く．細胞周期と連動した中心体の挙動は中心体サイクルと呼ばれるが，そこで重要なのは中心小体どうしの連結（engaged）と中心小体ペアどうしの繋留（tethered）がタイムリーに制御されることにある．このうち，連結を切断するのはセパレース（図7-16）であり，繋留を分断するのはNek2AによるC-Nap1のリン酸化（図7-12参照）であることがわかっている（文献5を参照して作図）

の活性化を阻害して細胞をG1/S期で停止させる（図7-12左）．一方，14-3-3σはリン酸化されたCDC25に結合して不活性化することでM期進入を阻止し細胞をG2期で停止させる．

6 M期キナーゼと中心体成熟の制御

G1期では中心体に局在しながら，M期には染色体（とくに動原体）へ移動して染色体分配と細胞質分離を制御する染色体パッセンジャータンパク質（chromosomal passenger protein：CPC）が多数見つかっている．なかでもSer/Thrキナーゼ活性をもつPLK1（図7-18A），オーロラA，オーロラB，Lats1，Lats2は中心体，動原体，M期細胞質の間をダイナミックに移動し，複数の標的をリン酸化することでM期進行を制御している（図7-18B）．例えば，PLK1はCDK1により，Lats2はオーロラAによりリン酸化されることで活性化してM期進行・終了にかかわるタンパク質をリン酸化して活性化する．一方，オーロラBは紡錘糸と動原体の異常な接着を感知し修復して異常な染色体分配を防ぐ．

染色体の均等分配には紡錘体の極が2つに限定・維持されることも重要で，動物細胞では中心体（図7-19A）が紡錘体極として機能している（植物細胞には中心体がない）．中心体で起こる，中心小体どうしの連結（engaged）と中心小体ペアどうしの接着（tethered）の脱着は細胞周期と密接に連動しており（図7-19B），S期で複製した中心体はPCMを拡大・成熟させたのち微小管を集束させて紡錘体極となる．細胞周期を通して中心体のPCMに局在するKizuna（Kiz）[11]は，PLK1によってリン酸化されて中心小体とPCMまたはPCMどうしの"絆"を深め，紡錘体形成や染色体整列時に中心体に加わる力に対抗して中心体構造を安定化することで紡錘体の二極性を保障している．こうした「中心体成熟とM期キナーゼの制御」は細胞周期研究のもっともホットな話題の1つとして注目されている．

■ 文　献 ■

1) "キーワードで理解する細胞周期イラストマップ"（中山敬一/編），羊土社，2005
2) "細胞周期の最前線―明らかになるその制御機構"（中山敬一/編），羊土社，2005
3) "細胞周期集中マスター"（北川雅敏/編），羊土社，2006
4) Nojima, H.：Protein kinases and their downstream targets that regulate chromosome stability. "Genome and Disease"（Volff, J.-M./ed），pp131-148, Karger Publishers, 2006
5) Nigg, E. A.：Cell biology: A licence for duplication. Nature, 442：874-875, 2006
6) "染色体サイクル"（正井久雄，渡邊嘉典/編），羊土社，2007
7) "図解細胞周期"（江島洋介/著），オーム社，2007
8) "細胞周期―細胞増殖の制御メカニズム"（デービッドO. モーガン/著・中山敬一/監訳・中山啓子/監訳），メディカル・サイエンス・インターナショナル，2008
9) Taylor, S. & Peters, J. M.：Polo and Aurora kinases: lessons derived from chemical biology. Curr. Opin. Cell Biol., 20：77-84, 2008
10) Petronczki, M. et al.：Polo on the rise-from mitotic entry to cytokinesis with Plk1. Dev. Cell, 14：646-659, 2008
11) Oshimori, N. et al.：The Plk1 target Kizuna stabilizes mitotic centrosomes to ensure spindle bipolarity. Nat. Cell Biol., 8：1095-1101, 2006

Chapter 7

4 アポトーシス

アポトーシスとは，多細胞生物が進化の過程で獲得した細胞消去の様式であり，そのプログラムは生来，遺伝子に書き込まれている．つまり生命体は，細胞の増殖と分化だけではなく，死（アポトーシス）とのバランスのうえになりたっているのである．このアポトーシスにより，生命体は不要になった細胞や有害となる細胞を除去することができる．アポトーシスは生命の根幹にかかわる重要な細胞機能であるが，その反面，その異常は種々の重篤な疾患の発症原因ともなる．現在，アポトーシスの分子機構の解明から，アポトーシスの人為的な制御による新しい治療法の開発が進められている．

概念図

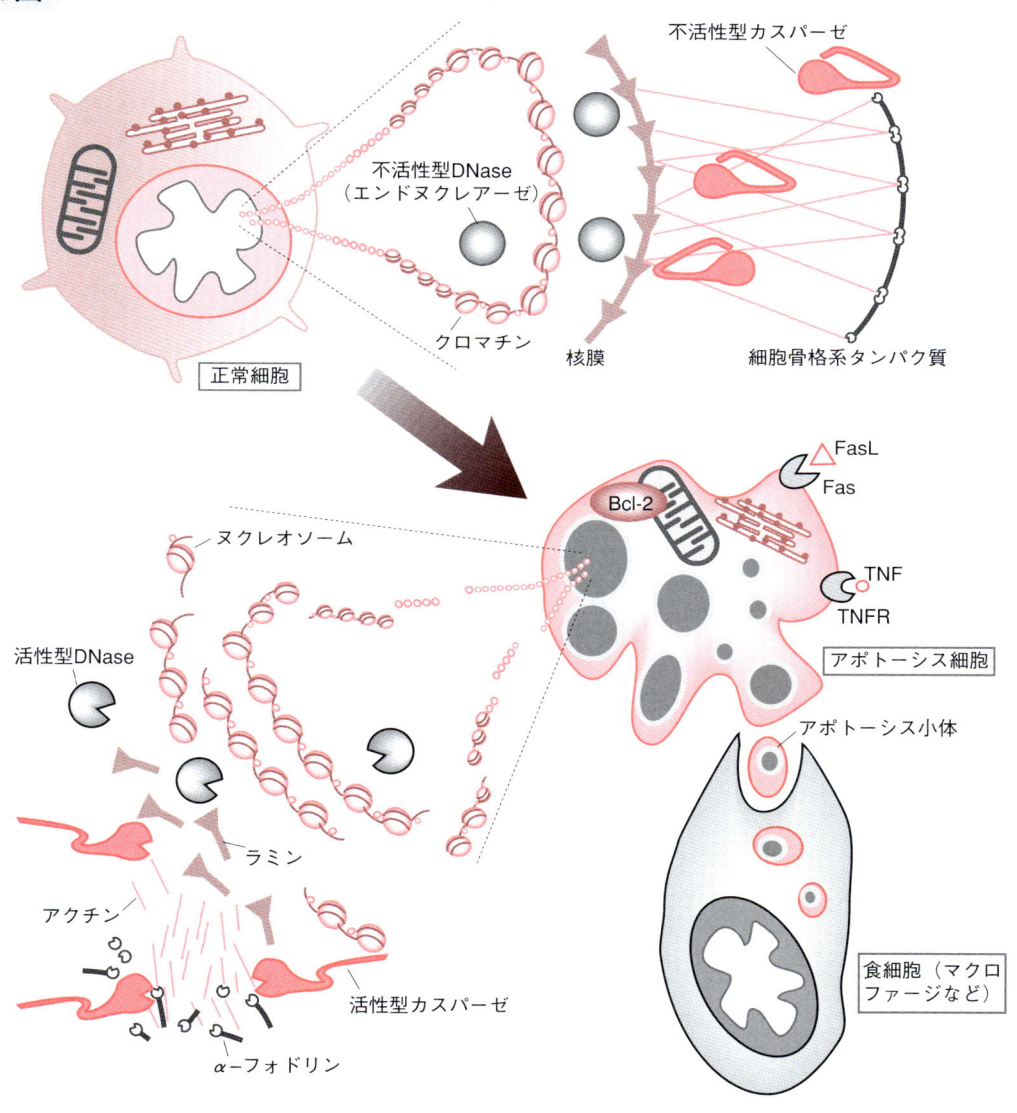

正常細胞

- 不活性型DNase（エンドヌクレアーゼ）
- クロマチン
- 核膜
- 不活性型カスパーゼ
- 細胞骨格系タンパク質

アポトーシス細胞

- Bcl-2
- FasL
- Fas
- TNF
- TNFR
- ヌクレオソーム
- 活性型DNase
- ラミン
- アクチン
- 活性型カスパーゼ
- α-フォドリン
- アポトーシス小体
- 食細胞（マクロファージなど）

多細胞生物に備わった細胞死の1つの様式であるアポトーシス（apoptosis：自死）の概念は，1972年，Kerrらによって提唱された．この概念は，細胞の生の特徴であるマイトーシス（mitosis：細胞分裂）に匹敵するほどの基本的に重要な細胞機能である．それまで細胞の死というと，単なる崩壊現象としてネクローシスという言葉で一括されてしまっていた．アポトーシスはネクローシスとは異なり，その多くは生理的な条件下で起こる能動的な細胞死である．その意味では，"細胞の自殺"ということができよう．

> **Memo**
> 細胞死は現在，アポトーシスとネクローシスに分類されているが，これは現象面からの分類である．細胞死の本質的な分類は，それが遺伝子によって支配されているか否かによってなされるべきであろう．さらに，アポトーシスは血液細胞や肝細胞などの再生系細胞にみられる細胞死であり，個体の維持に重要である．一方，神経細胞や心筋細胞のようなほとんど再生しない非再生系細胞の細胞死は，その制御およびそれが個体の死に直結するという意味合いからも基本的にアポトーシスとは異なる．それを"アポビオーシス（apobiosis：寿死）"として分類することが提案されている．

Kerrらは，いろいろな疾患の病理標本を電子顕微鏡で観察しているときに，ネクローシスとは形態学的に異なる細胞死があることに気がついた．すなわち，ネクローシスでは，細胞は膨潤し崩壊していくのに対して，むしろ核が凝縮して縮小した細胞や断片化した細胞が観察されたのである．彼らは，それは単にネクローシスの一形態の変化したものではなく，その機構も生理的な役割も異なるものであり，さらにそれは細胞自らが遺伝子のプログラムに従って起こる，能動的な細胞死であると考えた．そして，この細胞死をネクローシスと区別するために，"apoptosis"と名づけた．apoptosisという言葉は，apo（off：離れて）とptosis（falling：落ちる）をあわせた合成語であり，「木の葉や花びらが散る」様子を表わすギリシャ語（σπτωσις）が語源となっている．発音はギリシャ語や英語では，最初のaにアクセントがくるが，Kerrらの原著論文では，toにアクセントを置き，2番目のpは無声音として，"apoTOsis"と発音するように指示されている．これは，細胞死の対極である細胞分裂"miTOsis"に語感をあわせたものと思われる．

アポトーシスの過程は遺伝子によって巧妙に制御されており，その誘導から，決定，実行という一連の過程を経て進行する．それは最終的にはタンパク質およびDNAの酵素分解に収束する細胞消去のプロセスであることが明らかとなってきている．このアポトーシスにより，生命体は不要になった細胞や有害となる細胞を除去することができる．つまり生命体は細胞の増殖と分化だけではなく，アポトーシスによる細胞死によって維持されているのである（図7-20）．このような細胞に備わった基本機能の1つである細胞死は，個体の発生，成長，老化過程に重要な役割を果たしている．また，それに異常が起こると，さまざまな疾患が生じることは容易に想像がつく．事実，癌，エイズ，自己免疫疾患，神経変性疾患などの生命を脅かす重大な疾患の発症は，アポトーシスの制御機構の乱れによることが指摘されている．今後，アポトーシスの分子機構および制御機構の解明によって，アポトーシスを人為的に調節することが可能になってくるであろう．「死から生を捉えなおす」という発想の転換をもたらしたアポトーシス研究から，アポトーシスに起因する重篤な疾患に対する新しい治療薬や治療法が開発されることが期待される．

1 アポトーシスの特性

現在，アポトーシスの定義は，アポトーシスに特徴的な細胞の形態学的な変化と，DNAのヌクレオソーム単位での断片化という生化学的な変化の2つによってなされている．アポトーシス細胞の形態学的特徴は，細胞の縮小，クロマチンの核膜周辺への凝縮，核の断片化，微絨毛の消

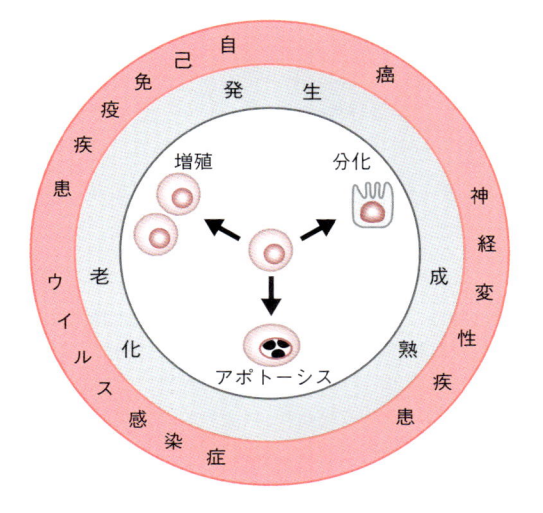

図7-20 細胞の基本機能としての死
細胞死は，細胞の増殖および分化と同様に遺伝子によって制御された細胞の基本機能である．その三者のバランスのうえに，発生，成熟，老化といった生命現象が生起する．また，その変調や破綻によりさまざまな疾患が生じる

図7-21 アポトーシスの形態学的変化とDNA断片化
A) 形態学的変化．B) DNA断片化

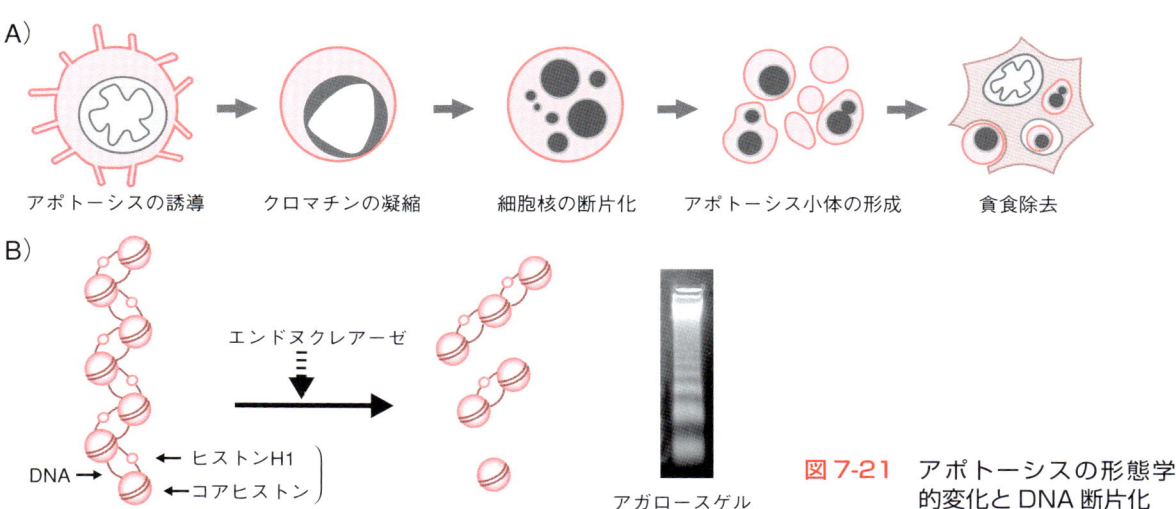

失による細胞表面の平滑化などである．そして，細胞もやがて断片化し，アポトーシス小体と呼ばれる油滴状の断片になり，マクロファージや隣接する食細胞によって貪食除去されていく（図7-21A）．一方，アポトーシスに顕著な生化学的変化であるヌクレオソーム単位でのDNA断片化は，ヌクレオソームコアをつなぐリンカー部位にある種のエンドヌクレアーゼが作用して，酵素的にDNAが切断されることによって起こる．これは，アポトーシス細胞からDNAを抽出してアガロースゲル電気泳動にかけると，DNAがヌクレオソーム単位（約180 bp）の整数倍のラダー（ladder）状の泳動像として観察されることから確認できる（図7-21B）．

アポトーシスは，ネクローシスとは異なり，短時間のうちに整然と進行する．この過程はエネルギー（ATP）依存性であり，多くの場合，RNAやタンパク質合成を必要とする．これに対してネクローシスでは，エネルギーの産生の場であるミトコンドリアが早期に破壊されるため，細胞膜のイオン輸送系が崩れ，細胞内に水が流入して細胞が膨化する．その後，核やリボソームが崩壊するため，RNAやタンパク質合成は停止し，DNAはランダムに分解されてしまう．またアポトーシスは，組織内では散在的に起こり，細胞の内容物はほとんど漏れ出さないため，通常では炎症反応はみられない．一方，ネクローシスの場合は損傷を受けた細胞集団に一斉に起こり，

表7-3 アポトーシスの事象

生理的現象	
発生過程	
昆虫や両生類の変態	変態における不要な組織・器官の脱落
指の形成	指の形成における指間細胞の消失
口蓋の形成	口蓋原基組織が融合するときの余分な組織の除去
生殖器の形成	ウォルフ管またはミューラー管の退化
神経ネットワークの形成	シナプスを形成しなかった神経細胞の除去
正常細胞の交替	血球細胞，表皮細胞，小腸や胃の上皮細胞の交替
内分泌系	去勢（アンドロゲン除去）による前立腺の萎縮
免疫系	自己に反応するT細胞や一度増殖したリンパ球の除去
	細胞傷害性T細胞によるウイルス感染細胞や癌細胞の除去
病理的現象	
ウイルス感染	インフルエンザウイルスやHIV感染による細胞死
癌	癌組織内での癌細胞死
薬物や毒物	制癌剤や細菌毒素などによる細胞死
放射線	放射線に感受性が高い胸腺細胞や小腸クリプト細胞の細胞死
熱	温熱療法による癌細胞死

細胞の内容物が流出して白血球が集まるため，炎症反応が引き起こされるのが特徴である．

2 アポトーシスの事象

　アポトーシスによる細胞死は，多細胞生物の一生のうちで，発生から成長，そして老化とすべての過程を通して起こっている（表7-3）．このうちアポトーシスが視覚的にはっきりと観察されるのは，発生過程にみられる形態形成のときである．例えば，オタマジャクシがカエルになるときに尻尾がなくなったり，指の形の形成の際に指間の細胞が死ぬことによって指の形が彫刻のように形成されるのも，特定部位の細胞が決まった時期に死ぬことによって起こる．さらに，発生過程でみられる神経回路網の形成の際に，余剰に用意された神経細胞のなかでシナプスの形成にあずからなかった神経細胞が，アポトーシスによって除去される．

　アポトーシスは，さらに成熟した個体においてもみられる．例えば，血球細胞，皮膚の表皮細胞，小腸や胃の上皮細胞，肝細胞といった正常細胞の交替において，老化した細胞がアポトーシスにより除去されている．また，グルココルチコイドホルモン（GC）による胸腺の萎縮や，去勢による前立腺の萎縮などもアポトーシスによる細胞死が原因となっている．さらに，自己成分に対して反応性を示すリンパ球の排除〔ネガティブ選択，負の選択（第8章-1参照）〕もアポトーシスによる．

　アポトーシスは，このような生理的な細胞死に多くみられるが，放射線照射やウイルス感染といった病理的な細胞死においてもみられる．この他にも種々の薬物や熱といった，化学的，物理的な要因によってもアポトーシスによる細胞死が誘導される．最近，AIDSにおける正常なT細胞の減少はアポトーシスの亢進が原因であることが明らかになった．また，アルツハイマー病においては神経細胞死の亢進が関与していることが報告されている．これとは逆に，癌や自己免疫疾患の発症は，アポトーシスの抑制によるものであることが示唆されている．

3 アポトーシスの分子機構

　アポトーシスの機構は，便宜的に，誘導，決定，実行の3つの過程に分けて考えることができ

る．まず最初は，さまざまなシグナルによってアポトーシスが入力される誘導機構である．そして次が，そのシグナルを判断してアポトーシスのスイッチを入れる決定機構である．ここで，不回帰点（point of no-return）と呼ばれる不可逆点を通過して，最終的な実行機構が作動する．

1）誘導機構

アポトーシスのシグナル（Fasリガンド，TNF，抗原など：第一次シグナル）の多くは，細胞膜に存在するFas，TNF受容体（TNFR），T細胞受容体（TCR）などの特異的な受容体によってキャッチされた後，それぞれの情報伝達系を介して細胞内に第二次シグナルが生成される（外因性経路：extrinsic pathway）．FasやTNFRの細胞内領域には，死ドメイン（death domain）と呼ばれる相同なアミノ酸配列があり，アポトーシスシグナルの伝達に必須な領域とされている．また，それに結合するタンパク質として，FADD（Fas-associating protein with a novel death domain）やTRADD（TNFRⅠ-associated death domain protein）が存在する．もう1つの主経路として，内因性経路（intrinsic pathway）がある．これはDNA損傷をはじめとするさまざまな細胞ストレスによって誘導されるミトコンドリアを介する細胞死の経路である（図7-22）．

2）決定機構

アポトーシスの決定機構には，c-myc（max），c-fos（c-jun），bcl-2（bax）といった癌関連遺伝子や，p53，p21，サイクリン/Cdk，Rbといった細胞周期の調節に関与する因子が重要な役割を果たしていることが明らかになってきている．DNAに損傷が起こると，p53が誘導されるが，それが転写制御因子として働き，p21の発現を介して細胞周期の進行の抑制とアポトーシスの誘発という二面的な役割を果たしている．Bcl-2はアポトーシスを抑制する能力があるが，それと複合体を形成するBaxは，Bcl-2のアポトーシス抑制作用を阻害して，アポトーシスを促進する働きがあり，両者のバランスによってアポトーシスの決定がなされることが示唆されている．この他にもIAP（inhibitor of apoptosis protein）ファミリーによる制御が報告されている．

アポトーシスの誘導から決定の機構は，シグナルや細胞の種類，あるいは細胞が増殖しているのか分化状態にあるのかによっても異なり，多様性がみられ，複雑に制御されている．

3）実行機構

アポトーシスの実行過程ではDNA断片化を中心とするクロマチンの凝縮，核の断片化などの共通の現象がみられる．このことから共通のアポトーシス実行装置が存在すると考えられている．この自死装置の中心的な酵素が，システインプロテアーゼの一種であるカスパーゼ（Caspase）とDNAをヌクレオソーム単位で切断するエンドヌクレアーゼ（DNase）である．

カスパーゼは現在14種類見つかっている．デスレセプターを頂点とした外因性経路では，カスパーゼ-8，-10，-2が活性化され，次に実行カスパーゼであるカスパーゼ-3が活性化するカスケードがある．一方，内因性経路では，ストレス性アポトーシス誘導因子のミトコンドリアへの局在を介して，ミトコンドリア膜電位の低下，シトクロムcやApaf-1の細胞質への放出とプロカスパーゼ-9とのアポプトソーム形成によるカスパーゼ-9の活性化からカスパーゼ-3の活性化が起こる（図7-22）．このカスパーゼカスケードによってポリ（ADP-リボース）ポリメラーゼ（PARP）やU1snRNPなどの核タンパク質，アクチン，α-フォドリン，ラミンといった細胞骨格系を担うタンパク質などが限定分解されることが報告されている．

DNaseとしては，CAD（caspase-activated DNase），DNase γ，DNAエンドヌクレアーゼGが見出されている．CADはICAD（inhibitor of CAD）と複合体を形成して，平常状態では不活

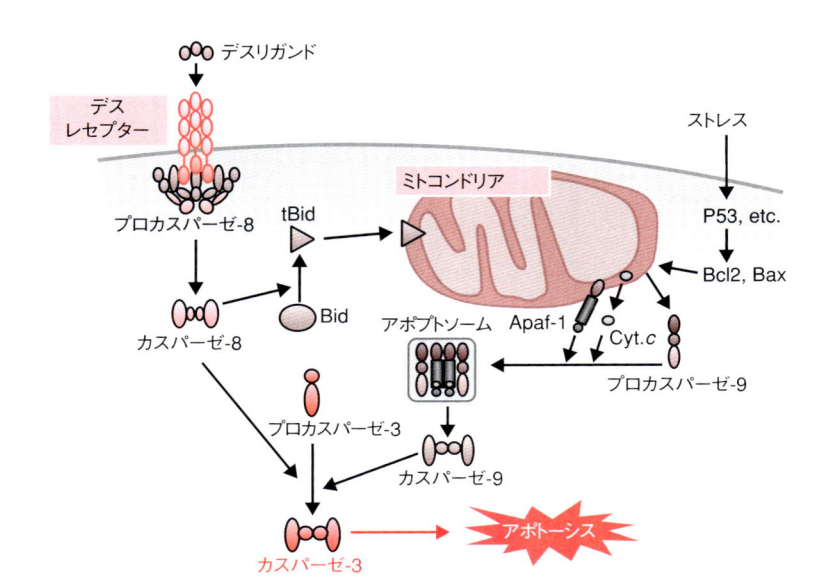

図 7-22 アポトーシスに関与する分子群
Cyt.c：cytochrome c（シトクロムc），Apaf-1：apoptosis protease-activating factor-1

性型として存在しており，アポトーシスの刺激によってICADがカスパーゼで分解されることによって活性型となることが知られている．

このような特定のタンパク質が限定分解とDNAのヌクレオソーム単位での断片化を受けることによってアポトーシスに特徴的な細胞の形態学的変化が遂行されると考えられている．しかし，アポトーシス経路はシグナルの相違だけではなく，細胞種，細胞状態によっても差異がみられ，現在提唱されている一般的な経路モデルよりも実際は複雑であることが予想される．

4）貪食機構

アポトーシス細胞が縮小してアポトーシス小体になる過程には，細胞骨格系タンパク質の変化に加えてトランスグルタミナーゼによるタンパク質の架橋も関与していることが報告されている．さらに細胞膜上では，ホスファチジルセリンの露出や，ある特定の糖タンパク質の消長などの変化（eat me signal）がみられ，トロンボスポンジン受容体を介するインテグリンファミリーとの相互作用や，ホスファチジルセリン受容体などにより，食細胞によるアポトーシス小体の認識と貪食が行われると考えられている（図7-23）．この貪食メカニズムについては不明な点が多く残されているが，アポトーシスの最終目標が細胞消去であることを考えると，その解明はきわめて重要な課題である．

4 DNA 修復とアポトーシス

細胞はつねに活性酸素，発癌物質，紫外線などの暴露によってDNAに損傷が生じている．DNA損傷は，ゲノムの恒常性を脅かす事象であり，それに対して適切な応答をすることは，生命にとってきわめて重要なことである．事実その応答は，非常に複雑，かつ巧妙に制御されている．細胞がDNA損傷を受けると，細胞周期チェックポイントが起動する．このとき，細胞はDNA損傷の修復を開始する一方で，その「傷」の程度を判断し，修復による「生」か，アポトーシスによる「死」を選択する．ここで，これらの傷が完全に修復されずに蓄積していくと，癌化を引き起こす危険性が高まる．したがって，1つ1つの細胞の生死決定は，細胞のみならず個体にとってもきわめて重要な機構である．

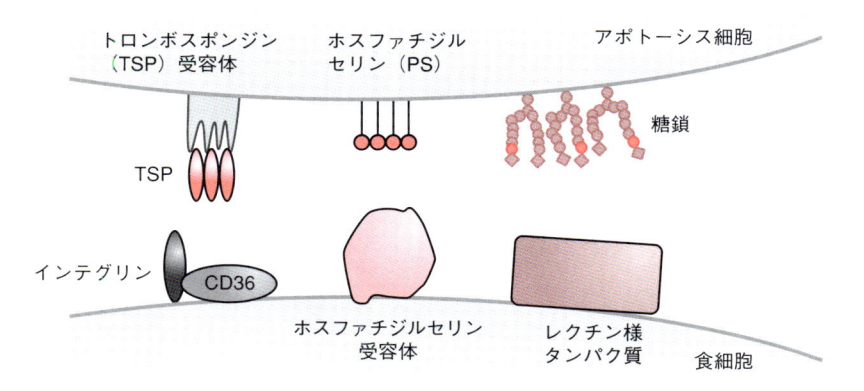

図7-23 アポトーシス細胞の貪食機構
アポトーシスを起こした細胞の細胞膜表面では細胞接着に関与する受容体や，脂質，糖タンパク質に変化が生じ，隣接する細胞から遊離する．それらの変化（eat me signal）を食細胞が認識してアポトーシス細胞を速やかに貪食する

表7-4 アポトーシスの生理的役割

生理的役割	異常時にみられる現象
生体制御—不要細胞の除去	
生物個体の形態形成	奇形
神経系の確立と維持	神経精神疾患
内分泌系による恒常性の維持	ホルモン異常症
免疫系の多様性と特異性の獲得	免疫不全
生体防御—異常細胞の除去	
腫瘍細胞の除去	癌
自己反応性免疫細胞の除去	自己免疫疾患
ウイルス感染細胞の除去	AIDS

　DNA損傷によるアポトーシスの主経路は内因性経路によると考えられており，そのなかでもp53依存的経路と非依存的経路が存在することが知られている．p53依存的経路は，非常によく研究されており，DNA損傷によって誘導されるアポトーシスメカニズムとしては一般的である．p53は転写制御因子として，Baxやp53AIP1といったアポトーシス誘導因子の転写活性化に関与し，アポトーシスを誘導する．また，カスパーゼ-2がDNA損傷誘導性アポトーシスにおいて活性化され，ミトコンドリア経路の制御に寄与するとの報告もあるが，このときのp53依存性については統一した見解は得られていない．

　DNA損傷によって誘導されるアポトーシスにおける生理的な真の不回帰点は，DNA損傷-DNA修復-アポトーシスの三者を結びつけて，それらの機構を理解したときに，はじめて結論づけることができるであろう．また生死決定の要因は複数存在することからも，それらのクロストークを理解し，全体像を明らかにすることは，生命を理解するうえで非常に重要であると考えられる．

5 アポトーシスの意義

　アポトーシスの生理的役割については，主に2つ考えられる（表7-4）．その1つは，発生過程や成熟個体において余剰に用意された細胞や，十分に機能を果たし老化した細胞などを除去することによって，生体の統制をはかる生体制御的な役割である．もう1つは，生体にとって有害となる癌細胞やウイルスに感染した細胞を排除するといった生体防御的な役割である．いずれに

しても細胞社会のなかに生じた好ましくない細胞に自ら消えてもらう機構がアポトーシスということになる．この巧妙な機構が遺伝子として細胞に組み込まれていることによって，生命が維持されているのである．

発癌性物質やウイルス感染などによってDNAに損傷が起こると，細胞はそれをDNA修復機構によって修理しようとする．しかし，損傷が大きい場合は，完璧に修復することはほとんど不可能である．このような場合，遺伝情報に変化を残したまま分裂増殖をすると，細胞の癌化につながる危険性がでてきてしまう．そこで傷ついたDNAを修復するよりも，アポトーシスを誘発させて細胞ごと消去してしまい，新たに幹細胞の増殖によって補充する方が生体にとってより高い安全性が得られることになる．

このようなアポトーシスの機能を考えると，アポトーシスの本質は，細胞の自己消去による生の維持機構であるといえるだろう．アポトーシスの究極の目的は，おそらく個体の遺伝子型（genotype）の異常な変異を消去することによって，ゲノムの存続（種の保存）をはかることにあると考えられる．また，この機能を細胞が進化の過程で獲得することによって，はじめて細胞種の多様性を生むことが可能になり，系統発生が飛躍的に推進したものと考えられる．生物の種を問わず，同じ死の機構を細胞が採用していることからも，アポトーシスによって個体の生を維持することが，ゲノムの存続にとってもっとも適したストラテジーといえるであろう．

■ 文 献 ■

1) Kerr, J. F. R. et al. : Apoptosis: a basic biological phenomenon with wide-ranging implication in tissue kinetics. Br. J. Cancer, 26 : 239-257, 1972
2) Tanuma, S. : Molecular mechanisms of apoptosis. "Apoptosis in Normal Development and Cancer" (Sluyser, M./ed.), pp39-59, Taylor & Francis, 1996
3) White, E. : Life, death, and the pursuit of apoptosis. Genes Dev., 10 : 1-15, 1996
4) Hale, A. J. et al. : Apoptosis: molecular regulation of cell death. Eur. J. Biochem., 236 : 1-26, 1996
5) Carson, D. A. & Ribeiro, J. M. : Apoptosis and desease. Lancet, 341 : 1251-1254, 1993
6) Thompson, C. B. : Apoptosis in the pathogenesis and treatment of desease. Science, 267 : 1456-1459, 1995
7) Itoh, N. & Nagata, S. : A novel protein domain required for apoptosis. Mutational analysis of human Fas antigen. J. Biol. Chem., 268 : 10932-10937, 1993
8) Tartaglia, L. A. et al. : A novel domain within the 55kd TNF receptor signals cell death. Cell, 74 : 845-853, 1993
9) Reed, J. C. : Double identity for proteins of the Bcl-2 family. Nature, 387 : 773-776, 1997
10) Tanuma, S. & Shiokawa, D. : An endonuclease responsible for apoptosis. "Progress in Molecular Subcellular Biology", pp1-12, Springer-Verlag, 1995
11) Meier, P. et al. : Apoptosis in development. Nature, 407 : 796-801, 2000
12) Shiokawa, D. & Tamura, S. : Molecular cloning and expression of a cDNA encording an apoptotic endonuclease DNase γ. Biochem. J., 332 : 713-720, 1998
13) Enari, M. et al. : A caspase-activated DNase that degrades DNA during apoptosis and its inhibitor ICAD. Nature, 391 : 43-50, 1998
14) Alnemli, E. S. et al. : Human ICE/CED-3 protease nomencluture. Cell, 87 : 171, 1996
15) Cohen, G. M. : Caspases the executioners of apoptosis. Biochem. J., 326 : 1-5, 1997
16) Savill, J. et al. : Phagocyte recognition of cells undergoing apoptosis. Immunol Today 14 : 131-136 1993
17) Gregory, C. D. : CD14-cependent clearance of apoptotioc cells: relevance to the immure system Curr. Opin. Immun., 12 : 27-34, 2000
18) Roos, W. P. & Kaina B. : DNA damage-induced cell death by apoptosis. Trends Mol Med., 12 : 440-450, 2006
19) Chipuk, J. E. et al. : Mitochondrial outer membrane permeabilization during apoptosis: the innocent bystander scenario. Cell Death Differ., 13 : 1396-1402, 2006
20) "改訂アポトーシス実験プロトコール 基礎編, 応用編"（田沼靖一/監修), 秀潤社, 1999
21) "わかる実験医学シリーズ アポトーシスがわかる"（田沼靖一/編), 羊土社, 2001
22) "アポトーシス-細胞の生と死"（田沼靖一), 東京大学出版会, 1994
23) "アポトーシスとは何か"（田沼靖一), 講談社現代新書, 講談社, 1996
24) "遺伝子の夢"（田沼靖一), NHKブックス, 日本放送出版協会, 1997
25) "死の起源"（田沼靖一), 朝日選書, 朝日新聞社, 2000

Chapter 7

5 細胞の癌化と個体レベルの発癌

発癌ウイルスやヒト癌の詳細な解析から，細胞の癌化には癌遺伝子の活性化と癌抑制遺伝子の不活性化の2つの原因がきわめて重要であることが明らかにされた．これらはすべて染色体DNA上で起こる変化で，おのおのの癌では異常となる遺伝子は多様であるが，特定の癌と特定の遺伝子変化が結びつく例もみられる．例えば，膵癌と ras，膠芽腫と EGF 受容体，大腸癌と APC，網膜芽細胞腫と Rb などである．p53 癌抑制遺伝子は多くのヒト癌に関与する．これらの遺伝子産物は細胞増殖のシグナル伝達を担う主要因子群である．さらに，近年，個体レベルの癌の進展に関与する血管新生・転移の機構もしだいに明らかになりつつあり，新しい制癌剤の開発が進みつつある．

概念図

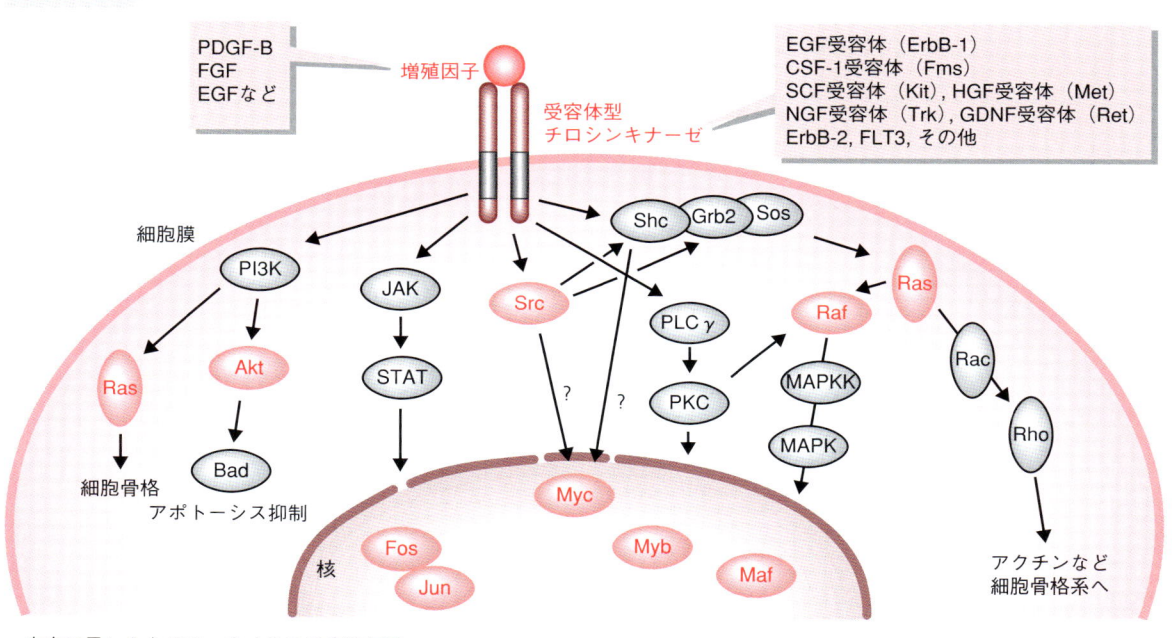

増殖因子：PDGF-B，FGF，EGFなど

受容体型チロシンキナーゼ：EGF受容体（ErbB-1），CSF-1受容体（Fms），SCF受容体（Kit），HGF受容体（Met），NGF受容体（Trk），GDNF受容体（Ret），ErbB-2，FLT3，その他

細胞膜内シグナル経路：
- PI3K → Akt → Bad（アポトーシス抑制）
- PI3K → Ras → 細胞骨格
- JAK → STAT
- Src
- PLCγ → PKC
- Shc, Grb2, Sos → Ras → Raf → MAPKK → MAPK
- Ras → Rac → Rho → アクチンなど細胞骨格系へ

核内：Myc，Fos，Jun，Myb，Maf

赤字で示したものは，ウイルスの癌遺伝子として見出されるなど発癌性の高いもの

細胞癌化の分子的なメカニズムを明らかにすることは，われわれ人類の長い間の悲願であったといっても過言ではない．この医学・生物学上の大きな問題に関して，過去約30年間の研究の著しい進歩により，おぼろげながらもその輪郭がみえてきたと思われる．

1970年代後半から1980年代は，発癌性レトロウイルスの癌遺伝子と細胞ゲノム上のプロトオンコジーン（原癌遺伝子）が多数明らかにされ，さらにそれらの相互関係を解析するなかから，細胞増殖のシグナル伝達の概念が確立した時代であった．この時期に見出された遺伝子群は，ウイルスゲノム上の単一の癌遺伝子として発癌活性をもつことから，スタート（1個の遺伝子）とゴール（発癌）が一応明瞭であり，われわれの理解も比較的単純であった．

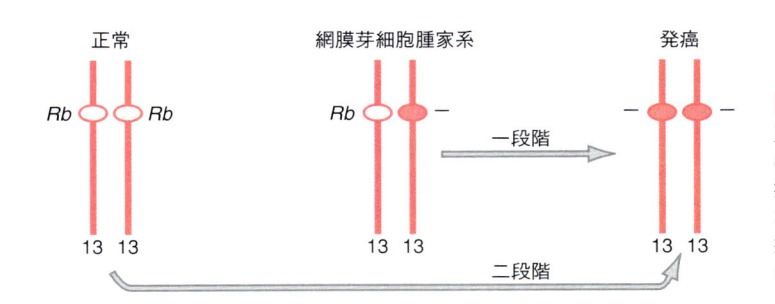

図7-24　Knudsonの2段階発癌説

正常ヒトでは癌抑制遺伝子が2コピー正常なため，両方のRbが破壊されないと網膜芽細胞腫を発症しない．高発癌家系ではすでに1コピーが破壊されており，容易に癌化する．Rb以外のいくつかの癌抑制遺伝子では，DNAの二つの破壊のみならずDNAメチル化による発現抑制も報告されている．

しかし，遺伝子レベルのみならず，染色体レベルの異常や発癌家系をもとにヒトの癌を詳しく調べてみると，これらの癌遺伝子群のみでなく，異なる意義をもつ遺伝子群が多重に発癌に関与することが明らかとなった．そのもっとも大きなグループは癌抑制遺伝子群である（図7-24）．Knudsonの卓越した"二段階発癌説（two hit theory）"により，脊椎動物には癌抑制遺伝子群（2コピーの遺伝子両方が失われると細胞増殖の抑制的調節が失われる）が存在することが明らかにされた．また，これらの癌抑制遺伝子は，多くの場合，細胞増殖のシグナルが入る細胞周期の初期よりは，G1後期やS期，あるいは細胞間接着機構などで作用することが示された．

さらに，癌遺伝子と癌抑制遺伝子のなかには，細胞のアポトーシス，すなわちプログラム化された細胞死に関与するものも見出された．染色体転座により活性化するbcl-2はアポトーシスの抑制に，点突然変異や欠失変異により正常な機能が失われる癌抑制遺伝子p53は，修復不可能なDNA損傷を受けた細胞をアポトーシスにより殺す働きがあることが明らかにされた．

ここでは上述した点を中心に解説し，さらにゲノムの不安定性と個体レベルの発癌に重要な血管新生などにも触れたい．

1　癌遺伝子群と増殖シグナル伝達

1）プロトオンコジーンはシグナル伝達に関与

1970年代後半に，ニワトリに急速に肉腫をつくるラウス肉腫ウイルスのゲノムに癌遺伝子 *v-src* が初めて見出され，その遺伝子産物は基質タンパク質上のチロシンをリン酸化する活性をもつことが明らかにされた．この発見はまさしく現代の癌分子生物学の夜明けであったが，さらに，この *v-src* 遺伝子はニワトリのゲノム中の正常遺伝子 *c-src* に由来するというきわめて重要な発見がなされ，"プロトオンコジーン"の概念が生まれた．

> **Memo**
> プロトオンコジーンは，レトロウイルスの癌遺伝子の起源となる細胞遺伝子に対する総称である．例えば，プロトオンコジーン *c-erbB*（EGF受容体遺伝子）はレトロウイルスゲノムに取り込まれて構造変化を起こし，癌遺伝子 *v-erbB* となる．このことからプロトオンコジーンは潜在的に発癌性をもつ細胞遺伝子群ということができるが，本来の役割は細胞増殖・分化・形態形成など基本的な生物現象を導くためのシグナル伝達である．

その後，多くのプロトオンコジーンとその産物の機能が明らかにされた結果，それらの多くは細胞増殖のシグナル伝達系と呼ばれる一連の反応に関与していることが示された．すなわち，①細胞外から作用する細胞増殖因子，②増殖因子の受容体（その多くはチロシンキナーゼ），③受容体近傍で，あるいは細胞接着などの情報を伝える非受容体型チロシンキナーゼ，④チロシンキナーゼの下流で働くRas群，⑤Rasの下流で作用するRafセリン／スレオニンキナーゼとそれに続

くMAPキナーゼ系，⑥細胞質からの情報を受け取り，核内で転写調節やその他の機能をもつc-fos, c-mycなどである．これらが，シグナルの流れをつくって細胞増殖刺激の初期の過程を形成していることが明らかとなった．

2）タンパク質どうしの相互作用が重要

さらに，これらの研究のなかから，シグナル伝達の基本的な分子メカニズムとして，タンパク質どうしの相互作用が非常に重要であること，しかも，チロシンリン酸化を受けたペプチド領域のみを認識して会合するSH2ドメインの存在など一過性の会合が多いこと，などの重要な知見がもたらされた（第7章-2参照）．

例えば，ヒトの多形膠芽腫（脳腫瘍）や食道癌，肺癌などでしばしば遺伝子増幅のみられるEGF（上皮増殖因子）受容体では，EGFと結合したあと細胞内ドメインの約5カ所のチロシン残基がリン酸化される．するとさまざまなシグナル伝達アダプター分子やPLCγ（ホスホリパーゼCγ）などの酵素がSH2ドメインを介してEGFR（EGF受容体）と会合し，活性化され，多様なシグナルを伝える．例えば，Ras活性化への経路，PKC（Cキナーゼ）やCa動員へ向かう経路，アポトーシス抑制へ向かうPI3K（PI3キナーゼ）経路などである．しかし，EGFRのシグナル伝達においてもっとも基本となる経路は，Rasへ向かう経路であると考えられる．

3）量的・質的な活性化が癌化を起こす

上述した遺伝子群は，本来はプロトオンコジーンとして正常細胞内で適切な量だけ発現し，細胞の増殖調節に重要な役割を果たしている．しかし，癌化に際しては，遺伝子DNAのコピー数が増加する"遺伝子増幅"，異常な転写活性化・融合タンパク質などを起こす"染色体転座"，さらに，重大な質的変化を生じる"点突然変異"などにより量的・質的な活性化を生じ，細胞癌化の促進に大きな力を発揮する（表7-5）．また，多形膠芽腫におけるEGFRの遺伝子増幅には，質的異常による活性化を伴う例も多い．このように，ヒトを含む哺乳類のゲノム内には，本来細胞増殖の制御にかかわる重要な遺伝子群が100種類以上存在し，またそれらのほとんどは潜在的な発癌性をもつ．

2 癌抑制遺伝子の発見

1）高発癌性家系から見つかった遺伝子

癌の発症頻度の解析から，ヒトにはいろいろな癌にかかわる高発癌性家系の存在することが明らかとなった．その代表的なものは，網膜芽細胞腫，遺伝性大腸腺腫症，Li-Flaumeni症候群の家系で，これらの家系ではそれぞれ網膜芽細胞腫，大腸癌，多彩な全身の癌を高頻度に発症する．それらの分子生物学的解析から，それぞれ*Rb*，*APC*，*p53*遺伝子が発見され，高発癌性家系においてはこれらの遺伝子に異常が見出された（表7-6）．

非常に重要な点は，前に述べた癌遺伝子群と異なり，これらの新しく見出された遺伝子群は本来は発癌を抑えている性質をもつことで，遺伝的な変異はこれらの遺伝子を不活性化させる変異であった．ヒトの細胞には常染色体はペアで2コピー存在することから，これらの家系ではそれぞれの癌抑制遺伝子は1コピーのみが正常な構造で存在していることになる．この1コピーの遺伝子が存在すれば個体発生や発育には全く異常がないことから，遺伝子産物の量の点からは，1コピーでも，すなわち正常人の半量であっても本来の生理的機能は十分果たすことができると結論される．

それではなぜ高頻度に癌化するのであろうか．これらの家系で発症した癌のDNAやタンパ

表7-5 ヒトの癌における活性化癌遺伝子

癌の種類		癌遺伝子				
		ras	erbB-2	EGFR	myc群	その他
固形癌	膠芽腫	−	−	++[a]	+	
	乳癌	+/−	++/+			サイクリンD1
	甲状腺癌	++				ret, trk
	肺癌（腺癌）	++	−	+	−	
	（小細胞癌）	−			++	サイクリンD1
	食道癌	−		+		K-sam（FGFR）
	胃癌（低分子型）	−	−	+/−	+/−	
	（高分子型）	−	+			HBV, HCV
	肝癌	+				
	膵癌	+++				
	大腸癌	++	−		+/−	HPV
	子宮癌	+/−				
	卵巣癌	−	+/−			
	腎癌	+	+/−			
	神経芽細胞腫	−	−		++[b]	レチノイン酸受容体
白血病・リンパ腫	急性骨髄性白血病	+	−			AML1, FLT3
						abl
	慢性骨髄性白血病	+/−	−			
	リンパ腫				+++	サイクリンD1, bcl-2, ALL1

+/−：<10％，+：10～20％，++：20～50％，+++：>50％。rasは点突然変異，erbB-2，EGFR（EGF受容体），mycは遺伝子増幅（ただし，リンパ腫のmycは転座による活性化）．a：構造異常を伴う増幅がしばしば認められる．b：N-mycの増幅．HBV：B型肝炎ウイルス，HCV：C型肝炎ウイルス，HPV：ヒトパピローマウイルス

表7-6 主な癌抑制遺伝子

遺伝子名	関係するヒト癌	正常細胞での作用
p53	ほぼすべての癌	アポトーシス誘導
Rb	網膜芽細胞腫，肺癌	細胞周期抑制
APC	大腸癌	β-カテニン系シグナル抑制
SMADs	膀胱癌	TGFβシグナル伝達
PTEN	グリオブラストーマ，前立腺癌	リン酸キナーゼ系抑制
WAF1	大腸癌，白血病など	細胞周期（CDK）抑制
TSLC1	肺癌など	細胞接着

質を調べた結果，ほとんど例外なく，癌細胞においてはもう一方のアレル（対立遺伝子）の正常遺伝子にも異常が生じ，不活性化していた．すなわち，1コピーでも存在すれば発癌を抑えられるが，両方が失活すれば発癌に結びつくことが明らかにされた．その結果，これらの遺伝子群の性質として"癌抑制遺伝子"の概念が確立したのである（図7-24参照）．

2）一般の発癌にも密接に関与

さらに重要なことは，高発癌性家系に属さない一般の癌においても，これらの癌抑制遺伝子の両アレルの不活性化が発癌に密接に関与することが見出された点である．例えば大腸癌ではAPCの失活が，またRbは肺癌や骨肉腫などで，p53は脳腫瘍，肺癌，大腸癌など多種の癌で失活が明らかにされ，その多くの例ではDNAレベルの変異を伴うものであった．したがって，物理的あ

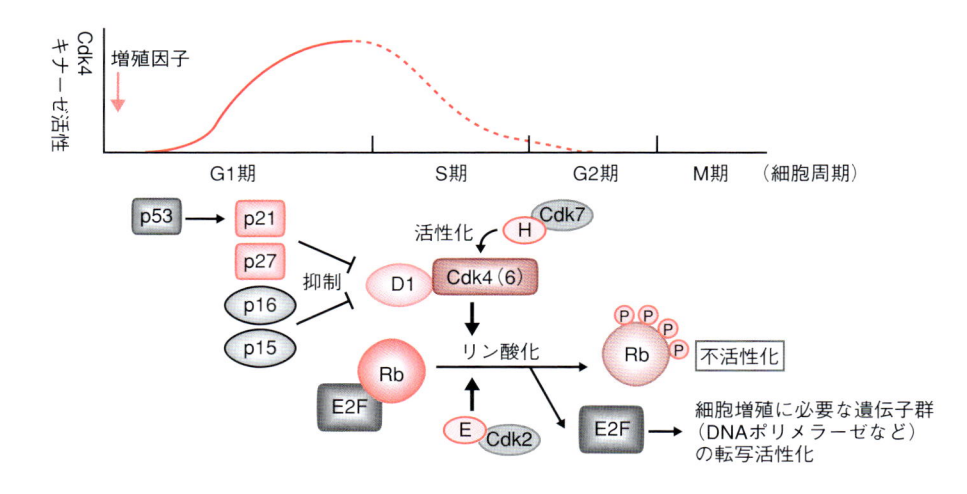

図 7-25 増殖因子によるG1サイクリン・Cdkキナーゼの活性化と癌抑制遺伝子 *Rb* の不活性化

RbはCdk4やCdk2によるリン酸化を受けて不活性化され，細胞増殖に対する抑制が解除される．Cdk，特にCdk4は主なG1サイクリンであるD1や，p21などによりさまざまな活性調節を受ける．D1：G1サイクリンD1，H：サイクリンH，E：サイクリンE

るいは化学的発癌物質の重要な作用の1つはこれらの癌抑制遺伝子を直接（あるいは間接に）傷害し，機能を失活させて発癌促進に働くことであると理解される．また，近年，癌抑制遺伝子の不活性化には，ゲノムDNAのプロモーター領域におけるDNAメチル化も深く関与することが示された．

Memo

ヒトのウイルス発癌はいくつか知られている．子宮癌ではHPV（ヒトパピローマウイルス）が密接に関与し，その癌遺伝子産物がRb，p53の機能を抑制する．肝炎ウイルス（HBV，HCV）では，肝細胞内の特定の癌遺伝子や抑制遺伝子の機能異常を引き起こすかはまだ不明であるが，慢性的な細胞の破壊と増殖刺激が発癌の条件をつくると考えられる．

3 癌抑制遺伝子による細胞周期・アポトーシスの制御

1) 細胞周期の制御機構

それでは癌抑制遺伝子はどのようなメカニズムで発癌を制御するのであろうか．現在，少なくとも2つの重要な機構が明らかにされている．その1つは細胞が増える過程，すなわち細胞周期に対する負の調節である．Rbタンパク質は，非リン酸化型ではE2Fなどの増殖促進転写調節因子を抑えることにより，細胞周期の進行にブレーキをかけている．一方，増殖シグナルの下流で活性化されるG1サイクリンとCdk4キナーゼは，Rbをリン酸化して不活性化させ，細胞周期を進める．したがって，*Rb*遺伝子が破壊されれば，いわば増殖シグナルに対するブレーキがつねに壊れている状態と理解される（図7-25）．

この機構のうえでは，G1サイクリン・Cdkの活性を負に制御する物質が存在すれば，それらも癌抑制遺伝子の候補と考えられるが，事実そのようなタンパク質として，p21，p27，p15，p16などが見出された．これらのうちp21，p16などは実際にヒト癌における失活も見出されている（第7章-3参照）．

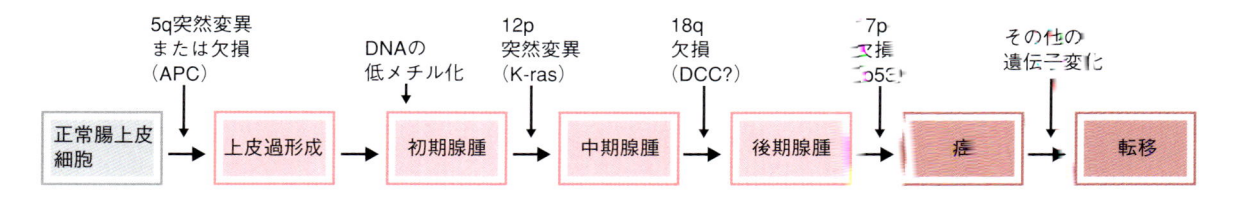

図 7-26　Vogelstein らによる大腸癌発症の過程と遺伝子変化
さまざまな遺伝子変異が蓄積されて癌の発症に結びつく．p：染色体短腕，q：染色体長腕（文献 8 参照）

2）アポトーシスの制御機構

　一方，p53 癌抑制遺伝子産物の重要な機能は，アポトーシスの制御にかかわることが明らかにされてきた．例えば，紫外線照射により細胞 DNA を傷害すると，p53 の発現が誘導されて p53 依存性の p21 発現が起こり，細胞周期は Cdk キナーゼの抑制によって主に G1 期で停止する．その後，DNA 傷害の修復が行われ，それが完了した細胞では細胞周期の回復がみられるが，修復不可能な細胞ではアポトーシスが誘導され細胞は死滅する．したがって，p53 が不活性化していると，DNA 修復が不十分なまま細胞は増殖を続け，結果として DNA 上にさらに多くの変異が蓄積されて癌遺伝子や癌抑制遺伝子の異常を生じ，発癌に結びつくものと考えられる．

　アポトーシスの機構自身は，p53 のみならず Fas や TNF などのさまざまな遺伝子産物によって誘導され，ある種のタンパク質分解酵素（カスパーゼ）群の活性化に集約される．さらにカスパーゼを介して種々のタンパク質分解を引き起こして細胞を死に至らしめる（第 7 章-4 参照）．したがって，p53 は非常に重要な因子であるが，その他の遺伝子もアポトーシス系への関与を介して細胞癌化に結びつくことは十分考えられる．Bcl-2 はリンパ腫などで活性化される遺伝子であるが，これはアポトーシスの進行を抑えることが明らかとなった．さらに，多くのチロシンキナーゼの下流では PI3 キナーゼの活性化が生じるが，PI3 キナーゼからのシグナルの一部は，Ak-Bad を介してアポトーシス抑制を引き起こすことも示されている．すなわち，増殖因子からのシグナル，特に PI3 キナーゼ系を介する経路は細胞死からの逸脱に関与する．最近見出された *PTEN* 癌抑制遺伝子は，PI3 キナーゼシグナル系の抑制作用をもつのではないかと考えられている．

3）*APC* 遺伝子の例

　多くの大腸癌は多段階の過程を経て発症し（図 7-26），その早期には *APC* 遺伝子の破壊が起こる．大腸癌発症を抑制する *APC* 遺伝子の作用はどのようなものであろうか．実験動物では APC が正常でも β-カテニンの異常が大腸癌発症に結びつく例が多いこと，APC と β-カテニンに細胞内で会合し，同じシグナル伝達系を共有していることなどから，細胞周期を介した細胞増殖・分化制御にかかわっている可能性がもっとも強く示唆されている．β-カテニン・APC 系が破壊されることにより，細胞増殖停止のシグナルが伝わらず，異常な細胞増殖につながるものと理解される．

4）DNA 変異の修復と癌化

　以上の癌遺伝子群，癌抑制遺伝子群とは異なる第三のカテゴリーとして，DNA 変異の修復にかかわる遺伝子群も癌化に強く関与することが明らかとなった．遺伝性非腺腫性大腸癌の家系においては，DNA 修復酵素遺伝子（*hMLH1*, *hMSH2* など）に変異のあることが見出され，この遺伝子異常が DNA の変異を蓄積させて癌化を促進させることが示された．したがって，この場

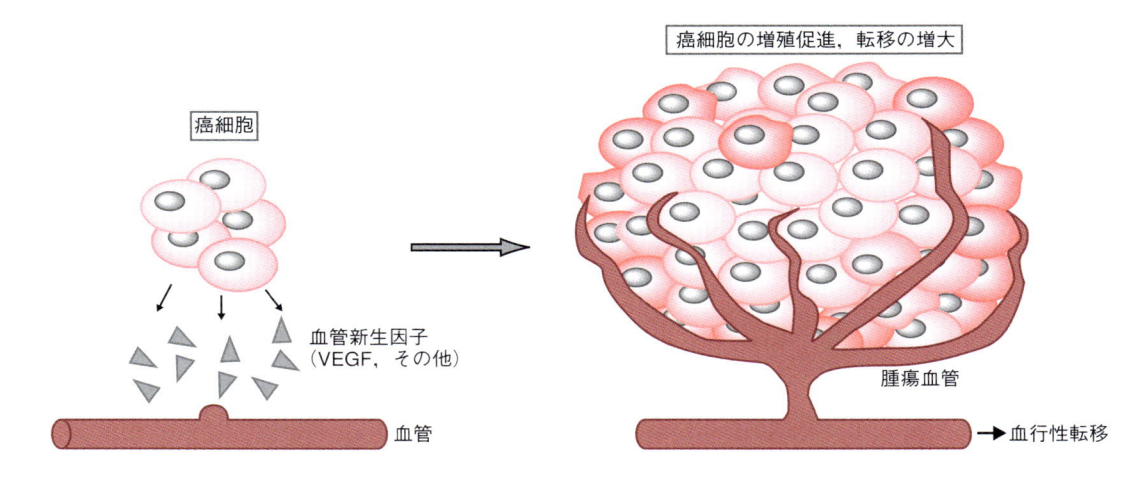

図7-27 固形癌と血管新生
増殖因子や活性化チロシンキナーゼ，低酸素などの刺激によりVEGFの発現誘導が起こる．内皮細胞上にはVEGF受容体が発現しており，腫瘍血管形成が誘導される．腫瘍血管は固形癌の増殖に必要な酸素と栄養の供給にきわめて重要な役割を果たす．癌抑制遺伝子の1つ*VHL*の破壊により，VEGF発現の異常亢進が引き起こされる

合には細胞増殖シグナルや細胞周期制御には直接関与せず，間接的に癌化に関与する．

4 癌の微小環境と腫瘍血管の問題

　癌の全体像を理解するには，これまでに述べた癌細胞の発生と悪性化の機構ばかりでなく，癌を取り巻く「微小環境」の実態と癌の進展におけるその役割を解明することが非常に重要である．その研究により，癌細胞のみを標的とした現在までの治療法を乗り越え，新しい癌治療の分野が開けることが期待される．微小環境には多くの細胞や基質が存在するが，なかでも，癌の進展にもっとも関係するのは，癌組織に栄養と酸素を供給する「腫瘍血管」であると考えられる（図7-27）．これをもとに，1970年代に米国Folkman博士は「癌に対する血管新生阻害療法」を提唱した．これを1つのきっかけとして世界的に血管研究が開始され，その結果，癌の血管やリンパ管新生に深く関与するVEGF（vascular endothelial growth factor：血管内皮増殖因子），アンジオポエチン，Notch系，エフリン系，などの諸因子が明らかとなった．なかでも，VEGFとその受容体は，血管・リンパ管の発生と維持のみならず，腫瘍血管新生をも中心的に制御することが明らかとなり，VEGFやVEGF受容体（VEGFR）に対する阻害薬が開発された．これらは癌患者の生存期間，無病期間を従来の治療法に比べて著しく改善し，2008年現在では，大腸・直腸癌，肺癌（主に腺癌），腎臓癌，肝臓癌，乳癌，など主要な固形癌6種に治療薬として承認されている．このような新しい時代を開くきっかけとなったVEGF系，および，次世代の血管標的薬になる可能性が考えられるDelta-Notch系について以下に概略を述べる．

1）VEGF系

　VEGFは血管内皮細胞の増殖因子，血管透過性因子として1980年代に単離された．VEGFファミリーはPDGF（血小板由来増殖因子）と近縁の構造をもつことが特徴で，すべてホモ二量体を形成して作用する．VEGFファミリーはヒトゲノムに5種存在するが，最初に発見されたVEGF-Aが生理的な血管発生・新生のみならず癌などの病的血管新生に中心的役割を果たす．VEGF-C, -Dはリンパ管の発生・新生を制御する．

VEGF-Aには主に3種のサブタイプ，121，165，189アミノ酸タイプが存在するが，VEGF-A$_{165}$がもっとも活性が強く，腫瘍血管新生にも重要である．VEGF-Aは血管平滑筋細胞や心筋細胞，神経細胞などのさまざまな正常細胞で，またほとんどすべての癌細胞や炎症細胞などで発現し分泌される．癌におけるVEGF-Aの主な発現誘導機構は，Rasシグナルの活性化と低酸素による転写因子HIFの活性化であると考えられる．

VEGF-Aは血管内皮細胞に特異的に発現する受容体型チロシンキナーゼVEGFR-1（Flt-1）とVEGFR-2（KDR/Flk-1）を受容体とし，これらを活性化させて血管新生を引き起こす．VEGFR-3（Flt-4）はVEGF-C，D特異的受容体である．これらのVEGFRファミリーは細胞外に7個の免疫グロブリン領域をもつことが特徴で，PDGF受容体に近縁の構造を示す．また，VEGFRの3種とも，おのおのノックアウトマウスは胎生致死となり，発生に必須である．VEGFR-2はキナーゼ活性が強く，直接的な血管新生シグナルの主な部分を発信する．一方，VEGFR-1はキナーゼ活性はやや弱いが単球やマクロファージにも発現し，これらを介した腫瘍血管・リンパ管の新生に深く関与する．また，転移にかかわるMMP9などのマトリックス分解酵素も誘導する．これらの点から，VEGFR-1，-2とも，腫瘍血管抑制のための重要な分子標的である．

リンパ節転移は血行性転移とならんで癌の悪性化に中心的役割を果たす．VEGF-C，-DとVEGFR-3システムはリンパ管新生のもっとも強いシグナル伝達系であることから，リンパ節転移を抑制するための非常に重要な標的と考えられる．

2）期待を集める Delta-Notch 系

VEGF-VEGFR阻害薬はすでに多くの固形癌に対する治療に使われ，全体としては良好な結果を示している．しかし，高血圧や尿タンパク，血栓など，副作用も認められ，また，一部の癌はこの阻害薬に対して徐々に抵抗性になる，あるいは，最初から抵抗性を示す，との報告もある．これらを今後，どう克服するかは非常に重要な問題である．1つの解決策として，血管制御に重要な新規のシグナル伝達系を明らかにし，それを標的とする方法が考えられる．その候補として最近注目されているのが，Notchに対するリガンドの1つDll4（Delta-like 4）である．この系はVEGFの下流で働き，内皮細胞からの突起伸長を適切に抑制して，血管のチューブ形成と機能を高めることが明らかにされた．さらに，Dll4に対する抗体は，血管内皮からの突起形成を促進させるものの，全体としては腫瘍血管の機能を低下させて癌の増殖を抑えることが示された．VEGF系のみならず，Notch系の研究の進展が期待される．

Memo

個体レベルの癌の進展には，単に癌遺伝子の活性化と癌抑制遺伝子の不活性化による癌細胞の確立のみでなく，宿主個体とのさまざまな相互作用が重要である．特に，癌細胞に分泌する血管新生因子は腫瘍血管の形成に必須と考えられ，この血管系により固形腫瘍の速やかな増殖が引き起こされる．さらに，細胞間接着分子の異常や細胞間基質分解酵素の分泌は，癌細胞の浸潤・転移を促し，最終的に癌患者を死に至らしめる．

■ 文 献 ■

1) Schlessinger, J. & Ullrich, A.: Growth factor signaling by receptor tyrosine kinases. Neuron, 9: 383-391, 1992
2) Hunter, T.: Oncoprotein networks. Cell, 88: 333-346, 1997
3) Egan, S. E. et al.: Association of Sos Ras exchange protein with Grb2 is implicated in tyrosine kinase signal transduction and transformation. Nature, 363: 45-51, 1993
4) Stehelin, D. et al.: DNA related to the transforming gene (s) of avian sarcoma viruses is present in normal avian DNA. Nature, 260: 170-173, 1976
5) Hanafusa, H. et al.: Recovery of avian sarcoma virus from tumors induced by transformation-defective mutants. J. Exp. Med., 146: 1735-1747, 1977
6) Gotoh, N. et al.: Epidermal growth factor-receptor mutant lacking the autophosphorylation sites induces phosphorylation of Shc protein and Shc-Grb2/ASH association and retains mitogenic activity. Proc. Natl. Acad. Sci. USA, 91: 167-171, 1994
7) Yamazaki, H. et al.: Amplification of the structurally and functionally altered epidermal growth factor receptor gene (c-erbB) in human brain tumors. Mol. Cell. Biol., 8: 1816-1820, 1988
8) Fearon, E. R. & Vogelstein, B.: A genetic model for colorectal tumorigenesis. Cell, 61: 759-767, 1990
9) Ferrara, N.: Vascular endothelial growth factor: basic science and clinical progress. Endocr. Rev., 25: 581-611, 2004
10) Shibuya, M.: Vascular endothelial growth factor-dependent and -independent regulation of angiogenesis. BMB Rep., 41: 278-286, 2008
11) "細胞増殖因子研究の最前線 '97～'98 実験医学増刊 Vol.15 No.9"（宮園浩平, 他／編), 羊土社, 1997
12) "癌と血管新生の分子生物学"（渋谷正史／編), 南山堂, 2006

高次生命現象 第8章

1 免疫系による認識と反応の分子機構 …… *244*
生体の防御・監視機構：免疫学的認識と反応の多様性

2 発生の制御機構 *261*
ボディープランに基づく遺伝子の発現

3 神経系の分化，形成，再生 *269*
神経幹細胞の運命を決めるシグナルネットワーク

4 老化 *276*
分子生物学的に捉える老化の謎

Chapter 8

1 免疫系による認識と反応の分子機構

　免疫系は生体にとってもっとも重要な感染防御機構であり生体の恒常性維持のための監視機構である．免疫系に欠陥が生じると，致命的な危険にさらされる．免疫系は体内に侵入してくる細菌・ウイルスなどの病原体のみならず，生体内に生じた腫瘍なども異物として認識し，免疫応答を行い，多様な細胞，分子を駆使してそれらを特異的に破壊排除する．しかし，例え異物に対してでも過剰に免疫反応が起こると，その反応が破壊的ゆえに，個体を傷害し種々の病気（アレルギーなどの免疫病）の原因となる．一方，自己抗原に対しては，免疫学的寛容が成立しており通常反応しないが，自己の組織に免疫反応が引き起こされると自己免疫病を発症する．免疫応答および免疫異常の分子機構を明らかにすることは多くの病気の解明，治療に直接つながる．本稿では特に免疫系による異物の認識機構と反応様式の分子機構に重点をおいて解説する．

概念図

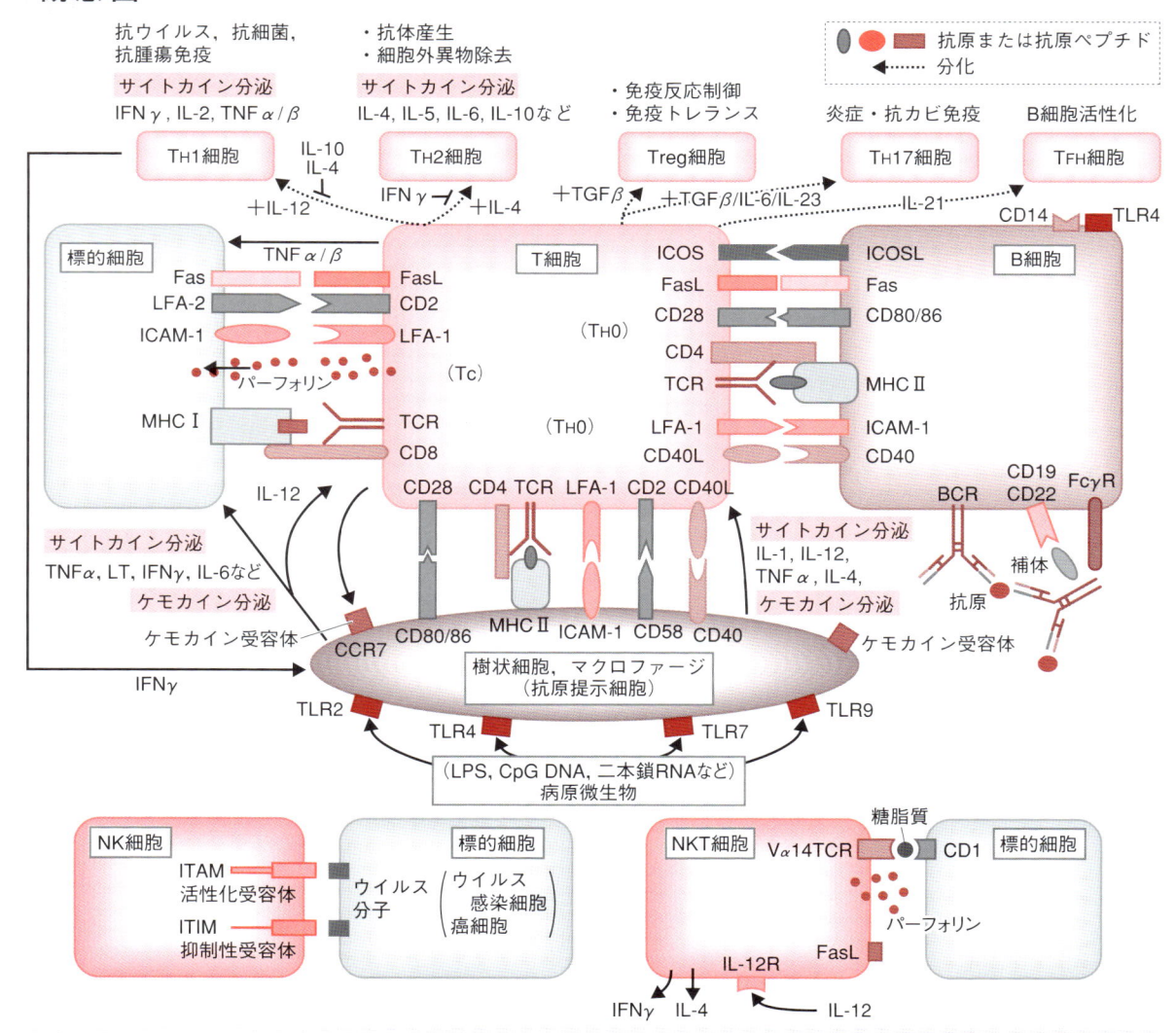

免疫系は全身を循環するさまざまな細胞〔T細胞，B細胞，NK（ナチュラルキラー）細胞，マクロファージ，樹状細胞，白血球など〕・さまざまな分子（抗体，補体，サイトカイン，ケモカインなど）そしてそれらで構築される免疫臓器，組織によって構成されている．しかもそれらの細胞，分子群は相互に密接に連携し，複雑でかつ巧妙なネットワークを形成して調和のとれた反応を引き起こし，異物を排除し生体の恒常性を維持している．

1 自然免疫と獲得免疫（適応免疫）

免疫系は獲得免疫系（適応免疫系）と自然免疫系の2つに大別される．自然免疫系とは脊椎動物のみならず広く生物（無脊椎動物，昆虫，植物などにも）に存在する病原因子認識と排除の機構であり，進化の過程では獲得免疫系が確立されるよりずっと以前から存在している．自然免疫系は病原微生物に表現されている共通の分子構造パターン（pathogen-associated molecular pattern：PAMP）を識別し，異物として認識し生体防御反応を惹起する機構である．このPAMPを認識する受容体様の分子はPRR（pattern recognition receptor）とよばれ，生体の種々の細胞表面，ファゴソーム（食胞）中，血液中，組織中に分布している．PRRには多種多様の分子が関与しているが，近年，PAMPの認識に重要な役割を果たす膜タンパク質受容体の1つとしてショウジョウバエでTollという分子が同定され，そのホモログが哺乳類にも見出され，TLR（Toll-like receptor）と命名された．現在のところ，ヒト，マウスでは10種類のTLRが知られている（図8-1）．TLRとPAMPとの反応により，主にTLRに会合しているMyD88分子から始まるシグナルカスケードが活性化され，NF-κBが活性化される．その結果，免疫細胞からの種々の炎症性サイトカイン（TNFα，IL-6，IL-12など），ケモカインの産生，分泌を惹起され，さらに，補体系の活性化，病原微生物のオプソニン化，体液凝固因子の活性化，抗菌ペプチド産生，ファゴサイトーシスなどが誘導され，感染防御反応が誘導される．哺乳動物では，これらの反応は主として樹状細胞（dendritic cell：DC）やマクロファージで生じる．

一方，獲得免疫系（適応免疫系）は，脊椎動物が有している免疫系である．約2億年前に，それまでは自然免疫系のみであったが，脊椎動物への進化の過程で発生するRAG（RAG-1，RAG-2）遺伝子が獲得されたことによって成立した免疫システムである．異原性（抗原）の認識は，リンパ球（B細胞およびT細胞）を主とする免疫細胞上に発現される免疫グロブリン（抗体）およびT細胞受容体という，抗原1つ1つを特異的に認識する分子によって行われる．獲得免疫に用いられる抗原を認識する受容体（抗原受容体）は，遺伝子再構成という特有の遺伝子組換えによって膨大な数の免疫細胞クローンからなる広汎なレパートリーが形成される．さらに，B細胞ではTdT（terminal deoxynucleotidyl transferase）およびAID（activation-induced cytidine deaminase）遺伝子の発現により，抗原認識および機能面でさらに多様性を拡大させることが可能となった．獲得免疫系では抗原間のわずかな違いを鋭敏に正確に認識し，ほとんどあらゆる抗原に対して高い親和性をもって特異的に応答できる機構を内在している．つまり，その免疫応答は高度に「特異的」であり「多様性」に富む．しかし，獲得免疫系の活性化およびその制御には自然免疫系の活性化が密接に関与している．自然免疫系により産生される補体分子，サイトカイン，ケモカインなどは獲得免疫系の活性化，反応の方向，制御に重要な働きをする．一方，獲得免疫系で産生される抗体分子やインターフェロンなどのサイトカインは自然免疫系の活性化，制御に重要な役割を果たすのである．このように自然免疫系と獲得免疫系はお互いに密接な連携を保って生体の恒常性を維持している．

免疫系は異物と認識した物質（「非自己」分子）に対しては迅速にこれを破壊排除しようとする．しかし，「自己」と認識した分子に対しては決して反応しないというしくみ（自己寛容機構）

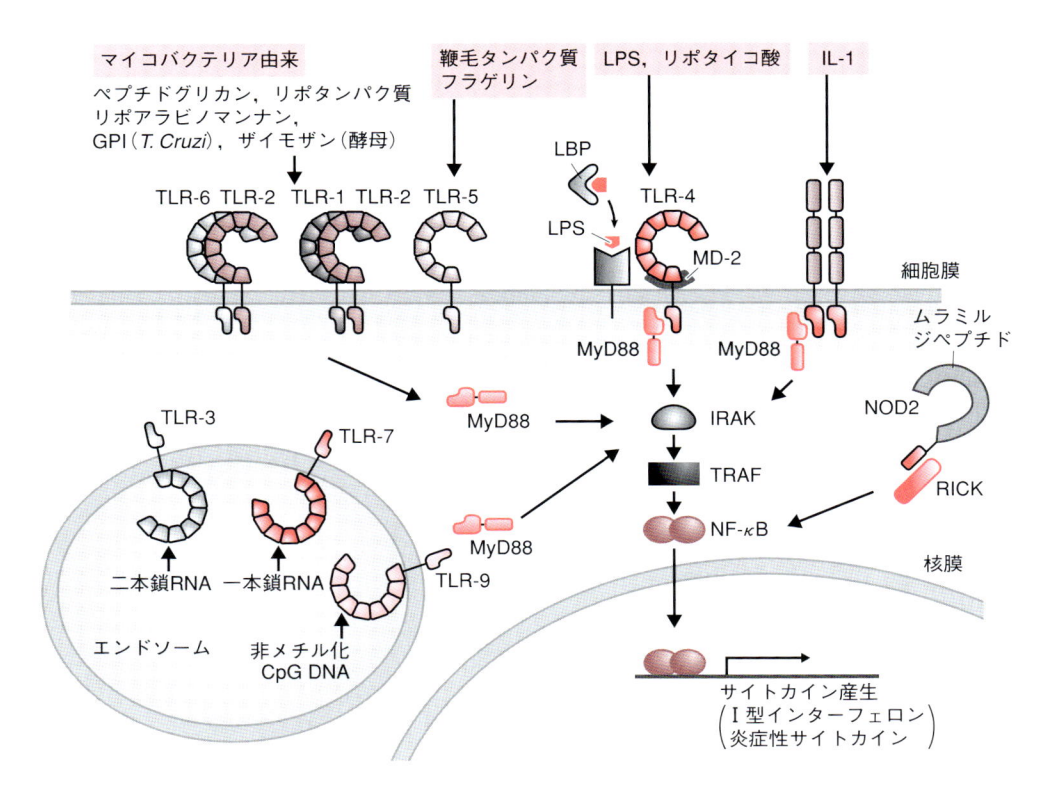

図 8-1 IL-1 受容体と TLR ファミリー

感染病原微生物は局所に存在する（前駆）樹状細胞やマクロファージに貪食される．これらの細胞膜上には，微生物などに共通した分子構造情報 PAMP を異物として認識し生体防御反応を誘起する機構がある．PAMP を認識する受容体様の分子は PRR と呼ばれ，生体の種々の細胞表面，ファゴソーム（食胞）中，血液中，組織中に分布している．PRR には多種多様な分子が関与しているが，その 1 つが TLR である．TLR はショウジョウバエにおけるカビや細菌に対する防御分子として同定されていた Toll と同様に膜貫通領域を 1 つ保有している膜タンパク質である．細胞外領域はロイシン，イソロイシンに富む繰り返し，ロイシンリッチ・リピート（LRR）構造を有している．LRR は他の分子との相互作用にかかわっているドメインと考えられている．細胞内領域は IL-1 受容体と相同性を有し，Toll / IL-1 受容体相同性領域と呼ばれる．このドメインには細胞内アダプター分子 MyD88 などが結合し，シグナル伝達にかかわる．現在のところ TLRs は，ヒト，マウスでは 10 種類が知られている．TLRs は病原微生物由来の細胞壁成分，タンパク質，CpG DNA，二本鎖 RNA などを抗原としてではなく，病原微生物で共通した分子構造情報として認識する．例えば，TLR4 はグラム陰性菌細胞壁成分の LPS（lipopolysaccharide）の情報を宿主細胞内へ伝達する．TLR3 は二本鎖 RNA を認識することからウイルス感染防御にかかわっていると予想される．TLR9 は非メチル化 CpG モチーフを有する DNA（CpG DNA）を認識する．CpG DNA はバクテリア DNA に一般的にみられるが哺乳類ではきわめて少ない．CpG DNA はインターフェロンγ産生などの強い Th1 反応誘導能を有するので，細胞性免疫誘導のためのアジュバントとして効果があり，癌の治療やアレルギーの予防などの応用が考えられている．LBP：LPS binding protein

をわれわれの免疫系は内在している．この機構に破綻をきたすと，免疫系は自己の個体自身をも破壊し，重篤な病気（自己免疫病）が生じ，個体を死に至らしめる．したがって「免疫学的な自己とは何か」を分子レベルで明確にすることは非常に重要である．また，過度の免疫反応はアレルギー症の原因となり，逆に不完全な反応は免疫不全症となり重症感染症を引き起こす．免疫応答を適当な強さで発現させる制御もまた生体の恒常性維持にとって重要な機構である．

2 自然免疫系と獲得免疫系との相互作用

自然免疫系では，1 つ 1 つの病原微生物に対しての特異性はない．病原微生物に共通して保持

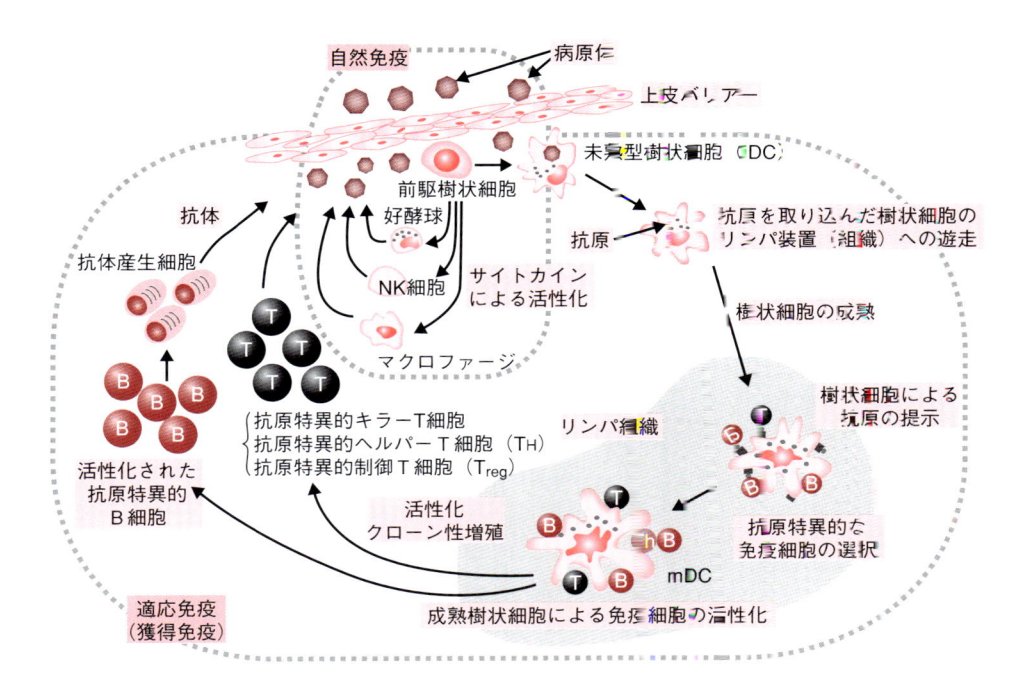

図 8-2 自然免疫系と適応免疫系－樹状細胞を介した相互作用
TLRなどを介した刺激により樹状細胞（DC）から，種々のサイトカインが産生され，その結果，NK細胞，マクロファージ，好酸球などの炎症性細胞が活性化され，感染防御反応が誘導される．一方，病原微生物を貪食した未熟型樹状細胞（iDC）内では，病原体は抗原としてプロセスされる．ついで抗原を細胞内に保有したiDCは，成熟しながら，リンパ節などのリンパ組織へと遊走する．リンパ節に入ってきた抗原を保有しているDC細胞は成熟型樹状細胞（mDC）となり，抗原を免疫細胞に提示する．mDC上で抗原特異的なT細胞，B細胞がそれぞれ選択されて活性化される．活性化された抗原特異的なT細胞，B細胞は成熟，分化，増殖して機能的な免疫細胞（ヘルパーT細胞，キラーT細胞，抗体産生細胞など）となり，感染局所において感染防御反応を引き起こす．

されている構造の認識，すなわちパターン認識であり，あらかじめ準備されているTLRなどのPRRによってすみやかに認識が行われ，短時日（1～2日）で感染防御反応が誘導される．一方，獲得免疫系では抗原に特異的であるが，抗原特異的なクローンの選択，免疫細胞の増殖，活性化，抗原に対する親和性の増大などの反応を経過せねばならず，その成立までには微生物感染から通常4日から7日を要する．しかしながら，いったん成立すればその反応は感染症原微生物に特異的であり強力である．さらに自然免疫系には存在しない「免疫記憶」が誘導され，2回目以降の同じ感染に対しては，素早くしかも強力に感染防御能が発揮される．ワクチン効果が得られる理由である．

図8-2には皮膚などの損傷によって生じた病原微生物感染の経過を図示してある．
このようにわれわれの身体のなかでは，自然免疫系と獲得免疫系が相互に連携して感染防御にあたっている．さらに，免疫反応の中心である獲得免疫系の活性化には自然免疫系の発動が必須であることがわかる．

3 獲得免疫系の多様性

獲得免疫系は機能上，2つの特徴的な多様性をもつ．1つは，先に述べたように，ありとあらゆる抗原を特異的に識別し応答する（多様性）が，自己抗原には反応しない（自己‐非自己識別）という機構．もう1つの多様性は，非自己と認識した異物を排除するために発揮される免疫反応

の多様性である．免疫系は実にさまざまな細胞・物質（抗体，補体，サイトカインなど）・および反応機構を駆使して異物排除を行う．その免疫反応の多様性は一方では異物排除を効率的に行うのに役立つが，他方では生体にとって逆に過剰で有害な反応となり，アレルギーなどの一連の免疫病を引き起こす．

1）B細胞抗原受容体（BCR）とT細胞抗原受容体（TCR）

ヒトの体内には約 2×10^{12} 個のリンパ球があり，血液とリンパ液，および胸腺，リンパ節，脾臓，虫垂のような末梢リンパ組織など全身に分布している．1個のリンパ球は1種類の抗原とのみ反応しうる抗原特異性をもつ受容体（抗原受容体）を細胞表面に発現している．通常は決して複数の異なった特異性を認識し反応することはない．同一種類の抗原受容体を有し抗原特異性が同じリンパ球の細胞集団を「クローン」という．すなわち免疫系は何億種類あるいはそれ以上の数のリンパ球クローンの集団によって構成されている．

リンパ球は，その働きにより大きく二分することができる．1つは主として抗体を産生する働きをもつB細胞，もう一方は細胞性免疫および免疫反応の調節を担うT細胞である．B細胞はその細胞表面に抗原を認識するための受容体（抗原受容体：BCR）として，「抗体分子」をもっている．抗原刺激およびT細胞からのシグナルを受けて，その抗原に対応した特定のクローンが選択的に増殖・分化し，抗体産生細胞（形質細胞）となる．形質細胞が産生分泌する抗体分子は，そのB細胞クローンが受容体として細胞表面に発現していたのと同じ抗原特異性をもつ抗体分子である．一方，T細胞上には抗原を認識するT細胞抗原受容体（TCR）が発現されている．T細胞には大きく分けて2種類の亜群が存在する．1つはB細胞の分化の促進など免疫調節に関与するT細胞群（ヘルパーT細胞：T_H）であり，もう1つは，直接に抗原である標的細胞に接触して細胞傷害活性を発揮するT細胞群（キラーT細胞：T_C）である．T細胞はその細胞表面のTCR分子で抗原認識を行う．T_H群のリンパ球は，抗原刺激によってクローン性増殖をするとともに，細胞間情報伝達物質である種々のサイトカインを産生分泌する．T_H細胞は産生分泌するサイトカインの種類および免疫機能により，現在のところ，T_H0，T_H1，T_H2，T_H17，Treg，T-FHに分けられている（後述）．

2）多様性の獲得と遺伝子再構成

抗体分子は2本の重鎖（H鎖）と2本の軽鎖（L鎖）の計4本のポリペプチド鎖から構成されている．抗体分子は，分子間でアミノ酸配列が異なる可変領域と，抗体分子間でアミノ酸配列が共通の「定常領域」を1個のタンパク質分子内に共存した形で有している（図8-3）．このような構造をとりうる秘密は，抗体遺伝子の構造と「再構成」（rearrangement）という特異な分子機構にある（図8-4，図8-5）．遺伝子再構成反応では，わずか数百個の遺伝子の組換えにより，10^5 通り以上の異なるH鎖可変領域（V_H）と 10^3 通り以上のL鎖可変領域（V_L）をつくることが可能であり，さらに抗体の抗原結合部位は V_H と V_L との組合せによって構成されるため，10^8 通り以上の異なる抗原受容体をもつB細胞クローンをつくることができる．さらに遺伝子組換えによる多様性の他に，再構成時での新たな塩基の添加（N配列の添加），体細胞高頻度超突然変異，さらに自己抗原に出会った後に生じるL鎖における受容体編集（receptor editing）という機構などが加わることにより，抗体分子の多様性（すなわちB細胞クローンの種類）はさらに 1,000～10,000 倍あるいはそれ以上に増大する（図8-5）．

T細胞上には抗原を認識するTCRが発現されている．大部分の成熟T細胞のTCRは，α鎖，β鎖という2本のポリペプチドのヘテロ二量体で構成されている（$\alpha\beta$ TCR）．胸腺内の未熟な

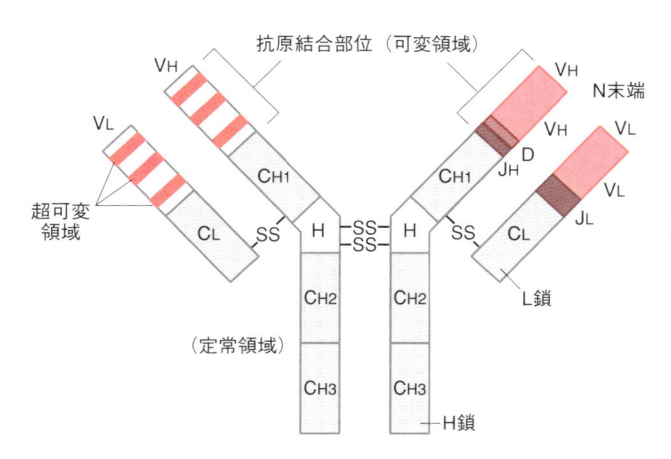

図8-3 抗体分子の基本構造

H鎖のN末端の110個ほどのアミノ酸から構成される領域，L鎖のN末端の110個のアミノ酸で構成される領域は，抗体分子によってそのアミノ酸配列が著しく異なっており，非常に多様である．ここを「可変領域（V領域）」という．可変領域のなかでも特に個体間でアミノ酸配列が著しく異なっているところがあり，「超可変領域」という．通常，可変領域には3カ所の超可変領域が存在する．可変領域は，抗原結合部位である

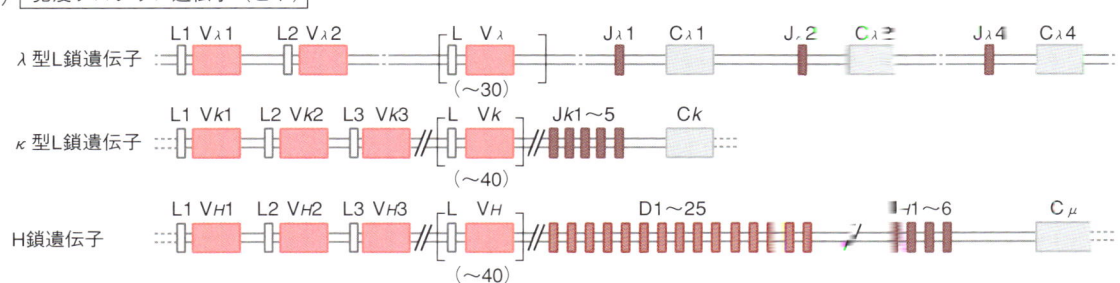

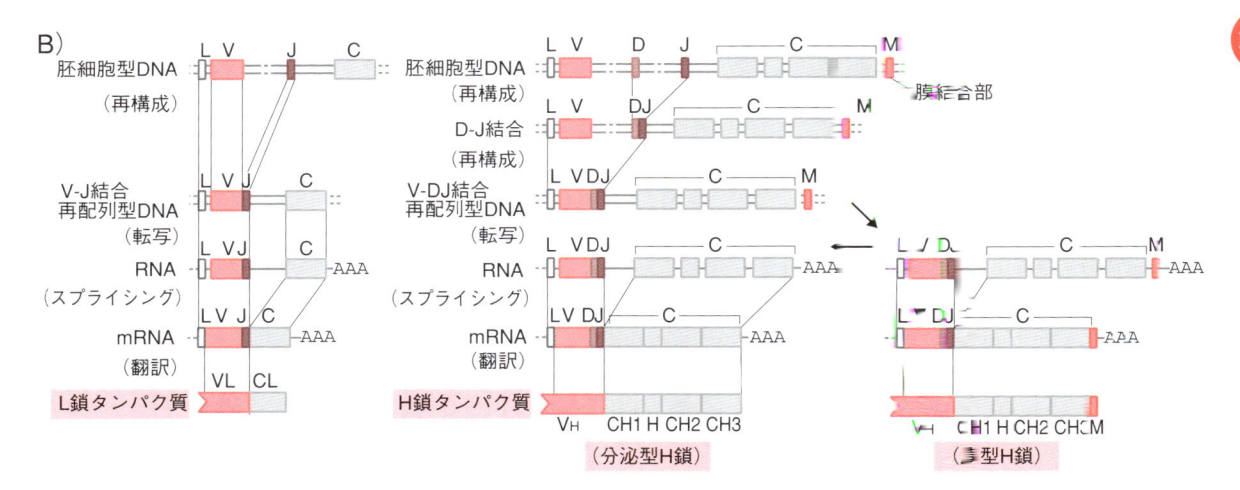

図8-4 ゲノム遺伝子と遺伝子再構成

A) H鎖の可変領域は，同じ染色体上に不連続にそれぞれ独立して存在する3つの遺伝子群によってコードされている．すなわち，V遺伝子群（～40個のV遺伝子からなる），D遺伝子群（マウスでは10個以上，ヒトでは25個），J遺伝子群（マウスでは4個，ヒトでは6個）という3つの遺伝子群によってコードされ，定常領域遺伝子群（C）の上流に存在する．生殖細胞あるいは非リンパ球系の細胞では，これら遺伝子群は同じ染色体上に全くかけ離れて位置している．L鎖（L鎖にはその定常領域の違いからκ鎖，λ鎖がある）の可変領域もまた，約40個のV遺伝子群と，同じ染色体上にあるがV遺伝子群とは不連続にかけ離れて存在する5個のJ遺伝子群（L鎖定常領域遺伝子の上流に位置する）によってコードされている．B) 造血幹細胞からB細胞へと分化するにつれて1個1個のB細胞で，H鎖ではD-J，V-DJの順で再構成が生じ，可変領域をコードする1組のV-D-J遺伝子ができる．L鎖でも1組のV-J遺伝子の組合せが選ばれて結合する．その結合の際に，中間に存在するDNAの欠失も生じる．1個のB細胞では，ただ1組のH鎖のV-D-J，ただ1組のκ鎖またはλ鎖のV-Jの組合せが生じる．こうして1個のB細胞リンパ球クローンはすべて単一の抗原特異性を示しうるようになる．

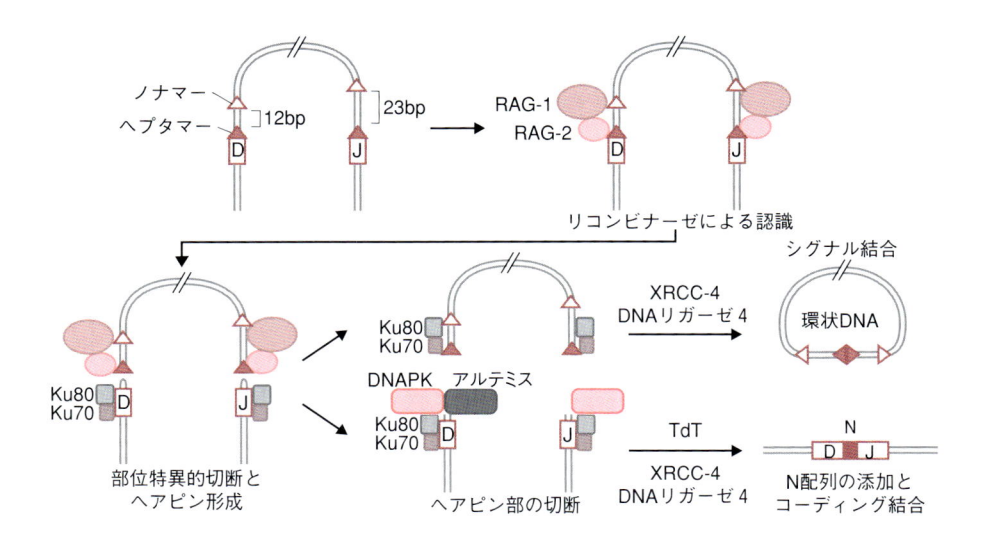

図 8-5　リンパ球における VDJ 組換え模式図

遺伝子組換えを起こすエキソン（この場合 D と J）に隣接して，2 種類の保存された組換えシグナル配列（RSSs：recombination signal sequences）が必ず存在する．すなわち，「9 bp の配列からなるノナマーと 12 bp スペーサーと 7 bp の配列からなるヘプタマー」および「ノナマーと 23 bp スペーサーとヘプタマー」である．VDJ 組換えは，12 bp スペーサーと 23 bp スペーサーをもつシグナル配列の間で起こるが，12 bp スペーサーをもつシグナル配列どうしまたは 23 bp スペーサーをもつシグナル配列どうしでは組換えは起こらない．これをスペーサールールという．RAG-1 と RAG-2 タンパク質（リコンビナーゼ）がシグナル配列を認識し，DNA を切断する．その結果，シグナル配列を含む DNA 断片が切り出される．切断されたエキソンの末端に，ヌクレアーゼ活性をもつアルテミスタンパク質と DNA 依存性プロテインキナーゼ複合体（DNAPK）中の Ku70/Ku80 ヘテロ二量体が結合し，DNA 末端にヘアピン構造をつくる．さらに Ku70/Ku80 複合体に DNAPK のキナーゼドメインが結合し，ヘアピンを切断する．その後，TdT によって末端にヌクレオチド（N 配列）が付加され，さらに二重鎖切断 DNA の修復にかかわる酵素群，特に XRCC-4 と DNA リガーゼ 4 が，切断された DNA を連結して，コーディング結合を完成する．一方，切り出されたシグナル配列は，同様に二重鎖切断 DNA の修復にかかわる酵素群によって連結され，環状 DNA として細胞内に存在する

T 細胞の一部や皮膚などの組織に分布する一部の T 細胞では，αβ 鎖ではなく，γ 鎖 δ 鎖を TCR として発現している（γδTCR）．TCR 遺伝子もまた抗体遺伝子と同様に T 細胞分化に従って遺伝子の再構成が起こり，TCR の抗原認識の多様性が獲得される（図 8-6）．T 細胞の場合は遺伝子断片どうしの組換え反応が多様性獲得の主たる機構である．T 細胞には AID，TdT は発現していないためである．

Memo

T 細胞抗原受容体の抗原特異性は非常に高いが，その親和性は意外にも低いことが最近明らかにされている．親和性の増大，すなわち T 細胞活性化の閾値は，受容体からのシグナル伝達に関与する ζ 鎖のリン酸化およびそれにかかわるチロシンキナーゼなどの分子群の活性化の程度，それらによって引き起こされるシグナルカスケードにより制御されていると考えられる．

4　免疫グロブリンの多様性の源である AID

近年単離された AID はリンパ球，それも二次リンパ組織の B 細胞領域（胚中心）のみに発現する遺伝子である．AID は免疫グロブリン遺伝子で生じる体細胞高頻度突然変異（somatic hypermutation：SHM），クラススイッチ組換え（class switch recombination：CSR）および遺伝子

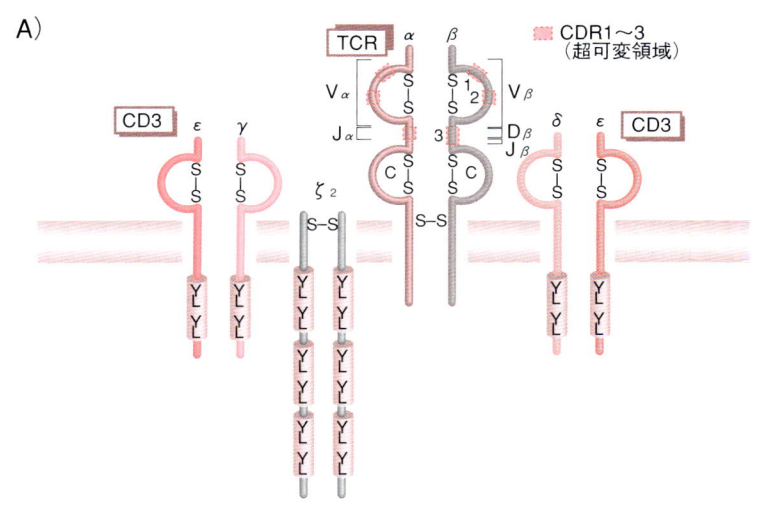

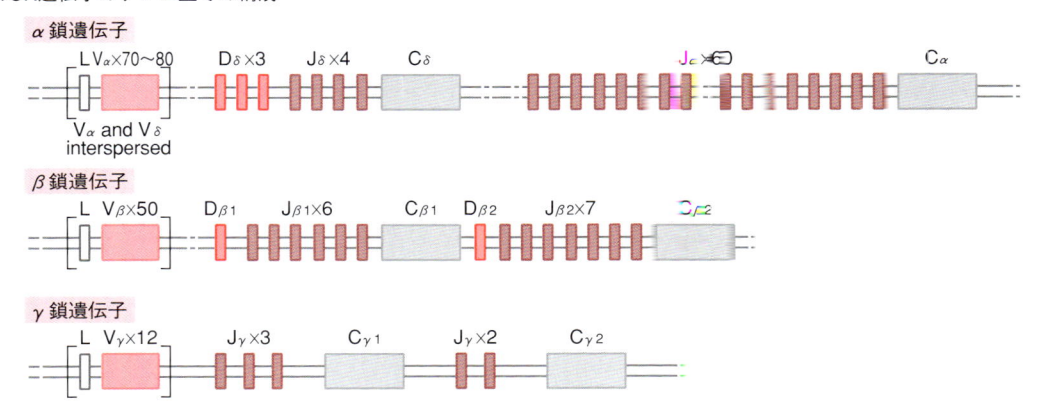

図8-6 T細胞抗原受容体（TCR）の構造と遺伝子構成

A）CD3複合体の模式図．TCRは，α鎖，β鎖という2本のポリペプチドのヘテロ二量体で構成されている．抗原結合部となるα鎖，β鎖のV領域にあるCDR1〜3の超可変領域のうち，β鎖のV，D，Jおよびα鎖のV，Jの結合部で構成されているCDR3領域はもっとも多様性に富み，TCRの膨大な多様性（すなわち膨大な種類のT細胞クローン）が生じる源となる．TCR αβはシグナルを細胞内に伝達するCD3分子群（δ，ε，γ鎖）およびζ鎖と複合体を形成している．V：可変領域，C：定常領域，S-S：ジスルフィド結合，ζ：チェーン，L：ロイシン，YL：ITAMモチーフ．B）TCRゲノム遺伝子の構成．TCR α鎖遺伝子は，V遺伝子群（70〜80個のVα），J遺伝子群（Jαの数は約60個と非常に多い）から構成され，TCR β鎖遺伝子は，Vβ（50数個），Cβ（2個），Jβ（6個と7個）遺伝子群からなる（文献1より）．胸腺内でのT細胞分化に従って，Vα，JαあるいはVβ，Dβ，Jβの各グループから1個ずつの遺伝子のみが取り出されて遺伝子の再構成が生じ，1個のT細胞クローンでは同じ組合せの1組ずつのTCR αおよびTCR β遺伝子がつくられ，その間のDNAはすべて失する．その組合せはランダムに生じ，さらにその結合に際して，V-J，V-DJ間（CDR3領域に相当）にN配列という短い新たな配列が挿入されるため，VαとVβの膨大な数（10^{10}以上といわれている）の組合せが生じ，αβ型TCRの多様性が獲得される．これによって外界のあらゆる抗原に対応できるT細胞のレパートリーが準備される．

変換（gene conversion）の誘導に必須のマスター分子である．すなわち，AIDを欠損した動物（ヒト，マウス）では，SHMもCSRも全く生じない（図8-7，図8-8）．二次リンパ組織における抗原によって誘導されるSHMはさらなる多様性を生み出し，より強い親和性を有する抗体（BCR）の出現を可能にする．これを「親和性の成熟」という．

RAG遺伝子がリンパ球特異的に発現し，TCR，BCR遺伝子での V(D)J 遺伝子再構成の誘導とそ

```
AID ─(activation-induced cytidine deaminase)
 ↓
DNA上でのシトシンからウリジンへの変換 ──┐
 ↓                                          │
UNG ─(uracil-DNA-glycosylase)              ├─→ 体細胞高頻度突然変異
 ↓                                          │
脱プリン環，脱ピリミジン環反応 ────────────┘
 ↓
APE1 ─(apurinic/apyrimidinic endonuclease)
 ↓                                      ┌─→ クラススイッチ組換え
一本鎖DNAへの切れ込み（ニック）の挿入 ──┤
                                        └─→ 遺伝子変換（トリなどのB細胞）
```

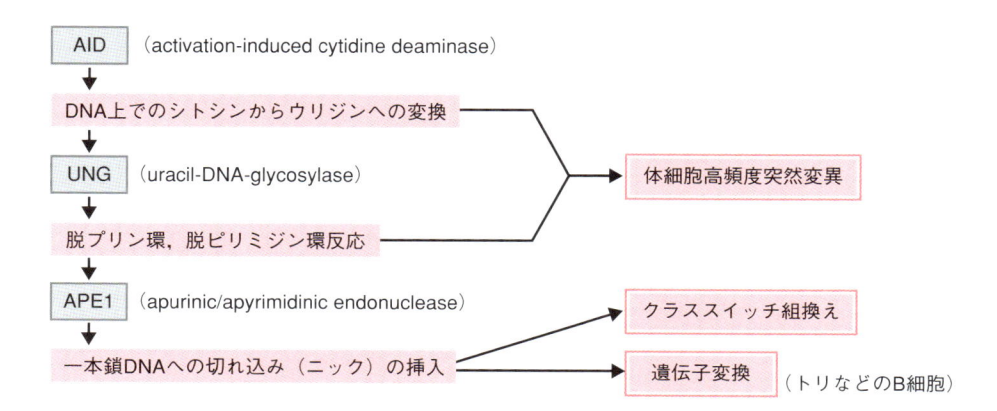

図8-7　AIDの機能
RAG複合体によって惹起されるV(D)J組換えは，骨髄あるいは胸腺でのB細胞およびT細胞のそれぞれの分化の過程で生み出される一次抗体レパートリーの形成のために必須な機構である．一方，B細胞では，末梢リンパ組織においては抗原刺激を受けると，3つの機構によって抗体遺伝子の多様性がさらに拡大される．すなわち「体細胞高頻度突然変異（SHM）」「遺伝子変換」「クラススイッチ再構成（CSR）」である．これらの3つの反応は「AID（activation-induced cytidine deaminase）」という酵素によって引き金が引かれる．AIDはB細胞のみに特異的に発現されており，T細胞をはじめ他の細胞では発現していない．AIDに加えてUNG，APE1の3種類の変換機構が免疫グロブリン遺伝子に3つの変異（SHM，遺伝子変換，CSR）を導入する．DNAがAIDのみで作用を受けた場合はSHMが誘導され，AIDに次いでUNGによってつくり出された塩基脱落部位もまたDNA複製の際の塩基変換によってSHMを生じる．さらに，APE1によって一本鎖DNAの切れ込み（ニック）が入れられると遺伝子変換誘導のシグナルとなる．最後に，2つの異なったC領域遺伝子5′側に隣接する特定のイントロン（S領域）においてクラススイッチに必要な二重鎖DNA切断部をつくり出す（文献1より）

れに基づく多様性の獲得に必須であると同様に，AIDはB細胞特異的に発現し，SHMの誘導とそれに基づく多様性の獲得に必須である．獲得免疫系の多様性の獲得は，この2つの重要な遺伝子，RAGとAIDによって担われているのである．AIDの欠損あるいはその機構に異常を有する患者が見出されており，その患者ではクラススイッチが生じないため，高IgM血症を呈し，さらにSHM欠除のために抗原刺激による抗体の親和性の成熟が全く生じないので，有効な感染防御能が獲得されず，易感染性であることが報告されている．

5 主要組織適合系複合体（MHC）遺伝子群と組織適合抗原の多型性

　同種間でも遺伝子背景の異なる2つの個体間で臓器移植を行うと，一般に移植された臓器は非自己と認識されて排除（拒絶）される．このような拒絶反応は，主としてT細胞によって引き起こされるが，T細胞はこの場合，MHC（major histocompatibility complex）抗原（主要組織適合系複合体抗原）を「標的抗原」として認識し，移植臓器を非自己とみなし攻撃排除する．MHC抗原の特異性は，染色体上（ヒトでは第6染色体短腕上，マウスでは第17染色体）の組織適合系遺伝子座に存在する主要組織適合系遺伝子群によってコードされ，MHC抗原型はメンデルの法則に従って親から子へと遺伝する．MHC抗原型はヒトならヒトという同じ種の異個体間で唯一例外的に高度の変異（すなわち，個体間での多様性，これを「多型性」という）を示す．MHC抗原は個体間では高度の多型性を示すが，1個体内ではすべての細胞は同じタイプのMHC抗原をもつ．

> **Memo**
> MHC抗原系は，ヒトでは「HLA」，マウスでは「H-2」と呼ばれる．MHC遺伝子領域には非常に多くの遺伝子座が存在するが，大きく3つの領域（クラス）に分けられる．クラスⅠ領域はMHC

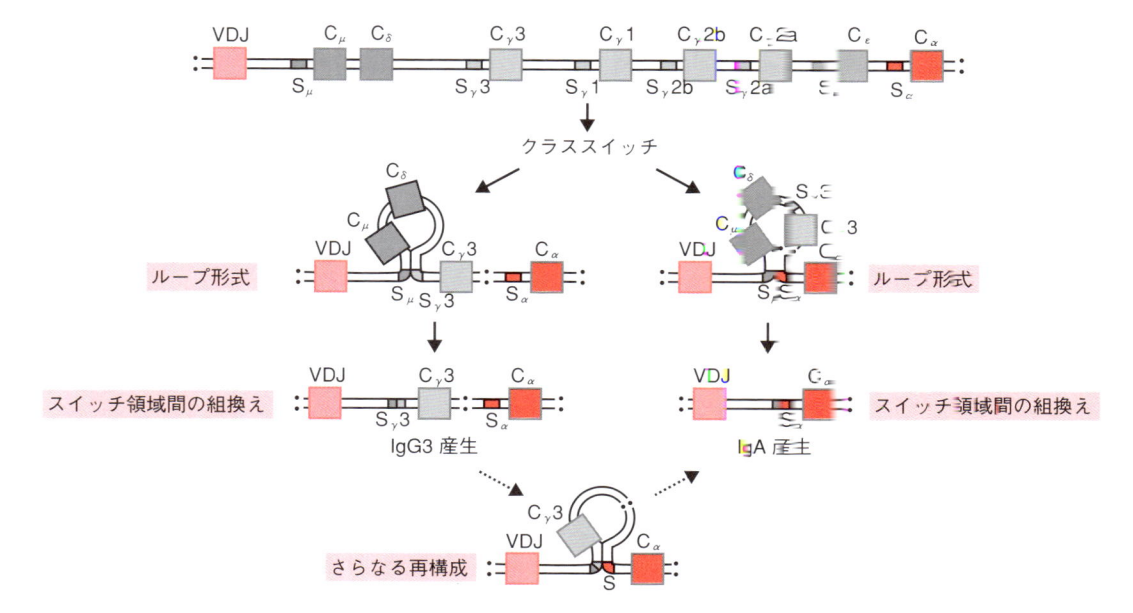

図 8-8 クラススイッチ
B 細胞によって最初に発現される抗原受容体は IgM と IgD クラスの免疫グロブリン分子であり，免疫反応によって最初に産生される抗体はつねに IgM クラスである．免疫反応が進行すると同一の B 細胞クローンにおいて，VH 遺伝子を変化させることなく，IgG，IgA あるいは IgE クラスなどの異なったクラスの免疫グロブリン受容体あるいは抗体を産生してくる．この変化をクラススイッチ（あるいはアイソタイプスイッチ）という．クラススイッチ組換えは不可逆的な DNA 組換え反応である．CSR は離れて位置する 2 カ所の「スイッチ領域」という繰り返し配列で構成された DNA 領域間で生じる非相補的 DNA 組換え反応である．IgM スイッチ領域（S μ）は JH 遺伝子断片と C μ 遺伝子との間のイントロンのなかに位置しており，他の H 鎖アイソタイプ遺伝子のスイッチ領域（S γ，S ε，S α など）もそれぞれの C 遺伝子の上流のほぼ同等の位置に存在している．S μ とクラススイッチする C 遺伝子のすぐ上流に位置する S 領域との間で DNA 組換え反応が起こると，2 つの S 領域間に介在しているすべての DNA は削除される．クラススイッチは一方方向の反応であるが 1 度だけでなく，さらに下流の C 遺伝子へのクラススイッチが生じる場合もある

クラス I 抗原群を，クラス II 領域は MHC クラス II 抗原群を，クラス III 領域の遺伝子は，主として補体などの血清成分をコードする遺伝子群をコードしている．ヒトの HLA 抗原系は，クラス I の A 座，B 座，C 座，クラス II（D 領域）の DR 座，DP 座，DQ 座などを含む互いに近接して存在する遺伝子複合体によりコードされている．1 個体には 2 本の相同染色体があるので，上記の遺伝子座それぞれに 1 種類（ホモ接合体）または 2 種類（ヘテロ接合体）の対立遺伝子が存在する．その発現はともに優性であるので 2 つの対立遺伝子のコードする抗原特異性が細胞表面に両方とも表現される．各遺伝子座の抗原特異性はそれぞれ数十種類あるので，その組合せによって構成される各個体が表現している HLA 複合体の種類（表現型）は膨大な数となる．そのため，同じ HLA 表現型をもつ個体の出現頻度は著しく低くなり，このことが腎移植や骨髄移植の際，ドナーを決める場合の問題点となる．HLA 表現型は，したがって非常に特異性の高い個体のマーカーとなる．

6 MHC 抗原と抗原提示

1) MHC 分子の構造

TCR による抗原認識は，抗原のみでは抗原認識が起こらず，自己の MHC 分子に抗原が結合した形でのみ可能となる．これを「抗原認識の MHC 拘束性」という．同じ抗原でも非自己の MHC に結合した形では T 細胞は抗原認識ができない．

MHC クラス I 抗原は 45 kD の α 鎖と，β2 ミクログロブリン（β2m）が非共有結合して構成さ

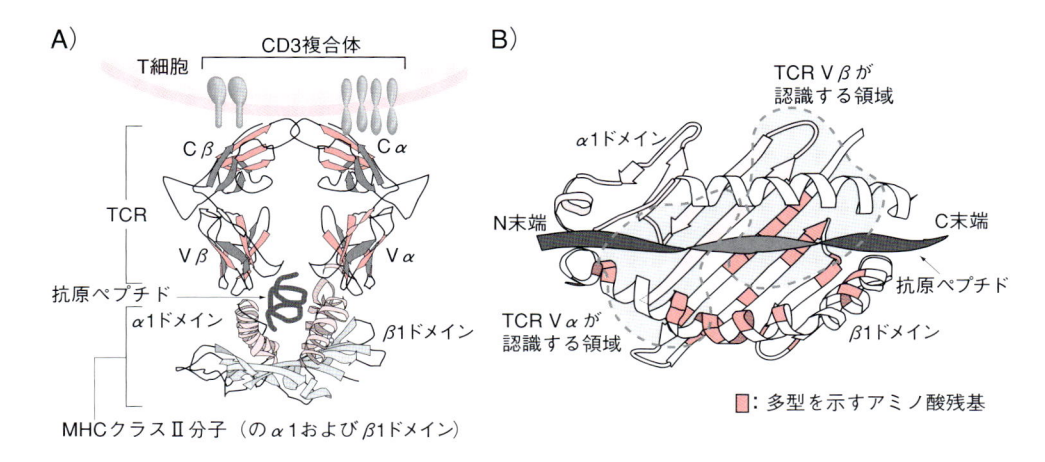

図 8-9　T 細胞受容体（TCR）による MHC クラス II 分子/ペプチド複合体の認識（推定図）
A）結晶化された HLA 分子の X 線解析から，α1，β1ドメインはβシートの底部とαヘリックス構造によって形成される側壁を両側にもつポケット状の構造をしており，この部分に抗原ペプチドが結合すると考えられている．B）TCR Vα は MHC クラス II 分子β1ドメインのαヘリックス部分と抗原ペプチドの N 末端側を，TCR Vβ はα1ドメインのαヘリックス部分と抗原ペプチドの C 末端側を認識すると推定されている（文献 4 より）

れている．α鎖はα1，α2，α3の3つのドメインから構成され，さらに膜貫通部と細胞内ドメインからなっている．クラス I 抗原特異性はα1，α2ドメインによって担われており，特異性の異なるクラス I 分子ではα1，α2領域のアミノ酸配列が著しく異なっている．TCR は，α1，α2ドメインのαヘリックス構造によってつくられる壁の上面と，βシート構造を底面とするポケット構造にはまりこんだペプチド抗原を同時に認識する．

　MHC クラス II 抗原は，35 kD のα鎖と 28 kD のβ鎖が非共有結合したヘテロ二量体で構成されている．α鎖はα1，α2ドメイン，β鎖はβ1，β2ドメインからなっているが，α2，β2は多様性に乏しい．一方，α1ドメイン，β1ドメインは個体間で多様性に富み，クラス II 抗原の抗原特異性を決定している．α鎖のα1ドメインと，β鎖のβ2ドメインから構成される立体構造は，クラス I 分子で述べたのと類似のポケット構造を形成し，ここに抗原ペプチドがはまりこんで結合し，T 細胞への抗原提示を行う（図 8-9）．

　成熟 T 細胞上には，TCR 複合体とは別に CD4 または CD8 分子という補助分子が発現されている．CD4 を発現している成熟 T 細胞（CD4 陽性 T 細胞）は CD8 を発現していない．逆に CD8 陽性成熟 T 細胞は CD4 を発現していない．CD8 陽性 T 細胞上の CD8 分子は，クラス I 抗原に結合する性質をもっており，CD8 分子とクラス I 抗原の結合は TCR と抗原間の結合力を高める．CD4 陽性 T 細胞では，CD4 分子はクラス II 抗原に結合する性質をもっており，このことにより，CD4 陽性 T 細胞は MHC クラス II 抗原に結合した外来抗原を認識するようになる．

　クラス I 抗原/ペプチド複合体は主としてキラー T 細胞（T_C）上の TCR によって，クラス II 抗原/ペプチド複合体はヘルパー T 細胞（T_H）上の TCR によって認識される．すなわち，CD4 陽性 T 細胞は主として T_H 細胞，CD8 陽性 T 細胞は T_C 細胞ということになる．

Memo
未熟胸腺細胞の多くは CD4，CD8 ともに陽性（ダブルポジティブ）で，さらに未熟な分化段階では CD4，CD8 ともに陰性（ダブルネガティブ）である．

2) 抗原提示細胞

T細胞への抗原提示には，抗原提示細胞という専門の細胞がその役割を果たす．代表的な抗原提示細胞としては，樹状細胞，B細胞，マクロファージの3種類がある．外から入ってきたタンパク質抗原は抗原提示細胞内に取り込まれ，分解処理（プロセシング）されて適当なサイズのペプチドとなる．こうして生じたペプチドのうち，自己MHCクラスⅡ分子のポケット内にはまりこんで結合できたペプチドがMHC分子とともに抗原提示細胞表面上に発現され，TCRにより認識される．また，ウイルスタンパク質など内在性タンパク質抗原は，細胞質内プロテアーゼによって処理されて一定の大きさのペプチドとなった後，小胞体内へ輸送され，そこでMHCクラスⅠ分子に結合する．その後に細胞表面に発現され，TCRによって認識される．

7 胸腺内でのT細胞分化と正の選択，負の選択

T細胞の抗原認識に際して，自己MHC拘束性が存在するのは，胸腺内でT細胞が成熟する際に生じる「正の選択」および「負の選択」という2つの反応の結果と考えられている．胸腺内でT細胞が分化する過程（図8-10）で，TCR遺伝子の再構成により膨大な数のT細胞クローンが生じる．そのなかで，胸腺内に存在する抗原提示細胞上の自己MHCとそれに結合した自己ペプチド複合体に適度な親和性を有するTCRをもつT細胞は刺激されて生き残り，分化増殖する．その場合，胸腺内T細胞は細胞表面上にCD4，CD8の2種類の補助分子を同時に発現しているが（ダブルポジティブ），自己MHCクラスⅠ抗原と反応したものはCD8分子のみを，クラスⅡ抗原と反応したものはCD4分子のみを発現するようになる．こうして，自己MHCに対して適度の親和性をもったCD4陽性T細胞，CD8陽性T細胞が出現してくる．これを「正の選択」という．胸腺内で自己MHCを認識できないTCRをもったT細胞はすべて死滅する（胸腺内T細胞の80％以上はこうして死滅する）．しかし，逆に自己ペプチド抗原と強い親和性，結合力をもつTCRをもった自己抗原反応性T細胞クローンは胸腺内において，抗原提示細胞上のMHC抗原/自己タンパク質複合体と反応した後，アポトーシスに至り消滅する．これを「負の選択」という．胸腺内で正の選択と負の選択を受けることによりはじめて，自己成分（self）には反応しないがあらゆる外来抗原に対して，自己MHC拘束性に抗原認識を起こすT細胞群が完成される．

> **Memo**
> 正の選択，負の選択の正確な分子機構はいまだ明らかになっていない．その解明は，自己寛容の機構を明らかにし，自己免疫病の解明，治療，臓器移植に重要な情報をもたらす．抗原受容体からのシグナル伝達の制御機構の解明がその答えを示唆するかもしれない．

8 免疫細胞の活性化と補助刺激分子

適応免疫反応の第一段階は，抗原に一度も遭遇したことのないT細胞（ナイーブT細胞）の抗原提示細胞による活性化である．ナイーブT細胞の活性化にはTCRからの抗原結合によるシグナル（およびCD4分子とMHCクラスⅡ，CD8とMHCクラスⅠの結合によるシグナル）に加えて，抗原提示細胞が発現する補助刺激分子からのシグナルが必要である（図8-11，表8-2）．

9 クラススイッチ，抗体機能の多様性の獲得

抗体分子はそのH鎖の定常領域の構造の違いから，ヒトではIgM，IgD，IgG，IgA，IgEの5

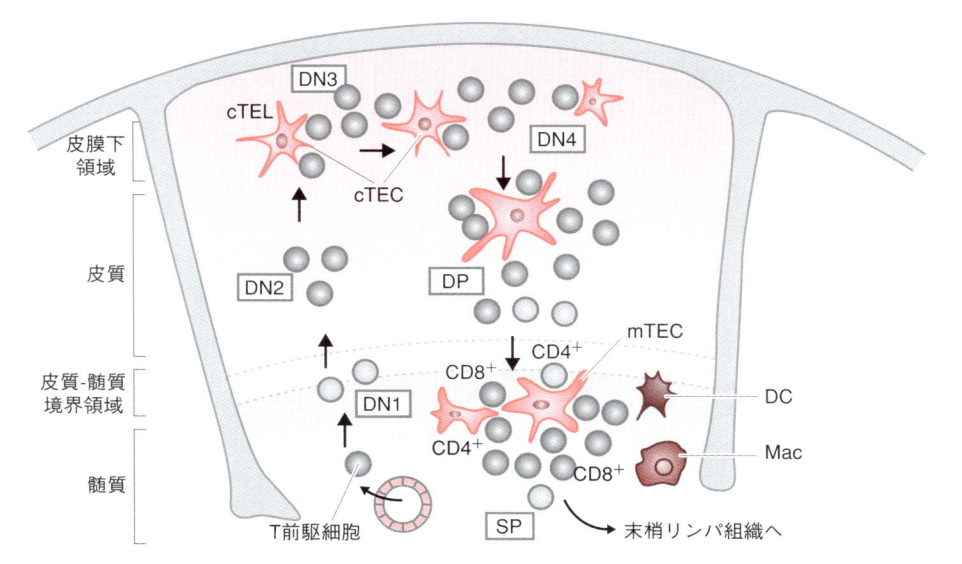

	皮膜下領域
	皮質
	皮質-髄質境界領域
	髄質

DN：ダブルネガティブ細胞
DP：ダブルポジティブ細胞
　　（未熟胸腺細胞）
SP：シングルポジティブ細胞
　　（成熟胸腺細胞）
　　CD4 / CD8

cTEC：皮質胸腺上皮細胞　⎤ 胸腺スト
mTEC：髄質胸腺上皮細胞　⎦ ローマ細胞
DC：樹状細胞
Mac：マクロファージ

DN1	DN2	DN3	DN4
$CD3^+$	$CD3^+$	$CD3^+$	$CD3^+$
$CD44^{high}$	$CD44^{high}$	$CD44^{low}$	$CD44^{low}$
$CD177^{high}$	$CD117^{high}$	$CD177^{low}$	$CD177^-$
$CD25^-$	$CD25^+$	$CD25^+$	$CD25^-$
$CD4^-$	$CD4^-$	$CD4^-$	$CD4^{-/low}$
$CD8^-$	$CD8^-$	$CD8^-$	$CD8^{-/low}$

図 8-10　胸腺内細胞移動と正負の選択

T前駆細胞は皮質–髄質境界領域から血行性に胸腺内に入り，もっとも未熟な胸腺細胞（DN1）となる．胸腺上皮細胞で発現されているリガンドNotch-1の刺激を受けて胸腺細胞の分化が開始される．胸腺内を境界領域から皮質，皮膜下皮質領域へと移動しながらDN2，DN3細胞へと分化していく．その分化過程は図中の表に示したような表面抗原（マーカー）の変化により確認することができる．皮膜下皮質領域に到達するとそこで反転して再度，皮質内部へと移動しはじめてDN4細胞（プレT細胞）となる．DN3-DN4においてTCR β鎖の遺伝子再編成が生じ，プレT細胞受容体（pTα）を発現する．皮質内を移動しながらCD4，CD8両分子を発現してDP細胞となり，TCRα鎖の遺伝子再構成とともにTCRαβ受容体を発現し増殖する．皮質–髄質境界領域で正の選択が生じ，CD4あるいはCD8のいずれか一方のみを発現する自己MHC反応性の成熟T細胞となる．ついで髄質に移動して髄質上皮細胞上で自己抗原反応性のクローンの除去（負の選択）が生じる．胸腺細胞がDN1からDPへと分化する際になぜ胸腺内を移動（traveling）する必要があるのかはわかっていない

つのクラスに分かれる．それぞれの免疫グロブリンのクラスをコードする定常領域遺伝子は同一染色体上にVDJ遺伝子群の下流に不連続に並んでいるが，抗原刺激後に，中間のDNA断片が欠失して，特定の定常領域遺伝子がVDJ遺伝子に近づいて連結する．この組換えにより，同じ可変領域をもつ（すなわち，同じ抗原特異性をもつ）が，異なる定常領域をもつH鎖分子が発現される．これをクラススイッチ組換え（CSR）という（図8-8）．これにより同一抗原に反応する異なったクラスの抗体分子が産生される．CSRはCD40などの補助受容体からのシグナルと種々のサイトカインの働きによって制御されている．

　CSRを誘導する分子機構については長い間不明であった．B細胞上のCD40からのシグナルおよびIL-4などのサイトカイン受容体からのシグナルにより，H鎖定常領域遺伝子部位が開かれた状態（accessible）になることが必要であることは想定されていた．前述したように，近年，AIDの発見により，AIDがクラススイッチ組換え反応の誘導のキー分子であることが明らかとなった．

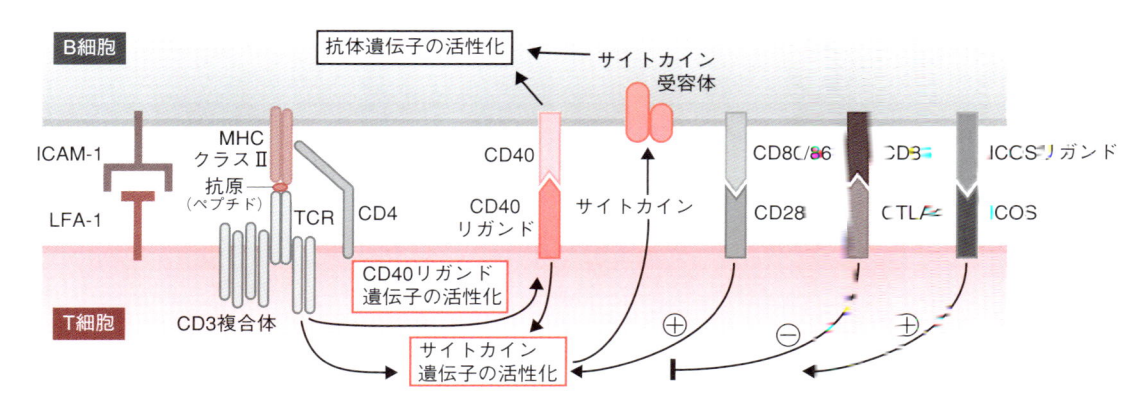

図 8-11　T 細胞 - B 細胞間協同作用

補助刺激分子として「B7-1（CD80）」「B7-2（CD86）」分子がある．T 細胞には B7 に結合する補助受容体として「CD28」「CTLA4」が発現されている．抗原提示細胞は抗原を特異的に T 細胞に提示するとき，補助刺激分子 B7 を発現して T 細胞上の CD28 分子と相互反応することによって T 細胞ははじめて活性化される．一方，B7 分子と CTLA4 の結合は T 細胞の活性化に負の制御を行う．このような補助刺激分子とその受容体を介するシグナルは T 細胞のみならず，B 細胞の活性化，抗体産生細胞への分化，クラススイッチにも必要である．すなわち，B 細胞の活性化には抗原からのシグナルに加えて，T 細胞上の補助刺激分子である CD40 リガンドが B 細胞上の CD40 受容体と結合することが必要である．さらに B 細胞による T 細胞の活性化には T 細胞上の受容体 ICOS と B 細胞上の ICOS リガンドとの反応も重要である．同時に T 細胞も CD40 リガンドからシグナルを受けることが知られている．このほか，種々の接着因子（例えば，LFA-1 と ICAM-1, 2, 3）が抗原提示細胞と T 細胞，T 細胞と B 細胞間の相互作用に重要な働きをしている．これらの分子の異常はしばしば免疫不全症の原因となる

10　サイトカインと免疫応答の多様性

近年，サイトカイン研究の急速な進展により，リンパ球をはじめとする多くの細胞が多重多様なサイトカイン，ケモカインを産生分泌し，免疫反応を多様な形で制御することにより，抗原排除や免疫反応の制御を行っているのみならず，全身の種々の臓器，細胞の機能発現の制御に重要かつ必須の働きをしていることが明らかとなった．

> **Memo**
> サイトカインは，免疫細胞などの細胞により産生される可溶性の低分子タンパク質で，他の細胞の活性，機能，性状などを微量で変化させる性質をもつ分子の総称である．免疫系以外の細胞でも種々のサイトカインを産生分泌する．リンパ球が産生するサイトカインは，リンホカインともいう．

T 細胞が産生するサイトカインは，T 細胞あるいは B 細胞の分化，活性化の誘導，制御に必須である．サイトカインはそれに対する受容体を発現している細胞に作用し，さまざまな免疫活性，生物活性を発揮する（サイトカイン受容体については第 7 章-1 参照）．受容体を発現している細胞は多岐にわたるため，1 つのサイトカインの生物活性も多様なものとなる．インターロイシン-2（IL-2）は T 細胞の増殖，キラー T 細胞の活性化などの機能を有し，IL-4，IL-5，IL-6，IL-10 などのサイトカインは B 細胞に働きその分化成熟を促す．インターフェロンγ（INFγ）はマクロファージの活性化を誘導する．IL-3，GM-CSF などのサイトカインは造血の幹細胞に作用し，それらの分化，増殖を促す．

免疫反応の方向は，サイトカインによって大きく影響を受ける．例えば，前述のように IL-4 や IL-5，IL-6 などのサイトカインは B 細胞の分化増殖を促進し，IL-7 は B 前駆細胞，T 前駆細胞の

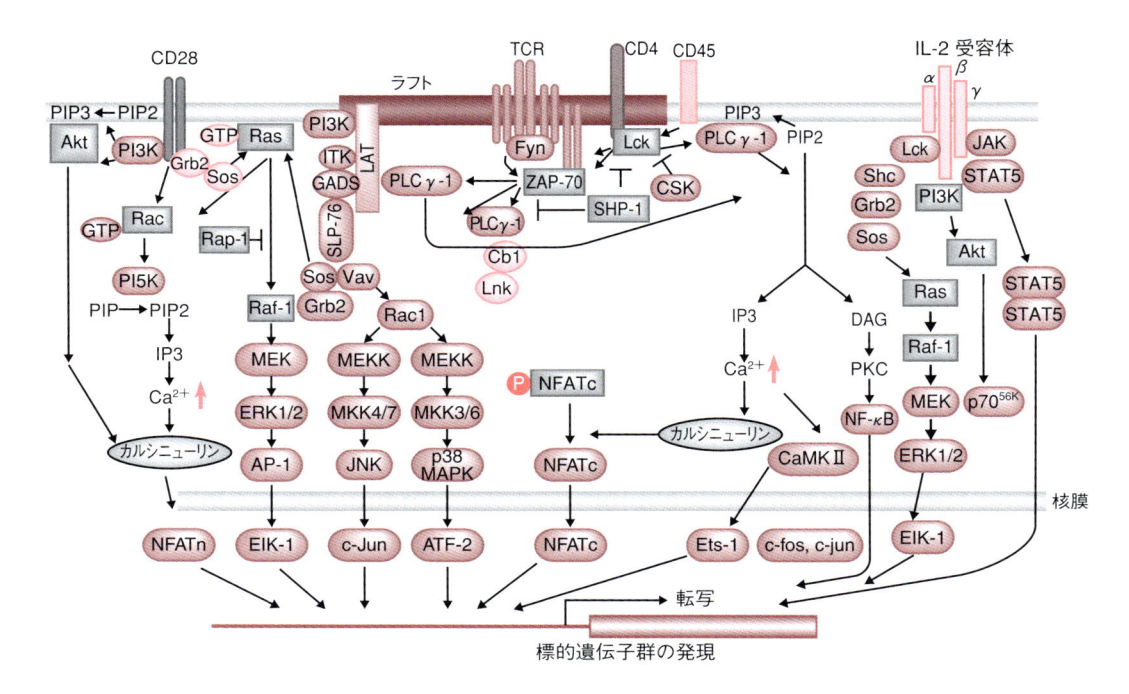

図8-12 T細胞におけるTCRおよびサイトカイン受容体（IL-2受容体を代表として図示）からのシグナル伝達機構の模式図

リンパ球上の抗原受容体自身はチロシンキナーゼをもたないが，T細胞がTCRを介して（あるいはB細胞がBCRを介して）抗原認識すると，抗原受容体複合体に会合するチロシンキナーゼ（T細胞の場合はFyn，Lckなど，B細胞の場合はLyn，Blkなど）の活性化が誘導され，それらにより，T細胞の場合はCD3各鎖（B細胞の場合はIgα，Igβ鎖）のITAMモチーフのチロシン残基のリン酸化が生じる．チロシンリン酸化されたITAMにZAP-70（B細胞の場合はSyk）チロシンキナーゼが結合して活性化され多くの細胞内基質をリン酸化する．Grb2やSLP-76（B細胞ではp62Doc，BLNKなど）を中心に多くの基質が会合して，さらに下流のシグナル系を活性化させる．その結果，ホスホリパーゼC（PLCγ）の活性化による細胞内Ca^{2+}の上昇とPKCの活性化，Ras-MAPK系などの活性化，AP-1，Ets，Mycなどの転写因子，あるいはNFAT（B細胞ではNF-κB）などの転写因子の活性化が誘導される．一方，SHP-1のようなチロシンホスファターゼが同時に活性化されると脱リン酸化により，シグナル伝達を逆に負に制御する．種々のサイトカイン受容体からのシグナルもリンパ球の活性化に重要である．サイトカイン受容体からのシグナルは上記のチロシンキナーゼのみならず，JAKキナーゼ群とそれらによってチロシンリン酸化を受けるSTATファミリータンパク質がシグナル伝達に非常に重要である．チロシンリン酸化を受けたSTATタンパク質は直接，核に移行し遺伝子発現を誘導する．抗原受容体からのシグナル伝達の制御機構の解明は免疫細胞の活性化，不活化の分子機構を解明するうえで重要である

分化増殖に関与する．IL-4はIgEへのクラススイッチに必須であり，アレルギー症を考えるうえで重要なサイトカインである．IL-5はIgAへのクラススイッチ，好酸球の分化を促進する．IL-2，IL-4はT細胞の増殖に重要である．またTNFα，IL-1，IL-6，IL-8などのサイトカインは炎症惹起に関与する．GM-CSFやIL-3，IL-6などは幹細胞から造血系細胞への分化に重要な働きをする．このようにサイトカインは免疫反応の制御，炎症の惹起と進展，細胞の分化増殖の制御など多方面に関係している．

Memo
種々多様なサイトカイン，ケモカインの発見とその分離および遺伝子の同定，さらにはサイトカイン受容体，ケモカイン受容体の研究の急速な進展は，近代免疫学を一変させたといっても過言ではない．

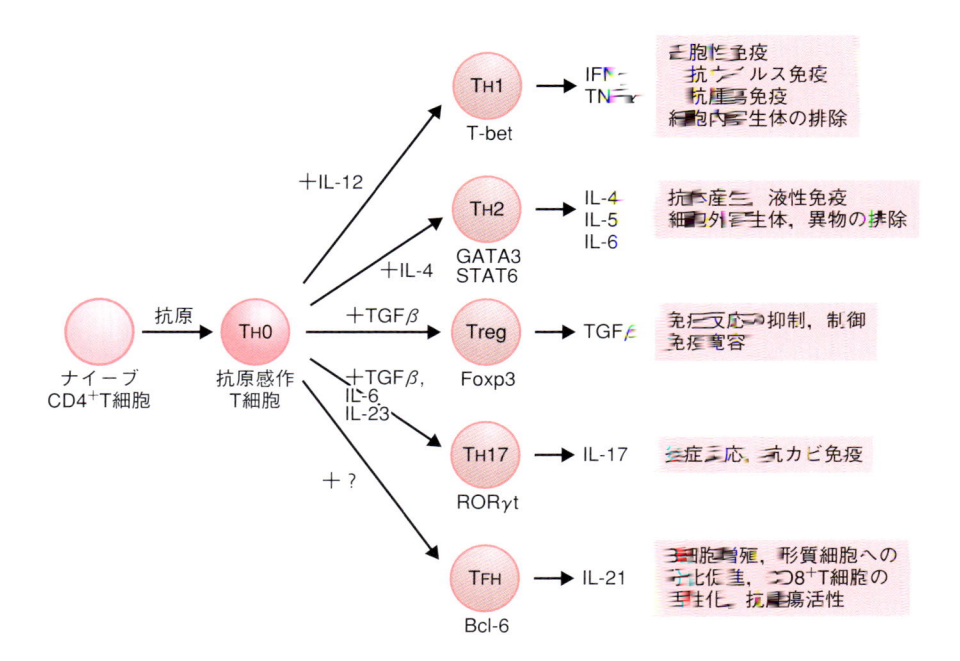

図 8-13 Tʜサブセット
代表的なヘルパーT細胞（CD4陽性）のサブセットとそれらを規定している主要転写因子，産生するサイトカイン，免疫学的機能およびそれらのサブセットの誘導にかかわるサイトカインを示す（文献２より）

11 CD4 陽性ヘルパー T 細胞（Tʜ）のサブセットとその機能

　CD4陽性ヘルパーT細胞（Tʜ）は抗原によって活性化され，免疫反応の調節や効果細胞として働く．近年，Tʜ細胞はサイトカインの産生パターンにもとづき，少なくとも5〜6種類のサブセット（Tʜ1，Tʜ2，Tʜ17，Treg，TFH）に分けられると考えられるようになった（図8-13）．Tʜ1細胞はIL-2，IFNγ，TNFαを産生分泌する．一方，Tʜ2細胞は IL-4，IL-5，IL-6，IL-10などのサイトカインを産生する．Tʜ1，Tʜ2細胞は産生されるサイトカインの作用に従って異なった調節機能を示す．Tʜ1はマクロファージなどを活性化して細胞性免疫あるいはIgG産生を介して感染防御などに関与し，Tʜ2は主として液性免疫やIgEの産生，好酸球の分化増殖あるいはメディエーターを介した免疫炎症反応に関与している．

　Tʜ1，Tʜ2バランスの制御は自然免疫系の影響を強く受けている．従来より，細菌，ウイルス，真菌などの病原微生物の感染症ではTʜ1型の免疫反応が誘導され，IgG抗体の産生あるいはマクロファージの活性化，キラーT細胞の活性化などの細胞性免疫が誘導される．また臓器特異的な自己抗原への過剰免疫反応（臓器特異的自己免疫病）も多くはTʜ1型の過剰免疫反応である．一方，寄生虫などの多細胞生物による感染症，あるいは花粉，ダニといったいわゆるアレルゲンによるアレルギー反応では，Tʜ2型の免疫反応が誘導される．前者は，LPSなどのI型PAMPがTLRに結合し，NF-κBなどを活性化してIL-12などのサイトカインを産生分泌してTʜ1型のヘルパーT細胞を活性化するためであり，後者は，寄生虫抗原，花粉，ダニ抗原などのアレルゲンが，いまだ同定されていない受容体群，PRRを刺激して，樹状細胞を活性化，IL-4などを産生，分泌しTʜ2型ヘルパーT細胞を活性化するためである．また，樹状細胞，Tʜ2細胞から分泌されるIL-10は，Tʜ1への分化を抑制して，より一層Tʜ2型の免疫反応を促進する．

> **Memo**
> TH1とTH2は，それぞれ産生しているサイトカインを介してお互いに抑制的に制御しあっていることも示されている．したがって，特定のTHサブセットの過剰反応あるいはTH1/TH2のバランスの偏りは免疫病の要因となると考えられている．TH1/TH2のバランスの偏り，さらに炎症反応を誘導するTH17，免疫反応を制御するTregなどのヘルパーT細胞のサブセットの機能（図8-13）を正しく理解することにより，異常免疫反応や炎症を人為的にコントロールすることも可能となるであろう．

12 CD8陽性キラーT細胞（Tc）による生体防御

　CD8陽性キラーT細胞（Tc）は，ウイルスのように細胞内で増殖する微生物感染の場合，感染細胞内に生じた微生物由来の抗原ペプチドをMHCクラスI分子とともに抗原認識し感染細胞を殺す．あるいは，体内に生じた癌細胞を殺す．このTc細胞の細胞傷害作用は，Tc細胞がもっているパーフォリン，グランザイムという分泌顆粒を放出することにより標的細胞にアポトーシスが誘導された結果である．また，Tc細胞上のFasリガンドを介するアポトーシスも関与していると考えられている．

　またCD8陽性T細胞はIFNγを分泌してクラスI抗原の発現を促進し，マクロファージを活性化する．CD4陽性のTH1細胞は炎症性T細胞としてIFNγ，TNFα，リンフォトキシンなどの炎症性サイトカイン，ケモカインを分泌してマクロファージなどを活性化する．活性化マクロファージにより細胞内病原体が殺される．活性化されたTH1細胞はFasリガンドを発現し，Fas陽性の細胞にアポトーシスを誘導する．

■ 文　献 ■

1) "Immunobiology, 5th ed." (Janeway, C. & Travers, P.) and "Immunobiology Janeway's 7th ed." (Murphy, K., Travers, P. & Walport, M.) Current Biology Ltd/Garland, 2001 and 2008
2) DeFranco, A. L. & Weiss, A.: Lymphocyte activation and effecter functions. Curr. Opin. Immunol., 10: 243-367, 1998
3) 斉藤　隆：Tリンパ球は抗原にどのように反応するか．"免疫のしくみと疾患（平野俊夫/編）", pp44-54, 羊土社, 1997
4) 西村泰治：HLAと疾患感受性．"免疫のしくみと疾患（平野俊夫/編）", pp28-42, 羊土社, 1997
5) von Boemer, H.: The developmental biology of T lymphocytes. Annu. Rev. Immunol., 6: 309-326, 1993
6) "Immunoglobulin genes" (Honjo, T. & Alt, F. W./eds.), Academic press, 1995
7) 吉村昭彦/編：新しいサイトカイン情報伝達分子．実験医学, 16: 460-518, 1998
8) Thompson, C. B.: New insights into V (D) J recombination and its role in the evolution of the immune system. Immunity, 3: 531-538, 1995
9) Martin, A. & Scharff, M. D.: AID and mismatch repair in antibody diversification. Nature Reviews/Immunology, 2: 605-614, 2002
10) Barton, G. M. & Medzhitov, R.: Control of adaptive immune responses by Toll-like receptors. Curr. Opin. Immunol., 14: 380-383, 2002
11) "免疫学最新イラストレイテッド"（小安重夫/編）, 羊土社, 2003
12) King, C. et al.: T follicular helper (T-FH) cells in normal and dysregulated immune responses. Annu. Rev. Immunol., 26: 741-766, 2008

Chapter 8

2 発生の制御機構

発生過程における動物の形づくりは，体の設計図（ボディープラン）のもとに正確に行われている．動物の体つくりのしくみが分子レベルで解明されるにつれ，そのしくみが動物の進化の過程で連綿と受け継がれてきたことが明らかになった．そして，最近の分子発生学の研究により，線虫やハエからヒトに至るまで，動物の体つくりの基本的な分子メカニズムに類似性のあることが明らかになった．その際に，中心的な役割を果たしているのが，ホメオボックス（ホメオティック）遺伝子と呼ばれる遺伝子群である．ここでは，発生におけるホメオボックス遺伝子の役割を中心に，動物の体つくりの基本的なしくみについて述べる．

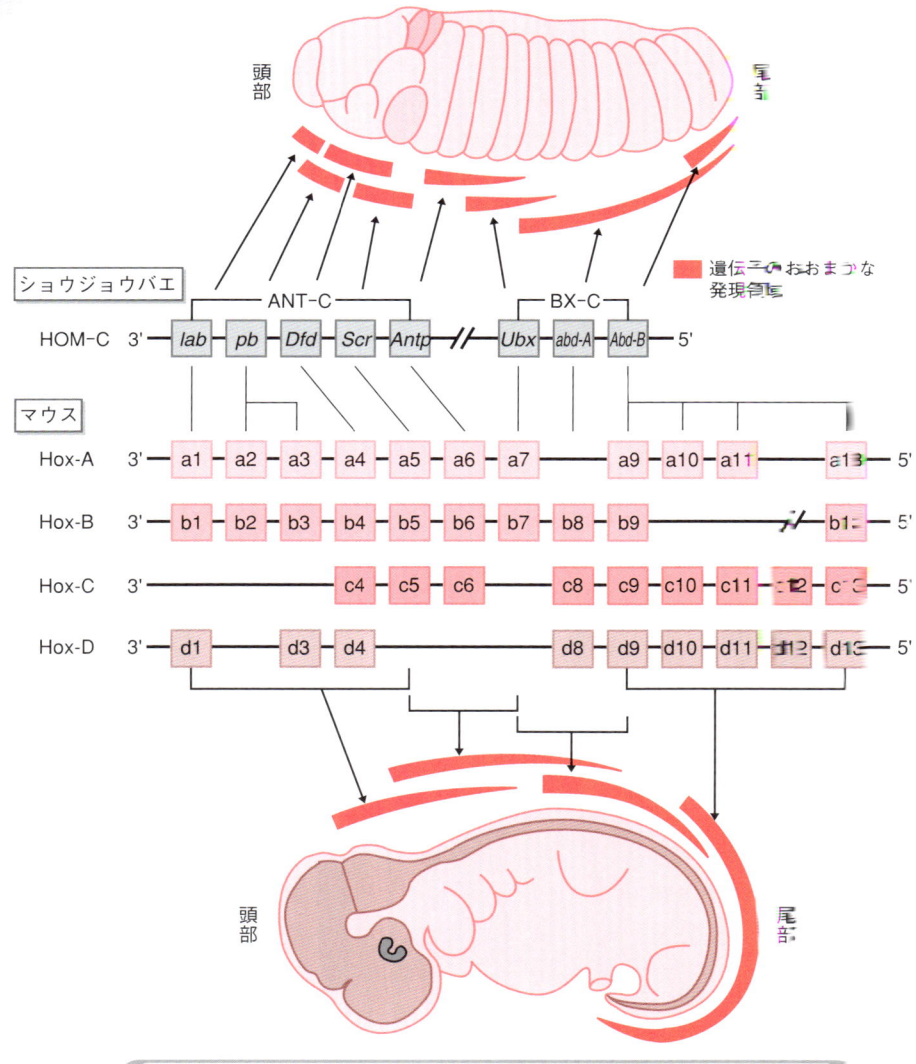

概念図

ホメオボックス遺伝子の複合体と発生過程における発現パターンの類似性

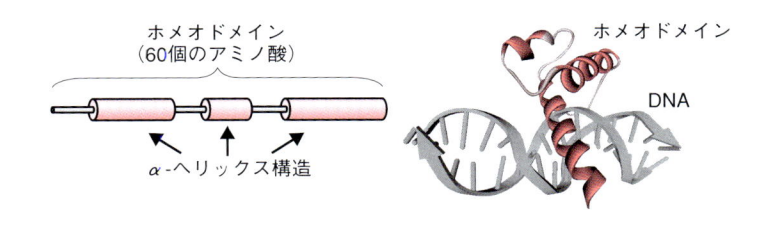

図 8-14　ホメオドメインの構造

ホメオボックス遺伝子に共通して含まれるホメオドメインと呼ばれる領域には，60個のアミノ酸からなる構造がコードされている．ホメオドメインは3つのα-ヘリックス構造からなり，それらはヘリックス・ターン・ヘリックス構造と呼ばれる立体構造を形成している．その部分でDNAと結合して，転写調節因子として働いている

1 ホメオボックス遺伝子

ショウジョウバエを用いた研究から，体の構造の一部が別の構造に置き換わったり，重複して形成されたりする形態形成異常（ホメオティック変異）のハエが注目され，それらの変異に関与する遺伝子が解析された．その結果，ホメオドメイン（図8-14）と呼ばれる180塩基対からなる配列を共通してもつホメオボックス遺伝子の存在が明らかになった．ホメオボックス遺伝子は染色体上に集合して分布し，触覚が脚に置き換わる変異にかかわるANT-C（Antennapedia-complex）と，平衡棍が翅に置き換わる変異にかかわるBX-C（Bithorax-complex）からなっている．これらの2つの遺伝子複合体を合わせて，ホメオティック複合体（HOM-C）と呼んでいる．

ショウジョウバエで明らかになったホメオティック複合体に相当するものがヒトを含めた脊椎動物にも幅広く存在することが明らかになった．脊椎動物では，HOM-Cに相当する遺伝子複合体が4セット（Hox-AからHox-Dまで）存在し，それらはHoxと総称されている．Hoxの1セットは13の遺伝子グループからなり，それらはショウジョウバエのHOM-Cの8つの遺伝子と対応している（概念図）．また，ホメオボックス遺伝子として分類されているものには，HOM-CやHoxなどのように，その発現が複合体として制御されているものの他に，*Pax*, *Pit*, *Lim*, *Oct*, *NK*, *En*, *Msx*などのように，その発現が単独で制御されているものもある．

ホメオボックス遺伝子は発生の過程で時間的，空間的に一定のパターンで発現し，体の構造の位置決めや，各領域に分けられた胚の将来の運命（それぞれの領域が将来どのような組織や器官になるか）を決定する役割などを果たしている．ホメオボックス遺伝子は器官形成の過程で階層的に発現する遺伝子の上位に位置して，その領域の将来の運命を最初に決定する重要な役割を果たしている．また，発生過程におけるホメオボックス遺伝子の発現には，いくつかの傾向がある．たとえば，ホメオボックス遺伝子複合体の3′側に位置する遺伝子ほど，発生の早い時期に，動物の体の前方部（頭部側）で発現する．しかも，3′側から5′側の方向に配列している遺伝子の順序と，それらが胚の頭部から尾部方向にかけて発現する位置関係とがよく対応している．

2 母性因子と体軸形成

受精を完了した卵細胞は，活発な細胞分裂（卵割：cleavage）を開始して，胞胚（blastula）を形成する．その過程では，動物の体をつくるうえで最初に必要な，胚の方向性（胚軸とも呼ばれ，頭尾方向，背腹方向，左右方向などがある）が決められる．多くの動物において，胚の方向性を決める役割を果たしているのは，卵細胞内に片寄って蓄積されている母性因子（maternal factor；一般に，タンパク質やmRNAなどからなる）である．それらには，転写調節因子や細胞増殖因子をはじめとして，さまざまな種類の因子が知られている．

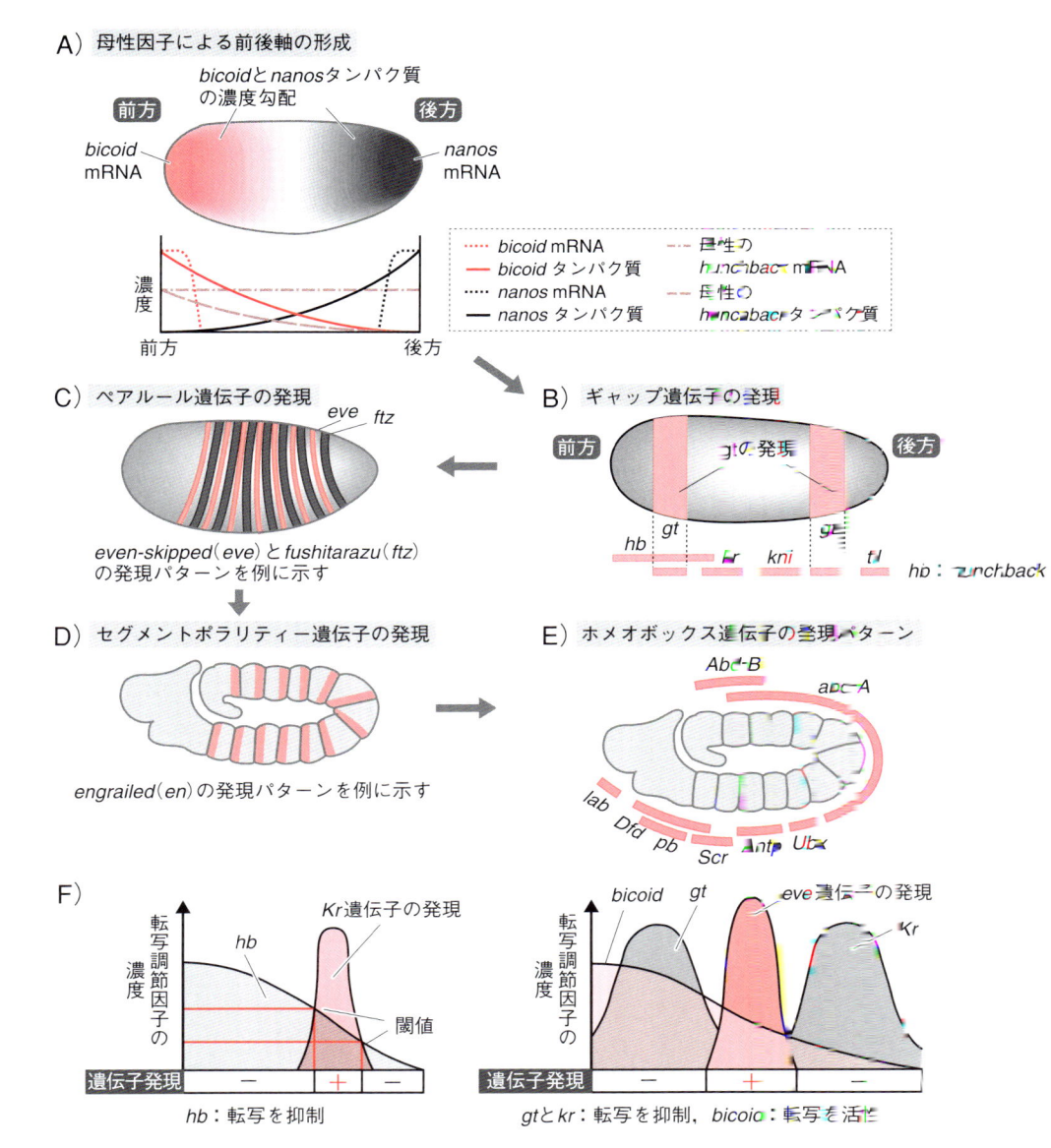

図8-15 ショウジョウバエの初期発生
A) 受精前の卵細胞の両極には，将来の頭尾方向を決定する母性因子のビコイド（bicoid）とナノス（nanos）のmRNAが片寄って蓄積されている．受精後にそれらが翻訳されると，ビコイドとナノスのタンパク質の濃度勾配が形成される．B)～D) それらの濃度勾配をきっかけにして，ギャップ遺伝子，ペアルール遺伝子，セグメントポラリティー遺伝子が順次に発現し，胚をいくつかの区画に分ける．E) 最後に，それぞれの区画に特異的なホメオボックス遺伝子が発現すると，それらの区画の将来の運命が決定される．F) 一定の領域における遺伝子の発現は，それに先立って発現している転写調節因子の抑制や促進作用を受けて行われる

1) ショウジョウバエの初期発生

ショウジョウバエの未受精卵の両極には，胚の頭尾方向を決定する因子が片寄って蓄えられている（図8-15）．卵の両極に蓄えられているのはビコイド（bicoid）とナノス（nanos）と呼ばれるmRNAで，前者は頭になる側に，そして，後者は尾になる側に分布している．ビコイドとナノスから翻訳されるタンパク質の機能は，それぞれ，転写調節因子と翻訳調節因子である．それらが翻訳されると，胚の両極を中心にタンパク質の濃度勾配が形成される．その濃度勾配に依

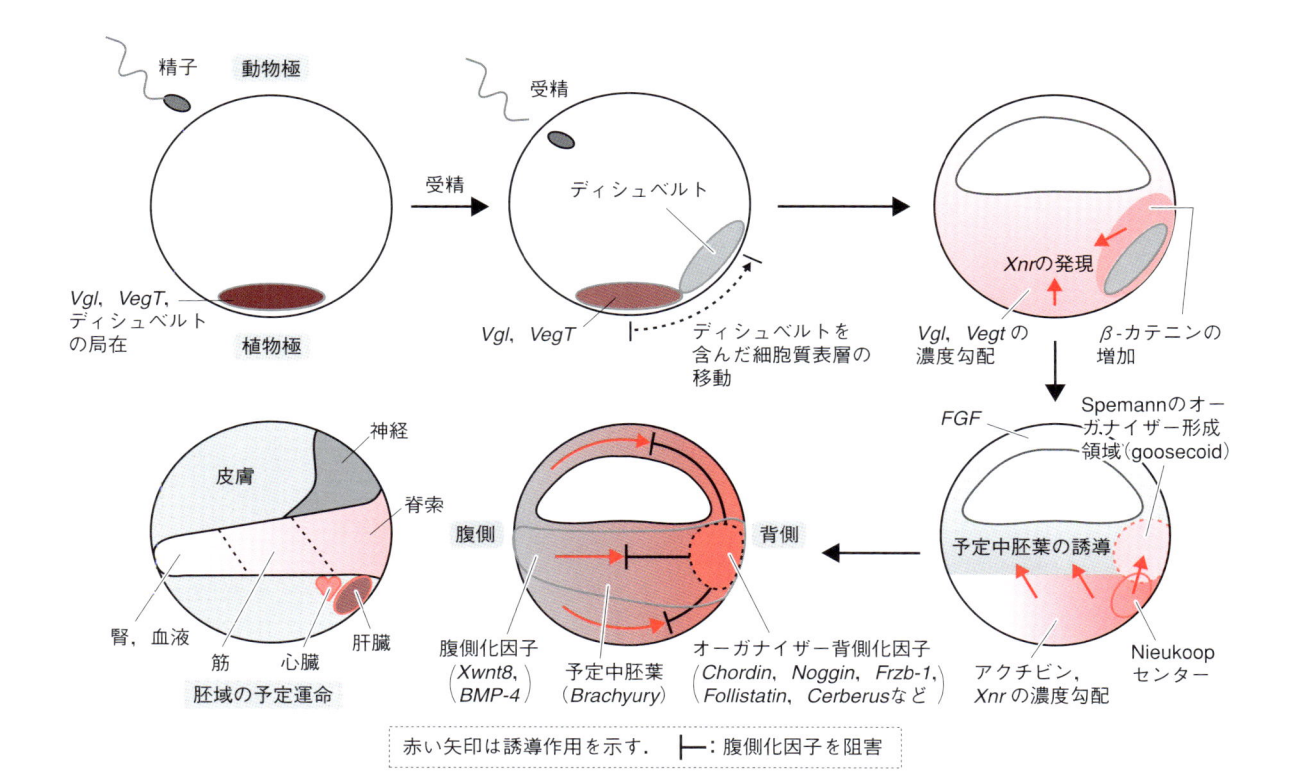

図8-16 カエルの初期発生
受精の際に精子が侵入すると，植物極に蓄えられていた母性因子のディシュベルトが，その反対側に移動する．ディシュベルトが移動した部分が胚の背側となり，その領域には胚形成の中心となるNieukoopセンターやSpemannのオーガナイザーが形成される．それらの領域からは，予定中胚葉の形成や胚の背側化を誘導するタンパク質が分泌される．Spemannのオーガナイザー域から分泌される背側化因子は，腹側化因子の作用を阻害することにより，胚の背腹方向を決定している

存して，新たな遺伝子の発現が引き起こされる（図8-15F）．その結果，ギャップ遺伝子（gap genes），ペアルール遺伝子（pair-rule genes），セグメントポラリティー遺伝子（segment polarity genes）と呼ばれる一群の遺伝子の発現が段階的に引き起こされ，胚がいくつかの区画（領域）に分けられる．引き続いて，それらの区画の運命（将来どのような構造になるか）が決定される．それを決定しているのが，区画ごとに片寄って発現するホメオボックス遺伝子である．ホメオボックス遺伝子が発現すると，それぞれの区画の将来の運命が決定され，具体的な器官形成が開始される．

2）カエルの初期発生

カエルの未受精卵には，動物極と植物極と呼ばれる向きが存在するだけである．胚の方向性を決める最初のきっかけとなるのは，卵細胞内への精子の侵入である．受精により卵細胞内に精子が侵入すると，植物極に蓄えられていた母性因子のディシュベルト（*deshevelled*：*Dsh*）が，精子の侵入した側と反対の方向に移動する．そして，ディシュベルトが移動した側が将来の背側になる．精子の侵入から背側の決定に至るまでにはいくつかのステップが必要である（図8-16）．
植物極から移動したディシュベルトは，移動先で転写調節因子のβ-カテニンの分解を抑制する．その結果，量が増加したβ-カテニンは転写調節因子の*siamois*を発現させる．次に，*siamois*

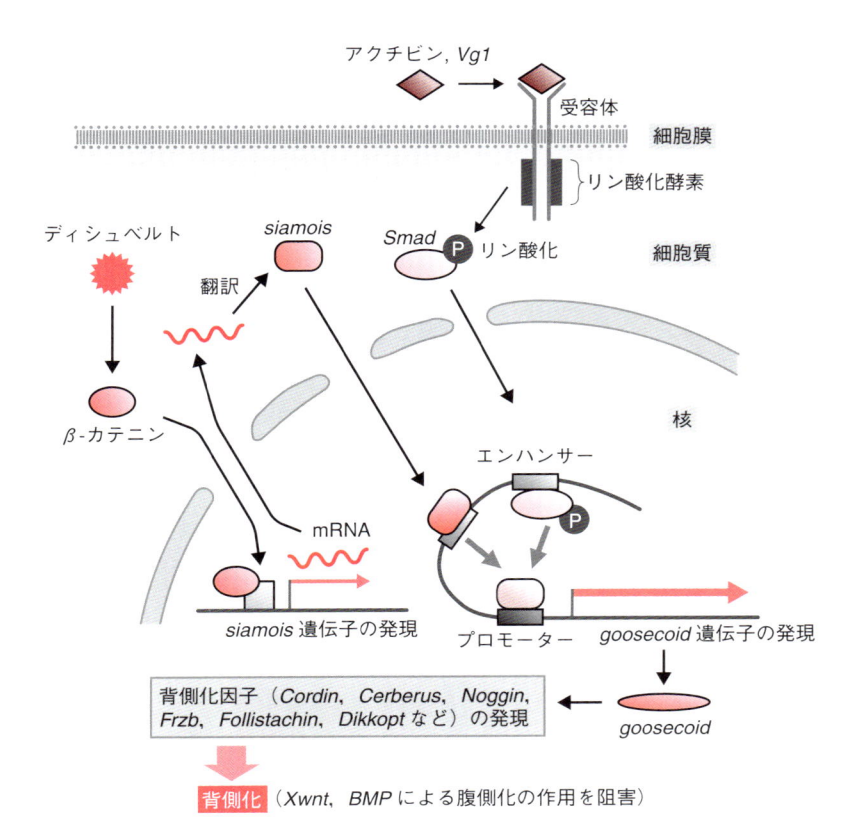

図8-17 ディシュベルトの移動から背側化因子の発現までの過程

受精に伴って胚の一定領域に移動したディシュベルトが，そこで背側化因子の発現を引き起こすことまでの過程を示す

が転写調節因子のgoosecoidを発現させる．そして，goosecoidは，その部分を背側にするために必要な多くの種類の背側化因子の発現を引き起こして，胚の背腹方向を決定する（図8-7）．この背側化因子を分泌している領域がSpemannのオーガナイザー（organizer：形成体）と呼ばれている．

Spemannのオーガナイザー域から分泌される背側化因子は，胚に広く発現している腹側化因子の骨形成因子（BMP）やウイント（Xwnt）と呼ばれる分泌性のタンパク質と選択的に結合して，それらの働きを阻害する（図8-18）．このようにして，腹側化因子の作用が阻害された側が背側になり，その反対側が腹側になる．

3　中胚葉形成と原腸胚形成

β-カテニンはsiamoisを誘導する一方でXnrの発現を誘導する．そして，Xnrは増殖因子のアクチビン（activin）やFGF（線維芽細胞増殖因子）などとともに，予定中胚葉域の形成を誘導する（図8-16）．アクチビンはこれらの中胚葉誘導因子のなかでも強力な作用をもち，それを胚の未分化細胞に作用させると濃度依存的にさまざまな組織の形成を誘導することが実験的に証明されている．しかも，胚におけるアクチビンの濃度勾配と，組織が形成される予定域の位置関係とがその実験結果とよく一致している（図8-19）．これらのことは，胚の背側から分泌されるさまざまな分泌タンパク質が，後の器官形成にも重要に関与していることを示唆している．

胚の背腹方向の決定と，予定中胚葉域の形成が完了すると，引き続いて，予定中胚葉域が胚の内部に向かって移動運動を行う．この大規模な形態形成運動は原腸胚形成（gastrulation）と呼ばれている．カエルの胚では予定中胚葉の移動とともに，将来の消化管になる原腸が形成される

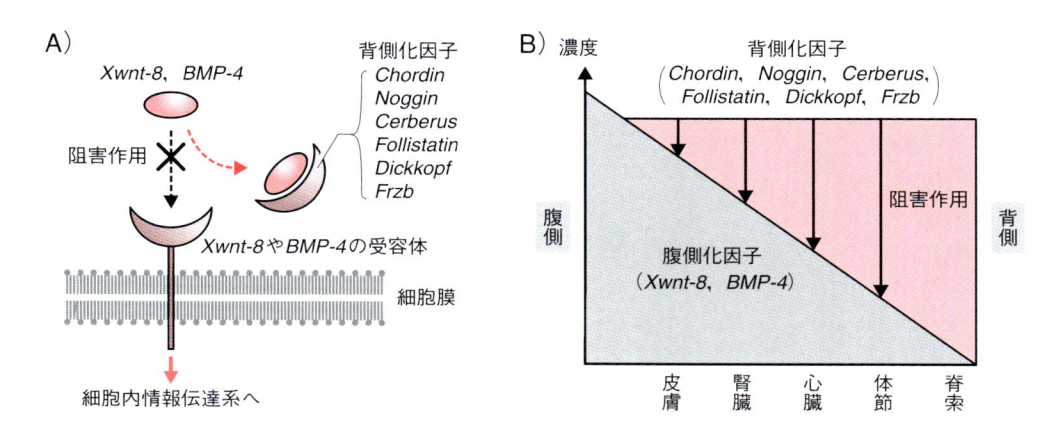

図8-18 背側化因子による腹側化因子の阻害
A) Spemannのオーガナイザー域から分泌される背側化因子は，胚に広く発現されている腹側化因子のXwntやBMPと結合することにより，それらが受容体に結合するのを阻害する．B) 背側化因子と腹側化因子の濃度勾配に依存して，さまざまな組織の形成が誘導される

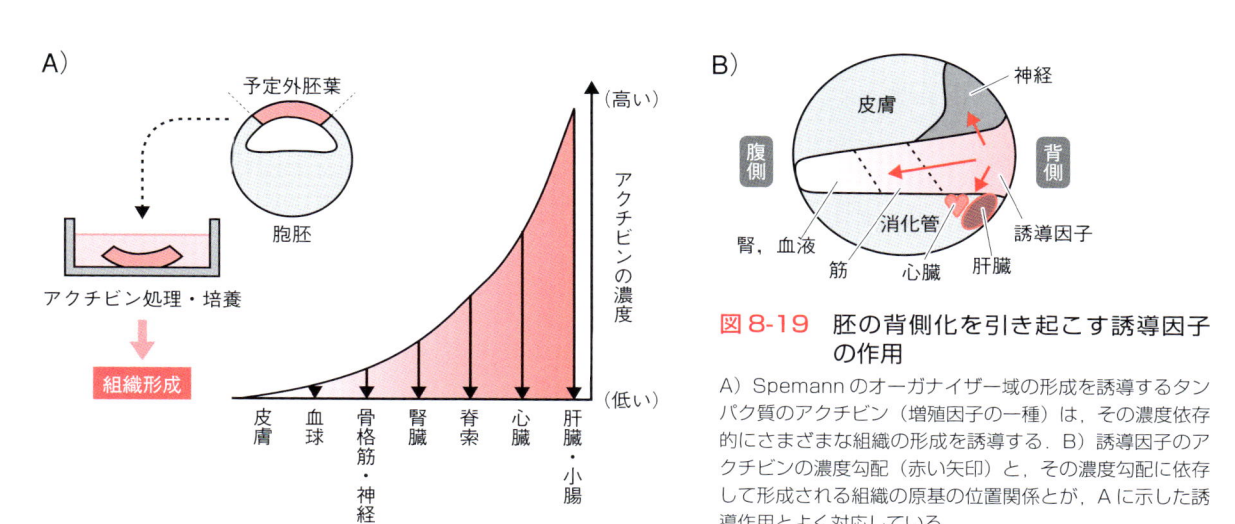

図8-19 胚の背側化を引き起こす誘導因子の作用
A) Spemannのオーガナイザー域の形成を誘導するタンパク質のアクチビン（増殖因子の一種）は，その濃度依存的にさまざまな組織の形成を誘導する．B) 誘導因子のアクチビンの濃度勾配（赤い矢印）と，その濃度勾配に依存して形成される組織の原基の位置関係とが，Aに示した誘導作用とよく対応している

のでその名がついている．しかし，鳥類や哺乳類の胚では，カエルの胚とは異なり，この時期に行われるのは中胚葉の移動だけである．この原腸胚形成が完了すると，胚に三胚葉構造（内胚葉，中胚葉，外胚葉）が形成され，それらの胚葉が相互作用を行うことによりさまざまな器官形成が行われる．

4 神経管の形成

中胚葉から外胚葉に及ぼされる神経誘導作用（neural induction）により，将来の中枢神経系（脳と脊髄）となる神経管が外胚葉から形成される．中胚葉からの神経誘導作用は2つのステップで及ぼされる（図8-20）．最初のステップは，Spemannのオーガナイザー域から外胚葉に及ぼされる水平誘導で，次のステップは，原腸胚形成の過程で胚の内部に移動した中胚葉から外胚葉に及ぼされる垂直誘導である．それらの過程を経て，外胚葉から神経管が形成される．そして，中胚葉から分泌される誘導物質の違いにより，神経管の前方部からは脳が形成され，後方部からは脊髄が形成される．

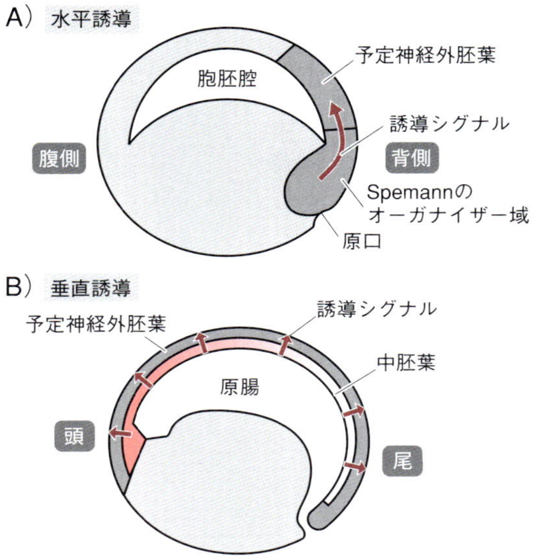

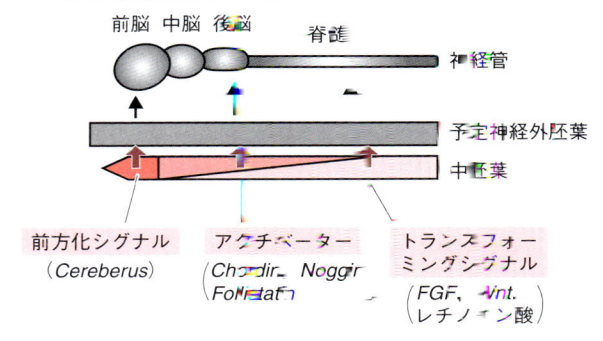

A) 水平誘導

予定神経外胚葉／胞胚腔／誘導シグナル／Spemannのオーガナイザー域／原口／腹側／背側

B) 垂直誘導

予定神経外胚葉／誘導シグナル／中胚葉／原腸／頭／尾

C) 神経誘導と神経管の形成

前脳　中脳　後脳　脊髄　神経管／予定神経外胚葉／中胚葉

前方化シグナル（Cereberus）／アクチベーター（Chordin, Noggin, Follistatin）／トランスフォーミングシグナル（FGF, Wnt, レチノイン酸）

図 8-20 神経誘導

A), B) 中胚葉から分泌される神経誘導物質の作用により，外胚葉から中枢神経系が形成される．その誘導作用は，水平誘導と垂直誘導の2ステップで行われる．C) その結果，外胚葉から神経管が形成される．そして，神経誘導物質の部域的な違いにより，脳や脊髄の形成が誘導される．カエルの神経誘導を例に示す

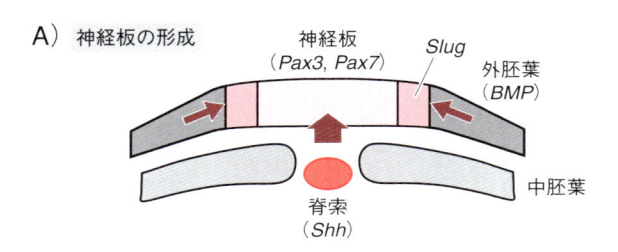

A) 神経板の形成

神経板（Pax3, Pax7）／外胚葉（BMP）／中胚葉／脊索（Shh）

B) 神経管と体節の形成

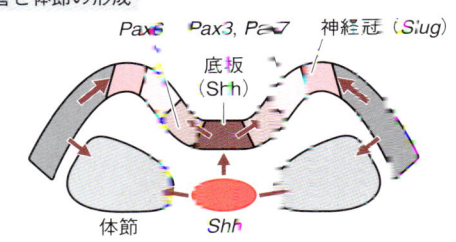

Pax6, Pax3, Pax7／神経冠（Slug）／底板（Shh）／体節／Shh

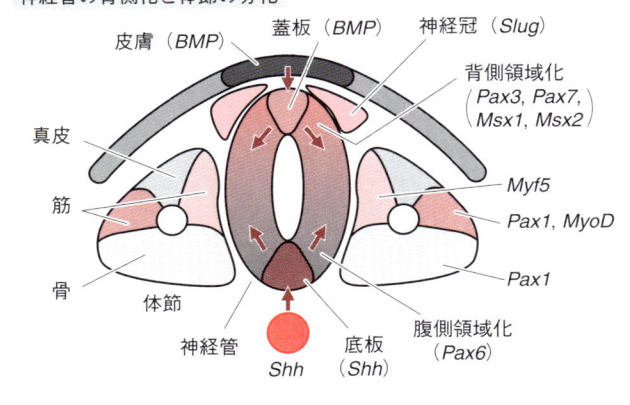

C) 神経管の背側化と体節の分化

皮膚（BMP）／蓋板（BMP）／神経冠（Slug）／背側領域化（Pax3, Pax7, Msx1, Msx2）／真皮／筋／Myf5／Pax1, MyoD／骨／体節／神経管／底板（Shh）／腹側領域化（Pax6）／Shh／Pax1

図 8-21 神経管の形成と体節の分化

A) 中胚葉からの神経誘導作用により，外胚葉に神経板が形成される．B) 神経板から管状構造をした神経管が形成される．C) 神経管の背側部から神経冠が形成され，体節からは皮膚の真皮，筋組織，骨組織などが形成される

　胚の内部に移動した中胚葉からの神経誘導作用により，外胚葉に神経板（neural plate）が形成される．やがて，神経板が胚の内部に褶曲してその両端を閉じられると，管状の神経管（neural tube）が形成される（図8-21）．神経管の形成と平行して，中胚葉から体節（somite）が形成される．体節はその周囲に存在する組織（皮膚，神経管，脊索など）から分泌されるさまざまな分子の誘導作用を受けていくつかの領域に分かれる．そして，それぞれの領域に特異的なホメオボックス遺伝子や転写調節因子が発現されると，背側域から真皮が，腹側域から骨組織が，そして内側と外側域から筋組織が形成される．さらに，神経管の背側の部分から神経冠（neural crest）が分化して，末梢神経系を中心とするいくつかの組織を形成する．

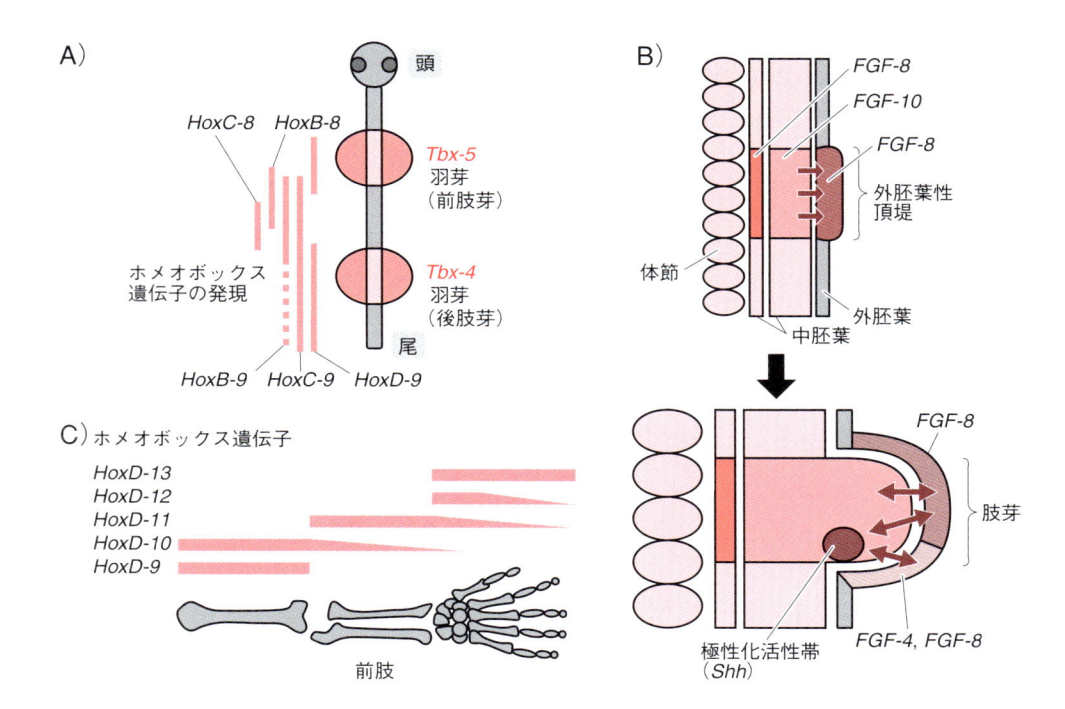

図8-22 脊椎動物の4肢の形成
A) 4肢が形成される位置の決定には，ホメオボックス遺伝子の発現パターンが重要な役割を果たしている．B) 4肢の原基である肢芽の形成は，中胚葉と外胚葉の相互作用により行われる．C) 4肢の構造の基本的な設計は，ホメオボックス遺伝子の発現パターンが重要な役割を果たしている．Aはニワトリ，Cは哺乳類の場合を例に示す

5 器官形成

　体の中軸となる神経管や体節などの構造が形成されると，それらを中心に体の各部の構造の形成が開始される．ここでは，その例として，脊椎動物の肢の形成のしくみについて述べる．

　脊椎動物の4肢の形成はいくつかのステップを経て行われる（図8-22）．まず，体のどの部分に4肢が形成されるか決定される．その決定にはホメオボックス遺伝子の発現パターンが関係している．次に，それらの4肢のどちらが前肢（手や翼）になり，どちらが後肢（足）になるかが決定される．その決定には $Tbx-4$ と $Tbx-5$ と呼ばれる転写調節因子が関与している．それらが決定されると，肢の原基となる肢芽（limb bud）の形成が起こる．その際には，中胚葉と外胚葉との間で，増殖因子を中心とした分泌タンパク質による相互作用が行われて肢芽が形成される．最後に，4肢の各部の構造が決定される．その決定にはホメオボックス遺伝子の発現パターンが関与している．

■ 文　献 ■

1) "Molecular Principles of Animal Development"（Arias, A. M. & Stewart, A.），Oxford University Press, 2002
2) Asashima, M. et al.: Role of activin and other peptide growth factors in body patterning in the early amphibian embryo. Int. Rev. Cytol., : 1–52, 1999
3) "Developmental Biology, 7th ed."（Gilbert, S. F.），Sinauer Associates Inc., 2003
4) "脳・神経研究のフロンティア 実験医学増刊 Vol.20 No.5"（仲村春和，村上富士夫/編），羊土社，2002
5) Tiedemann, H. et al.: Pluripotent cells（stem cells）and their determination and differentiation in early embryogenesis. Develop. Growth and Differ., 43 : 469–502, 2001
6) "Principles of Development, 2nd ed."（Wolpert, L. et al.），Oxford University Press, 2002

Chapter 8

3 神経系の分化，形成，再生

神経幹細胞は，自己複製能を有する一方で，ニューロン，アストロサイト，オリゴデンドロサイトを生み出す多分化能を備えている（**概念図**）．自己複製の際には，神経幹細胞の増殖を促進するシグナルと分化を抑制するシグナルとの連携が重要である．神経幹細胞が上記3種類の細胞へと分化する際には，それぞれの細胞の形態と機能を規定する遺伝子群の発現が必要である．神経幹細胞における遺伝子発現は，種々の細胞外来性因子により活性化され核に至るさまざまなシグナルと，それを受容する核内における転写因子群の消長やクロマチン動態などの細胞内在性プログラムの双方により制御される．

概念図

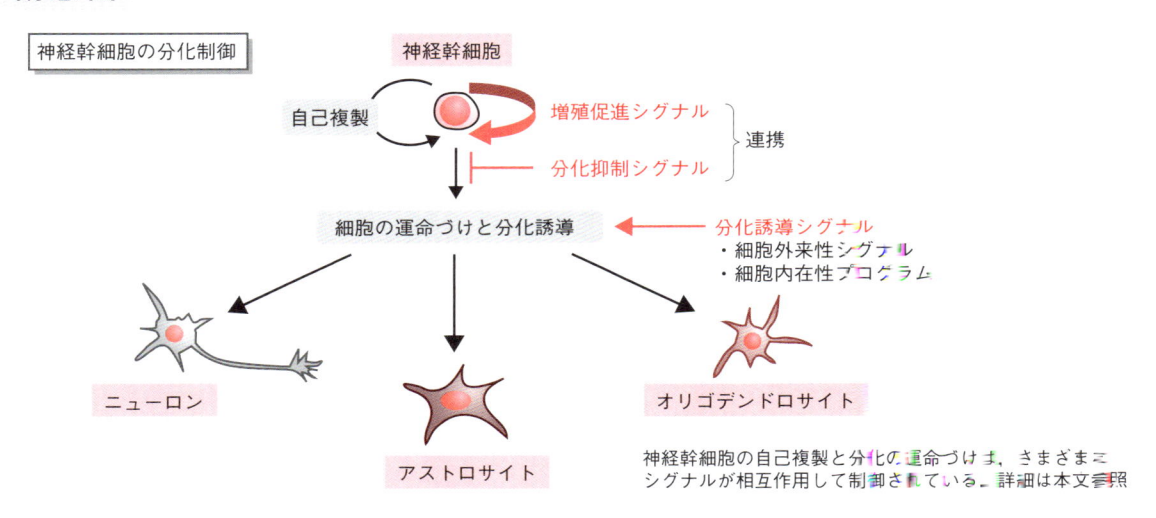

神経幹細胞の分化制御

- 自己複製 ← 神経幹細胞
- 増殖促進シグナル
- 分化抑制シグナル
- } 連携

細胞の運命づけと分化誘導 ← 分化誘導シグナル
- 細胞外来性シグナル
- 細胞内在性プログラム

→ ニューロン
→ アストロサイト
→ オリゴデンドロサイト

神経幹細胞の自己複製と分化の運命づけは，さまざまなシグナルが相互作用して制御されている．詳細は本文参照

1 神経幹細胞の未分化性維持

　神経幹細胞を in vitro において自己複製させる手法として，ニューロスフェア（neurosphere）と呼ばれる細胞塊として維持する非付着系培養法と[1]，細胞系譜の解析に適した付着性基材上の単層培養法が開発されている[2][3]．いずれの培養系においても，培地中にサイトカインである塩基性線維芽細胞成長因子（basic fibroblast growth factor：bFGF）または上皮細胞成長因子（epidermal growth factor：EGF），あるいはその両方を添加することを特色である．比較的単純な培養系により神経幹細胞を確保することが可能であるため，基礎研究や応用開発研究に汎用される．前者の手法を用いると1つの細胞からニューロスフェアを形成させることができる．形成したニューロスフェアは分化した細胞を多く含みながらも，個々の細胞に分散させて培養すると集団中の一部の神経幹細胞から新たなニューロスフェアを形成させることができるため，神経幹細胞画分を比較的長期間に渡って継代培養することが可能である（**図8-3-3**）．

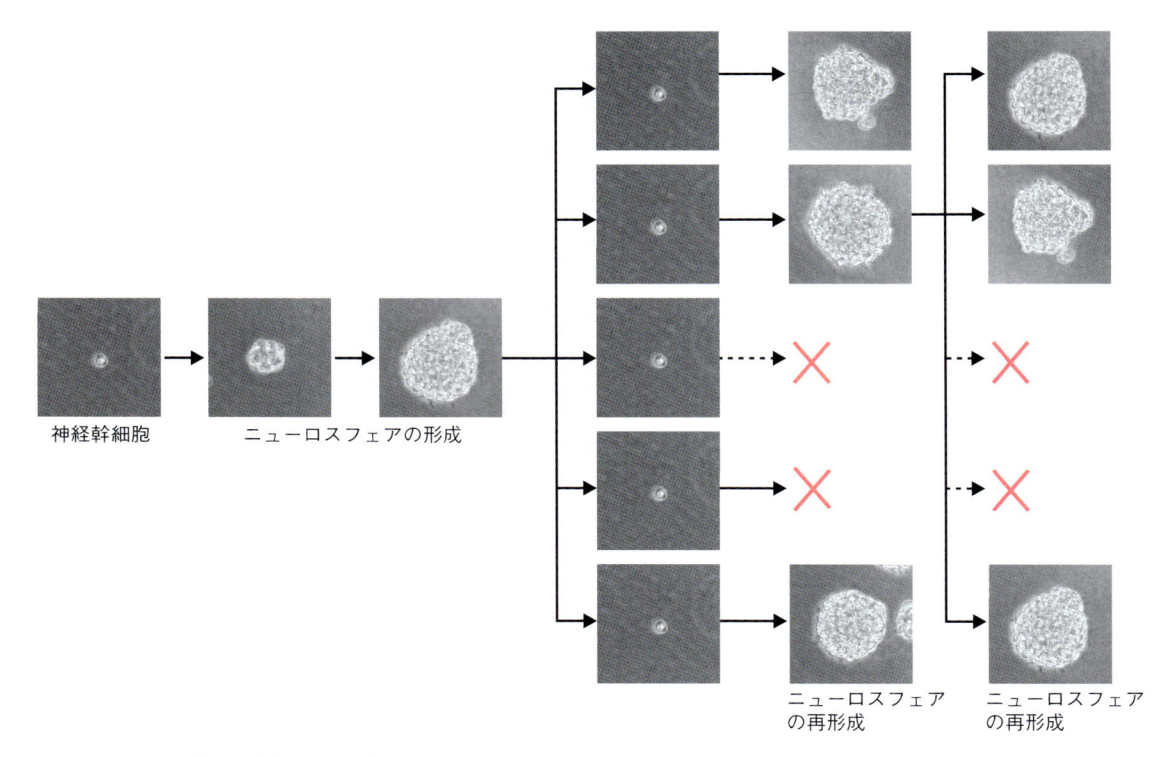

図 8-23　神経幹細胞の培養：ニューロスフェア形成法
この手法では，非付着性処理した培養皿上で，bFGF存在下で1つの神経幹細胞からニューロスフェアを形成させる．ニューロスフェアを分散させて培養すると一部の神経幹細胞から新たなニューロスフェアを形成させることができる（文献21より転載）

2　神経幹細胞の自己複製機構

　神経幹細胞が枯渇することなく，ニューロンおよびグリアを生み出す性質を保持したまま増え続ける「自己複製」の過程には，増殖が促進されるしくみと分化が抑制されるしくみの双方が連携していることが重要と考えられる（概念図）．神経幹細胞の培養時にbFGFが広く用いられるが，細胞増殖を促進させるbFGFシグナル伝達経路のコンポーネントのいずれかから神経幹細胞の分化を抑制するシグナルが派生するならば，この連携の一端を説明することができると考察される．図8-24に示すように，神経幹細胞にbFGFとWnt3aが作用し，双方のシグナルが相加的にGSK3βの活性を抑制することでβ-カテニンのリン酸化による分解を阻害し，安定化したβ-カテニンの核への蓄積により，細胞周期制御因子サイクリンD1の発現促進に至ることが明らかとなった[4]．一方，神経幹細胞を未分化な状態に保つしくみの1つとして，Notch経路の解析が進んでいる[5]．1回膜貫通型の受容体であるNotchは隣接した細胞膜上に存在するNotchリガンドであるDeltaやJaggedによる活性化を受け，この結果Notchの細胞内ドメイン（Notch IC）がプロテアーゼによって切断される．Notch ICは核へ移行し，転写因子RBP-Jκ/CBF1, Mastermindと転写活性化複合体を形成し，下流の転写因子Hes1やHes5の発現を誘導する（第7章-2参照）．HESファミリーのタンパク質は，ニューロン分化を促進するNeurogenin1（Ngn1）などのbasic helix-loop-helix（bHLH）型転写因子の機能を阻害するため，ニューロン分化抑制による未分化性維持に働く．
　最近の研究で，bFGF刺激によりβ-カテニンを核内へ蓄積させる経路が，ニューロン分化抑制

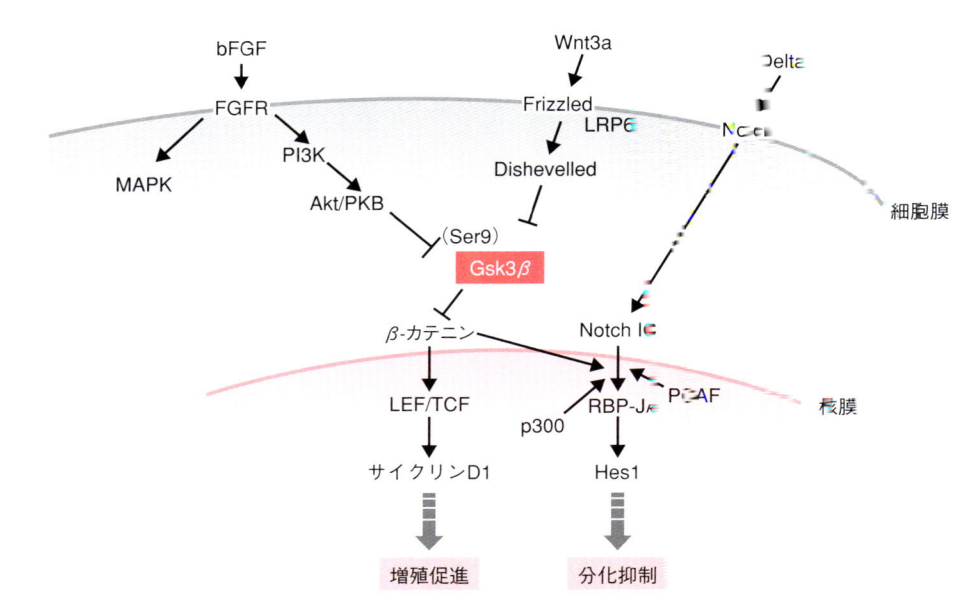

図8-24 神経幹細胞の自己複製を司るシグナルネットワークの例
bFGF, Wnt3a, Notchリガンド（Delta）により開始される神経幹細胞内シグナル経路群がクロストークし，増殖促進シグナルと分化抑制シグナルが連携することで，神経幹細胞の自己複製に寄与すると考えられる

性に作用するNotchシグナル経路を増強することも見出された[4]．その分子機構として，神経幹細胞画分において，bFGF刺激で安定化し核に蓄積したβ-カテニンと活性型Notch分子（Notch IC）とがRBP-Jκ，p300，PCAFと複合体を形成して hes1 遺伝子プロモーターに結合し，同遺伝子産物Hes1の産生を誘導して，ニューロン分化に抑制的に働くことで神経幹細胞の自己複製に寄与することが示唆された．これらのことを総合的に考察すると，bFGF, Wnt3a, Notchリガンドにより開始される神経幹細胞内シグナル経路群がクロストークすることで，増殖促進シグナルと分化抑制シグナルの2つの事象の連携がなされていることになり，神経幹細胞が未分化性を維持しながら増殖する分子機構の一端を示すモデルとして興味深い（図8-24）．

クロストークの観点から興味深い報告として，Hes5の転写調節に関して，骨形成因子（bone morphogenetic protein 2：BMP2）がNotch ICと協調的に作用して転写レベルで発現上昇を行っていることが明らかになり，NotchとBMP2によるシグナル伝達経路のクロストークの存在が示唆された[6]．また神経幹細胞画分に強く発現しているRNA結合タンパク質であるMusashiは，Notch経路に阻害的に働く膜タンパク質NumbのmRNAに結合し翻訳阻害を行うことによって細胞の未分化状態を維持していることが報告されている[7]．

3 胎生の進行に伴うニューロン分化シグナルとグリア分化シグナルの優位性の変遷

ニューロン分化に促進的に働く因子としてはbHLH型転写因子がよく知られている[8]．このタイプの転写因子Ngn1はE47などのEタンパク質とヘテロ二量体を形成し，標的遺伝子のプロモーター上のEボックスに結合することで転写を活性化するが，そのNgn1-Eタンパク質複合体にSmad1-p300複合体が会合すること，およびNgn1がSTAT3のリン酸化を阻害することが示された[9]．Ngn1の発現量が多い，例えば胎生中期までの神経幹細胞においては，アストロサイトへ

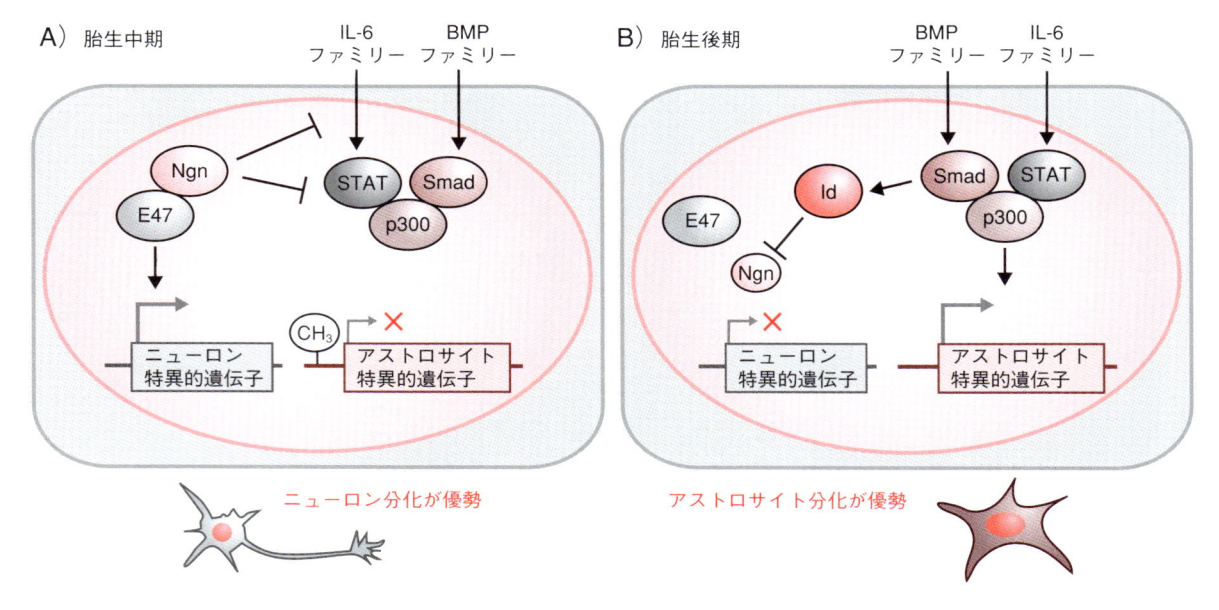

図 8-25　転写因子の発現量の変化によるニューロン/アストロサイトの分化制御

胎生中期（A）はニューロン分化を促進する Neurogenin（Ngn）の発現が強く，アストロサイト分化を誘導する STAT-p300-Smad 経路は抑制される．さらにこの時期にはアストロサイト特異的遺伝子プロモーターはメチル化されているため，ニューロンが優勢である．胎生後期から出生前後（B）になると Ngn の発現が弱まり，さらに BMP によって bHLH 型転写因子の阻害活性をもつ Id や Hes 分子群が誘導されるために Ngn の機能が抑制される．また，アストロサイト特異的遺伝子プロモーターは脱メチル化され，STAT-p300-Smad の作用が優位になり，アストロサイト分化が優勢となる

化誘導性転写因子複合体（STAT3-Smad 群 -p300）を形成させるシグナルカスケード[10] が IL-6 ファミリーサイトカインや BMP ファミリーサイトカインにより活性化されたとしても，Smad1-p300 複合体が Ngn1-E タンパク質複合体に奪われてしまい，また STAT3 のリン酸化に伴う核移行が阻害されることから，核内で STAT3-Smad 群 -p300 複合体形成が抑制される．さらにこの時期には，アストロサイト特異的遺伝子プロモーターがメチル化され転写不活性化状態にあるため[11]，アストロサイト分化に対してニューロン分化が優勢である（図 8-25A）．

IL-6 ファミリーサイトカインは BMP ファミリーサイトカインと協調的に作用してアストロサイト分化を誘導するが[10]，後者が活性化する Smad 群は Hes5 や Id1，Id3 を誘導することもわかっている[12]（図 8-25B）．これらの因子はニューロン分化に寄与する bHLH 型転写因子を抑制する．胎生後期にはニューロン分化を促進する bHLH 転写因子群の発現が低下することやアストロサイト特異的遺伝子プロモーターのメチル化が外れることも加わって，ニューロン分化に対してアストロサイト分化が優勢になる．

4　神経幹細胞の分化制御シグナル間における相互抑制的作用

アストロサイト分化に関与する Smad 活性化経路は，オリゴデンドロサイトへの分化に対して抑制性に作用する[13]．その際，抑制性の HLH 因子である Id2 と Id4 の発現を誘導し，オリゴデンドロサイト分化シグナルの一端を担う bHLH 型転写因子 Olig1 と Olig2 の作用を阻害することが示唆されている[13]．

Olig2 は神経幹細胞の GFAP（グリア線維性酸性タンパク質）陽性アストロサイトへの分化を

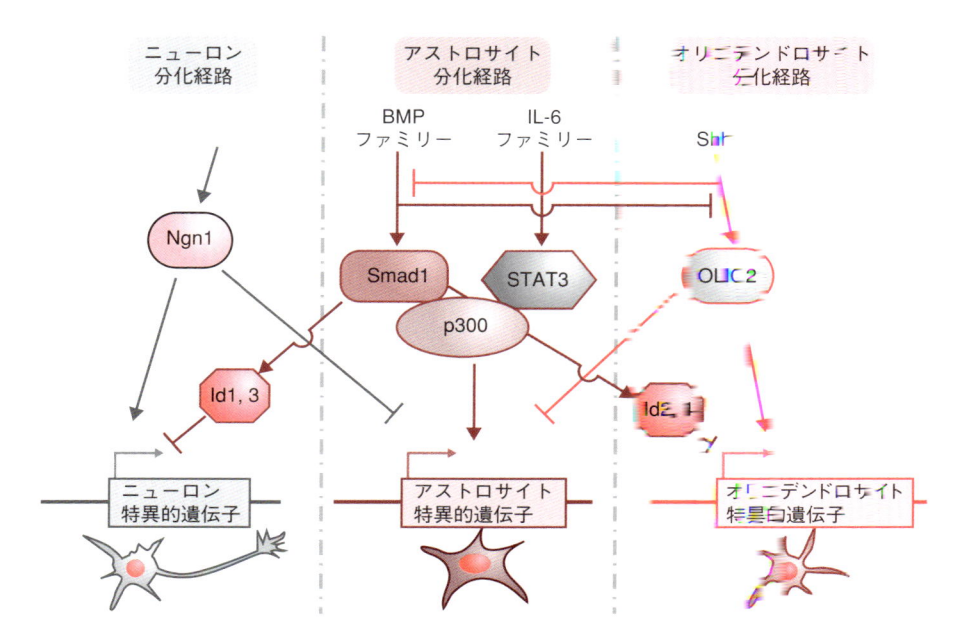

図 8-26　神経幹細胞の分化を制御する細胞内シグナルのネットワーク
神経幹細胞から派生する，ニューロン，アストロサイト，オリゴデンドロサイトのそれぞれに分化の促進を担当するシグナルは，おのおのの役割を果たす一方で，他のシグナル経路に対しては抑制的に相互作用しながらネットワークを形成している

抑制する[14]．その分子機構として，Olig2がp300と結合してSTAT3-p300複合体の形成を阻害することに起因することが報告されている[14]．*Olig1*遺伝子と*Olig2*遺伝子の二重欠損マウスの脊髄では，通常オリゴデンドロサイトが発生する脊髄腹側のpMNと呼ばれる領域において，オリゴデンドロサイトが発生しなくなる代わりに，異所性にアストロサイトが発生した[15]．この観察は*Olig1, Olig2*両遺伝子が in vivo においてアストロサイトの分化に抑制的に作用することを示唆する．これらのことは，オリゴデンドロサイトへの細胞系譜の進行にかかわる転写因子Olig2がアストロサイトの分化を抑制していることを示唆している．

　これらの現象は，ニューロン，アストロサイト，オリゴデンドロサイトの分化について，特定の細胞系譜への進行を担当するシグナルが1つの系譜への分化を促進する役割を果たす一方で，同時に，他のシグナル経路に対しては抑制的に相互作用しながらネットワークを形成していることを示すものである（図8-26）．神経幹細胞から派生する3つの細胞種は，このような排他的な相互抑制機構が各シグナル群の間に存在することにより厳密に確立されることが示唆される．正常な中枢神経系において，例えばニューロンとアストロサイトの双方の形質を同時に有する細胞が存在しないことは，このようなシグナル経路間の排他的ともいえる機構が存在することによるのであろう．

5　アストロサイト分化シグナルを増幅する2つのシグナルループ

　IL-6ファミリーとBMPファミリーという2つのアストロサイト分化促進シグナルが神経幹細胞に対して相乗的に作用することが示されているが[10]，このうちIL-6ファミリーのサイトカインによるSTAT3活性化シグナルが，パートナーシグナルとしてのもう片方のBMP-Smad1シグナルの活性化を誘発し，アストロサイト分化を導くことが明らかにされている[8]．図8-27の右側

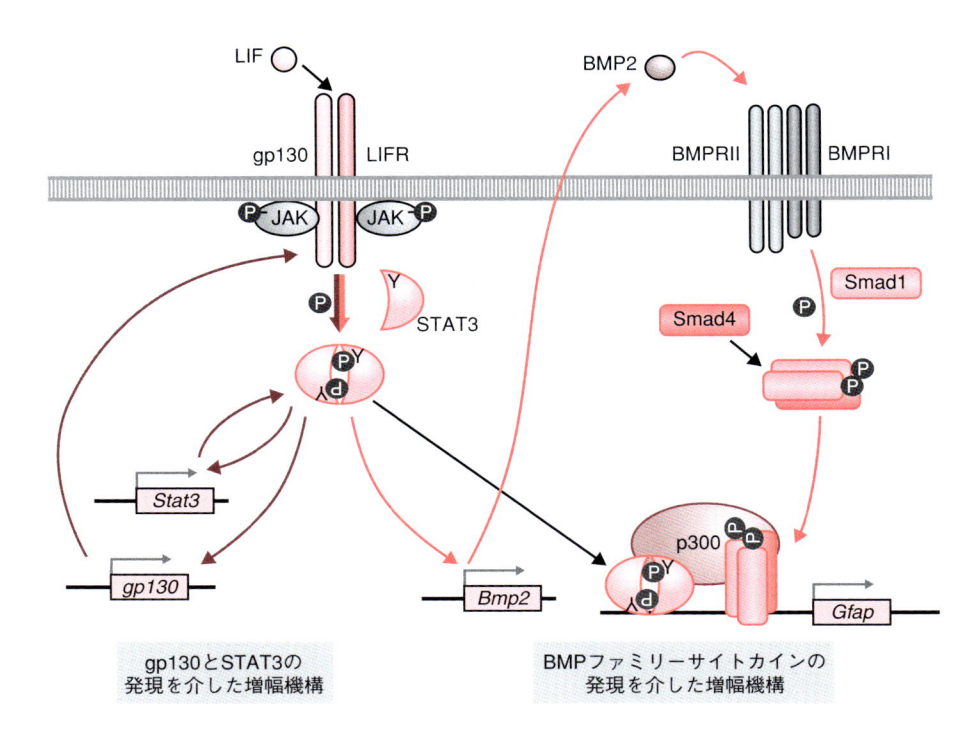

図 8-27　アストロサイトへの細胞系譜を誘導するシグナルの増幅機構

LIF などの IL-6 ファミリーサイトカインによる gp130-STAT3 シグナル伝達経路の活性化は，gp130 と STAT3 の遺伝子発現の増強と（左半分），BMP ファミリーサイトカインの発現誘導を経た Smad1 などの活性化によって（右半分），STAT3-Smad 群 -p300 複合体形成を経たアストロサイトへの細胞系譜進行シグナルを増幅する

部分に示すように，活性化され核移行した STAT3 が *BMP2* 遺伝子プロモーターを活性化し，産生された BMP2 が Smad1 活性化を誘導して，Smad 群 -STAT3 群 -p300 複合体の形成を経たアストロサイト分化促進に至るしくみが示唆されている[16]．図 8-27 の左側部分に示すように，IL-6 ファミリーのサイトカインで活性化された STAT3 がこのシグナルのコンポーネントである gp130 と STAT3 の発現を増強するという報告もあり[17]，これらを総合して考察すると，生体内において効率的にアストロサイト分化を促進するシグナル増幅装置としての細胞内シグナルループが 2 つ存在することになる．

6　神経系の再生に向けた試み

　IL-6 ファミリーサイトカインは，神経幹細胞からアストロサイトへの分化誘導作用をもつ一方で，炎症性サイトカインとしても広く知られている．脊髄損傷などの神経系の外傷の後，炎症応答として放出される IL-6 ファミリーは，アストロサイトの分化と増殖を過剰に活性化する．この結果生じるグリア瘢痕は軸索の伸長を阻害するため，神経再生を妨げる大きな要因となっている．

　中枢神経系はこれまで損傷を受けると再生しないと考えられてきたが，グリア瘢痕の形成を制御することによって神経系の再生能力を向上できる可能性が示唆される．実際に，脊髄損傷モデルマウスに抗 IL-6 受容体の抗体を投与することでグリア瘢痕の形成を抑制できることが示されている[18]．脊髄損傷では BMP ファミリーサイトカインもグリア瘢痕の形成に関与しているが，BMP アンタゴニストである Noggin を発現する神経幹細胞を移植することによっても，わずかではあるが神経機能を回復させることができる[19]．ただしサイトカインの作用は一般に多彩であり，

STAT3経路の活性化によってアストロサイトの遊走能が促進され，早期の組織修復と運動機能の改善につながることも報告されている[20]．今後，神経幹細胞の運命づけにかかわる細胞外来性因子と細胞内在性プログラムの相互作用の実体を分子レベルで明らかにすることによって，中枢神経系損傷に関する新しい治療法の開発が期待される．

神経幹細胞の分化は，細胞外来性の増殖・分化因子の刺激で活性化される制御シグナルと核内転写因子の消長やクロマチン動態など細胞内在性の制御シグナルの双方が重要な役割を果たしており，しかもそれらのシグナル群は相互作用してネットワークを形成している．この分子生物学的基盤を確立することは，神経幹細胞の分化や維持の理解につながるだけでなく，他の幹細胞系についての示唆も与えると期待される．

■文　献■

1) Reynolds, B. A. et al.：A multipotent EGF-responsive striatal embryonic progenitor cell produces neurons and astrocytes. J. Neurosci., 12：4565-4574, 1992
2) Davis, A. A. & Temple, S.：A self-renewing multipotential stem cell in embryonic rat cerebral cortex. Nature, 372：263-266, 1994
3) Johe, K. K. et al.：Single factors direct the differentiation of stem cells from the fetal and adult central nervous system. Genes Dev., 10：3129-3140, 1996
4) Shimizu, T. et al.：Stabilized beta-catenin functions through TCF/LEF proteins and the Notch/RBP-Jkappa complex to promote proliferation and suppress differentiation of neural precursor cells. Mol. Cell. Biol., 28：7427-7441, 2008
5) Kageyama, R. & Nakanishi, S.：Helix-loop-helix factors in growth and differentiation of the vertebrate nervous system. Curr. Opin. Genet. Dev., 7：659-665, 1997
6) Takizawa, T. et al.：Enhanced gene activation by Notch and BMP signaling cross-talk. Nucleic Acids Res., 31：5723-5731, 2003
7) Imai, T. et al.：The neural RNA-binding protein Musashi1 translationally regulates mammalian numb gene expression by interacting with its mRNA. Mol. Cell. Biol., 21：3888-3900, 2001
8) Lee, J. E.：Basic helix-loop-helix genes in neural development. Curr. Opin. Neurobiol., 7：13-20, 1997
9) Sun, Y. et al.：Neurogenin promotes neurogenesis and inhibits glial differentiation by independent mechanisms. Cell, 104：365-376, 2001
10) Nakashima, K. et al.：Synergistic signaling in fetal brain by STAT3-Smad1 complex bridged by p300. Science, 284：479-482, 1999
11) Takizawa, T. et al.：DNA methylation is a critical cell-intrinsic determinant of astrocyte differentiation in the fetal brain. Dev. Cell, 1：749-758, 2001
12) Nakashima, K. et al.：BMP2-mediated alteration in the developmental pathway of fetal mouse brain cells from neurogenesis to astrocytogenesis. Proc. Natl. Acad. Sci. USA, 98：5868-5873, 2001
13) Samanta, J. & Kessler, J. A.：Interactions between ID and OLIG proteins mediate the inhibitory effects of BMP4 on oligodendroglial differentiation. Development, 131：4131-4142, 2004
14) Fukuda, S. et al.：Negative regulatory effect of an oligodendrocytic bHLH factor OLIG2 on the astrocytic differentiation pathway. Cell Death Differ., 11：196-202, 2004
15) Zhou, Q. & Anderson, D. J.：The bHLH transcription factors OLIG2 and OLIG1 couple neuronal and glial subtype specification. Cell, 109：61-73, 2002
16) Fukuda, S. et al.：Potentiation of astrogliogenesis by STAT3-mediated activation of bone morphogenetic protein-Smad signaling in neural stem cells. Mol. Cell. Biol., 27：4931-4937, 2007
17) He, F. et al.：A positive autoregulatory loop of Jak-STAT signaling controls the onset of astrogliogenesis. Nat. Neurosci., 8：616-625, 2005
18) Nakamura, M. et al.：Role of IL-6 in spinal cord injury in a mouse model. Clin. Rev. Allergy Immunol., 28：197-204, 2005
19) Setoguchi, T.：Treatment of spinal cord injury by transplantation of fetal neural precursor cells engineered to express BMP inhibitor. Exp. Neurol., 189：33-44, 2004
20) Okada, S. et al.：Conditional ablation of Stat3 or Socs3 discloses a dual role for reactive astrocytes after spinal cord injury. Nat. Med., 12：829-834, 2006
21) 福田信治，田賀哲也：脳細胞の分化．生体の科学，55：77-13, 2004

4 老化

分子遺伝学的な解析が進んでいるヒトや酵母，ショウジョウバエ，線虫，マウスから，寿命に変化を生じた多数の突然変異体が分離され，老化に遺伝子が関与していることが明らかになってきた．これらの遺伝子の機能は，エネルギー代謝と，その副産物である活性酸素による細胞傷害，活性酸素に対する防御機構，染色体構造の安定化，ホメオスタシスなど多岐に渡っている．老化遺伝子（正確には老化速度や寿命決定に影響を与える遺伝子）は，生物の正常な営みに必要なメカニズムのなかにちりばめられていることが明らかになってきた．

概念図

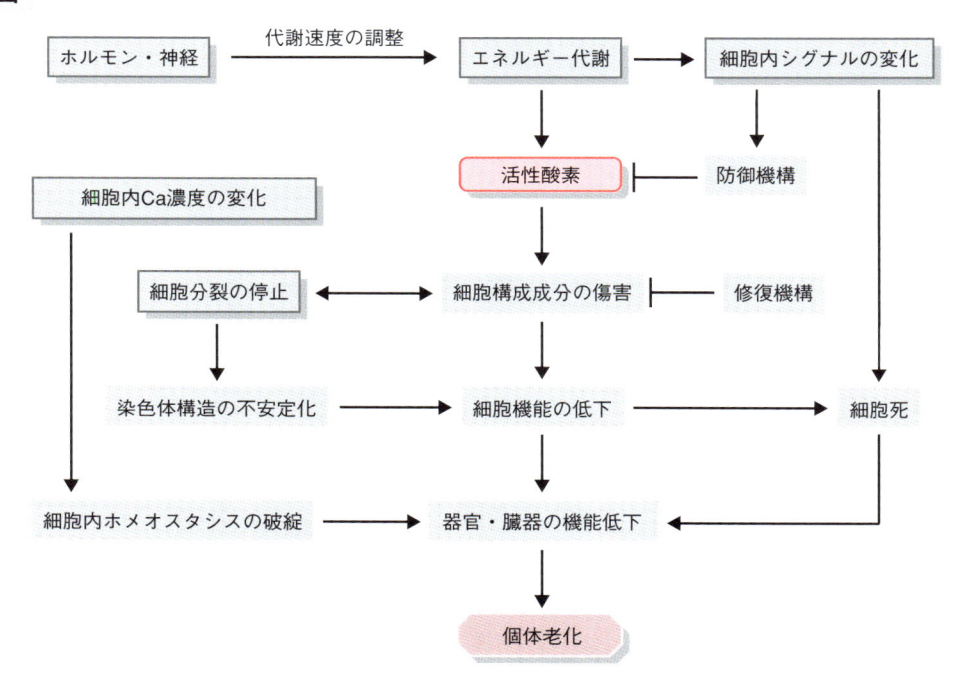

1 ヒトの老化の過程

　　ヒトは60兆個の細胞からなりたっているが，そのすべてが個体寿命と同じ寿命をもつわけではない．ヒトを構成する細胞の種類は200種類にも及ぶが，個体と同じ寿命をもつといわれている細胞は神経細胞，心筋細胞などに限られ，多くの細胞の寿命は数時間から十数年しかない．欠落した細胞を近隣の細胞が細胞分裂することで補おうとするが，分裂回数にも限界があるらしい．
　　細胞分裂が行われなくなった細胞では，細胞の構成成分に傷害が蓄積しやすくなる．これが細胞の機能低下を引き起こす．機能低下が顕著になると細胞は細胞死（アポトーシス）を生じるようになる．個々の細胞の機能低下と細胞数の減少が，それらの細胞で構成されている臓器や器官の機能低下を導くことになる．それが個体の老化に反映されていく．

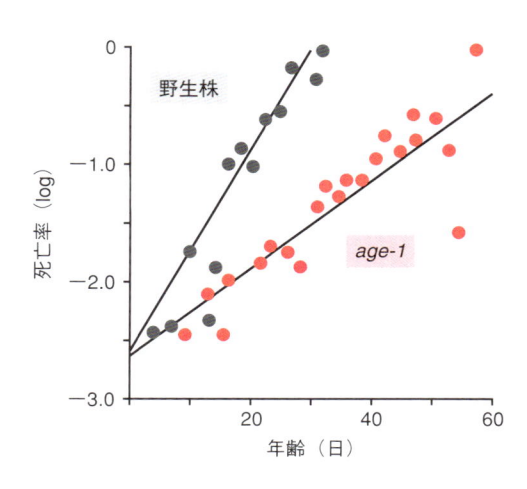

図8-28 線虫 C. elegans の野生株と age-1 の死亡率曲線

直線の傾きが老化の速度を表す

> **Memo**
> 「老化」は"成熟後，すべての個体に生じる進行性の生理機能の低下"，「寿命」は"誕生から死までの期間"のことである．「加齢」は"受精から死に至るまでの時間経過"を表しているにすぎないが，現在では「老化」と同じ意味で使われることが多い．

> **Memo**
> 老化は，生物種や臓器・器官の違いを超えた「共通機構」と，種や臓器・器官に特異的な「個別機構」に分けて考えられるようになった．これまで考えられている唯一の共通機構が，細胞に傷害を与える「活性酸素」である．

> **Memo**
> 培養器のなかでは細胞分裂の回数は加齢とともに低下していくが，個体には神経細胞のように非分裂細胞も存在することから，細胞分裂限界寿命が個体の老化にどの程度反映されているのか不明である．

この老化の過程にかかわり，老化の速度や寿命に影響を与える遺伝子の研究が急速に進歩してきた．

2 老化関連遺伝子とその働き

これまで，老化や寿命が1つの遺伝子により制御されていることはないと信じられてきた．もしヒトでそのような遺伝子が存在するならば，その遺伝子の変異が，ヒトの最長寿命と考えられている120歳代を越えた人をつくりだしてきたはずである．しかし，そのような人が現れたという正式な記録がないことが，老化や寿命を制御する遺伝子の存在を否定する根拠になっていた．これをくつがえしたのがコロラド大学のJohnson, T. E.である．彼は線虫の一種，*Caenorhabditis elegans*（*C. elegans*）から世界で初めて長寿を示す突然変異体を分離し，*age-1*と命名した[1]．*age-1*は成熟期までの期間を遅らせることなく，加齢による死亡率（Gompertz 関数）を低下させ（図8-28），最長寿命を野生体の約2.2倍，平均寿命でも1.7倍延長させた．これをきっかけに長寿遺伝子への関心が高まり，さまざまな動物から長寿突然変異体が分離され，分子遺伝学的解析から，そのメカニズムが少しずつ明らかになってきた．

これまで分離された主な老化関連遺伝子を表8-1に示す．

表8-1 主な老化関連遺伝子

生物種	突然変異体	寿命	遺伝子	遺伝子の機能
出芽酵母	SIR2	延長	ヒストン脱アセチル化酵素	エネルギー代謝
線虫	daf-2	延長	インスリン/IGF-1様受容体	エネルギー代謝
	clk-1	延長	コエンザイムQ合成酵素	エネルギー代謝
	mev-1	短縮	電子伝達系複合体SDHC	エネルギー代謝
	eIF4E	延長	転写因子	タンパク質合成
ショウジョウバエ	InR	延長	インスリン/IGF-1様受容体	エネルギー代謝
	CHICO	延長	インスリン受容体基質IRS	エネルギー代謝，体のサイズの制御
マウス	$p66^{shc}$	延長	シグナル伝達アダプター分子	酸化ストレスのシグナル制御
	Dwarf	延長	血中のIGFの濃度の低下	エネルギー代謝
	SMP30	短縮	ビタミンCの合成酵素	抗酸化作用
	クロトー	短縮	β-グルコシダーゼ（？）	Ca代謝
ヒト	ウエルナー症候群	短縮	ヘリカーゼ	DNAの複製・修復・組換え
	ハッチンソン・ギルフォードプロジェリア症候群	短縮	ラミン	核膜裏打ちタンパク質

IGF：インスリン様増殖因子

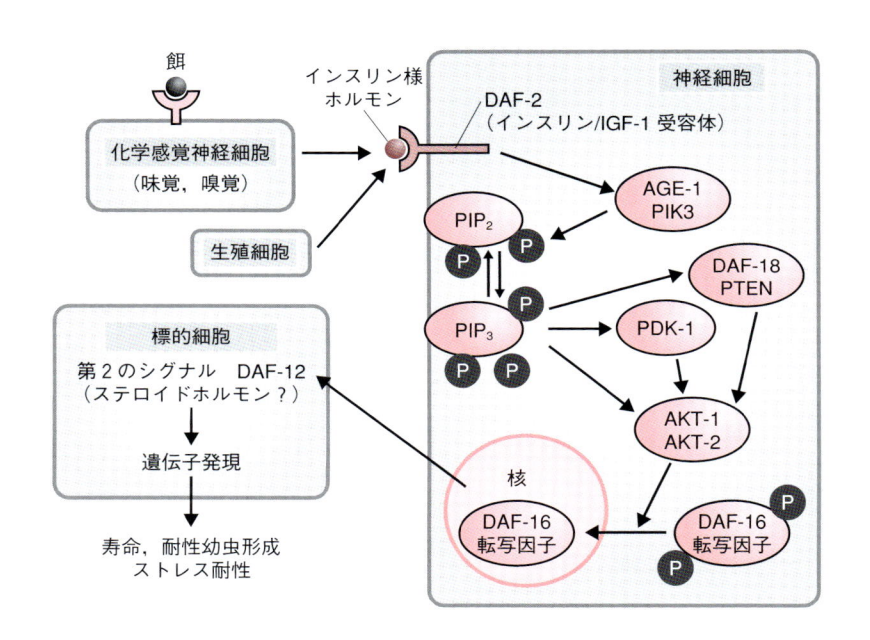

図8-29 線虫 *C. elegans* のインスリン・シグナル伝達経路

餌や生殖細胞からのシグナルにより分泌されたインスリン様物質がインスリン受容体に結合することで，この経路が活性化される．このシグナルによってDAF-16転写因子が核に移行し，ストレス耐性遺伝子など寿命に関連する遺伝子の発現が制御される

1）インスリン/IGF-1シグナル伝達経路に関係するエネルギー代謝と活性酸素

エネルギー代謝と，その過程で生じる活性酸素が寿命に関係している．実際，これまで分離されたエネルギー代謝にかかわる多くの寿命変異体が酸素ストレスをはじめ多くのストレスに対して抵抗性・感受性を示している．エネルギー代謝が高い（低い）と，細胞に傷害を与える活性酸素の発生量も増加（減少）するので寿命が短縮（延長）すると考えられている．

（i）dwarf

小人マウス（dwarf）は成長ホルモンの濃度が減少し，その結果IGF-1の濃度も減少し，エネルギー代謝が低下するので長寿になる．

（ii）*age-1*, *daf-2*, INR

C. elegans の *age-1* と *daf-2* の遺伝子変異はインスリン・シグナル伝達経路を遮断し，長寿をもた

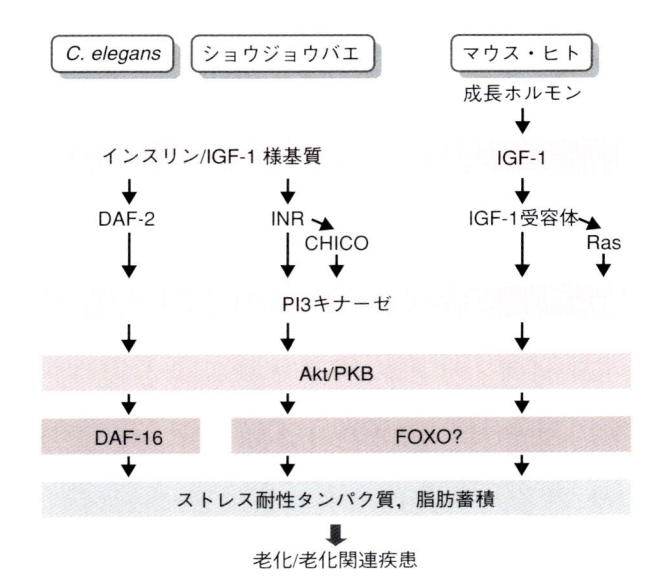

図8-30 寿命決定にかかわる，インスリン・シグナル伝達経路

この経路は多くの生物で共通に存在するものと考えられている

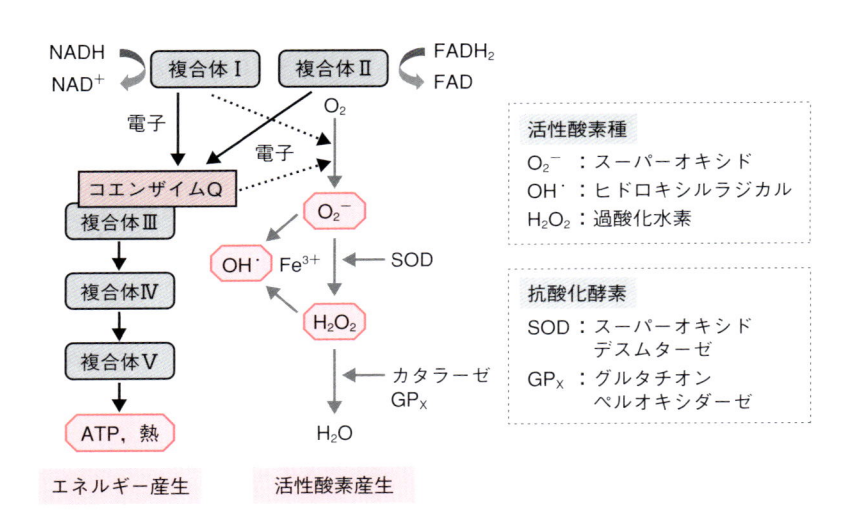

図8-31 ミトコンドリア電子伝達系と活性酸素

電子が電子伝達系複合体を流れることによりエネルギーが産生される（図左）．一方で複合体のⅠとⅡから電子が逸脱し，近傍の酸素から活性酸素 O_2^- が生じる．O_2^- から他の活性酸素種が生じるが，これらは活性酸素の消去酵素や消去物質により消去される（図右）．

らす（図8-29）．ショウジョウバエでも C. elegans の daf-2 遺伝子に相当する InR やインスリン受容体基質（IRS-1）の遺伝子変異が長寿をもたらし，このインスリン・シグナル伝達系を介した寿命制御のメカニズムが C. elegans のみならず，ショウジョウバエ，マウス，ヒトと，多くの生物に共通であると考えられるようになってきた[2]（図8-30）．

(ⅲ) mev-1, gas-1, clk-1

C. elegans の酸素濃度依存性短寿命変異体である mev-1 と gas-1 の原因遺伝子は，それぞれミトコンドリア内膜に存在する電子伝達系複合体のⅡとⅠを構成するサブユニットである（図8-31）．これらの遺伝子の変異はミトコンドリアからの活性酸素の発生量を増加させる．一方，電子伝達経路で機能しているコエンザイムQ（ユビキノン）の合成酵素に異常をもつ clk-1 は長寿になる[3]．

Kenyon. C. らのグループは，C. elegans のミトコンドリアに存在する電子伝達系の複合体のサブユニットをコードする遺伝子の発現を抑制すると，寿命が延長すると報告している．これらの遺伝子発現の抑制がエネルギー代謝の低下を招いたことから，寿命延長効果に産生される活性酸

素の量が減少したためと結論している．Ruvkun, G. らのグループは網羅的な実験を行い，寿命延長を示す遺伝子を探索した[4]．その結果，ミトコンドリアに関連する遺伝子が多数含まれていたと報告している[5]．

> **Memo**
> ミトコンドリアはエネルギー代謝に必要な細胞内小器官であるが，エネルギー代謝の過程で副産物として活性酸素を発生させる主要な器官でもある．さらにアポトーシスにも関与している．

> **Memo**
> インスリン・シグナル伝達経路やミトコンドリアの電子伝達系を含むエネルギー代謝は，その副産物として細胞毒性を示す活性酸素を産生する．この活性酸素が生体内の分子を攻撃し，細胞の機能低下やアポトーシスによる老化や，さらに遺伝子突然変異により癌を引き起こす[6]．そのために抗酸化がヒトの長寿実現の鍵になると考える．実際，抗酸化酵素の1つであるカタラーゼ（*Cat*）をミトコンドリアで過剰発現させたマウスや，抗酸化作用や抗炎症作用に関与する thioredoxine 1（*Trx1*）遺伝子を過剰発現させたマウスは酸化ストレス耐性になり，長寿命である．もう1つの抗酸化酵素であるスーパーオキシドデスムターゼ（SOD）を過剰発現させたショウジョウバエも長寿を示す．インスリン様のシグナル伝達経路では，この経路の下流に存在する転写因子の DAF-16 がミトコンドリア中に存在するマンガン-SOD の遺伝子発現を制御している．*C. elegans* の *age-1* や *daf-2* 変異体，さらに *daf-2* の変異マウスは酸化ストレスに耐性になり，酸化ストレス下での寿命短縮が抑制される[7]．ビタミンCの合成遺伝子が欠損したマウス（SMP30）は短寿命で，酸化マーカーであるカルボニルタンパク質が増加している．

（ⅳ）SIR-2

酵母の SIR-2 タンパク質が欠損すると寿命が短縮し，過剰に発現すると延長する．*C. elegans* での過剰発現も長寿をもたらす[8]．SIR-2 は染色体を構成しているタンパク質であるヒストンのアセチル基を取り除く脱アセチル化酵素である．この酵素は，ヒストンを脱アセチル化する際に，細胞のエネルギーを運ぶ役割をしている NAD^+ の補助が必要となる．NAD^+ は細胞が取り込んだ栄養分からエネルギーをつくり出すことにかかわっているが，SIR-2 はその調節に関与していると考えられている．SIR-2 がインスリン遺伝子やインスリン・シグナル伝達経路にかかわる遺伝子の発現調節によりエネルギー代謝にかかわっている可能性も考えられている．

（ⅴ）PHA-4/Foxa

グルカゴン産生やグルコース恒常性を調整する転写因子で，カロリー制限時の寿命決定にかかわっている[9]．

（ⅵ）p66^{shc}

p66^{shc} は細胞内シグナル伝達にかかわり，チロシンとセリンのリン酸化を通して，細胞増殖とアポトーシスを制御している．この遺伝子のノックアウトマウスはアポトーシスを抑制すると同時に，酸化ストレス耐性になるため長寿になる[10]．

2）染色体（DNA）の安定性

常時分裂する体細胞でも細胞分裂の回数に限界があるといわれている（細胞分裂限界寿命）．これは染色体の末端構造であるテロメア DNA〔(TTAGGG)n〕が DNA 複製のたびに短縮することに原因がある．テロメアは染色体どうしの融合を防ぎ，染色体の安定性に寄与していると考えられている．

（ⅰ）ヘリカーゼ

ヒトの早期老化症であるウエルナー症候群の原因遺伝子である[11]．ヘリカーゼは二重らせん構

造のDNAの巻き戻しに必要であり，この異常はDNAの複製，組換え，修復などの過程を不安定にする．

(ii) ラミン

ヒトの早期老化症であるハッチンソン・ギルフォード・プロジェリア症候群の原因遺伝子である[12]．ラミンは核膜の裏打ちタンパク質であり，染色体の安定化に寄与していると考えられている．

3) その他

(i) クロトー

マウスの早期老化症であり，この原因遺伝子は活性型ビタミンDの合成にかかわっている．その変異は血清の活性型ビタミンDとCa・リン酸濃度を上昇させ，Caによるホメオスタシスを破綻させる．これが多彩な老化症状をもたらす．

(ii) ミクロソーム・トリグリセライド・トランスポーター（MTT）

この遺伝子はアメリカ100歳長寿者の家系の遺伝解析から[13]，4番染色体上に存在し，長寿に連鎖していることが報告されている[14]．この遺伝子はコレステロール代謝にかかわっているので，メタボリック症候群と寿命を結びつける研究として期待される．

(iii) eIF4E

タンパク質合成にかかわり，mRNAの5′キャップ構造に結合する転写開始因子であり，この遺伝子が欠損したC. elegansは酸化ストレスに対して耐性を示すとともに長寿になる[15]．

これまで老化遺伝子と定義されているものは，すべて生命の営みに必須のものであり，老化を積極的に促進，あるいは抑制するような真の老化遺伝子は見つかっていない．

■ 文　献 ■

1) Johnson, T. E.: Increased life-span of *age-1* mutants in *Caenorhabditis elegans* and lower Gompertz rate of aging. Science, 249: 908-912, 1990
2) Vijg, J. & Campisi, J.: Puzzles, promises and a cure for ageing. Nature, 452: 1065-1071, 2008
3) Stenmark, P. et al.: A new member of the family of di-iron carboxylate proteins. Coq7 (*clk-1*), a membrane-bound hydroxylase involved in ubiquinone biosynthesis. J. Biol. Chem., 276: 33297-33300, 2001
4) Dillin, A. et al.: Rates of behavior and aging specified by mitochondrial function during development. Science, 298: 2398-2401, 2002
5) Lee, S. S. et al.: A systematic RNAi screen identifies a critical role for mitochondria in *C. elegans* longevity. Nat. Genet., 33: 40-48, 2003
6) Ishii, T. et al.: A mutation in the SDHC gene of complex II increases oxidative stress, resulting in apoptosis and tumorigenesis. Can. Res., 65: 203-209, 2005
7) Holzenberger, M. et al.: IGF-1 receptor regulates lifespan and resistance to oxidative stress in mice. Nature, 421: 182-187, 2003
8) Tissenbaum, H. A. & Guarente, L.: Increased dosage of a *sir-2* gene extends lifespan in *Caenorhabditis elegans*. Nature: 227-230, 2001
9) Panowski, S. H. et al.: PHA-4/Foxa mediates diet-restriction-induced longevity of *C. elegans*. Nature, 447: 550-555, 2007
10) 森 望: "わかる実験医学シリーズ 老化研究がわかる"（井出利憲/編），pp107-113, 羊土社, 2002
11) 杉本正信, 古市康宏: "科学のとびら32 老化と遺伝子", pp75-105, 東京化学同人, 1993
12) Eriksson, M. et al.: Recurrent de novo point mutations in lamin A cause. Hutchinson-Gilford progeria syndrome. Nature, 423: 293-298, 2003
13) Puca, A. A. et al.: A genome-wide scan for linkage to human exceptional longevity identifies a locus on chromosome 4. Proc. Natl. Acad. Sci. USA, 98: 10505-10508, 2001
14) Geesaman, B. J. et al.: Haplotype-based identification of a microsomal transfer protein marker associated with the human lifespan. Proc. Natl. Acad. Sci. USA, 100: 14115-14120, 2003
15) Syntichaki, P. et al.: eIF4E function in somatic cells modulates ageing in *Caenorhabditis elegans*. Nature, 445: 922-926, 2007

生命システムへの挑戦

第9章

1 システムズバイオロジー *284*
生命現象を測り・操り・創ることによって理解する

2 ゲノム医学 *298*
ゲノム情報を医学に活かす：これからの医学

3 分子標的薬の開発 *306*
特定の分子を狙い撃て！ 副作用の少ない治療を目指す

4 幹細胞生物学・再生医学 *321*
病んだ臓器を蘇らせる：ES細胞・iPS細胞・再生医学

5 植物バイオテクノロジーと遺伝子組換え食品 *335*
遺伝子工学を駆使して新たな有用作物を生み出す

Chapter 9

1 システムズバイオロジー

システムズバイオロジーは生物をシステムとして理解することを目的としている．特に，新しい現象や分子の同定に焦点があるというより，現象（よく知られている現象であってもよい）を詳細に観測しモデル化することでそのシステムの特性を見出すことと，その背後にある原理を抽出することが目的である．さらに，天文学において海王星が予測・発見されたように，構築したモデルから未知の経路や分子の存在（要素）を予測することも可能である．このようにシステムズバイオロジーは今までの生物学の発見に新しい説明を与え，より深い生命現象の理解へと踏み込んだ学問だといえよう．本稿では，概日時計，細胞シグナリング，バイオインフォマティクスを例に解説する．

概念図

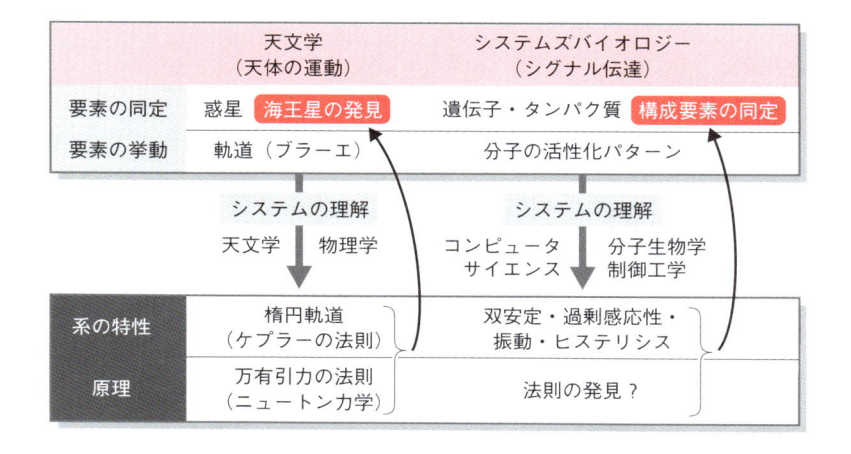

	天文学 （天体の運動）	システムズバイオロジー （シグナル伝達）
要素の同定	惑星　海王星の発見	遺伝子・タンパク質　構成要素の同定
要素の挙動	軌道（ブラーエ）	分子の活性化パターン
	システムの理解 天文学　物理学	システムの理解 コンピュータ　分子生物学 サイエンス　制御工学
系の特性	楕円軌道 （ケプラーの法則）	双安定・過剰感応性・ 振動・ヒステリシス
原理	万有引力の法則 （ニュートン力学）	法則の発見？

1 概日時計

1）概日時計とは何か

生体は，つねに同じ状態を呈する静的な場ではなく，さまざまな物質が変化し続ける動的な場である．変化を観察すると，一定周期をもって繰り返しがあるものに気づく．もっともよく研究されているリズム現象は，睡眠・覚醒などにみられる約1日（概日）周期のものであり，これを概日リズム（circadian rhythm）という．概日時計（circadian clock）とはこの概日リズムを駆動するメカニズムを指す．

概日時計の特徴に①自律振動，②同調能，③温度補償性がある．①自律振動とは，光など外界の時刻情報がない状態でも一定周期長（約24時間）で振動できることを意味する．例えば光の変化がなくても，概日時計は一定周期長でリズムを刻む．②同調能とは，外界の時刻情報にあわせた内部状態の変化能である．概日時計の刻むリズムは正確な24時間周期ではない（マウスでは短くヒトでは長い）．このため，概日時計は外界からの時刻情報を利用して，概日時計を外界に同調させている．③温度補償性とは，温度変化に対する安定性の確保を意味する．化学反応は通常，10℃の温度変化に対し2～3倍の速度変化をみせるが，概日時計は広い温度条件下で安定して一

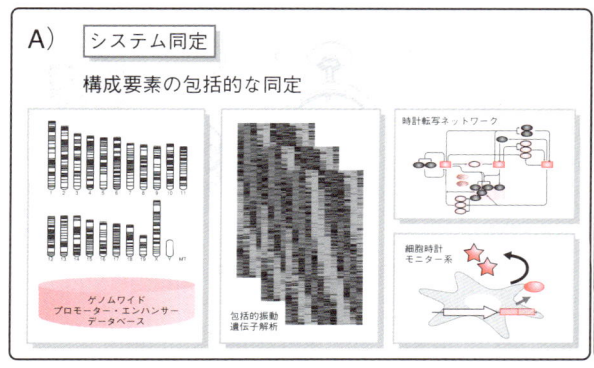

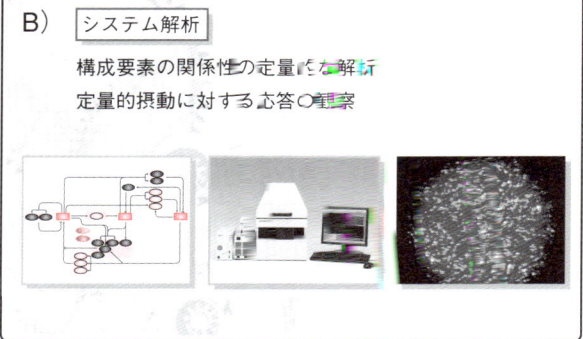

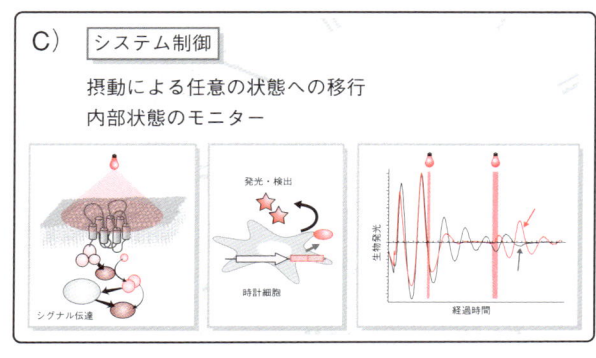

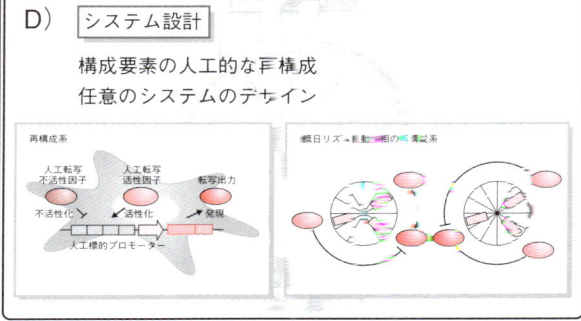

図9-1 システム生物学の構造と概日時計理解

システム生物学は，システムの構成因子の同定（時計遺伝子と調節領域の同定），システム構成因子間の定量的機能評価（調節領域のシステムにおける機能評価），システムの任意状態への制御（光による概日時計の制御），任意のシステムの設計（概日時計の遺伝子機構の再構成）からなる（カッコ内は概日時計理解における具体例）．B中央写真提供：オリンパス

定周期長の振動を刻むことができる．

概日リズムの中枢組織は脳のなかの視交叉上核（suprachiasmatic nucleus：SCN）と呼ばれる神経核にある．概日時計は遺伝的に規定されたシステムで，時計遺伝子（概日時計を構成する遺伝子）を破壊することで生理機能の概日リズムは失われる．時計遺伝子に発現振動するが，この振動はSCN以外にも肝臓など末梢臓器やNIH3T3などの株化細胞にも観察できる．細胞間同調能の有無などの違いはあるが，SCNの時計細胞も末梢組織の時計細胞も基本的な時計分子機構は共通で，概日時計理解のためにこれらの時計細胞をモデルとして取り扱うことができる．

2）概日時計システムを理解する

システムを理解するためには，構成要素が何かを問い，その定量的な性質を知ることが重要である．前者を①システム同定，後者を②システム解析とよぶ．構成要素の定量的な性質から予測されたシステムの動態が正しければ，外的制御も可能だろう．これを追求するのが③システム制御である．①〜③を通じて見出された要素・関係性が十分ならば，人工的に最小限の因子を揃えてもシステムは機能するはずである．想定される設計原理の妥当性を問うのが④システム設計である（図9-1）．

（i）システム同定

時計遺伝子は，転写因子として自身の振動を他に伝えている．分子レベルの概日時計の構成要素を同定するために，ゲノム規模での発現遺伝子解析手法とゲノム配列情報を利用して，転写調

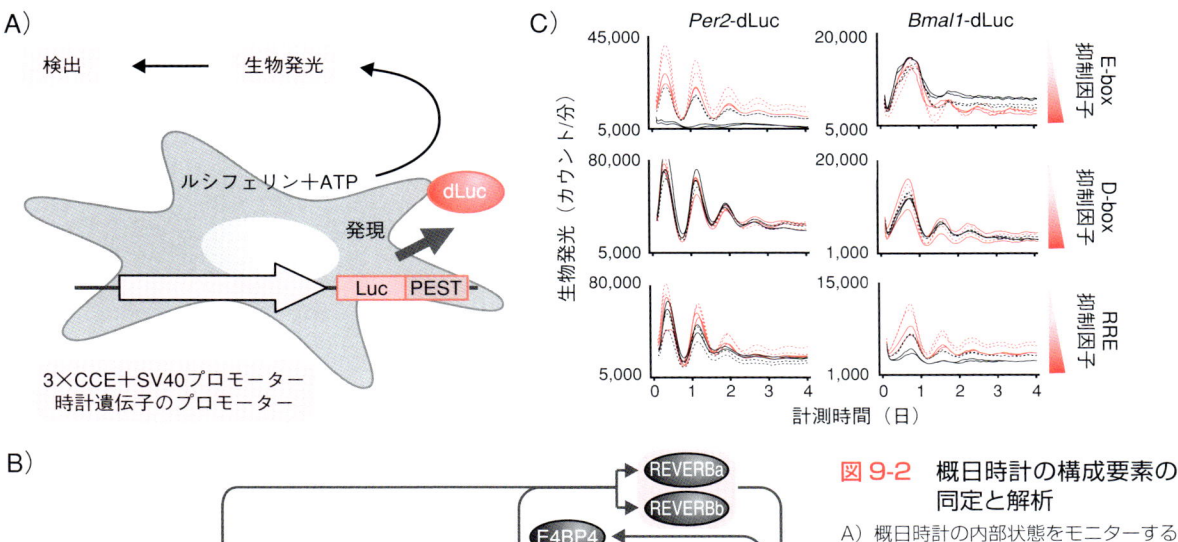

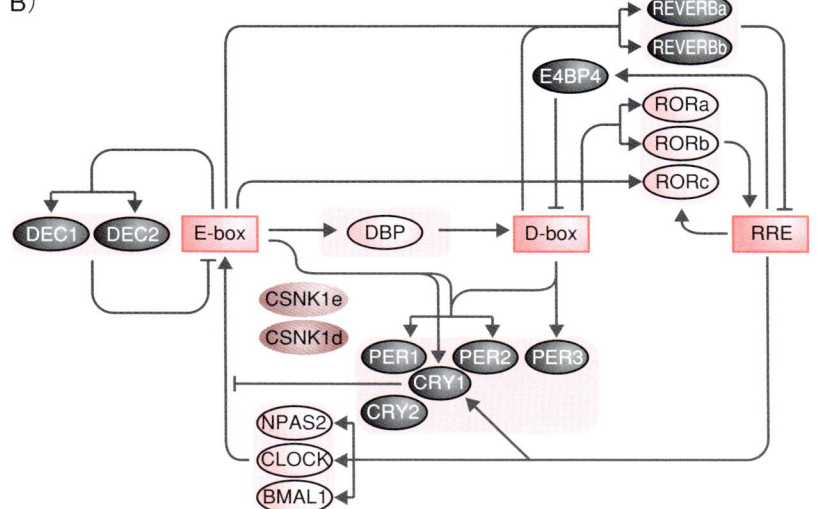

図9-2 概日時計の構成要素の同定と解析

A) 概日時計の内部状態をモニターするための実験系の概要．時計遺伝子によって発現制御される易分解型ホタルルシフェラーゼ（destabilized luciferase：dLuc）遺伝子を細胞に導入し，生物発光リズムとして概日時計の状態を観察する．B) 概日時計の転写ネットワーク．●は抑制因子を，○は活性化因子を示す．中央の3つ（E-box，D-box，RRE）は概日時計によって制御される調節部位（CCE）を指す．C) 各制御配列に対する摂動の概日時計への影響．位相の異なる2つの時計遺伝子（Per2（左），Bmal1（右））のプロモーターを使ってモニターした例を示す．上からCry1，E4Bp4，RevErbaを過剰発現した（文献1，2より）

節のネットワークを見出すことを考える．まず，DNAマイクロアレイ法を利用して，末梢臓器や時計中枢SCNの遺伝子発現プロファイルを作製し，共通して概日振動する因子を抽出する．次いで，複数の生物種のゲノム情報の比較を行い，種間での保存領域における，時計遺伝子が概日振動を起こすのに必要な発現調節領域（clock controlled element：CCE）を探索する．見出されたCCEの機能は，細胞を使ったモニター系（図9-2A）で検証できる．以上の試みにより，約20の時計遺伝子が3つの発現調節領域を介して複雑な転写ネットワークを築いている様子が明らかになった（図9-2B）[1]．

Memo

概日時計の解析を大きく進めた動因に，1998年の細胞での概日振動の発見がある．通常の培養下では細胞の時計は個々にばらばらに振動している．適当な刺激（血清，cAMPなど）を加えると，全体の時計の時間を合わせることができ，著明なリズムとして検出することができる．2002年に発光リズムを指標とした簡便なモニター系が確立された[1]．これは，時計遺伝子のプロモーター領域をホタルルシフェラーゼ遺伝子につないだレポータ遺伝子を細胞に導入したものであり，以降システムの挙動を定量的に調べることが可能になった[2]．この系は摂動系[3)4)]や再構成系[5)]へと発展し，定性的・定量的な摂動に対する概日時計の応答を観察したり，細胞のなかに転写回路をつくり

こんだりすることが可能となった．有用な検証系の確立により，システムの理解は進む．

（ⅱ）システム解析

　見出された時計システムの構成要素の役割を予測し定量的に検証することを目指す．例えば，システムを形成する因子の存在量や活性を変化させ（「パラメータ」を変え），システムの挙動に与える影響を予測と実測とで定量的に比較する．ここではCCEの機能評価を例にとる．E-box（朝），D-box（昼），RRE（夜）のうちE-boxはもっとも密な制御を受けていることから（図9-2B），概日時計の心臓部であることが予想された．各CCEそれぞれの抑制因子を過剰発現することで，E-boxを抑えてOFFの状態にした場合にのみ，時計機構全体の振動が消失した（図9-2C）[2]．では逆にONの状態にしたままではどうであろうか．これを試すため，促進因子に対してランダムに変異を加え，抑制因子に対する結合能のみを抑えるような変異型遺伝子を6,000個のクローンのなかから見つけ出し，促進因子の「パラメータ」変更を行った．この結果，時計機構全体の振動が消失したことから，E-boxのON/OFFの切り替えが概日時計の機能に重要だと実測された[3]．

（ⅲ）システム制御

　定量的な摂動（perturbation）を与えることで，時計システムを任意の状態に導くことが可能である．定量的な摂動を与える方法として，①特別な分子（受容体など）を用いることで定量性の高い物理的な刺激（光など）で操る方法や，②微細流路のようなデバイスを用いることで阻害剤投与などの既存の刺激方法に定量性を付与する方法がある．ここでは細胞に光受容体を導入し，光で外的に状態を制御した例を紹介する．Caによって細胞の概日時計は同調される．そこでCaのシグナル伝達系を動かす光受容タンパク質メラノプシンを時計細胞に導入し，光によって細胞内の概日時計を制御する系を構築した．この系では，あらかじめ光による概日時計の影響を定量的に評価しておくことで，光で細胞を任意の状態に制御することができる．実際，光の影響を精査することで，特殊なタイミングと強さで光を与えることで理論的に予想されるシンギュラリティ現象（時計の停止）を試験管内で誘導できた．この系はシンギュラリティ現象の証明をもたらした（図9-3）[4]．

（ⅳ）システム設計

　ここでは生体内のさまざまなピーク時刻をもった概日振動が，3つの制御配列の組合せでできていることを，最小限の因子を人工的に揃えてシステムを再現すること（再構成）で確認した例を紹介する．まず，概日時計を模倣するようにCCEによって制御される人工遺伝子3種類を準備した（活性因子，抑制因子，出力因子ホタルルシフェラーゼ）．活性因子と抑制因子をそれぞれ時計遺伝子の下流につなぎ，出力因子を活性因子の結合配列の下流におくことで，CCEの組合せによってつくられる概日振動をホタルルシフェラーゼの活性として捉えることができる．実際，3つのCCEを組合せることで，「昼」と「夜」に相当するタイミングや他のさまざまなタイミングをつくり出すことに成功した（図9-4）[5]．また再構成により，現在の知識で不十分な回路をあぶりだすこともできる．現在の再構成系では「朝」の振動をつくることができず，計算機実験からこれを達成するためには「夕方」に発現する抑制因子が重要であることがわかってきた[5]．なお「夕方」をつくるしくみは，解けつつある．

3）システムの理解を支える技術

　概日時計システムの理解には，実験手法の定量性，統計処理を中心とした情報処理技術，測定法の開発を含む技術開発が欠かせない．これまで述べてきたような知見は，DNAマイクロアレイ法による発現解析と振動遺伝子の抽出，多量のデータ解析のための情報工学手技の応用，生物

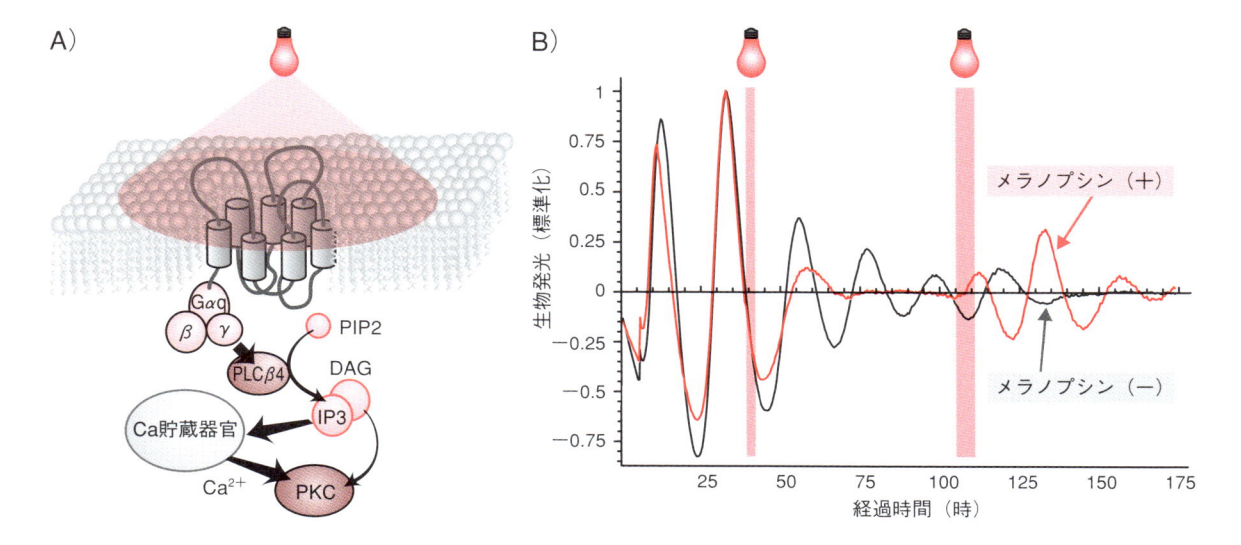

図9-3 概日時計の光による制御
A) 光受容タンパク質メラノプシンのシグナル伝達系. B) 光による概日時計の制御の例. 細胞に光をあてると概日時計の状態が変化し, 特異な時間に光をあてると時計の停止が導かれる (文献4より)

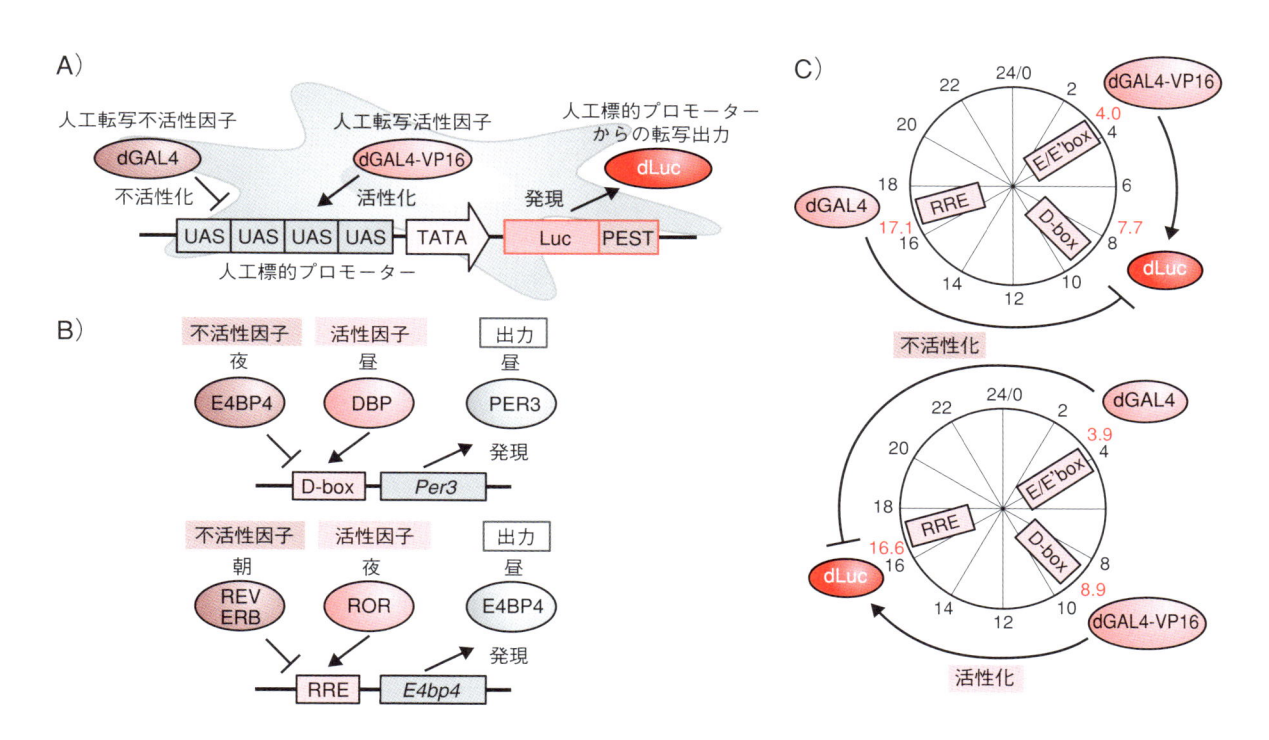

図9-4 概日時計の再構成系
A) 概日時計の転写出力の再構成系. 転写不活性因子と活性因子を時計遺伝子の下流で制御することで出力機構を模倣し, ホタルルシフェラーゼ (dLuc) を転写出力として設け生物発光の変化を検出する. B) 天然での時計遺伝子の出力例. 不活性因子と活性因子のバランスにより出力因子発現のタイミングが規定されている. C) 人工的に再構成した場合の活性因子, 不活性因子, 出力の関係. B) に示したと同様の関係性がなりたっていることに注目 (文献5より)

発光を利用したリアルタイム転写解析などによっている．また，転写活性を指標とした大規模スクリーニング（遺伝子ライブラリ，変異体ライブラリ，化合物ライブラリの利用）などは同定・解析・制御に有用であろう．定量的な摂動技術についても，短時間での制御が可能な光照射や微細流路を使った化合物の投与などの先端技術の応用が期待されている．このほか，一細胞レベルでの現象を議論するためのイメージング技法の開発にも力が注がれている．概日時計は①実験的に扱える長さで反応が起き，②同じ現象が時間的に繰り返され，③細胞レベルから個体レベルまで観察される現象である．生物学に応用されるさまざまな新しい技術を試すのに，好適な分野だといえるだろう．

4）システム的理解に必要な要件

システムズバイオロジーとは，一言で定義するとBiology after Identification of Key genesである．概日時計においてシステムズバイオロジーが成功しつつある一番の理由は，鍵となる遺伝子が少なくとも1つ同定されていたことに加えて，①自律振動，②同調能，③温度補償性などの動的な性質が明確であったことがあげられる．現在，鍵となる遺伝子が同定された生命現象は増えつつある．そのような生命現象の動的な性質を再度問い直してみるのは有用だ．その向こう側にはさらにおもしろい生命科学が拓けている．

2 細胞シグナリングの情報処理機構

1）モデルの作製[6]

生物の情報処理機構をもっともよく理解する方法の1つとして，生化学反応を微分方程式で記述する微分方程式モデルがある．微分方程式モデルを作製するには，まずモデルの構造を決定する必要がある．構造の決定には論文・総説を参照しながら既存の知識を用いて決定する方法と，既存の知識を用いず大量のデータから自動的に決定する方法がある．後者の方法にはいくつかの統計学的手法を用いたアプローチがあるが，具体的な構造の推定を行うにはもう少し時間がかかりそうである．

📝 Memo

《微分方程式モデル（differential equation model）》
生化学反応を微分方程式で表現したモデル．

$$分子間相互作用；[A] + [B] \underset{k_b}{\overset{k_f}{\rightleftarrows}} [AB] \quad K_d = K_b/K_f$$

上記の分子間相互作用における，[A]の時間あたりの合成量d[A]は

$$d[A]/dt = -k_f[A][B] + k_b[AB]$$

となる．

既存の知識を用いた場合には，目的とするシステムに含まれる分子の相互関係をブロック線図として作製することから始まる（図9-5A）．しかし，正しいブロック線図を作製することはまず不可能なので（現在のところ真に正しいモデルは存在しない），それを踏まえて作製すべきである．ただし，注目する分子・現象が決まっている場合には，その要素だけを取り出した簡便なブロック線図を作製するのも1つの手である．次に作製したブロック線図を微分方程式モデルとして表現するが，この表現には生化学反応シミュレーションソフトを用いるのが簡単である．現在さまざまなソフトが存在するが，生命現象のモデル化と解析の標準言語として提案されたSBML（The Systems Biology Markup Language）に基づくソフトを用いるのがよいだろう．SBMLは国

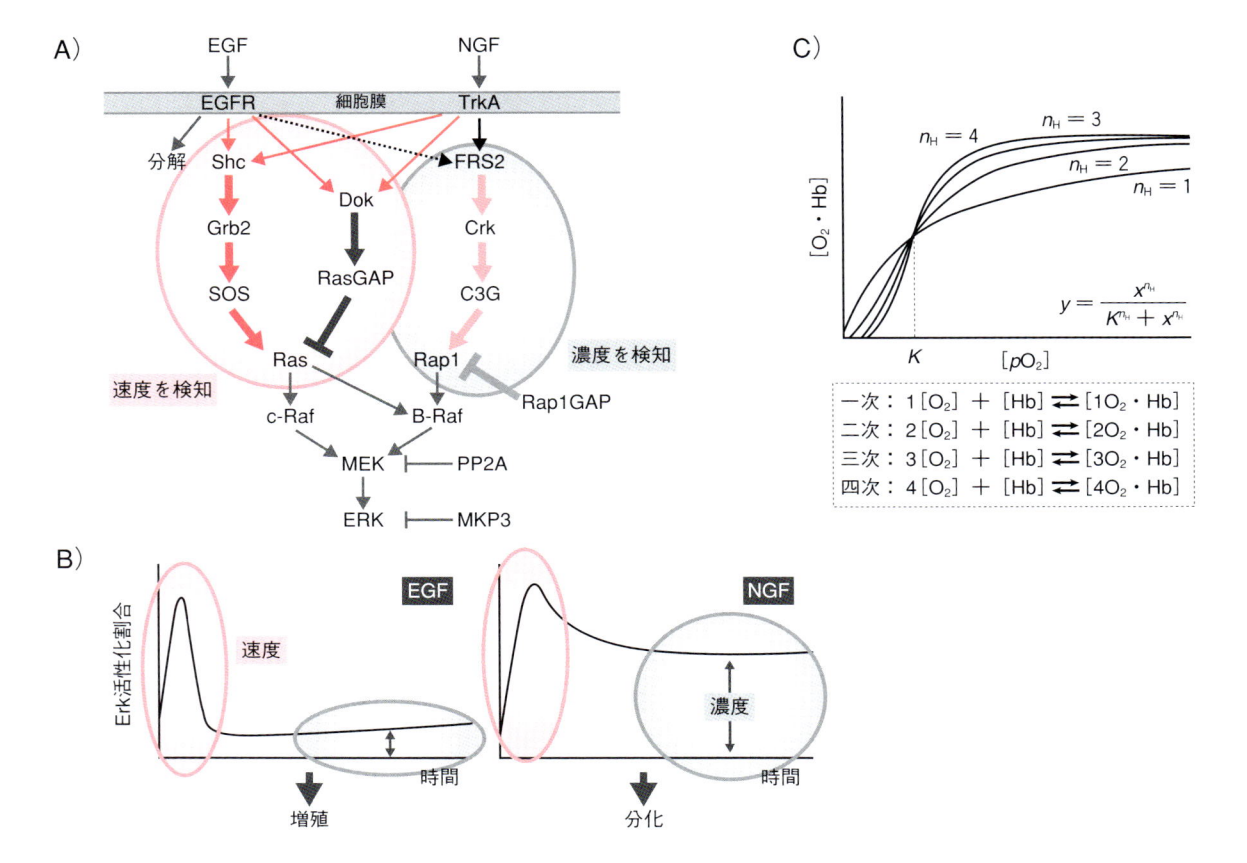

図 9-5 ブロック線図とフィードフォワード制御（文献2より）
A) B) ERK経路のブロック線図とEGF，NGFを添加したときのERKの波形．ERKの一過性の波形は速いSOSの活性化と，遅いRasGAPの不活性化により生み出され，増殖因子の添加速度を検知している（赤で囲ってある経路）．また，ERKの持続性の波形は刺激に依存した活性化と一定の不活性化により生み出され，増殖因子の濃度を検知している（黒で囲ってある経路）．C) ヘモグロビン（Hb）のn次反応の模式図．O_2・ヘモグロビンの複合体形成はO_2の結合次数が一次から四次へと上がるにつれて過剰感応性を示す（実際のヘモグロビンのヒル係数は2.8）

際基準の標準言語であるXMLをベースとした生化学反応シミュレーションモデル記述言語である．いくつものソフトが存在するので，自分の目的とPC環境にあったソフトを選ぶのがよいだろう．詳しくはSBMLのホームページ（http://sbml.org/Main_Page）を参照されたい．ブロック線図で表現した分子の相互作用をソフトで記述するには，分子の濃度と分子間相互作用，そして酵素反応のパラメータが必要となる．分子間相互作用と酵素反応は以下のように記述できる．

$$\text{分子間相互作用：}[A]+[B] \underset{k_b}{\overset{k_f}{\rightleftarrows}} [AB] \quad K_d = k_b/k_f$$

$$\text{酵素反応：}[E]+[S] \underset{k_2}{\overset{k_1}{\rightleftarrows}} [ES] \overset{k_3}{\rightarrow} [E]+[P] \quad K_m = (k_2/k_3)/k_1$$

　＊[A]［B］［AB］はそれぞれの分子の濃度
　　[E]は酵素，[S]は基質，[ES]は酵素基質複合体，[P]は生成物の濃度を示す

k_fやk_b値，k_1, k_2, k_3値が報告されていることはあまりないが，K_d値やK_m値が報告されている場合にはその値を参考にする．もちろん，実験を行いこれらの値を求めることも可能である．参考値がない場合には適当な値を入力し，パラメータフィッティングを行い（ソフトのなかにはパ

ラメータフィッティングを行う機能をもったものもある）観測された現象に合うパラメータを決定し，モデルを作製する．

> **Memo**
> 《K_d値，K_m値》
> K_d：解離定数．値が小さいほど親和性が大きい．
> K_m：ミカエリス定数．酵素の基質との親和性を表し，値が小さいほど親和性が大きい．
> 　　　酵素の反応速度が最高値（V_{max}）の半分となる基質濃度．

2）動的特性の解析

次に，実際に細胞内シグナリングの情報処理がどのように行われているか，微分方程式モデルを用いて解析した例をあげながら説明したい．

（ⅰ）フィードフォワード制御

フィードフォワード制御とは入力から出力へとあらかじめ決まった制御要素を行う制御機構である．

まずはPC12細胞の上皮増殖因子（EGF），神経増殖因子（NGF）応答におけるフィードフォワード制御について説明したい[7]．PC12細胞においてEGF，NGFはそれぞれERKの一過性，一過性＋持続性の活性化を伴い細胞の増殖，分化を制御している（図9-5B）．ERKの一過的な波形は早い活性化のシグナル（→）と遅い不活性化のシグナル（→）が同時に活性化されることによってつくり出されている（図9-5A）．これにより刺激因子の添加速度を与えることができ，添加速度を一過性の波形へと変換している（一種の微分回路；図9-5B）．また，持続性の波形は刺激に依存した活性化と一定の不活性化によってつくり出され，増殖因子の濃度を持続性波形の高さへと変換している（一種の積分回路；図9-5B）．

時に細胞は，勾配のある入力刺激に対してデジタルな応答をしなければならない．このようなアナログ入力をデジタル変換するために用いられているのが過剰感応性である．通常，過剰感応性はヒル式によって近似できるシグモイド曲線となる（図9-5C）．過剰感応性をつくり出すシステムはいくつか存在するが，ここではn個の分子が同時に1つの分子に結合するような反応についてヘモグロビンの例をあげて説明したい．ヘモグロビンは1つの分子に4つの酸素（O_2）を結合することで過剰感応性の応答を行い（四次反応），アナログ入力に対してデジタルな応答をする．図9-5CにO_2の結合次数が一から四次へと上がるにつれ，O_2・ヘモグロビン複合体形成率が過剰感応性になっていく様子を示す（図はモデル上の挙動．実際のヒル係数は2.8）．

> **Memo**
> 《過剰感応性（ultrasensitivity）》
> ごく小さな入力変化に対して出力が大きく変わる応答．過剰感応性が高いと，狭い入力変動幅においてスイッチのON/OFFを制御するような一種のスイッチ応答とみなせる．

> **Memo**
> 《ヒル式（Hill equation）》
> 右式で記述される．$y = \dfrac{x^{n_H}}{K^{n_H} + x^{n_H}}$　　Kはyの最大値の半分量を与えるxの値．
> n_Hはヒル係数と呼ばれ，過剰感応性の指標として用いられる（大きいほど過剰感応性）．$n_H = 1$のときはミカエリス・メンテン式と同じになる．

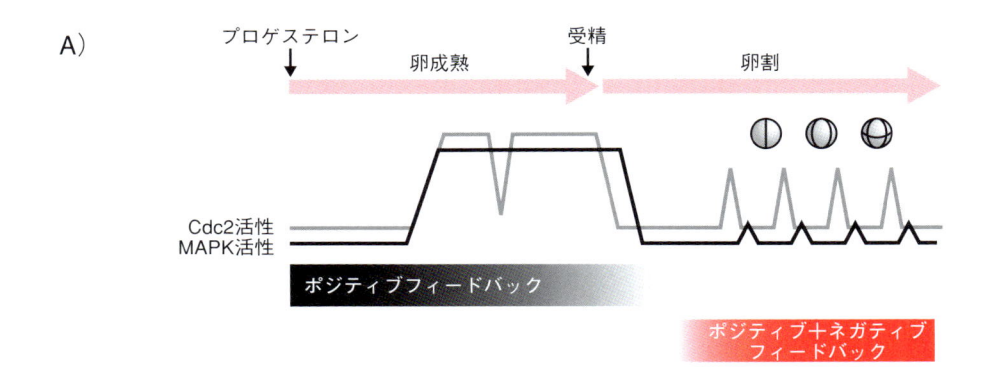

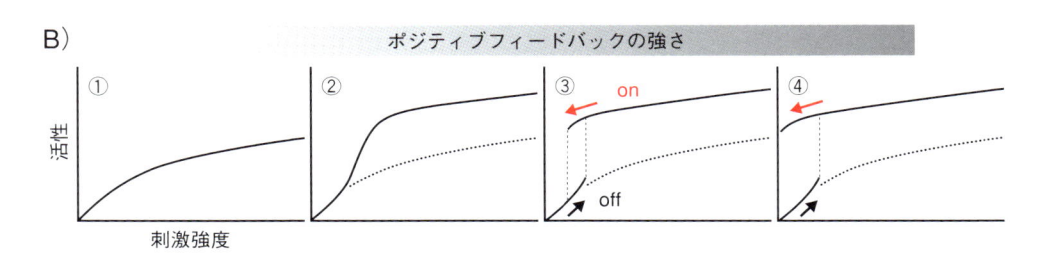

図 9-6　アフリカツメガエル卵の成熟過程とポジティブフィードバックの特性（文献3より）
A）アフリカツメガエル卵の成熟過程．プロゲステロンの添加後，MAPK がポジティブフィードバックにより持続的に活性化され卵成熟が誘導される．さらにそれに引き続く受精によって，今度はポジティブフィードバックとネガティブフィードバックにより Cdc2-サイクリンB が周期的に活性化され，卵割が進行する．B）ポジティブフィードバックの特性．ポジティブフィードバックの強さが強くなるにつれてヒステリシスが観測できるようになっていく

(ii) フィードバック制御

　フィードバック制御とは出力から再び入力へとシグナルが伝達される制御機構である．出力が入力を促進する場合をポジティブフィードバック，出力が入力を抑制する場合をネガティブフィードバックと呼ぶ．

　ポジティブフィードバック制御のよい例として，アフリカツメガエル卵を用いた実験がある[8]．未成熟卵に一過的にでもステロイドホルモンの一種であるプロゲステロンを添加すると，MAP キナーゼ（MAPK）が活性化され卵成熟が誘導される（図9-6A）．つまり，このシステムは入力を（入力がなくなった後でも）記憶するシステムであるといえる．ここで注意しなくてはいけないのが，ポジティブフィードバックの強さによって記憶できるかどうかが決まるという点である．図9-6B はポジティブフィードバックの強度を変化させたときの入出力関係をプロットした図である．①はポジティブフィードバックがないときの入出力関係を示している．ポジティブフィードバックを少し強くすると，過剰感応性の応答となる（②）．さらに強くすると，入力を上昇させた場合と（→）入力を減少させた場合（←）において応答のパターンが異なるヒステリシスを示す（③）．このとき，同じ入力に対して2つの応答（安定点）をもつ双安定な状態が観察できる（③）．もっと強くすると，刺激を抜いても活性化状態が続く応答が観察できる（④）．このように生体内にポジティブフィードバックがあったとしても，パラメータによってその挙動が異なるので注意が必要である．また，ポジティブフィードバックでも n 次応答でも過剰感応性を示すが，システムとしては異なる．つまり，あるシステムに過剰感応性があったとしても，そのシステムの中身が一意に決まらないということである．

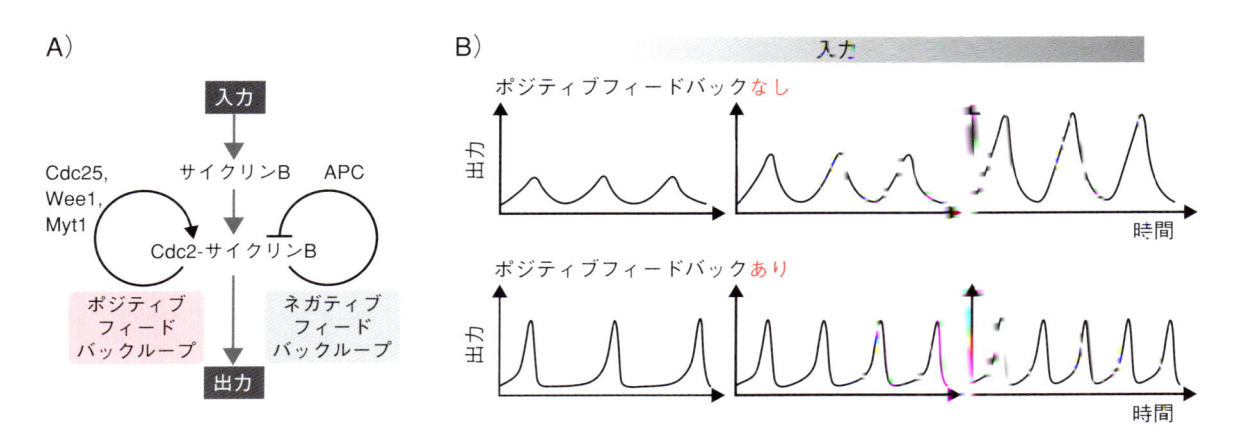

図9-7 アフリカツメガエルの胚発生時の細胞周期制御とその特性（文献5より）

A）アフリカツメガエルの胚発生時のCdc2-サイクリンBの制御．B）卵割時におけるCdc2のシステム（A）の特性．ネガティブフィードバックのみでポジティブフィードバックがないと刺激の強度に応じて振幅が変動する．しかし，ポジティブフィードバックがあると強度に応じて周期が変動する

Memo

《ヒステリシス（hysteresis）》

入力を上昇させて減少させた場合に，入力を加え始めた状態に戻らない現象．一種の記憶装置．実験的には入力を上昇させて減少させるだけだが，リガンド（細胞外刺激）と結合した受容体が細胞内移行後も活性を維持する場合があるので（つまり刺激を除けていない）注意が必要である．

Memo

《双安定（bistability）》

ある入力に対して，2つの安定点をもつこと．どちらの安定点をとるかは，刺激強度と内部状態に依存し，デジタルな応答を示す．

もう1つフィードバック制御で欠かせないのが，ネガティブフィードバック制御である．ネガティブフィードバックをもつシステムはある条件のもと一定入力存在下で振動するという性質をもつため（図9-7B），体節形成や時計遺伝子の制御に用いられている．しかし，このシステムが単安定であることと刺激の強さによって振幅が変化してしまうという理由から，細胞ごとの分子数に依存して安定な振動が保証されない場合がある．そこで，体節形成では隣の細胞とNotchシグナルを介して共役し，ノイズに強い振動を保証している[9]．

さて，ポジティブフィードバックとネガティブフィードバックを組合せるとどのような特性が産まれるのであろうか？ 最後に紹介したいのが，アフリカツメガエルの受精後の細胞周期である．この時期のCdc2-サイクリンBは一定入力存在下で自律振動を行い，たとえDNA複製やM期が阻害されても振動を続ける．Cdc2-サイクリンBの自律振動はCdc25, Wee1, Myt1のポジティブフィードバックとAPC（anaphae-promoting complex）のネガティブフィードバックによって制御されている[10]（図9-6A，図9-7A．第7章-3参照）．ここで重要なのがタイミングである．ポジティブフィードバックがネガティブフィードバックより速くないとこのような自律振動は起こらない（つまりパラメータ依存である）．またこのシステムで興味深いのは，入力を増強したときの挙動である．ネガティブフィードバックだけの振動では入力を増強すると振幅が大き

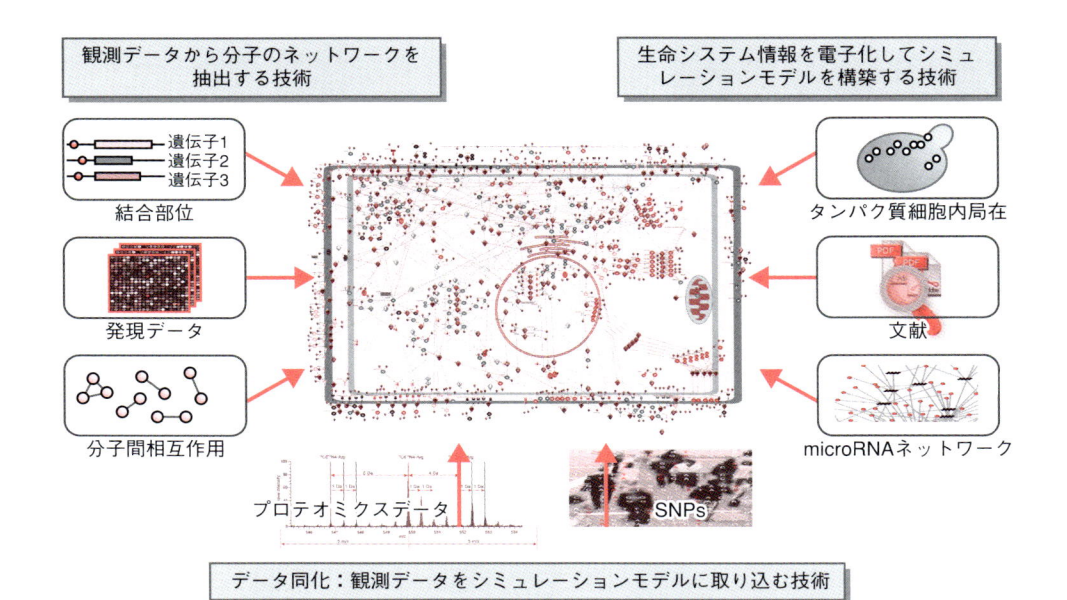

図 9-8 生命データから生命システムへ（巻頭カラー2参照）
パスウェイなどの生命システムをモデル化し，実験データを融合させ，シミュレーションやデータからの推論により生命システムを理解する．SNPs：一塩基多型

く変化する（図9-7B）．しかしポジティブフィードバックとネガティブフィードバックを組合せたシステムにおいては，入力を増強すると振幅はあまり変わらず，周期が大きく変化する（図9-7B）．このようなシステムは活動電位の制御でもみられ，アナログ入力を周波数に変換していると考えられる．また実際に細胞内では，シグナルの周波数によって発現する遺伝子が異なるシステムの存在も報告されている．

3 バイオインフォマティクス

　ゲノム情報が出揃い，タンパク質やRNAなどの生命システムの部品リストが明らかになり，さらに，トランスクリプトームやプロテオームなどの大規模解析により，どんな分子が，いつ，どこで，どれだけ発現し，どのようなインタラクションをしているかを観測することが可能になってきた．これらの情報に対し，生命システム情報を電子化してシミュレーションモデルを構築する技術や観測データから分子のネットワークを抽出する技術などが開発され，バイオインフォマティクスにより，複雑な生命システムの理解が加速されている（図9-8）．

1）パスウェイデータベース

　生命システム，特に，代謝経路，遺伝子ネットワーク，シグナル伝達経路などに関するパスウェイ情報を集めたデータベースが数多く作製されている．これらは，キュレータとよばれる専門的知識をもった人たちが文献を読んで作製した高品質のデータベースと，文献要旨から自然言語処理やテキストマイニングなどの情報処理技術により人手では不可能な規模で作製したデータベースの2つに大きく分けられる．多くのパスウェイデータベースにおいて，その情報は，それぞれのデータベースで定義されたXMLと呼ばれるデータ形式で記述されている．ユーザがパスウェイを作製，編集，表示，解析できるソフトウェアも同時に提供されている．

（ⅰ）代表的なパスウェイデータベース

KEGG（Kyoto Encyclopedia of Genes and Genomes）（http://www.kegg.jp/），BioCyc™（http://www.biocyc.org），TRANSPATH®（http://www.biobase-international.com/）やIngenuity® Pathways Knowledge Base（IPKB）（http://www.ingenuity.com/）が有用である．

（ⅱ）パスウェイ情報を解析して視覚化するソフトウェア

TRANSPATH®にはExPlainやCell Illustrator，IPKBにはIngenuity Pathway Analysis（IPA）といったツールがあり，マイクロアレイの解析結果から得られた発現変動の大きい遺伝子群に関するパスウェイ情報をデータベースから自動的に構築し表示できる．また，Cytoscape（http://www.cytoscape.org/）は，分子間の相互作用をネットワーク図として視覚化するためのソフトウェアとして活用されている．

（ⅲ）パスウェイ情報の表記法

Gene Ontology（GO）では，生物学的概念を記述するための共通の語彙を策定し，その間の関係を定義している（http://www.geneontology.org/）．GOは，遺伝子の機能情報などを統一した語彙を用いて記述することにより，異なった生物種のデータベース間でも，データの比較や結合などをやりやすくするための基盤となることを目指している．

> **Memo**
> GOでは遺伝子産物機能の表現を，biological process，cellular component，molecular functionの3つの意味概念に基づいて行っている．

細胞レベルでのシステムダイナミクスの入った数理モデルを記述することを目指したシステム生物学のためのXMLとしては，SBML（Systems Biology Markup Language）（http://www.sbml.org/）などがある．またこのSBMLを包含したCSML（Cell System Markup Language）（http://www.csml.org/）が開発され，それに基づいたシミュレーションソフトウェアとしてCell Illustrator（図9-9）が商用化されている．

2）パスウェイモデルとシミュレーション

KEGGなどのデータベースが文献情報から細胞内の反応の関係を抽出して整理した静的な知識であるのに対し，これに加えてパスウェイにおける動的なしくみを微分方程式系やプログラム言語などで表現し，コンピュータでシミュレーションできるようにしたものをパスウェイモデルと呼んでいる．シミュレーションにより，静的な知識だけからは得ることができないシステムの動的な挙動を解析したり，生命システムの設計原理[11]や新たな仮説をつくり出したりすることが可能になる．実用的なソフトウェアが開発されており，パスウェイの絵を描く感覚で，細胞内の反応をモデル化でき，CSMLやSBMLの形式で自動的に表現できるようになっている．

（ⅰ）モデルの動的なしくみの表し方

動的なしくみには決定的なものと確率的なものがあり，これらを合わせたハイブリッド型のものもある．動作が決定的で連続的な場合は，主に常微分方程式を用いて記述している．通常，酵素反応などはミカエリス・メンテンの方程式のように常微分方程式でモデル化している．転写の活性閾値のようなスイッチや個々の分子を対象とした離散的な動作を表すためには，ペトリネット（Petri net）などの動的しくみがある．

（ⅱ）モデル作製の方法

シミュレーション可能なパスウェイモデルをつくるには，XMLなどの指定されたフォーマットでモデルを記述するか[12]，C++，Java，スクリプト言語など，プログラム言語を直接用いて動

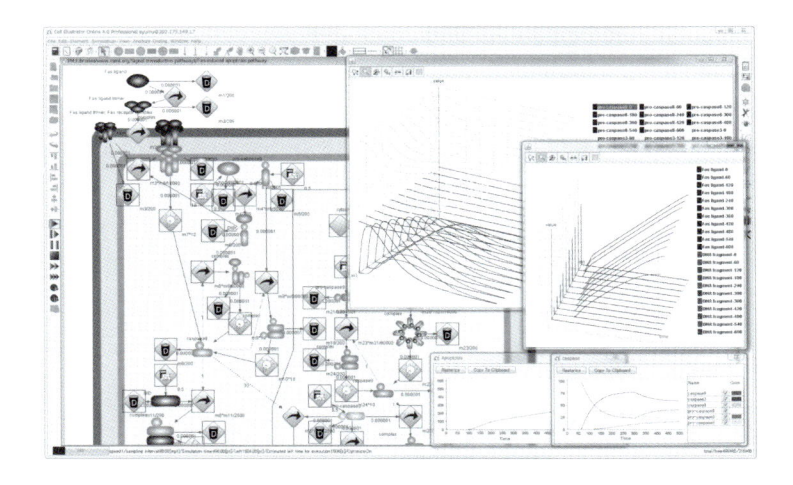

図 9-9　Cell Illustrator によるモデリングとシミュレーション（巻頭カラー 3 参照）
高度の GUI（graphical user interface）によるモデル化機能，シミュレーション機能（連続的，離散的，決定的，確率的，およびそれらのハイブリッド型），パスウェイの自動レイアウト機能，パラメータ探索機能，オントロジー対応，パスウェイデータベースマネージメントシステム，SBML モデルの取り込み機能などを有したソフトウェアとして Cell Illustrator がある（http://www.csml.org/ からのリンクを参照）．Cell Illustrator 上のパスウェイモデルと，そのシミュレーションモジュールを用いて初期条件をさまざまに変えたときの動きを二次元および三次元プロットしたもの

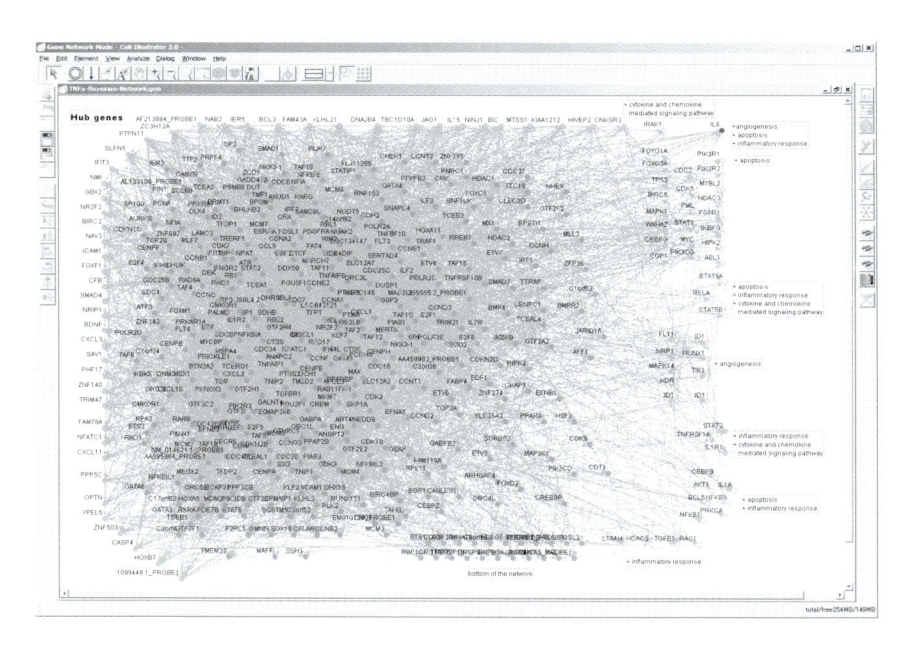

図 9-10　大規模遺伝子ネットワーク推定（巻頭カラー 4 参照）
ベイジアンネットワークは，確率変数間の定性的な依存関係をサイクルをもたない有効グラフの構造によって表し，変数間の定量的な依存関係をその変数の間に定義される条件つき確率によって表したもので，遺伝子の発現量を確率変数に対応させている．351 の遺伝子の siRNA ノックダウンによる DNA マイクロアレイ解析データからベイジアンネットワークと非線形回帰を組合せた方法で推定されたヒト血管内皮細胞遺伝子ネットワーク．TNF-α 処理のもとで，炎症とアポトーシスを制御している新たなハブ遺伝子群が見つかっている

的なモデルを記述する．Cell Illustrator®やCell Designer™（http://www.systems-biology.org/cd/）やJDesigner（http://www.sys-bio.org/）などが用いられている．

(iii) 観測データをシミュレーションモデルに取り込む技術

　以上のパスウェイモデルは，生物学的知識に基づいて作製され，通常，大きなモデルでは局所的に手動でパラメータがチューニングされている．そのため，パラメータ推定やモデル選択により，時系列の観測データをシミュレーションモデルに適切に取り込むためのスーパーコンピュータを利用したデータ同化（data assimilation）という技術が注目されている[13]．

Memo

データ同化は，シミュレーションと観測データを，統計的手法（ベイズ統計）で按配よくブレンドする方法で，第四の科学として地球科学の分野で注目を集めている．モデル，データ双方の不確実性を反映し，シミュレーションと現実とのギャップを埋める枠組み．

3) データからの生命システムのリバースエンジニアリング

　観測データからその裏にあるネットワークや動的構造を抽出する技術をリバースエンジニアリングとよんでいる．その1つに，ベイジアンネットワーク（Bayesian network）と非線形回帰（non-parametric regression）を組合せた技術が開発され，大規模な遺伝子ノックダウンや時系列薬剤応答遺伝子発現データなどから遺伝子ネットワークを推定する研究が進んでいる[14]（図9-10）．

■文　献■

1) Ueda, H. R. et al.：A transcription factor response element for gene expression during circadian night. Nature, 418：534-539, 2002
2) Ueda, H. R. et al.：System-level identification of transcriptional circuits underlying mammalian circadian clocks. Nat. Genet, 37：187-192, 2005
3) Sato, T. K. et al.：Feedback repression is required for mammalian circadian clock function. Nat. Genet., 38：312-319, 2006
4) Ukai, H. et al.：Melanopsin-dependent photo-perturbation reveals desynchronization underlying the singularity of mammalian circadian clocks. Nat. Cell Biol., 9：1327-1334, 2007
5) Ukai-Tadenuma, M. et al.：Proof-by-synthesis of the transcriptional logic of mammalian circadian clocks. Nat. Cell Biol., 10：1154-1163, 2008
6) 黒田真也："東京大学バイオインフォマティクス集中講義"（高木利久/監修・東京大学理学部生物情報科学学部教育特別プログラム/編），pp127-135, 2004
7) Sasagawa, S. et al.：Prediction and validation of the distinct dynamics of transient and sustained ERK activation. Nat. Cell Biol., 7：365-373, 2005
8) Xiong, W. & Ferrell, J. E. Jr.：A positive-feedback-based bistable 'memory module' that governs a cell fate decision. Nature, 426：460-465, 2003
9) Horikawa, K. et al.：Noise-resistance and synchronized oscillation of the segmentation clock. Nature 441：719-723, 2006
10) Pomerening, J. R.：Building a cell cycle oscillator: hysteresis and bistability in the activation of Cdc2. Nat. Cell Biol., 5：346-351, 2003
11) "An Introduction to Systems Biology-Design Principles of Biological Circuits", Alon, U., Chapman & Hall/CRC, 2007
12) "システム生物学がわかる!"　土井章弘 他，共立出版, 2007
13) Tasaki, S. et al.：Modeling and estimation of dynamic EGFR pathway by data assimilation approach using time series proteomic data. Genome Informatics, 17：226-228, 2006
14) Affara, M. et al.：Understanding endothelial cell apoptosis: What can the transcriptome, glycome and proteome reveal? Philosophical Transactions of Royal Society, 362：1469-1487, 2007

Chapter 9

2 ゲノム医学

ゲノム医学は，ゲノム情報を基盤とした疾患の解明と医療の最適化を目指す医学である．ヒトゲノム解読完了と多様性の解明，ゲノム解析技術の飛躍的な発展がゲノム医学の推進に大きく貢献している．ゲノム医学の成果は，連鎖解析による単一遺伝子疾患の原因遺伝子同定，関連解析による多因子疾患の疾患感受性遺伝子同定，発癌メカニズムの解明，薬理ゲノム学の診療への応用などがあげられる．今後は，パーソナルゲノムによる個別化医療の実現が期待される．

概念図

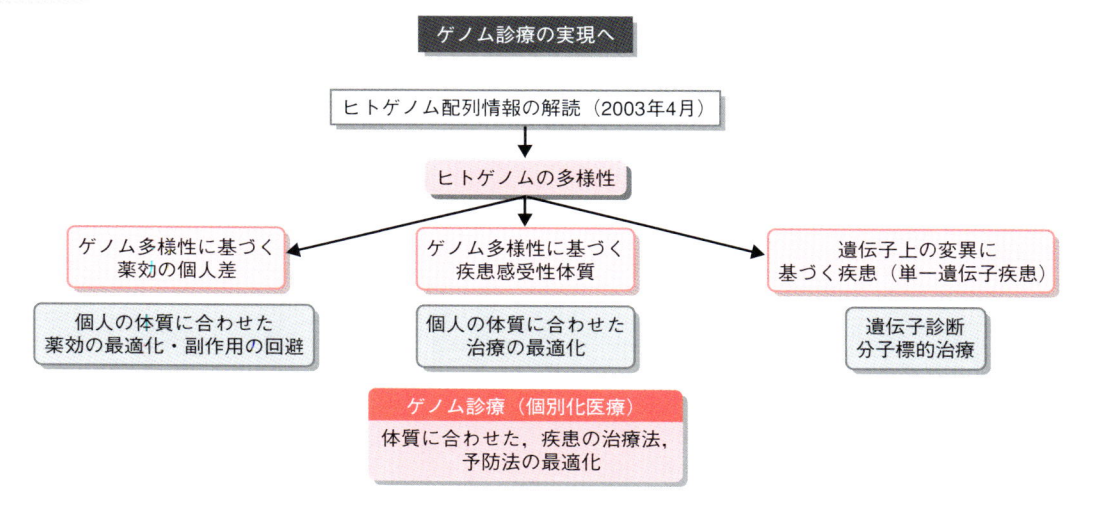

```
                    ゲノム診療の実現へ
                           ↑
            ヒトゲノム配列情報の解読（2003年4月）
                           ↓
                    ヒトゲノムの多様性
            ↙              ↓              ↘
  ゲノム多様性に基づく  ゲノム多様性に基づく   遺伝子上の変異に
     薬効の個人差       疾患感受性体質     基づく疾患（単一遺伝子疾患）
  個人の体質に合わせた  個人の体質に合わせた      遺伝子診断
  薬効の最適化・副作用の回避  治療の最適化        分子標的治療
                  ゲノム診療（個別化医療）
                  体質に合わせた，疾患の治療法，
                       予防法の最適化
```

1 「ゲノム医学」とは

ゲノム医学は，ゲノム科学の成果を医学に応用することにより，疾患の病態解明とシステム的理解，それを基盤とした先端的医療の実践と根本的治療の開発を目指す学問である．

ゲノム医学の発展は，遺伝統計学，インフォマティクス，分子遺伝学，細胞遺伝学および遺伝生化学の研究成果に立脚している．多くの家族性疾患の原因遺伝子が同定され，また孤発性疾患の疾患感受性遺伝子も徐々に明らかになってきた．特に，2003年のヒトゲノム解読に伴い，疾患の分子遺伝学的背景を解明する研究が加速度的に進展しつつあり，ゲノムの多様性と疾患との関連が明らかになってきている．ゲノム多様性には塩基配列の多様性のみならず，コピー数多型や，エピゲノム的な多様性などさまざまあり，このような多様性が個人の体質や疾患への易罹患性に関与していると考えられている．このような疾患に関与するゲノム多様性を明らかにすることが，現在のゲノム医学の課題であると考えられる（図9-11）．

2 ゲノム医学の進歩

ヒトゲノム研究の端緒を開いたのは，1970年代に開発された遺伝子組換え技術とDNA配列決

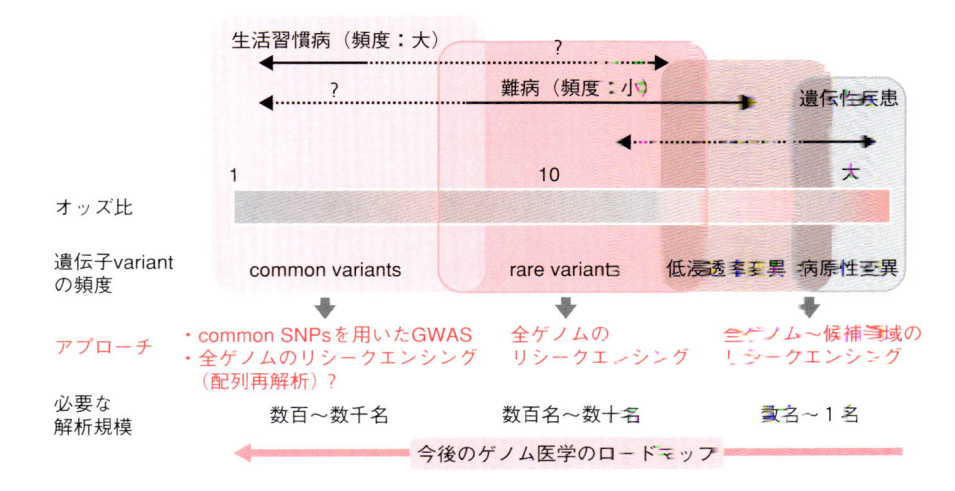

図9-11 オッズ比からみた，遺伝子 variant の探索方法
遺伝子の variant がもたらす疾患発症の相対危険度（オッズ比）に対応した探索方法と，今後のゲノム医学のロードマップを示す．遺伝性疾患はオッズ比の高く稀な variant によって発症すると考えられ，頻度の高い生活習慣病などの疾患（common disease）はオッズ比の低く頻度の高い variant が発症と関連すると考えうる．頻度の低い難病などの疾患は稀な variant が関連する可能性がある

定技術である．1980 年代には，ヒトゲノム研究の基礎となる PCR 法や DNA シーケンサーなどの技術が開発され，一方では連鎖解析による疾患遺伝子座の同定が行われるようになった（図 9-12）．1991 年にはヒトゲノム計画が米国を中心に国際的にスタートし，2003 年には全ゲノム配列解読が完了して，ヒトゲノムの全容が初めて明らかになった．引き続いて 2005 年には HapMap project によりヒトゲノムの多様性の基盤となる多型情報が整備された．この間に，DNA マイクロアレイなど網羅的なゲノム解析技術も開発された．ゲノム全体で 50 〜 100 万個の SNP（single nucleotide polymorphism）の解析が可能となり，ゲノムワイド関連解析（genome-wide association study：GWAS）のように，ゲノム配列の多様性と疾患の関連を解析する研究が飛躍的に進展した．さらに，aCGH（array-based comparative genomic hybridization）法，SNP マイクロアレイなどの方法により，遺伝子のコピー数多型（copy number variation：CNV）が大量に見出され，ヒトゲノムの多様性が予想以上に幅広いことが明らかになってきた．

Memo
《CNV の定義》命名には，variation（日本語では変異という用語）が使われている．CNV と判定されるものには，数 kb 以上の長い配列を単位とする異なる反復回数による縦列反復配列で，多型（本来，一般集団のなかで 1 ％以上の頻度で存在する変異を多型と呼ぶ）をなすものも多く，疾患との関連においてもそのような配列に関心がもたれている．本稿では，多型として関心をもたれることが多い点を考慮して，CNV に対してコピー数多型という用語を用いた．

2004 年に米国 NIH（米国衛生研究所）が提唱した「1,000 ドルゲノムプロジェクト」に触発され，ゲノム医学に革命をもたらしうる革新的な解析技術が 2005 年以降相次いで発表された．次世代シーケンサーと呼ばれる，この超高速の塩基配列解析システムは，1 台で 1 〜 10 億塩基以上，すなわち 3 日でヒトの全ゲノム分の配列情報の取得を可能とするほどのスループットを有している．2008 年にはこれらの技術を駆使して個人の全ゲノム配列を解読した研究成果が初めて公表された[1]．その後，アフリカのヨルバ人，中国の漢民族の全ゲノム配列解読の発表が相次いでいる

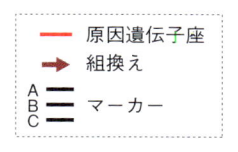

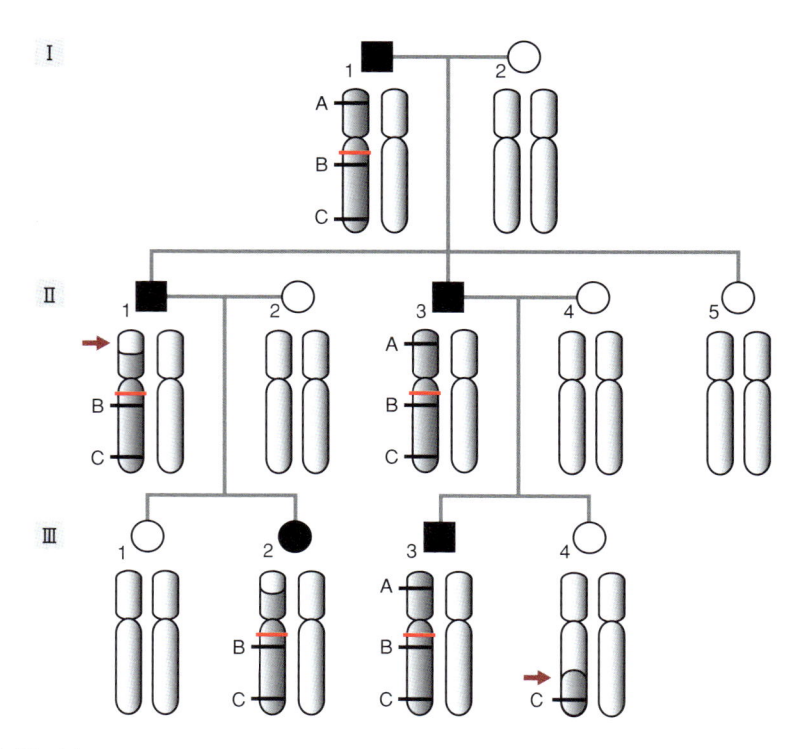

図9-12 連鎖解析
「連鎖」とは，ある事象（表現型，マーカー対立遺伝子など）が遺伝の際に挙動をともにして分離する（共分離する）傾向のことである．連鎖解析の原理は，①分離の法則，②組換えの2点に基づいて理解できる．分離の法則とは，各個体は対立遺伝子のどちらか一方を等確率に選択して子に伝達することである．組換えとは，減数分裂時に相同染色体どうしが交差して，その一部を交換した結果である．したがって，疾患と強く連鎖しているマーカーが存在すれば，その近傍に原因遺伝子座が存在する可能性が高くなる．連鎖解析において重要なのは家系サイズ（減数分裂の数）と臨床情報（表現型）である．例えば，図においてもしⅢ-4が発症者であれば，疾患と連鎖しているのはマーカーCということになり，候補領域が異なってくる

れている[2）3）]．さらに，次世代シーケンサーは，トランスクリプトーム解析，エピゲノム解析など，ゲノム研究全体にわたって大きなインパクトを与えている．

3 ゲノム医学の支柱－バイオインフォマティクスとELSI

1) バイオインフォマティクス

　バイオインフォマティクスとは，情報科学，統計学，応用数学など幅広い分野の知識を応用し，コンピューターによる解析を駆使して，生物学全体の問題解決をはかり，新たな知識を創出する学問である（第9章-1参照）．バイオインフォマティクスの重要な役割としては①遺伝理論，遺伝統計学，②システムバイオロジー，オントロジー，パスウェイ解析などとその応用，③データベース，成果・データの共有・公開，④大規模データのハンドリング，情報セキュリティーなどのIT技術などがあげられる．

2) ELSI

　ELSIとは，「Ethical, Legal and Social Issues（倫理的・法的・社会的問題）」の頭文字を取ったもので，生命科学・医学研究を進めるにあたって社会のなかで生じるさまざまな問題の総称で

ある．GWASや，稀な遺伝子変異を探す全ゲノムリシークエンシングなどの大規模な疾患関連遺伝子探索の研究が実を結ぶには，多くの方々の研究への協力が必要になる．それを適切に進めるためには，個人のプライバシーにつながるゲノム情報をいかに適切に管理しながら研究を進めるかという，適切な研究ガバナンスの体制の充実，public relationなどに関する研究の推進，国民からの理解，ゲノム研究者の意識改革，遺伝についての教育など，幅広い取り組みが必要である．

4 ゲノム医学の実際

1) 単一遺伝子疾患

1983年にGusellaらが，連鎖解析の手法を用いてハンチントン病の原因遺伝子座を明らかにした[4]．以来，数多くの家族性疾患の原因遺伝子が同定されてきており，医学に大きな変革をもたらしている．原因遺伝子同定により，分子病態の解明，疾患モデル動物の構築などを通して，病態機序の解明と分子標的治療の実現に向けた研究を推進することが可能になった．実際の診療においても，遺伝子診断が可能となり，診断の確定，診療情報の提供，治療などさまざまな局面において非常に有用である．

連鎖解析には，個々のマーカーと疾患との連鎖を解析する単点解析と，複数のマーカーを同時に解析する多点解析がある．一方，解析アルゴリズムとしては，遺伝形式を仮定するパラメトリック連鎖解析と，遺伝形式を仮定しないノンパラメトリック連鎖解析（モデルフリー解析）とがある．連鎖の程度を家系試料の連鎖解析からロッドスコアという値で推定し，ロッドスコア3.0以上が連鎖を認める閾値である．疾患と連鎖している「候補領域」に存在している遺伝子について，網羅的に変異の有無を解析し，疾患特異的に変異が生じている遺伝子を探索する．マーカーとしては，マイクロサテライトが用いられることが多いが，最近ではSNPを用いた解析も行われるようになっている．

単一遺伝子疾患において現在残されている課題としては，家系内に発症者が複数存在するが，遺伝形式が必ずしも明らかでない疾患，あるいは大家系の集積ができず，連鎖解析を適用しても候補遺伝子領域の決定が困難な疾患をどのように解析するかである．前者についてはノンパラメトリック（モデルフリー連鎖解析）の適用が考えられる．後者については，候補領域の絞り込みが十分にできていない場合であっても大規模なリシークエンシング（配列冒解析）により原因遺伝子の同定が可能になるのではないかと期待される．

2) 多因子疾患

多因子疾患における疾患感受性遺伝子の同定には，一般に関連解析という手法が用いられる（図9-13）．疾患感受性遺伝子の代表としてはアルツハイマー病におけるApoE多型があげられる．近年では，SNPを用いたGWASが主流であり，糖尿病，炎症性腸疾患などで疾患関連遺伝子の同定に威力を発揮している．しかしながら，現在までに同定されている感受性遺伝子の個々のリスクのオッズ比は多くの場合2以下と小さく，疾患の発症予測には不十分であり，疾患全体の病態機序を理解するには至っていない点が課題である．

このような関連解析は，いわゆる'common disease - common variants'仮説に則っており，オッズは低いが一般の集団において頻度の高い疾患リスクの蓄積による発症が想定されている（図9-11，図9-14）．対照的に，'common/rare disease - multiple rare variants'仮説，すなわち頻度は低いがオッズ比の高い疾患リスクの関与も，糖尿病，パーキンソン病などの疾患において示唆されている．疾患リスクの同定には，従来のGWASの方法に加え，網羅的なリシークエンシングの手法が効果的である可能性が示唆される[5]．

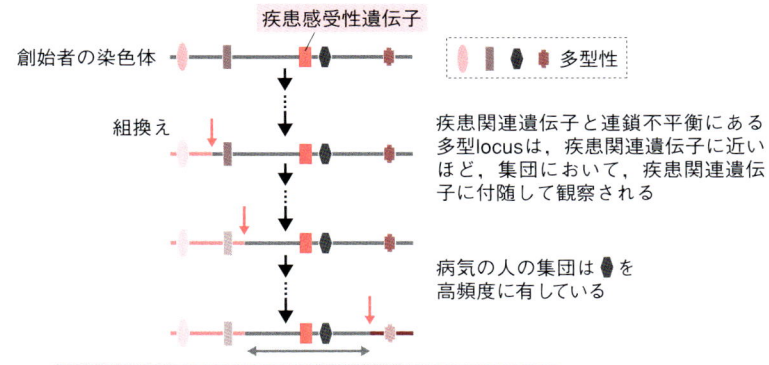

図9-13 関連解析
ある疾患を有する集団においてある対立遺伝子（アリル）Aを有する頻度が，正常対照の集団における頻度から予測される値より有意に高い場合，アリルAと疾患は「関連（association）」していると判断される．関連解析とは，マーカー遺伝子座と疾患遺伝子座が物理的に近い場合，連鎖不平衡により両者が関連することを利用した解析であり，マーカーとなる多型の頻度を患者集団と健常者集団で比較することにより，疾患感受性遺伝子座の同定が可能になる

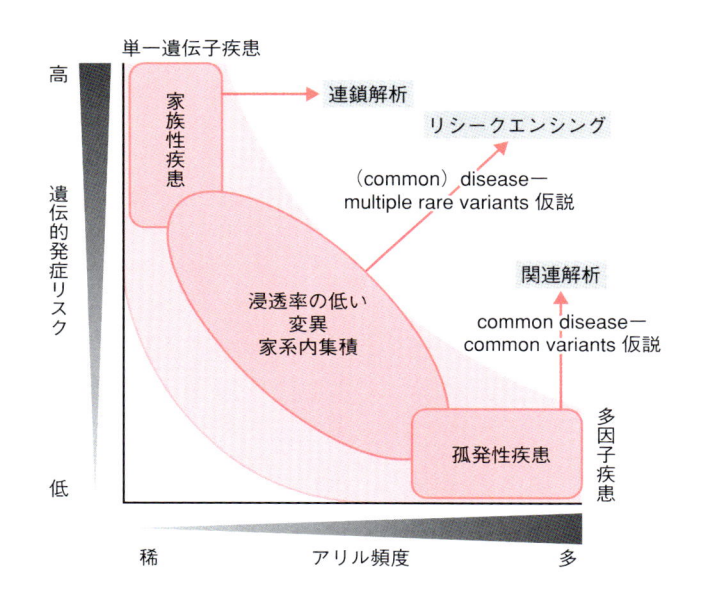

図9-14 ヒトゲノムの多様性のスペクトラムと疾患との関連
家族性疾患の大部分は単一遺伝子の変異で発症する．一方，頻度の高い疾患は，疾患感受性遺伝子における，高頻度で相対危険度の低い多型が発症に関与していると考えられている（common disease − common variants 仮説）．この中間には家系内集積がみられる疾患（癌，糖尿病，片頭痛など），あるいは頻度の低い疾患（神経難病など）が存在すると考えられ，低頻度で相対危険度の高い多様性が発症に関与している可能性が想定されている〔(common) disease − multiple rare variants 仮説〕．家族性疾患における原因遺伝子同定には連鎖解析が有効であり，疾患感受性遺伝子の同定には関連解析が用いられている．稀でかつリスクの高い多様性をどのように同定するかが課題であるが，遺伝子の配列を直接解析する，リシークエンシングの手法が有効であると考えられる

3）癌

癌研究において，ゲノム医学は大きな成功を収めている．癌の発症には，癌遺伝子（oncogene）と，癌抑制遺伝子（tumor suppressor gene）が関連する．癌遺伝子の正常な機能は細胞増殖促

進であり，癌抑制遺伝子は発癌過程を抑制する．癌遺伝子の機能獲得性変異による細胞増殖の異常な活性化か，癌抑制遺伝子の機能喪失性変異による細胞増殖の制御喪失により，発癌に至ると考えられている[6]（第7章-5参照）．

遺伝子変異による発癌には，生殖細胞系列変異（germline mutation）と体細胞変異（somatic mutation）によるものに分類される．家族性大腸ポリポーシスは生殖細胞系列変異の代表的疾患であり，5q21に局在する癌抑制遺伝子APCが原因遺伝子である．大腸に多発の腺腫が発生し，20～40歳くらいまでに腺腫はほぼ100％癌化するため，APCの変異の同定は疾患の早期発見や予防に応用されている．

一方，大部分の癌においては，染色体再構成，コピー数変化，点変異など多彩な体細胞変異が認められ，発癌において主要な役割を果たすと考えられている．例えば，慢性骨髄性白血病（CML）のフィラデルフィア染色体は，9番染色体と22番染色体の再構成によって生じるが，bcr遺伝子とabl遺伝子のキメラ遺伝子bcr-ablが構成され，細胞増殖制御の異常をきたす．このキメラ遺伝子に対する特異的抗体を用いた治療は，CMLの治療成績を大幅に改善している．このように，癌細胞における体細胞変異の同定が分子標的医療の開発につながっている．

癌の場合，体細胞性に変異が蓄積していくことも明らかになっている．癌細胞のゲノムを解析して複数の変異が得られた場合，どの変異が癌化に中心的な役割を果たし（driver mutation），どの変異が二次的に起こったものか（passenger mutation）を解析することが必要である．

癌のゲノム医学はゲノムDNAの配列解析のみにはとどまらない．遺伝子発現プロファイリングは，癌の病型分類や，予後および治療反応性の予測に応用されている[7]．また，DNAメチル化やヒストンアセチル化などのエピジェネティクスや，micro RNAなどのnon-coding RNAの発症への関与が報告されている[8]．今後も癌の医療におけるゲノム医学の重要性はますます増していくものと思われる．

4) 薬理ゲノム学・薬理遺伝学

薬剤に対する反応は個人差があり，そこには薬物代謝に関連する遺伝子の多型が密接に関連している．遺伝子多型と薬物動態との関連が明らかになるにつれ，その知識を実際の医療に応用して，薬剤の副作用予測や投与量調整に活かすという試みが始まっている．抗結核剤であるイソニアジド（NAT2），プロトンポンプ阻害剤であるオメプラゾール（CYP2C19），抗癌剤であるイリノテカン（UGT1A1）などは副作用の発現と遺伝子多型が密接に関連している．一方，抗凝固剤であるワーファリンは，薬剤反応性にCYP2C9およびVKORCという2つの遺伝子の多型が重要な影響を及ぼす[9]．

ワーファリンにはR体とS体の光学異性体があり，抗凝固効果はS体がR体の3～5倍強力である．したがって，S-ワーファリンの代謝酵素であるCYP2C9活性が重要である．CYP2C9にはCYP2C9*30までの変異アレルが報告されているが，このうちCYP2C9*2，CYP2C9*3，CYP2C9*6で代謝活性低下が報告されている．これらの変異アレルを有する患者においては，薬剤導入期の出血の合併症の増加，定常状態へ達する期間の延長が認められ，通常投与量をより低容量に設定する必要がある．一方，ワーファリンはビタミンKエポキシド還元酵素（vitamin K epoxide reductase：VKOR）を阻害することにより抗凝固効果を生じる（図9-15）．このVKORを構成するタンパク質の1つをコードするVKORC1（VKOR complex subunit 1）のイントロン1の変異（1173C＞T）によりワーファリンの薬剤感受性が高くなる．これらのワーファリンの薬剤反応性に関するゲノム情報を応用して，従来経験的になされてきたワーファリンの投与に対して，より個人の体質に則した効率的でかつ安全な投与法を提案することが可能である．

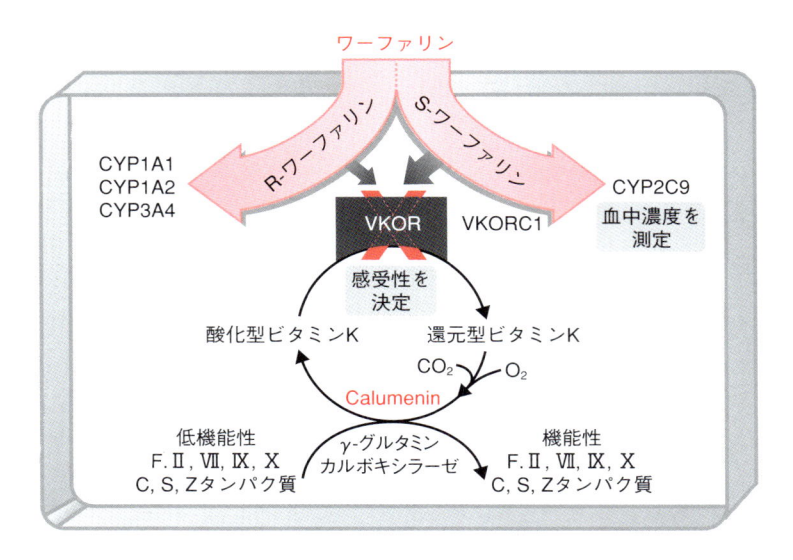

図9-15 ワーファリンの作用発現メカニズム
抗凝固効果の主体であるS-ワーファリンは肝臓で主としてCYP2C9により代謝される．一方，ワーファリンはVitamin K epoxide reductase（VKOR）を阻害することにより，ビタミンKに依存した凝固因子の活性化を阻害する．したがって，CYP2C9の変異は血中濃度に影響し，VKORの変異は感受性に影響する（文献10より）

5 ゲノム医学のこれから－パーソナルゲノム時代の到来

　これからのゲノム医学のキーワードの1つは，「パーソナルゲノム」である．次世代シーケンサーの開発により，原理的に個人のゲノムをすべて解読することが可能になった現在，個人のゲノム情報，すなわち「パーソナルゲノム」を用いた疾患の原因解明，医療への応用が，今後のゲノム医学において重要な位置を占めると考えられる．

　パーソナルゲノムの研究への適用により，従来の方法ではアプローチ困難であった疾患の原因遺伝子同定が期待される．メンデル遺伝性の疾患においても，すべての原因遺伝子が同定されたわけではなく，例えば神経難病の代表である筋萎縮性側索硬化症（ALS）は，家族性であっても20～25％の原因遺伝子が同定されているにすぎない．家族性ALSにおいて遺伝子同定が進まない大きな理由は，発症年齢が高くかつ進行が急速であるため，連鎖解析が適用可能な大家系が得られにくいことがあげられる．全ゲノム解析を適用することで，連鎖解析の適用困難な小家系においても，原因遺伝子が同定される可能性がある．

　パーソナルゲノムのもう1つの側面は，ゲノム情報の医療への応用である．個人の全ゲノム情報から，疾患の発症リスクの評価，薬剤反応性および副作用の予測が可能となり，個人の体質に則した予防的医療，治療法選択，予後評価が可能になるという青写真が描かれている．現実的には，これまで同定されてきた遺伝的発症リスクのほとんどは，それのみでは将来的な疾患発症予測には直接的には役立たない．発症予測を可能にするためには，さらなる遺伝的発症リスクの同定と，より精度の高い予測アルゴリズムの開発と検証が望まれる．

　パーソナルゲノム時代に向けて解決すべき課題は，インフォマティクスとELSIである．全ゲノムの膨大な配列情報をどのように管理し，解析するか，臨床情報とどのように統合するかという技術的な問題がある．一方，個人の全ゲノム配列は，個人のプライバシーにつながる情報であり，匿名化後であっても配列情報から個人の特定が可能（識別可能性：identifiability）であると

考えられ，研究を進めるうえでの適切な管理体制が求められる．一方，このようなパーソナルゲノム情報は研究者間で共有することにより研究がさらに発展することが期待されるので，パーソナルゲノム情報の適切な管理と研究者コミュニティにおける適切な共有のあり方を構築していくことが求められる．

■ 文　献 ■

1) Wheeler, D. A. et al.：The complete genome of an individual by massively parallel DNA sequencing. Nature, 452：872-876, 2008
2) Bentley, D. R. et al.：Accurate whole human genome sequencing using reversible terminator chemistry. Nature, 456：53-59, 2008
3) Wang, J. et al.：The diploid genome sequence of an Asian individual. Nature, 456：60-65, 2008
4) Gusella, J. F. et al.：A polymorphic DNA marker genetically linked to Huntington's disease. Nature, 306：234-238, 1983
5) Topol, E. J. & Frazer, K. A.：The resequencing imperative. Nat. Genet., 39：439-440, 2007
6) Foulkes, W. D.：Inherited Susceptibility to Common Cancers. N. Engl. J. Med., 359：2143-2153, 2008
7) Ohira, M. et al.：A review of DNA microarray analysis of human neuroblastomas. Cancer Letters, 228：5-11, 2005
8) Esteller, M.：Epigenetics in Cancer. N. Engl. J. Med., 358：1148-1159, 2008
9) Takahashi, H.：Warfarin resistance and related pharmacogenetic information. Brain Nerve, 60：1365-1371, 2008
10) Gage, B. F. & Eby, C. S.：Pharmacogenetics and anticoagulant therapy. J. Thromb. Thrombolysis, 16：73-78, 2003

3 分子標的薬の開発

Chapter 9

分子標的薬とは疾患関連の特定分子を特異的に狙い撃ちしてその機能を抑えることにより，できるだけ副作用の少ない疾患治療を試みる分子治療薬である．分子標的薬の開発には，分子生物学的手法やケミカルバイオロジー的手法により，疾患特有の分子（標的分子）を探索/同定し，その標的分子に特異的に作用して機能を抑える分子を創薬または探索する必要がある．分子標的薬の主なる標的分子は，正常細胞にはみられないが，疾患細胞に多くみられる増殖因子やその受容体，シグナル伝達分子，またはそれらをコードする核酸分子などである．分子標的薬には，抗体の基質特異性や免疫機能を利用した抗体医薬，RNA 干渉（RNAi）などの RNA のユニークな特性を利用した RNA 医薬，標的分子特異的に作用するように創薬/スクリーニングされた低分子化合物がある．

概念図

分子標的薬
疾患の原因となる分子を同定し，その分子の機能を特異的に抑制することにより，病気を治療する治療薬である．現在，分子標的薬として抗体医薬，RNA医薬，そして低分子化合物が主に開発されている

疾患原因分子
- 増殖因子
- 受容体
- 核酸分子
- シグナル伝達分子

疾患部位

抗体医薬
細胞膜外に存在する疾患関連分子，例えば増殖因子やその受容体を抑制する抗体分子．特異性が高く，副作用が少ないと考えられている

RNA
主に核酸分子をターゲットととし，標的分子の発現を抑えるRNA分子医薬．アンチセンス，siRNA，アプタマーなど，さまざまな作用機序があり，核酸分子以外もターゲットにすることが可能な分子標的薬として期待されている

低分子化合物
細胞質内外を問わず，疾患に関係する分子の活性を阻害する低分子化合物．基質特異性は抗体医薬ほど高くはないが，ハイスループットなどにより，新たな分子標的薬が開発されている

標的細胞（腫瘍細胞）

疾患ターゲット分子の選択 ← ケミカルバイオロジー → 治療薬スクリーニング

分子，ゲノムレベルでの疾患原因となる標的分子の探索同定

ターゲットタンパク質の機能評価や生物表現型によるスクリーニング

1 抗体医薬

1) 抗体医薬

　　抗体医薬とは，特定の細胞や組織（物質や分子）にだけ効果があるモノクローナル抗体を利用

① 疾患ターゲットの選定
生化学のデータやゲノムなどのデータを解析して，治療薬開発の疾患ターゲット（抗原）を選定する

② 免疫とモノクローナル抗体作製
抗原をウサギやマウスに抗原感作（注射する）をした後，ハイブリドーマ法によるモノクローナル抗体を作製する．最近では動物免疫をしないでモノクローナル抗体を作製する抗体ファージディスプレー法も使われ始めている

③ 中和抗体のスクリーニングと分析
ハイブリドーマ法から得られた大量のクローンから疾患抗原を特異的に認識するものだけをスクリーニングする

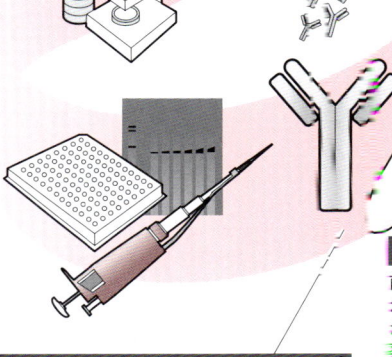

④ キメラ，ヒト化，そしてヒト抗体の作製と大量生産
動物由来のモノクローナル抗体の場合，ヒトに投与したときの拒絶反応や治療効果低減のため，キメラやヒト化技術を使い抗体医薬として使えるようにする必要がある．また，医薬品として使うために大量に抗体を精製する技術も必要となってくる

⑤ 抗体医薬として患者のもとへ
前臨床，臨床試験を経て，副作用が少なく，医薬品としての効果が認められた抗体医薬のみ，医薬品として許可される

図 9-16　抗体医薬開発の流れ
抗体医薬はターゲットの選定から最終的に医薬品と認可されるまでに 10 年以上もの長期プロセスを経て，ようやく患者のもとへ届くことになる

した分子標的薬のことである．抗体医薬は標的となる抗原に対して特異的に働くためにこれまでの医薬品よりも副作用を軽減させ，かつ高い治療効果が得られることが期待されている．癌，クローン病，さらにはリウマチといったこれまで開発することが困難と思われていた難治疾患に対してもさまざまな抗体医薬が開発され，現在 20 品目以上もの抗体医薬が世界中で使われ始めている（図 9-16）．

2）抗体の基本構造と抗体医薬の作用メカニズム

（i）抗体の基本構造

抗体医薬として主に用いられる抗体は IgG（immunoglobulin G）と呼ばれるクラスに属する免疫グロブリンである．IgG 抗体の基本構造は軽鎖（〜25 kDa）と重鎖（〜50 kDa）の2つの異なるペプチド鎖がジスルフィド結合で結ばれた，Y字型をした四本鎖構造をもつ約 150 kDa のヘテロ二量体をしている．

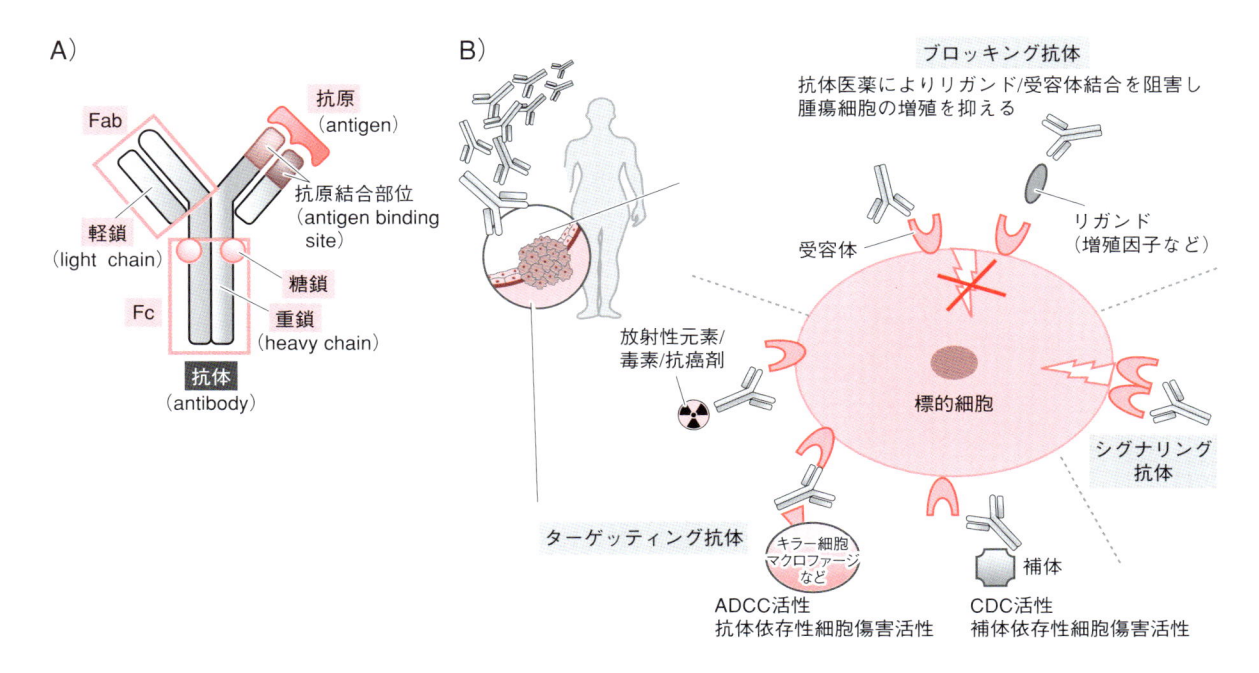

図9-17 抗体の基本構造と作用メカニズム
A）抗体医薬に一般に用いられる抗体の基本構造は軽鎖（〜25 kDa）と重鎖（〜50 kDa）の2つの異なるペプチド鎖がジスルフィド結合で結ばれた Y 字型をした約 150 kDa のヘテロ二量体である．Y 字型をした抗体の先端にある2つの抗原結合部位により抗原を特異的に結合し，免疫反応を引き起こす．タンパク質分解酵素パパインにより，多様性をもつ抗原結合部位，Fab と比較的アミノ酸配列が保存されている Fc との機能が異なる2つ部分に分けられる．Fc は白血球やマクロファージの受容体と結合して免疫反応を引き起こす．Fc には糖鎖がついており，免疫機能に関係することが知られている．B）抗体医薬の作用メカニズムは，ブロッキング（中和活性）抗体，シグナリング（アゴニスト）抗体，そしてターゲッティング抗体の大きく3つに分けられる．モノクローナル抗体の抗原特異性を利用して，標的細胞（例えば，癌細胞）が特異的に発現するタンパク質や受容体だけを攻撃し，できるだけ正常細胞は攻撃しない抗体医薬をつくりあげる必要がある

　Y 字型の上部部分を Fab（fragment, antigen binding）領域と呼ぶ（図9-17A）．Fab 領域の先端は抗原結合部位（antigen binding site）であり，抗原の特定部分（エピトープ）を認識して特異的に結合することができる．超可変部位とも呼ばれる，この抗原結合部位は著しく多様性に富み，さまざまな抗原に対する結合を可能にしている．一方，Y 字型の下半分の左右2つの重鎖からなる部分を Fc（fragment crystalline）領域と呼ぶ．この Fc 部位は比較的変化の少ない部位であり，白血球やマクロファージといった食細胞の受容体と結合し食作用を促進するオプソニン作用を引き起こすことができる．さらに，Fc 部分は補体の活性化などを引き起こすエフェクター機能などにも重要な部分である．

（ⅱ）抗体医薬の作用メカニズム
　抗体医薬は抗体の構造や抗体が本来もっている免疫機能をできるかぎり利用し，遺伝子工学などによる改良を重ねながら，疾患特有の抗原を認識する分子標的薬として開発されてきた．抗体をはじめとする免疫システムとは，基本的に自己と非自己，すなわち自身の組織（自己）とウイルスやバクテリアなどの外敵（非自己）とを識別するシステムである．ゆえに人間の体に起こるさまざまな疾患（例えば腫瘍）は基本的に自己であるので，自己のもっている免疫システムで認識されにくい側面がある．しかしながら，腫瘍細胞などは正常細胞と比べて特殊なタンパク質を高発現していることがある．この腫瘍特異的に多く発現しているタンパク質などを動物に免疫することでモノクローナル抗体をつくりあげ，ヒトに投与できるように改良して抗体医薬として治

療に使われるようになる．これまで開発されてきた抗体医薬の作用メカニズムはブロッキング（中和）抗体，ターゲッティング抗体，そしてシグナリング抗体で大きく3つに分けられる（図9-17B）．最近の抗体医薬はさまざまな機能をもつように改良されてきており，この3つにきれいに分類できないことも多い．

> **Memo**
> 抗体医薬はその大きさゆえ細胞膜を貫通できない．したがって，抗体医薬のターゲットは細胞膜上の受容体などや細胞質外のタンパク質などに限られる．抗原結合部位の最小単位だけをDDS（ドラッグデリバリーシステム）を用いて細胞質内に送り込み，細胞内のタンパク質を標的にできるようにする研究も続けられている．

(iii) ブロッキング抗体

疾患の原因となっているリガンド（増殖因子）やその受容体の結合を阻害してシグナルを止める，すなわちブロッキング（中和）抗体である．例えば，乳癌ではHER2（ErbB2）と呼ばれる受容体が腫瘍細胞に多く発現されており，このHER2が二量体を形成することが乳癌を引き起こす原因の1つと考えられている．抗体医薬によりこの二量体形成をブロックすることで癌増殖を阻害する．

(iv) ターゲッティング抗体

標的細胞のターゲットとなるタンパク質（受容体など）を認識し結合することにより，標的細胞を直接攻撃できるようにした抗体医薬．1つは抗体に抗癌剤や放射線物質をつけて標的細胞をピンポイントで攻撃する方法がある．さらには，標的細胞に結合した抗体がナチュラルキラー細胞（NK細胞）やマクロファージなどのエフェクター細胞上のFc受容体と結合することで，抗体依存的に誘導される細胞傷害活性，ADCC活性（antibody-dependent cell-mediated cytotoxicity：ADCC）を引き起こしたり，補体との結合を促し細胞傷害活性を引き起こすCDC活性（complement-dependent cytotoxicity：CDC）をもつ抗体医薬も開発されている．

(v) シグナリング抗体

標的細胞の受容体などに結合することにより細胞増殖シグナルを増幅させるなど，標的分子固有の機能を誘導することにより治療を試みるアゴニスト抗体である．

3）モノクローナル抗体とハイブリドーマ法

抗体医薬の歴史はモノクローナル抗体産生技術が発明されたことから始まったといっても過言ではない．抗体医薬は標的細胞のターゲット物質（タンパク質や糖など）に特異的に認識して結合できなければならない．また抗体医薬の抗体は機能的にも物質的にも均一であることが安全性の面でも必要であり，また大量に産生しなければならない．この問題の1つはケーラーとミルシュタイン（Kohler and Milstein）の2人の科学者によるハイブリドーマ法によって解決された．後にこの業績に対して2人にノーベル賞が授与されている．ハイブリドーマ法は，抗原感作で得られてきた抗体産生細胞をミエローマ細胞と細胞融合させることにより，長期培養を可能にした．得られたクローン（ハイブリドーマ）は特定の抗原決定基だけを認識する単一の抗体（モノクローナル抗体）を産生することができる（図9-18）．

> **Memo**
> 抗原は複数のエピトープ（抗原決定基）をもつ．免疫動物の血清由来の抗体はそれぞれが抗原上の異なったエピトープを認識できるさまざまな抗体の集まり，すなわちポリクローナル抗体である．

①抗原（タンパク質や癌細胞など）をマウスやウサギに免疫（注射）し、抗原に対する抗体を産生するB細胞を刺激する．ここではさまざまな抗原を認識する多種類の抗体（ポリクローナル抗体）を産生する抗体産生細胞が取れてくる

抗原感作

②脾臓から取り出してきた抗体産生細胞（B細胞）をミエローマ（腫瘍細胞）と細胞融合させて、長期培養可能なハイブリドーマを形成する

抗体

ミエローマ細胞

B細胞

ハイブリドーマ

③多数のハイブリドーマのなかから、目的の抗原に特異的に結合する抗体を産生するハイブリドーマだけをスクリーニングする．得られたクローン（ハイブリドーマ）は単一の抗体（モノクローナル抗体）を無制限に生産することができる

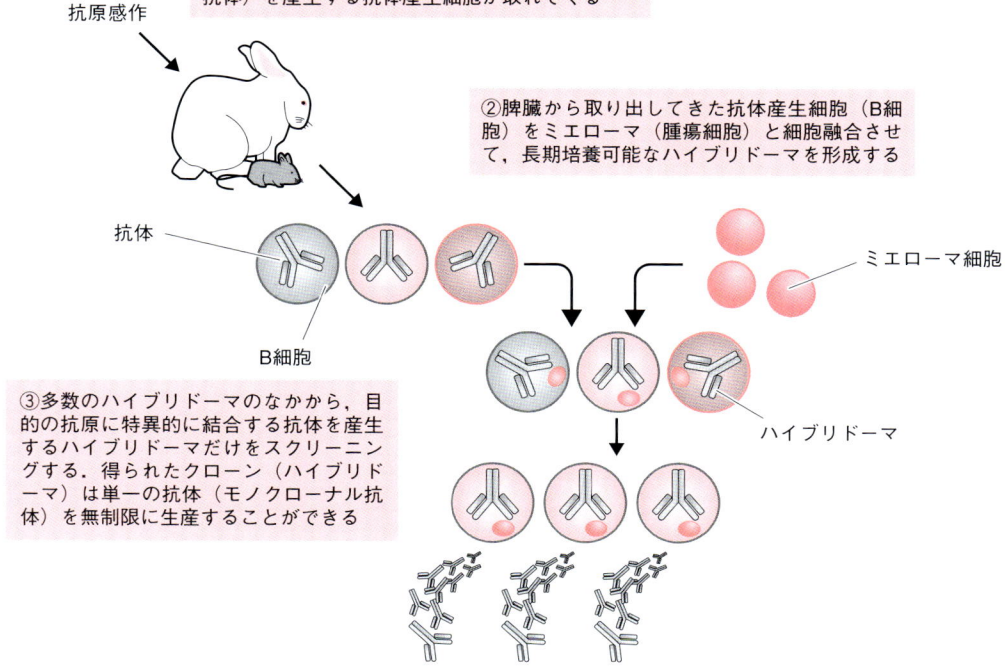

図9-18　ハイブリドーマ法によるモノクローナル抗体作製の流れ
動物に抗原感作することで得られた抗体産生細胞（B細胞）はそのままでは長期培養できない問題点があった．B細胞をミエローマ細胞と融合（フュージョン）させることにより長期培養が可能となり、また大量に均一の抗体（モノクローナル抗体）を産生することができるようになった

Memo
1つの抗体産生細胞（B細胞）からは1種類の抗体だけが産生される．別の抗体産生細胞からは別の種類の抗体が1種類だけ産生される．ゆえに、1つのハイブリドーマからは単一の抗体（モノクローナル抗体）が産生される．

4）モノクローナル抗体の種類（キメラ抗体からヒト化抗体，そしてヒト抗体へ）

　ハイブリドーマ法で得られたマウス由来のモノクローナル抗体は抗体医薬として期待されたが、マウスの抗体とヒト抗体の違いのために、特別な場合を除き、治療薬として使用不可能であることがわかってきた．ヒトに投与する場合、マウス由来のモノクローナル抗体医薬はヒトの体内で非自己として認識される．抗体医薬に対する抗体（human anti-mouse antibodies：HAMA）がヒトの体内で産生され薬効がおちて長期投与ができなくなったり、アナフィキラシーとよばれる強いアレルギーの症状を示すことがあった．この問題の解決は遺伝子工学を駆使し、マウス由来の抗体をできるだけヒト抗体に近づけることにより抗体医薬の安全性と効果を上げることであった（図9-19）．

（ⅰ）キメラ抗体
　キメラ抗体はマウス由来の可変部位をヒト抗体の定常部位にくっつけたキメラである．全体と

マウス抗体	キメラ抗体	ヒト化抗体	完全ヒト抗体
（0％ヒト抗体）	（66％ヒト抗体）	（90％ヒト抗体）	（100％ヒト抗体）

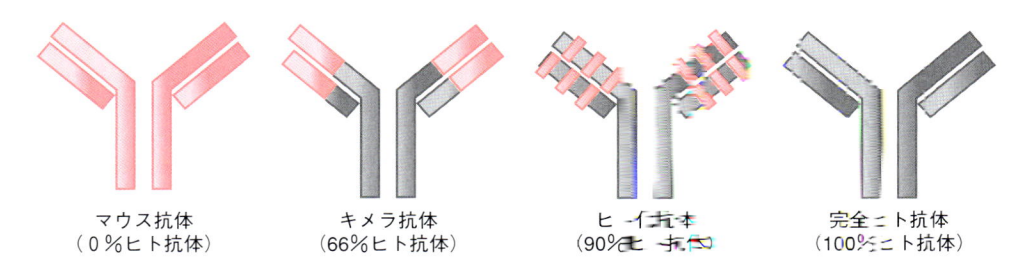

図9-19　抗体医薬に使われているモノクローナル抗体の種類
モノクローナル抗体をヒトに抗体医薬品として投与する場合は，動物由来のモノクローナル抗体はヒトの体内において異物と判断され，アレルギー反応を起こしたり，効果低減が起こる．遺伝子工学を用いて，できるだけヒト抗体に似せることにより，抗体医薬としての安全性や効果を高める技術が開発されてきた．現在，抗体医薬に使われるモノクローナル抗体はヒト化抗体あるいは完全ヒト抗体である．

して約66％がヒト型抗体となっている．この操作により抗原性が減り，血液中における半減期が長くなった．

（ⅱ）ヒト化抗体

抗原結合に重要な超可変部位をマウスからヒト型抗体に移したものである．マウス由来は約10％で，ゆえに90％のヒト型抗体である．ヒト化を行った後，抗体結合能力（アフィニティー）が下がることがあるが，遺伝子工学の技術でヒト化後のアフィニティーを上げる技術なども考案されている．

（ⅲ）完全ヒト抗体

トランスジェニックマウスの技術により，マウス免疫グロブリンをノックアウトして，ヒト免疫グロブリンを産生するマウスをつくることができる．このようなヒト免疫グロブリンを産生するマウスからつくりあげた抗体を完全ヒト抗体と呼ぶ．ヒト抗体は100％ヒト由来の抗体である．

Memo
完全ヒト抗体は最近の抗体医薬での主流となってきている．バクテリオファージに抗体を発現させた抗体ファージディスプレーと呼ばれる技術を用いて，動物を全く使わないヒト抗体の製法も開発されている．

5）抗体医薬のこれから

ケーラーとミルシュタインが初めてハイブリドーマ細胞を用いてモノクローナル抗体の単離法に成功してから約30年を迎える．その後，ヒト化抗体をはじめとする幾多の技術改良が成し遂げられ抗体医薬として医療現場で使われるようになり，現在われわれの医療と生活の質の向上に多大な影響を与えてきている．しかしながら，抗体医薬がさまざまな疾患で苦しむ患者にとって真の治療薬となるには，まだまだ解決しなければならない課題も多い．抗体医薬は非常に高額であり，患者の経済的負担が大きい．これは抗体医薬を大量生産することが非常に難しく，また費用が莫大になるからである．現在，この分野の技術革新が強く求められている．最近の10年間で抗体医薬は癌などの治療薬として大きな成果を上げてきた．抗体医薬はさらなる発展を遂げて，これまで治療方法が見つからなかった疾患に対しても新たな治療法を提供できると期待されている．

2 RNA医薬

　RNAはタンパク質をコードした遺伝子であるだけでなく，リボソームなどの構成分子であり，自己スプライシングなどの触媒機能を有している．また，近年RNA干渉（RNAi）の発見を皮切りに，多様な機能をもったnon-coding RNA（非コードRNA）が生命現象の中心的役割を担っていることがわかってきた．RNA医薬とは，このようなRNAのユニークな特性を利用した医薬であり，疾患に関係する分子を狙い撃ちする分子標的薬である．本項ではRNA医薬の開発における問題点を概説し，アンチセンス，siRNA，アプタマー医薬の具体例を示す．

1）RNA医薬の研究開発における問題点

　医薬品の製造はすべて国家承認を得なければならず，その開発には多大な費用と長い年月を要する．基礎研究により開発候補品を選択した後，動物を用いた非臨床試験で毒性や薬効を確認し，臨床試験でヒトに対する安全性と有効性を証明した後に承認される．基礎研究では一般に薬効が重視されるが，開発においては安全性と原薬の製造・品質管理も重要な課題となる．

　基礎研究は非臨床試験と臨床試験をみすえて行う必要がある．in vitroの実験や疾患モデル動物を用いた実験は多くの場合ヒトの臨床症状と同一ではない．また，標的分子が微妙にヒトとモデル動物で異なる場合が多く，特異性が高い医薬品になるほどその問題は深刻になる．さらに，in vitroとin vivoでは環境が大きく異なるので，安定性や薬物動態，毒性に関して十分な考察を経てからin vitroの実験を行う方がよい．

（i）ヌクレアーゼ耐性の問題

　RNA医薬の場合，安定性が1つの重要な問題となる．未修飾RNAの血清中での安定性は低く，半減期は数秒である．そこで，リボースの2′位にO-メチル基やフルオロ基の修飾を加えたり，リン酸ジエステル結合をホスホロチオエート結合に変えて安定性を向上させる．しかし一方で，修飾を加えることで生理活性が低下する場合があるので注意を要する．また，RNAは化学合成できるので，いろいろな修飾を比較的容易に入れることができるが，医薬品にするためには製造コストの問題や毒性の問題も考慮する必要がある．RNAの安定化方法に関しては多くの総説が出されているのでそれらを参照していただきたい[6]．

　in vivoでの血中半減期を考える場合，ヌクレアーゼ耐性だけでなく排泄と代謝も重要なファクターとなる．RNAは比較的速やかに腎排泄されることが知られており，通常の修飾RNAのラットでの血中半減期は分布相（α相）で30分弱，消失相（β相）で5時間程度である．RNAアプタマー（後述）の場合，巨大なポリエチレングリコール（PEG）を末端に付加することが行われ，ラットの場合，薬物血中濃度-時間曲線下面積（AUC）は10倍以上改善される．また，リポソームにRNAを封入したり，アテロコラーゲンなどの徐放剤を使用することも可能である．細胞内で定常的にRNA医薬を発現させることも考えられており，アデノウイルスなどのウイルスベクターを用いた方法や非ウイルスベクターを用いた方法が検討されているが，毒性の問題が指摘されている．

（ii）デリバリーの問題

　効果が高く毒性が低い医薬品にするためには疾患に関係する部位に有効に薬剤を到達させる必要がある．静脈内投与した場合，RNAは腎臓と肝臓に蓄積しやすいことが知られているが，その割合や他の臓器への分布は修飾方法により異なる．RNAが肝臓に蓄積しやすいことを利用して，C型肝炎（HCV）などの治療薬が開発されている．RNAは血液脳関門を通過することができないので，現在のところ中枢系に関しては直接注入するしかない．また，RNAは容易に細胞

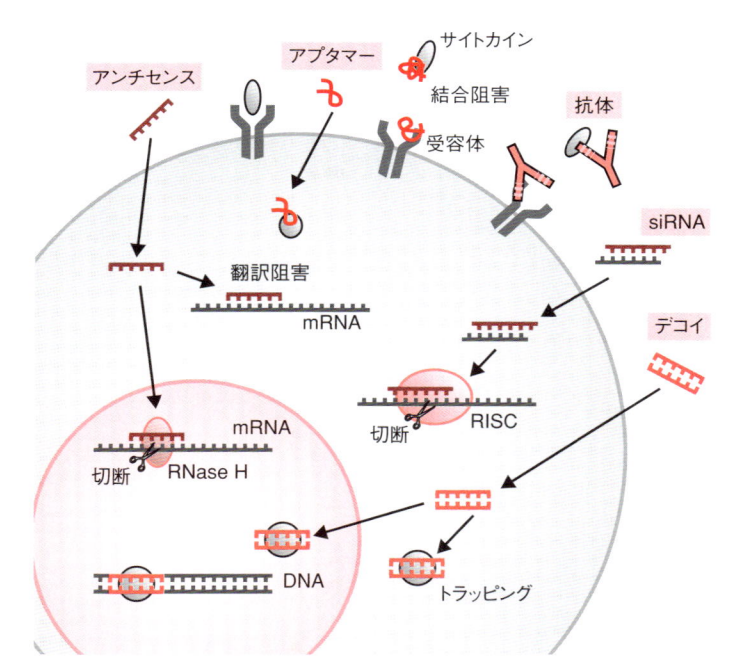

図9-27 核酸医薬の概念図
核酸医薬は標的とするmRNAやタンパク質に結合して切断あるいは不活化する

内に取り込まれないので，アンチセンスやsiRNA医薬は細胞内への導入方法が大きな問題となっている．

(iii) 毒性の問題

RNAは一般に毒性が低いと考えられているが，樹状細胞などの細胞内に導入された場合はToll-like receptor（TLR）やRIG-Iなどの核酸認識機構が活性化するため注意を要する[7]．TLR3は二本鎖RNA，TLR7と8は一本鎖RNA，TLR9はCpG DNAを認識し，インターフェロンやTNF，IL-6，IL-12などの炎症性サイトカインを産生する（第8章1参照）．TLRの認識は核酸の配列や動物種に依存している．O-メチルやフルオロなどの修飾を加えることで，これらの核酸認識機構を回避することが可能である．開発品の配列にどの程度の毒性があるか予めに判断するために，樹状細胞を使ったin vitro毒性スクリーニングが行われている．

2) アンチセンス医薬[8]

アンチセンス医薬とは20ヌクレオチド程度の長さの一本鎖RNAまたはDNAで，疾患に関係する分子のmMRNAに配列相補性を利用して結合し作用する（図9-27）．アンチセンス医薬は1980年代に組換えDNA技術とDNAシーケンス技術の発展とともに開発され，容易に特定のmRNAをサイレンシングできる「夢の核酸医薬」として期待された．しかし，アンチセンス核酸が高次構造を形成したセンス鎖に対合する基本的なしくみが理解されておらず，また，不安定な核酸を医薬として安定化させる技術も皆無であったため，アンチセンス医薬の開発は全世界でことごとく失敗した．そのなかで米国のIsis Pharmaceuticalsがこれらの問題の解決に地道な努力を積み重ね，今日のアンチセンス医薬リバイバルに道を開いた．

アンチセンス医薬は細胞内に入ると核内または細胞質内で標的mRNAに結合する．アンチセンス核酸が結合したmRNAはRNase Hにより切断されたり，立体障害により翻訳やスプライシングが阻害される．アンチセンスの配列設計は重要で，mRNAのどの部分の相補鎖を使用するかで効果が大きく異なる．また，配列によっては他の遺伝子に結合する可能性があり（off-target効

5′- GC^mC^mTC^magtc^mtgc^mttc^mGC^mAC^mC^m -3′
　　　　MOE　　　　DNA　　　　MOE

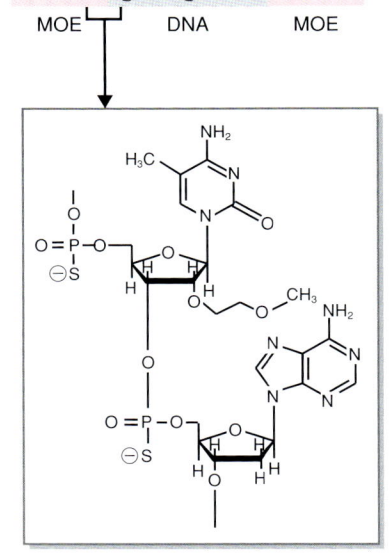

図 9-21　Mipomersen
apoB-100 遺伝子を標的にした第二世代アンチセンス医薬．すべてのバックボーンにホスホロチオエート修飾，両末端の5ヌクレオチドのリボースの2′位にO-2-メトキシエチル修飾（MOE），シトシンの5位にメチル修飾が施されている．RNase H が認識できるように中央の配列は DNA となっている

センス鎖
5′- ACCUCACCAAGGCCAGCACtt -3′
    ||||||||||||||||||||
3′- ttUGGAGUGGUUCCGGUCGUG -5′
アンチセンス鎖

図 9-22　Bevasiranib
VEGF-A 遺伝子を標的にした siRNA．大文字は RNA，小文字は DNA．t が2つ飛び出した構造になっている

果），副作用の原因になる．数個のミスマッチがあっても効果を示す場合があり注意を要する．化学修飾の設計も重要で，安定性の向上だけでなく，mRNA との結合力，RNase H の切断効率，TLR などの異物認識と関係している．

　最初のアンチセンス医薬は AIDS 患者におけるサイトメガロウイルス（CMV）網膜炎の治療薬 Vitravene® で，1998年に米国で承認された．この時代はホスホロチオエート修飾された DNA が使用されており，第一世代のアンチセンスと呼ばれている．その後，安定性や毒性を改善したキメラタイプの第二世代アンチセンス（例：図 9-21），さらに骨格にリボースを用いない第三世代アンチセンスが開発中である．

　近年，micro RNA（miRNA）が癌を中心とした疾患と深い関係にあることがわかり，創薬ターゲットとして注目されている．例えば，HCV の増殖と関連する miR122 に対する LNA（locked nucleic acid）タイプのアンチセンスが開発されている．miRNA に対するアンチセンスは Drosha に切断される前の前駆体に作用する場合や成熟した miRNA に作用する場合が考えられる（第5章-2，-3 参照）．

3）siRNA 医薬[9]

　siRNA 医薬とは 21～23 mer の長さの二本鎖 RNA で，RNA 干渉を利用した医薬品である．細胞内に導入された siRNA は RNA-induced silencing complex（RISC）に取り込まれ，Ago2 により標的 mRNA の目的箇所を切断する（図 9-20，詳細は第5章-3 を参照）．アンチセンスよりも低濃度で効果を示すことより，新しい医薬品として期待されている．一方で，細胞内へのデリバ

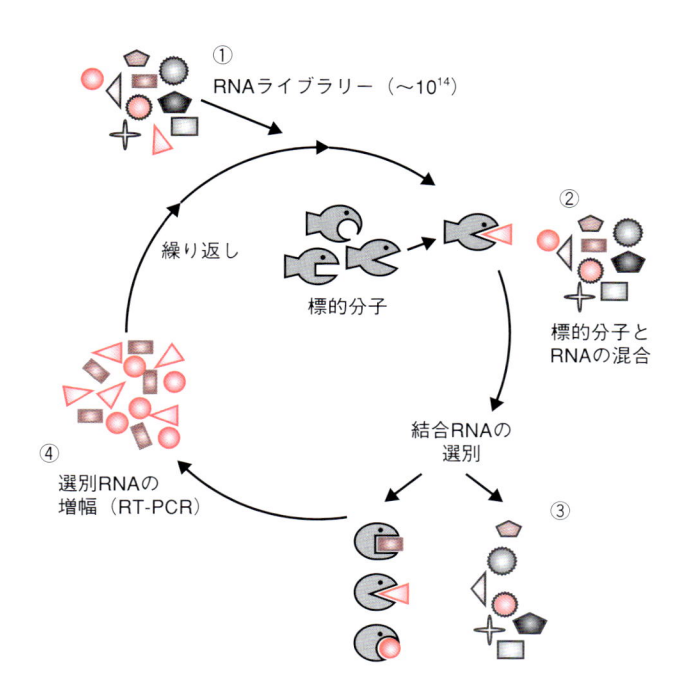

図9-23　SELEXの概念図
①40ヌクレオチド程度の長さのランダム配列の両端にPCR用のプライマー配列を付加したRNAライブラリー（〜10^{14}）を準備する．②RNAライブラリーと標的分子を混合する．③標的分子に結合したRNAのみニトロセルロースフィルターなどを用いて分離する．④RT-PCRで増幅後，転写して次のラウンドのライブラリーとする．この作業を10回程度行うことで標的分子に特異的に結合するアプタマーが得られる．

リー方法，血中安定性，修飾による活性低下，Off-targetの問題，インターフェロンの誘導など，アンチセンスと同様の注意を要する．配列設計にはRNAi社のsiDirectなど各社プログラムが利用されている．最近，通常よりも少し長い27 mer程度のsiRNAがより有効であることがわかってきた．最初にDicerが認識した方がRISCに取り込まれやすいのかもしれない．一方で長鎖の二本鎖RNAはウイルスの生体内防御機構に認識される可能性があるので注意を要する．

現在までのところsiRNA医薬で上市されたものはない．ここで一例として加齢黄斑変性症の治療薬として開発中のBevasiranibを紹介する．加齢黄斑変性症とは網膜の黄斑内への新生血管の異常増殖が発症の引き金になっている疾患で，高齢者の失明の主要な原因となっている．病態の発症や進行に血管内皮細胞増殖因子（VEGF）が重要な役割を演じており，治療におけるターゲット分子として考えられている．Bevasiranibは二本鎖RNAで，VEGF-Aのすべてのアイソフォームを標的とした医薬品として開発された（図9-22）．しかし最近になって，どのような配列の二本鎖RNAでもTLR3を介して脈絡膜血管新生を阻害することが報告され，Bevasiranibの作用機序に疑問が生じている[10]．

4）アプタマー医薬

アプタマー医薬は，その素材はアンチセンスやsiRNAと同じ核酸であるが，作用機序は抗体医薬に近く，タンパク質などの標的分子に直接結合してその分子を不活化する．したがって，アプタマーはサイトカインや細胞外受容体などの細胞外因子を標的にすることができ，アンチセンスやsiRNAが抱えている細胞内デリバリーの問題を回避することができる（図9-20）．核酸は二本鎖の場合，安定なヘリックス構造をとるが，一本鎖の場合は塩基配列に依存して多様な立体構造をとる．そのなかに標的分子にぴったりと結合できるものが存在するのである．そのアプタマーを選別する技術がSELEX（Systematic Evolution of Ligands by EXponential enrichment）法で，1990年にコロラド大学のGoldらによって開発された（図9-23）．SELEX法で得られる第一世代のアプタマーは長くて不安定なため，医薬品にするためには短鎖化と安定化を行う必要がある．アプタマー

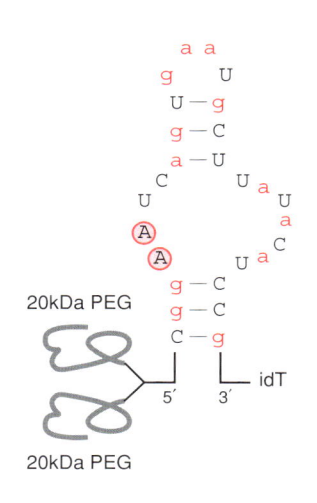

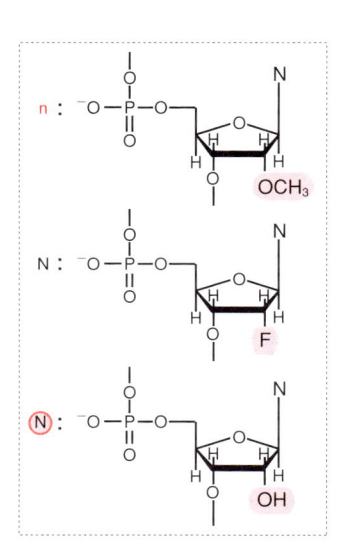

図9-24 Macugen®
小文字のnはリボースの2′位がO-メチル化されたヌクレオチド，大文字のNはリボースの2′位がフルオロ化されたヌクレオチド，丸で囲まれたAは天然のリボヌクレオチド．分子量約50 kDa．体内薬物動態を向上させるために5′末端に40 kDaの枝分かれしたポリエチレングリコール（PEG）が，エキソヌクレアーゼ耐性にするために3′末端にinverted dT（idT）が付加されている

の作製方法の詳細や抗体医薬との違いに関しては他書を参照していただきたい[11]．

アプタマー医薬の代表は加齢黄斑変性症の治療薬Macugen®であり，2004年12月に米国で承認された．Macugen®はVEGF$_{165}$を標的にした28ヌクレオチドの高度に修飾されたRNAである（図9-24）．Photo-crosslinkの実験において，Macugen®のループ部分のU14とVEGF$_{165}$のC137の結合が確認されており，Macugen®はVEGF$_{165}$のヘパリン結合部位に結合していると予想されている．水に対する溶解度は40 mg/mLでリン酸緩衝生理食塩水（PBS）に溶解して使用される．VEGF$_{165}$に対する解離定数（Kd値）は約200 pMでVEGF$_{121}$に対しては結合活性を有していない．VEGF$_{165}$と受容体VEGFR2の結合阻害活性はIC$_{50}$値で1 nMであった．Phase III臨床試験は1,186名の患者が参加し，0.3，1，3 mgのMacugen®が6週おきに9回眼球硝子体内に直接注射器により投与された．その結果，0.3 mg投与群では70％，1 mg投与群では71％，3 mg投与群では65％の改善がみられたのに対し，sham投与群では55％であり，統計的に有意な差が認められた．FDA（米国食品医薬品局）からは0.3 mgを6週おきに硝子体内投与することで承認を得ている．副作用に関しては，注射器による投与の影響で起こったと考えられる軽度の眼の炎症が報告されている．また，低頻度ではあるがMacugen®が原因の可能性があるアナフィラキシーが報告されており，注意を要する事項となっている．

5）その他の核酸医薬

上述した以外の核酸医薬としてデコイ核酸が注目されている．デコイ核酸とは，例えば，ゲノムにコードされているプロモーター配列であり，転写因子をトラップすることで転写を阻害する（図9-20）．NF-κBの結合配列をもつデコイDNA（20 mer）が抗炎症剤として開発されている．CpGオリゴを抗癌剤として使用する試みも行われている．CpGの配列を含むDNAは細胞内でTLR9に認識されて免疫系を活性化させる．このほか，RNAの触媒機能を利用したリボザイム医薬の研究も行われている．

6）最後に

RNA医薬は抗体医薬とならぶ重要な分子標的薬である．アンチセンス，siRNA，アプタマー，抗体はそれぞれ独自の特徴をもっており，同じタンパク質を標的にしていたとしても，その効果

と毒性は異なる．VEGF を標的にした加齢黄斑変性症の治療薬 Macugen®（アプタマー），Lucentis®（抗体），Avastin®（抗体），Bevasiranib（siRNA）はそのよい例である．このように，これらの医薬が切磋琢磨することで，また，うまく組合せることで，よりよい治療法を患者に提供することができるであろう．

3 ケミカルバイオロジー

ケミカルバイオロジー（化学生物学：chemical biology）は，"化学的観点から生命現象を解明する新しい学問分野"と定義できる．生化学は生命現象を単なる観察なく化学的物質基盤から解明しようとする学問領域であるのに対し，ケミカルバイオロジーは生体高分子と特異的に相互作用する低分子化合物をプローブとして，生体高分子の機能を解明する．ケミカルバイオロジーの出発点となったケミカルジェネティクス（化学遺伝学：chemical genetics）に加えて，分子イメージングなど低分子化合物を利用した新しい研究手法が次々と開発され，急速に展開されつつある．

1) ケミカルジェネティクス

ケミカルジェネティクスは 1990 年代半ばにハーバード大学のシュライバー（Schreiber）博士によって提唱された概念で，遺伝学（genetics）で用いた変異を化合物の作用に置き換えたものといえる．したがって，ケミカルジェネティクスは遺伝学の概念に対比して考えるとわかりやすい（図 9-25）．"ケミカルバイオロジー"は，こうしたケミカルジェネティクスの概念を包含しつつも，もう少し広い意味で使われる．最近では，ゲノム・プロテオーム情報に立脚し，ペプチドを架け橋としたケミカルバイオロジーの展開として，ケミカルプロテオミクスが提唱されている．上記の方向とは別に，蛍光・発光物質をプローブとして，生きた細胞・組織における生体分子の挙動を可視化して測定するバイオイメージングもケミカルバイオロジーの大きな領域として発展しつつある．

Memo
遺伝子機能解析技術の特徴と課題を表にまとめてみた．遺伝子ノックアウトや RNAi によるノックダウンに比べると，ケミカルジェネティクスは特異性の点でやや劣っているが，短時間，簡便，低コストなどの利点を有する．ケミカルライブラリーを充実させ，特異性の高い化合物を見つければ，この問題点も解決できる可能性が高い．

	特異性	必要時	簡便性	コスト
ノックアウト	高	長	難	高
siRNA	中	中～長	中	中
ケミカルジェネティクス	低～中	短	易	低

2) どうやって有用な低分子化合物を見つけるか？

何らかの基準によって目的物を選別することをスクリーニングと呼び，図 9-26 に示すように，化合物スクリーニングには 2 タイプのスクリーニング方法がある．表現型を指標にするにしろ，標的タンパク質から探すにしても，ケミカルバイオロジーあるいはケミカルジェネティクスにおいては，生体を構成する高分子（多くの場合はタンパク質）に特異的に作用する低分子化合物を見つけることが鍵となる．そのためには，多様な構造の化合物を数多く含むケミカルライブラリー

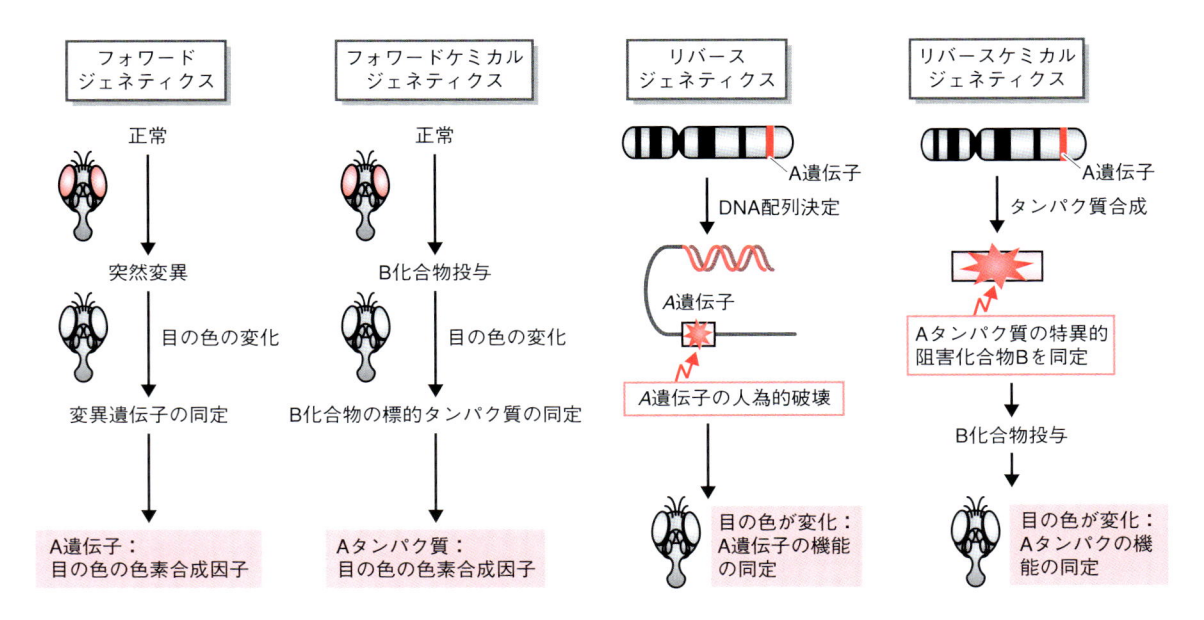

図9-25 フォワードケミカルジェネティクスとリバースケミカルジェネティクス
ある表現型の変化に着目して染色体マッピングなどによりその原因遺伝子を特定する研究手法をフォワードジェネティクス（forward genetics）と呼ぶが，ある表現型の変化を惹起する化合物の標的タンパク質を同定し，それをコードする遺伝子を特定する研究手法をフォワードケミカルジェネティクス（forward chemical genetics）と呼ぶ．同様に，特定の遺伝子を改変して，その結果現れる表現型の変化から遺伝子の機能を探る研究手法をリバースジェネティクス（reverse genetics）というのに対し，特定のタンパク質の機能を特異的に調節する化合物を生体に添加して，その表現型の変化から標的タンパク質とそれをコードする遺伝子の機能を解明する研究手法をリバースケミカルジェネティクス（reverse chemical genetics）と呼んでいる．すべての遺伝子産物に対する低分子化合物を網羅的に探索する場合はケミカルゲノミクス（chemical genomics）と呼ぶこともある

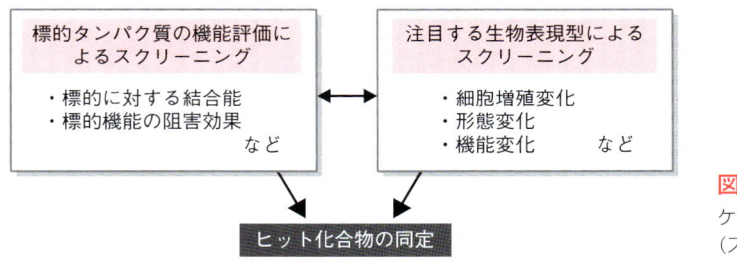

図9-26 目的とする化合物の選別方法
ケミカルバイオロジーにおける有用化合物の選別方法（スクリーニング）は図の2つに大別できる

（化合物バンク）と，生体物質もしくは生命現象に対する化合物の活性評価を大規模かつ迅速に行えるハイスループットスクリーニング（high throuput screening：HTS）アッセイシステムが必要となる．化合物スクリーニングの手順を図9-27に示した．

3）ケミカルライブラリー

　対象の生体高分子に特異的に結合する化合物を試行錯誤で合成することは多大の費用と時間を必要とするため，多様な化合物を検索できる形式で集積したものをケミカルライブラリー（化合物バンク）と呼んでいる．ケミカルライブラリーは，自然界の微生物，植物，海洋生物などから抽出した天然化合物を中心としたものと，人工的に有機合成した化合物を中心にしたものに大別

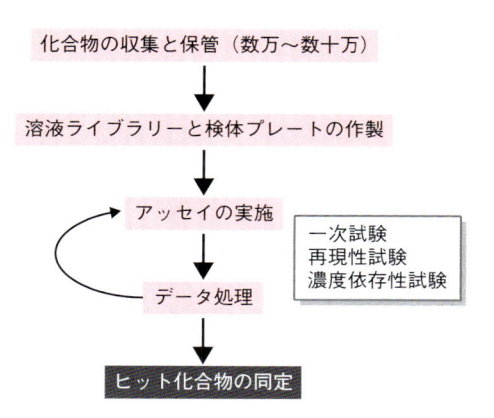

図9-27　化合物スクリーニングの手順

ケミカルライブラリーからスクリーニングを行う作業手順は図のようにまとめることができる

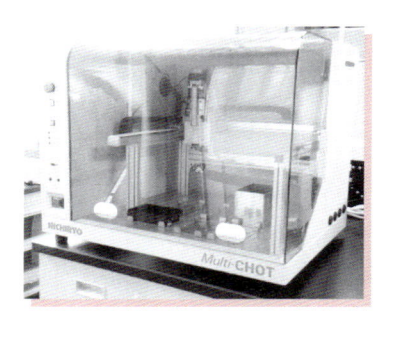

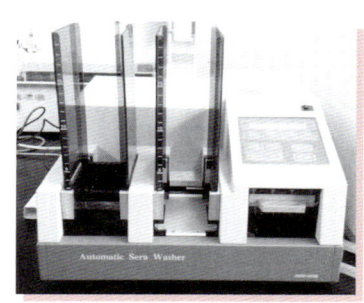

図9-28　スクリーニングロボットなどを使ったオートメーション化の活用

人の手によりすすめる場合，スクリーニングのスピードが1日10〜200化合物/人が限界かつ，多くの人手が必要となる．単純作業の省力化と安価なスクリーニングロボットなどの活用により，実験室レベルでもかなり大規模な化合物スクリーニングが可能である

できる．前者では，純品の単一化合物を1つ1つナンバリングして揃えるので，活性評価と化合物が直結する利点があるが，既存化合物が中心でバラエティーが不足したり，大きなライブラリーを構築し維持するにはコストがかかるなどの欠点ある．後者はいろいろな生物種から成分を抽出したものなのでさまざまな物質が混在しており，思わぬ新しい成分の発見が期待できるという利点がある反面，活性成分を分離して成分を特定する必要がある．大規模なケミカルライブラリーを構築するために，多様な構造の化合物を同時に合成するコンビナトリアルケミストリーの技術が迅速に発展しつつある．多様な生物活性を有する天然物を母核として多様な誘導体を合成するコンビナトリアル合成は，有用化合物を高率に含むケミカルライブラリーの構築につながる可能性が高い．

Memo

最近は，特定の用途に特化して化合物を集めたフォーカストライブラリーや，複雑な化合物でなく化合物のいわば"パーツ"だけを集めたフラグメントライブラリーなど，さまざまなアイデアで特色あるケミカルライブラリーが構築されつつある．

4）ハイスループットスクリーニング

ハイスループットスクリーニングとはスクリーニングをシステム化することで，多量（数万〜数十万）の化合物資源を短時間に活性評価し，生理活性のある化合物を見出すことである．ハイスループットスクリーニングを実施するにあたっては，①スクリーニングロボットなどを使ったオートメーション化の活用（図9-28参照），②ハイスループットスクリーニングに適したアッセイ系の構築とアッセイのミニチュア化，③データ収集・処理の効率化などがポイントとなる．

これとは逆に，一度に多種類の情報を得る"ハイコンテンツアッセイ"を実施して，有望な化合物の絞り込みを行うこともある．

■文　献■

1) Waldmann, T. A.: Immunotherapy: past, present and future. Nature Medicine, 9: 269-277, 2003
2) "Immunobiology 6th ed." (Janeway, C. A., Jr. et al.), Garland Science, 2005
3) Hudson, P. J. & Souriau, C.: Engineered antibodies. Nature Medicine, 9: 129-134, 2003
4) Milstein, C.: With the benefit of hindsight. Immunol. Today, 21: 359-346, 2000
5) 抗体医薬の最前線（植田充美/監修），シーエムシー出版，2007
6) 和田 猛，宮川 伸：核酸医薬の安定化戦略．"RNA工学の最前線"（中村義一，大内将司/監修），pp238-249，シーエムシー出版，2005
7) Uematsu, S. & Akira, S.: Toll-like receptors and innate immunity. J. Mol. Med., 84: 712-725, 2006
8) "Antisense Drug Technology: Pronciples, Strategies and Aplications" (Crooke, S. T.), Marcel Dekker, 2007
9) "RNAと創薬"（中村義一/編），メディカルドゥ，2006
10) Kleinman, M. E. et al.: Sequence- and target-independent angiogenesis suppression by si RNA via TLR3. Nature, 452: 591-598, 2008
11) 宮川 伸，他：アプタマー創薬．放射線生物研究，42: 312-326, 2007
12) Schreiber, S. L.: Small molecules: the missing link in the central dogma. Nat. Chem. Biol., 1: 64-66, 2005
13) "ケミカルバイオロジー・ケミカルゲノミクス"（半田 宏/編），シュプリンガーフェアラーク東京，2005
14) 萩原正敏/監修：［特集］飛躍するケミカルバイオロジー．細胞工学，24: 1158-1191, 2005
15) "ケミカルバイオロジー 蛋白質核酸酵素 Vol.52"（長野哲雄，長田裕之，菊地和也，上杉志成/編），共立出版，2007
16) "新規素材探索―医薬品リード化合物・食品素材を求めて"（上村大輔/監修），シーエムシー出版，2008

Chapter 9

4 幹細胞生物学・再生医学

再生医学とは，損傷や機能不全を起こした臓器を薬や人工素材，そして細胞などを用いて再び蘇らせることを目指す医学研究の総称である．現在その研究の中心となっているのが幹細胞と呼ばれる細胞群であり，なかでも2007年11月，京都大学・山中伸弥教授らが発表したヒトiPS細胞がテレビ・新聞などのマスメディアで華々しく取り上げられ，センセーションを巻き起こした．本章ではiPS細胞やES細胞，組織幹細胞を中心に，個々の幹細胞の性質について概説するとともに，臨床での中心となっている移植医療の現状を述べ，再生医学の将来への展望を記す．

概念図

- 組織幹細胞
- iPS細胞、ES細胞

分化誘導

さまざまな培地、サイトカインなどを、さまざまな培養条件を組合せることで、幹細胞を目的の細胞に分化させる

神経細胞，血液細胞，心筋細胞 など

人工素材とのハイブリッド

高分子素材　細胞シート

特殊な培養皿を用いた細胞シートによる心筋シートや，高分子素材を用いた足場による臓器の立体構造の再現など，人工材料との組合せによる組織の再構築

事故や病気などで損傷・機能不全を起こした臓器や組織に対して，これまでの対症療法的な治療ではなく，組織や人工材料などを用いて機能を回復させる根本的な治療の開発を目指すのが再生医学である

1 ES細胞

1) ES細胞とは

受精卵は卵割を繰り返して，マウスでは3.5日で胚盤胞（ブラストシスト）へと発生する．この胚盤胞の内部細胞塊（ICM：inner cell mass）あるいは4.5日目のエピブラストと呼ばれる部分には，将来胎仔を構成する多分化能を有する細胞（原始外胚葉となる細胞）が含まれ，ES細胞（embryonic stem cell：胚性幹細胞）は，この内部細胞塊あるいはエピブラストから樹立される．

ES細胞は生殖細胞を含むすべての組織・細胞に分化しうる能力をもつ．マウスES細胞は，1981年に初めて報告されて以来 in vitro での分化研究やジーンターゲティングに用いられてきた．1998年にヒトES細胞が樹立されたことから，再生医学の応用への期待が一気に高まった．ヒトES細胞はマウスES細胞と比べて，細胞表面マーカーの違いや増殖速度などにおいて違いがみられるが，マウスにおいて子宮への着床後の胚から樹立した細胞はヒトES細胞のように増殖が遅いこと，一方でヒトES細胞にROCK（Rho結合キナーゼ）阻害剤を投与することで増殖速度が飛躍的に速くなることも報告されている[1]．

　ES細胞が未分化を維持したまま増殖できる機構に関して，従来からさまざまな研究がなされてきた．マウスではIL-6ファミリーに属するサイトカインであるLIFおよびその下流のgp130-Stat3シグナルが重要であることが知られているが，ヒトES細胞ではこのシグナル系は必要ではないことも事実である．一方，wntやBMP4などは両者で有効なシグナルであり，ウシ胎仔血清非存在下ではLIFシグナルは無効，3つのシグナル系（FGFR，MEK，GSK3）阻害剤を培地に添加することでマウスES細胞を未分化状態に維持できることも報告されている[2]．またOct-3/4やNanog，Sox2といった分子も未分化性維持には必要であり，マイクロRNA（miRNA）との関係[3]やiPS細胞（**2** 参照）との関連でも注目されている．

2）再生生物学への応用

　ES細胞が有名になったのは，その多分化能とともに相同組換えが高頻度で生じること，それを用いての遺伝子改変個体作出が可能になったことによる．ジーンターゲティング法は，in vitro でES細胞に遺伝子改変を施し，その情報が次世代にまで伝達されることによって個体としての遺伝子改変動物が作製可能となる技術である（図9-29）．通常はマウス個体において遺伝子を完全に不活化することから，ノックアウトマウスと呼ばれるが，ヒト遺伝子でマウス遺伝子を置換したり，点突然変異の導入なども可能である．バクテリオファージや酵母の組換えシステムであるCre-loxPやFLP-frtシステムを用いれば，薬剤などの投与により遺伝子欠損を生体で誘導したり，特定の組織でのみ遺伝子を不活化するというようなコンディショナルジーンターゲティングも可能である．遺伝子は生体内で種々の時期，組織で機能を果たしていることがあり，単純な遺伝子ノックアウトでは胎生致死などによって遺伝子機能が解析しきれない欠点を補う技術である．従来，奇形腫好発マウスである129マウス由来のES細胞がジーンターゲティングに用いられてきたが，C57BL/6マウス由来のES細胞も免疫系や神経系の研究分野を中心に用いられてきている．またゲノム情報が利用できる利点もあり，BACクローンを用いたターゲティングベクターも利用されている．

Memo
《コンディショナルジーンターゲティング》
コンディショナルジーンターゲティングとは，ある条件下で個体遺伝子に変異を導入することであり，個体レベルで遺伝子機能の不活性化を制御することが可能となる．具体的にはトランスジェニックマウスで組織特異的にCreを発現させたり，インターフェロンやエストロゲン誘導体であるタモキシフェン，あるいはテトラサイクリンなどでCreの発現を誘導することによって可能となる．

Memo
《Cre-loxP》
Cre酵素はloxPサイトを認識して特異的にこの部位でDNAの組換えを起こす．Cre酵素を発現させる方法としては，ES細胞で一過性に発現させる方法のほか，Cre発現ベクターを受精卵に注入する方法，アデノウイルスベクターを用いて静注あるいは組織に直接注入して発現させる方法など

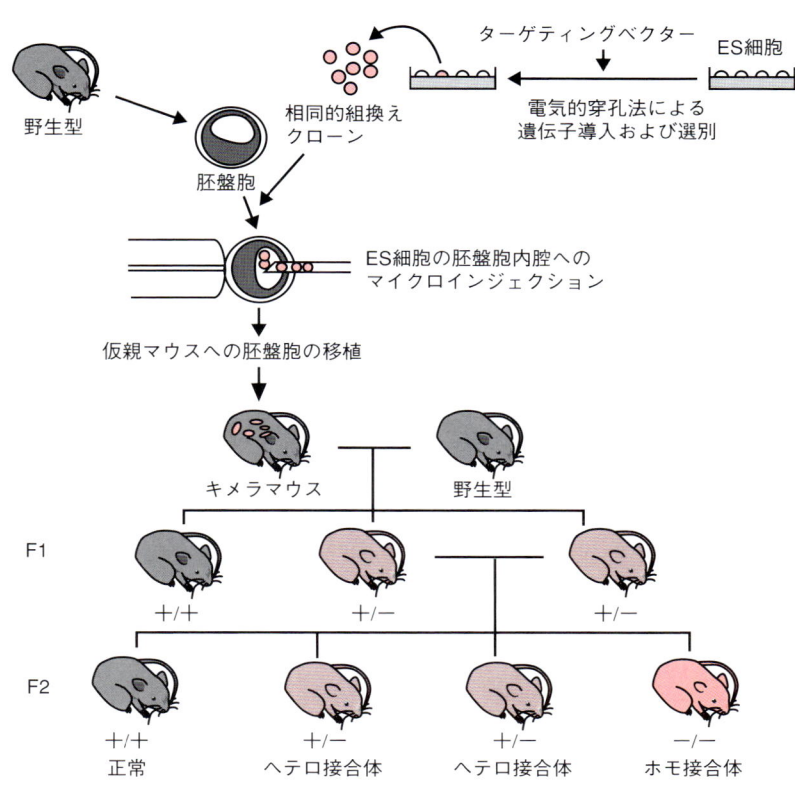

図 9-29 遺伝子ターゲティング法を用いた遺伝子ノックアウトマウスの作製

ES細胞で相同組換えを起こしたクローンを選別し、胚盤胞内腔へ注入する。ES細胞が生殖細胞にまで分化したキメラマウスを交配すれば、相同組換えが起きたES細胞の遺伝情報が次世代に伝わる。相同染色体の両方で相同組換えが生じた個体(ヘテロマウスどうしの交配により作製する)、それがノックアウトマウスである

が報告されている。一方、組織特異的もしくは発現誘導可能なプロモーターの制御下にCre酵素を発現させたトランスジェニックマウスを用いることにより、コンディショナルジーンターゲティングが可能となる。

Memo
《ES細胞のない生物種における遺伝子ノックアウト》
相同組換えの機序としては、細胞分裂の際の姉妹染色分体交換(sister chromatid exchange)時にターゲティングベクターが内在性遺伝子と相同性領域で置き換わるためである。一方、ES細胞が樹立できていない生物種(例えばゼブラフィッシュ)においてZFN法(ゲノムDNAと部位特異的に結合するZinc-fingerドメインとヌクレアーゼの融合タンパク質を用いた遺伝子不活性化個体の作製)[5]なども考案されている。

3) 再生医学への応用

一方、ES細胞を *in vitro* で望む細胞系譜に分化させ、細胞移植として用いることができないか、という試みが広く研究されている(図9-30)。ES細胞はマウスだけでなく、ヒトでも血球系、筋肉や心筋、神経、膵臓のインスリン分泌細胞であるベータ細胞などにも分化することが報告されている。培養条件の最適化や遺伝子導入による強制的分化、さらに分化した細胞をセルソーター(FACS)で選別していくという方法などの組合せが研究されている。例えば、神経系細胞への分化にしても、神経細胞とグリア細胞といった大まかな系だけでなく、ドーパミン作動性神経やコリン作動性神経、最近では視床下部の神経細胞に特化して分化させることも報告さ

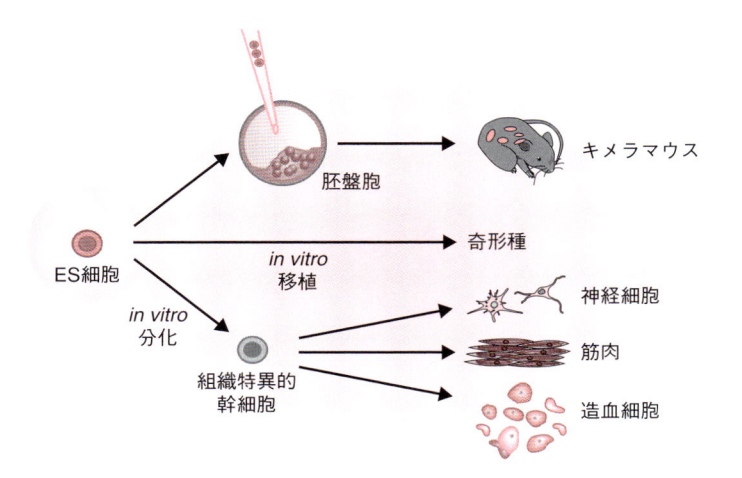

図 9-30　ES 細胞の in vivo および in vitro 分化

ES 細胞はノックアウトマウス作製に用いられるほか，in vitro でさまざまな方法を駆使して望みうる細胞系譜に分化させることが可能であり，再生医療への期待が大きい．一方，未分化な ES 細胞を生体に移植すると奇形腫や奇形癌腫を発生するため，倫理的な問題とともに安全性の検証が必要となってくる

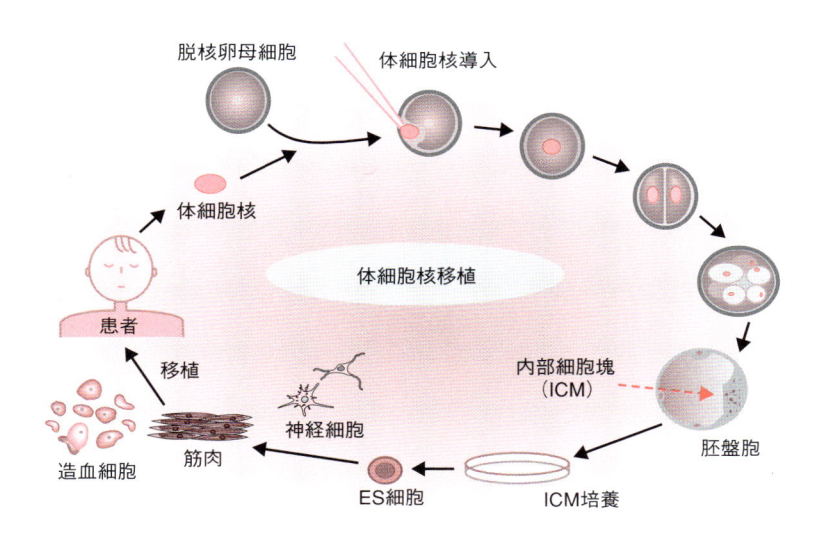

図 9-31　体細胞核移植を用いた患者自身の遺伝子情報をもつ細胞・組織移植のシナリオ

患者の体細胞から核を取り出し，脱核した卵母細胞に核移植し，そこから ES 細胞を樹立する．その ES 細胞から必要とする系譜の細胞・組織を in vitro で誘導し，患者へ移植する．ミトコンドリア DNA は卵母細胞由来となるが，核の遺伝子情報は患者自身のものであり，拒絶反応のない移植が可能となる

れている[4]．しかし，パーキンソン病の治療などのように細胞治療は可能になっても，臓器・組織としての移植が可能になるかどうかはまだまだハードルが高いこと，また赤血球や血小板などのように分化した細胞はつくりえても造血系幹細胞の作製は困難であること，また臨床応用までには，悪性化しないかどうかなどの安全性の問題や，倫理的な問題も解決されなければならない．拒絶反応に対処するシナリオとしては，骨髄移植のようにバンク化することのほか，核移植技術を用いて特定のヒトの ES 細胞を樹立し，in vitro で必要な系譜の細胞や組織に分化させた後，もとの生体に移植することが考えられていた（図 9-31）．

分化した体細胞も卵母細胞への核移植により初期化され未分化状態にリプログラミングされるが，ES 細胞との細胞融合によっても初期化されることが示されたこと，および未分化な ES 細胞で特異的に発現する遺伝子の解析から，最終的にわずか 3〜4 個の特定の遺伝子を導入することによって，体細胞がリプログラミングされて iPS 細胞が樹立できることが示された．iPS 細胞はもとの体細胞の種類や由来する個体の年齢によってその性格が異なることから，遺伝子発現やエピジェネティクスの問題が重要であることが示唆されている．日本や多くの国で禁止されているヒ

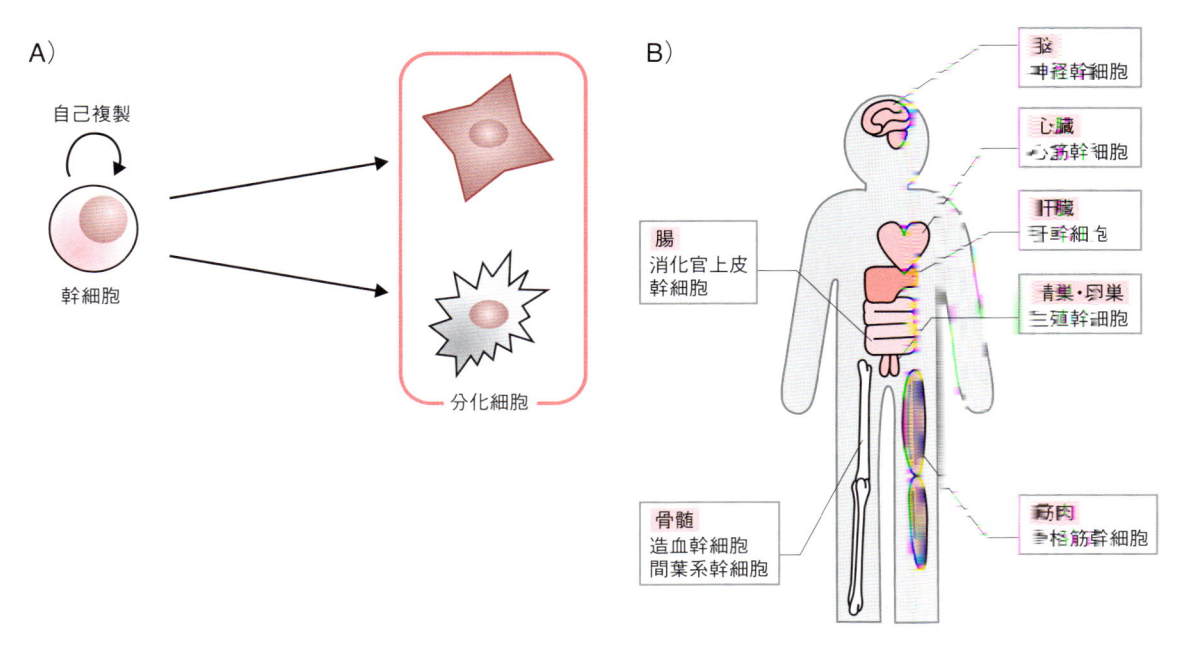

図 9-32　幹細胞の性質と組織幹細胞
A）幹細胞とは，自らとは異なる性質の細胞に分化することができ（多分化能），かつ自らと同じ能力をもった細胞をつくり出す能力（自己複製能）を兼ね備えた細胞である．B）体内のさまざまな組織には組織幹細胞が存在し，個体の一生にわたって成熟細胞を供給し続けている

ト体細胞核をウシなどの動物の卵子に移植するヒト性融合胚の研究は，英国において 2008 年に激しい議論の末許可された．iPS 細胞の臨床応用可能性のためにも，ES 細胞と iPS 細胞の比較や初期化時の遺伝子発現制御の問題は今後の重要な研究課題である．

2 組織幹細胞と iPS 細胞

1）組織幹細胞

個体を構成するすべての細胞に分化できる受精卵（全能性幹細胞），羊膜や胎盤以外のすべての細胞への分化能をもつ胚性幹細胞（多能性幹細胞）と対比的に，成体の臓器中に存在し，その臓器を構成する細胞に限局した分化能を示す幹細胞を成体幹細胞もしくは組織幹細胞と呼ぶ（図 9-32）．神経幹細胞，表皮幹細胞，造血幹細胞，間葉系幹細胞，肝幹細胞・膵幹細胞など，多くの組織幹細胞が同定されている．組織幹細胞は皮膚，腸管粘膜や血液のように個々の細胞の寿命が短く，絶えず入れ替わり続ける組織を維持するために存在すると考えられている．しかし，近年，これまで再生しないといわれていた神経系にも幹細胞（神経幹細胞）が存在し，神経系においてもある程度の修復，再生が行われていることが明らかになっている．一方で，2000 年前後に組織幹細胞の多分化能が予想よりも広いのではないか（可塑性をもつ）という報告が相次いだ．ところがこれらの報告は再現性が低く，現時点では細胞融合や実験的なアーチファクトによるものであったと考えられている．基本的に組織幹細胞は存在する臓器，組織に限局した分化能を示し，造血幹細胞が肝臓細胞に分化したり，神経幹細胞が血液になったりすることはない．

組織幹細胞のなかでももっとも研究が進んでいるのは造血幹細胞である．この造血幹細胞ですら概念的なものであった．1960 年代，カナダの Till と McCulloh が放射線障害によって造血能

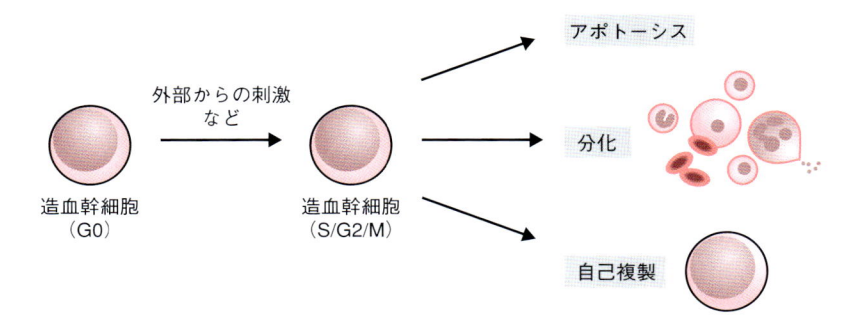

図 9-33 幹細胞の細胞周期調節
成体内に存在する幹細胞の大半は静止状態（G0期）にあり，外部からの刺激などに応じて細胞周期が進行する．細胞分裂を開始することによって幹細胞は自己複製，あるいは分化を行う

力を失ったマウスに骨髄移植を行い，脾臓にできるコロニーの数というかたちで造血幹細胞の存在を定量的に示して以来，ようやく実体を伴う存在となったといえる．Till と McCulloh の実験を境に，幹細胞の研究は発展を遂げていくことになるが，幹細胞研究の重要な基盤テクノロジーとなっているのが FACS（fluorescence activated cell sorting）による細胞分離法の確立である．Till らの研究の結果，造血幹細胞は10万個の骨髄細胞中に2～3個の割合でしか存在しないことがわかっており，その頻度の少なさが幹細胞の解析にとって大きな障害となっていた．FACSを用いて幹細胞の表面に発現している表面抗原，または発現していない表面抗原に対するモノクローナル抗体を組合せ，幹細胞に特異的な組合せの表面抗原を探すことが可能となった．その結果，数百万個の骨髄細胞のなかから，造血幹細胞表面上に発現されている抗原を手掛かりにしてFACSで細胞を分取することにより造血幹細胞をほぼ純化して取り出すことが可能になっている．このようにして純化した造血幹細胞をわずか1個移植することによって致死量放射線照射して破壊したマウスの造血系を再構築できることが実験的に示されていて，造血幹細胞の多能性と自己複製能が実験的にも証明されている[6]．細胞分離法の進歩によって，現在は造血幹細胞のほか，神経幹細胞，骨格筋幹細胞と目されるサテライト細胞，毛幹細胞，肝臓幹細胞そして精子幹細胞など，多くの組織幹細胞が同定され，幹細胞自身の分子生物学的な解析が行われている．

幹細胞研究が行われるなかで明らかとなってきたのは，組織幹細胞が個体の一生にわたって成熟細胞を供給しつづけるためには，自己複製と細胞周期の調節の制御が重要ということである．たとえば造血幹細胞はたった1つの細胞からでもマウス1匹の全血液を再構成できるほどの強力な増殖能力をもつ細胞ではあるが，通常の骨髄中に存在するそのほとんどは，細胞周期上静止状態（G0期）にあることが明らかになっている（図9-33）．さまざまなストレス応答や冬眠に関与しているフォークヘッド転写因子FOXO3aが欠損すると，造血幹細胞はG0期にとどまれず，活性酸素の上昇やp38MAPキナーゼの活性化が起こり，幹細胞の自己複製に異常をきたす[7]．そのほか，神経，生殖細胞，腸管，皮膚さらに前立腺の幹細胞も細胞周期の回転が遅い細胞集団であることが報告されており，細胞周期調節が幹細胞という細胞種にとって，その機能を維持するために非常に重要なシステムであることが理解できる．

一方，このような遺伝子によって規定された内在性のプログラムのほか，幹細胞の性質を維持する支持細胞から構成された微小環境（ニッチ）との相互作用が重要な役割を果たしていると考えられている．最近では造血幹細胞でもニッチの研究が進められており，骨髄内表面には細胞周期停止状態の維持に働くAngiopoietin-1やthrombopoietinを産生するSNO細胞からなる内骨膜ニッチが

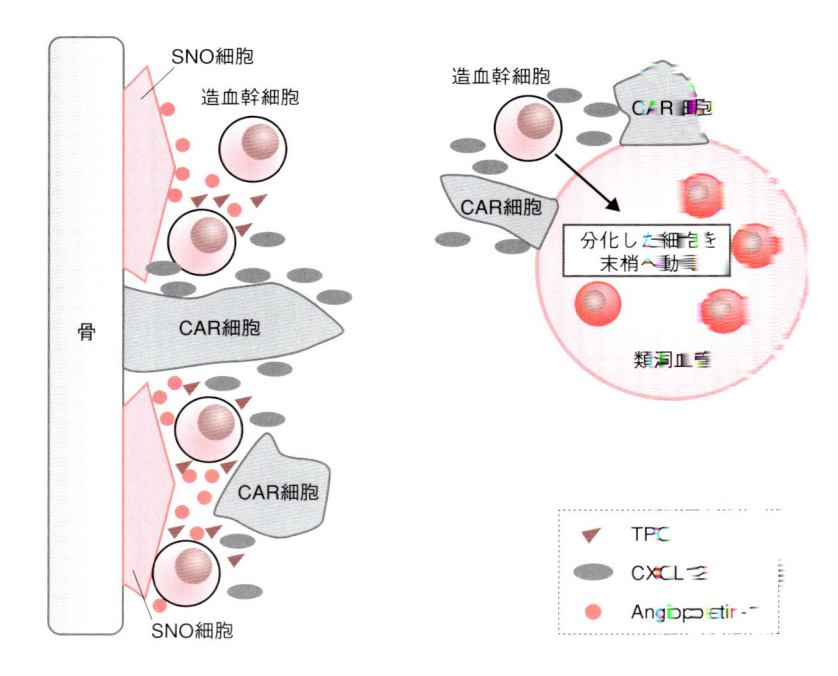

図 9-34 幹細胞ニッチの例（造血幹細胞）
成体骨髄内には内骨膜表面の内骨膜ニッチと類洞血管領域の血管性ニッチがあり，ニッチ細胞として主に2種類の細胞が知られている．CXCL12を高発現するCAR細胞があり[11]，内骨膜・血管領域双方に存在して造血幹細胞と接している．また，内骨膜ニッチに存在するSNO細胞（骨芽細胞）はAngiopoietin-1やthrombopoietin（TPO）を産生し，造血幹細胞の静止状態に関連しているとされる

あり[8)9)]，一方で骨髄内の類洞血管領域に血管性ニッチが存在するという報告がされ[10)]，造血幹細胞から成熟した血液細胞へと分化するなかで，そのニッチを使い分けているというモデルも提出されている（図9-34）．

組織幹細胞の分子基盤にはいまだ不明な点も多く，こうした分子生物学的な解析が生体外での組織幹細胞の増幅や維持を可能とし，細胞治療や移植医療の推進につながっていくものと考えられる．

2）iPS細胞

iPS細胞とは人工多能性幹（induced Puluripotent Stem：iPS）細胞のことを指し，人工的に多能性を誘導された幹細胞のことである．われわれの体はたった1つの細胞である受精卵を基点とし，細胞分裂を繰り返して最終的には60兆個の細胞へと至る．これは60兆の細胞が受精卵と同一のゲノムを有することを示しており，内在的にはどの細胞も他の細胞を生み出す可能性を有していることになる．しかし実際の成熟細胞ではヒストンのメチル化などのエピジェネティックな修飾が行われ，多能性をもつ組織幹細胞といえども自らが属する組織を構成する細胞へと分化するのみで，他の細胞系譜を生み出すという可能性は封じられている．

これまで成熟細胞の核を脱核した未受精卵に注入したり，ES細胞と融合させることで成熟細胞のゲノムは初期化され，多能性をもつ細胞型へと再プログラムされることが知られていた．これらの知見から，未受精卵やES細胞には成熟細胞すらも初期化しうる因子群が存在すると推定されていた．実際，ES細胞ではOct3/4やSox2，Nanogといった転写因子が特異的に発現し，協調して多能性維持にかかわる分子基盤を制御していることが明らかとなっていた．

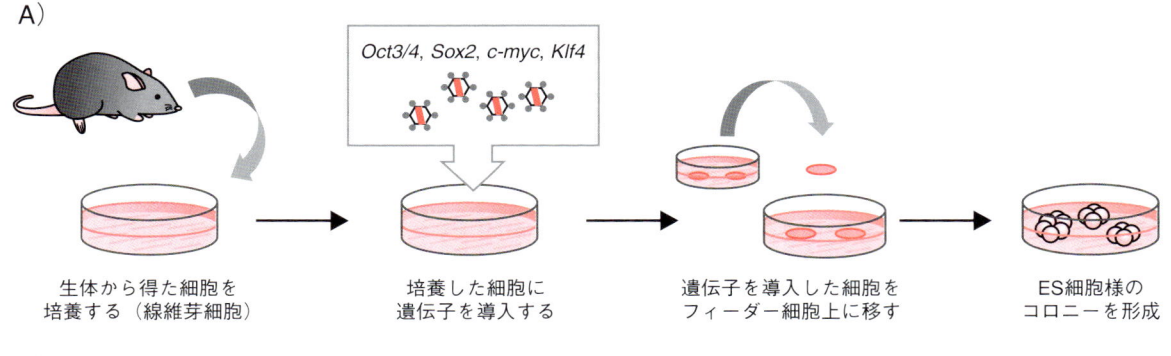

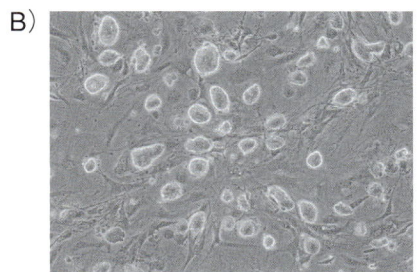

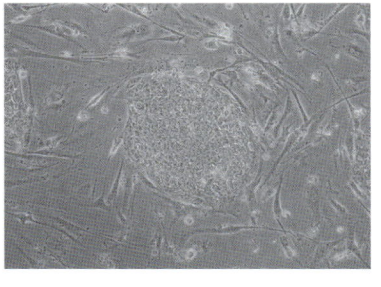

図9-35 iPS細胞とその樹立法

A) iPS細胞の樹立法．B) iPS細胞の顕微鏡像（左：マウスiPS細胞，右：ヒトiPS細胞）．マウス，ヒトともに，それぞれのES細胞と近似した形態のコロニーを形成する

　山中伸弥らはESTデータベースの解析によってES細胞や生殖細胞などで特異的に発現する遺伝子を多数同定していたが，ES細胞がもつ多能性の維持や高い増殖能力は前記のようなES細胞特異的な遺伝子や，癌関連遺伝子によって規定されているのではないかと考え，24個の遺伝子を多能性誘導因子の候補とした．彼らはレトロウイルスベクターを用いて，候補となった24遺伝子すべてをマウス由来線維芽細胞に導入したところ，わずかではあったがES細胞に類似した形態のコロニー形成が認められた．さらにこの24個のなかから不要なものを除外していき，最終的に$Oct3/4$, $Sox2$, $Klf4$, およびc-mycという4つの遺伝子が必要であるということを見出した（図9-35A）．

　この4つの遺伝子を導入された線維芽細胞はES細胞特異的なマーカーを発現するようになり，免疫不全マウスに移植すると三胚葉系を含む奇形腫を形成することができた．そしてキメラマウスを作出することも可能であったことから，ES細胞と同等の機能を獲得したものであると考えられ，iPS細胞と名づけられた[12]．彼らは同様の手法を用いてヒト線維芽細胞においてもヒトES細胞様の細胞を誘導することに成功しているが[13]（図9-35B），マウスでもヒトでも同様の分子基盤が体細胞の初期化にかかわっている可能性を示している．

　ただ，山中らのグループ以外ではWisconsin大学のJames ThomsonらはKLFとc-MYCのかわりに$NANOG$と$LIN28$を導入しており，山中らの方法とは異なっている[14]．また，Sheng Dingらは$OCT3/4$と$KLF4$の2因子とヒストンメチル化酵素阻害剤BIX-01294の添加によってiPS細胞の誘導に成功し[15]，山中ら自身も癌遺伝子であるc-MYCを除いた3因子でのiPS細胞作製に成功しており[16]，iPS細胞誘導の詳細なメカニズムの解明はこれからの課題である．

　いずれにせよ，iPS細胞作出の成功は生殖細胞のみがゲノムの初期化を可能にする，という既成概念を破ったものとして画期的な成果であったといえる．そして，受精卵を破壊することなく，また患者本人の細胞を用いてさまざまな細胞をつくることを可能となるために，再生医学の実現化に向けて大きな一歩であり，今後の研究の進展が期待される分野であるといえるだろう．

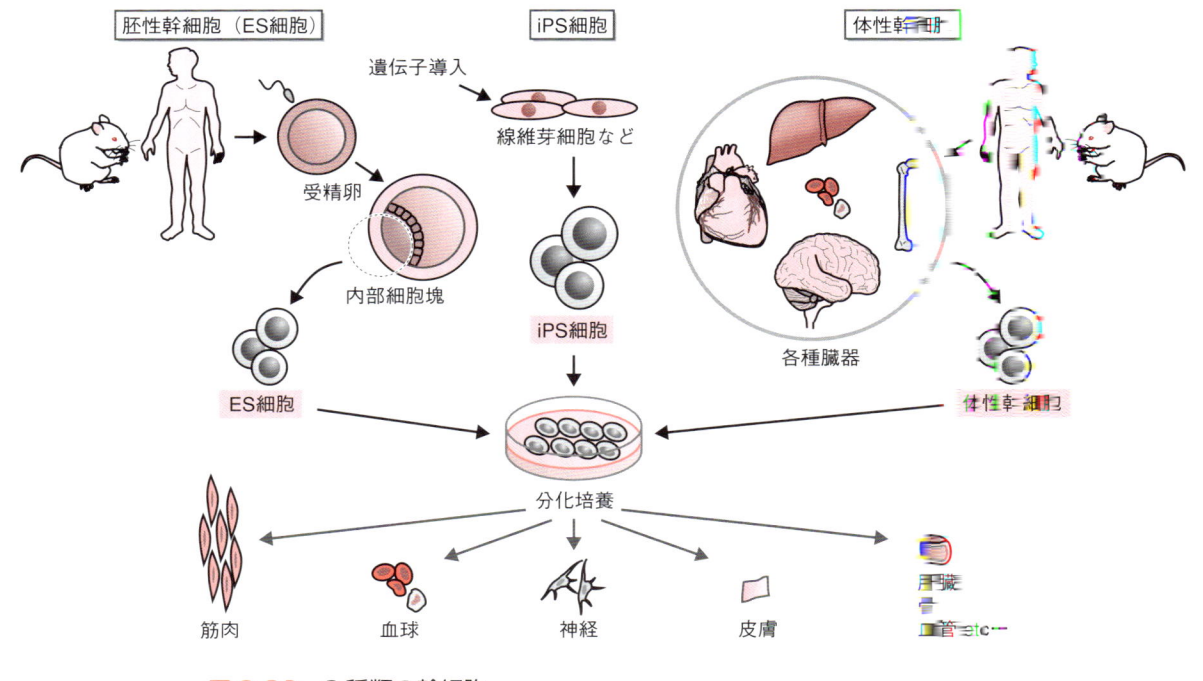

図 9-36　3 種類の幹細胞

3　再生医学

1）再生医学とは

　21世紀の新しい医療として再生医学（再生医療）が注目されている．従来の医療は，臓器障害をできるだけ早期に発見し，その原因の除去および生体防御反応の修飾により，障害を受けた臓器の自然回復を待つものであった．しかしながら，臓器障害も一定の限度を超えると不可逆的となり，臓器の機能回復は困難となる．このような患者に対して障害を受けた細胞，組織，さらには臓器を再生し，あるいは人為的に再生させた細胞や組織などを移植したり，臓器としての機能を有するようになった再生組織で置換することで，治療に応用しようとする再生医療の開発に向けた基礎研究が盛んに行われつつある．このような再生医療の基盤となる細胞は幹細胞と呼ばれる細胞であり，この細胞は自己複製能とさまざまな細胞への分化能をもった細胞として知られている．幹細胞のもつ自己複製能がゆえに，再生医療を施された患者では幹細胞由来の成熟した機能細胞が長期にわたって供給され，治療が成立すると考えられている．

　現在，再生医療に用いられる可能性のある幹細胞の主なものには3種類あり，われわれの身体のなかにある体性幹細胞，受精卵から樹立された胚性幹細胞（embryonic stem cells；ES細胞），最近注目されている induced pluripotent stem cell（iPS細胞）である（図 9-36）．

> **Memo**
> すでに世界的に種々の幹細胞を用いた再生医療は爆発的な広がりをみせているが，今後，再生医療を健全な形で進めていくためには，倫理性，社会性，科学性，公開性，安全性に十分配慮して進める必要があることから，わが国では指針が作成され，それに沿った再生医療が行われるようになった．

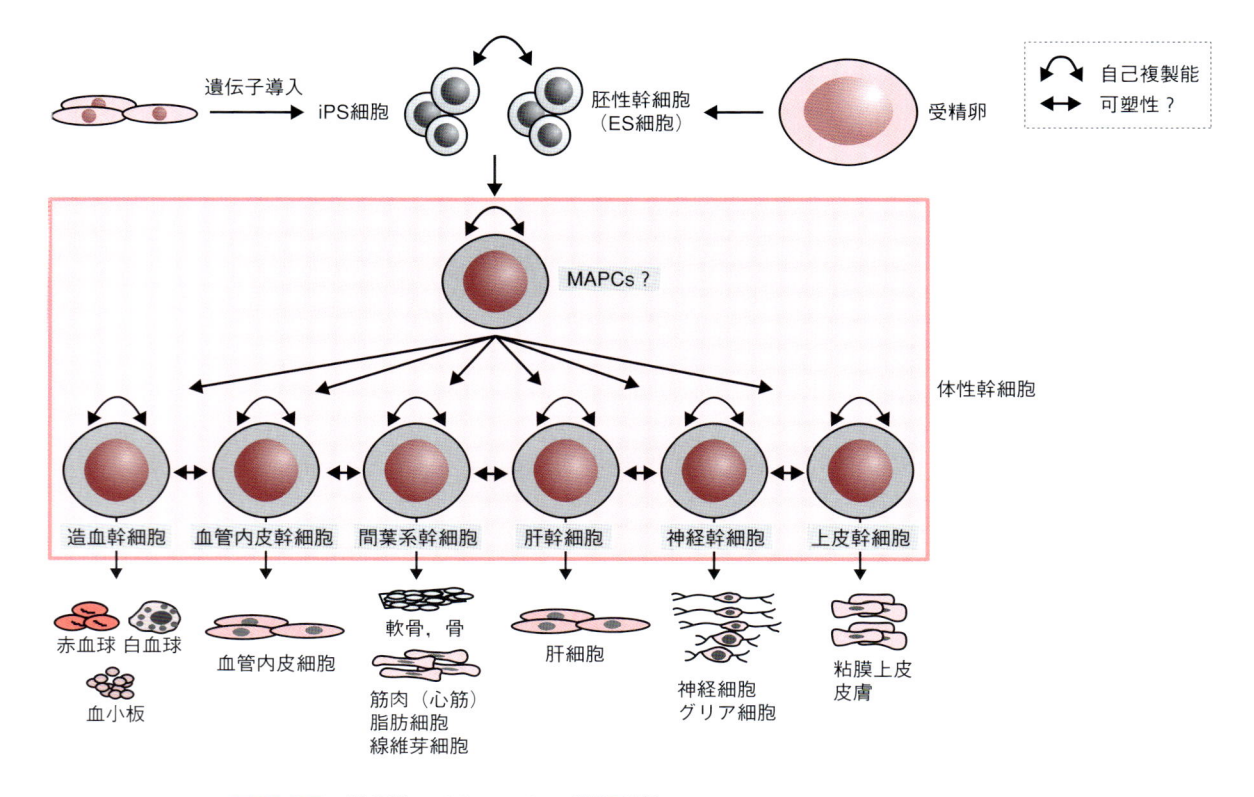

図 9-37 幹細胞の hierarchy（階層性）

2）再生医学と幹細胞

（ⅰ）体性幹細胞

　われわれの臓器には，組織特異的な幹細胞（体性幹細胞）が存在する．体性幹細胞は固有の系列への分化能をもつとともに，分裂した際自分と同じ能力をもった細胞を再生（自己複製）することにより，それぞれの組織を維持していると考えられている（図9-37）．造血幹細胞はもっとも研究の進んでいる体性幹細胞である．そのほか，血管上皮，皮膚，腸上皮クリプトの基底細胞，生殖器に存在することが知られ，最近では，肝臓，腎臓，網膜のような三次元構造をもった組織においても幹細胞が存在することが報告されている．成人の神経組織においても，幹細胞（神経幹細胞）の存在が明らかとなっている．また，最近，造血幹細胞が血球以外の肝臓や筋肉に分化するなど体性幹細胞の可塑性を示唆する多くの研究が報告されたが，一方で細胞融合の結果であるとの報告も多く一定の結論には達していない[17]．さらに，骨髄中には体性幹細胞よりさらに未分化な，ES細胞に匹敵する能力をもった細胞（maltipotent adult progenitor cell：MAPC）の存在も示唆されたが[18]，その報告は再現性に乏しく疑問が出されている．

（ⅱ）ES細胞

　ES細胞はほぼ無限に増やせることから，この細胞から特定の細胞や特定の組織幹細胞だけに分化させる培養系を確立することができれば，幅広い再生医療への応用が可能になると期待されている．しかし，ヒトES細胞が再生医療や生物学の発展に大きく貢献する可能性がある反面，人間の生命の萌芽であるヒト胚を壊して樹立するなどの生命倫理上の問題点がきわめて大きいことから，わが国では文部科学省により「ヒトES細胞の樹立および使用に関する指針」が公表されている．この指針を遵守したES細胞の樹立が京都大学再生医学研究所で行われ，3株樹立され

ている．また，このES細胞を用いた研究や，海外で樹立されたES細胞株を導入した基礎研究の申請が承認され，研究が進んでいる．

　ES細胞は培養条件を変化させると，神経細胞，筋肉細胞（特に心筋細胞），グリア系細胞，軟骨や骨の細胞，膵島細胞，肝細胞，各種血液細胞などさまざまな細胞へ in vitro で分化可能である．ES細胞の再生医療への応用を考えた場合，いくつかの課題が存在する．

① ES細胞の性質を維持した未分化な細胞が残っていると in vivo に戻したときテラトーマ（奇形腫）を形成してしまう．

② 目的とする細胞系列以外の細胞への分化能を強く残したままでは，当初目的としない別の組織がつくられてしまう可能性があり医療への応用は難しいことから，特定の細胞系列だけに分化させる系の確立，あるいは，目的とする前駆細胞だけを特異的に選別する技術の開発が必要である．世界的には，ES細胞から血液，血管内皮細胞，心筋，骨格筋，それぞれの前駆細胞を誘導，選別する技術が確立されつつある．

③ 増殖能をほとんど失ってしまった成熟細胞に近い細胞では再生医療の対象にならない．このような細胞はせっかく移植しても一定の期間で死滅してしまうからである．したがって，ES細胞からの分化の方向性と分化のステージを厳密に制御する技術の開発が必要である．

④ ES細胞由来の細胞を再生医療に用いる際には，当然のことながらHLAのバリアーを越える必要がある．これに対して除核した受精卵に患者体細胞の核を移入し，患者固有のES細胞を作製する試み（クローン胚由来ES細胞）がなされている．韓国・黄教授の論文捏造事件が世界を騒がせたが，ヒトクローン胚由来ES細胞いまだ成功していない．

⑤ ES細胞から安全に細胞を分化させるためには，異種血清を用いない，GMP（Good Manufacturing Practice）基準に合致した試薬だけを用いるなど多くの課題が指摘されている．

　ES細胞の再生医療への応用は，2009年現在死亡胎児の脳を用いて行われているアルツハイマーやパーキンソン病を中心とした変性，脱髄性神経疾患でまず開始されるのではないかと予想されている．実際，米国ではすでにES細胞の臨床治験に向けての準備が着々と進んでおり，本年度中に実際の投与が開始される可能性も伝わっている．しかし，ES細胞の臨床応用にあたっては，安全性を担保するさまざまな技術面をクリアーする必要があろうし，倫理的な幅広い議論が必要であろう．わが国では体性幹細胞を用いた臨床研究の指針はできているものの，ES細胞についてはないことから，早急に議論を始める必要があろう．

(iii) iPS細胞

　2006年，京都大学の山中教授らはマウス体細胞にたった4つの転写因子（Oct3/4, Sox2, c-Myc, Klf4）遺伝子をレトロウイルスベクターで導入することにより，高い自己複製能と多分化能をもった人工万能幹細胞（iPS細胞）の樹立に成功し[12]，世界中に大きな衝撃を与えた．このiPS細胞は受精卵に戻すと，生殖細胞を含む全身の細胞に分化し，次の世代で全身がiPS細胞に由来するマウスも正常に誕生したことから，iPS細胞がもつ多能性はES細胞と比べても遜色がないことを示した．その後，国内外の多数の研究チームが，ヒトiPS細胞の樹立を巡って，熾烈な競争を行ってきた．2007年11月山中らは，ヒト成人皮膚に由来する体細胞に，マウスと同じ4因子を導入することにより，形態や増殖能に加えて，遺伝子発現パターンや方法におけるテラトーマ形成などヒトES細胞ときわめて類似したヒトiPS細胞を樹立した[13]．初期のiPS細胞のもつ最大の問題点は，その作製に癌遺伝子として知られているc-Myc遺伝子の導入を必要としたことであったが，最近，マウスならびにヒトの線維芽細胞からのiPS細胞の作製にc-Myc遺伝子を除いたプロトコルで成功したと報告されている．

　iPS細胞は生命の萌芽である受精卵を破壊することなく作製できることから，倫理的な問題が

少ない，患者自身のiPS細胞を作製することによりHLAのバリアーの問題が生じないなどES細胞にないすばらしい特性を有している．しかし，iPS細胞が臨床的に再生医療として応用されるようになるまでには，**（ii）ES細胞**の項で述べた①②③⑤に加えて，以下の克服すべき課題が残されている．

まず遺伝子導入に用いられているレトロウイルスベクターの問題である．レトロウイルスベクターを用いて行われた先天性免疫不全症（SCID）の遺伝子治療において，数名の患者さんに白血病が発症したことからこのベクターのもつ危険性が危惧される．しかし，すでに染色体に組み込まれないアデノウイルスベクターやプラスミドのみを用いたiPS細胞作製の成功が報告されている．さらに，より安全なヒトiPS細胞をつくり出すために，*Oct3/4*，*Sox2*，*c-Myc*，*Klf4*遺伝子に変わるsmall molecule（低分子化合物）のスクリーニングが世界的に競争で行われている．

ヒトiPS細胞に関する基礎研究，臨床開発に際しては，ヒトiPS細胞とヒトES細胞との比較が重要である．前述したようにわが国においては「ヒトES細胞の樹立および使用に関する指針」に従って研究が行われるが，時間がかかりすぎているその審査体制が問題である．また，iPS細胞を用いた臨床研究のための指針についても，早急に議論を始める必要があろう．

京都大学大学院医学研究科発達小児科学教室ではマウスおよびヒトiPS細胞の *in vitro* における分化能をES細胞と比較しながら検討してきた．血球系においては一次造血と二次造血ともiPS細胞から出現し，そのパターンはES細胞ときわめて類似したものであり，*in vivo* における発生過程を反映したものであった．そのほか，iPS細胞からは拍動する心筋，神経細胞，骨格筋などさまざまな細胞に分化可能であることが確認されつつある．将来的には，動物を用いて今まで行われてきた試験に代わって，ヒトiPS細胞から分化させた心筋細胞や肝細胞などを用いて，有効で安全な薬物の探索にも大きく貢献すると期待される．

iPS細胞のもつ画期的な点は，さまざまな疾患の患者皮膚などの組織から疾患特異的iPS細胞を樹立できることである．さまざまな神経疾患において脳組織を生検で大量に採取することは困難であるが，これら患者のiPS細胞からさまざまな神経細胞，グリア細胞に大量に分化させそれを用いて診断や病態解析が可能になることが期待される．このような手法は比較的生検が困難な心臓などさまざまな組織に応用されると思われる．また，さまざまな疾患特異的iPS細胞から疾患に関係すると考えられる細胞に分化させ，その過程を正常iPS細胞と詳細に比較することにより，今までと全く違った手法で疾患の本体に迫ることが可能となり，新規治療法の開発，新規薬剤の有効性・毒性の検定などに応用されると考えられる．将来的には患者iPS細胞は遺伝子治療と組合さってさまざまな疾患に対する再生医療につながるものと期待される．

京都大学ではすでにさまざまな疾患に対する「ヒト疾患特異的iPS細胞の作製とそれを用いた疾患解析に関する研究」，「ヒト疾患特異的iPS細胞を用いた遺伝子解析研究」が倫理委員会をパスし，筋ジストロフィー，ALS（筋萎縮性側索硬化症）などさまざまな疾患特異的iPS細胞の樹立が始まっている．

3）幹細胞を用いた再生医学の現状

現在わが国で行われている再生医療はすべて体性幹細胞を用いたものである．造血幹細胞のもつ自己複製能を応用して，骨髄移植，末梢血幹細胞移植，臍帯血移植などさまざまな造血幹細胞移植が行われている．さらに造血幹細胞を体外増幅し，再生医療に応用する研究が盛んに行われている．京都大学大学院医学研究科発達小児科学教室では可溶性IL-6受容体（sIL-6R）/IL-6複合体と他のサイトカインを組合せた新しいヒト造血幹細胞の増幅法を開発し[19]，臨床応用も開始している．また，骨髄細胞を用いて閉塞性動脈硬化症（ASO），バージャー病の治療，心筋梗塞

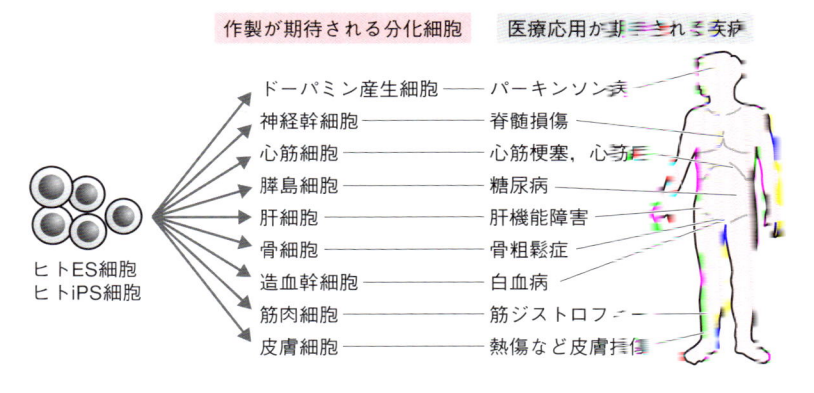

図9-38 ES細胞，iPS細胞による将来の再生医療

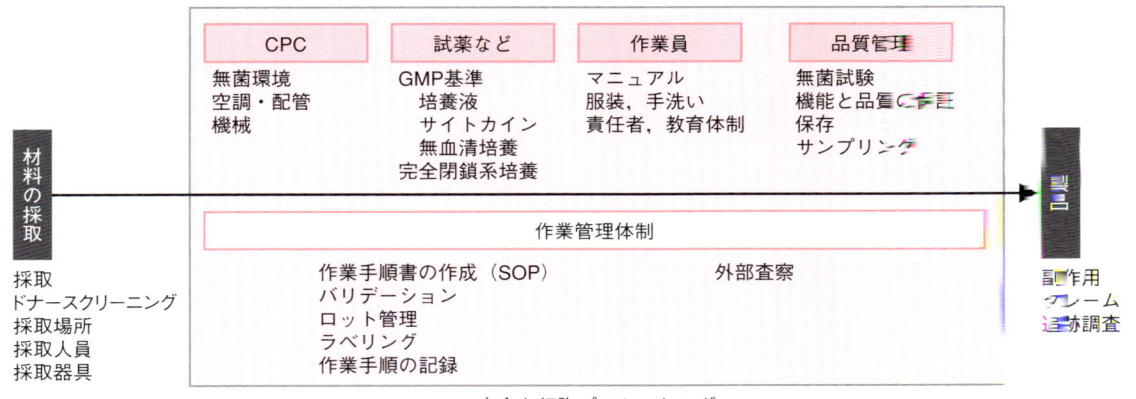

作製が期待される分化細胞 / 医療応用が期待される疾病

- ドーパミン産生細胞 —— パーキンソン病
- 神経幹細胞 —— 脊髄損傷
- 心筋細胞 —— 心筋梗塞，心筋症
- 膵島細胞 —— 糖尿病
- 肝細胞 —— 肝機能障害
- 骨細胞 —— 骨粗鬆症
- 造血幹細胞 —— 白血病
- 筋肉細胞 —— 筋ジストロフィー
- 皮膚細胞 —— 熱傷など皮膚損傷

ヒトES細胞 / ヒトiPS細胞

図9-39 再生医療において求められるGTP（Good Tissue Practice）
CPC：細胞プロセッシングセンター

材料の採取
- 採取
- ドナースクリーニング
- 採取場所
- 採取人員
- 採取器具

CPC
- 無菌環境
- 空調・配管
- 機械

試薬など
- GMP基準
- 培養液
- サイトカイン
- 無血清培養
- 完全閉鎖系培養

作業員
- マニュアル
- 服装，手洗い
- 責任者，教育体制

品質管理
- 無菌試験
- 機能と品質確認
- 保存
- サンプリング

作業管理体制
- 作業手順書の作成（SOP）
- バリデーション
- ロット管理
- ラベリング
- 作業手順の記録
- 外部査察

安全な細胞プロセッシング

出口
- 副作用
- クレーム
- 追跡調査

の患者の心臓組織内への移植，膵島移植，胎児脳組織を用いたパーキンソン病の治療など，再生医療は爆発的な広がりをみせている．将来的にはわが国でも倫理的な問題に配慮しつつES細胞，iPS細胞を用いたさまざまな再生医療が期待されている（図9-38）．

4）再生医療のための指針

わが国では体性幹細胞を用いた再生医療が急速な広がりをみせているが，指針がなかったために医療現場では大きな混乱が起こっていた．このような現状を鑑み，厚生科学審議会科学技術部会ヒト幹細胞を用いた臨床研究の在り方に関する専門委員会が発足し，「ヒト幹細胞を利用した臨床研究に対する指針」が作成された．この指針は倫理的な面だけでなく臨床試験研究の安全性（図9-39）を十分に考慮して作成する必要があると考えられ，さまざまな問題が取り上げられている．基本原則として，幹細胞を用いた臨床研究を行う際は，①安全性と有効性の確保，②倫理性の担保（重要な点であるが，臨床試験を行う当該施設の倫理審査委員会と国の審査会で二重審査となる），③事前の十分な説明に基づくドナーおよび被験者の同意の確認，④ヒト幹細胞臨床研究に使用されるヒト幹細胞などの品質の確認，⑤公衆衛生上の安全の配慮，⑥情報の公開，⑦

個人情報の保護などの項目のすべての用件に適合するものでなければならないこととされている．

■ 文 献 ■

1) Watanabe, K. et al.: A ROCK inhibitor permits survival of dissociated human embryonic stem cells. Nat. Biotechnol., 25: 681-686, 2007
2) Yin, Qi-L. et al.: The ground state of embryonic stem cell self-renewal. Nature, 453: 519-523, 2008
3) Marson, A. et al.: Connecting microRNA genes to the core transcriptional regulatory circuitry of embryonic stem cells. Cell, 134: 521-533, 2008
4) Wataya, T. et al.: Minimization of exogenous signals in ES cell culture induces rostral hypothalamic differentiation. Proc. Natl. Acad. Sci. USA, 105: 11796-11801, 2008
5) Meng, X. et al.: Targeted gene inactivation in zebrafish using engineered zinc-finger nucleases. Nat. Biotechnol., 26: 695-701, 2008
6) Osawa, M. et al.: Long-term lymphohematopoietic reconstitution by a single CD34-low/negative hematopoietic stem cell. Science, 273: 242-245, 1996
7) Tothova, Z. et al.: FoxOs are critical mediators of hematopoietic stem cell resistance to physiologic oxidative stress. FoxOs are critical mediators of hematopoietic stem cell resistance to physiologic oxidative stress.FoxOs are critical mediators of hematopoietic stem cell resistance to physiologic oxidative stress. Cell, 128: 325-339, 2007
8) Calvi, L. M. et al.: Osteoblastic cells regulate the haematopoietic stem cell niche. Nature, 425: 841-846, 2003
9) Zghang, J. et al.: Identification of the haematopoietic stem cell niche and control of the niche size. Nature, 425: 836-841, 2003
10) Kiel, M. J. et al.: SLAM family receptors distinguish hematopoietic stem and progenitor cells and reveal endothelial niches for stem cells. Cell, 121: 1109-1121, 2005
11) Sugiyama, T. et al.: Maintenance of the hematopoietic stem cell pool by CXCL12-CXCR4 chemokine signaling in bone marrow stromal cell niches. Immunity, 977-988, 2006
12) Takahashi, K. & Yamanaka, S.: Induction of pluripotent stem cells from mouse embryonic and adult fibroblast cultures by defined factors. Cell, 126: 663-676, 2006
13) Takahashi, K. et al.: Induction of pluripotent stem cells from adult human fibroblasts by defined factors. Cell, 131: 861-872, 2007
14) Yu, J. et al.: Induced pluripotent stem cell lines derived from human somatic cells. Science, 318: 1917-1920, 2007
15) Shi, Y. et al.: A combined chemical and genetic approach for the generation of induced pluripotent stem cells. Cell Stem Cell, 2: 525-528, 2008
16) Nakagawa, M. et al.: Generation of induced pluripotent stem cells without Myc from mouse and human fibroblasts. Nature Biotechnol., 26: 101-106, 2008
17) Alison, M. R. et al.: Hepatocytes from non-hepatic adult stem cells. Nature, 406: 257, 2000
18) Jiang, Y. et al.: Pluripotency of mesenchymal stem cells derived from adult marrow. Nature, 418: 41-49, 2002
19) Ueda, T. et al.: Ex vivo expansion of human NOD/SCID-repopulating cells by stem cell factor, Flk2/Flt3 ligand, thrombopoietin interleukin-6 and soluble interleukin-6 receptor. J. Clin. Invest., 105: 1013-1021, 2000

Chapter 9

5 植物バイオテクノロジーと遺伝子組換え食品

われわれ人類の生活は，一次生産者である植物に全面的に依存しており，植物を利用することによりなりたっている．古くから，イネやコムギといった栽培植物は人為的な選抜・交配を繰り返すことで育成されてきた．近年，植物の基礎研究が飛躍的に進み，形態形成や耐病性・ストレス応答にかかわる遺伝子やタンパク質が明らかになり，これらを遺伝子工学の技術を利用し活用することで，新たな有用作物が開発されつつある．ここでは主に，土壌細菌であるアグロバクテリウム（旧学名 *Agrobacterium tumefaciens*，最近の分類では *Rhizobium radiobactor*）を介したトランスジェニック植物の作製法について解説し，それを活かした最近の植物バイオテクノロジーについて紹介する．

概念図

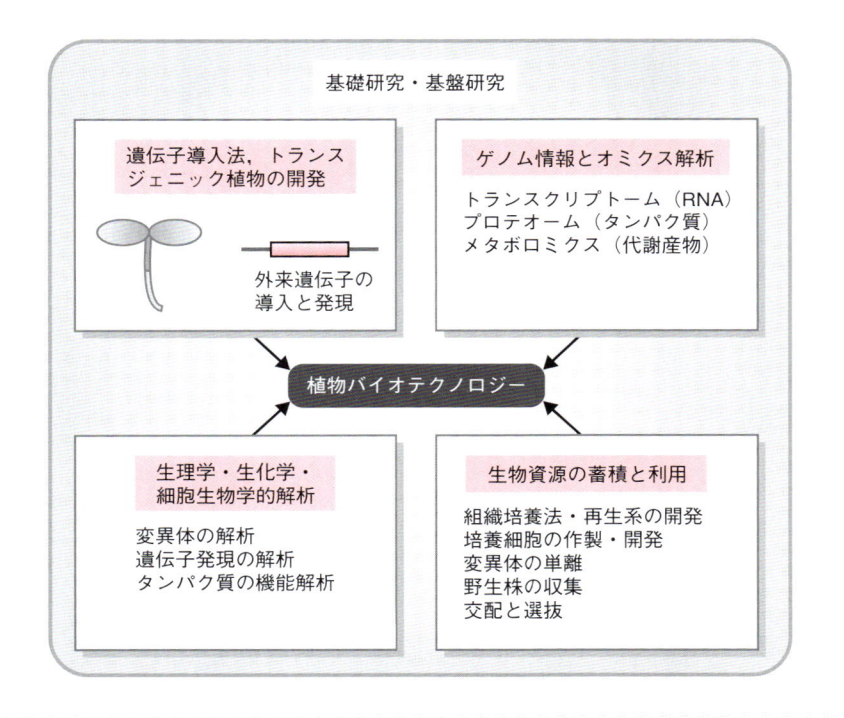

基礎研究・基盤研究

- 遺伝子導入法，トランスジェニック植物の開発
  - 外来遺伝子の導入と発現
- ゲノム情報とオミクス解析
  - トランスクリプトーム（RNA）
  - プロテオーム（タンパク質）
  - メタボロミクス（代謝産物）
- 生理学・生化学・細胞生物学的解析
  - 変異体の解析
  - 遺伝子発現の解析
  - タンパク質の機能解析
- 生物資源の蓄積と利用
  - 組織培養法・再生系の開発
  - 培養細胞の作製・開発
  - 変異体の単離
  - 野生株の収集
  - 交配と選抜

→ 植物バイオテクノロジー

1 植物への遺伝子導入法

植物の遺伝子の機能を解析する際，あるいは有用な形質を示す植物を育種する際には，植物細胞に遺伝子を導入することが有効である．遺伝子導入法としては，生物学的な手法（アグロバクテリウムを介した方法，ウイルスベクター法）や物理・化学的な手法（エレクトロポレーション，PEG法，パーティクルガン，マイクロインジェクション）がある（図9-40）．物理・化学的な手法は一過的に遺伝子を発現させる目的で使用することが多く，ゲノムに外来遺伝子を組み込み，安定な形質転換体を作製する際には，アグロバクテリウムを介した方法が普通使用される．

図 9-40 植物細胞への遺伝子導入法（パーティクルガンの図は文献 11 より）

エレクトロポレーション　PEG法　パーティクルガン　生物学的方法

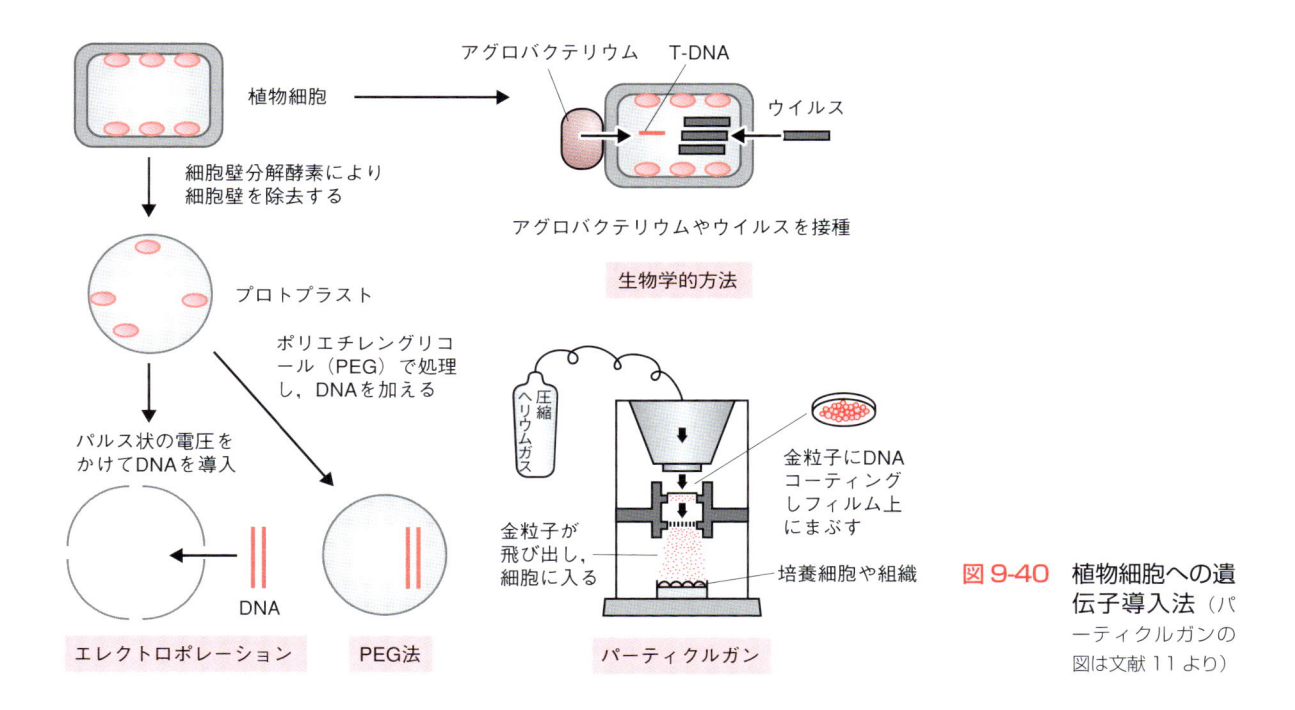

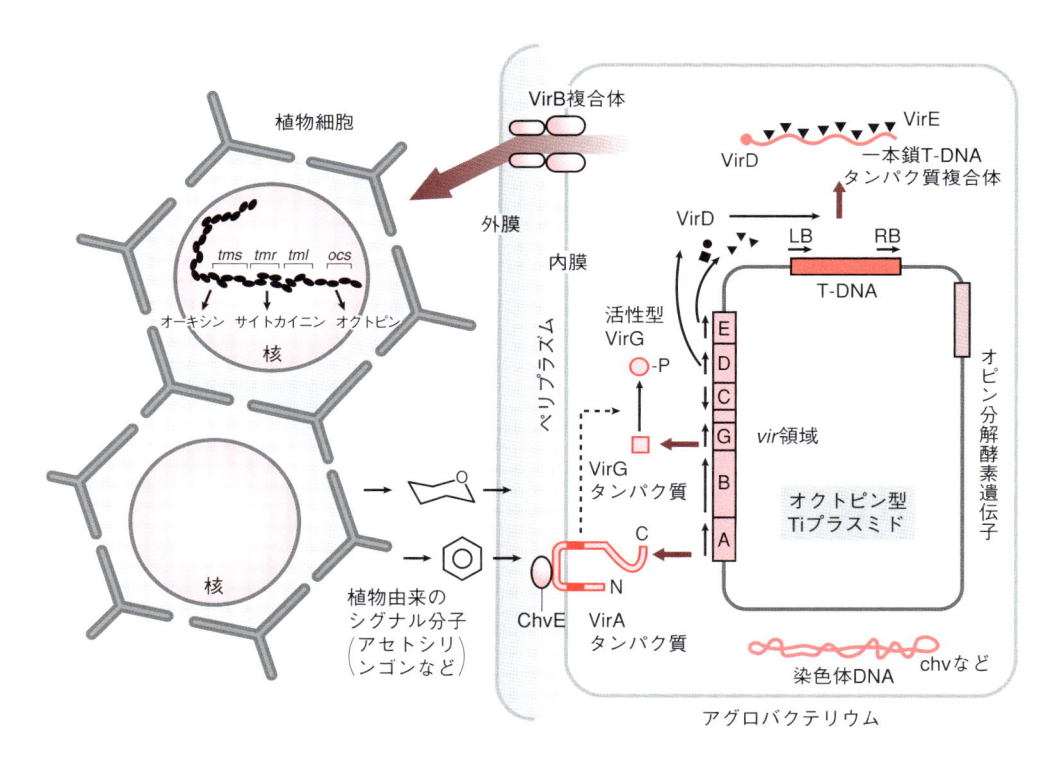

図 9-41 植物細胞とアグロバクテリウムの相互作用（文献 10 より）

植物細胞が生産する多糖とフェノール物質（アセトシリンゴンなど）が内膜に存在する VirA と ChvE タンパク質によりアグロバクテリウムに受容され，感染過程が開始する．VirA タンパク質により VirG タンパク質がリン酸化されて活性化し，この活性型 VirG の働きにより A から G の vir 遺伝子の発現が誘導される．VirD の働きにより，一本鎖の DNA として T-DNA 領域が切り出される．一本鎖 T-DNA には VirD, VirE が結合し，VirB 複合体を介して植物細胞へと送り込まれる．T-DNA は最終的に植物のゲノムに組み込まれ，*tms, tmr, ocs* 遺伝子からそれぞれオーキシン，サイトカイニン，オクトピン（オピンの一種）合成酵素が発現する

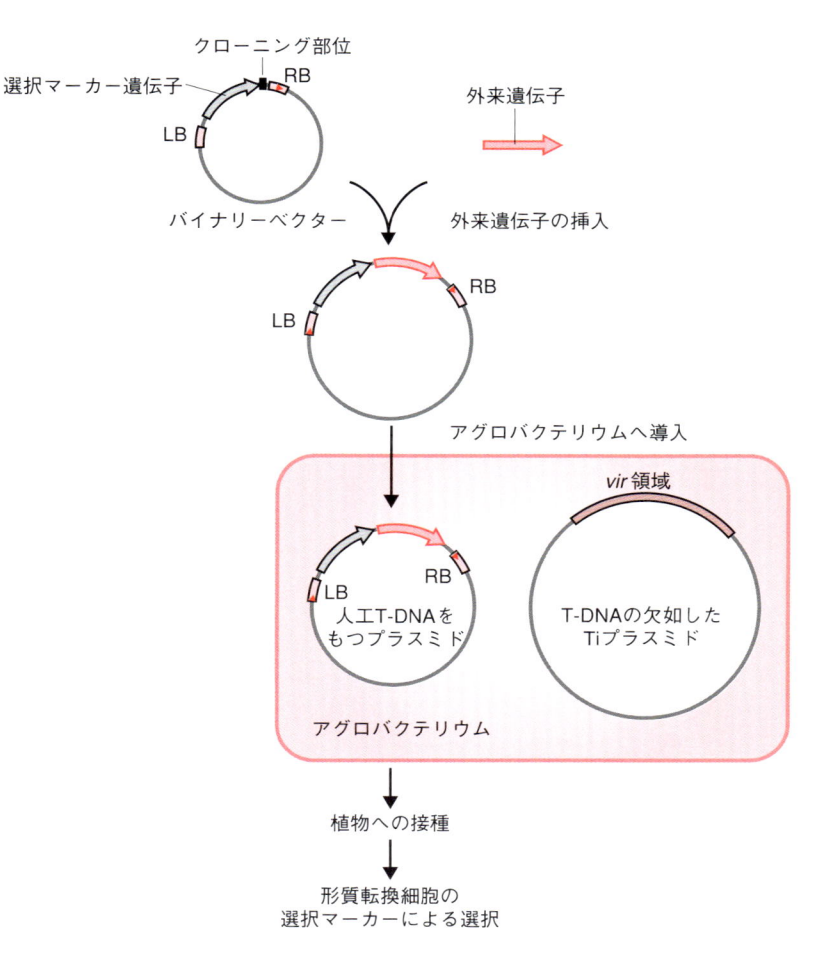

図9-42 バイナリーベクターによる遺伝子導入（文献10より）

LBとRBの間に薬剤耐性マーカー遺伝子と，目的の外来遺伝子を組み込んだバイナリーベクターを作製する．これをアグロバクテリウムに導入し，T-DNAを含まないTiプラスミド上の遺伝子の働きにより，人工T-DNAを植物体に組み込む

2 アグロバクテリウムの感染機構

アグロバクテリウムは土壌に生息するグラム陰性細菌で，自らのDNAを植物のゲノム内に導入し，クラウンゴール（crown gall）と呼ばれる腫瘍を形成させる．アグロバクテリウムが植物を形質転換させる機構について，分子レベルでの解析が進み，巧妙なしくみが明らかになった（図9-41）[1) 10)]．アグロバクテリウムはTi プラスミド（Tumor-inducing plasmid）と呼ばれる巨大なプラスミドをもつ．Tiプラスミド中のT-DNA（transferred DNA）と呼ばれる領域が，Ti プラスミドの別領域にコードされてトランスに働くvirulence（vir）遺伝子産物の働きによって植物細胞に注入され，さらに植物ゲノム中に組み込まれる．天然のT-DNAには，植物細胞の増殖を誘導するオーキシンおよびサイトカイニンの生合成遺伝子がコードされており，これらが発現することによりT-DNAが組み込まれた細胞は自律的に分裂する細胞になる．また，T-DNA中にはオピンと呼ばれるアミノ酸誘導体合成酵素がコードされており，この酵素により合成されたオピンはアグロバクテリウムの栄養源となる．

3 バイナリーベクターの開発

アグロバクテリウムのTi プラスミドが改変されて，トランスジェニック植物を作製するための

組織培養法（tissue culture法）

① カルスの誘導と培養

2N6培地 → 葉・根・カルス → 2N6培地

② アグロバクテリウムの感染

アグロバクテリウム懸濁液 → ペーパータオル → N6CO培地

③ 洗浄と遺伝子導入カルスの選択，植物体の再生

滅菌水＋バンコマイシン → N6SE培地 → ハイグロマイシン耐性カルス → 植物体の再生

花序浸し法（floral dip法）

a）播種　b）発芽　c）摘心　d）浸透・浸潤　d'）減圧浸潤操作

網戸メッシュ／種子／切除／アグロバクテリウム懸濁液／トラップ経由で真空ポンプへ

発芽後2〜3週間後　摘心後4〜7週間後

花序浸し法の場合／減圧浸潤法の場合

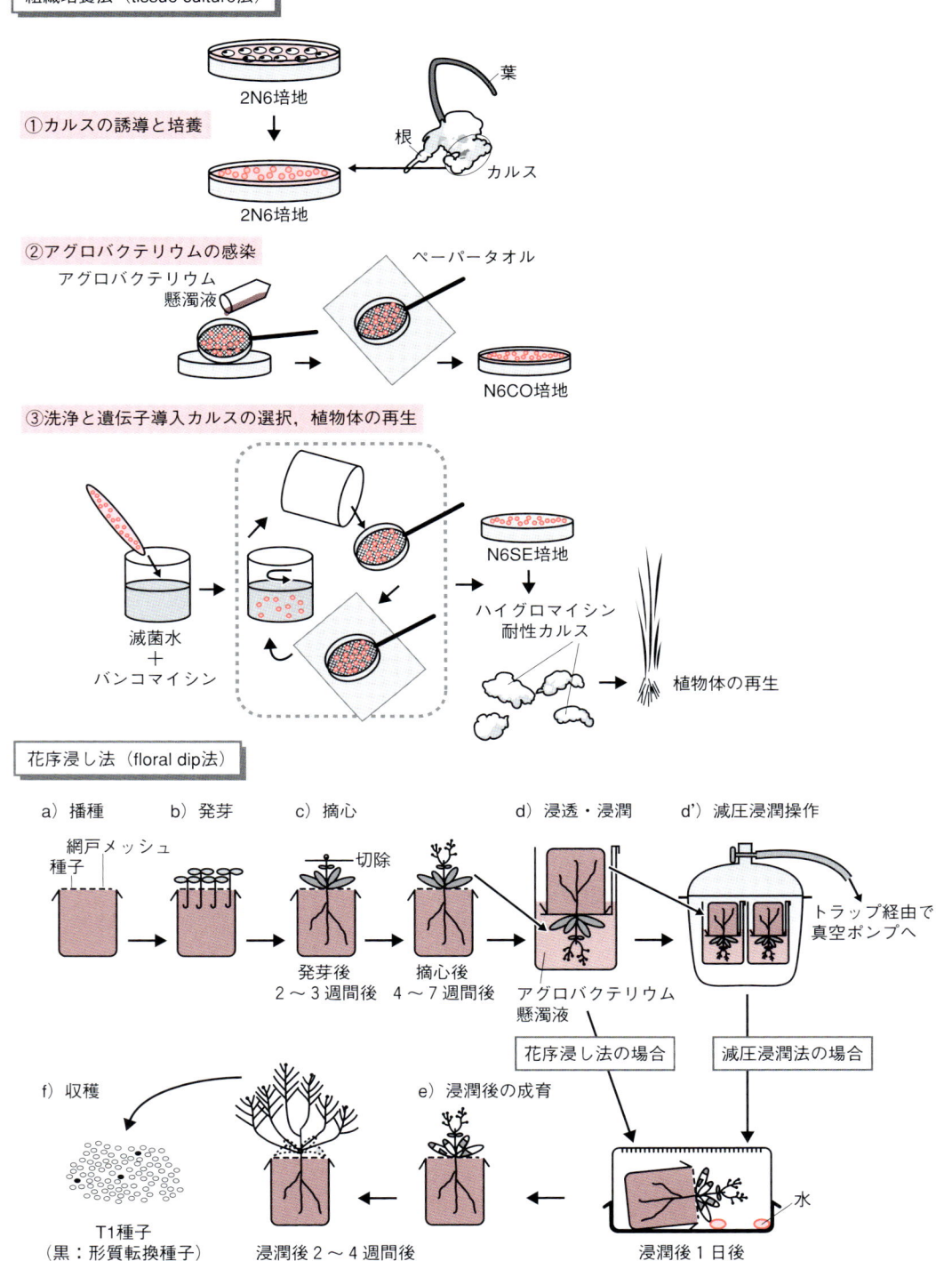

f）収穫　e）浸潤後の成育

T1種子（黒：形質転換種子）　浸潤後2〜4週間後　浸潤後1日後　水

図 9-43　アグロバクテリウムを介した遺伝子導入法（文献12，13より）

組織培養法では，イネの完熟種子の胚盤細胞からカルスを誘導し，アグロバクテリウムを感染させる方法について紹介した．本来，単子葉のイネはアグロバクテリウムの宿主ではないが，アグロバクテリウムにアセトシリンゴンを添加し，*vir*遺伝子を発現誘導することにより，感染させることができる．花序浸し法は，シロイヌナズナで盛んに利用されている

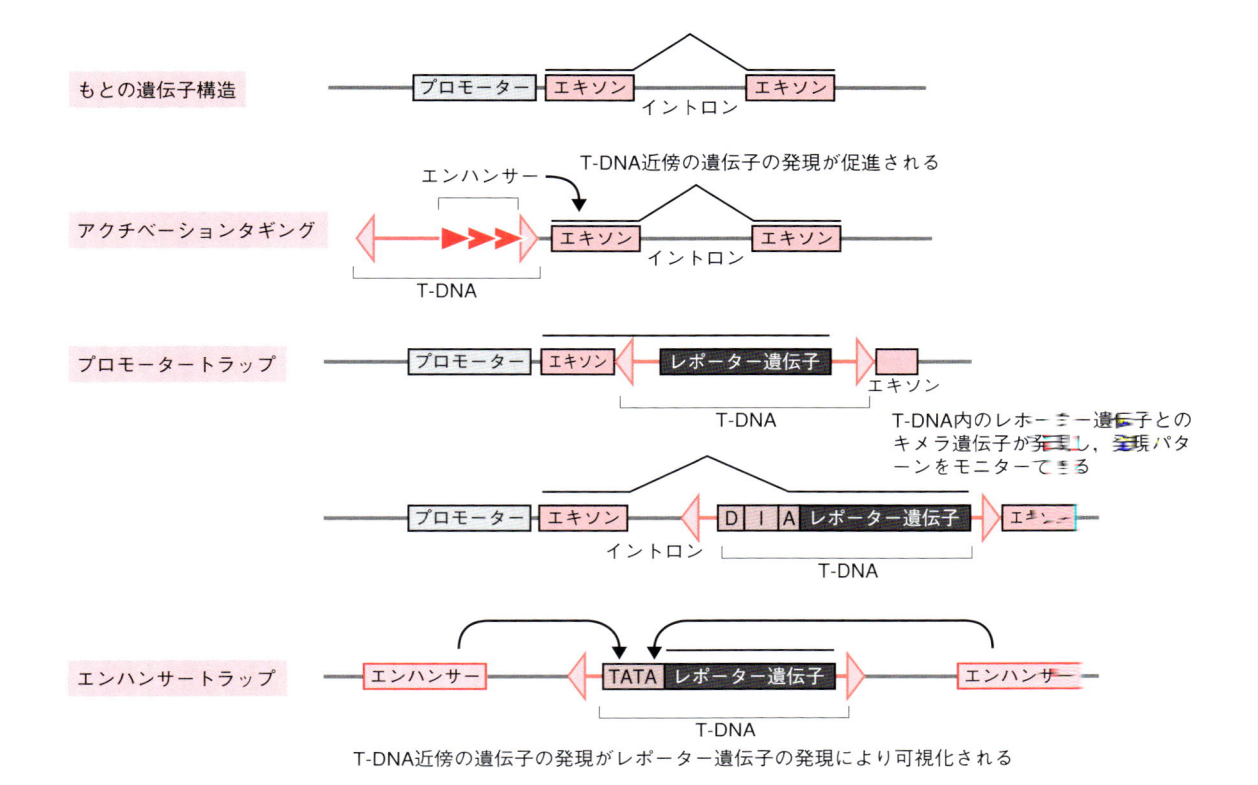

図9-44　T-DNAを利用した遺伝子解析法 (文献14より)

ベクター（バイナリーベクター）として多くつくられている（図9-42）[2) 10)]．バイナリーベクターは，25塩基の2つの境界領域（LB：left border, RB：right border）で囲まれた人工T-DNA領域をもつ．この領域内に，目的の遺伝子と，形質転換体を選抜するためのマーカー遺伝子を組み込む．マーカー遺伝子としては手軽さから抗生物質に対する耐性遺伝子を用いるのが多く，抗生物質を含む培地で細胞や植物を生育することにより，遺伝子が導入された細胞や植物のみを選抜することができる．T-DNA領域は，vir遺伝子の作用で，植物の核DNAに挿入していく．このときvir遺伝子は別のプラスミドに分けて発現させるようになされているものが多く，こうしたベクター系をバイナリーベクターと呼ぶ．最近，作物に応用する際には，抗生物質耐性というものに対する市民の忌避感から，別の原理によるマーカー遺伝子，あるいは導入した後にマーカーを取り除く手法も開発されている．

なお天然のT-DNA上に存在する腫瘍を誘導する遺伝子などはベクターから除いてあるため，アグロバクテリウムによる病原性はない．この他に，不定根形成を誘導する*Agrobacterium rhizogenes*のRiプラスミドを利用したバイナリーベクターも利用される．

4　アグロバクテリウムの感染による遺伝子導入法

アグロバクテリウムによる遺伝子導入法としては，植物の組織にアグロバクテリウムを感染させ，それを培養してカルス化し，さらに適切なホルモン条件でカルスから植物体を再生させる組織培養法（tissue culture法）と，花芽をアグロバクテリウム懸濁液に浸けて感染させる花芽浸し法（floral dip法）がある（図9-43）[3)〜6) 12) 13)]．組織培養法では，体細胞に遺伝子を導入する

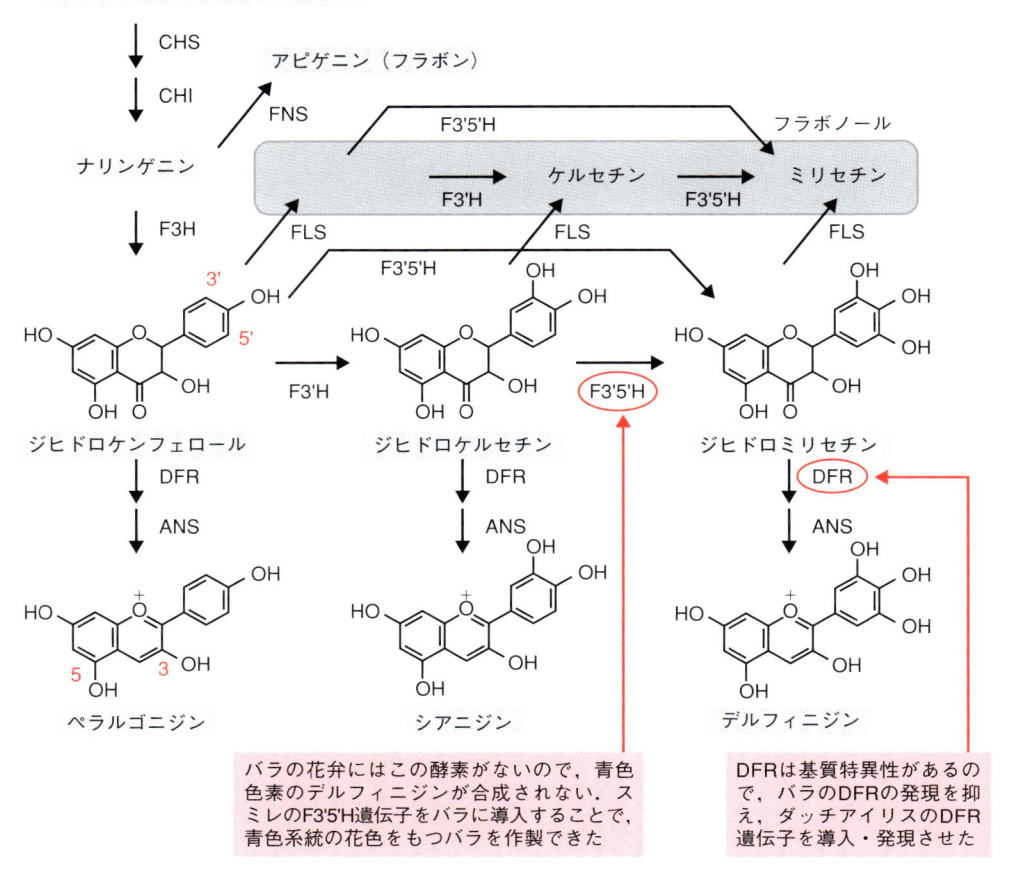

図 9-45 青いバラの作製（文献 8 より）（巻頭カラー 5 参照）
花弁の色はフラボノイドのアントシアニンによりさまざまな色を呈する．バラでは赤色のシアニジン，オレンジ色のペラルゴニジンの組合せでさまざまな花色を示すが，青色色素のデルフィニジンを合成しないため，青いバラは存在しなかった．文献 8 では，バラにスミレのフラボノイド 3'5'- 水酸化酵素を導入することで，青色系統のバラを作出している．CHS：カルコン合成酵素．CHI：カルコンイソメラーゼ．F3H：フラバノン 3- 水酸化酵素．F3'H：フラボノイド 3'- 水酸化酵素．F3'5'H：フラボノイド 3'5'- 水酸化酵素．DFR：ジヒドロフラボノール 4- 還元酵素．ANS：アントシアニジン合成酵素．FNS：フラボン合成酵素．FLS：フラボノール合成酵素

が，花序浸し法では，生殖細胞（具体的には雌しべの胚珠）に遺伝子が導入される[6]．組織培養法はステップ数が多く時間がかかるが，多くの植物に適用できる汎用性をもつ．花序浸し法は簡単で時間が短縮できるが，アブラナ科など限られた植物種でのみ有効である．モデル植物であるシロイヌナズナでは，花序浸し法が一般に用いられており，遺伝子の機能解析が進んでいる．

5 基礎研究と実用作物における応用例

　T-DNA はゲノムの任意の場所に導入されるため，変異体を作出し，遺伝子の機能を解析するのに用いられている．シロイヌナズナでは，すべての遺伝子について T-DNA が挿入された遺伝子破壊株が整備されつつある（T-DNA tagging）[7]．また，T-DNA 内に強力なエンハンサーを組み込むことにより，遺伝子の発現が促進された機能獲得株を作製する方法（activation tagging）や，レポーター遺伝子のみをもつ T-DNA をゲノムに導入し，挿入された T-DNA の近傍のプロモーター・エンハンサーの働きを調べる方法（promoter/enhancer trap）がある（図9-44）[14]．

　応用例としては，アントシアニン合成系を改変することにより青いカーネーションやバラが作製された（図9-45）[8]．また，エチレン合成を抑制することにより，成熟が遅延し，輸送しやすいトマトが作出されている[9]．穀物市場に登場しているものは，多くは農家に利便性のある作物である．Pseudomonas のもつ殺虫性 Bt タンパク質を発現する昆虫耐性作物，除草剤（植物独自の代謝系を阻害する自然分解性のもの，例：グリホシネート，グリホサート）に対する抵抗性をもたせた除草剤耐性作物がその代表例である．日本ではまだ市民の理解が得られておらず，現時点では一般の圃場での栽培は行われておらず，欧米で栽培されたものを輸入するかどうかというところで審査を受けている．

■ 文　献 ■

1) McCullen, C. A. & Binns, A. N.: *Agrobacterium tumefaciens* and plant cell interactions and activities required for interkingdom macromolecular transfer. Ann. Rev. Cell Dev. Biol., 22: 101-127, 2006
2) Hellens, R. et al.: A guide to *Agrobacterium* binary Ti vectors. Trend. Plant Sci., 5: 446-451, 2000
3) Hiei, Y. et al.: Efficient transformation of rice (Oryza sativa L.) mediated by Agrobacterium and sequence analysis of the boundaries of the T-DNA. Plant J., 6: 271-282, 1994
4) Clough, S. J. & Bent, A. F.: Floral dip: a simplified method for *Agrobacterium*-mediated transformation of *Arabidopsis thaliana*. Plant J., 16: 735-743, 1998
5) Xiuren, Z. et al.: *Agrobacterium*-mediated transformation of *Arabidopsis thaliana* using the floral dip method. Nature protocols, 1: 1-6, 2006
6) Desfeux, C.: Female reproductive tissues are the primary target of agrobacterium-mediated transformation by the *Arabidopsis* floral-dip method. Plant Physiol., 123: 895-904, 2000
7) Alonso, J. M. et al.: Genome-wide Insertional mutagenesis of Arabidopsis thaliana. Science, 301: 653-657, 2003
8) Katsumoto, Y. et al.: Engineering of the rose flavonoid biosynthetic pathway successfully generated blue-hued flowers accumulating delphinidin. Plant Cell Physiol., 48: 1589-1600, 2007
9) Oeller, P. W. et al.: Reversible inhibition of tomato fruit senescence by antisense RNA. Science, 254: 437-439, 1991
10) 町田泰則：植物とアグロバクテリウムとのコミュニケーション．"植物が未来を拓く"（植物が未来を拓く編集委員会　駒嶺 穆／編），pp1-19, 共立出版，2002
11) 島田多喜子：作物に遺伝子を組み込む．"植物が未来を拓く"（植物が未来を拓く編集委員会　駒嶺 穆／編），pp21-33, 共立出版，2002
12) 寺田理枝：イネのアグロバクテリウムによる形質転換法．"植物細胞工学シリーズ21 モデル植物の実験プロトコール改訂3版"，pp139-144, 秀潤社，2005
13) 大門靖史，他：減圧湿潤法および花序浸し法によるシロイヌナズナの形質転換．"植物細胞工学シリーズ21 モデル植物の実験プロトコール改訂3版"，pp149-154, 秀潤社，2005
14) 加藤友彦："シロイヌナズナの遺伝子破壊法．植物細胞工学シリーズ14 植物のゲノム研究プロトコール 最新のゲノム情報とその利用"，pp82-88, 秀潤社，2005

索引

数字

2 μm プラスミド	90
II型トポイソメラーゼ	79
2ドメイン説	18
5界説	18
(6-4) 光産物	60
7回膜貫通型受容体	199
7SK RNA	150
7SL RNA	151

欧文

A

AAA+ タンパク質	189
ACF	101
ACF (APOBEC1 complementation factor)	126
aCGH	299
activation tagging	341
ADCC活性	309
age-1	277
$Agrobacterium\ tumefaciens$	89
AID	245, 250
AIDS	202, 229
Akt-Bad	239
α-フォドリン	230
αヘリックス	27
$\alpha\beta$ TCR	248
ALS	304
alternative splicing	125
Alu	97
Alu 配列	95
Angiopoietin	326
APエンドヌクレアーゼ	62
APリアーゼ	62
APC	234
APC/C	220
APOEBEC1 (apolipoprotein B mRNA editing enzyme, catalytic polypeptide 1)	126
archaea	18, 41
ARF	184, 207
Argonaute	152
ARS (autonomously replicating sequence)	36, 90
AT-変異圧	50
ATM/CHK2経路	222
ATP依存的クロマチンリモデリング	120
ATP依存的クロマチンリモデリング因子	113
ATP要求性ヘリカーゼ	101
ATR/CHK1経路	222
Avastin®	317

B

BACクローン	322
Bayesian network	297
Bax	230, 232
Bcl-2	230, 239
BCR	248
Beckwith-Wiedemann症候群	161
β-カテニン	239, 270
β構造	27
Bevasiranib	315
BioCyc™	295
$BRCA2$	70
Bromo	209

C

Ca^{2+}	205
CAD	230
CaM	205
CaMキナーゼ	205
cAMP	198, 205
CAP (catabolite gene activating protein)	47
Caspase	230
catabolite repression	47
CCC	90
CCR5	202
C/Dボックス型snoRNP	149
CD4	254
CD4陽性T細胞	254
CD8	254
CD8陽性T細胞	254
CDC25C	222
CDC活性	309
CDK	37
CDK1	216
Cdk4キナーゼ	238
$C.\ elegans$	277
cell cycle	215
Cell Designer™	297
Cell Illustrator	295
c-fos	230
CKI	219
clk-1	279
c-Myc	230, 331
CNV	299
coactivator	212
coding srtand	38
Colプラスミド	88
ColE1プラスミド	89
common disease - common variants	301
common/rare disease - multiple rare variants	301
COP I 被覆小胞	183
COP II 被覆小胞	183
core enzyme	39
corepressor	212
core promoter	42
CpGアイランド	107
CpGオリゴ	316
CpG DNA	201
Cre-loxP	322
CRM1	194
CsCl	90
CsCl密度勾配遠心法	90
CSML	295
CSR (class switch recombination)	250
c-src	235
CTD (C-terminal domain)	40
CXCR4	202
CYP2C9	303
Cytoscape	295

D

Damメチラーゼ	63
data assimilation	297
DDK	37
DDS	309
deamination	125
death domain	230
default repression	214
Delta-like 4	241
DGCR8	144
Dicer	145, 153
DM (dystrophiamyotonica)	161
Dmc1	71
DNA	22
DNAエンドヌクレアーゼG	230
DNAグリコシラーゼ	62
DNA結合ドメイン	114
DNA合成依存性アニーリングモデル	68
DNAジャイレース	87
DNA修復	108, 231, 232
DNA修復酵素遺伝子	239
DNA損傷	232
DNAトランスポゾン	98
DNA二本鎖切断	62
DNAのトポロジー	24
DNAフィンガープリント法	97
DNA複製	107
DNA複製開始点	31
DNAプライマーゼ	33
DNAヘリカーゼ	33
DNAポリメラーゼ	31, 57, 58, 59, 62
DNAポリメラーゼIII	33
DNAポリメラーゼα	33
DNAポリメラーゼδ	34
DNAポリメラーゼη	64
DNAポリメラーゼε	35
DNAマイクロアレイ	299
DNAメチル化	106, 238
DNAメチル化酵素	107
DNAリガーゼ	33, 60, 63
DnaA	32
DnaAタンパク質	78
DnaAボックス	35
DNase	226, 230
dosage compensation	160
DPE (downstream promoter element)	42
driver mutation	303
Drosha	144, 154
DSBRモデル	68, 69
Dscam	167
dsRNA binding domain (dsRBD) タンパク質	153

E

E2F	218
editing	125
EF-Tu	55
EGF	291
EGF受容体	234
eIF	128
eIF4E	281
elongation	52
ELSI	300
ENCODE (encyclopedia of DNA elements) プロジェクト	145
ENTH	209
ER	20
ES細胞	327, 328, 329, 330
ESTデータベース	328
EtBr	90
exon	124
exportin1	194
extrinsic pathway	230

F

F因子	80, 88
F線毛	88
Fプラスミド	88
Fab (fragment, antigen binding)	308
FACS (fluorescence activated cell sorting)	326

INDEX

FADD	230
FAK	172
FANTOMプロジェクト	143
Fas	230
Fasリガンド	230
Fc (fragment crystalline)	308
FGリピート	192
FHA	209
floral dip法	339
FLP-frt	322
Flt-1	241
Flt-4	241
FOXO3a	326
FtsZ	82
FYVE	209

G

G0期	326
G1サイクリン	238
Gタンパク共役型受容体	199, 205
Gタンパク質	204
$\gamma\delta$ TCR	250
GAP	184, 207
GCスキュー (GC skew)	79
GC-変異圧	50
GEF	183, 207
gene conversion	66, 250
germline mutation	303
GO (Gene Ontology)	295
GPCR	199
GPIアンカータンパク質	137
GTPase	207
GTPase活性化タンパク質	184
GTPase共役型受容体	205, 207

H

H鎖可変領域	248
H/ACAボックス型 snoRNP	149
haploinsufficiency	161
HAT	43, 117
HDAC	118
heteroduplex	69
Hh	213
Hh経路	214
HIV	202
HLA	252
HMGタンパク質	110
hnRNP	26
holoenzyme	39
Hox	262
HP1	108
HTS	318

I

IAP (inhibitor of apoptosis protein)	230
ICAD (inhibitor of CAD)	230
ICM (inner cell mass)	321
IFT	189
IL-2	257
IL-4	257
IL-6	257
ILK	172
importin α	194
importin β	194
INF γ	257
Ingenuity® Pathways Knowledge Base	295
initiation	52
initiator配列	42
intrinsic pathway	230, 232
intron	124
iPS細胞	322, 327, 329, 331
IRES (internal ribosomal entry site)	128, 156
IS因子	98
ISWI複合体	122

J, K

JDesigner	297
Jumonji	108
K_d値	290
KDR/Flk-1	241
KEGG	295
Kizuna (Kiz)	225
KLF	328
Klf4	331
K_m値	290
Knudsonの2段階発癌説	235

L

L1因子	97
L鎖可変領域	248
LIF	322
Li-Flaumeni症候群	236
LIN28	328
LINE-1	95, 97
linear	90
LSD1	109
Lucentis®	317

M

Macugen®	316
MAPキナーゼ	206
MCM複合体	36
MHC (major histocompatibility complex) 抗原	252
MHCクラスI抗原	255
MHCクラスII抗原	255
miR122	314
miRISC	154
miRNA (micro RNA)	26, 131, 144, 150, 153, 322
mitosis	227
mlncRNA	145
monocistronic	41
MreB	82
mRNA	26, 48
mRNA型 ncRNA	145
mRNAの分解	130
Muファージ	81
MVB	186
MyD88	245

N

n次反応	291
Nanog	322, 327, 328
NAP-1	100
ncRNA (non-coding RNA)	123, 143, 147, 303
NES (nuclear export signal)	194
NF-κB	212
NGF	291
NHEJ	72
NK細胞	309
NLS (nuclear localization signal)	193
nonparametric regression	297
nontemplate strand	38
Notch	200, 213, 241, 271
Notch経路	214
NPC (nuclear pore complex)	127, 191

O

OC	90
Oct3/4	322, 327, 331
Off-target効果	313
operator	46
operon	41
ORC	36
ori	87
oriC	35

P

p21	230
p53	230, 232, 234
p53依存的経路	232
p53AIP1	232
p66^{shc}	280
Pボディ (processing body)	130, 156
PABP	54
PAMP	245
PARP	230
passenger mutation	303
PAZ	153
pBLES100	88
pBR322	88
PCNA	33, 63
PDZ領域	168, 169
PEG法	335
PH	209
PHドメイン	210
PHA-4/FoxA	280
PHDドメイン	43
PI	210
PI3キナーゼ	210
PI代謝産物	210
piRNA (Piwi-interacting/associated RNA)	131, 150, 152, 153, 158
PIWIサブファミリー	158
PIWIドメイン	153
PLK1	225
pMB1	88
point of no return	230
polycistronic	41
position effect of variegation	109
pRB	218
pre-IC	37
pre-miRNA (precursor miRNA)	145, 154
pre-RC	37
Pribnow box	41
pri-miRNA (primary miRNA)	144, 154
promoter	41
promoter/enhancer trap	341
proof reading	51
PRPFs (Pre-mRNA processing factors)	161
PRR	245
pSC101	88
pseudouridylation	132
PTaseセンター	54
PTBドメイン	209
PTEN	239
pUC	89
PX	209

R

Rプラスミド	88
Rab	184, 207
Rad51	65, 68
RAG	245
Ran	193, 207
Ras	204, 207, 234

INDEX

Rb	230, 234
RC DNA	90
rearrangement	248
RecA	65, 68, 85
receptor editing	248
recoding	129
recycling	52
rep	87, 89
repressor	47
RFC	33
RGD配列	170
Rho	207
ρ因子	42
RIG-I	313
RISC（RNA-induced silencing complex）	131, 150, 153
RISC様複合体	154
RNA	22, 24
RNA I	89
RNA II	89
RNA II -RNA I ハイブリッド形成	89
RNA医薬	306
RNAエディティング	26
RNAサイレンシング	152
RNA新大陸	143
RNAの機能	25
RNAの構造	25
RNAの輸送	127
RNAプライマー	32
RNAプロセシング	40, 44
RNAポリメラーゼ	38, 58, 84
RNAワールド仮説	26
RNase III	153
RNaseH	89
RNase MRP	151
RNaseP	132, 151
RNP	25, 148
ROCK阻害剤	322
Romタンパク質	89
RPA	33
rRNA	26, 143
rRNAの修飾	131

S

Sar1	183
SBML	295
scaRNA	149
SCF	220
SD配列	53
SDSA	68, 69
seed配列	155
SELEX	315
SH2ドメイン	207, 236
SHM（somatic hypermutation）	250
σ因子	42
SIR-2	280
siRNA（small interfering RNA）	26, 131, 144, 152, 312
Sirt	108
sister chromatid exchange	323
slicer活性	153, 158
SMAD経路	214
snoRNA	26, 132, 143, 148
snRNA	26, 143, 148
SOD	280
somatic mutation	303
Sox2	327, 331
spliceosome	124
splicing	124
Spo11	71
Src	204
SRP	151
START	216
STAT3	271
STAT経路	214
SWI/SNF複合体	122

T

T細胞（抗原）受容体	230, 248
TCR	230, 248
T-DNA（transferred DNA）	89, 337
T-DNA tagging	341
TdT	245
termination	52
terminator	41
TGF-β受容体	200
TGN	182
T$_H$1	259
T$_H$2	259
T$_H$17	259
T$_H$サブセット	259
θ型複製	89
thrombopoietin	326
Tiプラスミド	89, 337
tissue culture法	339
TLR（Toll-like receptor）	201, 245, 313
TLR2	201
TLR4	201
TLR9	201
TNF	230
TNF受容体（TNFR）	230
TNF/Fas	200
TNF/Fasファミリー受容体	200
TRADD	230
translatability	124
TRANSPATH®	295
Treg	259
tRNA	26, 48, 143
tRNAアイデンティティー	51
tRNAの転写後調節	132
tRNaseZ	132
Tsix	146, 161
t-SNAREタンパク質	184

U

U1snRNP	230
U7snRNA	151
U-snRNA	148

V

Vault RNA	151
V(D)J組換え	67, 72
VEGF	240
VEGF-C, -D	241
vir（virulence）遺伝子	337
Vitravene®	314
VKORC	303
v-SNAREタンパク質	184
v-src	235

W, X

Wnt	212
Xic（X-inactivation center：X染色体不活性化中心）	161
Xist	144
Xist遺伝子	160

Y, Z

Yファミリーポリメラーゼ	64
YAC（yeast artificial chromosome）	90
Y RNA	151
Znフィンガーモチーフ	44

和文

あ行

アーケア	18
アガロースゲル電気泳動	228
アクチン	169, 172, 175, 230
アグロバクテリア	89
アグロバクテリウム	335, 336, 337
アゴニスト抗体	308
足場タンパク質	209
アストロサイト	269
アスパラギン	27
アスパラギン酸	27
アセトシリンゴン	336
アダプタータンパク質	183, 209
アデニン	22
アドヘレンスジャンクション	168
アナフィキラシー	310
アニーリング	69
アフィニティー	311
アプタマー	26, 312
アポトーシス	226, 227, 239
アポトーシス細胞	226
アポトーシス小体	226, 228, 231
アポビオーシス	227
アポプトソーム	230
アミノアシルtRNA合成酵素	48, 50
アミノ酸	26
アミノ酸受容ステム	51
アラニン	27
アルギニン	27
アルツハイマー病	229
アルフォイドDNA	96
アレルギー	258
アンタゴニスト	202
アンチコドン	51
アンチセンス	161, 312
アンピシリン耐性遺伝子	88
イオンチャネル型受容体	205
イソロイシン	27
一遺伝子一酵素説	159
一本鎖DNA結合タンパク質複合体	33
遺伝暗号	49
遺伝暗号表	48
遺伝子	93, 105
遺伝子再構成	202
遺伝子増幅	236
遺伝子ターゲッティング	68
遺伝子転写開始	103
遺伝子ネットワーク	297
遺伝子ファミリー	95
遺伝子変換	66, 67, 202, 250
遺伝情報	57
遺伝性大腸腺腫症	236
遺伝的多型	97
イニシエーター	87, 89
イニシエーター配列	42
インスリン・シグナル伝達経路	278
インターカレート剤	90
インターフェロンγ	257
インターロイキン-2	257

INDEX

インテグリン	170, 172, 231	核酸	23
イントロン	93, 124	獲得免疫	245
インプリンティング	161	核内移行シグナル配列	193
ウイルス	83	核内輸送	193
ウイルス感染	229	核膜孔	127
ウイルスベクター法	335	核膜孔複合体	191
ウエルナー症候群	280	核膜輸送	191
ウラシル	22	核様体	20, 76
エキソサイトーシス	182	化合物スクリーニング	317
エキソン	93, 124	化合物バンク	318
エクトピック	67	過剰感応性	291
エチジウムブロマイド	90	花序浸し法	339
エディティング	125	カスケード	206, 207
エネルギー代謝	278	カスパーゼ	226, 230
エピゲノム	106	カスパーゼ-2	232
エピジェネティクス	105, 303, 324	カスパーゼ-3	230
エピジェネティック	327	カスパーゼ-8	230
エピジェネティックコード	108	カスパーゼ-9	230
エピトープ	309	家族性非ポリープ性大腸癌	63
エピブラスト	321	活性酸素	57, 278
エレクトロポレーション	335	活性制御領域	114
塩化セシウム	90	カテニン	169
塩化セシウム密度勾配遠心法	90	カドヘリン	166, 169
塩基除去修復	61	カベオラ	185
塩基置換変異	60	カルシニューリン	205
エンドサイトーシス	173, 182, 183, 185	カルモジュリン	205
エンドソーム	21, 182	癌	105, 229
エンドヌクレアーゼ	226, 228, 230	癌遺伝子	234
オーキシン	336, 337	幹細胞	329
オートファゴソーム	186	環状DNA	87
オートファジー	138, 186	干渉現象	71
オーロラA	225	完全ヒト抗体	311
岡崎フラグメント	32	癌抑制遺伝子	234
オクトピン	336	キアズマ	71
オピン	337	奇形腫	328
オペレーター	46	基底層	170
オペロン	41, 46	キナーゼ型受容体	205
オリゴデンドロサイト	269	キネシン	187
オルガネラ	20	機能性RNA	160
		キメラ	307
		キメラ抗体	310
		キメラプラスミド	88
		キメラマウス	328
		逆行性輸送	190

か行

外因性経路	230	キャッピング	124
開環状DNA	90	キャップ	124
開始	52	ギャップ遺伝子	264
開始因子	53	キャップ構造	25, 54, 156
開始コドン	49	ギャップジャンクション	168
外来性遺伝子	86	嗅覚受容体	202
解離因子	56	胸腺内細胞移動	256
核	20	キラーT細胞	254
核移植	324	筋萎縮性側索硬化症	304
核外移行シグナル配列	194	筋強直性ジストロフィー	161
核外輸送	193		

筋収縮	187	原核生物	18, 76
グアニン	22	減数分裂期組換え	65, 71
グアニンヌクレオチド交換因子	183	原腸胚形成	265
組換え	66	コアクチベーター	118
組換え修復	62	コア酵素	39
クラウンゴール	89	コアプロモーター	42
クラススイッチ組換え	250, 256	後期エンドソーム	183, 186
クラスリン依存性エンドサイトーシス	185	抗原	230
クラスリン被覆小胞	183	抗原結合部位	303, 309
クランプ	33	抗原決定基	309
クランプローダー	33	抗原受容体	202, 248
繰り返し配列	95	抗原提示細胞	255
グリコサミノグリカン	170	抗原認識のMHC拘束性	253
グリシン	27	交叉型組換え	66, 67
グルココルチコイドホルモン	229	校正	51
グルタミン	27	厚生科学審議会	333
グルタミン酸	27	校正機能	59
クローディン	166	酵素説	159
クローニングベクター	88	抗体医薬	306
クローン	248	抗体結合能力	311
クローン胚由来ES細胞	331	抗体産生細胞	248, 309
クロストーク	214	抗体ファージディスプレー	307, 311
クロスブリッジサイクル	189	抗体分子の多様性	248
クロトー	281	抗転写終結因子	85
クロマチン	77, 99, 105, 113, 226, 227, 230	コエンザイムQ	279
クロマチン再構築	101	コード鎖	38
クロマチンリモデリング	40	コートタンパク質	183
蛍光1分子可視化法	200	コケイン症候群	61
形質細胞	248	古細菌	18, 41, 76
形態形成	229	骨格筋幹細胞	326
繋留	184	コドン	49
繋留タンパク質	184	コドン捕獲説	50
血管新生	234	コネキシン	168
血管新生阻害療法	240	コヒーシン	221
血管透過性因子	240	コピー数	87
血管内皮増殖因子	240	コファクター	117
結合ドメイン	207	コリシン	88
欠失	60	コリプレッサー	118
ゲノム	93	ゴルジ体	21, 182
ゲノムインプリンティング	110	コレステロール	204
ゲノムワイド関連解析	299	コレセプター	202
ゲノム医学	298	コンタクトインヒビション	174
ケミカルゲノミクス	318	コンディショナルジーンターゲティング	322
ケミカルジェネティクス	317	コンデンシン	79, 216, 221
ケミカルバイオロジー	306, 317	コンビナトリアルケミストリー	319
ケミカルプロテオミクス	317		
ケミカルライブラリー	318		
ケモカイン	257		
ケモカイン受容体	201		
原核細胞	20		

さ行

サイクリン	216, 270
サイクリン/Cdk	230
再構成(rearrangement)	248
再構成	287
再構成運動系	190

INDEX

再生	110
再生医学（再生医療）	329
サイトカイニン	336, 337
サイトカイン	257
サイトカイン受容体	200
再プログラム	327
細胞移動	173
細胞外基質	166, 169
細胞外情報物質	198
細胞外マトリックス	170, 173
細胞間接着	166
細胞基質間接着	166, 169, 170
細胞極性	174
細胞骨格	166
細胞骨格性タンパク質	81
細胞死	57
細胞質	20
細胞周期	215, 231, 238, 270
細胞周期エンジン	216
細胞消去	226
細胞接着装置	166
細胞選別	173
細胞内共生説	20
細胞内情報物質	199
細胞分裂	227
細胞分裂限界寿命	280
細胞壁	77
細胞膜	20
細胞融合	324
三胚葉	266
三量体Gタンパク質	199
三量体GTPase	207
サキュルス	77
サテライト	96
サテライト細胞	326
サブユニット	28
ジーンサイレンシング	133
ジーンターゲティング	322
肢芽	268
紫外線	57
色素性乾皮症	61
識別可能性	304
シグナリング抗体	308, 309
シグナル依存的因子	115
シグナル依存的転写制御因子	113
シグナル伝達アダプター分子	236
シグナル伝達分子	306
シグナル認識粒子	151
シグナル配列	136
自己複製	269
自己免疫疾患	229
自死	227
脂質二重層	77, 204
糸状仮足	179
指針	330
システイン	27
システム解析	285
システム制御	285
システム設計	285
システム同定	285
ジスルフィド結合	28
次世代シーケンサー	299
自然免疫	245
疾患特異的iPS細胞	332
シトシン	22
死ドメイン	230
シナプトネマ複合体	71
死亡胎児	331
姉妹染色体	67
姉妹染色分体交換	323
シャイン−ダルガルノ配列	53
シャトルベクター	88
シャペロン	56, 100, 135
終結	52
終止コドン	49
シュードウリジレーション	132
収縮環	180, 187
縦列型反復配列	95
腫瘍血管	240
主要組織適合系複合体抗原	252
受容体	198, 199
受容体分子	84
受容体編集	248
順行性輸送	189
情報高分子	22
小胞体	20, 136
小胞体関連分解	138
小胞体ストレス	138
小胞輸送	136, 183, 188
初期エンドソーム	183, 186
初期化	324, 327
除去修復	60
食細胞	226
植物バイオテクノロジー	335
自律複製配列	36
真核細胞	20
真核生物	18
心筋細胞	227
神経回路網	229
神経管	267
神経冠	267
神経幹細胞	269, 325
神経細胞	227
神経軸索	189
神経板	267
人工万能幹細胞	331
真正細菌	41, 76
伸長	52
伸長因子	55
髄質上皮	256
垂直誘導	266
水平伝播	86
水平誘導	266
スキャフォールドタンパク質	209
スタート	216
ステム・ループ構造	24
ストマイ難聴	164
ストレスファイバー	179
スフィンゴ脂質	204
スプライシング	124
スプライソソーム	124
スペクチノマイシン耐性遺伝子	88
スレオニン	27
生化学反応	289
生活習慣病	111
性決定因子	88
精子幹細胞	326
星状体微小管	180
生殖細胞	158
生殖細胞系列変異	303
性線毛	88
生体制御	232
生体防御	232
性的接合	80
正の選択	255
生物進化	58
生物の分類法	18
生物の本質	20
正負の選択	256
生命倫理	330
セカンドメッセンジャー	199, 205
セキュリン	222
セグメントポラリティー遺伝子	264
接着装置複合体	169
接着特異性	173
摂動	287
セパレース	221
セリン	27
セリンリン酸化	41
セレクチン	166
線維芽細胞	328
先行鎖	32
線状DNA	90
染色体	93
染色体転座	236
染色体パッセンジャータンパク質	225
センス・アンチセンスRNA	145
センスコドン	49
選択的スプライシング	125
セントラルドグマ	22, 159
セントロメア	90
双安定	292
早期老化症（ヒト）	280
造血幹細胞	325, 330
増殖因子	306
増殖制御	174
相同組換え	62, 65, 67, 84, 322
相同の組換え	63
挿入	60
挿入配列	81
相補性	24
組織幹細胞	325
組織培養法	339
外から中へのシグナル伝達	174
粗面小胞体	182
損傷DNA除去修復	44
損傷乗り越え複製	63

た行

ターゲッティング抗体	308, 309
ターミネーター	41
体細胞高頻度突然変異	250
体細胞突然変異	202
体細胞変異	303
代謝物質抑制	47
体性幹細胞	329
体節	267
大腸菌	15
タイトジャンクション	168
ダイニン	187
胎盤	160
多因子性疾患	111
ダウン症	71
多型性	252
多剤耐性因子	80
脱アミノ化	125
脱アルキル化	60
脱メチル化酵素	107
脱ユビキチン化酵素	104
多点解析	301
多分化能	325
多胞エンドソーム	186
多様性	83
単点解析	301
タンパク質	27
タンパク質の高次構造	28
タンパク質の変性	28
タンパク質分解	138

INDEX

タンパク質リン酸化 205
チェックポイント 222, 231
遅行鎖 32
チミン 22
中間径繊維 173
中間径フィラメント 177
中心体 21, 179, 221
中胚葉誘導因子 265
チューブリン 176
中和（活性）抗体 308, 309
超可変領域 249
調節的転写制御因子 115
頂端－基部極性 174
超らせん化 79
超らせん構造 24
チロシン 27
チロシンキナーゼ受容体ファミリー 200
チロシンリン酸化 236
ツイストフォーム 90
デアミネーション 125
定常領域遺伝子 256
低分子RNA 40
低分子ガイドRNA 26
低分子化合物 306
低分子量GTPase 183, 207
データ同化 297
デオキシリボース 22
デキャッピング 130
デコイ核酸 316
デスモソーム 168
テトラサイクリン耐性遺伝子 88
テラトーマ 331
テロメア 90, 96, 280
テロメラーゼRNA 150
転移因子 97
転移・浸潤 173
転座反応 49, 55
転写 108
転写因子 105
転写活性化因子 118
転写活性化因子複合体 113
転写共役因子 117
転写後調節 123
転写制御因子 113
転写プロモーター 84
転写補助因子 117
転写抑制因子 118
点突然変異 60, 61, 236
テンプレートスイッチ 63
テンペレートファージ 83
天疱瘡 173
同義語コドン 49
動原体 180
糖鎖修飾 137

動的不安定性 176
等電点 27
ドッキングタンパク質 209
突然変異 57, 58
トポイソメレースI 90
ドメイン 28
ドメインV領域 56
ドラッグデリバリーシステム 309
トランスクリプトーム 143
トランスグルタミナーゼ 231
トランスゴルジ網 182
トランスジェニック植物 335
トランスポゾン 72, 80, 97
トランスポゾンTn3 88
トリソラックス複合体 108
トリプトファン 27
トリプレットリピート病 164
トレッドミリング 176
トロンボスポンジン受容体 231
貪食 228
貪食機構 231

な行

内因性経路 230, 232
内部細胞塊 321
中から外へのシグナル伝達 170
ナチュラルキラー細胞 309
ナンセンスコドン 49
二重ホリデー構造 68, 71
二重らせん構造 24
ニッチ 326
二本鎖切断修復モデル 68
乳癌 70
乳糖オペロン 47
ニューロン 269
二量体 78
ヌクレオシド 22
ヌクレオソーム 99, 113, 226, 228
ヌクレオチド 22
ヌクレオチド除去修復 61
ヌクレオポリン 191
ネガティブ選択 229
ネガティブフィードバック 292
ネクローシス 227, 228
稔性因子 88
ノックアウトマウス 322
ノナマー 250
ノンパラメトリック連鎖解析 301

は行

パーソナルゲノム 304
パーティクルガン 335
バイオイメージング 317
バイオインフォマティクス 300
ハイコンテンツアッセイ 320
胚軸 262
ハイスループットスクリーニング 318
胚性幹細胞 329
背側化因子 265
胚中心 250
バイナリーベクター 337, 339
胚盤胞 321
ハイブリドーマ 309, 310
ハイブリドーマ法 307, 309
配列特異的転写制御因子 113, 114
バクテリオファージ 83
パスウェイデータベース 294
パスウェイモデル 295
発癌家系 235
発現ベクター 88
発生 110
発生・分化過程特異的（＝臓器組織特異的・細胞系列特異的）因子 115
発生・分化過程特異的（＝臓器組織特異的・細胞系列特異的）転写制御因子 113
ハッチンソン・ギルフォード・プロジェリア症候群 281
ハプロ不全 161
パラメトリック連鎖解析 301
バリアント群XP 64
バリン 27
パリンドローム構造 24
パルミチン酸化 204
パワーストローク 188
反復配列 95
半保存的複製 31
非鋳型鎖 38
光回復酵素 60
非交叉型組換え 66
非コードRNA 147, 160
皮質領域 256
非指定コドン 50
微小管 176
ヒスチジン 27
ヒステリシス 292
ヒストン 105
ヒストンアセチル化／アセチル基転移酵素 43, 108, 117
ヒストンコード 108, 113

ヒストンシャペロン 113
ヒストン修飾酵素 113
ヒストン脱アセチル化酵素 103, 118
ヒストンテール 117
ヒストン翻訳後修飾 103, 108
微生物遺伝学 15
非線形回帰 297
非相同DNA末端結合反応 72
非相同組換え 65, 72, 83
非相同末端結合 62
ヒト化 307
ヒト化技術 307
ヒト化抗体 311
ヒト幹細胞を用いた臨床研究に対する指針 333
ヒト抗体 307
ヒト性融合胚 325
ヒトパピローマウイルス 238
ビフィズス菌 88
微分方程式モデル 289
病原性アイランド 86
病原性因子 80
表面抗原 326
ヒル式 291
ビルレントファージ 83
ピリミジン環 22
ピリミジン二量体 60
ファージ 79, 83
ファーストメッセンジャー 198
ファゴサイトーシス 186
ファゴソーム 186
ファンコニ貧血 70
フィードバック 207
フェニルアラニン 27
フォーカストテンプラリー 319
フォーカルアドヒージョン 172
フォーカルコンタクト 179
フォールディング 35
フォワードケミカルジェネティクス 318
不回帰点 230
複製開始前複合体 37
複製開始点 89
複製開始点認識複合体 36
複製開始領域 87
複製起点 78
複製後修復 64
複製前複合体 37
腹側化因子 265
物質輸送 138
負の制御 214
負の選択 235
負の超らせん 87, 90

■ INDEX ■

普遍暗号	49
プライマー	38
プライモソーム	35
ブラウニアンラチェットモデル	128
フラグメントライブラリー	319
ブラストシスト	321
プラスミド	78, 87
プリブナウボックス	41
プリン環	22
フレームシフト	61
不連続複製	32
プロセッシビティー	191
ブロッキング抗体	308, 309
ブロック線図	289
プロテアソーム	138, 221
プロテオグリカン	170
プロトオンコジーン	235
プロファージ	85
プロモーター	41
プロモータークリアランス	38
プロリン	27
不和合性	87
分化能	332
分子遺伝学	14
分子シャペロン	84
分子スイッチ	207
分子生物学	14
分子標的医療	303
分子標的薬	306
分裂溝	180
分裂装置	187
ペアルール遺伝子	264
閉環状DNA	90
閉環状DNAプラスミド	90
ベイジアンネットワーク	297
平面内極性	167
ヘテロクロマチン	160
ヘテロクロマチンタンパク質	108, 109
ヘテロプラスミー	164
ペトリネット	295
ヘプタマー	250
ペプチジルトランスフェラーゼ	49
ペプチド	27
ペプチドグリカン	77, 201
ペプチド結合	27
ヘミデスモソーム	172
ヘリカーゼ	280
ペリプラズム	84
ペルオキシソーム	21
ベロ毒素	86
変異原	58
鞭毛	77
鞭毛運動	187
放射線	57
放射線照射	229
紡錘体機能	188
紡錘体微小管	180
胞胚	262
ポジティブフィードバック	292
補助刺激分子	257
ポストキリングシステム	80
ホスファチジルイノシトール代謝産物	210
ホスファチジルセリン	231
ホスファチジルセリン受容体	231
母性因子	262
ボックス型snoRNP	149
ホメオスタシス	281
ホメオティック複合体	262
ホメオドメイン	262
ホメオボックス（ホメオティック）遺伝子	261
ホメオログス	66
ポリ（ADP-リボース）ポリメラーゼ	230
ポリA結合タンパク質	54
ポリA鎖	25
ポリAシグナル	46
ポリアデニレーション	124
ポリクローナル抗体	309
ポリコーム抑制複合体	108
ポリシストロニック	41
ホリデー構造	69
ポリヌクレオチド	23
ポリペプチド	27
ポリメラーゼ	230
ホルモン	198
ホロ酵素	39
翻訳因子	49
翻訳開始因子	128
翻訳効率	124
翻訳後修飾	105, 137
翻訳調節	128
翻訳フレームシフト	129
翻訳抑制	155

ま行

マーカー遺伝子	339
マイクロRNA	148, 322
マイクロインジェクション	335
マイクロサテライト	96
マイクロドメイン/ラフト	198, 204
マイコプラズマ	20
マイトーシス	227
マクロファージ	226, 228
マクロファージなどのエフェクター細胞	309
マルチレプリコン	31
ミエローマ細胞	309, 310
ミオシン	187
ミクロソーム・トリグリセライド・トランスポーター	281
ミスマッチ修復	61
ミトコンドリア	21, 164, 279
ミトコンドリア脳筋症	164
ミトコンドリア膜電位	230
ミニサテライト	96
ミリスチン酸化	204
メソソーム	20
メチオニン	27
メチル化	158
メチル化DNA結合タンパク質	107
メチル化酵素	107
メチル基転移酵素	118
免疫記憶	247
免疫グロブリンスーパーファミリー	166
メンブレントラフィック	182, 183
毛幹細胞	326
モータータンパク質	187
モータードメイン	187
網膜芽細胞腫	236
網膜色素変性症	161
モノクローナル抗体	306, 307, 309
モノシストロニック	41

や行

薬剤耐性	88
誘導的遺伝子発現制御	115
誘発	85
輸送因子	192
輸送シグナル	185
ユビキチン	138, 186, 221
溶菌	77
溶菌過程	83
溶原化過程	83
葉状仮足	179
葉緑体	21

ら行

ラギング鎖	32
ラクトースオペロン	47
らせん密度	87
ラフト	204
ラミン	180, 230, 281
卵割	262
リーディング鎖	32
リガンド	199, 202
リコーディング	129
リサイクリングエンドソーム	183
リジン	27
リソソーム	21, 138, 182, 183, 185, 186
リバースケミカルジェネティクス	318
リプレッサー	47
リプログラミング	324
リボース	22
リボザイム	26, 316
リボソーム	48
リボソームRNA	79
リボソームの再生	52
流動モザイクモデル	204
量補正機構	160
リンカーヒストン	109
臨界濃度	176
リンパ節転移	241
リン酸化	137
リン脂質	210
臨床試験研究	333
レトロウイルスベクター	332
レトロトランスポゾン	97, 158
レバーアーム	188
レプリケーター	31
レプリコン	31
連鎖解析	301
ロイシン	27
老化	110, 229
ローリングサークル型複製	89
ロッドスコア	301

わ行

ワーファリン	303
ワトソン-クリック型らせん	24

編者紹介

田村　隆明（たむら・たかあき）

1974年北里大学衛生学部卒業．'76年香川大学大学院農学研究科修了．'77年慶応義塾大学医学部微生物学教室助手（高野利也教授），'81年基礎生物学研究所助手（御子柴克彦教授），'91年埼玉医大学助教授（村松正實教授）を経て，'93年より千葉大学理学部生物学科教授（2007年より現職）．この間博士研究員として1984～'86年までストラスブール第一大学（L. パスツール大学）P. シャンボン研究室に留学．転写制御機構，転写制御因子，遺伝子発現機構の研究に従事．最近はTBP類似因子（TLP）や筋分化にかかわる転写制御因子発現ダイナミクスの研究に力を入れている．

山本　雅（やまもと・ただし）

1972年，大阪大学理学部卒業．'77年同大学院博士課程修了．'78～'80年，米国国立癌研究所（NCI）留学．東京大学医科学研究所助教授を経て，'91年より同研究所教授．この間，レトロウイルスLTRの転写能の解析やsrcファミリーならびにerbBファミリー癌遺伝子の構造と機能の解析を進めてきた．現在はチロシンリン酸化反応が細胞の増殖や機能にかかわるしくみを，癌細胞や神経細胞を用いて調べている．またチロシンリン酸化シグナル下流で見出したTobの機能やmicroRNA依存的mRNA分解のしくみに興味をもっている．

※ 本書発行後の更新・追加情報，正誤表を，弊社ホームページにてご覧いただけます．
羊土社ホームページ　www.yodosha.co.jp/

改訂第3版 分子生物学イラストレイテッド

1998年10月30日　第1版 第1刷発行	編　集	田村隆明・山本　雅
2002年　3月15日　　　　 第7刷発行	発行人	一戸裕子
2003年　1月　1日　第2版 第1刷発行	発行所	株式会社　羊　土　社
2007年　5月30日　　　　 第6刷発行		〒101-0052
2009年　3月10日　第3版 第1刷発行		東京都千代田区神田小川町3-5-1
2017年　3月10日　　　　 第5刷発行	TEL	03（5282）1211
	FAX	03（5282）1212
	E-mail	eigyo@yodosha.co.jp
Printed in Japan	URL	www.yodosha.co.jp/
ISBN978-4-7581-2002-9	印刷所	株式会社　加藤文明社

本書の複写にかかる複製，上映，譲渡，公衆送信（送信可能化を含む）の各権利は（株）羊土社が管理の委託を受けています．本書を無断で複製する行為（コピー，スキャン，デジタルデータ化など）は，著作権法上での限られた例外「私的使用のための複製」などを除き禁じられています．研究活動，診療を含み業務上使用する目的で上記の行為を行うことは大学，病院，企業などにおける内部的な利用であっても，私的使用には該当せず，違法です．また私的使用のためであっても，代行業者等の第三者に依頼して上記の行為を行うことは違法となります．

[JCOPY] <（社）出版者著作権管理機構 委託出版物>
本書の無断複写は著作権法上での例外を除き禁じられています．複写される場合は，そのつど事前に，（社）出版者著作権管理機構（TEL 03-3513-6969，FAX 03-3513-6979，e-mail：info@jcopy.or.jp）の許諾を得てください．

羊土社　発行書籍

基礎からしっかり学ぶ生化学

山口雄輝／編著　成田 央／著
定価（本体 2,900 円＋税）　B5 判　245 頁　ISBN978-4-7581-2050-0

理工系ではじめて学ぶ生化学として最適な入門教科書．翻訳教科書に準じたスタンダードな章構成で，生化学の基礎を丁寧に解説．暗記ではない，生化学の知識・考え方がしっかり身につく．理解が深まる章末問題も収録．

基礎から学ぶ遺伝子工学

田村隆明／著
定価（本体 3,400 円＋税）　B5 判　253 頁　ISBN978-4-7581-2035-7

"ありそうでなかった"遺伝子工学のスタンダード教科書．オールカラーで遺伝子工学のしくみを基礎から丁寧に解説．組換え実験に入る前に押さえておきたい知識が無理なく身につきます．理解を深める章末問題＆解答も収録．

基礎から学ぶ生物学・細胞生物学　第 3 版

和田 勝／著　髙田耕司／編集協力
定価（本体 3,200 円＋税）　B5 判　334 頁　ISBN978-4-7581-2065-4

高校で生物を学んでいない人にもわかりやすい定番教科書が改訂．紙面をオールカラー化し，タンパク質の立体構造も刷新．より理解しやすくなりました．紙でαヘリックスをつくる等，手を動かして学ぶ「演習」を追加．

はじめの一歩の生化学・分子生物学　第 3 版

前野正夫，磯川桂太郎／著
定価（本体 3,800 円＋税）　B5 判　238 頁　ISBN978-4-7581-2072-2

初版より長く愛され続ける教科書が待望のカラー化！高校で生物を学んでいない方にとってわかりやすい解説と細部までこだわったイラストが満載．第 3 版では，幹細胞・血液検査など医療分野の学習に役立つ内容を追加！

はじめの一歩のイラスト薬理学

石井邦雄／著
定価（本体 2,900 円＋税）　B5 判　284 頁　ISBN978-4-7581-2045-6

身近な薬が「どうして効くのか」を丁寧に解説した，新しい薬理学の教科書です．カラーイラストで作用機序がよくわかり，記憶に残ります．医療系大学ではじめて薬理学を学ぶ方の講義用・自習用教材に最適な一冊です．

はじめの一歩のイラスト病理学

深山正久／編
定価（本体 2,900 円＋税）　B5 判　262 頁　ISBN978-4-7581-2036-4

病理学の総論に重点をおいた内容構成だから，はじめて読む教科書として最適！実際の症例も紹介し，病気の成り立ちの全体像がよくわかる．コメディカルの授業用，医学生の自習用としてお勧め．オールカラー．

大学で学ぶ　身近な生物学

吉村成弘／著
定価（本体 2,800 円＋税）　B5判　255頁　ISBN978-4-7581-2060-9

大学生物学と「生活のつながり」を強調した入門テキスト．身近な話題から生物学の基本まで掘り下げるアプローチを採用．親しみやすさにこだわったイラスト，理解を深める章末問題，節ごとのまとめでしっかり学べる．

よくわかるゲノム医学　改訂第2版　ヒトゲノムの基本から個別化医療まで

服部成介，水島-菅野純子／著　菅野純夫／監
定価（本体 3,700 円＋税）　B5判　230頁　ISBN978-4-7581-2066-1

ゲノム創薬・バイオ医薬品などが当たり前になりつつある時代に知っておくべき知識を凝縮．これからの医療従事者に必要な内容が効率よく学べる．次世代シークエンサーやゲノム編集技術による新たな潮流も加筆

もっとよくわかる！幹細胞と再生医療

長船健二／著
定価（本体 3,800 円＋税）　B5判　174頁　ISBN978-4-7581-2203-0

臨床医出身で，浅島研・メルトン研での薫陶を経て京大iPS研にラボをもつ現役研究者による書き下ろし！次々と新しい発見がなされるこの分野を冷静な視点で整理．現場の感覚も入った貴重な一冊．

もっとよくわかる！感染症　病原因子と発症のメカニズム

阿部章夫／著
定価（本体 4,500 円＋税）　B5判　277頁　ISBN978-4-7581-2202-3

感染症ごとに，分子メカニズムを軸として流行や臨床情報まで含めて解説．病原体のもつ巧妙さと狡猾さが豊富な図解でしっかりわかる！感染症の完全制御をめざす著者が綴る，基礎と臨床をつなぐ珠玉の一冊です！

もっとよくわかる！脳神経科学　やっぱり脳はスゴイのだ！

工藤佳久／著・画
定価（本体 4,200 円＋税）　B5判　255頁　ISBN978-4-7581-2201-6

難解？近寄りがたい？そんなイメージを一掃する驚きの入門書！研究の歴史・発見の経緯や身近な例から解説し，複雑な機能もスッキリ理解．ユーモアあふれる著者描きおろしイラストに導かれて，脳研究の魅力を大発見！

もっとよくわかる！免疫学

河本　宏／著
定価（本体 4,200 円＋税）　B5判　222頁　ISBN978-4-7581-2200-9

"わかりやすさ"をとことん追求！免疫学を難しくしている複雑な分子メカニズムに迷い込む前に，押さえておきたい基本を丁寧に解説．最新レビューもみるみる理解できる強力な基礎固めを実現します！

演習で学ぶ生命科学　第2版　物理・化学・数理からみる生命科学入門

東京大学生命科学教科書編集委員会／編
定価（本体3,200円＋税）　B5判　約200頁　ISBN978-4-7581-2075-3

東大発，物理受験・化学受験といった高校生物非選択の学生に，解きながらシミュレーションしながら，生命科学を概説．生化学からシステム生物学まで，これからの「生命とは」を考える"感覚"を養える画期的入門書．

現代生命科学

東京大学生命科学教科書編集委員会／編
定価（本体2,800円＋税）　B5判　191頁　ISBN978-4-7581-2053-1

"生命はどう設計されているか""がんとはどんな現象か""生命や生物の不思議をどう理解するか"等よくある問いかけを軸とした章構成で，生命科学リテラシーが身につく．カラー図表と味わい深い本文の新時代テキスト．

理系総合のための生命科学　第3版　分子・細胞・個体から知る"生命"のしくみ

東京大学生命科学教科書編集委員会／編
定価（本体3,800円＋税）　B5判　335頁　ISBN978-4-7581-2039-5

最新知見をふまえつつ，分子から生態系まで，生物系医学系なら知っておきたい各分野の基礎を，読んで理解できるぎりぎりまで内容を厳選し凝縮．創薬・生物情報などAdvanceも追加された，長く使えるテキスト．

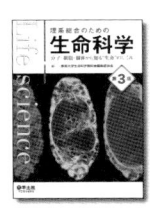

生命科学　改訂第3版

東京大学生命科学教科書編集委員会／編
定価（本体2,800円＋税）　B5判　183頁　ISBN978-4-7581-2000-5

細胞を中心とした生命現象のしくみを解説した理工系向けの定番教科書．幹細胞，エピゲノムなど進展著しい分野を強化し，さらに学びやすく，さらに教えやすくなりました．理系なら必ず知っておきたい基本が身につく一冊．

やさしい基礎生物学　第2版

南雲　保／編著　今井一志，大島海一，鈴木秀和，田中次郎／著
定価（本体2,900円＋税）　B5判　221頁　ISBN978-4-7581-2051-7

豊富なカラーイラストと厳選されたスリムな解説で大好評．多くの大学での採用実績をもつ教科書の第2版．自主学習に役立つ章末問題も掲載．生命の基本が楽しく学べる，大学1〜2年生の基礎固めに最適な一冊．

Ya-Sa-Shi-I Biological Science（やさしい基礎生物学 English version）

南雲　保／編著　今井一志，大島海一，鈴木秀和，田中次郎／著
豊田健介，程木義邦，大林夏湖，David M. WILLIAMS／英訳
定価（本体3,600円＋税）　B5判　230頁　ISBN978-4-7581-2070-8

初学者向けの教科書として大好評の「やさしい基礎生物学　第2版」を完全翻訳！近年増加傾向の英語での生物学講義用のテキストとして最適．生物学用語を英語で身につけたい方の自習本としてもおすすめ！